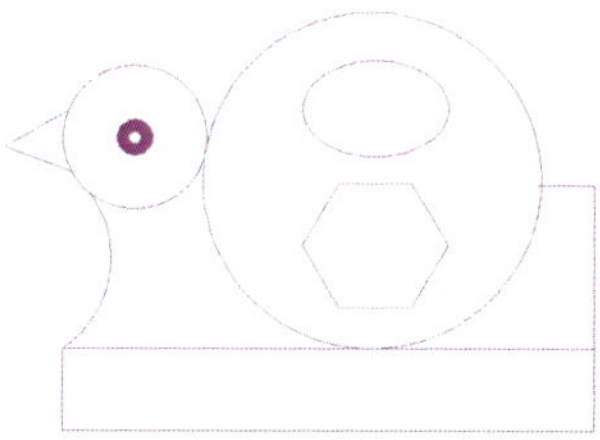

第3章 二维绘图命令

卡通造型

墙体

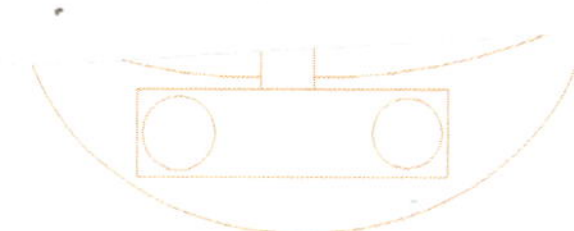

洗脸盆

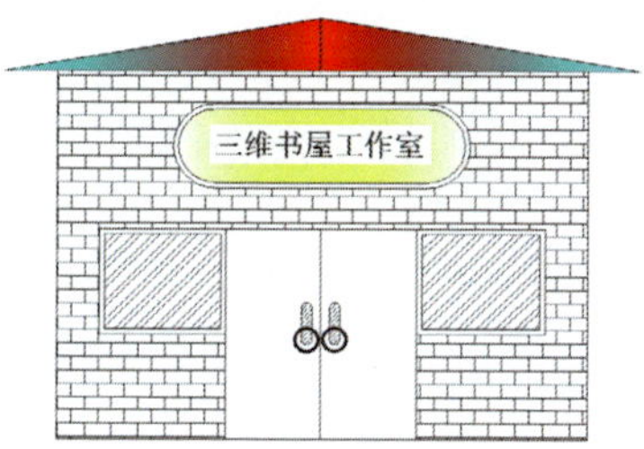

小房子

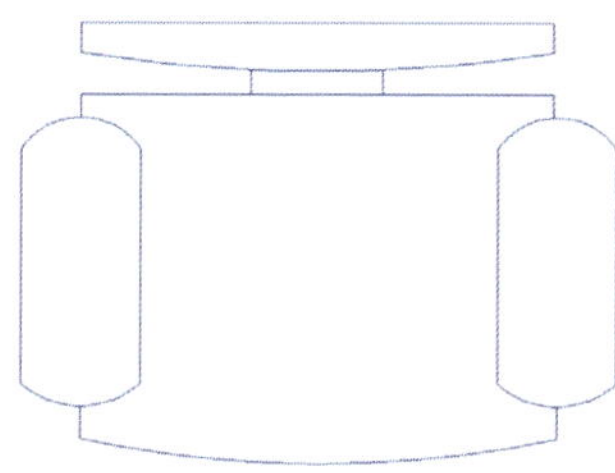

椅子

雨伞

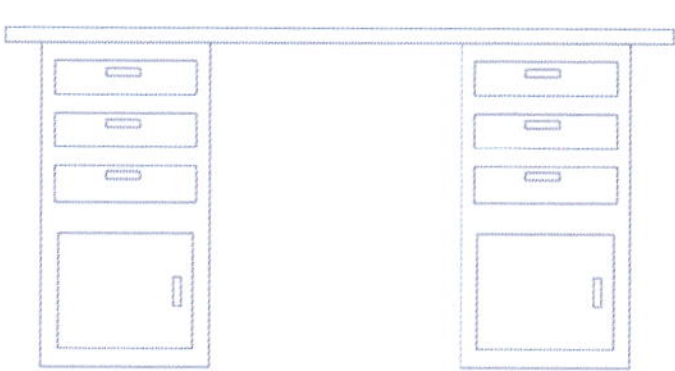

第4章 编辑命令

办公桌

花朵

装饰花瓣

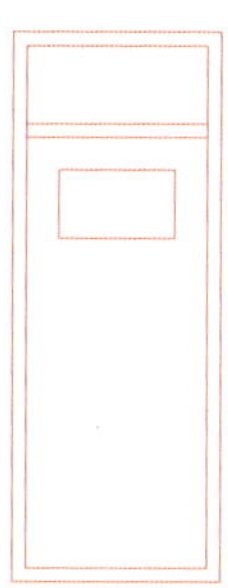

单开门

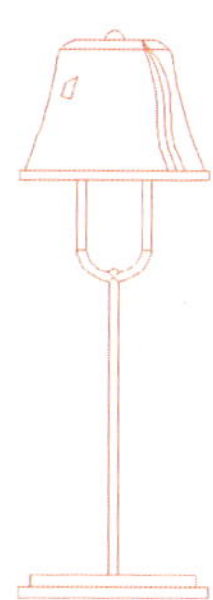

灯具

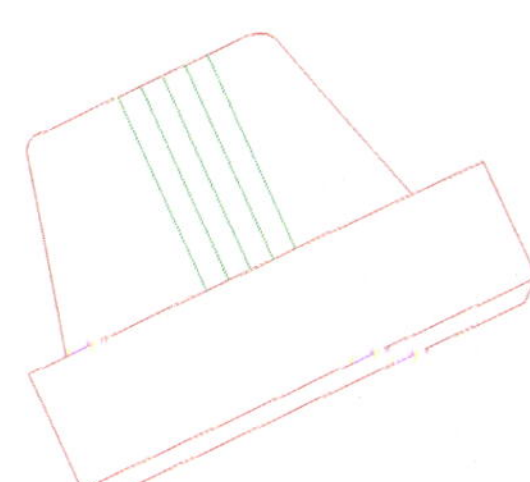

电脑

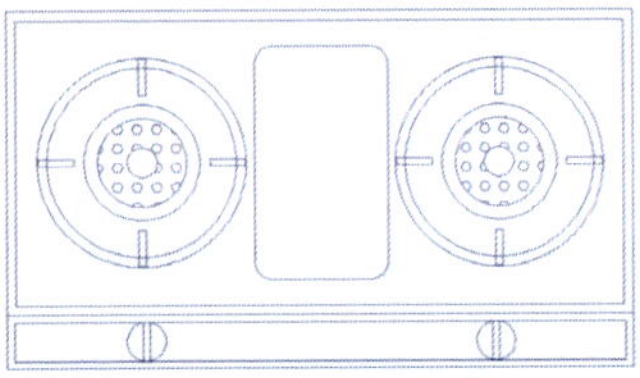

燃气灶

沙发

沙发和茶几

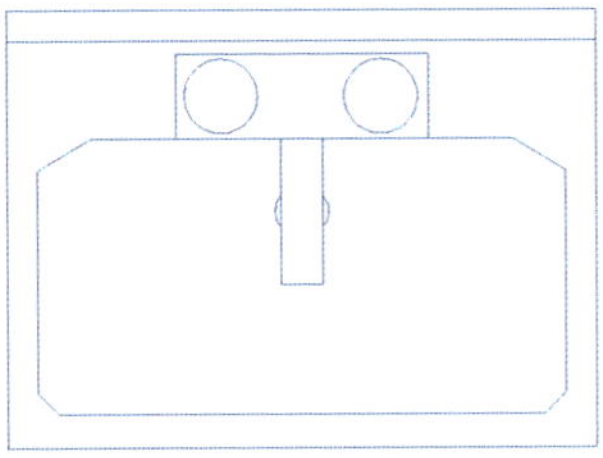

洗菜盆

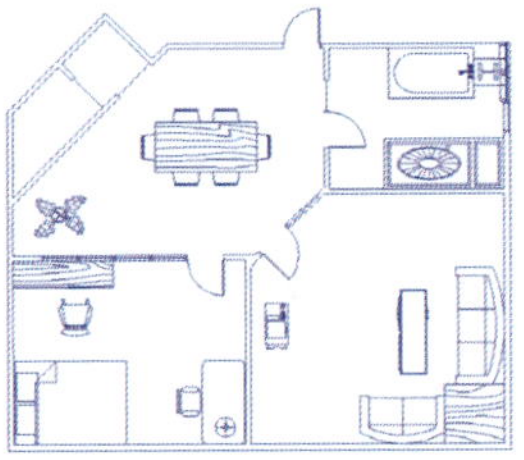

第5章　辅助工具

居室布置图

苗木名称	数量	规格	苗木名称	数量	规格	苗木名称	数量	规格
落叶松	32	10cm	红叶	3	15cm	金叶女贞		20棵/m2丛植H-500
银杏	44	15cm	法国梧桐	10	20cm	紫叶小檗		20棵/m2丛植H-500
元宝枫	5	6m(冠径)	油松	4	8cm	草坪		20棵/m2丛植H-500
樱花	3	10cm	三角枫	26	10cm			
合欢	8	12cm	睡莲	20				
玉兰	27	15cm						
龙爪槐	30	8cm						

公园设计植物明细表

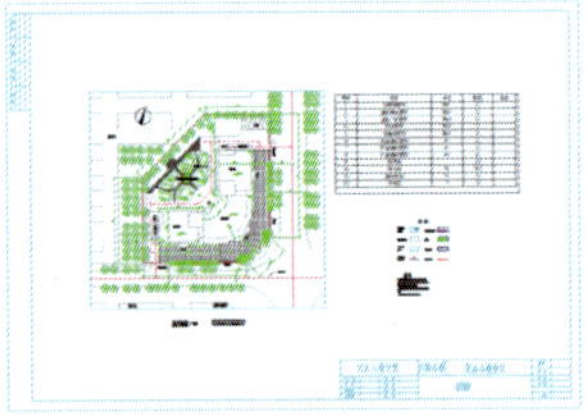

第6章

办公楼总平面设计

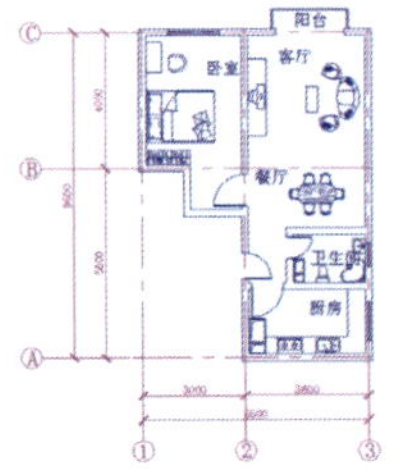

第7章　绘制建筑平面图

住宅平面图

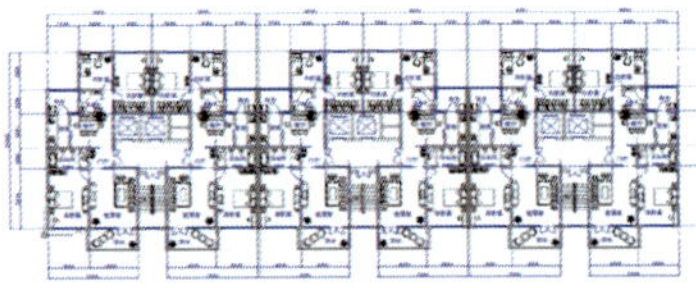

高层住宅建筑平面图

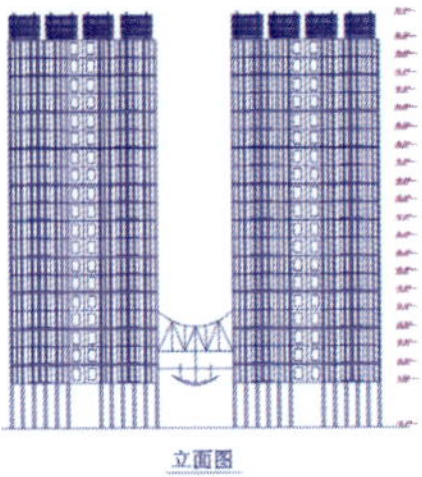

第8章　绘制建筑立面图

某高档公寓建筑立面图

某联排别墅建筑立面图

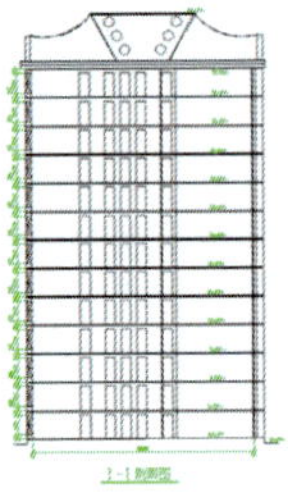

第9章　绘制建筑剖面图与详图

某高层建筑剖面图

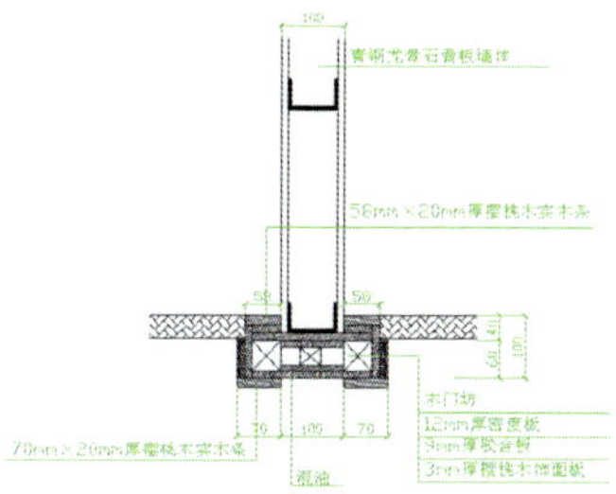

建筑构造节点详图

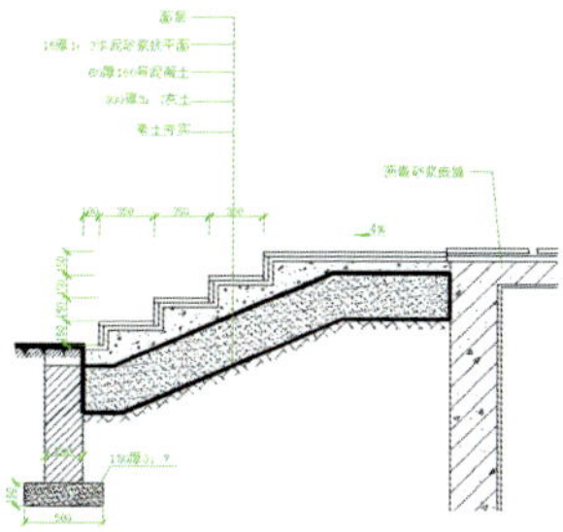

建筑台阶详图

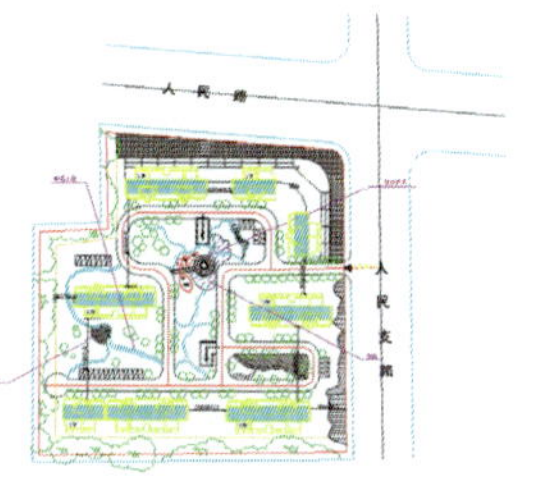

第11章　某住宅小区规划总平面图

规划总平面绘制

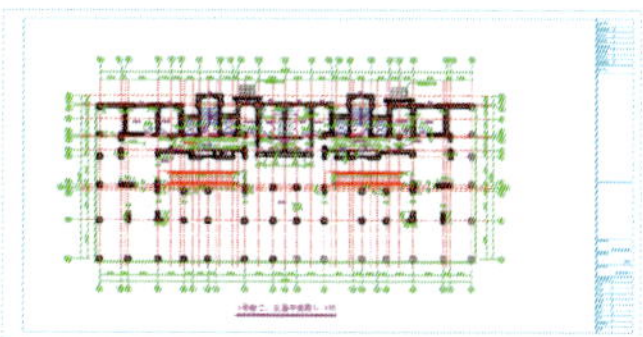

第12章　某住宅小区1号楼建筑平面图绘制

二、三层平面图

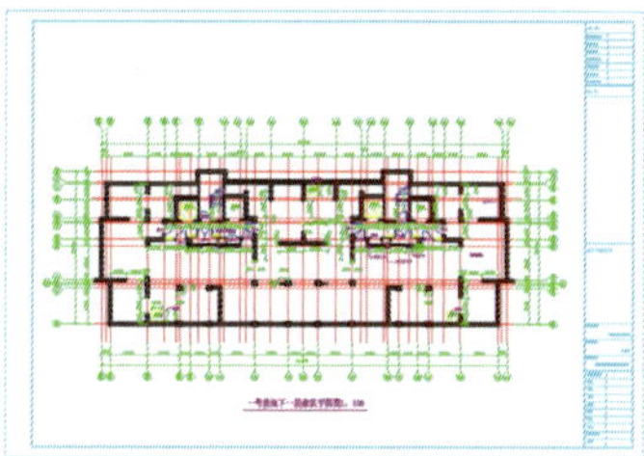

地下一层平面图

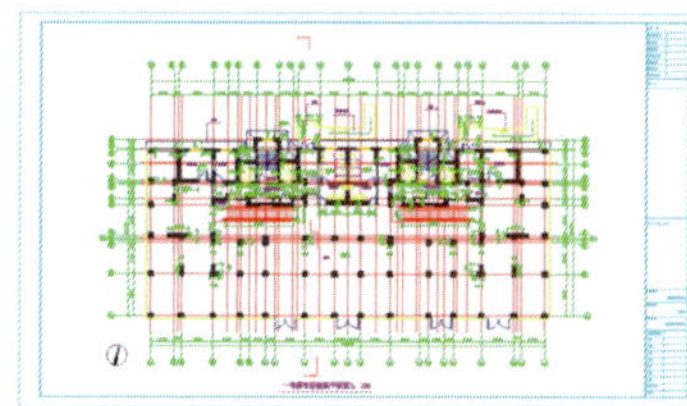

一号楼首层平面图

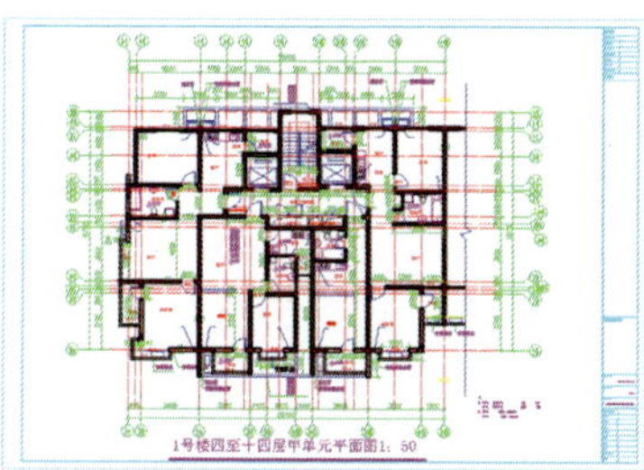

四至十八层甲单元平面绘制

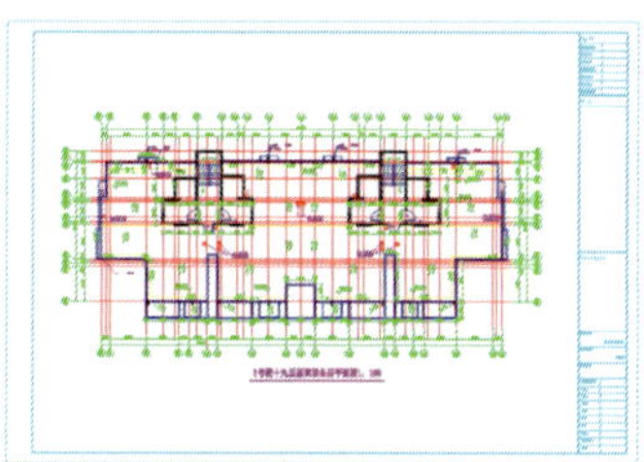

屋顶设备层平面图

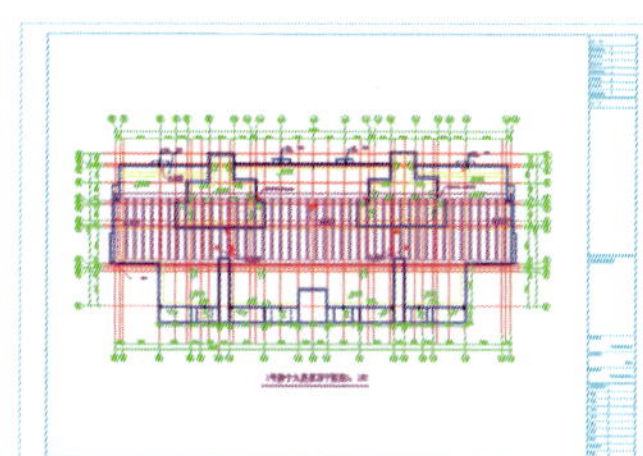

屋顶平面图

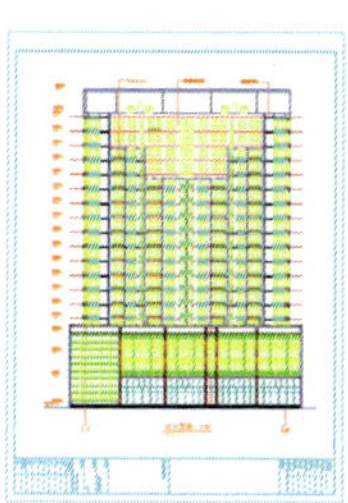

第13章　某住宅小区1号楼建筑立面图绘制

高层建筑正立面图

高层建筑背立面图

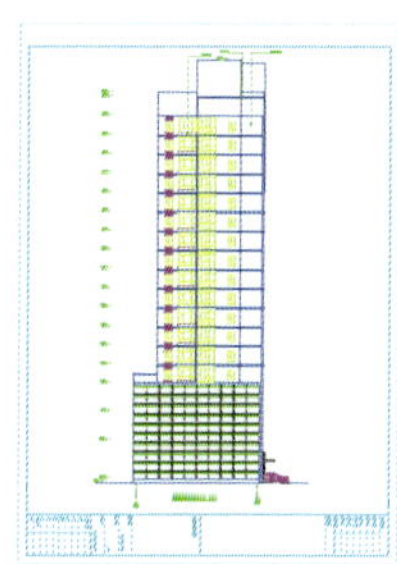

高层建筑侧立面图

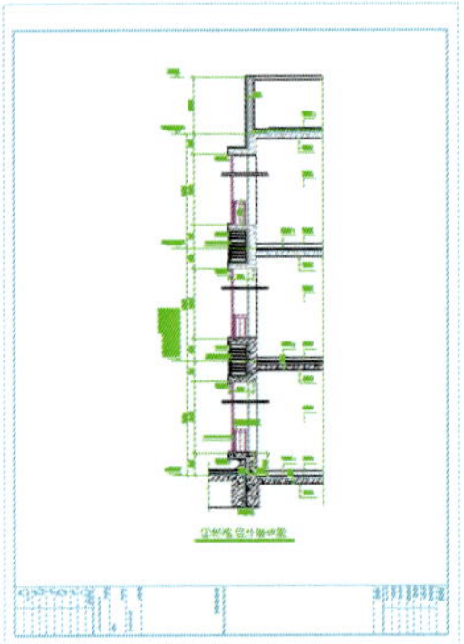

第14章某住宅楼建筑剖面图及详图绘制

绘制外墙身

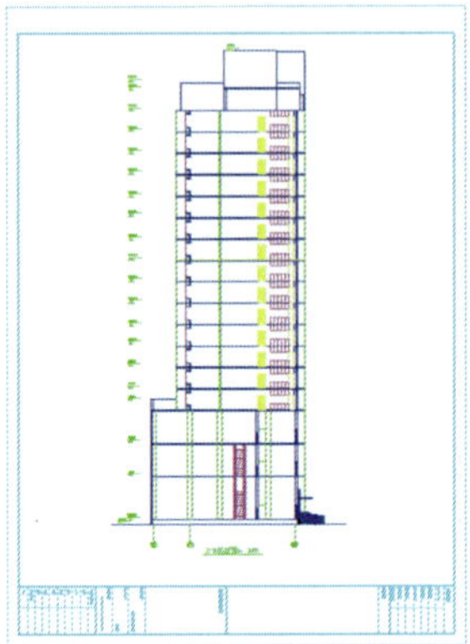

某高层住宅建筑剖面图

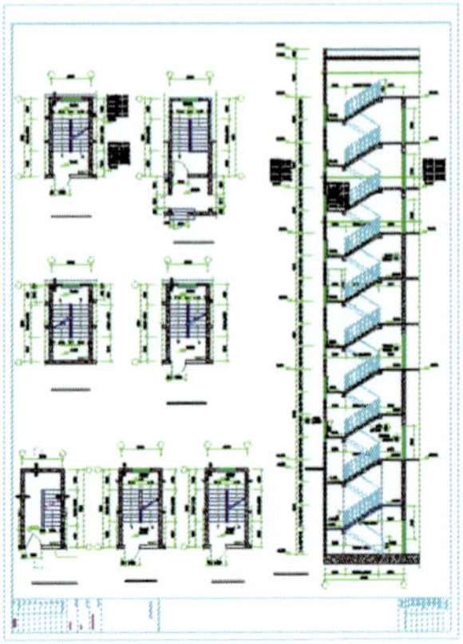

绘制楼梯详图

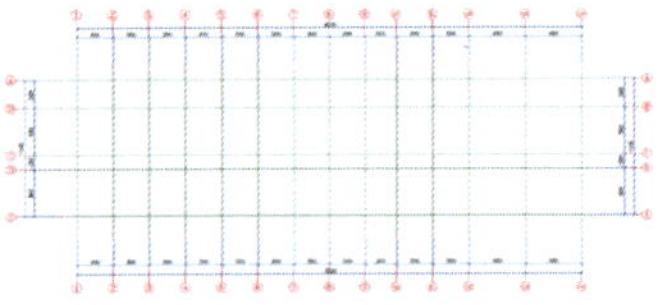

第15章　轴网

两点轴标

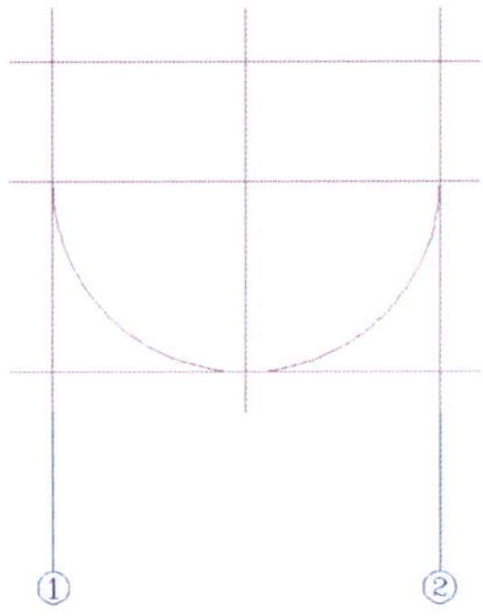

逐点轴标

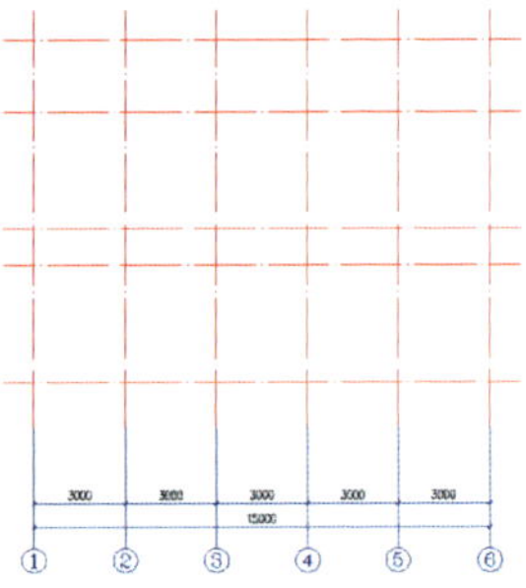

重排轴号

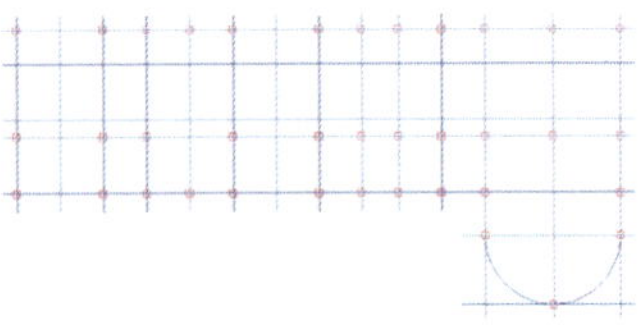

第16章　柱子

标准柱

角柱

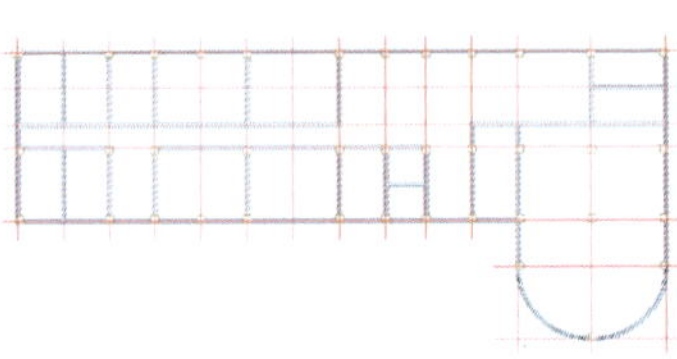

柱子替换

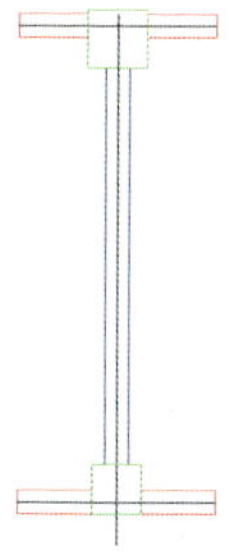
柱子编辑

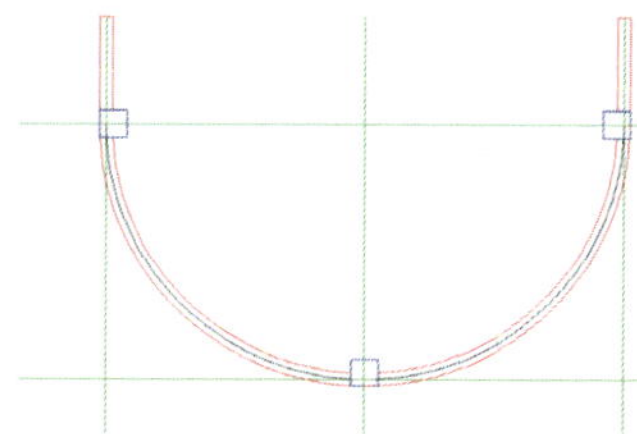
柱齐墙边

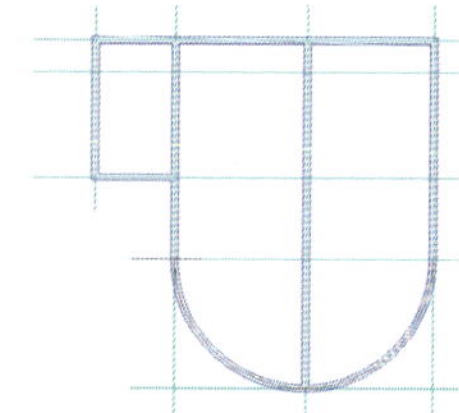
第17章　墙体

等分加墙

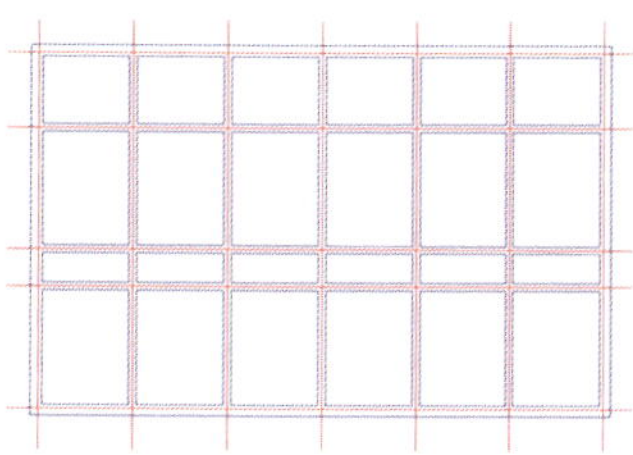
单线变墙

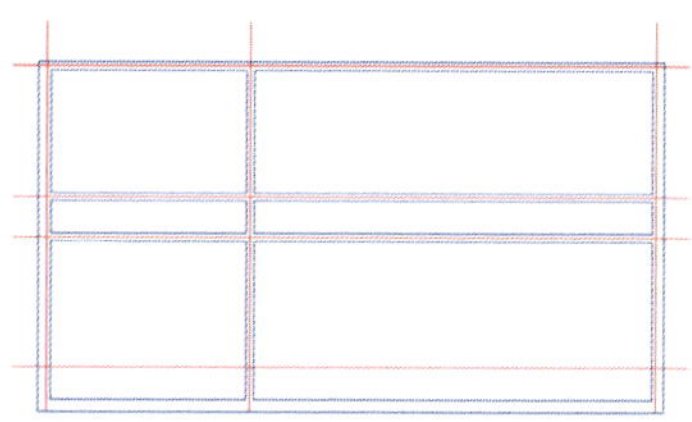
边线对齐

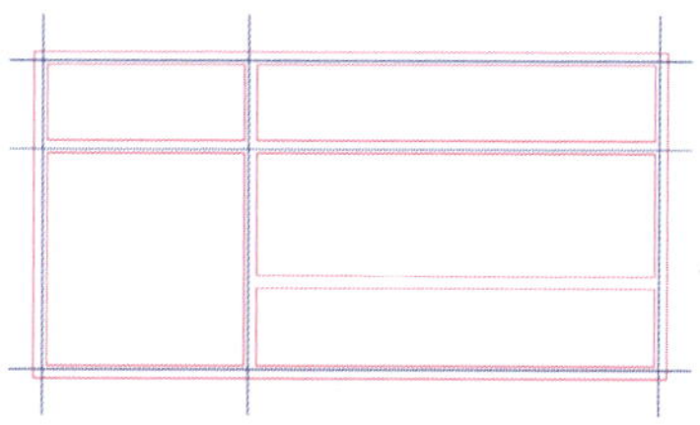
净距偏移

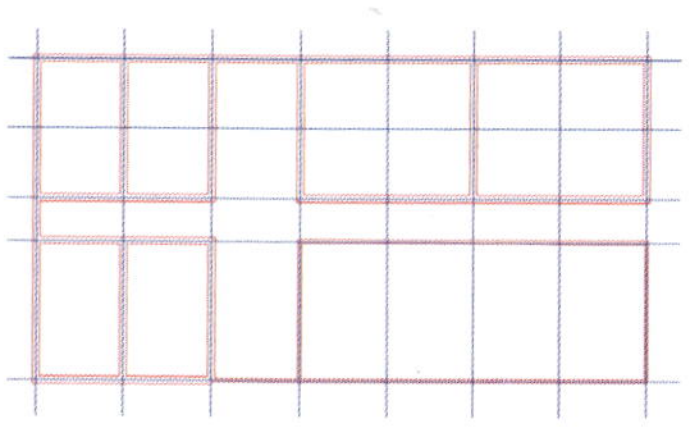
改墙厚

改高度

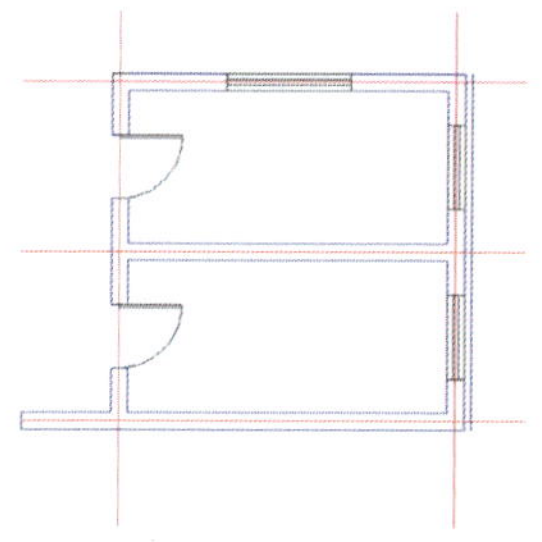
平行生线

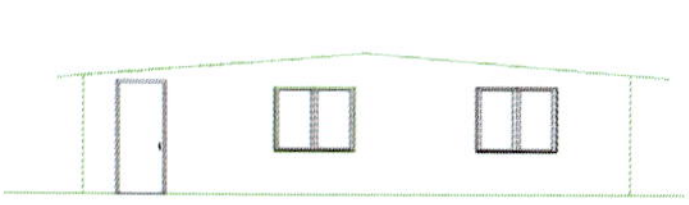
异形立面

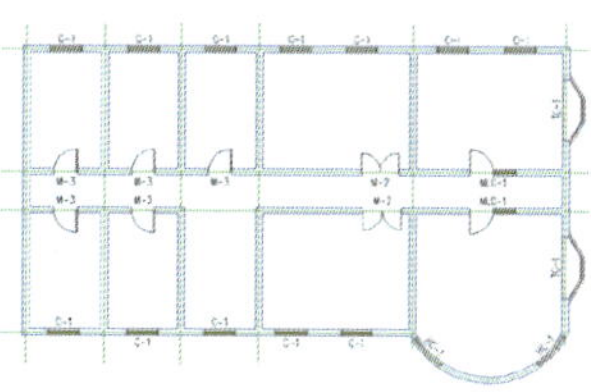
第18章　门窗

门窗

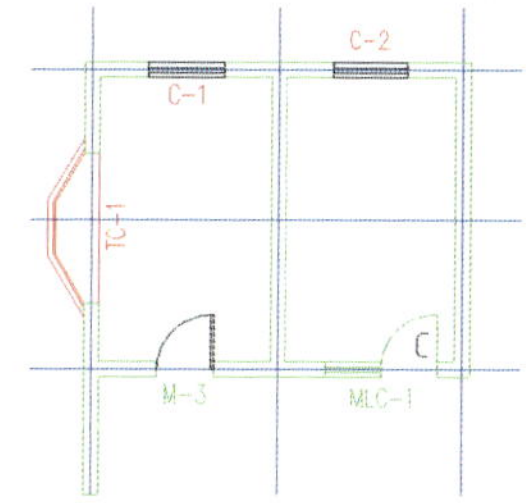

门窗编号

门窗表

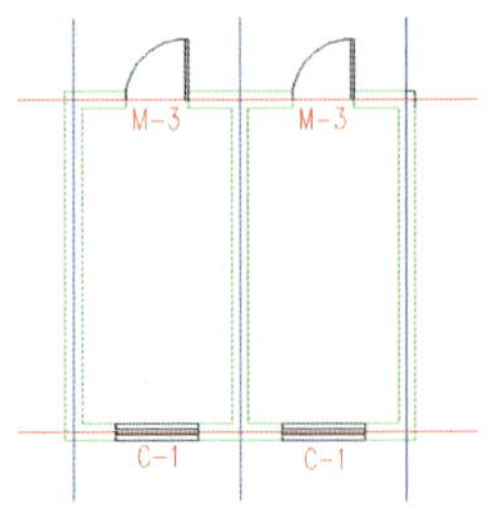

内外翻转

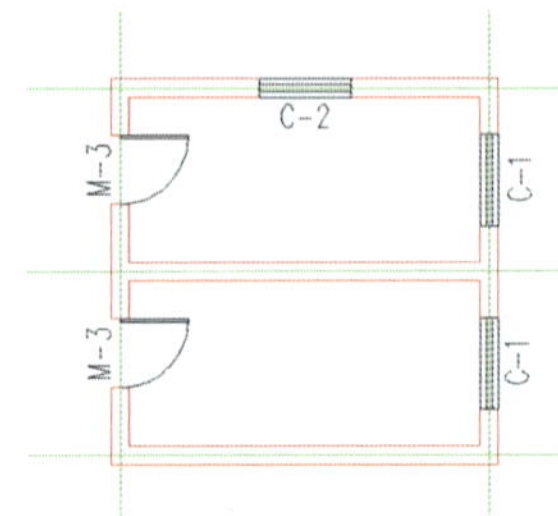

左右翻转

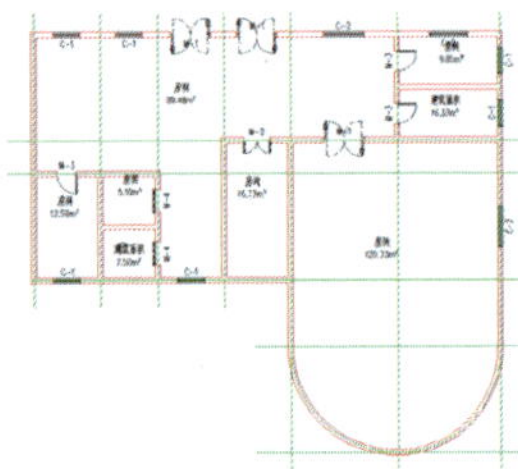

第19章　房间和屋顶

查询面积

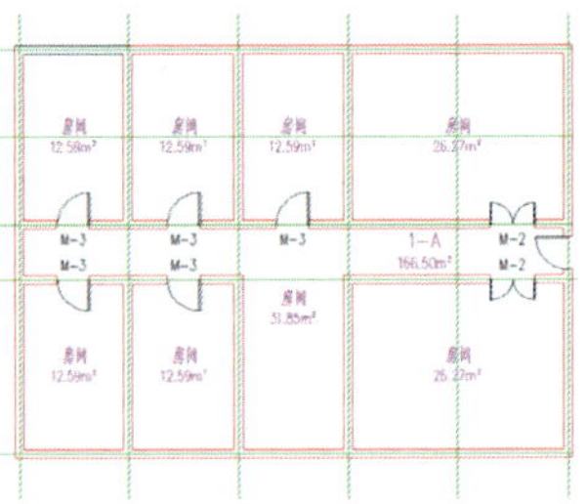

套内面积

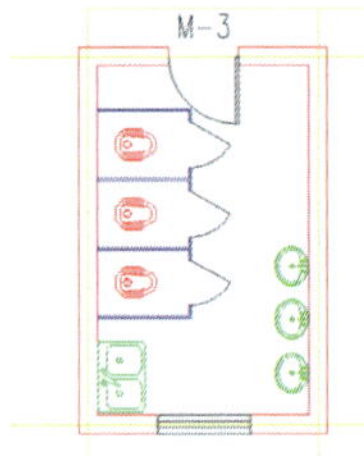

布置隔断

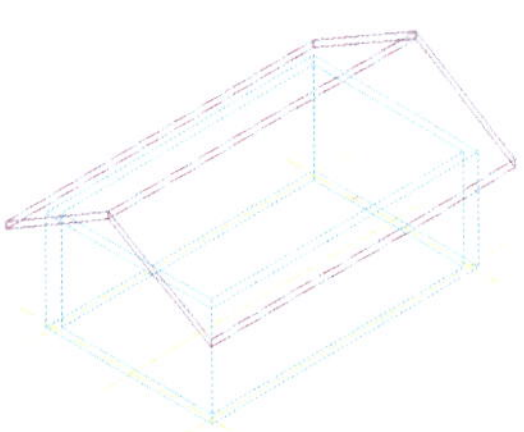

人字坡顶

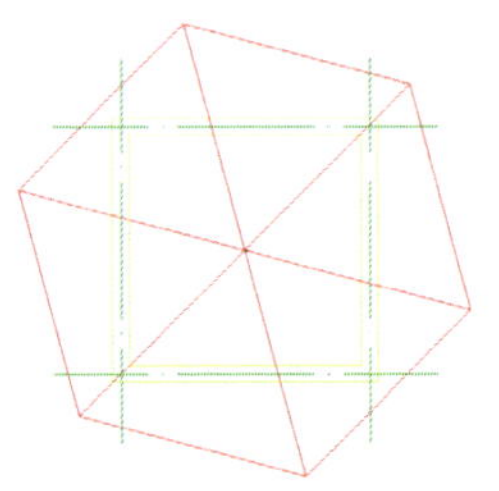

攒尖屋顶

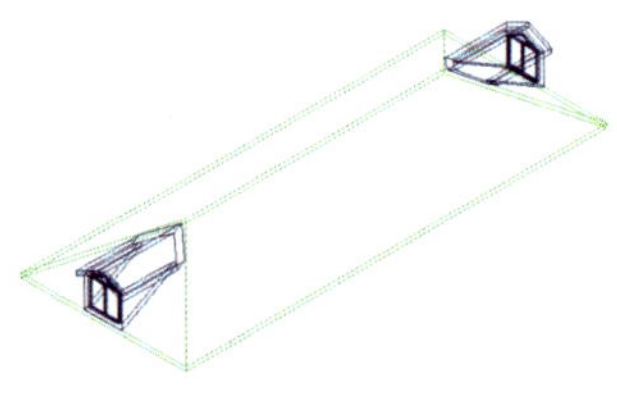

加老虎窗

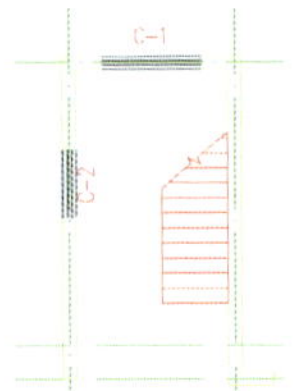

第20章　楼梯及其他设施

直线梯段

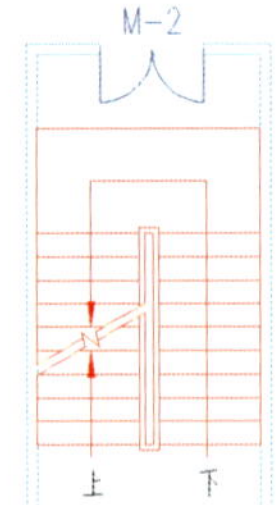

双跑楼梯

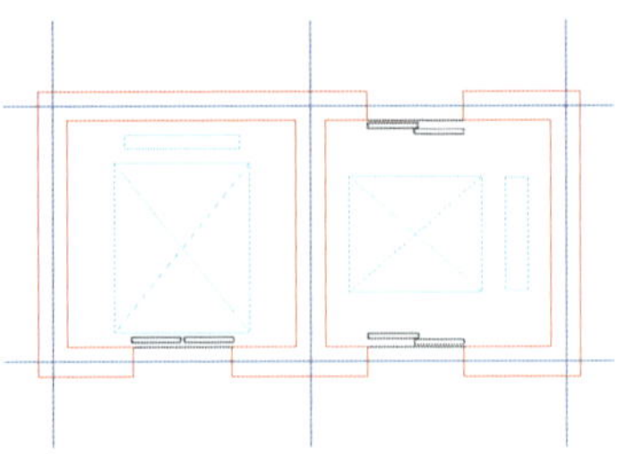

电梯

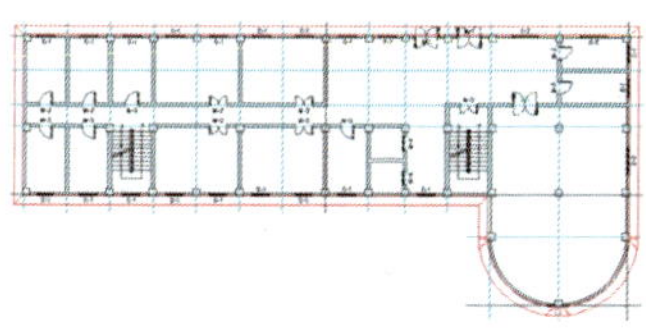

散水

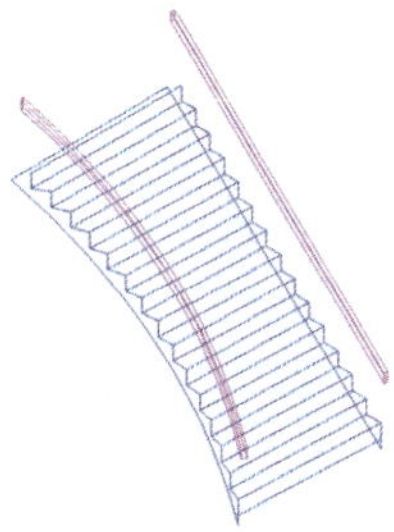

添加扶手

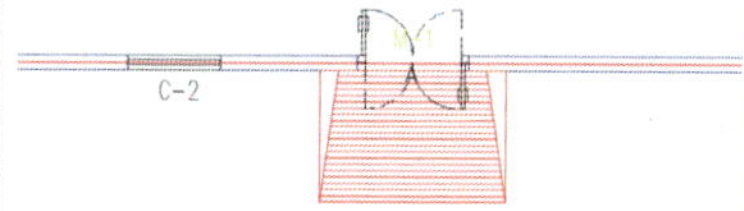

坡道

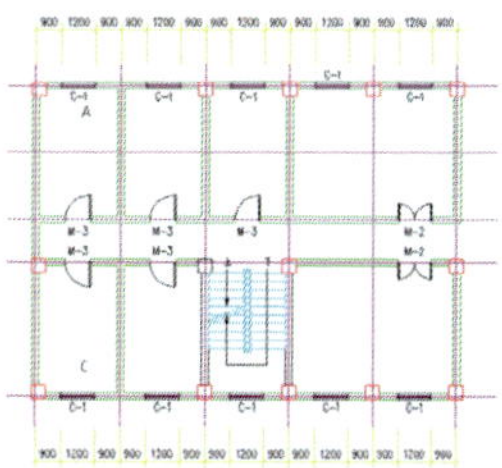

第22章 尺寸标注

门窗标注

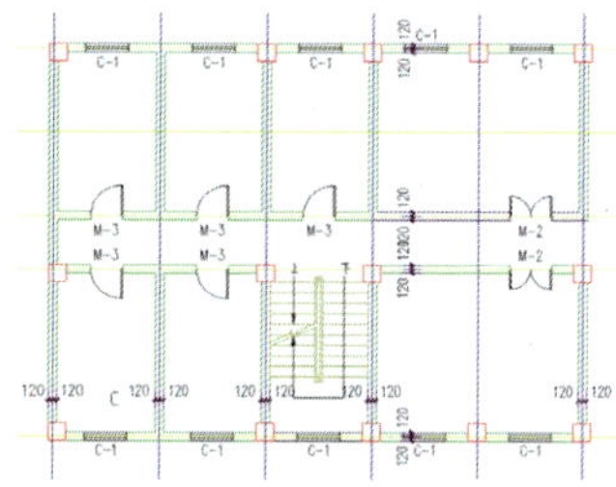

墙厚标注

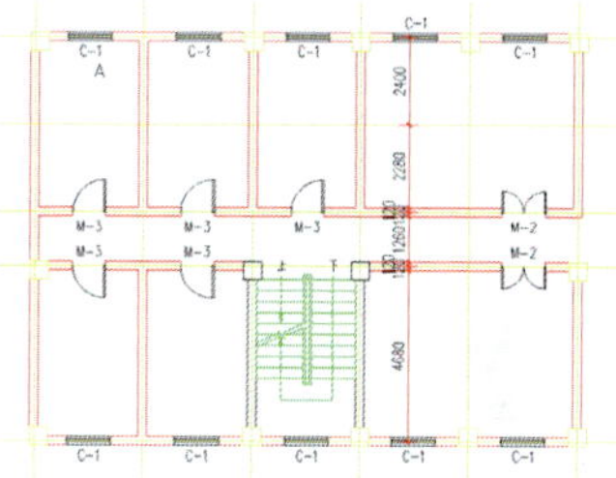

两点标注

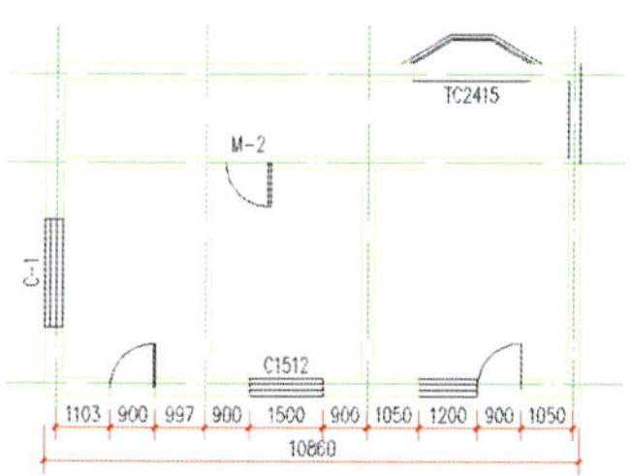

快速标注

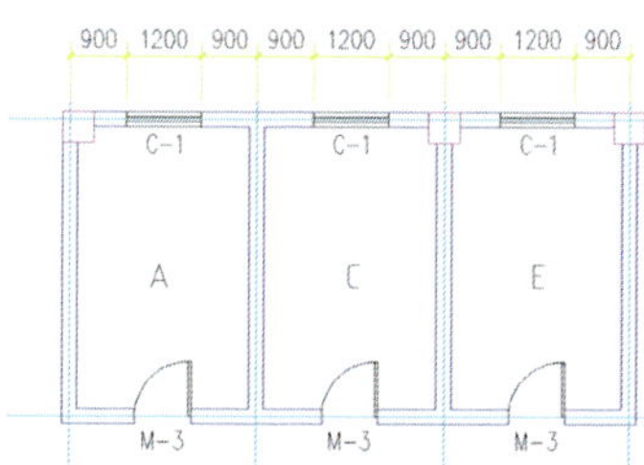

文字复位

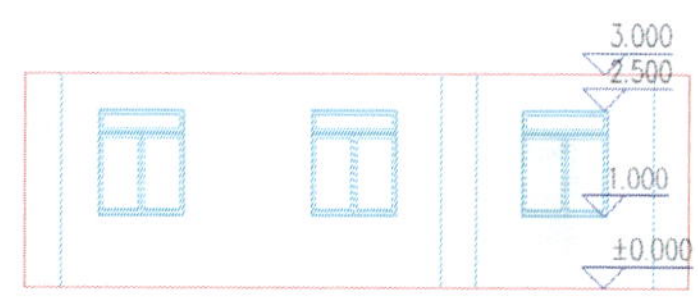

标高标注

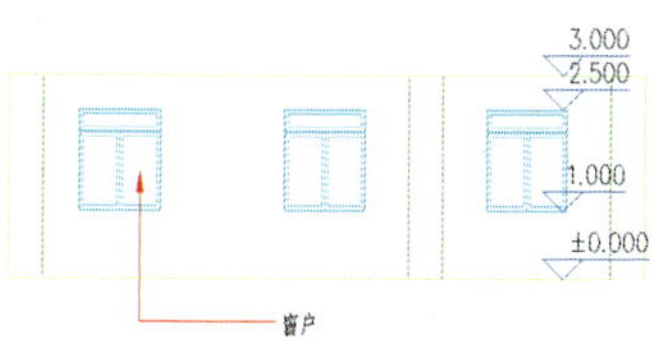

第23章 符号标注

箭头引注

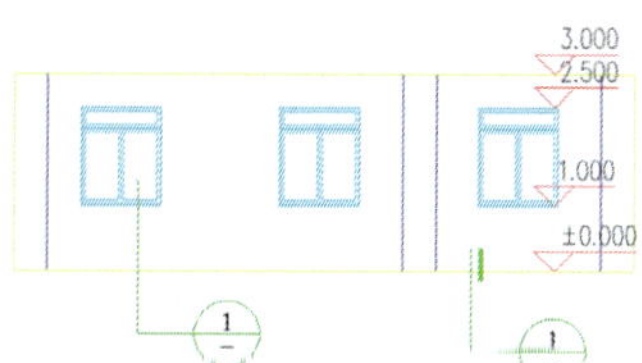

索引符号

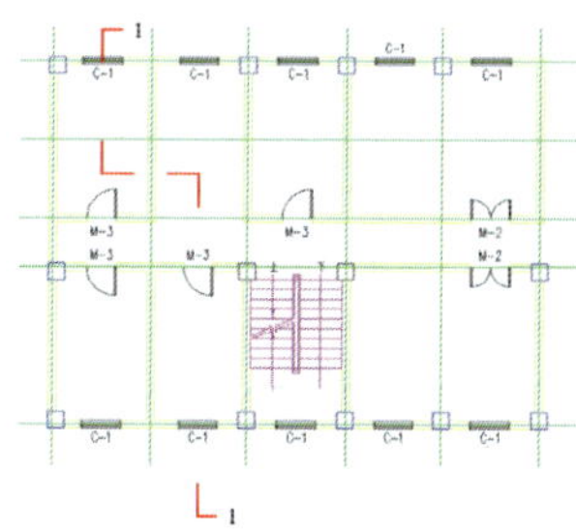

剖面剖切

第24章　立面

建筑立面

立面门窗

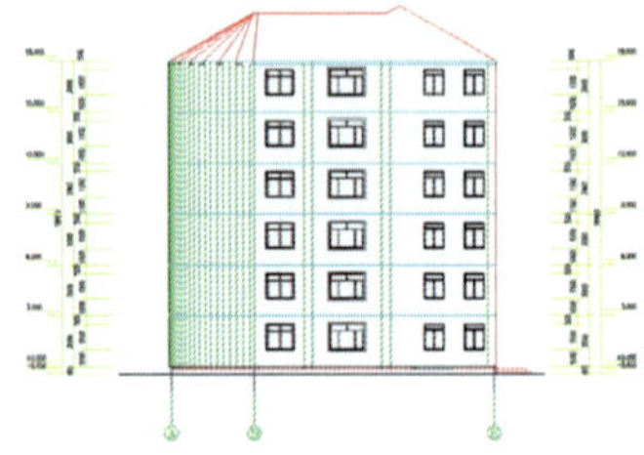

立面窗套

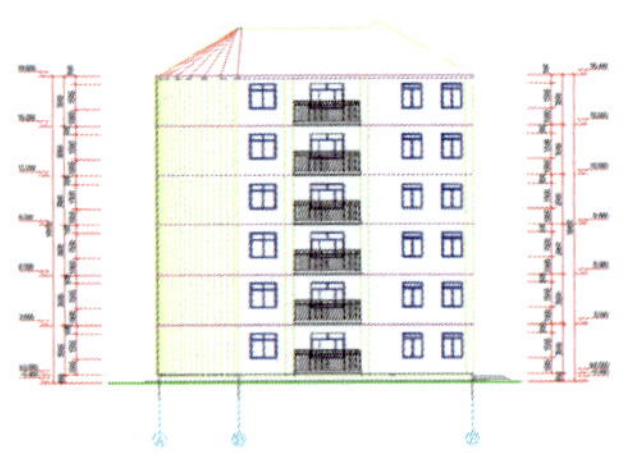

立面阳台

立面屋顶

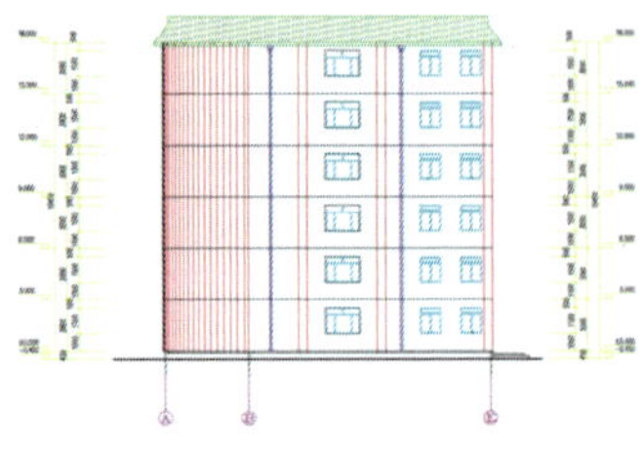

雨水管线

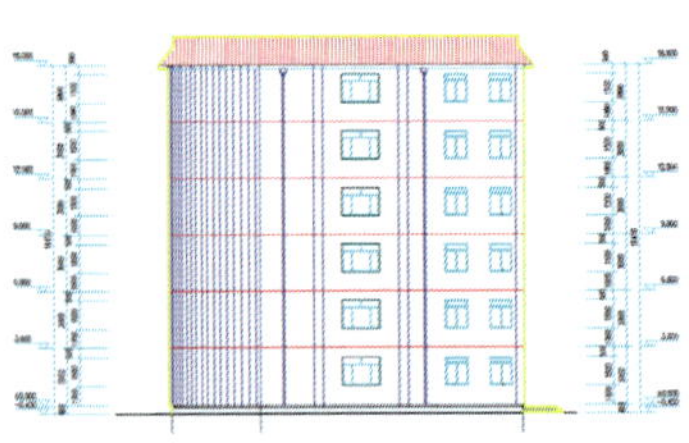

立面轮廓

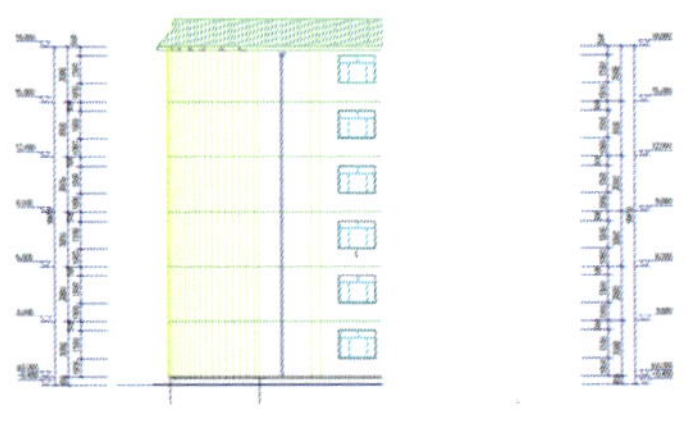

图形裁剪

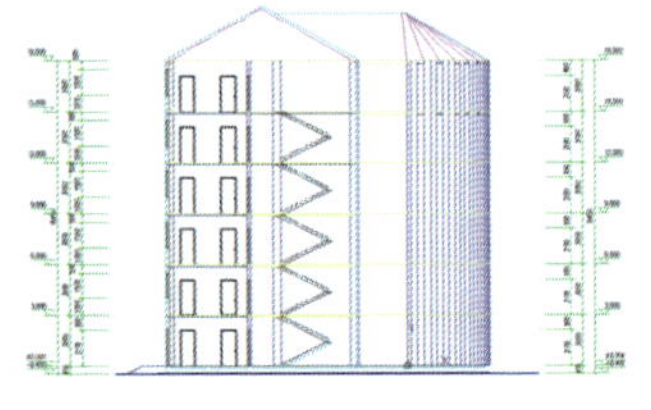

第25章　剖面

建筑剖面

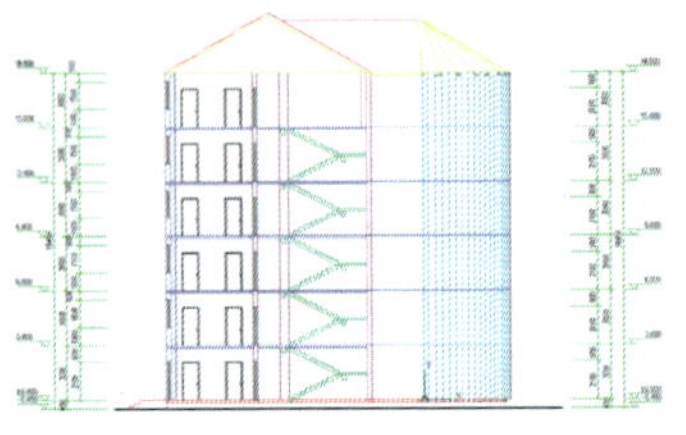

加剖断梁

剖面门窗

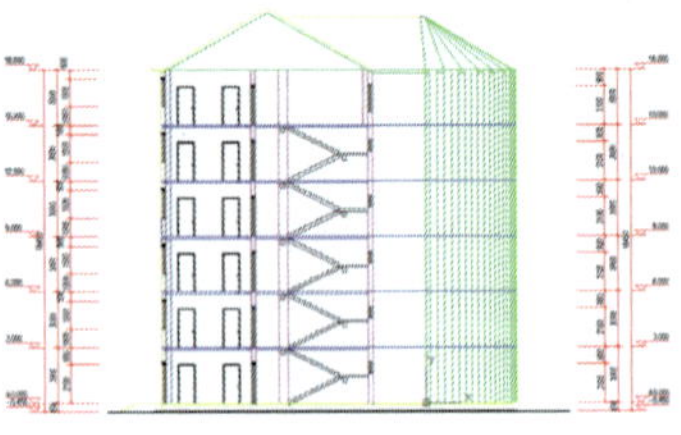

门窗过梁

AutoCAD 2012与天正TArch 8.5建筑设计从入门到精通

胡仁喜 刘昌丽 张日晶 编著

人民邮电出版社
北京

图书在版编目（C I P）数据

AutoCAD 2012与天正TArch 8.5建筑设计从入门到精通 / 胡仁喜，刘昌丽，张日晶编著. -- 北京 : 人民邮电出版社，2011.10（2016.9重印）
ISBN 978-7-115-26426-8

Ⅰ. ①A… Ⅱ. ①胡… ②刘… ③张… Ⅲ. ①建筑设计－AutoCAD软件②建筑设计：计算机辅助设计－应用软件，TArch 8.5 Ⅳ. ①TU201.4

中国版本图书馆CIP数据核字(2011)第189013号

内 容 提 要

本书主要讲解利用 AutoCAD 2012 与天正 TArch 8.5 软件绘制各种建筑平面施工图的技巧与实例。

全书分为 4 部分共 25 章。第 1 部分基础知识（第 1～5 章），主要内容包括建筑设计基本理论、AutoCAD 2012 入门知识、二维绘图命令、编辑命令和辅助工具；第 2 部分建筑图样实例（第 6～10 章），主要内容介绍建筑总平面图、建筑平面图、建筑立面图、建筑剖面图与详图的设计方法以及住宅小区建筑施工图总体概述；第 3 部分综合实例（第 11～14 章），主要内容包括某住宅小区规划总平面图绘制、某住宅小区 1 号楼建筑平面图绘制、某住宅小区 1 号楼建筑立面图绘制以及某住宅楼建筑剖面图及详图绘制；第 4 部分天正设计（第 15～25 章），主要内容为天正 TArch 8.5 中绘制各种建筑设施和视图的方法和技巧，包括轴网、柱子、墙体、门窗、楼梯和其他设施、房间和屋顶、文字表格、尺寸标注、符号标注、立面和剖面等内容，各章之间紧密联系，前后呼应。

本书面向初、中级用户以及对建筑制图比较了解的技术人员，旨在帮助读者用较短的时间熟练地掌握使用 AutoCAD 2012 中文版和天正 TArch 8.5 软件绘制各种建筑实例的应用技巧，并提高建筑制图的设计质量。

为了方便广大读者更加形象直观地学习此书，随书配增多媒体光盘，包含由作者亲自配音讲解的全书实例操作过程的录屏 AVI 文件和实例源文件。

AutoCAD 2012 与天正 TArch 8.5 建筑设计从入门到精通

◆ 编　著　胡仁喜　刘昌丽　张日晶
　责任编辑　俞　彬
◆ 人民邮电出版社出版发行　北京市丰台区成寿寺路 11 号
　邮编　100164　电子邮件　315@ptpress.com.cn
　网址　http://www.ptpress.com.cn
　北京京华虎彩印刷有限公司印刷
◆ 开本：787×1092　1/16
　印张：32　彩插：4
　字数：663 千字　2011 年 10 月第 1 版
　印数：8 361– 8 860 册　2016 年 9 月北京第 8 次印刷

ISBN 978-7-115-26426-8

定价：68.00 元（附光盘）

读者服务热线：(010)81055410　印装质量热线：(010)81055316
反盗版热线：(010)81055315

前　言

在国内，AutoCAD 软件在建筑设计中的应用最为广泛，掌握好该软件，是每个建筑设计人员必不可少的技能。AutoCAD 不仅具有强大的二维平面绘图功能，而且具有出色的、灵活可靠的三维建模功能，是进行建筑设计最为有力的工具之一。使用 AutoCAD 绘制建筑设计图，不仅可以利用人机交互界面实时地进行修改，快速地把个人的意见反映到设计中去，而且可以感受修改后的效果，从多个角度任意进行观察。

一、本书特色

本书具有以下 5 大特色。

作者实践经验丰富

本书作者有多年的计算机辅助建筑设计领域的工作经验和教学经验。本书是作者总结多年的设计经验以及教学的心得体会，历时多年，精心编著，力求全面细致地展现出 AutoCAD 2012 中文版软件在建筑设计应用领域的各种功能和使用方法。

实例专业

本书中引用的实例都来自建筑设计工程实践，实例典型、真实实用。这些实例经过作者精心提炼和改编，不仅确保读者掌握各个知识点，更重要的是能帮助读者掌握实际的操作技能。

技能提升

本书从全面提升建筑设计与 AutoCAD 应用能力的角度出发，结合具体的案例讲解如何利用 AutoCAD 2012 进行建筑设计，真正让读者懂得计算机辅助建筑设计，从而独立地完成各种建筑设计。

内容全面

本书在有限的篇幅内，介绍了 AutoCAD 2012 中文版常用的功能以及常见的建筑设计类型，涵盖了 AutoCAD 绘图基础知识、建筑设计基本技能、综合建筑设计等知识。读者只要有本书在手，AutoCAD 建筑设计知识便可以全精通。本书不仅有透彻的讲解，还有非常典型的工程实例。通过实例的演练，读者能够找到一条学习 AutoCAD 建筑设计的捷径。

知行合一

结合典型的建筑设计实例详细讲解 AutoCAD 2012 建筑设计知识要点，让读者在学习案例的过程中潜移默化地掌握 AutoCAD 2012 中文版软件的操作技巧，同时培养了读者工程设计的实践能力。

二、本书组织结构和主要内容

本书以最新的 AutoCAD 2012 版本为演示平台，全面地介绍了 AutoCAD 建筑设计从基础到实例的全部知识，帮助读者从入门走向精通。全书分为 4 部分共 25 章。

第 1 部分设计基础——介绍必要的基本操作方法和技巧（第 1 章～第 5 章）

第 2 部分建筑图样实例——详细讲解建筑设计中各种图形的设计方法（第 6 章～第 10 章）

第 3 部分综合案例——详细讲解某住宅小区施工图的设计方法（第 11 章～第 14 章）

第 4 部分天正设计——详细讲解天正 TArch 8.5 的使用方法（第 15 章～第 25 章）

三、本书源文件

本书所有实例操作需要的原始文件和结果文件，以及上机实验实例的原始文件和结果文件，都在随书光盘的“源文件”目录下，读者可以复制到计算机硬盘下参考和使用。

四、光盘使用说明

本书除利用传统的书面讲解外，随书还配送了多媒体学习光盘。光盘中包含所有实例的素材源文件，并包含作者亲自配音讲解的录屏 AVI 文件。利用作者精心设计的多媒体界面，读者可以轻松愉悦地学习本书。

光盘中有两个重要的目录希望读者关注，“源文件”目录下是本书所有实例操作需要的原始文件和结果文件，以及上机实验实例的原始文件和结果文件。“动画演示”目录下是本书所有实例的操作过程视频 AVI 文件。

如果读者对本书提供的多媒体界面不习惯，也可以打开该文件夹，选用自己喜欢的播放器进行播放。

提示：由于本书多媒体光盘插入光驱后自动播放，有些读者不知道怎样查看文件光盘目录。具体的方法是退出本光盘自动播放模式，然后再双击计算机桌面上的“我的电脑”图标，打开文件根目录，在光盘所在盘符上单击鼠标右键，在打开的快捷菜单中选择“打开”命令，就可以查看光盘文件目录。

五、致谢

本书由胡仁喜、刘昌丽和张日晶主编，王玉秋、张俊生、王佩楷、王宏、周冰、李瑞、董伟、王敏、康士廷、王渊峰、王兵学、熊慧、王艳池、王培合、董荣荣、王义发、郑长松等为此书的编写提供了大量帮助，在此一并表示感谢。本书的编写和出版得到了很多朋友的大力支持，值此图书出版发行之际，向他们表示衷心的感谢。

由于时间仓促，加上编写水平有限，书中不足之处在所难免，望广大读者发送邮件到 win760520@126.com 批评指正，也可以与本书责任编辑俞彬联系交流（电子邮件：yubin@ptpress.com.cn）。

作者

于 2012 年 8 月

目录

第 1 部分 基础知识

第2部分 建筑图样实例

第 8 章　绘制建筑立面图 ………………187

第 9 章　绘制建筑剖面图与详图………200

第 10 章　某住宅小区建筑施工图总体概述………………215

第 3 部分　综合实例

第 11 章　某住宅小区规划总平面图绘制…………227

第 12 章　某住宅小区 1 号楼建筑平面图绘制……243

第1部分

基 础 知 识

本部分主要介绍建筑设计的一些基础知识，包括 AutoCAD 入门和建筑理论等知识。本部分交代了 AutoCAD 应用于建筑设计的一些基本功能，为后面的具体设计做准备。

第1章 建筑设计基本理论

建筑设计是指建筑物在建造之前，设计者按照建设任务，将施工过程和使用过程中存在的或可能发生的问题，事先做好通盘的设想，拟定好解决这些问题的办法、方案，并用图纸和文件表达出来。

本章将简要介绍建筑设计的一些基本知识，包括建筑设计特点、建筑设计要求与规范、建筑设计内容等。

重点与难点

- 建筑设计基本理论
- 建筑设计基本方法
- 建筑制图基本知识

1.1 建筑设计基本理论

本节将简要介绍有关建筑设计的基本概念、规范和特点。

1.1.1 建筑设计概述

建筑设计是为人们工作、生活与休闲提供环境空间的综合艺术和科学。建筑设计与人们日常生活息息相关，从住宅到商场大楼，从写字楼到酒店，从教学楼到体育馆，无处不与建筑设计紧密联系。图 1-1 和图 1-2 所示是两种不同风格的建筑。

图 1-1　高层商业建筑

图 1-2　别墅建筑

1.1.2 建筑设计特点

建筑设计是根据建筑物的使用性质、所处环境和相应标准，运用物质技术手段和建筑美学原理，创造功能合理、舒适优美、满足人们物质和精神生活需要的室内外空间环境。设计构思时，需要运用物质技术手段，如各类装饰材料和设施设备等；还需要遵循建筑美学原理，综合考虑使用功能、结构施工、材料设备和造价标准等多种因素。

从设计者的角度来分析建筑设计的方法，主要有以下几点。

（1）总体与细部深入推敲

总体推敲是建筑设计应考虑的几个基本观点之一，是指有一个设计的全局观念。细处着手是指具体进行设计时，必须根据建筑的使用性质，深入调查、收集信息，掌握必要的资料和数据，从最基本的人体尺度、人流动线、活动范围和特点、家具与设备的尺寸，以及使用它们必须的空间等着手。

（2）里外、局部与整体协调统一

建筑室内外空间环境需要与建筑整体的性质、标准、风格，以及室外环境相协调统一，它们之间有着相互依存的密切关系，设计时需要从里到外，从外到里多次反复协调，从而使设计更趋完善合理。

（3）立意与表达

设计的构思、立意至关重要。可以说，一项设计，没有立意就等于没有“灵魂”，设计的难度往往也在于要有一个好的构思。一个较为成熟的构思，往往需要足够的信息量，有商讨和思考的时间，在设计前期和出方案过程中使立意、构思逐步明确，形成一个好的构思。

建筑设计根据设计的进程，通常可以分为 4 个阶段，即准备阶段、方案阶段、施工图阶段和实施阶段。

（1）准备阶段

设计准备阶段主要是接受委托任务书，签订合同，或者根据标书要求参加投标；明确设计任务和要求，如建筑设计任务的使用性质、功能特点、设计规模、等级标准、总造价，以及根据任务的使用性质所需创造的建筑室内外空间环境氛围、文化内涵或艺术风格等。

（2）方案阶段

方案设计阶段是在设计准备阶段的基础上，进一步收集、分析、运用与设计任务有关的资料与信息，构思立意，进行初步方案设计，进而深入设计，进行方案的分析与比较。确定初步设计方案，提供设计文件，如平面图、立面和透视效果图等。图 1-3 所示是某个项目建筑设计方案效果图。

（3）施工图阶段

施工图设计阶段是提供有关平面、立面、构造节点大样，以及设备管线图等施工图纸，满足施工的需要。图 1-4 所示是某个项目建筑平面施工图。

图 1-3　建筑设计方案效果图

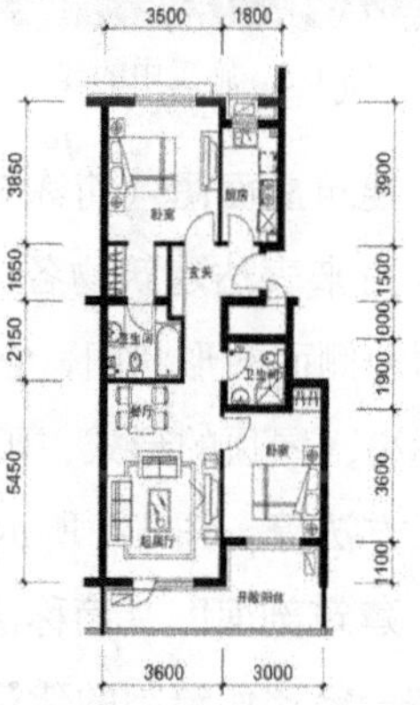

图 1-4　建筑平面施工图（局部）

（4）实施阶段

设计实施阶段也就是工程的施工阶段。建筑工程在施工前，设计人员应向施工单位进行设计意图说明及图纸的技术交底；工程施工期间需按图纸要求核对施工实况，有时还需根据现场实况提出对图纸的局部修改或补充；施工结束时，会同质检部门和建设单位进行工程验收。图 1-5 所示是正在施工中的建筑（局部）。

注意

为了使设计取得预期效果，建筑设计人员必须抓好设计各阶段的环节，充分重视设计、施工、材料、设备等各个方面，协调好与建设单位和施工单位之间的相互关系，在设计意图和构思方面取得沟通与共识，以期取得理想的设计工程成果。

一套工业与民用建筑的建筑施工图通常包括如下几大类图纸。

（1）建筑平面图（简称平面图）

是按一定比例绘制的建筑的水平剖切图。通俗地讲，就是将一幢建筑窗台以上部分切掉，再将切面以下部分用直线和各种图例、符号直接绘制在纸上，以直观地表示建筑在设计和使用上的基本要求和特点。建筑平面图一般比较详细，通常采用较大的比例，如 1：200、1：100 和 1：50，并标出实际的详细尺寸。图 1-6 所示是某建筑标准层平面图。

图 1-5　施工中的建筑

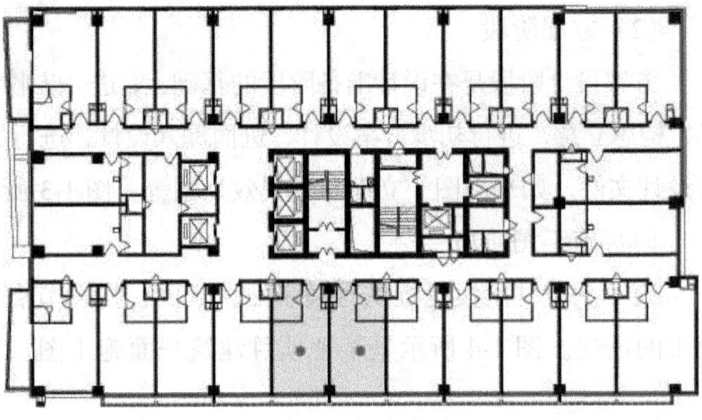

图 1-6　建筑平面图

（2）建筑立面图（简称立面图）

主要用来表达建筑物各个立面的形状和外墙面的装修等，是按照一定比例绘制建筑物的正面、背面和侧面的形状图，它表示的是建筑物的外部形式，说明建筑物长、宽、高的尺寸，表现楼地面标高、屋顶的形式、阳台位置和形式、门窗洞口的位置和形式、外墙装饰的设计形式、材料及施工方法等。图 1-7 所示是某建筑的立面图。

（3）建筑剖面图（简称剖面图）

是按一定比例绘制的建筑竖直方向剖切前视图，它表示建筑内部的空间高度、室内立面布置、结构和构造等情况。在绘制剖面图时，应包括各层楼面的标高、窗台、窗上口和室内净尺寸等，剖切楼梯应表明楼梯分段与分级数量；建筑主要承重构件的相互关系，画出房屋从屋面到地面的内部构造特征，如楼板构造、隔墙构造、内门高度、各层梁和板位置、屋顶的结构形式与用料等；注明装修方法、楼、地面做法，所用材料加以说明，标明屋面做法及构造；各层的层高与标高，标明各部位高度尺寸等。图 1-8 所示是某建筑的剖面图。

图 1-7 建筑立面图

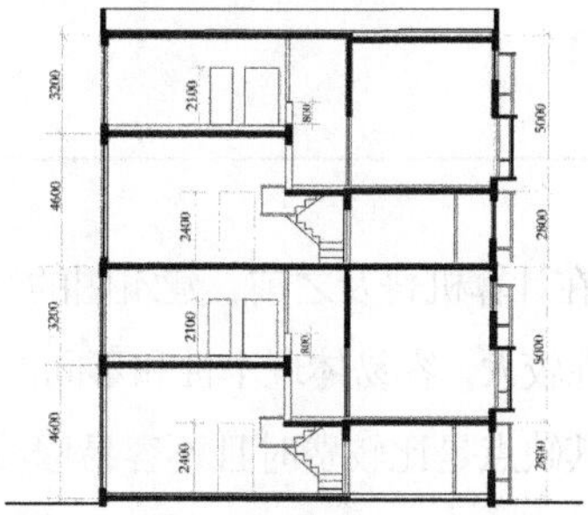

图 1-8 建筑剖面图

（4）建筑大样图（简称详图）

主要用以表达建筑物的细部构造、节点连接形式，以及构件、配件的形状大小、材料、做法等。详图要用较大比例绘制（如 1∶20、1∶5 等），尺寸标注要准确齐全，文字说明要详细。图 1-9 所示为墙身（局部）详图。

（5）建筑透视效果图

除上述类型图形外，在实际工程实践中还经常绘制建筑透视图，它具有强烈的三度空间透视感，非常直观地表现了建筑的造型、空间布置、色彩和外部环境等多方面内容。从高处俯视的透视图又称为"鸟瞰图"或"俯视图"。建筑透视图一般要严格地按比例绘制，并进行绘制上的艺术加工，这种图通常被称为建筑表现图或建筑效果图。一幅绘制精美的建筑表现图就是一件艺术作品，具有很强的艺术感染力。图 1-10 所示是某大厦三维外观透视图。

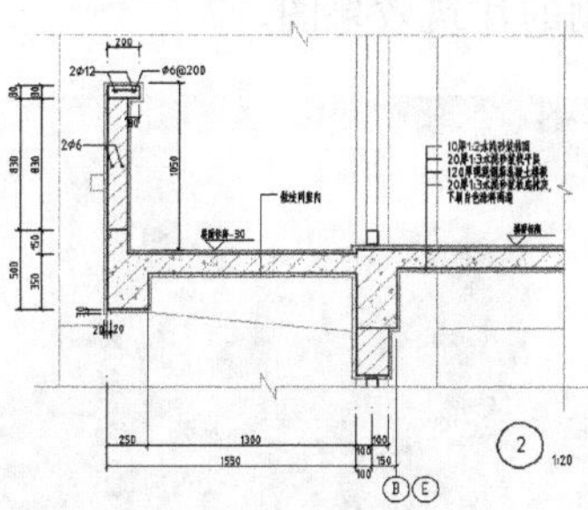

图 1-9 建筑大样图

图 1-10 建筑透视效果图

1.2 建筑设计基本方法

本节将介绍建筑设计的两种基本方法及其各自的特点。

1.2.1 手工绘制建筑图

在计算机普及之前，建筑图的绘制最为常用的方式是手工绘制。手工绘制方法的最大优点是自然，随机性较大，容易体现个性和不同的设计风格，使人们领略到其所带来的真实性、实用性和趣味性的效果；其缺点是比较费时且不容易修改。图 1-11 和图 1-12 所示是手工绘制的建筑效果图。

图 1-11 手工绘制的建筑效果图（1）

图 1-12 手工绘制的建筑效果图（2）

1.2.2 计算机绘制建筑图

随着计算机信息技术的飞速发展，建筑设计已逐步摆脱传统的图板和三角尺，步入计算机辅助设计（CAD）时代。在国内外，建筑效果图及施工图的设计，如今也几乎完全实现了使用计算机进行绘制和修改。图 1-13 和图 1-14 所示是计算机绘制的建筑效果图。

图 1-13 计算机绘制的建筑效果图（1）

图 1-14 计算机绘制的建筑效果图（2）

1.2.3 CAD 技术在建筑设计中的应用简介

1．CAD 技术及 AutoCAD 软件

CAD 即“计算机辅助设计”（Computer Aided Design），是指发挥计算机的潜力，使它在各类工程设计中起辅助设计作用的技术总称，不单指哪一个软件。CAD 技术一方面可以在工程设计中协助完成计算、分析、综合、优化和决策等工作；另一方面可以协助技术人员绘制设计图纸，完成一些归纳、统计的工作。在此基础上，还有一个 CAAD 技术，即“计算机辅助建筑设计”（Computer Aided

Architectural Design)，它是专门开发用于建筑设计的计算机技术。由于建筑设计工作的复杂性和特殊性（不像结构设计属于纯技术工作），就国内目前建筑设计实践状况来看，CAD 技术的大量应用主要还是在图纸的绘制方面，但也有一些具有三维功能的软件，在方案设计阶段用来协助推敲。

AutoCAD 软件是美国 Autodesk 公司开发研制的计算机辅助软件，它在世界工程设计领域使用相当广泛，目前已成功应用到建筑、机械、服装、气象和地理等领域。自 1982 年推出第一个版本以后，目前已升级至第 19 个版本，最新版本为 AutoCAD 2012，如图 1-15 所示。AutoCAD 是我国建筑设计领域最早接受的 CAD 软件，几乎成了默认绘图软件，主要用于绘制二维建筑图形。此外，AutoCAD 为客户提供了良好的二次开发平台，便于用户自行定制适于本专业的绘图格式和附加功能。目前，国内专门研制开发基于 AutoCAD 的建筑设计软件的公司就有几家。

图 1-15 AutoCAD 2012

2．CAD 软件在建筑设计各阶段的应用情况

建筑设计应用到的 CAD 软件较多，主要包括二维矢量图形绘制软件、方案设计推敲软件、建模及渲染软件和效果图后期制作软件等。

（1）二维矢量图形绘制

二维图形绘制包括总图、平立剖图、大样图和节点详图等。AutoCAD 因其优越的矢量绘图功能，被广泛用于方案设计、初步设计和施工图设计全过程的二维图形绘制。在方案设计阶段，它生成扩展名为 dwg 的矢量图形文件，可以将它导入 3ds Max、3d VIZ 等软件协助建模，如图 1-16 和图 1-17 所示。可以输出为位图文件，导入 Photoshop 等图像处理软件进一步制作平面表现图。

图 1-16 3ds Max 2012

图 1-17 3d VIZ 2008

（2）方案设计推敲

AutoCAD、3ds Max 和 3d VIZ 的三维功能可以用来协助体块分析和空间组合分析。此外，一些能够较为方便快捷地建立三维模型，便于在方案推敲时快速处理平、立、剖及空间之间关系的

CAD 软件正逐渐被设计者了解和接受，如 SketchUp、ArchiCAD 如图 1-18 和图 1-19 所示，它们兼具二维、三维和渲染功能。

图 1-18　SketchUp 8.0

图 1-19　ArchiCAD 13

（3）建模及渲染

这里所说的建模指的是制作效果图准备的精确模型。常见的建模软件有 AutoCAD、3ds Max 和 3d VIZ 等。应用 AutoCAD 可以进行准确建模，但是它的渲染效果较差，一般需要导入 3ds Max、3d VIZ 等软件中附加材质、设置灯光，而后进行渲染，而且需要处理好导入前后的接口问题。

（4）后期制作

1）效果图后期处理：模型渲染以后需要进行后期处理，包括修改、调色、配景和添加文字等。在此环节上，Adobe 公司开发的 Photoshop 是一款首选的图像后期处理软件，如图 1-20 所示。

图 1-20　Photoshop CS5

此外，方案阶段用 AutoCAD 绘制的总图、平、立、剖面及各种分析图也常在 Photoshop 中作套色处理。

2）方案文档排版：为了满足设计深度要求，满足建设方或标书的要求，同时也希望突出自己方案的特点，使自己的方案能够脱颖而出，方案文档排版工作是相当重要的。它包括封面、目录、设计说明制作以及方案设计图所在各页的制作。在此环节上可以用 Adobe PageMaker，也可以直接用 Photoshop 或其他平面设计软件。

3）演示文稿制作：若需将设计方案做成演示文稿进行汇报，比较简单的软件是 PowerPoint，其次可以使用 Flash、Authware 等。

（5）其他软件

在建筑设计过程中还可能用到其他软件，如文字处理软件 Microsoft Word、数据统计分析软件 Excel 等。至于一些计算程序，如节能计算、日照分析等，则根据具体需要采用。

1.3 建筑制图基本知识

建筑设计图纸是交流设计思想、传达设计意图的技术文件。尽管 AutoCAD 功能强大，但它毕竟不是专门为建筑设计定制的软件，一方面需要在用户的正确操作下才能实现绘图功能，另一方面需要用户遵循统一制图规范，在正确的制图理论及方法的指导下来操作，这样才能生成合格的图纸。可见，即使在当今大量采用计算机绘图的形势下，仍然有必要掌握基本绘图知识。

1.3.1 建筑制图概述

1．建筑制图的概念

建筑制图是根据正确的制图理论及方法，按照国家统一的建筑制图规范将设计思想和技术特征清晰、准确地表现出来。建筑图纸包括方案图、初设图、施工图等类型。国家标准《房屋建筑制图统一标准》(GB/T 50001-2001)、《总图制图标准》(GB/T 50103-2001) 和《建筑制图标准》(GB/T 50101-2001) 是建筑专业手工制图和计算机制图的依据。

2．建筑制图程序

建筑制图的程序是与建筑设计的程序相对应的。从整个设计过程来看，按照设计方案图、初设图和施工图的顺序来进行。后面阶段的图纸在前一阶段的基础上做深化、修改和完善。就每个阶段来看，一般遵循平面、立面、剖面和详图的过程来绘制。至于每种图样的制图程序，将在后面章节结合 AutoCAD 操作来讲解。

1.3.2 建筑制图的要求及规范

1．图幅、标题栏及会签栏

图幅即图面的大小，分为横式和立式两种。根据国家标准的规定，按图面的长和宽的大小确定图幅的等级。建筑常用的图幅有 A0（也称 0 号图幅，其余类推）、A1、A2、A3 和 A4，每种图幅的长宽尺寸如表 1-1 所示，表中的尺寸代号意义如图 1-21 和图 1-22 所示。

表 1-1　　图幅标准（单位：mm）

尺寸代号 \ 图幅代号	A0	A1	A2	A3	A4
b×l	841×1189	594×841	420×594	297×420	210×297
c	10			5	
a	25				

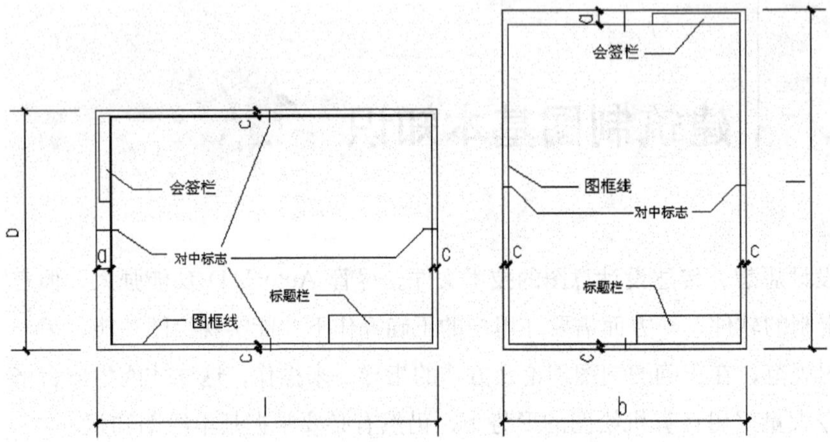

（a）横式幅面　　（b）立式幅面

图 1-21　A0～A3 图幅格式

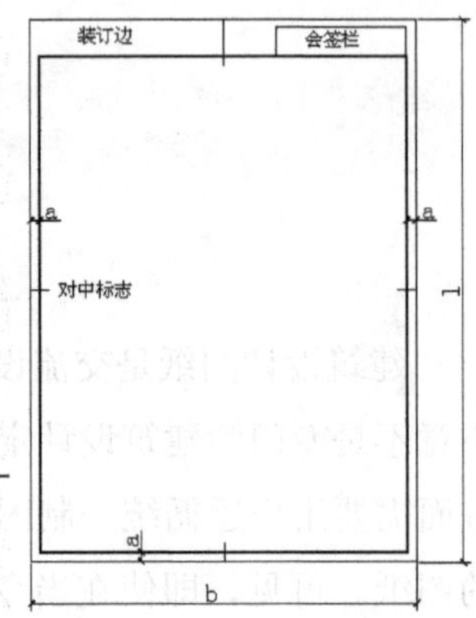

图 1-22　A4 立式图幅格式

A0~A3 图纸可以在长边加长，但短边一般不应加长，加长尺寸如表 1-2 所示。如有特殊需要，可采用 b×l=841mm×891mm 或 1189mm×1261mm 的幅面。

表 1-2　　图纸长边加长尺寸（单位：mm）

图　幅	长边尺寸	长边加长后尺寸
A0	1189	1486、1635、1783、1932、2080、2230、2378
A1	841	1051、1261、1471、1682、1892、2102
A2	594	743、891、1041、1189、1338、1486、1635、1783、1932、2080
A3	420	630、841、1051、1261、1471、1682、1892

标题栏包括设计单位名称、工程名称、签字区、图名区，以及图号区等内容。一般图标格式如图 1-23 所示，如今不少设计单位采用自己个性化的图标格式，但是仍必须包括这几项内容。

会签栏是为各工种负责人审核后签名用的表格，它包括专业、姓名、日期等内容，如图 1-24 所示。对于不需要会签的图纸，可以不设此栏。

此外，需要微缩复制的图纸，其一条边上应附有一段准确米制尺度，4 条边上均附有对中标志。米制尺度的总长应为 100mm，分格应为 10mm。对中标志应画在图纸各边长的中点处，线宽应为 0.35mm，伸入框内应为 5mm。

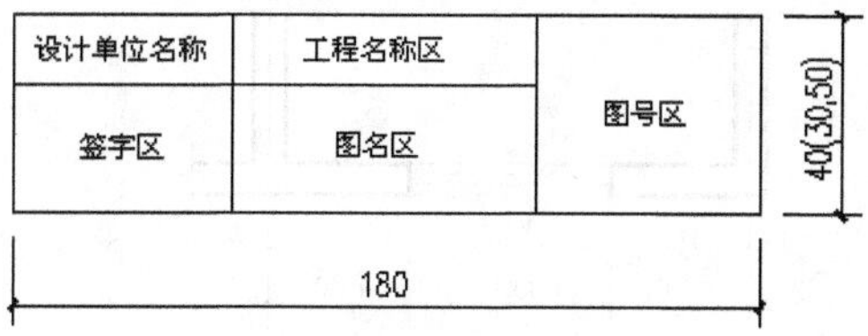

图 1-23　标题栏格式

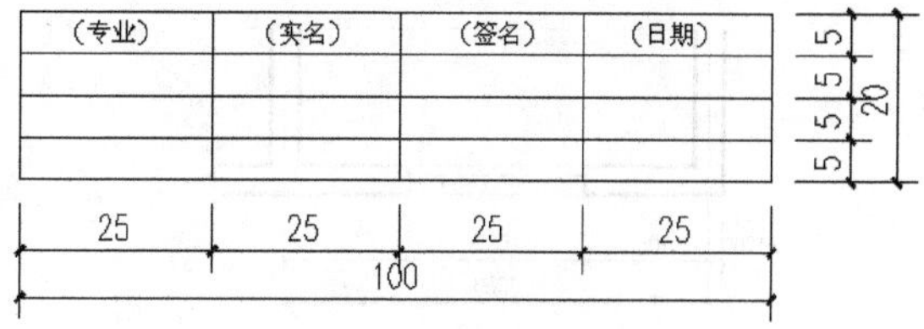

图 1-24　会签栏格式

2．线型要求

建筑图纸主要由各种线条构成，不同的线型表示不同的对象和不同的部位，代表着不同的含义。为了使图面能够清晰、准确、美观地表达设计思想，工程实践中采用了一套常用的线型，并规定了它们的使用范围，其统计如表 1-3 所示。

表 1-3　　常用线型统计表

名　称		线　型	线宽	适 用 范 围
实线	粗		b	建筑平面图、剖面图、构造详图的被剖切主要构件截面轮廓线；建筑立面图外轮廓线；图框线；剖切线。总图中的新建建筑物轮廓
实线	中		0.5b	建筑平、剖面中被剖切的次要构件的轮廓线；建筑平、立、剖面图构配件的轮廓线；详图中的一般轮廓线
	细		0.25b	尺寸线、图例线、索引符号、材料线及其他细部刻画用线等
虚线	中		0.5b	主要用于构造详图中不可见的实物轮廓；平面图中的起重机轮廓；拟扩建的建筑物轮廓
	细		0.25b	其他不可见的次要实物轮廓线
点划线	细		0.25b	轴线、构配件的中心线、对称线等
折断线	细		0.25b	省略画出图样时的断开界限
波浪线	细		0.25b	构造层次的断开界线，有时也表示省略画出时的断开界限

图线宽度 b，宜从下列线宽中选取：2.0mm、1.4mm、1.0mm、0.7mm、0.5mm 和 0.35mm。不同的 b 值，产生不同的线宽组。在同一张图纸内，各不同线宽组中的细线，可以统一采用较细的线宽组中的细线。对于需要微缩的图纸，线宽不宜小于 0.18mm。

3．尺寸标注

尺寸标注的一般原则有以下几点。

（1）尺寸标注应力求准确、清晰、美观大方，同一张图纸中的标注风格应保持一致。

（2）尺寸线应尽量标注在图样轮廓线以外，从内到外依次标注从小到大的尺寸，不能将大尺寸标在内，而小尺寸标在外，如图 1-25 所示。

(a) 正确　　(b) 错误

图 1-25　尺寸标注正误对比

（3）最内一道尺寸线与图样轮廓线之间的距离不应小于 10mm，两道尺寸线之间的距离一般为 7mm～10mm。

（4）尺寸界线朝向图样的端头距图样轮廓的距离应大于等于 2mm，不宜直接与之相连。

（5）在图线拥挤的地方，应合理安排尺寸线的位置，但不宜与图线、文字及符号相交；可以考虑将轮廓线用作尺寸界线，但不能作为尺寸线。

（6）室内设计图中连续重复的构配件等，当不易标明定位尺寸时，可在总尺寸的控制下，定位尺寸不用数值而用“均分”或“EQ”字样表示，如图 1-26 所示。

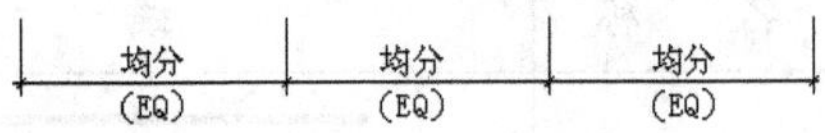

图 1-26　均分尺寸

4．文字说明

在一幅完整的图纸中用图线方式表现得不充分和无法用图线表示的地方，就需要进行文字说明，例如，设计说明、材料名称、构配件名称、构造做法和统计表及图名等。文字说明是图纸内容的重要组成部分，制图规范对文字标注中的字体、字的大小和字体字号搭配等方面做了一些具体规定。

（1）一般原则：字体端正，排列整齐，清晰准确，美观大方，避免过于个性化的文字标注。

（2）字体：一般标注推荐采用仿宋字，大标题、图册封面和地形图等的汉字，也可书写成其他字体，但应易于辨认。

字型示例如下。

仿宋：建筑（小四）建筑（四号）建筑（二号）

黑体：建筑（四号）建筑（小二）

楷体：建筑（二号）

字母、数字及符号：0123456789abcdefghijk% @或 0123456789abcdefghijk%@

（3）字的大小：标注的文字高度要适中。同一类型的文字采用同一大小的字。较大的字用于较概括性的说明内容，较小的字用于较细致的说明内容。文字的字高，应从如下系列中选用：3.5mm、5mm、7mm、10mm、14mm 和 20mm。如需书写更大的字，其高度应按 $\sqrt{2}$ 的比值递增，注意字体及大小搭配的层次感。

5．常用图示标志

（1）详图索引符号及详图符号

平、立、剖面图中，在需要另设详图表示的部位，标注一个索引符号，以表明该详图的位置，这个索引符号即详图索引符号。详图索引符号采用细实线绘制，圆圈直径 10mm。如图 1-27 所示，图中（d）、(e)、(f)、(g）用于索引剖面详图，当详图就在本张图纸时，采用（a)；详图不在本张图纸时，采用（b)、(c)、(d)、(e)、(f)、(g）的形式。

详图符号即详图的编号，用粗实线绘制，圆圈直径 14mm，如图 1-28 所示。

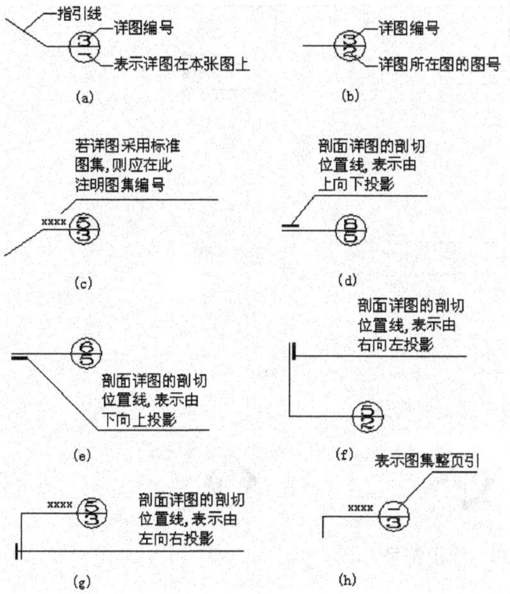

图 1-27　详图索引符号

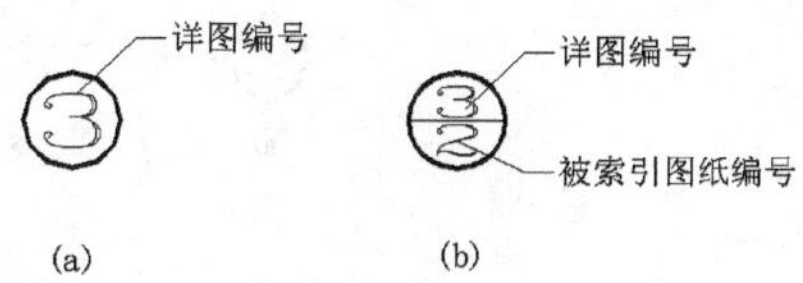

图 1-28　详图符号

（2）引出线

由图样引出一条或多条线段指向文字说明，该线段就是引出线。引出线与水平方向的夹角一般采用 0°、30°、45°、60°和 90°，常见的引出线形式如图 1-29 所示。图中（a)、(b)、(c)、(d）为普通引出线，(e)、(f)、(g)、(h）为多层构造引出线。使用多层构造引出线时，应注意构造分层的顺序，并要求与文字说明的分层顺序一致。文字说明可以放在引出线的端头，如图 1-29（a）～（h）所示，也可放在引出线水平段之上如图 1-29（i）所示。

（3）内视符号

内视符号标注在平面图中，用于表示室内立面图的位置及编号，建立平面图和室内立面图之间的联系。内视符号的形式如图 1-30 所示。图中立面图编号可用英文字母或阿拉伯数字表示，黑色的箭头指向表示的立面方向。图中（a）为单向内视符号，(b）为双向内视符号，(c）为四向内视符号，A、B、C、D 顺时针标注。

其他符号图例统计如表 1-4 和表 1-5 所示。

6．常用材料符号

建筑图中经常应用材料图例来表示材料，在无法用图例表示的地方，也采用文字说明。常用材料图例如表 1-6 所示。

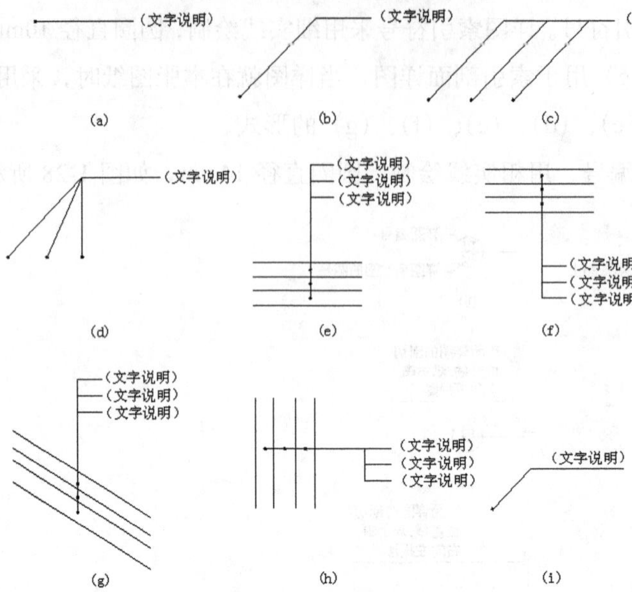

图 1-29　引出线形式

图 1-30　内视符号

表 1-4　　建筑常用符号图例

符　号	说　明	符　号	说　明
3.600 3.600	标高符号，线上数字为标高值，单位为 m 下面一个在标注位置比较拥挤时采用	i=5%	表示坡度
1　A	轴线号	1/1　1/A	附加轴线号
1　1	标注剖切位置的符号，标数字的方向为投影方向，“1”与剖面图的编号“1-1”对应	2　2	标注绘制断面图的位置，标数字的方向为投影放向，“2”与断面图的编号“2-2”对应
	对称符号。在对称图形的中轴位置画此符号，可以省画另一半图形		指北针
	方形坑槽		圆形坑槽
	方形孔洞		圆形孔洞
@	表示重复出现的固定间隔，例如，“双向木格栅@500”	Φ	表示直径，如Φ30

续表

符　　号	说　　明	符　　号	说　　明
平面图 1:100	图名及比例	① 1 : 5	索引详图名及比例
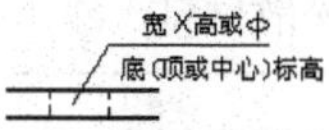	墙体预留洞	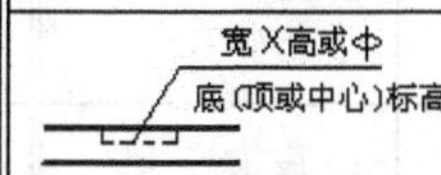	墙体预留槽
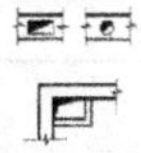	烟道	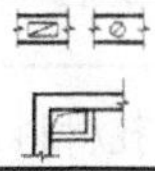	通风道

表 1-5　　总图常用图例

符　　号	说　　明	符　　号	说　　明
	新建建筑物。粗线绘制 需要时，表示出入口位置▲及层数 X 轮廓线以±0.00 处外墙定位轴线或外墙皮线为准 需要时，地上建筑用中实线绘制，地下建筑用细虚线绘制	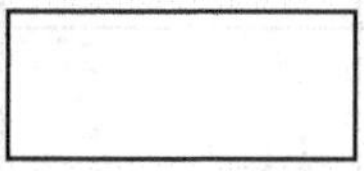	原有建筑。用细线绘制
	拟扩建的预留地或建筑物。中虚线绘制	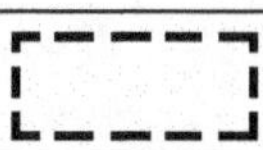	新建地下建筑或构筑物。粗虚线绘制
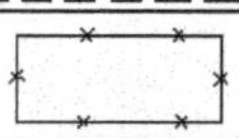	拆除的建筑物。用细实线表示	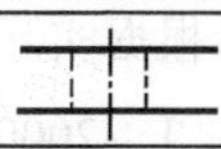	建筑物下面的通道
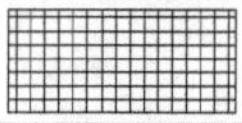	广场铺地	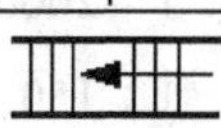	台阶，箭头指向表示向上
	烟囱。实线为下部直径，虚线为基础 必要时，可注写烟囱高度和上下口直径		实体性围墙
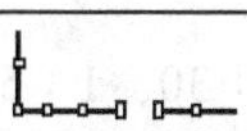	通透性围墙		挡土墙。被挡土在"突出"的一侧
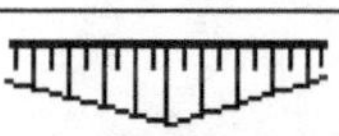	填挖边坡。边坡较长时，可在一端或两端局部表示		护坡。边坡较长时，可在一端或两端局部表示
X323.38 Y586.32	测量坐标	A123.21 B789.32	建筑坐标
32.36(±0.00)	室内标高	32.36 ▼	室外标高

表 1-6　　常用材料图例

材 料 图 例	说　　明	材 料 图 例	说　　明
	自然土壤		夯实土壤
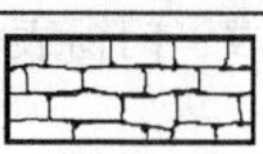	毛石砌体	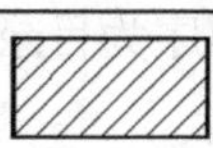	普通砖

续表

材料图例	说　明	材料图例	说　明
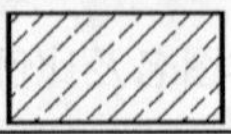	石材	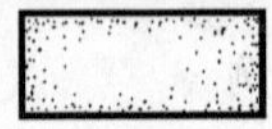	砂、灰土
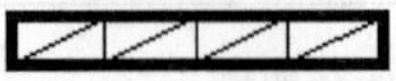	空心砖		松散材料
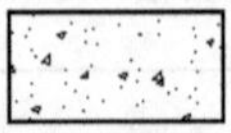	混凝土		钢筋混凝土
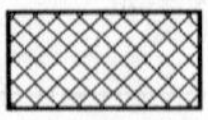	多孔材料	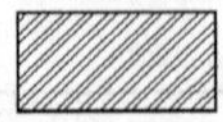	金属
	矿渣、炉渣	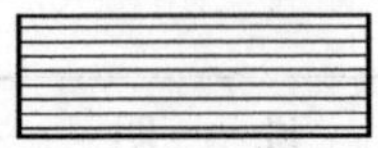	玻璃
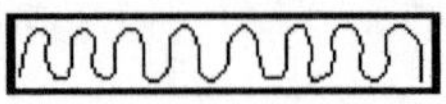	纤维材料		防水材料。上下两种根据绘图比例大小选用
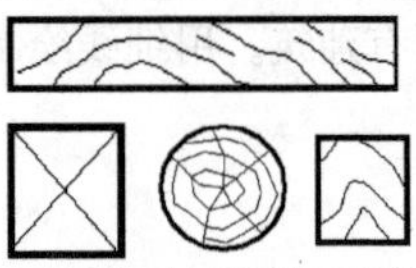	木材	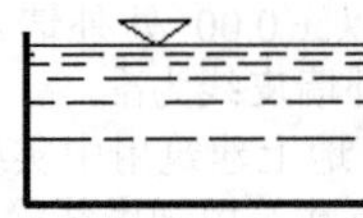	液体，须注明液体名称

7．常用绘图比例

下面列出常用绘图比例，读者根据实际情况灵活使用。

（1）总图：1∶500、1∶1000、1∶2000；

（2）平面图：1∶50、1∶100、1∶150、1∶200、1∶300；

（3）立面图：1∶50、1∶100、1∶150、1∶200、1∶300；

（4）剖面图：1∶50、1∶100、1∶150、1∶200、1∶300；

（5）局部放大图：1∶10、1∶20、1∶25、1∶30、1∶50；

（6）配件及构造详图：1∶1、1∶2、1∶5、1∶10、1∶15、1∶20、1∶25、1∶30、1∶50。

1.3.3　建筑制图的内容及编排顺序

1．建筑制图内容

建筑制图的内容包括总图、平面图、立面图、剖面图、构造详图、透视图、设计说明、图纸封面和图纸目录等。

2．图纸编排顺序

图纸编排顺序一般应为图纸目录、总图、建筑图、结构图、给水排水图、暖通空调图和电气图等。对于建筑专业，一般顺序为目录、施工图设计说明、附表（装修做法表、门窗表等）、平面图、立面图、剖面图和详图等。

第2章 AutoCAD 2012 入门

在本章中，我们开始循序渐进地学习 AutoCAD 2012 绘图的基本知识，了解如何设置图形的系统参数以及绘制样板图，熟悉建立新的图形文件、打开已有文件的方法等，为后面进入系统学习准备必要的前提知识。

重点与难点

- 配置绘图系统
- 设置绘图环境
- 文件管理
- 基本输入操作
- 图层设置
- 绘图辅助工具

2.1 操作界面

AutoCAD 的操作界面是 AutoCAD 显示、编辑图形的区域。启动 AutoCAD 2012 中文版软件后的默认界面如图 2-1 所示，这个界面是 AutoCAD 2012 以后出现的新界面风格，为了便于学习和使用过 AutoCAD 2012 及以前版本的读者学习本书，我们采用 AutoCAD 经典风格的界面介绍。

图 2-1　AutoCAD 2012 中文版软件的默认界面

具体的转换方法是：单击界面右下角的“初始设置工作空间”按钮，打开“工作空间”选择菜单，从中选择“AutoCAD 经典”选项，如图 2-2 所示，系统即可转换到 AutoCAD 经典界面，如图 2-3 所示。

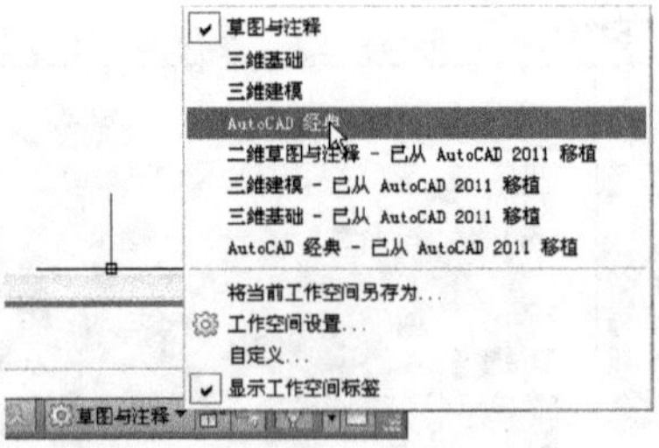

图 2-2　转换为 AutoCAD 经典界面

一个完整的 AutoCAD 经典操作界面包括标题栏、绘图区、十字光标、菜单栏、工具栏、坐标系图标、命令行、状态栏、布局标签和滚动条等。

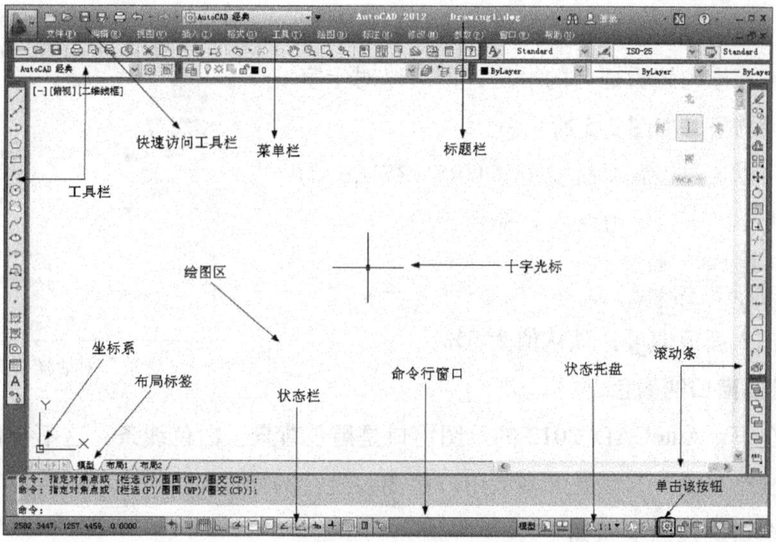

图 2-3 AutoCAD 2012 中文版的操作界面

2.1.1 标 题 栏

在 AutoCAD 2012 中文版绘图窗口的最上端是标题栏。在标题栏中显示了系统当前正在运行的应用程序（AutoCAD 2012 和用户正在使用的图形文件）。在用户第一次启动 AutoCAD 时，在 AutoCAD 2012 绘图窗口的标题栏中，将显示 AutoCAD 2012 在启动时创建并打开的图形文件的名称 Drawing1.dwg，如图 2-4 所示。

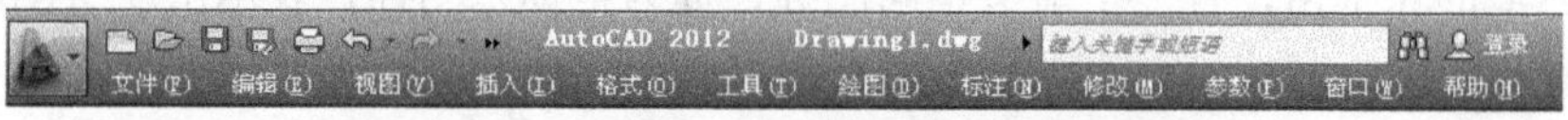

图 2-4 第一次启动 AutoCAD 2012 时的标题栏

2.1.2 绘 图 区

绘图区是指在标题栏下方的大片空白区域，绘图区是用户使用 AutoCAD 2012 绘制图形的区域，用户完成一幅设计图形的主要工作都是在绘图区中完成的。

在绘图区域中，还有一个作用类似光标的十字线，其交点反映了光标在当前坐标系中的位置。在 AutoCAD 2012 中，将该十字线称为光标，AutoCAD 通过光标显示当前点的位置。十字线的方向与当前用户坐标系的 x 轴、y 轴方向平行，十字线的长度系统预设为屏幕大小的 5%，如图 2-5 所示。

1．修改图形窗口中十字光标的大小

光标的长度系统预设为屏幕大小的 5%，用户可以根据绘图的实际需要更改其大小。改变光标大小的方法如下。

在绘图窗口中选择菜单栏中的“工具”→“选项”命令，屏幕上将弹出系统配置对话框。打

开显示选项卡，在“十字光标大小”区域的编辑框中直接输入数值，或者拖动编辑框后的滑块，即可以对十字光标的大小进行调整，如图 2-5 所示。

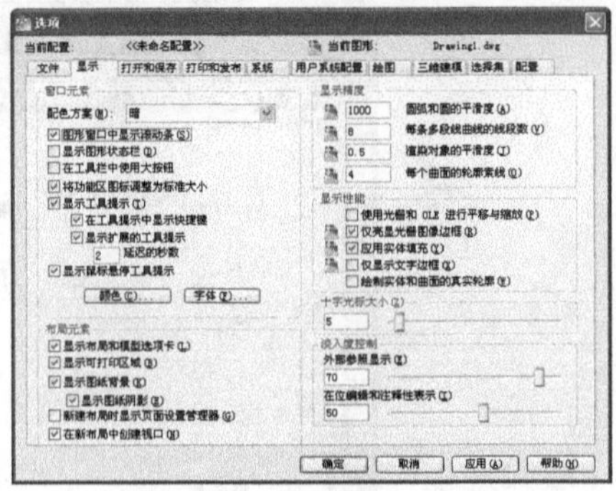

图 2-5 “选项”对话框中的“显示”选项卡

此外，还可以通过设置系统变量 CURSORSIZE 的值，实现对其大小的更改。方法是在命令行输入：

```
命令: CURSORSIZE
输入 CURSORSIZE 的新值 <5>:
```

在提示下输入新值即可，默认值为 5%。

2．修改绘图窗口的颜色

在默认情况下，AutoCAD 2012 的绘图窗口是黑色背景、白色线条，这不符合大多数用户的习惯，因此修改绘图窗口颜色是大多数用户都需要进行的操作。

修改绘图窗口颜色的步骤如下。

（1）在如图 2-5 所示的选项卡中单击“窗口元素”区域中的“颜色”按钮，将打开如图 2-6 所示的“图形窗口颜色”对话框。

（2）单击“图形窗口颜色”对话框中“颜色”字样下边的下拉箭头，在下拉列表中选择需要的窗口颜色，然后单击“应用并关闭”按钮，通常按视觉习惯选择白色为窗口颜色。

2.1.3 坐标系图标

在绘图区域的左下角，有一个箭头指向图标，称为坐标系图标，表示用户绘图时正使用的坐标系形式，图 2-6 所示的坐标系图标的作用是为点的坐标确定一个参照系。根据工作需要，用户可以选择将其关闭。方法是选择菜单命令：“视图”→“显示”→“UCS 图标”→“开”，如图 2-7 所示。

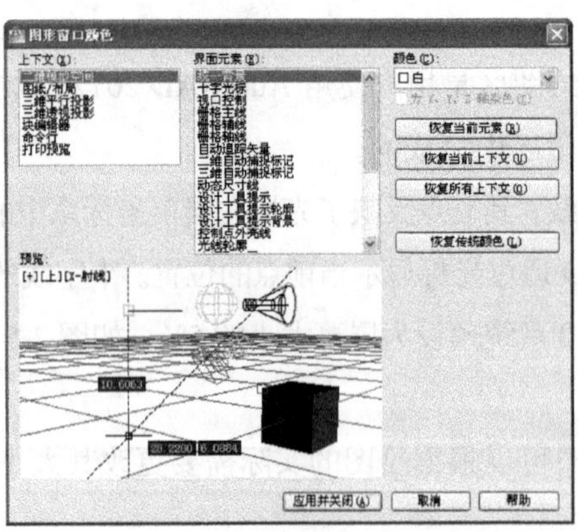

图 2-6 “图形窗口颜色”对话框

图 2-7 “视图”菜单

2.1.4 菜 单 栏

菜单栏位于 AutoCAD 2012 绘图窗口标题栏的下方，同其他 Windows 程序一样，AutoCAD 2012 的菜单也是下拉形式的，并在菜单中包含子菜单。AutoCAD2012 的菜单栏中包含 12 个菜单："文件"、"编辑"、"视图"、"插入"、"格式"、"工具"、"绘图"、"标注"、"修改"、"参数"、"窗口"和"帮助"。

一般来讲，AutoCAD 2012 下拉菜单中的命令有以下 3 种。

1．带有小三角形的菜单命令

这种类型的命令后面带有子菜单。例如，选择菜单栏中的"绘图"→"圆弧"命令，屏幕上就会进一步下拉出"圆弧"子菜单中所包含的命令，如图 2-8 所示。

2．打开对话框的菜单命令

这种类型的命令，后面带有省略号。例如，选择菜单栏中的"格式"→"表格样式"命令（如图 2-9 所示），屏幕上就会打开对应的"表格样式"对话框，如图 2-10 所示。

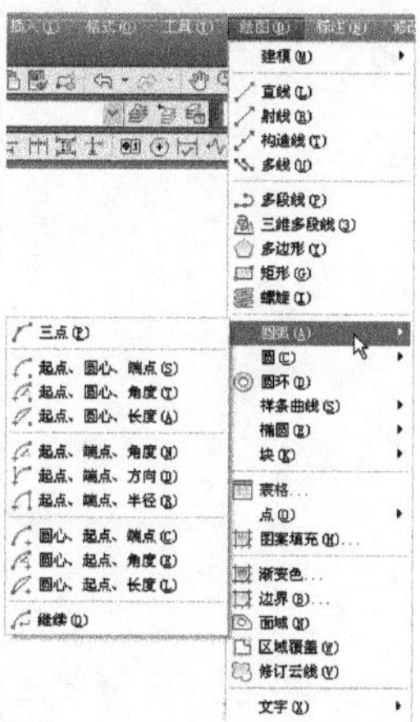

图 2-8 带有子菜单的菜单命令

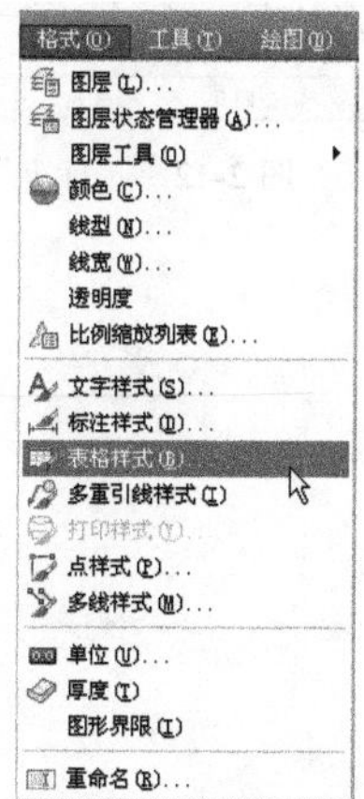

图 2-9 激活相应对话框的菜单命令

3．直接操作的菜单命令

这种类型的命令将直接进行相应的绘图或其他操作。例如，选择菜单栏中的"视图"→"重画"命令，系统将直接对屏幕图形进行重生成，如图 2-11 所示。

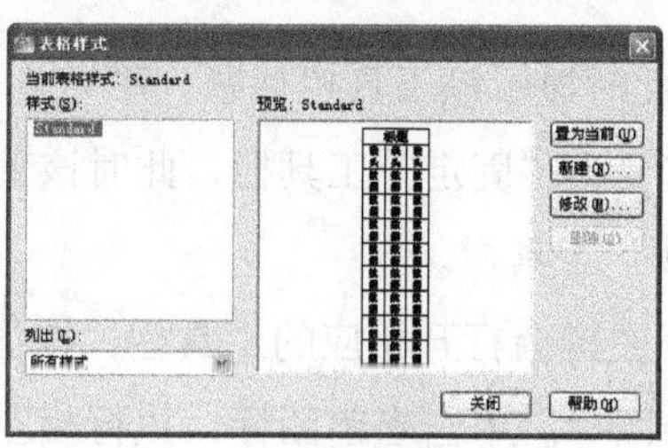

图 2-10 "表格样式"对话框

图 2-11 直接执行菜单命令

2.1.5 工 具 栏

工具栏是一组图标型工具的集合，把光标移动到某个图标，稍停片刻即在该图标一侧显示相应的工具提示，同时在状态栏中，显示对应的说明和命令名。此时，单击图标也可以启动相应命令。

在默认情况下，可以见到如图 2-12 所示的绘图区顶部的“标准”工具栏、“样式”工具栏、“特性”工具栏、“图层”工具栏，以及位于如图 2-13 所示的绘图区域左侧的“绘制”工具栏、右侧的“修改”工具栏和“绘图次序”工具栏。

将光标放在任一工具栏的非标题区，单击鼠标右键，系统会自动打开单独的工具栏标签，如图 2-14 所示。用鼠标左键单击某一个未在界面显示的工具栏名，系统自动在截面打开该工具栏；反之，关闭工具栏。

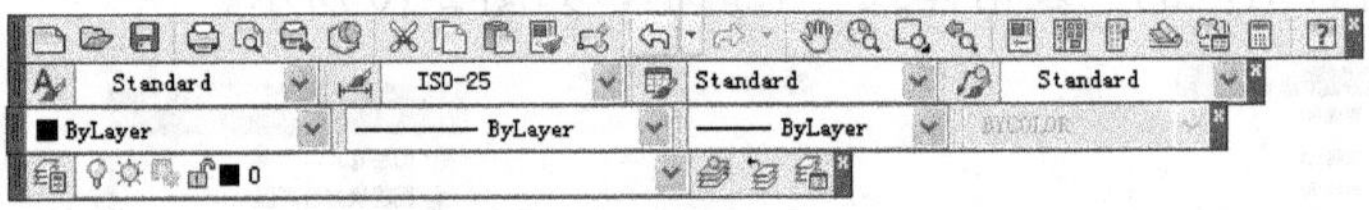

图 2-12 “标准”、“样式”、“特性”和“图层”工具栏

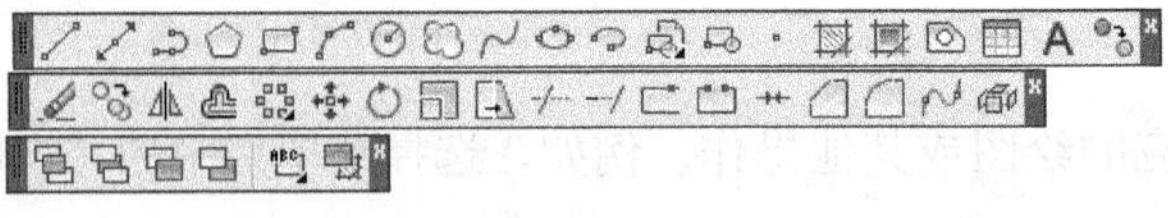

图 2-13 “绘制”、“修改”和“绘图次序”工具栏

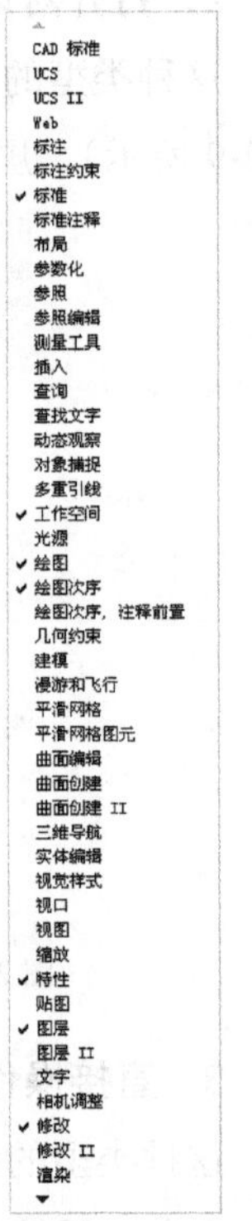

图 2-14 工具栏标签

工具栏可以在绘图区“浮动”，如图 2-15 所示。此时显示该工具栏标题，并可关闭该工具栏，用鼠标可以拖动“浮动”工具栏到图形区边界，使它变为“固定”工具栏，此时该工具栏标题隐藏。也可以把“固定”工具栏拖出，使它成为“浮动”工具栏。

在有些图标的右下角带有一个小三角，按住鼠标左键会打开相应的工具栏，按住鼠标左键，将光标移动到某一图标上然后释放，该图标就为当前图标。单击当前图标，执行相应命令，如图 2-16 所示。

图 2-15 “浮动”工具栏

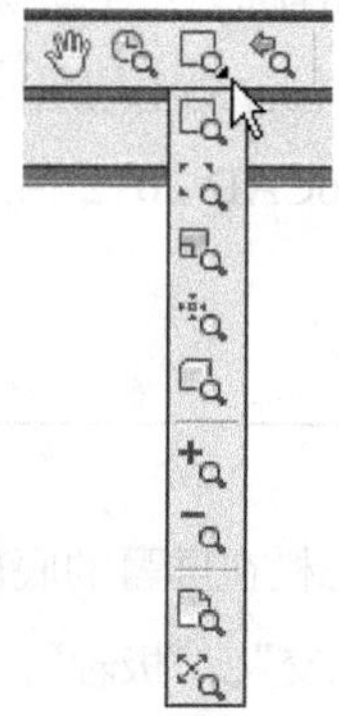

图 2-16 “打开”工具栏

2.1.6 命令行窗口

命令行窗口是输入命令名和显示命令提示的区域，默认的命令行窗口布置在绘图区下方，是若干文本行，如图 2-17 所示。对命令窗口，有以下几点需要说明。

（1）移动拆分条，可以扩大与缩小命令窗口。

（2）可以拖动命令窗口，布置在屏幕上的其他位置。默认情况下布置在图形窗口的下方。

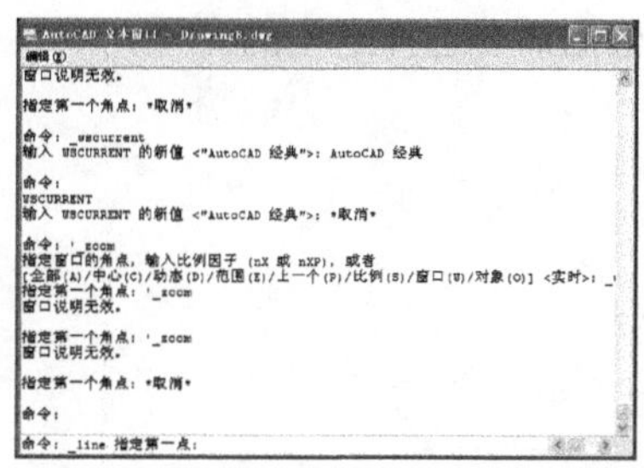

图 2-17 文本窗口

（3）对当前命令窗口中输入的内容，可以按 F2 键用文本编辑的方法进行编辑，如图 2-17 所示。AutoCAD 文本窗口和命令窗口相似，它可以显示当前 AutoCAD 进程中命令的输入和执行过程，在执行 AutoCAD 中的某些命令时，它会自动切换到文本窗口，列出有关信息。

（4）AutoCAD 通过命令窗口，反馈各种信息，包括出错信息。因此，用户要时刻关注在命令窗口中出现的信息。

2.1.7 布 局 标 签

AutoCAD 2012 系统默认设定一个模型空间布局标签和“布局 1”、“布局 2”两个图纸空间布局标签。

1．布局

布局是系统为绘图设置的一种环境，包括图纸大小、尺寸单位、角度设定和数值精确度等。在系统预设的 3 个标签中，这些环境变量都保持默认设置。用户根据实际需要改变这些变量的值。

2．模型

AutoCAD 的空间分模型空间和图纸空间。模型空间是我们通常绘图的环境，而在图纸空间中，用户可以创建称为“浮动视口”的区域，以不同视图显示所绘图形。用户可以在图纸空间中调整浮动视口并决定所包含视图的缩放比例。如果选择图纸空间，则可打印多个视图，用户可以打印任意布局的视图。

AutoCAD 2012 系统默认打开模型空间，用户可以通过单击鼠标左键选择需要的布局。

2.1.8 状 态 栏

状态栏在屏幕的底部，左端显示绘图区中光标定位点的坐标 x、y、z，在右侧依次有“捕捉”、“栅格”、“正交”、“极轴”、“对象捕捉”、“对象追踪”、“动态数据输入”、“允许/禁止动态”、“线宽”和“模型”10 个功能开关按钮，如图 2-18 所示。单击这些开关按钮，可以实现这些功能的开关。

状态栏的中部是注释比例的显示，如图 2-19 所示。

通过状态中的图标，可以很方便地访问注释比例常用功能。

1．注释比例：单击注释比例右下角小三角图标，弹出注释比例列表，如图 2-20 所示，可以根据需要选择适当的注释比例。

图 2-18　状态栏

图 2-19　注释比例状态栏

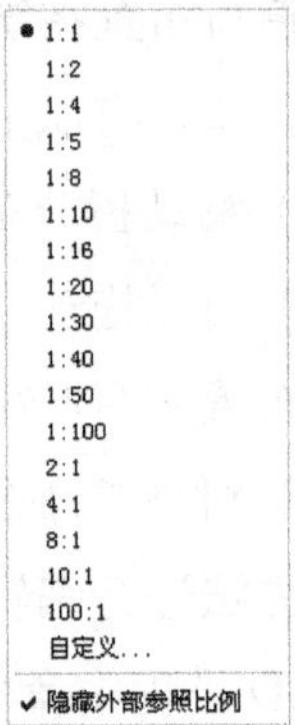

图 2-20　注释比例列

2．注释可见性：当图标高亮显示时，表示显示所有比例的注释性对象；当图标变暗时，表示仅显示当前比例的注释性对象。

3．注释比例更改时，自动将比例添加到注释对象。

状态栏的右下角是状态栏托盘，如图 2-21 所示。

通过状态栏托盘中的图标，可以很方便地访问常用功能。右键单击状态栏或左键单击右下角的小三角图标可以控制开关按钮的显示与隐藏或更改托盘设置。以下是在状态栏托盘中显示的图标。

1．工具栏/窗口位置锁

可以控制是否锁定工具栏或图形窗口在图形界面上的位置。在位置缩图标上右键单击，系统弹出工具栏/窗口位置锁右键菜单，如图 2-22 所示，可以选择打开或锁定相关选项位置。

图 2-21 状态栏托盘

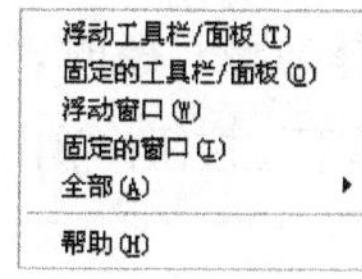

图 2-22 工具栏/窗口位置锁右键菜单

2．全屏显示

可以清除 Windows 窗口中的标题栏、工具栏和选项板等界面元素，使 AutoCAD 的绘图窗口全屏显示。

2.1.9 滚 动 条

在 AutoCAD 2012 的绘图窗口中，在窗口的下方和右侧还提供了用来浏览图形的水平和竖直方向的滚动条。在滚动条中单击鼠标或拖动滚动条中的滚动块，用户可以在绘图窗口中按水平或竖直两个方向浏览图形。

2.1.10 状 态 托 盘

状态托盘包括一些常见的显示工具和注释工具，包括模型空间与布局空间转换工具，如图 2-23 所示，通过这些按钮可以控制图形或绘图区的状态。

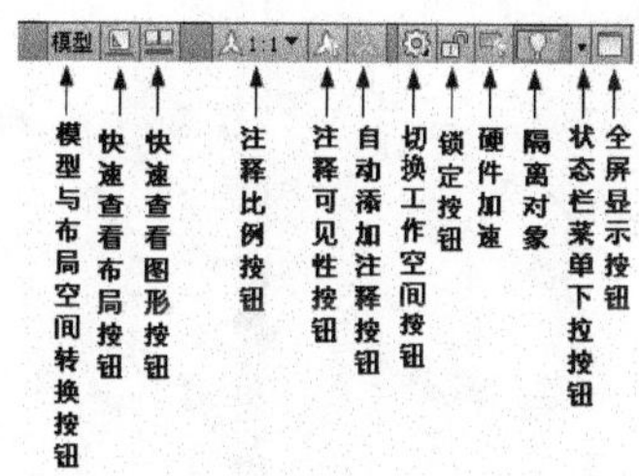

图 2-23 状态托盘工具

1．模型与布局空间转换按钮：在模型空间与布局空间之间进行转换。

2．快速查看布局按钮：快速查看当前图形在布局空间的布局。

3．快速查看图形按钮：快速查看当前图形在模型空间的图形位置。

4．注释比例按钮：单击注释比例右下角的小三角图标，弹出注释比例列表，如图 2-24 所示，可以根据需要选择适当的注释比例。

5．注释可见性按钮：当图标高亮显示时，表示显示所有比例的注释性对象；当图标变暗时，表示仅显示当前比例的注释性对象。

6．自动添加注释按钮：注释比例更改时，自动将比例添加到注释对象。

7．工作空间转换按钮：进行工作空间转换。

8．锁定按钮：控制是否锁定工具栏或图形窗口在图形界面上的位置。

9．“硬件加速”按钮：设定图形卡的驱动程序以及设置硬件加速的选项。

10．“隔离对象”按钮：当选择隔离对象时，在当前视图中显示选定对象，所有其他对象都暂时隐藏；当选择隐藏对象时，在当前视图中暂时隐藏选定对象，所有其他对象都可见。

11．状态栏菜单下拉按钮：单击该下拉按钮，如图 2-25 所示，可以选择打开或锁定相关选项位置。

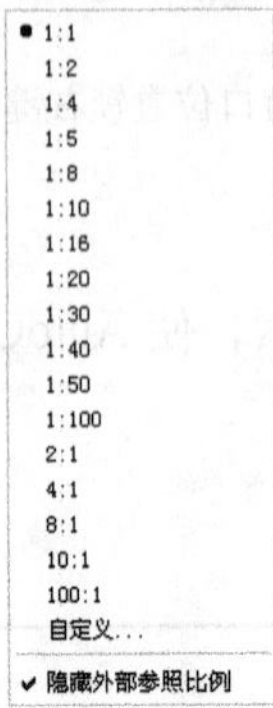

图 2-24　注释比例列表

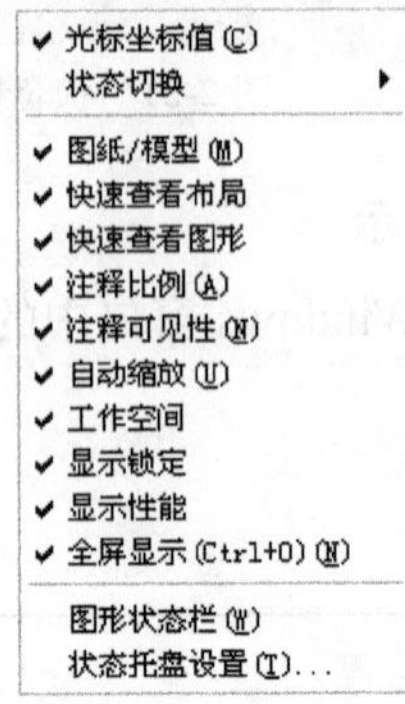

图 2-25　状态栏菜单

12．全屏显示按钮：该选项可以清除 Windows 窗口中的标题栏、工具栏和选项板等界面元素，使 AutoCAD 的绘图窗口全屏显示，如图 2-26 所示。

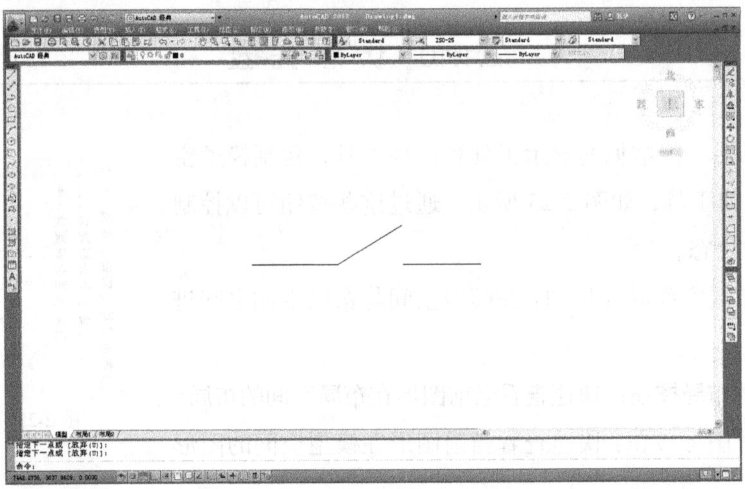

图 2-26　全屏显示

2.1.11　快速访问工具栏和交互信息工具栏

1．快速访问工具栏

该工具栏包括“新建”、“打开”、“保存”、“放弃”、“重做”和“打印”等几个最常用的工具，用户也可以单击本工具栏后面的下拉按钮设置需要的常用工具。

2．交互信息工具栏

该工具栏包括“搜索”、“速博应用中心”、“通讯中心”、“收藏夹”和“帮助”等几个常用的数据交互访问工具。

2.1.12 功 能 区

包括“常用”、“插入”、“注释”、“参数化”、“视图”、“管理”和“输出”等功能区，每个功能区集成了相关的操作工具，方便了用户的使用。用户可以单击功能区选项后面的按钮控制功能的展开与收缩。

打开或关闭功能区的操作方式如下：

命令行：RIBBON（或 RIBBONCLOSE）

菜单：工具→选项板→功能区

2.2 配置绘图系统

一般来讲，使用 AutoCAD 2012 的默认配置就可以绘图，但为了使用定点设备或打印机，并提高绘图的效率，AutoCAD 推荐用户在开始作图前进行必要的配置。

执行方式

命令行：preferences

菜单：“工具”→“选项”

右键菜单：选项（单击鼠标右键，系统弹出快捷菜单，其中包括一些最常用的命令，如图 2-27 所示）

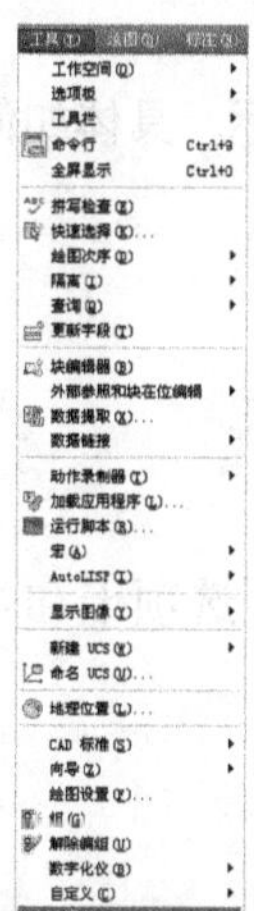

图 2-27 “选项”快捷菜单

操作步骤

执行上述命令后，系统自动打开“选项”对话框。用户可以在该对话框中选择有关选项，对系统进行配置。下面只对其中主要的选项卡进行说明，其他配置选项，在后面用到时再作具体说明。

2.2.1 显示配置

在“选项”对话框中的第二个选项卡为“显示”，该选项卡控制 AutoCAD 窗口的外观，如图 2-5 所示。该选项卡设定屏幕菜单、滚动条显示与否、固定命令行窗口中文字行数、AutoCAD 的版面布局设置、各实体的显示分辨率以及 AutoCAD 运行时的其他各项性能参数的设定等。

在设置实体显示分辨率时，请务必记住，显示质量越高，分辨率越高，计算机计算的时间越长，千万不要将其设置得太高。显示质量设定在一个合理的程度上是很重要的。

2.2.2 系统配置

在“选项”对话框中的“系统”选项卡如图 2-28 所示。该选项卡用于设置 AutoCAD 系统的有关特性。

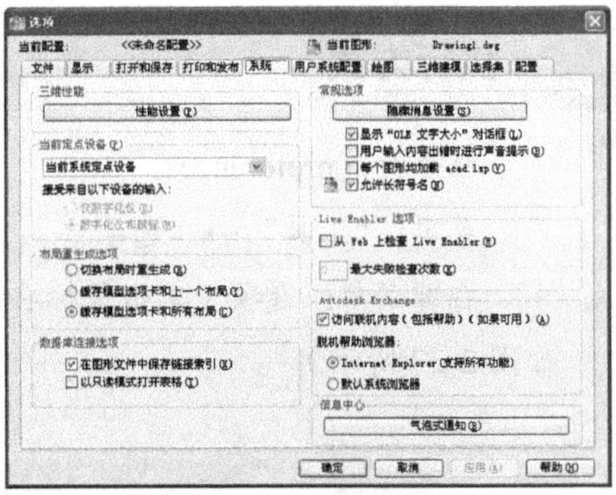

图 2-28 “系统”选项卡

1. “三维性能”选项组

设定当前 3D 图形的显示特性，可以选择系统提供的 3D 图形显示特性配置，也可以单击“特性”按钮自行设置该特性。

2. “当前定点设备”选项组

安装及配置定点设备，如数字化仪和鼠标。具体如何配置和安装，请参照定点设备的用户手册。

3. “常规选项”选项组

确定是否选择系统配置的有关基本选项。

4. “布局重生成选项”选项组

确定切换布局时是否重生成或缓存模型选项卡和布局。

5. “数据库连接选项”选项组

确定数据库连接的方式。

6. “Live Enabler 选项”选项组

确定在 Web 上检查 Live Enabler 失败的次数。

2.3 设置绘图环境

2.3.1 绘图单位设置

执行方式

命令行：DDUNITS（或 UNITS）

菜单："格式" → "单位"

操作步骤

执行上述命令后，系统弹出"图形单位"对话框，如图 2-29 所示，该对话框用于定义单位和角度格式。

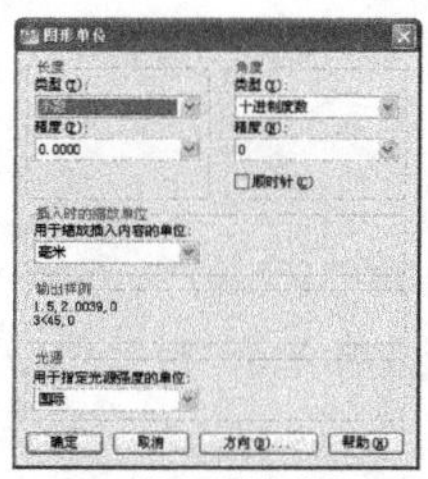

图 2-29 "图形单位"对话框

选项说明

1. "长度"选项组

指定测量长度的当前单位及当前单位的精度。

2. "角度"选项组

指定测量角度的当前单位、精度及旋转方向，默认方向为逆时针。

3. "插入时的缩放单位"选项组

控制使用工具选项板（例如 DesignCenter 或 i-drop）拖入当前图形的块的测量单位。如果块或图形创建时使用的单位与该选项指定的单位不同，则在插入这些块或图形时，将对其按比例缩放。插入比例是源块或图形使用的单位与目标图形使用的单位之比。如果插入块时不按指定单位缩放，请选择"无单位"。

4. “输出样例”选项组

显示当前输出的样例值。

5. “光源”选项组

用于指定光源强度的单位。

6. “方向”按钮

单击该按钮，系统显示“方向控制”对话框，如图 2-30 所示，可以在该对话框中进行方向控制设置。

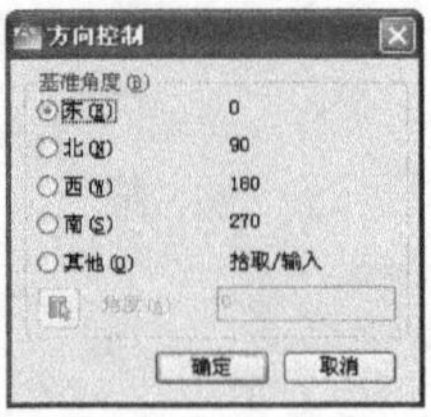

图 2-30 “方向控制”对话框

2.3.2 图形边界设置

执行方式

命令行：LIMITS

菜单：“格式”→“图形界限”

操作步骤

```
命令：LIMITS
重新设置模型空间界限：
指定左下角点或 [开(ON)/关(OFF)] <0.0000,0.0000>：(输入图形边界左下角的坐标后回车)
指定右上角点 <12.0000,9.0000>：(输入图形边界右上角的坐标后回车)
```

选项说明

1. 开（ON）

使绘图边界有效。系统将在绘图边界以外拾取的点视为无效。

2. 关（OFF）

使绘图边界无效。用户可以在绘图边界以外拾取点或实体。

3. 动态输入角点坐标

动态输入功能可以直接在屏幕上输入角点坐标，输入了横坐标值后，按下“,”键，接着输入纵坐标值，如图 2-31 所示，也可以按光标位置直接按下鼠标左键确定角点位置。

图 2-31 动态输入

2.4 文件管理

本节将介绍有关文件管理的一些基本操作方法，包括新建文件、打开已有文件、保存文件和删除文件等，这些都是进行 AutoCAD 2012 操作的基础知识。

另外，本节也将介绍安全口令和数字签名等涉及文件管理操作的知识。

2.4.1 新建文件

执行方式

命令行：NEW

菜单："文件" → "新建"

工具栏："标准" → "新建"

操作步骤

执行上述命令后，系统弹出如图 2-32 所示"选择样板"对话框，在文件类型下拉列表框中有 3 种格式的图形样板，后缀分别为.dwt、.dwg 和.dws。

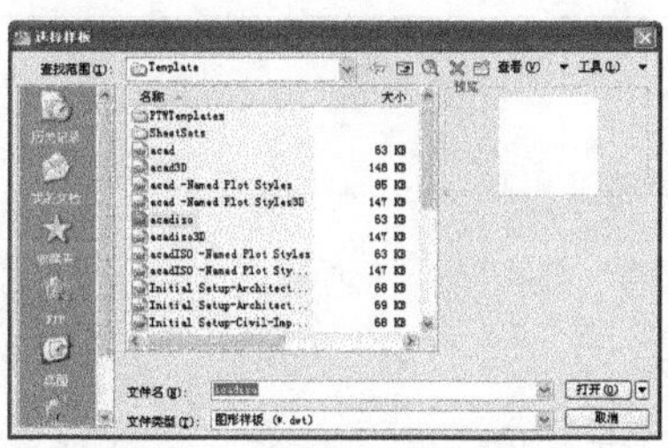

图 2-32 "选择样板"对话框

执行方式

命令行：QNEW

工具栏："标准" → "新建"

操作步骤

执行上述命令后，系统立即从所选的图形样板创建新图形，而不显示任何对话框或提示。

在运行快速创建图形功能之前必须进行如下设置。

1. 将 FILEDIA 系统变量设置为 1，将 STARTUP 系统变量设置为 0，命令行提示如下：

```
命令：FILEDIA
输入 FILEDIA 的新值 <1>:
命令：STARTUP
输入 STARTUP 的新值 <0>:
```

2. 从“工具”→“选项”菜单中选择默认图形样板文件。方法是在“文件”选项卡下，单击标记为“样板设置”的节点，然后选择需要的样板文件路径，如图 2-33 所示。

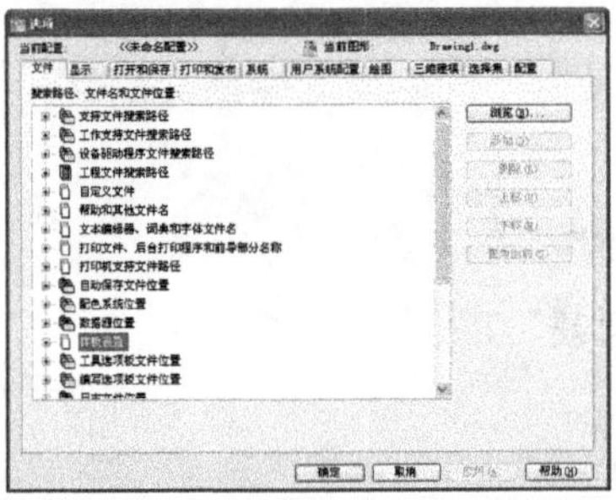

图 2-33 “选项”对话框中的“文件”选项卡

2.4.2 打开文件

执行方式

命令行：OPEN

菜单：“文件”→“打开”

工具栏：“标准”→“打开”

操作步骤

执行上述命令后，系统弹出如图 2-34 所示的“选择文件”对话框，在“文件类型”列表框中用户可选.dwg 文件、.dwt 文件、.dxf 文件和.dws 文件。.dxf 文件是用文本形式存储的图形文件，能够被其他程序读取，许多第三方应用软件都支持.dxf 格式。

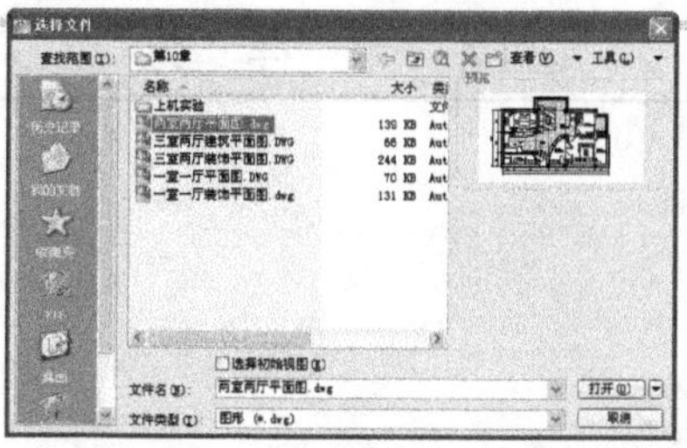

图 2-34 “选择文件”对话框

2.4.3 保存文件

执行方式

命令名：QSAVE（或 SAVE）

菜单：“文件”→“保存”

工具栏：“标准”→“保存”

操作步骤

执行上述命令后，若文件已命名，则 AutoCAD 自动保存；若文件未命名（即为默认名 drawing1.dwg），则系统弹出如图 2-35 所示的“图形另存为”对话框，用户可以命名保存。在“保存于”下拉列表框中可以指定保存文件的路径，在“文件类型”下拉列表框中可以指定保存文件的类型。

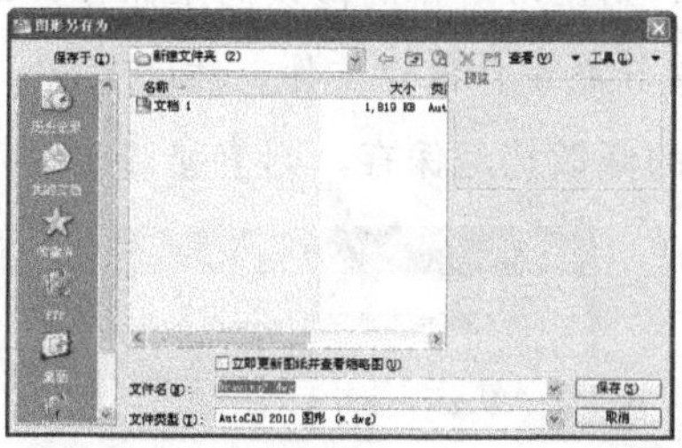

图 2-35 “图形另存为”对话框

为了防止因意外操作或计算机系统故障导致正在绘制的图形文件的丢失，可以对当前图形文件设置自动保存，步骤如下。

1. 利用系统变量 SAVEFILEPATH 设置所有“自动保存”文件的位置，如 C:\HU\。

2. 利用系统变量 SAVEFILE 存储“自动保存”文件名。该系统变量储存的文件名文件是只读文件，用户可以从中查询自动保存的文件名。

3. 利用系统变量 SAVETIME 指定在使用“自动保存”时多长时间保存一次图形。

2.4.4 另 存 为

执行方式

命令行：SAVEAS

菜单："文件" → "另存为"

操作步骤

执行上述命令后，系统弹出如图 2-35 所示的"图形另存为"对话框，AutoCAD 用另存名保存，并把当前图形更名。

2.4.5 退 出

执行方式

命令行：QUIT 或 EXIT

菜单："文件" → "退出"

按钮：AutoCAD 操作界面右上角的"关闭"按钮

操作步骤

命令：QUIT （或 EXIT ）

执行上述命令后，若用户对图形所作的修改尚未保存，则会出现如图 2-36 所示的系统警告对话框。选择"是"按钮系统将保存文件，然后退出；选择"否"按钮系统将不保存文件。若用户对图形所作的修改已经保存，则直接退出。

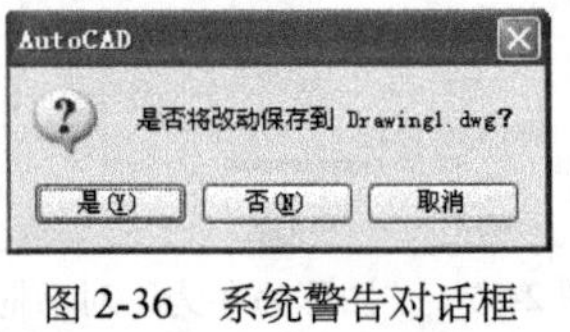

图 2-36 系统警告对话框

2.4.6 图 形 修 复

执行方式

命令行：DRAWINGRECOVERY

菜单："文件" → "图形实用工具" → "图形修复管理器"

操作步骤

```
命令：DRAWINGRECOVERY
```

执行上述命令后，系统弹出如图 2-37 所示的图形修复管理器，打开“备份文件”列表中的文件，可以重新保存，从而进行修复。

图 2-37　图形修复管理器

2.5 基本输入操作

在 AutoCAD 中，有一些基本的输入操作方法，这些基本方法是进行 AutoCAD 绘图的必备知识基础，也是深入学习 AutoCAD 功能的前提。

2.5.1　命令输入方式

AutoCAD 交互绘图必须输入必要的指令和参数。有多种 AutoCAD 命令输入方式（以画直线为例）。

1．在命令窗口输入命令名

命令字符可不区分大小写。例如，命令：LINE↙。执行命令时，在命令行提示中经常会出现命令选项。例如，输入绘制直线命令“LINE”后，命令行提示如下：

```
命令：LINE
指定第一点：(在屏幕上指定一点或输入一个点的坐标)
指定下一点或 [放弃(U)]：
```

选项中不带括号的提示为默认选项，因此可以直接输入直线段的起点坐标或在屏幕上指定一点，如果要选择其他选项，则应该首先输入该选项的标识字符，如“放弃”选项的标识字符“U”，然后按系统提示输入数据即可。在命令选项的后面有时候还带有尖括号，尖括号内的数值为默认数值。

2．在命令窗口输入命令缩写字

如 L（Line）、C（Circle）、A（Arc）、Z（Zoom）、R（Redraw）、M（More）、CO（Copy）、PL（Pline）、E（Erase）等。

3．选择绘图菜单直线选项

选择该选项后，在状态栏中可以看到对应的命令说明及命令名。

4．选择工具栏中的对应图标

选择该图标后在状态栏中也可以看到对应的命令说明及命令名。

5．在命令行打开右键快捷菜单

如果在前面刚使用过要输入的命令，可以在命令行打开右键快捷菜单，在“近期使用的命令”子菜单中选择需要的命令，如图 2-38 所示。“近期使用的命令”子菜单中储存最近使用的 6 个命令，如果经常重复使用某个 6 次操作以内的命令，这种方法就比较快速简洁。

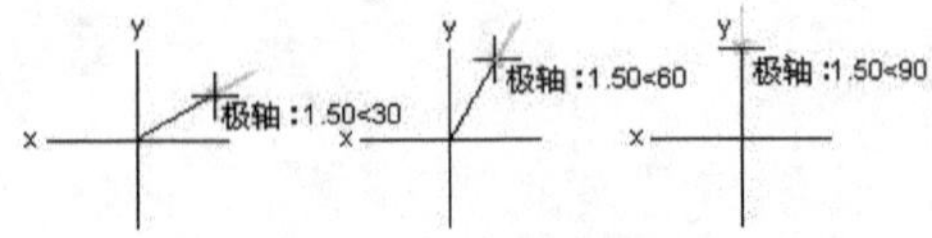

图 2-38　设置极轴角度

6．在绘图区右键单击鼠标

如果用户要重复使用上次使用的命令，可以直接在绘图区右键单击鼠标，系统立即重复执行上次使用的命令，这种方法适用于重复执行某个命令。

2.5.2　命令的重复、撤消、重做

1．命令的重复

在命令窗口中键入 Enter 键可重复调用上一个命令，不管上一个命令是完成了还是被取消了。

2．命令的撤消

在命令执行的任何时刻都可以取消和终止命令的执行。

执行方式

命令行：UNDO

菜单：“编辑”→“放弃”

快捷键：ESC

3．命令的重做

已被撤消的命令还可以恢复重做，通常是恢复被撤消的最后一个命令。

执行方式

命令行：REDO

菜单：“编辑”→“重做”

该命令可以一次执行多重放弃和重做操作。单击 UNDO 或 REDO 列表箭头，可以选择要放弃或重做的操作，如图 2-39 所示。

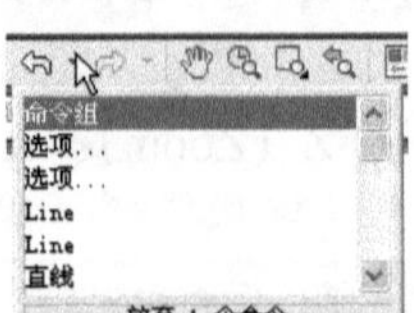

图 2-39　多重放弃或重做

2.5.3 透 明 命 令

在 AutoCAD 2012 中有些命令不仅可以直接在命令行中使用，而且还可以在其他命令的执行过程中，插入并执行，待该命令执行完毕后，系统继续执行原命令，这种命令称为透明命令。透明命令一般多为修改图形设置或打开辅助绘图工具的命令。

上述 3 种命令的执行方式同样适用于透明命令的执行。命令行提示如下：

```
命令：ARC
指定圆弧的起点或 [圆心(C)]: 'ZOOM  (透明使用显示缩放命令 ZOOM)
>> (执行 ZOOM 命令)
正在恢复执行 ARC 命令。
指定圆弧的起点或 [圆心(C)]: (继续执行原命令)
```

2.5.4 坐标系统与数据的输入方法

1. 坐标系

AutoCAD 采用两种坐标系：世界坐标系（WCS）与用户坐标系。用户刚进入 AutoCAD 时的坐标系统就是世界坐标系，它是固定的坐标系统。世界坐标系也是坐标系统中的基准，绘制图形时多数情况下都是在这个坐标系统下进行的。

执行方式

命令行：UCS

菜单："工具" → "工具栏" → "AutoCAD" → "UCS"

工具栏："UCS" → "UCS" ⊾

AutoCAD 有两种视图显示方式：模型空间和图纸空间。模型空间是指单一视图显示法，我们通常使用的都是这种显示方式；图纸空间是指在绘图区域创建图形的多视图。用户可以对其中每一个视图进行单独操作。在默认情况下，当前 UCS 与 WCS 重合。图 2-40（a）所示为模型空间下的 UCS 坐标系图标，通常放在绘图区左下角处。如当前 UCS 和 WCS 重合，则出现一个 W 字，如图 2-40（b）所示。也可以指定它放在当前 UCS 的实际坐标原点位置，此时出现一个十字，如图 2-40（c）所示。图 2-40（d）所示为图纸空间下的坐标系图标。

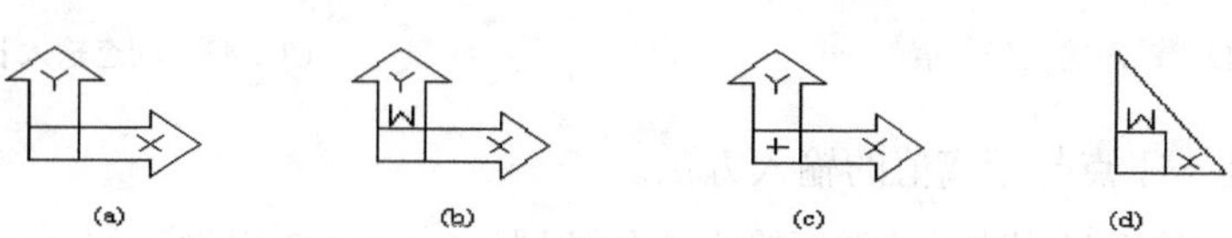

图 2-40 坐标系图标

2. 数据输入方法

在 AutoCAD 2012 中，点的坐标可以用直角坐标、极坐标、球面坐标和柱面坐标表示，每一种坐标又分别具有两种坐标输入方式：绝对坐标和相对坐标。其中直角坐标和极坐标最为常用，下面主要介绍一下它们的输入。

（1）直角坐标法：用点的 *x*、*y* 坐标值表示的坐标。

例如：在命令行中输入点的坐标提示下，输入“15，18”，则表示输入了一个 *x*、*y* 的坐标值分别为“15、18”的点，此为绝对坐标输入方式，表示该点的坐标是相对于当前坐标原点的坐标值，如图 2-41（a）所示。如果输入“@10，20”，则为相对坐标输入方式，表示该点的坐标是相对于前一点的坐标值，如图 2-41（c）所示。

（2）极坐标法：用长度和角度表示的坐标，只能用来表示二维点的坐标。

在绝对坐标输入方式下，表示为：“长度<角度”，如“25<50”，其中长度表为该点到坐标原点的距离，角度为该点至原点的连线与 *x* 轴正向的夹角，如图 2-41（b）所示。

在相对坐标输入方式下，表示为：“@长度<角度”，如“@25<45”，其中长度为该点到前一点的距离，角度为该点至前一点的连线与 *x* 轴正向的夹角，如图 2-41（d）所示。

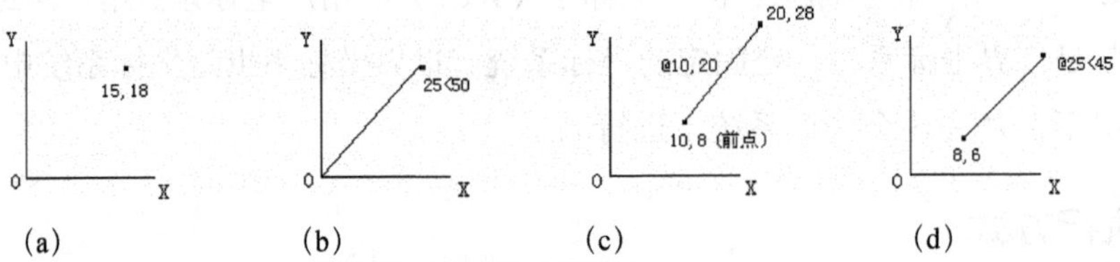

图 2-41　数据输入方法

3. 动态数据输入

按下状态栏上的“DYN”按钮，系统弹出动态输入功能，可以在屏幕上动态输入某些参数数据，例如，绘制直线时，在光标附近，会动态地显示“指定第一点”，以及后面的坐标框，当前显示的是光标所在位置，可以输入数据，两个数据之间以逗号隔开，如图 2-42 所示。指定第一点后，系统动态显示直线的角度，同时要求输入线段长度值，如图 2-43 所示，其输入效果与“@长度<角度”方式相同。

图 2-42　动态输入坐标值

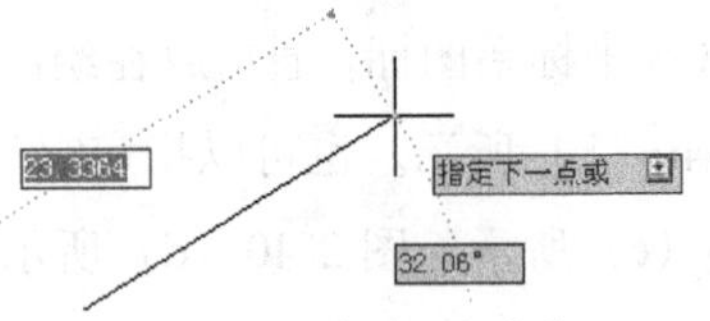

图 2-43　动态输入长度值

下面分别讲述一下点与距离值的输入方法。

(1) 点的输入。绘图过程中，常需要输入点的位置，AutoCAD 提供了如下几种输入点的方式：

1）用键盘直接在命令窗口中输入点的坐标：直角坐标有两种输入方式：*x*，*y*（点的绝对坐标值，例如："100，50"）和@ *x*，*y*（相对于上一点的相对坐标值，例如："@ 50，–30"），坐标值均相对于当前的用户坐标系。

极坐标的输入方式为：长度 < 角度（其中，长度为点到坐标原点的距离，角度为原点至该点连线与 *x* 轴的正向夹角，例如："20<45"）或@长度 < 角度（相对于上一点的相对极坐标，例如"@ 50 <–30"）。

2）用鼠标等定标设备移动光标并单击左键在屏幕上直接取点。

3）用目标捕捉方式捕捉屏幕上已有图形的特殊点（如端点、中点、中心点、插入点、交点、切点、垂足点等）

4）直接距离输入：先用光标拖拉出橡筋线确定方向，然后用键盘输入距离。这样有利于准确控制对象的长度等参数，如要绘制一条 10mm 长的线段，命令行提示如下：

```
命令:LINE
指定第一点:(在屏幕上指定一点)
指定下一点或 [放弃(U)]:
```

这时在屏幕上移动鼠标指明线段的方向，但不要单击鼠标左键确认，如图 2-44 所示，然后在命令行输入 10，这样就在指定方向上准确地绘制了长度为 10mm 的线段。

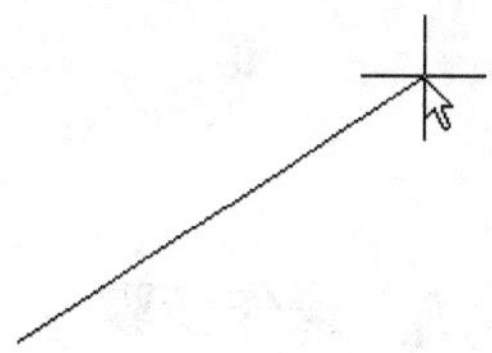

图 2-44　绘制直线

（2）距离值的输入。在 AutoCAD 命令中，有时需要提供高度、宽度、半径、长度等距离值。AutoCAD 提供了两种输入距离值的方式：一种是用键盘在命令窗口中直接输入数值；另一种是在屏幕上拾取两点，以两点的距离值定出所需数值。

2.6 图层设置

AutoCAD 中的图层就如同在手工绘图中使用的重叠透明图纸，如图 2-45 所示，可以使用图层来组织不同类型的信息。在 AutoCAD 中，图形的每个对象都位于一个图层上，所有图形对象都具有图层、颜色、线型和线宽 4 个基本属性。在绘制时，图形对象将创建在当前的图层上，每个 CAD 文档中图层的数量是不受限制的，每个图层都有自己的名称。

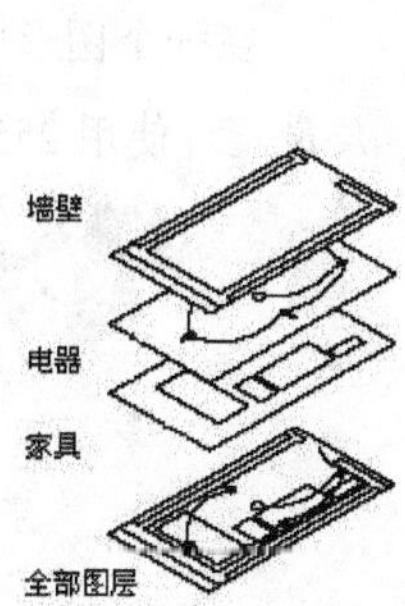

图 2-45　图层示意图

2.6.1 建立新图层

新建的 CAD 文档中只能自动创建一个名为 0 的特殊图层。默认情况下，图层 0 将被指定使用 7 号颜色、CONTINUOUS 线型、“默认”线宽以及 NORMAL 打印样式。不能删除或重命名图层 0。通过创建新的图层，可以将类型相似的对象指定给同一个图层使其相关联。例如，可以将构造线、文字、标注和标题栏置于不同的图层上，并为这些图层指定通用特性。通过将对象分类放到各自的图层中，可以快速有效地控制对象的显示以及对其进行更改。

执行方式

命令行：LAYER

菜单：“格式”→“图层”

工具栏：“图层”→“图层特性管理器”，如图 2-46 所示

图 2-46 “图层”工具栏

操作步骤

执行上述命令后，系统弹出“图层特性管理器”对话框，如图 2-47 所示。

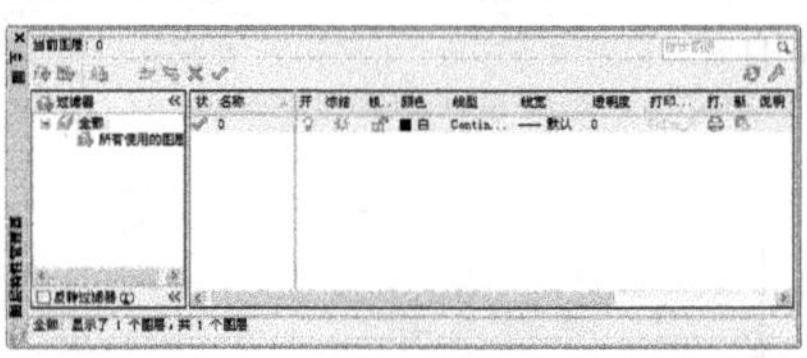

图 2-47 “图层特性管理器”对话框

单击“图层特性管理器”对话框中“新建”按钮，建立新图层，默认的图层名为“图层 1”。可以根据绘图需要，更改图层名，例如改为实体层、中心线层或标准层等。

在一个图形中可以创建的图层数以及在每个图层中可以创建的对象数实际上是无限的。图层最长可使用 255 个字符的字母数字命名。图层特性管理器按名称的字母顺序排列图层。

注意

如果要建立不只一个图层，无需重复单击“新建”按钮。更有效的方法是：在建立一个新的图层“图层 1”后，改变图层名，在其后输入一个逗号“,”，这样就会又自动建立一个新图层“图层 1”，改变图层名，再输入一个逗号，又一个新的图层建立了，依次建立各个图层。也可以按两次 Enter 键，建立另一个新的图层。图层的名称也可以更改，直接双击图层名称，键入新的名称。

在每个图层属性设置中，包括“图层名称”、“关闭/打开图层”、“冻结/解冻图层”、“锁定/解锁图层”、“图层线条颜色”、“图层线条线型”、“图层线条宽度”、“图层打印样式”以及“图层是否打印”9 个参数。下面将分别讲述如何设置这些图层参数。

1. 设置图层线条颜色

在工程制图中，整个图形包含多种不同功能的图形对象，例如实体、剖面线与尺寸标注等，为了便于直观区分它们，就有必要针对不同的图形对象使用不同的颜色，例如实体层使用白色、剖面线层使用青色等。

要改变图层的颜色时，单击图层所对应的颜色图标，弹出“选择颜色”对话框，如图 2-48 所示。它是一个标准的颜色设置对话框，可以使用索引颜色、真彩色和配色系统 3 个选项卡来选择颜色。系统显示的 RGB 配比，即 Red（红）、Green（绿）和 Blue（蓝）3 种颜色。

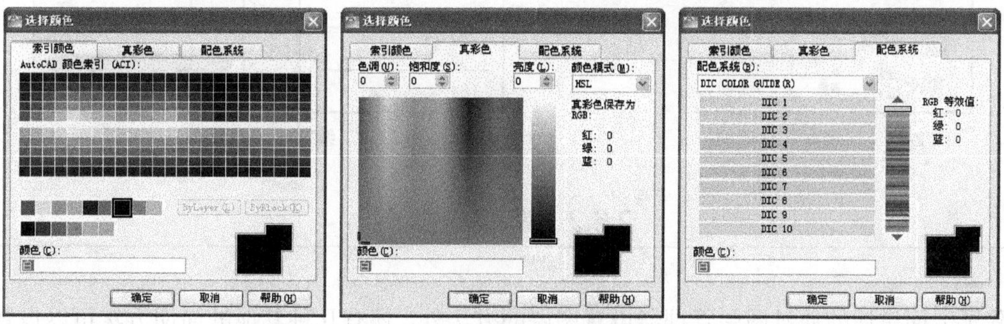

图 2-48 “选择颜色”对话框

2. 设置图层线型

单击图层所对应的线型图标，弹出“选择线型”对话框，如图 2-49 所示。默认情况下，在“已加载的线型”列表框中，系统中只添加了 Continuous 线型。单击“加载”按钮，打开“加载或重载线型”对话框，如图 2-50 所示，可以看到 AutoCAD 还提供许多其他的线型。用鼠标选择所需线型，单击“确定”按钮，即可把该线型加载到“已加载的线型”列表框中，可以按住 Ctrl 键选择几种线型同时加载。

3. 设置图层线宽

单击图层所对应的线宽图标，弹出“线宽”对话框，如图 2-51 所示。选择一个线宽，单击“确定”按钮完成对图层线宽的设置。

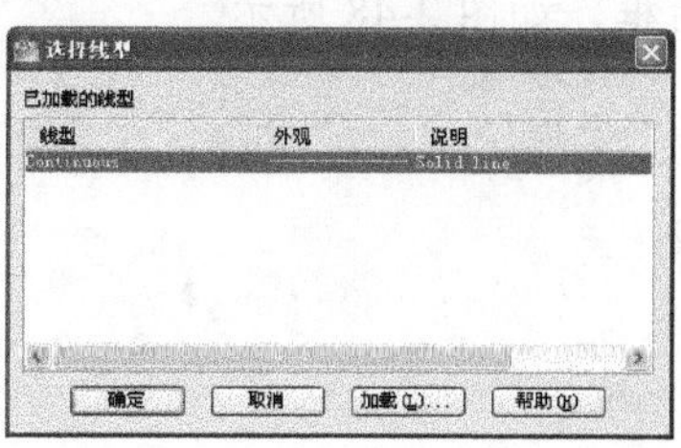

图 2-49 “选择线型”对话框

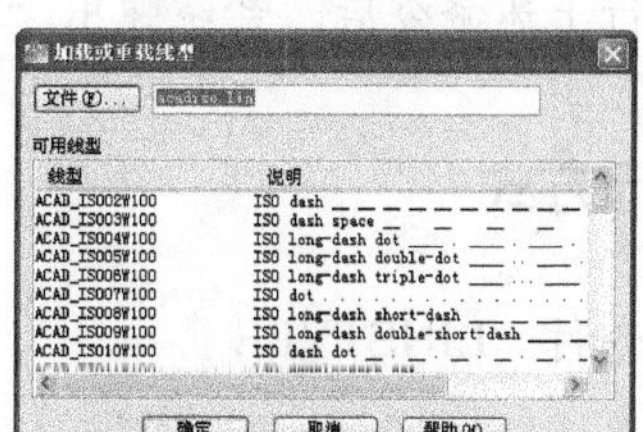

图 2-50 “加载或重载线型”对话框

图层线宽的默认值为 0.25mm。在状态栏为“模型”状态时，显示的线宽同计算机的像素有关。线宽为零时，显示为一个像素的线宽。单击状态栏中的“线宽”按钮，屏幕上显示的图形线宽，显示的线宽与实际线宽成比例，如图 2-52 所示，但线宽不随着图形的放大和缩小而变化。“线宽”功能关闭时，不显示图形的线宽，图形的线宽均为默认值宽度值显示，可以在“线宽”对话框选择需要的线宽。

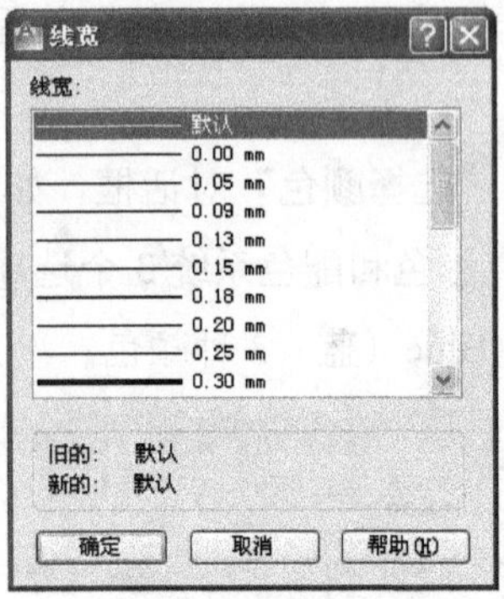

图 2-51 “线宽”对话框

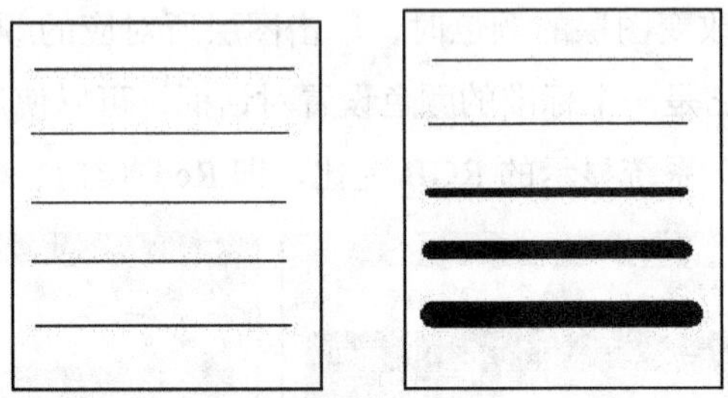

图 2-52 线宽显示效果图

2.6.2 设置图层

除了上面讲述的通过图层管理器设置图层的方法外，还有几种其他的简便方法可以设置图层的颜色、线宽和线型等参数。

1．直接设置图层

可以直接通过命令行或菜单设置图层的颜色、线宽和线型。

执行方式

命令行：COLOR

菜单：“格式”→“颜色”

操作步骤

执行上述命令后，系统弹出“选择颜色”对话框，如图 2-48 所示。

执行方式

命令行：LINETYPE

菜单：“格式”→“线型”

操作步骤

执行上述命令后，系统弹出“线型管理器”对话框，如图 2-53 所示。

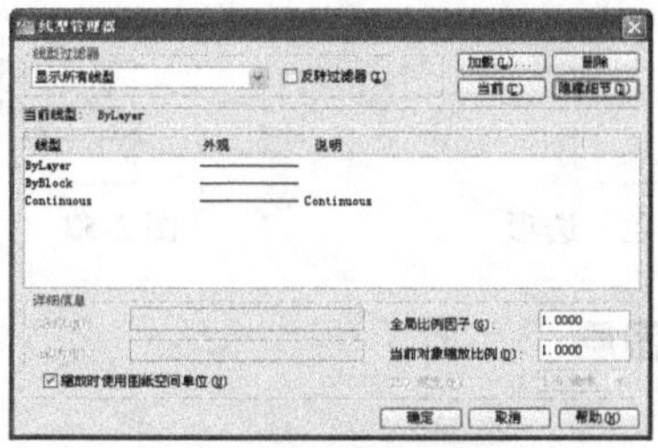

图 2-53 “线型管理器”对话框

执行方式

命令行：LINEWEIGHT 或 LWEIGHT

菜单：“格式”→“线宽”

操作步骤

执行上述命令后，系统弹出“线宽设置”对话框，如图 2-54 所示。该对话框的使用方法与如图 2-51 所示的“线宽”对话框类似。

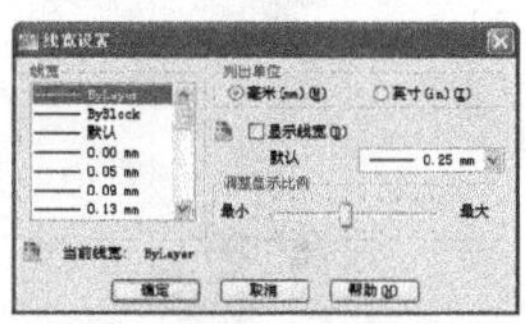

图 2-54 “线宽设置”对话框

2. 利用“特性”工具栏设置图层

AutoCAD 提供了一个“特性”工具栏，如图 2-55 所示。用户能够控制和使用工具栏上的“对象特性”工具栏快速地查看和改变所选对象的图层、颜色、线型和线宽等特性。“特性”工具栏上的图层颜色、线型、线宽和打印样式的控制增强了查看和编辑对象属性的命令。在绘图屏幕上选择任何对象都将在工具栏上自动显示它所在图层、颜色和线型等属性。

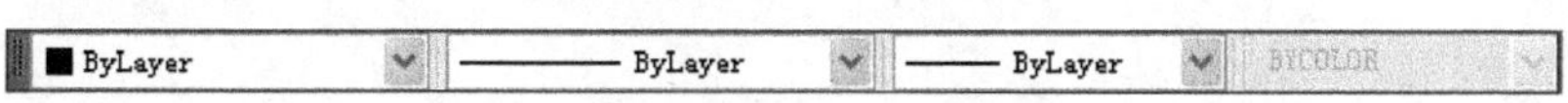

图 2-55 “特性”工具栏

也可以在“特性”工具栏上的“颜色”、“线型”、“线宽”和“打印样式”下拉列表中选择需要的参数值。如果在“颜色”下拉列表中选择“选择颜色”选项，如图 2-56 所示，系统就会打开

"选择颜色"对话框，如图 2-48 所示；同样，如果在"线型"下拉列表中选择"其他"选项，如图 2-57 所示，系统就会打开"线型管理器"对话框，如图 2-53 所示。

图 2-56 "选择颜色"选项

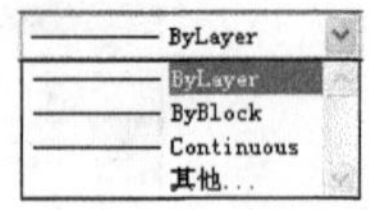

图 2-57 "其他"选项

3. 用"特性"对话框设置图层

执行方式

命令行：DDMODIFY 或 PROPERTIES

菜单："修改"→"特性"

工具栏："标准"→"特性"

操作步骤

执行上述命令后，系统弹出"特性"工具板，如图 2-58 所示，在其中可以方便地设置或修改图层、颜色、线型和线宽等属性。

图 2-58 "特性"工具板

第3章

二维绘图命令

二维图形是指在二维平面空间绘制的图形，主要由一些图形元素组成，如点、直线、圆弧、圆、椭圆、矩形、多边形、多段线、样条曲线和多线等几何元素。AutoCAD 提供了大量的绘图工具，可以帮助用户完成二维图形的绘制。本章主要内容包括：直线、圆和圆弧、椭圆和椭圆弧、平面图形、点、轨迹线与区域填充、徒手线和修订云线、多段线、样条曲线、多线和图案填充等。

重点与难点

- 直线类
- 圆类图形
- 平面图形
- 点
- 多段线
- 样条曲线
- 多线
- 图案填充

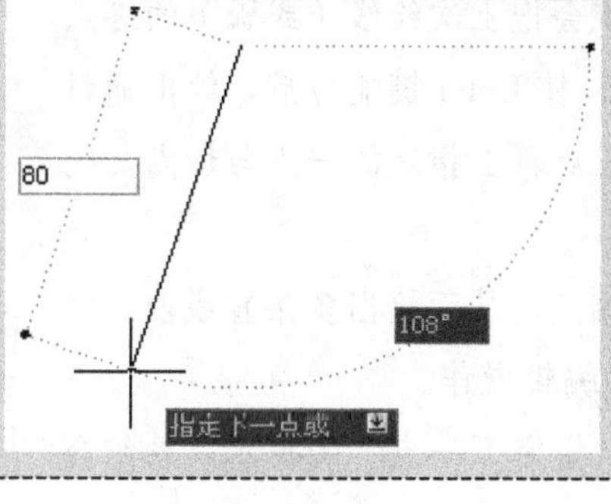

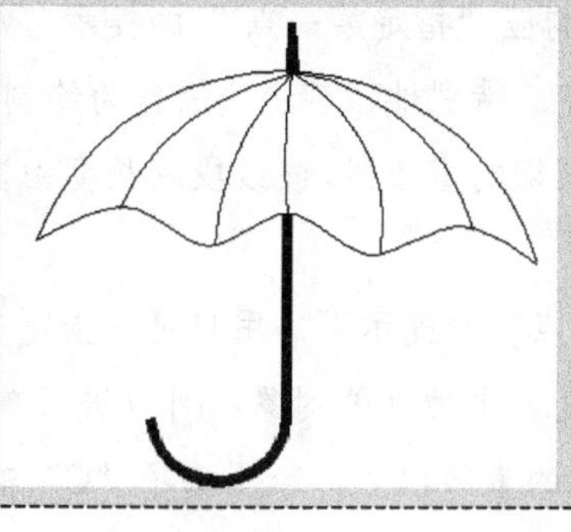

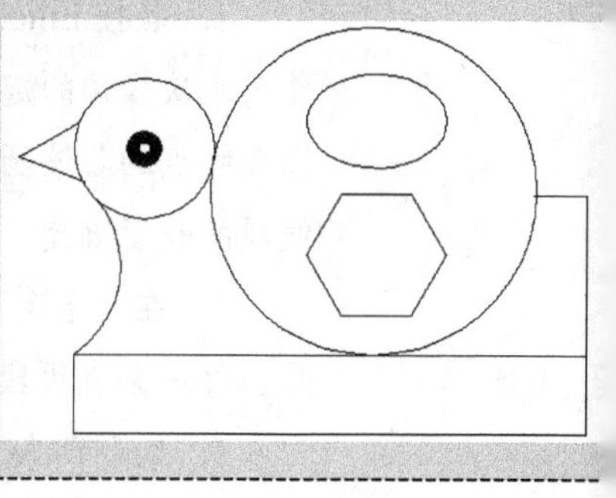

3.1 直线类

直线类命令主要包括直线和构造线命令，这两个命令是 AutoCAD 中最简单的绘图命令。

3.1.1 绘制直线段

执行方式

命令行：LINE

菜单："绘图" → "直线"

工具栏："绘图" → "直线"

操作步骤

```
命令：LINE
指定第一点：(输入直线段的起点，用鼠标指定点或者给定点的坐标)
指定下一点或 [放弃(U)]：(输入直线段的端点，也可以用鼠标指定一定角度后，直接输入直线段的长度)
指定下一点或 [放弃(U)]：(输入下一直线段的端点。输入选项 U 表示放弃前面的输入；右击或按 Enter 键，结束命令)
指定下一点或 [闭合(C)/放弃(U)]：(输入下一直线段的端点，或输入选项 C 使图形闭合，结束命令)
```

选项说明

1. 若按 Enter 键响应"指定第一点:"的提示，则系统会把上次绘线（或弧）的终点作为本次操作的起始点。特别地，若上次操作为绘制圆弧，按 Enter 键响应后，绘出通过圆弧终点的与该圆弧相切的直线段，该线段的长度由鼠标在屏幕上指定的一点与切点之间线段的长度确定。

2. 在"指定下一点"的提示下，用户可以指定多个端点，从而绘出多条直线段。但是，每一条直线段都是一个独立的对象，可以进行单独的编辑操作。

3. 绘制两条以上的直线段后，若用选项"C"响应"指定下一点"的提示，系统会自动链接起始点和最后一个端点，从而绘出封闭的图形。

4. 若用选项“U”响应提示，则会擦除最近一次绘制的直线段。

5. 若设置正交方式（单击状态栏上的“正交”按钮），则只能绘制水平直线段或垂直直线段。

6. 若设置动态数据输入方式（单击状态栏上的 DYN 按钮），则可以动态输入坐标或长度值。下面的命令同样可以设置动态数据输入方式，效果与非动态数据输入方式类似。除了特别需要（以后不再强调），否则只按非动态数据输入方式输入相关数据。

3.1.2　绘制构造线

执行方式

命令行：XLINE

菜单：“绘图”→“构造线”

工具栏：“绘图”→“构造线”

操作步骤

```
命令：XLINE
指定点或 [水平(H)/垂直(V)/角度(A)/二等分(B)/偏移(O)]：(给出点)
指定通过点：(给定通过点 2，画一条双向的无限长直线)
指定通过点：(继续给点，继续画线，按 Enter 键，结束命令)
```

选项说明

1. 执行选项中有“指定点”、“水平”、“垂直”、“角度”、“二等分”和“偏移”等 6 种方式绘制构造线。

2. 这种线可以模拟手工绘图中的辅助绘图线，用特殊的线型显示，在绘图输出时，可不作输出，常用于辅助绘图。

3.1.3　实例——五角星

绘制如图 3-1 所示的五角星。

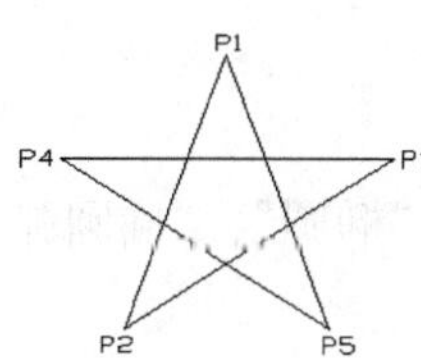

图 3-1　五角星

Step 绘制步骤

命令行提示如下：

```
命令:LINE↙（或选择菜单栏中的“绘图”→“直线”命令，或者单击“绘图”工具栏中的命令图标，下同）
指定第一点:120，120    （P1 点）
指定下一点或 [放弃(U)]: @ 80 < 252↙（P2 点，也可以单击 DYN 按钮，在鼠标位置为 108° 时，动态输入 80，如图 3-2 所示）
指定下一点或 [放弃(U)]:  159.091, 90.870    （P3 点）
指定下一点或 [闭合(C)/放弃(U)]:@ 80, 0    （错位的 P4 点，也可以单击 DYN 按钮，在鼠标位置为 0° 时，动态输入 80）
指定下一点或 [闭合(C)/放弃(U)]:U    （取消对 P4 点的输入）
指定下一点或 [闭合(C)/放弃(U)]:@ -80, 0    （P4 点，也可以单击 DYN 按钮，在鼠标位置为 180° 时，动态输入 80）
指定下一点或 [闭合(C)/放弃(U)]: 144.721, 43.916↙（P5 点）
指定下一点或 [闭合(C)/放弃(U)]:C    （封闭五角星并结束命令）
```

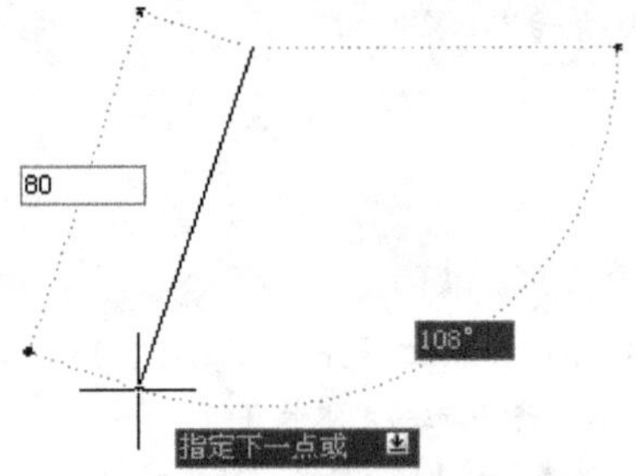

图 3-2　动态输入

最后完成图形，如图 3-1 所示。

> **注意**
>
> 一般每个命令有 3 种执行方式，这里只给出了命令行执行方式，其他两种执行方式的操作方法与命令行执行方式相同。

3.2 圆类图形

圆类命令主要包括“圆”、“圆弧”、“椭圆”、“椭圆弧”以及“圆环”等命令，这几个命令是 AutoCAD 中最简单的圆类命令。

3.2.1 绘 制 圆

执行方式

命令行：CIRCLE

菜单："绘图" → "圆"

工具栏："绘图" → "圆"

操作步骤

```
命令：CIRCLE
指定圆的圆心或 [三点(3P)/两点(2P)/切点、切点、半径(T)]：(指定圆心)
指定圆的半径或 [直径(D)]：（直接输入半径数值或用鼠标指定半径长度）
指定圆的直径 <默认值>：（输入直径数值或用鼠标指定直径长度）
```

选项说明

1. 三点（3P）

用指定圆周上 3 点的方法画圆。

2. 两点（2P）

按指定直径的两端点的方法画圆。

3. 切点、切点、半径（T）

按先指定两个相切对象，后给出半径的方法画圆。

"绘图" → "圆"菜单中多了一种"相切、相切、相切"的方法，当选择此方式时，系统作如下提示：

```
    circle 指定圆的圆心或 [三点(3P)/两点(2P)/切点、切点、半径(T)]：_3p 指定圆上的第一个点：_tan 到(指定相切的第一个圆弧)
    指定圆上的第二个点：_tan 到(指定相切的第二个圆弧)
    指定圆上的第三个点：_tan 到(指定相切的第三个圆弧)
```

3.2.2 绘 制 圆 弧

执行方式

命令行：ARC（缩写名：A）

菜单："绘图" → "弧"

工具栏："绘图" → "圆弧"

操作步骤

```
命令：ARC
指定圆弧的起点或 [圆心(C)]：(指定起点)
指定圆弧的第二点或 [圆心(C)/端点(E)]：(指定第二点)
指定圆弧的端点：(指定端点)
```

选项说明

1. 用命令行方式画圆弧时，可以根据系统提示选择不同的选项，具体功能和用“绘制”菜单中的“圆弧”子菜单提供的 11 种方式的功能相似。

2. 需要强调的是“继续”方式，绘制的圆弧与上一线段或圆弧相切，继续画圆弧段，仅提供端点即可。

3.2.3 实例——椅子

绘制如图 3-3 所示的椅子。

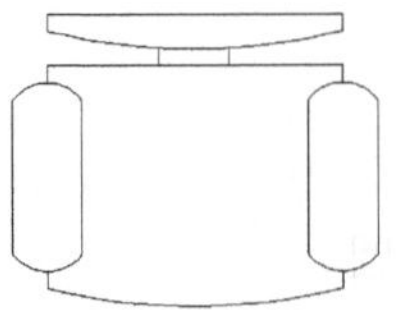

图 3-3 椅子图案

Step 绘制步骤

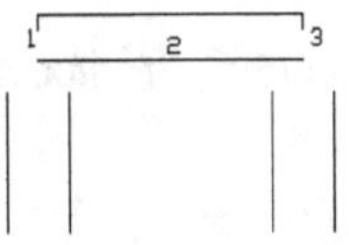

图 3-4 椅子初步轮廓

1. 单击“绘图”工具栏中的“直线”按钮，椅子初步轮廓结果如图 3-4 所示。

2. 完成绘制。

```
命令：ARC
指定圆弧的起点或 [圆心(C)]：(用鼠标指定左上方竖线段端点 1，如图 3-4 所示)
指定圆弧的第二点或 [圆心(C)/端点(E)]：(用鼠标在上方两竖线段正中间指定一点 2)
指定圆弧的端点：(用鼠标指定右上方竖线段端点 3)
命令：LINE
指定第一点：(用鼠标在刚才绘制圆弧上指定一点)
指定下一点或 [放弃(U)]：(在垂直方向上用鼠标在中间水平线段上指定一点)
```

指定下一点或 [放弃(U)]:

同样方法圆弧上指定一点为起点向下绘制另一条竖线段。再以图 3-4 中 1、3 两点下面的水平线段的端点为起点各向下适当距离绘制两条竖直线段，如图 3-5 所示。

命令: ARC

指定圆弧的起点或 [圆心(C)]:(用鼠标指定左边第一条竖线段上端点 4，如图 3-5 所示)

指定圆弧的第二点或 [圆心(C)/端点(E)]: (用上面刚绘制的竖线段上端点 5)

指定圆弧的端点:(用鼠标指定左下方第二条竖线段上端点 6)

同样方法绘制扶手位置另外三段圆弧。

命令: LINE

指定第一点: (用鼠标在刚才绘制圆弧正中间指定一点)

指定下一点或 [放弃(U)]: (在垂直方向上用鼠标指定一点)

指定下一点或 [放弃(U)]:

同样方法绘制另一条竖线段。

命令: ARC

指定圆弧的起点或 [圆心(C)]:(用鼠标指定刚才绘制线段的下端点)

指定圆弧的第二个点或 [圆心(C)/端点(E)]: E

指定圆弧的端点:(用鼠标指定刚才绘制另一线段的下端点)

指定圆弧的圆心或 [角度(A)/方向(D)/半径(R)]: D

指定圆弧的起点切向: (用鼠标指定圆弧起点切向)

绘制过程如图 3-5 所示。

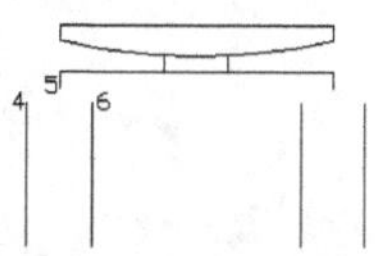

图 3-5 绘制过程

3.2.4 绘制圆环

执行方式

命令行: DONUT

菜单: “绘图” → “圆环”

操作步骤

命令: DONUT

指定圆环的内径 <默认值>:(指定圆环内径)

指定圆环的外径 <默认值>: (指定圆环外径)

指定圆环的中心点或 <退出>:(指定圆环的中心点)

指定圆环的中心点或 <退出>:(继续指定圆环的中心点，则继续绘制具有相同内外径的圆环。按 Enter 键空格键或右键单击，结束命令)

选项说明

1. 若指定内径为零，则画出实心填充圆。

2. 用命令 FILL 可以控制圆环是否填充。

```
命令: FILL
输入模式 [开(ON)/关(OFF)] <开>: (选择 ON 表示填充，选择 OFF 表示不填充)
```

3.2.5 绘制椭圆与椭圆弧

执行方式

命令行：ELLIPSE

菜单："绘制" → "椭圆" → "圆弧"

工具栏："绘制" → "椭圆"或"绘制" → "椭圆弧"

操作步骤

```
命令: ELLIPSE
指定椭圆的轴端点或 [圆弧(A)/中心点(C)]:
指定轴的另一个端点:
指定另一条半轴长度或 [旋转(R)]:
```

选项说明

1. 指定椭圆的轴端点

根据两个端点，定义椭圆的第一条轴。第一条轴的角度确定了整个椭圆的角度。第一条轴既可定义为椭圆的长轴也可定义为椭圆的短轴。

2. 旋转（R）

通过绕第一条轴旋转圆来创建椭圆。相当于将一个圆绕椭圆轴翻转一个角度后的投影视图。

3. 中心点（C）

通过指定的中心点创建椭圆。

4. 椭圆弧（A）

该选项用于创建一段椭圆弧，与"工具栏：绘制→椭圆弧"功能相同。其中第一条轴的角度确定了椭圆弧的角度。第一条轴既可定义为椭圆弧长轴也可定义为椭圆弧短轴。选择该项，系统继续提示：

```
指定椭圆弧的轴端点或 [中心点(C)]：(指定端点或输入C)
指定轴的另一个端点：(指定另一端点)
指定另一条半轴长度或 [旋转(R)]： (指定另一条半轴长度或输入R)
指定起始角度或 [参数(P)]：(指定起始角度或输入P)
指定终止角度或 [参数(P)/包含角度(I)]：
```

其中各选项含义如下。

- 角度：指定椭圆弧端点的两种方式之一，光标与椭圆中心点连线的夹角为椭圆弧端点位置的角度。
- 参数（P）：指定椭圆弧端点的另一种方式，该方式同样是指定椭圆弧端点的角度，通过以下矢量参数方程式创建椭圆弧。

$$p(u) = c + a\cos(u) + b\sin(u)$$

其中 c 是椭圆的中心点，a 和 b 分别是椭圆的长轴和短轴，u 为光标与椭圆中心点连线的夹角。

- 包含角度（I）：定义从起始角度开始的包含角度。

3.2.6　实例——洗脸盆

绘制如图 3-6 所示的洗脸盆图形。

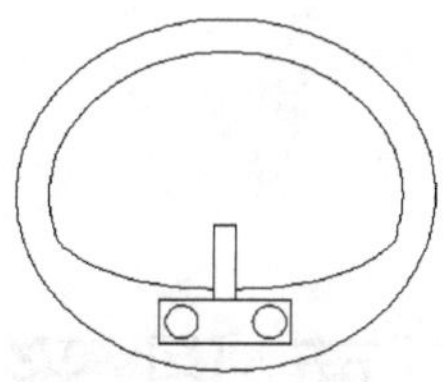

图 3-6　洗脸盆图形

Step　绘制步骤

1 单击“绘图”工具栏中的“直线”按钮，绘制水龙头图形，结果如图 3-7 所示。

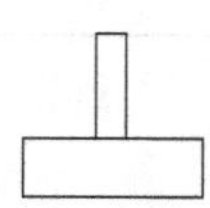

图 3-7　绘制水龙头

2 单击“绘图”工具栏中的“圆”按钮，绘制两个水龙头旋钮，结果如图 3-8 所示。

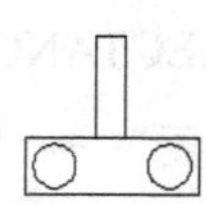

图 3-8　绘制旋钮

3 单击“绘图”工具栏中的“椭圆”按钮，绘制脸盆外沿，命令行提示如下：

```
命令：_ellipse
指定椭圆的轴端点或 [圆弧(A)/中心点(C)]：(用鼠标指定椭圆轴端点)
```

```
指定轴的另一个端点：(用鼠标指定另一端点)
指定另一条半轴长度或 [旋转(R)]：(用鼠标在屏幕上拉出另一半轴长度)
```

结果如图 3-9 所示。

4 单击“绘图”工具栏中的“椭圆弧”按钮，绘制脸盆部分内沿，命令行提示如下：

```
命令：_ellipse(选择工具栏或绘图菜单中的椭圆弧命令)
指定椭圆的轴端点或 [圆弧(A)/中心点(C)]：_a
指定椭圆弧的轴端点或 [中心点(C)]：C
指定椭圆弧的中心点：(单击状态栏“对象捕捉”按钮，捕捉刚才绘制的椭圆中心点，关于“捕捉”，后面进行介绍)
指定轴的端点：(适当指定一点)
指定另一条半轴长度或 [旋转(R)]：R
指定绕长轴旋转的角度：(用鼠标指定椭圆轴端点)
指定起始角度或 [参数(P)]：(用鼠标拉出起始角度)
指定终止角度或 [参数(P)/包含角度(I)]：(用鼠标拉出终止角度)
```

结果如图 3-10 所示。

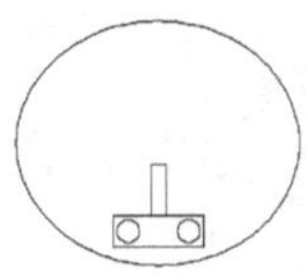

图 3-9 绘制脸盆外沿

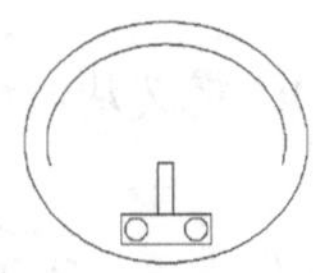

图 3-10 绘制脸盆部分内沿

5 单击“绘图”工具栏中的“椭圆”按钮，绘制脸盆其他部分内沿，最终结果如图 3-6 所示。

3.3 平面图形

3.3.1 绘制矩形

执行方式

命令行：RECTANG（缩写名：REC）

菜单：“绘图”→“矩形”

工具栏：“绘图”→“矩形”

操作步骤

```
命令：RECTANG
指定第一个角点或 [倒角(C)/标高(E)/圆角(F)/厚度(T)/宽度(W)]：
指定另一个角点或 [面积(A)/尺寸(D)/旋转(R)]：
```

选项说明

1. 第一个角点

通过指定两个角点来确定矩形，如图 3-11（a）所示。

2. 倒角（C）

指定倒角距离，绘制带倒角的矩形（如图 3-11（b）所示），每一个角点的逆时针和顺时针方向的倒角可以相同，也可以不同，其中第一个倒角距离是指角点逆时针方向的倒角距离，第二个倒角距离是指角点顺时针方向的倒角距离。

3. 标高（E）

指定矩形标高（*z* 坐标），即把矩形画在标高为 *z* 和 *xoy* 坐标面平行的平面上，并作为后续矩形的标高值。

4. 圆角（F）

指定圆角半径，绘制带圆角的矩形，如图 3-11（c）所示。

5. 厚度（T）

指定矩形的厚度，如图 3-11（d）所示。

6. 宽度（W）

指定线宽，如图 3-11（e）所示。

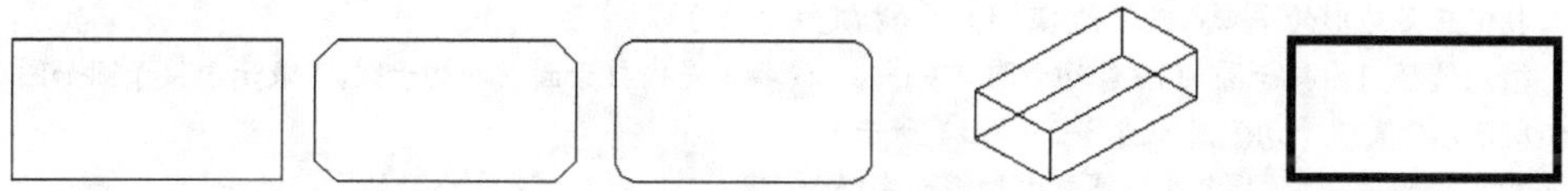

(a)　(b)　(c)　(d)　(e)

图 3-11　绘制矩形

7. 尺寸（D）

使用长和宽创建矩形。第二个指定点将矩形定位在与第一角点相关的 4 个位置之一内。

8. 面积（A）

通过指定面积和长或宽来创建矩形。选择该项，系统提示：

```
输入以当前单位计算的矩形面积 <20.0000>：（输入面积值）
计算矩形标注时依据 [长度(L)/宽度(W)] <长度>：(按 Enter 键或输入 W)
输入矩形长度 <4.0000>：（指定长度或宽度）
```

指定长度或宽度后，系统自动计算出另一个维度后绘制出矩形。如果矩形被倒角或

圆角，则在长度或宽度计算中会考虑此设置，如图 3-12 所示。

9. 旋转（R）

旋转所绘制矩形的角度。选择该项，系统提示：

```
指定旋转角度或 [拾取点(P)] <135>:  (指定角度)
指定另一个角点或 [面积(A)/尺寸(D)/旋转(R)]: (指定另一个角点或选择其他选项)
```

指定旋转角度后，系统按指定旋转角度创建矩形，如图 3-13 所示。

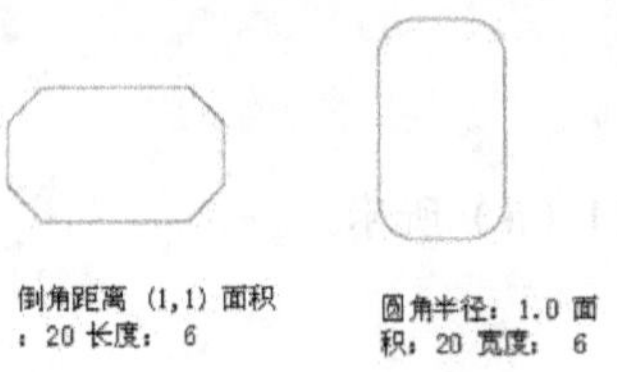

图 3-12　按面积绘制矩形

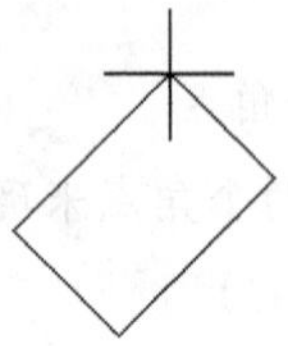

图 3-13　按指定旋转角度创建矩形

3.3.2　绘制正多边形

执行方式

命令行：POLYGON

菜单："绘图" → "正多边形"

工具栏："绘图" → "正多边形"

操作步骤

```
命令: POLYGON
输入边的数目 <4>:(指定多边形的边数，默认值为 4)
指定正多边形的中心点或 [边(E)]:  (指定中心点)
输入选项 [内接于圆(I)/外切于圆(C)] <I>:(指定是内接于圆或外切于圆，I 表示内接于圆如图 3-14 (a) 所示，C 表示外切于圆如图 3-14 (b) 所示)
指定圆的半径:(指定外接圆或内切圆的半径)
```

选项说明

如果选择"边"选项，则只要指定多边形的一条边，系统就会按逆时针方向创建该正多边形，如图 3-14（c）所示。

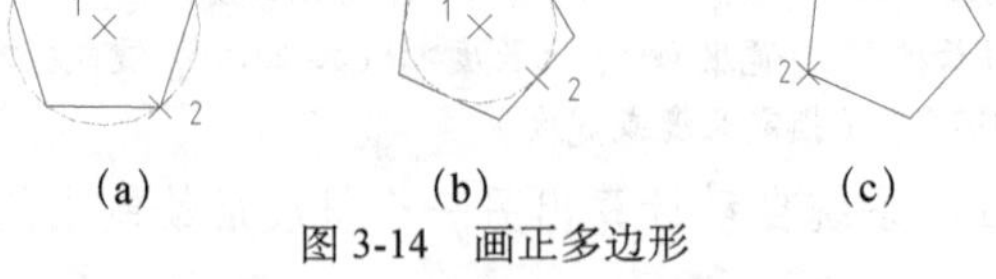

(a)　(b)　(c)

图 3-14　画正多边形

3.3.3 实例——卡通造型

绘制如图 3-15 所示的卡通造型。

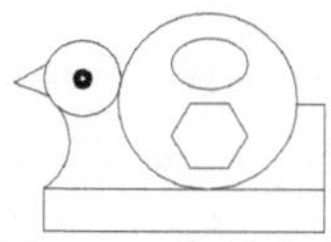

图 3-15 卡通造型

Step 绘制步骤

1. 单击“绘图”工具栏中的“圆”按钮，在左边绘制圆心坐标为（230，210），圆半径为 30 的小圆；单击“绘图”工具栏中的“圆”按钮，绘制内径为 5，外径为 15，中心点坐标为（230，210）的圆环。
2. 单击“绘图”工具栏中的“矩形”按钮，绘制矩形。命令行提示如下：

```
命令: RECTANG
指定第一个角点或 [倒角(C)/标高(E)/圆角(F)/厚度(T)/宽度(W)]: 200,122    (矩形左上角点坐标值)
指定另一个角点: 420,88↙ (矩形右上角点的坐标值)
```

3. 单击“绘图”工具栏中的“圆”按钮，采用“相切、相切、半径”方式，绘制与图 3-16 中点 1、点 2 相切，半径为 70 大圆；单击“绘图”工具栏中的“椭圆”按钮，绘制中心点坐标为（330，222），长轴的右端点坐标为（360，222），短轴的长度为 20 的小椭圆；单击“绘图”工具栏中的“多边形”按钮，绘制中心点坐标为（330，165），内接圆半径为 30 的正六边形。

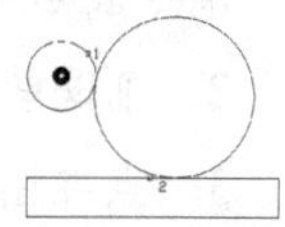

图 3-16 步骤图

4. 单击“绘图”工具栏中的“直线”按钮，绘制端点坐标分别为（202，221），（@30<–150）；（@30<–150），（@30<–20）的折线；单击“绘图”工具栏中的“圆弧”按钮，绘制起点坐标为（200，122），端点坐标为（210，188），半径为 45 的圆弧。
5. 单击“绘图”工具栏中的“直线”按钮，绘制端点坐标为（420，122），（@68<90）；（@68<90），（@23<180）的折线。结果如图 3-15 所示。

3.4 点

点在 AutoCAD 中有多种不同的表示方式，用户可以根据需要进行设置，也可以设置等分点和测量点。

3.4.1 绘 制 点

执行方式

命令行：POINT

菜单："绘制"→"点"→"单点或多点"

工具栏："绘制"→"点"

操作步骤

```
命令：POINT
当前点模式： PDMODE=0  PDSIZE=0.0000
指定点：（指定点所在的位置）
```

选项说明

1. 通过菜单方法进行操作时（如图 3-17 所示），"单点"命令表示只输入一个点，"多点"命令表示可输入多个点。

2. 可以单击状态栏中的"对象捕捉"开关按钮，设置点的捕捉模式，帮助用户拾取点。

3. 点在图形中的表示样式，共有 20 种。可通过命令 DDPTYPE 或在菜单栏中选择"格式"→"点样式"，打开"点样式"对话框来设置点样式，如图 3-18 所示。

图 3-17 "点"子菜单

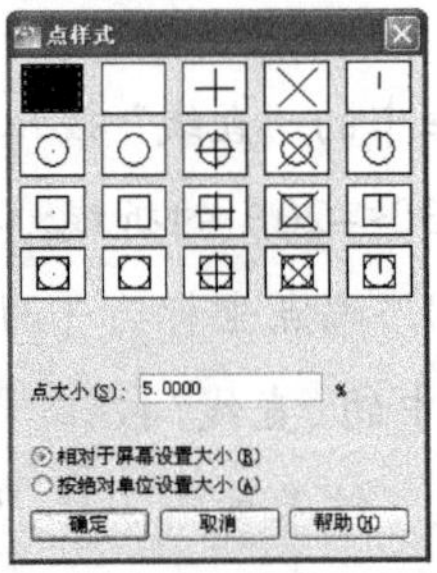

图 3-18 "点样式"对话框

3.4.2 绘制等分点

执行方式

命令行：DIVIDE（缩写名：DIV）

菜单："绘制"→"点"→"定数等分"

操作步骤

```
命令：DIVIDE
选择要定数等分的对象：（选择要等分的实体）
输入线段数目或 [块(B)]：（指定实体的等分数）
```

选项说明

1. 等分数范围为 2 ~ 32767。
2. 在等分点处，按当前的点样式设置画出等分点。
3. 在第二提示行选择“块(B)”选项时，表示在等分点处插入指定的块（BLOCK）。

3.4.3 绘制测量点

执行方式

命令行：MEASURE（缩写名：ME）

菜单：“绘制” → “点” → “定距等分”

操作步骤

```
命令：MEASURE
选择要定距等分的对象：（选择要设置测量点的实体）
指定线段长度或 [块(B)]：（指定分段长度）
```

选项说明

1. 设置的起点一般是指指定线段的绘制起点。
2. 在第二提示行选择“块(B)”选项时，表示在测量点处插入指定的块，后续操作与上节中等分点的绘制类似。
3. 在测量点处，按当前的点样式设置画出测量点。
4. 最后一个测量段的长度不一定等于指定分段的长度。

3.4.4 实例——楼梯

绘制如图 3-19 所示的楼梯。

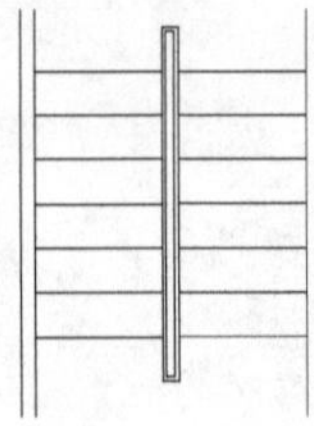

图 3-19　绘制楼梯

Step 绘制步骤

❶ 单击“绘图”工具栏中的“直线”按钮，绘制墙体与扶手，如图 3-20 所示。

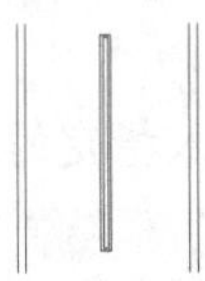

图 3-20　绘制墙体与扶手

❷ 选择菜单栏中的“格式”→“点样式”命令，在打开的“点样式”对话框中选择“X”样式。

❸ 选择菜单栏中的“绘图”→“点”→“定数等分”命令，以左边扶手的外面线段为对象，数目为 8，绘制等分点，如图 3-21 所示。

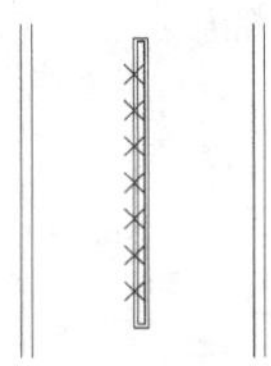

图 3-21　绘制等分点

❹ 单击“绘图”工具栏中的“直线”按钮，分别以等分点为起点，左边墙体上的点为终点绘制水平线段，如图 3-22 所示。

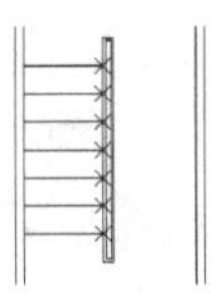

图 3-22　绘制水平线

❺ 删除绘制的等分点，如图 3-23 所示。

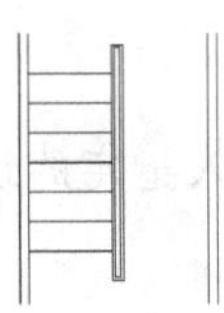

图 3-23　删除点

❻ 重复步骤 3~步骤 5，绘制另一侧楼梯，最终结果如图 3-20 所示。

3.5 多段线

多段线是一种由线段和圆弧组合而成的不同线宽的多线，这种线由于其组合形式的多样和线宽的不同，弥补了直线或圆弧功能的不足，适合绘制各种复杂的图形轮廓，因而得到了广泛的应用。

3.5.1 绘制多段线

执行方式

命令行：PLINE（缩写名：PL）

菜单："绘图"→"多段线"

工具栏："绘图"→"多段线"

操作步骤

```
命令：PLINE
指定起点：(指定多段线的起点)
当前线宽为 0.0000
指定下一个点或 [圆弧(A)/半宽(H)/长度(L)/放弃(U)/宽度(W)]：(指定多段线的下一点)
```

选项说明

多段线主要由不同长度的连续的线段或圆弧组成，如果在上述提示中选择"圆弧"命令，则命令行提示：

```
[角度(A)/圆心(CE)/方向(D)/半宽(H)/直线(L)/半径(R)/第二个点(S)/放弃(U)/宽度(W)]：
```

3.5.2 编辑多段线

执行方式

命令行：PEDIT（缩写名：PE）

菜单："修改"→"对象"→"多段线"

工具栏："修改 II"→"编辑多段线"

快捷菜单：选择要编辑的多线段，在绘图区右键单击，从打开的右键快捷菜单上选择"多段线编辑"

操作步骤

命令：PEDIT
选择多段线或 [多条(M)]：(选择一条要编辑的多段线)
输入选项 [闭合(C)/合并(J)/宽度(W)/编辑顶点(E)/拟合(F)/样条曲线(S)/非曲线化(D)/线型生成(L)/放弃(U)]：

选项说明

1. 合并（J）

以选中的多段线为主体，合并其他直线段、圆弧或多段线，使其成为一条多段线。能合并的条件是各段线的端点首尾相连，如图 3-24 所示。

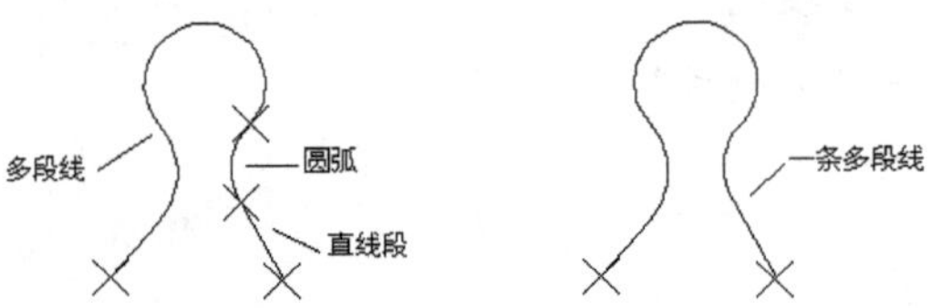

（a）合并前　（b）合并后

图 3-24　合并多段线

2. 宽度（W）

修改整条多段线的线宽，使其具有同一线宽，如图 3-25 所示。

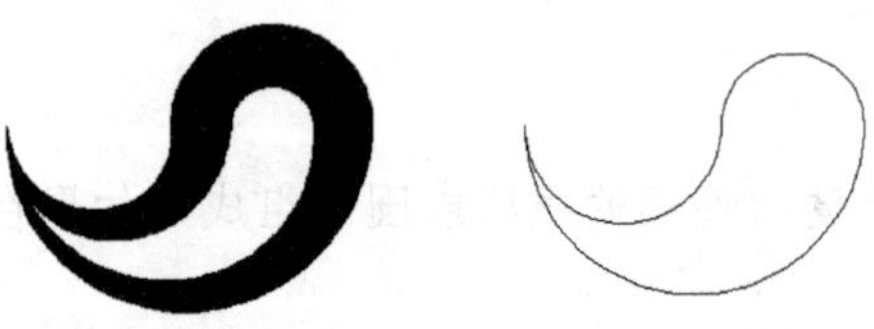

（a）修改前　（b）修改后

图 3-25　修改整条多段线的线宽

3. 编辑顶点（E）

选择该项后，在多段线起点处出现一个斜的十字叉"×"，它是当前顶点的标记，并在命令行出现进行后续操作的提示：

[下一个(N)/上一个(P)/打断(B)/插入(I)/移动(M)/重生成(R)/拉直(S)/切向(T)/宽度(W)/退出(X)] <N>:

这些选项允许用户进行移动、插入顶点和修改任意两点间的线的线宽等操作。

4. 拟合（F）

从指定的多段线生成由光滑圆弧连接而成的圆弧拟合曲线，该曲线经过多段线的各顶点，如图 3-26 所示。

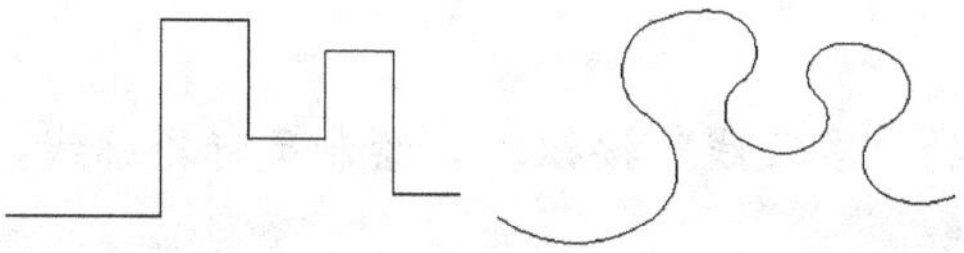

（a）修改前　　（b）修改后

图 3-26　生成圆弧拟合曲线

5. 样条曲线（S）

以指定的多段线的各顶点作为控制点生成 B 样条曲线，如图 3-27 所示。

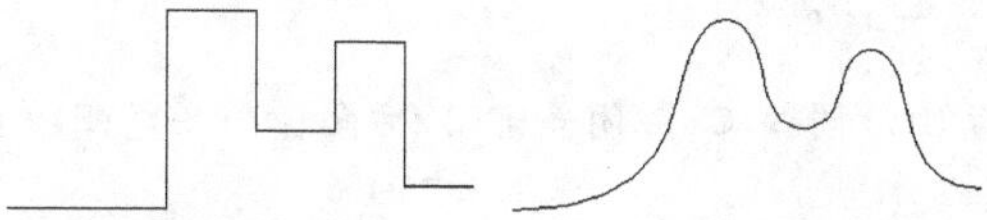

（a）修改前　　（b）修改后

图 3-27　生成 B 样条曲线

6. 非曲线化（D）

用直线代替指定的多段线中的圆弧。对于选择“拟合（F）”选项或“样条曲线（S）”选项后生成的圆弧拟合曲线或样条曲线，删去其生成曲线时新插入的顶点，则恢复成由直线段组成的多段线。

7. 线型生成（L）

当多段线的线型为点划线时，控制多段线的线型生成方式开关。选择此项，系统提示:

```
输入多段线线型生成选项 [开(ON)/关(OFF)] <关>:
```

选择 ON 时，将在每个顶点处允许以短划开始或结束生成线型，选择 OFF 时，将在每个顶点处允许以长划开始或结束生成线型。“线型生成”不能用于包含带变宽的线段的多段线，如图 3-28 所示。

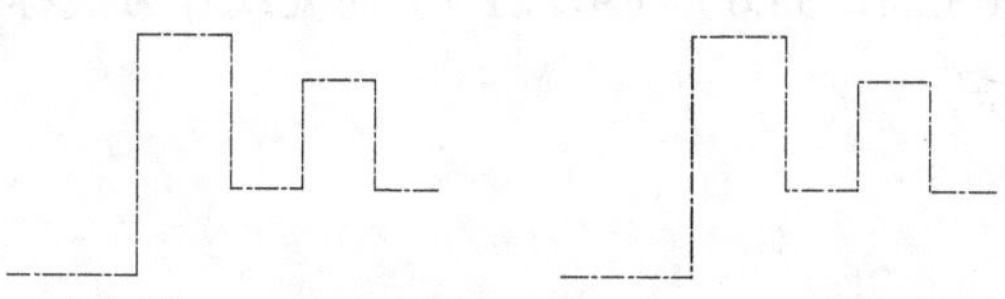

（a）关　　（b）开

图 3-28　控制多段线的线型（线型为点划线时）

3.5.3　实例——鼠标

绘制如图 3-29 所示的鼠标。

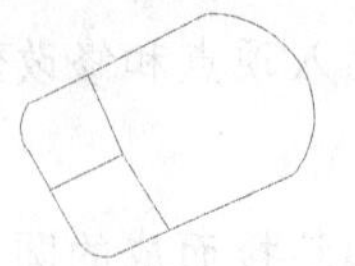

图 3-29　鼠标

Step 绘制步骤

1. 单击“绘图”工具栏中的“多段线”按钮，绘制鼠标轮廓线。命令行提示如下：

```
命令: _pline
指定起点: 2.5,50
当前线宽为 0.0000
指定下一个点或 [圆弧(A)/半宽(H)/长度(L)/放弃(U)/宽度(W)]: 59,80
指定下一点或 [圆弧(A)/闭合(C)/半宽(H)/长度(L)/放弃(U)/宽度(W)]: a
指定圆弧的端点或[角度(A)/圆心(CE)/闭合(CL)/方向(D)/半宽(H)/直线(L)/半径(R)/第二个点(S)/放弃(U)/宽度(W)]: s
指定圆弧上的第二个点: 89.5,62
指定圆弧的端点: 86.6,26.7
指定圆弧的端点或[角度(A)/圆心(CE)/闭合(CL)/方向(D)/半宽(H)/直线(L)/半径(R)/第二个点(S)/放弃(U)/宽度(W)]: l
指定下一点或 [圆弧(A)/闭合(C)/半宽(H)/长度(L)/放弃(U)/宽度(W)]: 29,0
指定下一点或 [圆弧(A)/闭合(C)/半宽(H)/长度(L)/放弃(U)/宽度(W)]: a
指定圆弧的端点或[角度(A)/圆心(CE)/闭合(CL)/方向(D)/半宽(H)/直线(L)/半径(R)/第二个点(S)/放弃(U)/宽度(W)]: 18,5.3
指定圆弧的端点或[角度(A)/圆心(CE)/闭合(CL)/方向(D)/半宽(H)/直线(L)/半径(R)/第二个点(S)/放弃(U)/宽度(W)]: l
指定下一点或 [圆弧(A)/闭合(C)/半宽(H)/长度(L)/放弃(U)/宽度(W)]: 2.5,34.6
指定下一点或 [圆弧(A)/闭合(C)/半宽(H)/长度(L)/放弃(U)/宽度(W)]: a
指定圆弧的端点或[角度(A)/圆心(CE)/闭合(CL)/方向(D)/半宽(H)/直线(L)/半径(R)/第二个点(S)/放弃(U)/宽度(W)]: cl
```

绘制结果如图 3-30 所示。

图 3-30　绘制鼠标轮廓

2. 单击“绘图”工具栏中的“直线”按钮，绘制端点分别为（47.2，8.5），（32.4，33.6）；（32.4，33.6），（21.3，60.2）；（32.4，33.6），（9，21.7）的直线作为鼠标的左右键。

最终结果如图 3-29 所示。

3.6 样条曲线

AutoCAD 使用一种称为非一致有理 B 样条（NURBS）曲线的特殊样条曲线类型。NURBS

曲线在控制点之间产生一条光滑的样条曲线，如图 3-31 所示。样条曲线可用于创建形状不规则的曲线，例如，为地理信息系统（GIS）应用或汽车设计绘制轮廓线。

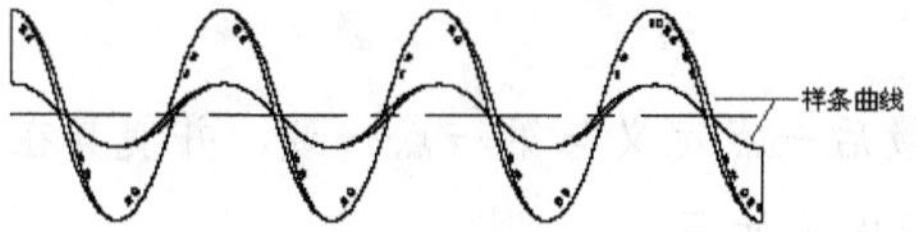

图 3-31　样条曲线

3.6.1　绘制样条曲线

执行方式

命令行：SPLINE

菜单："绘图" → "样条曲线"

工具栏："绘图" → "样条曲线"

操作步骤

```
命令：SPLINE
指定第一个点或 [方式（M）/节点（K）/对象（O）]：(指定一点或选择"对象(O)"选项）
输入下一点或[起点切向（T）/公差（L）]：（指定一点）
输入下一个点或 [端点相切（T）/公差（L）/放弃（U）/闭合(C)] <起点切向>:
```

选项说明

（1）方式（M）

控制是使用拟合点还是使用控制点来创建样条曲线。选项会因您选择的是使用拟合点创建样条曲线的选项还是使用控制点创建样条曲线的选项而异。

（2）节点（K）

指定节点参数化，它会影响曲线在通过拟合点时的形状。

（3）对象（O）

将二维或三维的二次或三次样条曲线拟合多段线转换为等价的样条曲线，然后（根据 DELOBJ 系统变量的设置）删除该多段线。

（4）起点切向（T）

定义样条曲线的第一点和最后一点的切向。如果在样条曲线的两端都指定切向，可以输入一个点或使用"切点"和"垂足"对象捕捉模式使样条曲线与已有的对象相切或垂直。如果按<enter>键，系统将计算默认切向。

（5）端点相切（T）

停止基于切向创建曲线，可通过指定拟合点继续创建样条曲线。

（6）公差（L）

指定距样条曲线必须经过的指定拟合点的距离，公差应用于除起点和端点外的所有拟合点。

（7）闭合（C）：将最后一点定义与第一点一致，并使其在连接处相切，以闭合样条曲线。选择该项，命令行提示如下：

```
指定切向:指定点或按<Enter>键
```

用户可以指定一点来定义切向矢量，或按下状态栏中的“对象捕捉”按钮，使用“切点”和“垂足”对象捕捉模式使样条曲线与现有对象相切或垂直。

3.6.2　编辑样条曲线

执行方式

命令行：SPLINEDIT

菜单：“修改”→“对象”→“样条曲线”

快捷菜单：选择要编辑的样条曲线，在绘图区右键单击，从打开的右键快捷菜单上选择“编辑样条曲线”

工具栏：“修改 II”→“编辑样条曲线”

操作步骤

```
命令：SPLINEDIT
选择样条曲线：(选择要编辑的样条曲线。若选择的样条曲线是用 SPLINE 命令创建的，其近似点以夹点的颜色显示出来；若选择的样条曲线是用 PLINE 命令创建的，其控制点以夹点的颜色显示出来。)
输入选项 [拟合数据(F)/闭合(C)/移动顶点(M)/精度(R)/反转(E)/放弃(U)]：
```

选项说明

1. 拟合数据（F）

编辑近似数据。选择该项后，创建该样条曲线时指定的各点将以小方格的形式显示出来。

2. 移动顶点（M）

移动样条曲线上的当前点。

3. 精度（R）

调整样条曲线的定义精度。

4. 反转（E）

翻转样条曲线的方向。该项操作主要用于应用程序。

3.6.3 实例——雨伞

绘制如图 3-32 所示的雨伞图形。

图 3-32 雨伞

Step 绘制步骤

① 单击"绘图"工具栏中的"圆弧"按钮，绘制伞的外框。命令行提示如下：

```
命令：ARC
指定圆弧的起点或 [圆心(C)]：C
指定圆弧的圆心：(在屏幕上指定圆心)
指定圆弧的起点：(在屏幕上圆心位置的右边指定圆弧的起点)
指定圆弧的端点或 [角度(A)/弦长(L)]：A
指定包含角：180↙ (注意角度的逆时针转向)
```

② 单击"绘图"工具栏中的"多段线"按钮，绘制伞的底边。命令行提示如下：

```
命令：SPLINE
指定第一个点或 [对象(O)]：(指定样条曲线的第一个点 1，如图 3-33 所示)
指定下一点： (指定样条曲线的下一个点 2)
指定下一点或 [闭合(C)/拟合公差(F)] <起点切向>：(指定样条曲线的下一个点 3)
指定下一点或 [闭合(C)/拟合公差(F)] <起点切向>：(指定样条曲线的下一个点 4)
指定下一点或 [闭合(C)/拟合公差(F)] <起点切向>：(指定样条曲线的下一个点 5)
指定下一点或 [闭合(C)/拟合公差(F)] <起点切向>：(指定样条曲线的下一个点 6)
指定下一点或 [闭合(C)/拟合公差(F)] <起点切向>：(指定样条曲线的下一个点 7)
指定下一点或 [闭合(C)/拟合公差(F)] <起点切向>：
指定起点切向：(在 1 点左边顺着曲线往外指定一点并右击确认)
指定端点切向：(在 7 点右边顺着曲线往外指定一点并右击确认)
```

③ 单击"绘图"工具栏中的"圆弧"按钮，绘制起点在正中点 8，第二个点在点 9，端点在点 2 的圆弧，如图 3-34 所示。重复"圆弧"命令，绘制其他的伞面辐条，绘制结果如图 3-35 所示。

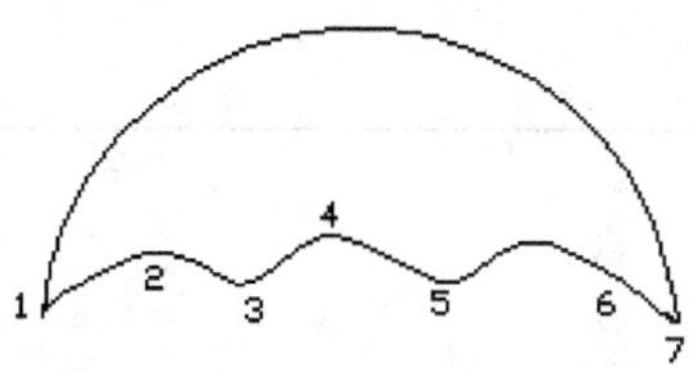

图 3-33 绘制伞边

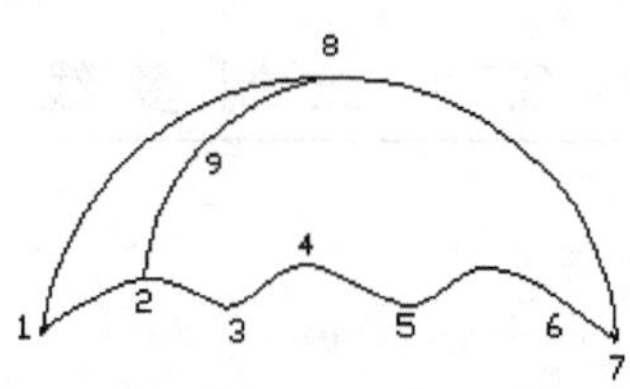

图 3-34 绘制伞面辐条

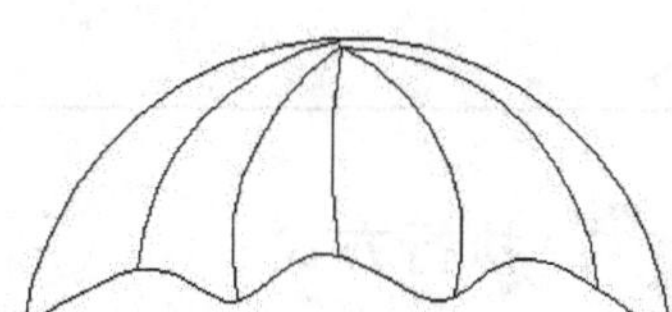

图 3-35 绘制伞面

④ 单击"绘图"工具栏中的"多段线"按钮，绘制伞顶和伞把。命令行提示如下：

```
命令: PLINE
指定起点:(在图 3-34 所示的点 8 位置指定伞顶起点)
当前线宽为 3.0000
指定下一个点或 [圆弧(A)/半宽(H)/长度(L)/放弃(U)/宽度(W)]: W
指定起点宽度 <3.0000>: 4
指定端点宽度 <4.0000>: 2
指定下一个点或 [圆弧(A)/半宽(H)/长度(L)/放弃(U)/宽度(W)]:(指定伞顶终点)
指定下一点或 [圆弧(A)/闭合(C)/半宽(H)/长度(L)/放弃(U)/宽度(W)]: U    (位置不合适,取消)
指定下一个点或 [圆弧(A)/半宽(H)/长度(L)/放弃(U)/宽度(W)]: (重新在往上适当位置指定伞顶终点)
指定下一点或 [圆弧(A)/闭合(C)/半宽(H)/长度(L)/放弃(U)/宽度(W)]: (右击确认)
命令: PLINE
指定起点:(在图 3-34 所示的点 8 的正下方点 4 位置附近,指定伞把起点)
当前线宽为 2.0000
指定下一个点或 [圆弧(A)/半宽(H)/长度(L)/放弃(U)/宽度(W)]: H
指定起点半宽 <1.0000>: 1.5
指定端点半宽 <1.5000>:
指定下一个点或 [圆弧(A)/半宽(H)/长度(L)/放弃(U)/宽度(W)]:(往下适当位置指定下一点)
指定下一点或 [圆弧(A)/闭合(C)/半宽(H)/长度(L)/放弃(U)/宽度(W)]:A
指定圆弧的端点或[角度(A)/圆心(CE)/闭合(CL)/方向(D)/半宽(H)/直线(L)/半径(R)/第二个点(S)/放弃(U)/宽度(W)]:(指定圆弧的端点)
指定圆弧的端点或[角度(A)/圆心(CE)/闭合(CL)/方向(D)/半宽(H)/直线(L)/半径(R)/第二个点(S)/放弃(U)/宽度(W)]: (鼠标右击确认)
```

最终绘制的图形如图 3-32 所示。

3.7 多 线

多线是一种复合线,由连续的直线段复合组成。多线的一个突出优点是能够提高绘图效率,保证图线之间的统一性。

3.7.1 绘制多线

执行方式

命令行:MLINE

菜单:“绘图”→“多线”

操作步骤

```
命令：MLINE
当前设置：对正 = 上，比例 = 20.00，样式 = STANDARD
指定起点或 [对正(J)/比例(S)/样式(ST)]：(指定起点)
指定下一点：(给定下一点)
指定下一点或 [放弃(U)]：(继续给定下一点，绘制线段。输入“U”，则放弃前一段的绘制；右击或按Enter 键，结束命令)
指定下一点或 [闭合(C)/放弃(U)]：(继续给定下一点，绘制线段。输入“C”，则闭合线段，结束命令)
```

选项说明

1. 对正（J）

该项用于给定绘制多线的基准，共有 3 种对正类型：“上”、“无”和“下”。其中，“上（T）”表示以多线上侧的线为基准，以此类推。

2. 比例（S）

选择该项，要求用户设置平行线的间距。输入值为零时，平行线重合；值为负时，多线的排列倒置。

3. 样式（ST）

该项用于设置当前使用的多线样式。

3.7.2 定义多线样式

执行方式

命令行：MLSTYLE

操作步骤

```
命令：MLSTYLE
```

系统自动执行该命令后，打开如图 3-36 所示的“多线样式”对话框。在该对话框中，用户可以对多线样式进行定义、保存和加载等操作。

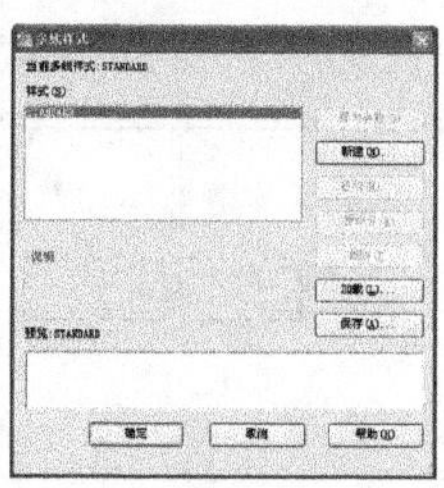

图 3-36 “多线样式”对话框

3.7.3 编辑多线

执行方式

命令行：MLEDIT

菜单："修改" → "对象" → "多线"

操作步骤

利用该命令后，打开"多线编辑工具"对话框，如图 3-37 所示。

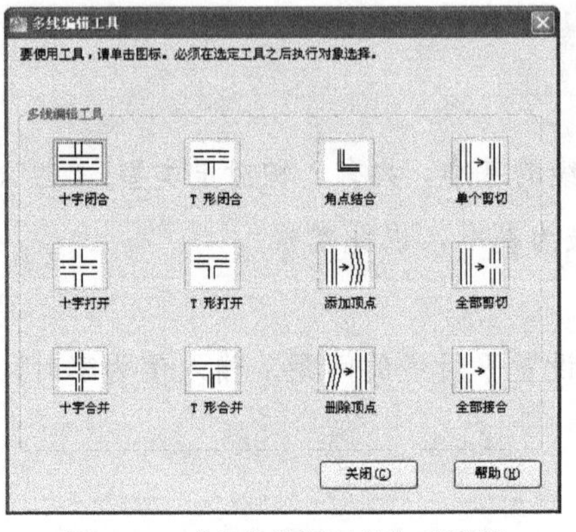

图 3-37 "多线编辑工具"对话框

利用该对话框，可以创建或修改多线的模式。对话框中分 4 列显示了示例图形。其中，第一列管理十字交叉形式的多线，第二列管理 T 形多线，第 3 列管理拐角接合点和节点形式的多线，第 4 列管理多线被剪切或连接的形式。

单击选择某个示例图形，然后单击"关闭"按钮，就可以调用该项编辑功能。

3.7.4 实例——墙体

绘制如图 3-38 所示的墙体。

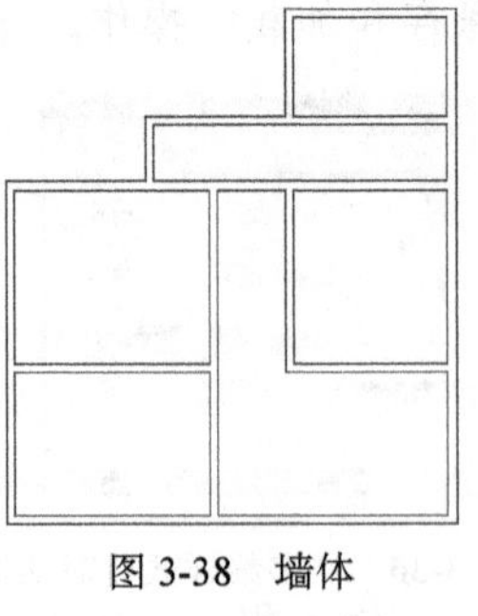

图 3-38 墙体

Step 绘制步骤

1. 单击“绘图”工具栏中的“构造线”按钮，绘制一条水平构造线和一条竖直构造线，组成“十”字形辅助线，如图 3-39 所示。

2. 单击“修改”工具栏中的“偏移”按钮，将水平构造线依次向上偏移 5100、1800 和 3000，偏移得到的水平构造线如图 3-40 所示。重复“偏移”命令将垂直构造线，依次向右偏移 3900、1800、2100 和 4500，结果如图 3-41 所示。

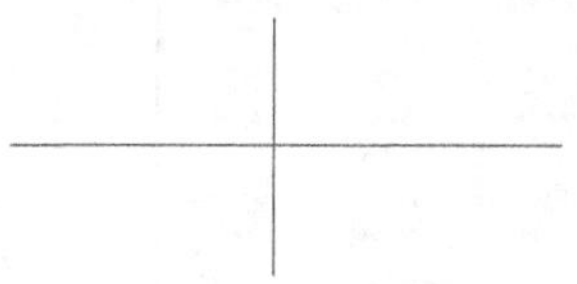

图 3-39 “十”字形辅助线

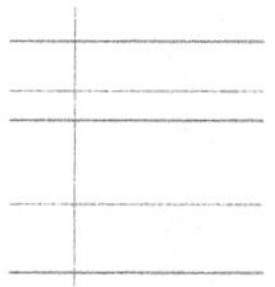

图 3-40 水平构造线

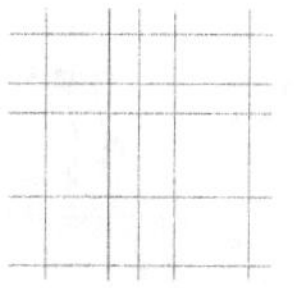

图 3-41 居室的辅助线网格

3. 选择菜单栏中的“格式”→“多线样式”命令，系统打开“多线样式”对话框，在该对话框中单击“新建”按钮，系统打开“创建新的多线样式”对话框，在该对话框的“新样式名”文本框中键入“墙体线”，单击“继续”按钮。

4. 系统打开“新建多线样式：墙体线”对话框，进行如图 3-42 所示的设置。

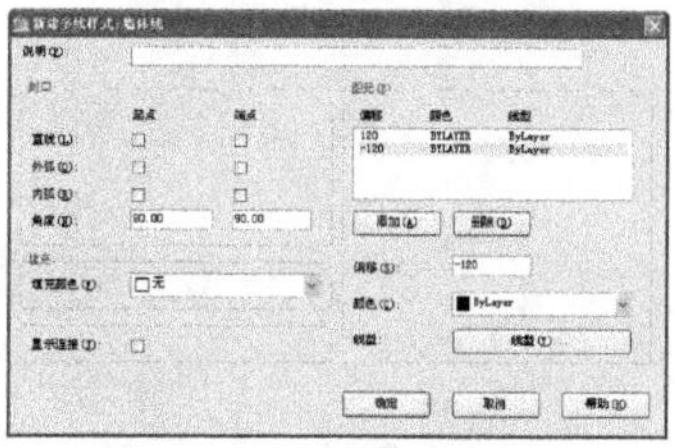

图 3-42 设置多线样式

5. 选择菜单栏中的“绘图”→“多线”命令，绘制多线墙体。命令行提示如下：

```
命令：MLINE
当前设置：对正 = 上，比例 = 20.00，样式 = STANDARD
指定起点或 [对正(J)/比例(S)/样式(ST)]: S
输入多线比例 <20.00>: 1
当前设置：对正 = 上，比例 = 1.00，样式 = STANDARD
指定起点或 [对正(J)/比例(S)/样式(ST)]: J
输入对正类型 [上(T)/无(Z)/下(B)] <上>: Z
当前设置：对正 = 无，比例 = 1.00，样式 = STANDARD
指定起点或 [对正(J)/比例(S)/样式(ST)]:（在绘制的辅助线交点上指定一点）
指定下一点：（在绘制的辅助线交点上指定下一点）
指定下一点或 [放弃(U)]: （在绘制的辅助线交点上指定下一点）
指定下一点或 [闭合(C)/放弃(U)]: （在绘制的辅助线交点上指定下一点）
指定下一点或 [闭合(C)/放弃(U)]:C
```

根据辅助线网格，用相同方法绘制多线，绘制结果如图 3-43 所示。

6. 编辑多线。选择菜单栏中的“修改”→“对象”→“多线”命令，系统打开“多线编辑工具”对话框，如图 3-44 所示。单击其中的“T 形合并”选项，单击“关闭”按钮后，命令行提示如下：

```
命令：MLEDIT
选择第一条多线：(选择多线)
选择第二条多线：(选择多线)
选择第一条多线或 [放弃(U)]：(选择多线)
选择第一条多线或 [放弃(U)]：
```

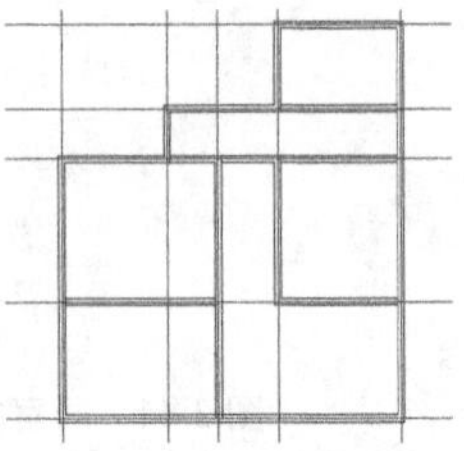

图 3-43　全部多线绘制结果

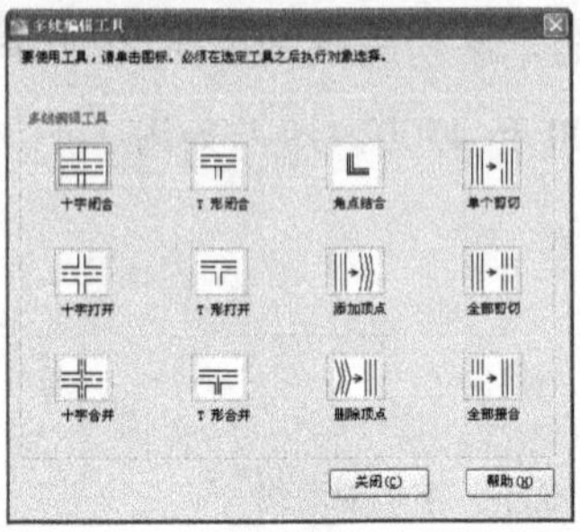

图 3-44　“多线编辑工具”对话框

重复“编辑多线”命令继续进行多线编辑，编辑的最终结果如图 3-38 所示。

第4章

编辑命令

二维图形的编辑操作配合绘图命令的使用可以进一步完成复杂图形对象的绘制工作，并可使用户合理安排和组织图形，保证绘图的准确性，因此，对编辑命令的熟练掌握和使用有助于提高设计和绘图的效率。本章主要内容包括：选择对象、复制类命令、改变位置类命令、删除及恢复类命令、改变几何特性命令和对象编辑等。

重点与难点

- 选择对象
- 复制类命令
- 改变位置类命令
- 删除及恢复类命令
- 改变几何特性类命令
- 对象编辑

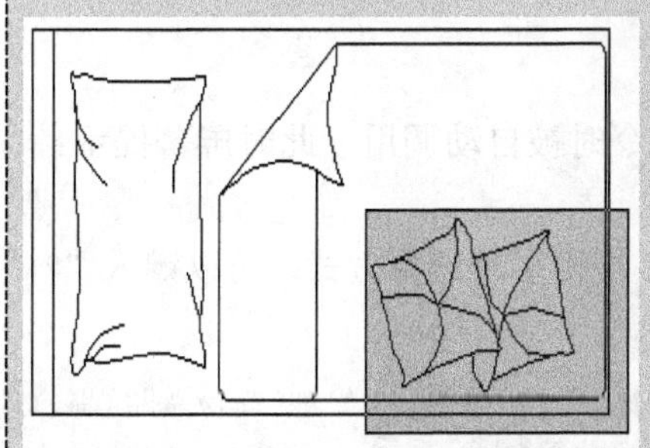

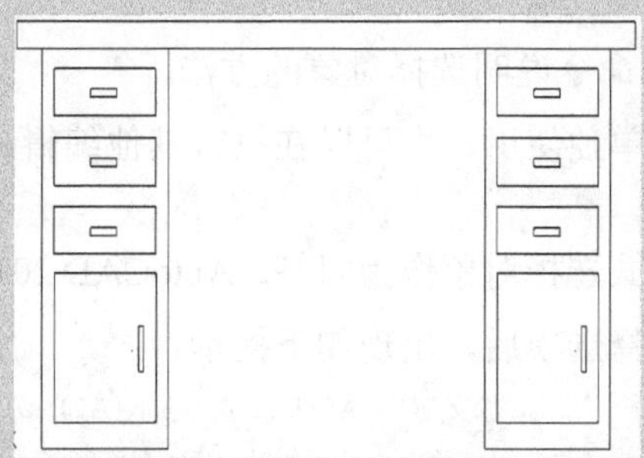

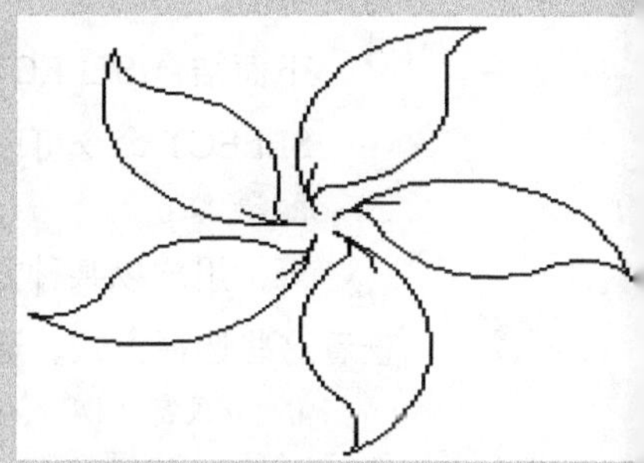

4.1 选择对象

AutoCAD 2012 提供两种编辑图形的途径。

1．先执行编辑命令，然后选择要编辑的对象。

2．先选择要编辑的对象，然后执行编辑命令。

这两种途径的执行效果是相同的，但选择对象是进行编辑的前提。AutoCAD 2012 提供了多种对象选择方法，如点取方法、用选择窗口选择对象、用选择线选择对象和用对话框选择对象等。AutoCAD 可以把选择的多个对象组成整体，如选择集和对象组，进行整体编辑与修改。

4.1.1 构造选择集

选择集可以仅由一个图形对象构成，也可以是一个复杂的对象组，如位于某一特定层上具有某种特定颜色的一组对象。选择集的构造可以在调用编辑命令之前或之后进行。

AutoCAD 提供以下几种方法来构造选择集。

1．先选择一个编辑命令，然后选择对象，按 Enter 键，结束操作。

2．使用 SELECT 命令，在命令提示行输入 SELECT，然后根据选择的选项，出现选择对象提示，按 Enter 键，结束操作。

3．用点取设备选择对象，然后调用编辑命令。

4．定义对象组。

无论使用哪种方法，AutoCAD 2012 都将提示用户选择对象，并且光标的形状由十字光标变为拾取框。

下面结合 SELECT 命令说明选择对象的方法。

SELECT 命令可以单独使用，也可以在执行其他编辑命令时被自动调用，此时屏幕提示：

```
选择对象:
```

等待用户以某种方式选择对象作为回答。AutoCAD 2012 提供多种选择方式，可以键入“？”查看这些选择方式。选择选项后，出现如下提示：

```
需要点或窗口(W)/上一个(L)/窗交(C)/框(BOX)/全部(ALL)/栏选(F)/圈围(WP)/圈交(CP)/编组(G)/添加(A)/删除(R)/多个(M)/前一个(P)/放弃(U)/自动(AU)/单个(SI)/子对象/对象
```

上面各选项的含义如下。

1．点

该选项表示直接通过点取的方式选择对象。用鼠标或键盘移动拾取框，使其框住要选取的对象，然后单击选中该对象并以高亮度显示。

2．窗口（W）

用由两个对角顶点确定的矩形窗口选取位于其范围内部的所有图形，与边界相交的对象不会被选中。在指定对角顶点时，应该按照从左向右的顺序，如图 4-1 所示。

（a）图中深色覆盖部分为选择窗口　　（b）选择后的图形

图 4-1　“窗口”对象选择方式

3．上一个（L）

在“选择对象：”提示下键入 L 后，按 Enter 键，系统会自动选取最后绘制的一个对象。

4．窗交（C）

该方式与上述“窗口”方式类似，区别在于：它不但选中矩形窗口内部的对象，也选中与矩形窗口边界相交的对象，选择的对象如图 4-2 所示。

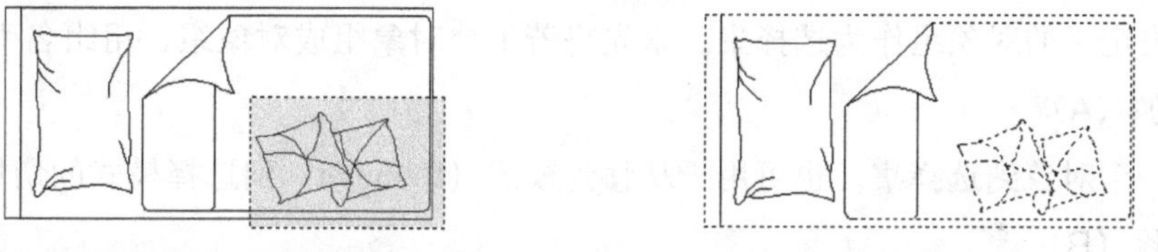

（a）图中深色覆盖部分为选择窗口　　（b）选择后的图形

图 4-2　“窗交”对象选择方式

5．框（BOX）

使用时，系统根据用户在屏幕上给出的两个对角点的位置而自动引用“窗口”或“窗交”方式。若从左向右指定对角点，则为“窗口”方式；反之，则为“窗交”方式。

6．全部（ALL）

选取图面上的所有对象。

7．栏选（F）

用户临时绘制一些直线，这些直线不必构成封闭图形，凡是与这些直线相交的对象均被选中，执行结果如图 4-3 所示。

8．圈围（WP）

使用一个不规则的多边形来选择对象。根据提示，用户顺次输入构成多边形的所有顶点的坐标，最后，按 Enter 键，作出空回答结束操作，系统将自动连接第一个顶点到最后一个顶点的各个顶点，形成封闭的多边形，凡是被多边形围住的对象均被选中（不包括边界），执行结果如图 4-4 所示。

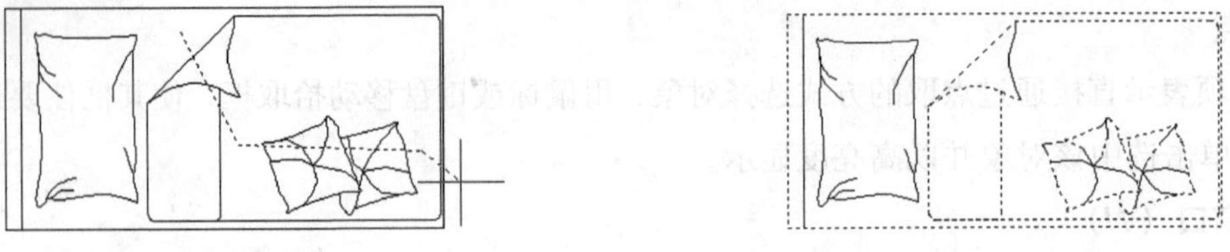

(a) 图中虚线为选择栏　　(b) 选择后的图形

图 4-3 “栏选”对象选择方式

(a) 图中十字线所拉出深色多边形为选择窗口　　(b) 选择后的图形

图 4-4 “圈围”对象选择方式

9. 圈交（CP）

类似于“圈围”方式，在“选择对象：”提示后键入 CP，后续操作与“圈围”方式相同。区别在于：与多边形边界相交的对象也被选中。

10. 编组（G）

使用预先定义的对象组作为选择集。事先将若干个对象组成对象组，用组名引用。

11. 添加（A）

添加下一个对象到选择集。也可用于从移走模式（Remove）到选择模式的切换。

12. 删除（R）

按住 Shift 键选择对象，可以从当前选择集中移走该对象。对象由高亮显示状态变为正常显示状态。

13. 多个（M）

指定多个点，不以高亮度显示对象。这种方法可以加快在复杂图形上的选择对象过程。若两个对象交叉，两次指定交叉点，则可以选中这两个对象。

14. 上一个（P）

用关键字 P 回应“选择对象：”的提示，则把上次编辑命令中的最后一次构造的选择集或最后一次使用 Select（DDSELECT）命令预置的选择集作为当前选择集。这种方法适用于对同一选择集进行多种编辑操作的情况。

15. 放弃（U）

用于取消加入选择集的对象。

16. 自动（AU）

选择结果视用户在屏幕上的选择操作而定。如果选中单个对象，则该对象为自动选择的结果；如果选择点落在对象内部或外部的空白处，系统会提示：

指定对角点：

此时，系统会采取一种窗口的选择方式。对象被选中后，变为虚线形式，并以高亮显示。

注意

若矩形框从左向右定义，即第一个选择的对角点为左侧的对角点，矩形框内部的对象被选中，框外部的及与矩形框边界相交的对象不会被选中。若矩形框从右向左定义，矩形框内部及与矩形框边界相交的对象都会被选中。

17．单个（SI）

选择指定的第一个对象或对象集，而不继续提示进行下一步的选择。

4.1.2 快 速 选 择

有时用户需要选择具有某些共同属性的对象来构造选择集，如选择具有相同颜色、线型或线宽的对象，用户当然可以使用前面介绍的方法来选择这些对象，但如果要选择的对象数量较多且分布在较复杂的图形中，则会导致很大的工作量。AutoCAD 2012 提供了 QSELECT 命令来解决这个问题。调用 QSELECT 命令后，打开“快速选择”对话框，利用该对话框可以根据用户指定的过滤标准快速创建选择集。“快速选择”对话框如图 4-5 所示。

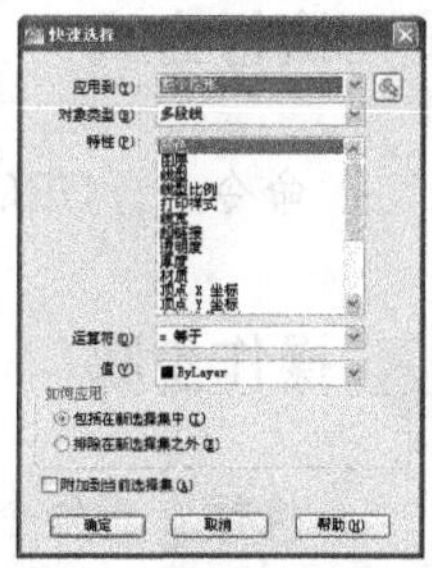

图 4-5 “快速选择”对话框

执行方式

命令行：QSELECT

菜单：“工具”→“快速选择”

快捷菜单：在绘图区右键单击，从打开的右键快捷菜单上单击“快速选择”命令（如图 4-6 所示）或“特性”选项板→“快速选择”（如图 4-7 所示）

图 4-6 右键快捷菜单

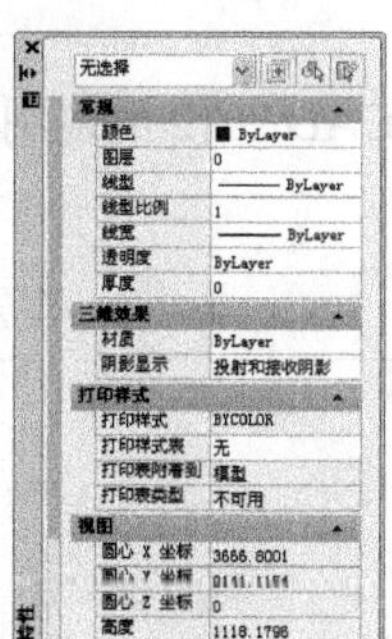

图 4-7 “特性”选项板

操作步骤

执行上述命令后，系统打开"快速选择"对话框。在该对话框中，可以选择符合条件的对象或对象组。

4.1.3 构造对象组

对象组与选择集并没有本质的区别，当我们把若干个对象定义为选择集并想让它们在以后的操作中始终作为一个整体时，可以给这个选择集命名并保存起来，这个命名后的对象选择集就是对象组，它的名字称为组名。

如果对象组可以被选择（位于锁定层上的对象组不能被选择），那么可以通过它的组名引用该对象组，一旦组中任何一个对象被选中，那么组中的全部对象成员都被选中。

执行方式

命令行：GROUP

操作步骤

执行上述命令后，系统打开"对象编组"对话框。利用该对话框可以查看或修改存在的对象组的属性，也可以创建新的对象组。

4.2 复制类命令

本节详细介绍 AutoCAD 2012 的复制类命令。利用这些复制类命令，可以方便地编辑绘制图形。

4.2.1 复 制 命 令

执行方式

命令行：COPY

菜单："修改"→"复制"

工具栏："修改"→"复制"

快捷菜单：选择要复制的对象，在绘图区右键单击，从打开的右键快捷菜单上选择"复制选择"命令

操作步骤

命令：COPY↙
选择对象：(选择要复制的对象)
用前面介绍的对象选择方法选择一个或多个对象，按Enter键，结束选择操作。系统继续提示：
当前设置： 复制模式 = 多个
指定基点或 [位移(D)/模式(O)] <位移>:

选项说明

1. 指定基点

指定一个坐标点后，AutoCAD 2012 把该点作为复制对象的基点，并提示：

指定位移的第二点或 <用第一点作位移>:
指定第二个点后，系统将根据这两点确定的位移矢量把选择的对象复制到第二点处。如果此时

直接按Enter键，即选择默认的"用第一点作位移"，则第一个点被当作相对于*x*、*y*、*z*的位移。例如，如果指定基点为（2，3）并在下一个提示下按Enter键，则该对象从它当前的位置开始，在*x*方向上移动2个单位，在*y*方向上移动3个单位。复制完成后，系统会继续提示：

指定位移的第二点：

这时，可以不断指定新的第二点，从而实现多重复制。

2. 位移

直接输入位移值，表示以选择对象时的拾取点为基准，以拾取点坐标为移动方向，纵横比移动指定位移后所确定的点为基点。例如，选择对象时的拾取点坐标为（2，3），输入位移为5，则表示以（2，3）点为基准，沿纵横比为3∶2的方向移动5个单位所确定的点为基点。

3. 模式

控制是否自动重复该命令。确定复制模式是单个还是多个。

4.2.2 实例——办公桌1

绘制如图4-8所示的办公桌。

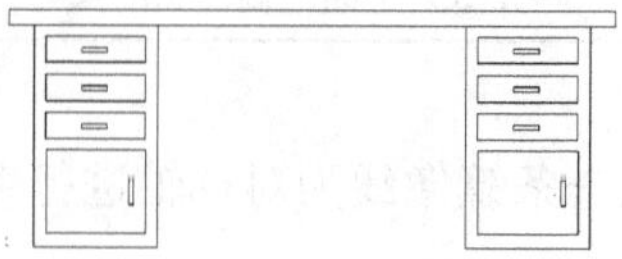

图4-8 办公桌

Step 绘制步骤

图 4-9　绘制矩形

❶ 单击“绘图”工具栏中的“矩形”按钮，在合适的位置绘制矩形，如图 4-9 所示。

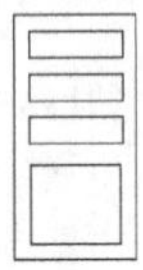

图 4-10　绘制一系列矩形

❷ 单击“绘图”工具栏中的“矩形”按钮，在合适的位置绘制一系列的矩形，结果如图 4-10 所示。

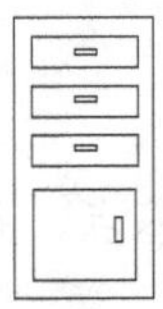

图 4-11　绘制作为把手的矩形

❸ 单击“绘图”工具栏中的“矩形”按钮，在合适的位置绘制一系列的矩形作为把手，结果如图 4-11 所示。

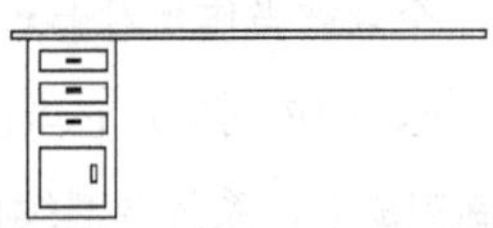

图 4-12　绘制作为桌面矩形

❹ 单击“绘图”工具栏中的“矩形”按钮，在合适的位置绘制矩形作为桌面，结果如图 4-12 所示。

❺ 单击“修改”工具栏中的“复制”按钮，将办公桌左边的一系列矩形复制到右边，完成办公桌的绘制。命令行提示如下：

```
命令：copy
选择对象：(选取左边的一系列矩形)
选择对象：
当前设置： 复制模式 = 多个
指定基点或 [位移(D)/模式(O)] <位移>：(在左边的一系列矩形上，任意指定一点)
指定第二个点或[阵列 (A)] <使用第一个点作为位移>：(打开状态栏上的“正交”开关功能，指定适当位置的一点)
指定第二个点或[阵列 (A)/推出 (E)/放弃 (U)] <使用第一个点作为位移>:
```

结果如图 4-8 所示。

4.2.3 镜像命令

镜像对象是指把选择的对象以一条镜像线为对称轴进行镜像后的对象。镜像操作完成后，可以保留原对象也可以将其删除。

执行方式

命令行：MIRROR

菜单："修改" → "镜像"

工具栏："修改" → "镜像"

操作步骤

命令：MIRROR↙
选择对象：（选择要镜像的对象）
指定镜像线的第一点：（指定镜像线的第一个点）
指定镜像线的第二点：（指定镜像线的第二个点）
要删除源对象？[是(Y)/否(N)] <N>：（确定是否删除原对象）

这两点确定一条镜像线，被选择的对象以该线为对称轴进行镜像。包含该线的镜像平面与用户坐标系统的 *xy* 平面垂直，即镜像操作工作在与用户坐标系统的 *xy* 平面平行的平面上。

4.2.4 实例——办公桌 2

绘制如图 4-13 所示的办公桌。

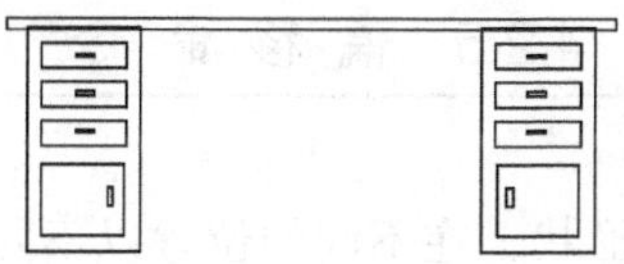

图 4-13 办公桌

Step 绘制步骤

1. 单击"绘图"工具栏中的"矩形"按钮，在合适的位置绘制矩形，如图 4-14 所示。

图 4-14 绘制矩形

2. 单击"绘图"工具栏中的"矩形"按钮，在合适的位置绘制一系列的矩形，结果如图 4-15 所示。

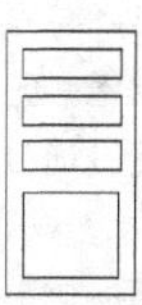

图 4-15 绘制一系列矩形

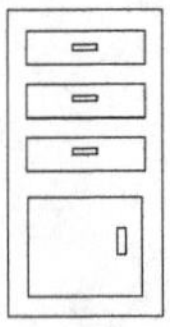

图 4-16 绘制把手

❸ 单击“绘图”工具栏中的“矩形”按钮□，在合适的位置绘制一系列的矩形作为把手，结果如图 4-16 所示。

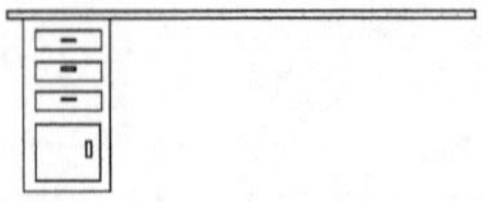

图 4-17 绘制桌面

❹ 单击“绘图”工具栏中的“矩形”按钮□，在合适的位置绘制矩形作为桌面，结果如图 4-17 所示。

❺ 单击“修改”工具栏中的“镜像”按钮，将左边的一系列矩形以桌面矩形的顶边中点和底边中点的连线为对称轴进行镜像，命令行提示如下：

```
命令: MIRROR
选择对象: （选取左边的一系列矩形）↙
选择对象:
指定镜像线的第一点: 选择桌面矩形的底边中点
指定镜像线的第二点: 选择桌面矩形的顶边中点
要删除源对象吗? [是(Y)/否(N)] <N>:
```

结果如图 4-13 所示。

用“复制”命令和“镜像”命令绘制的办公桌分别如图 4-8 和图 4-13 所示。

4.2.5 偏移命令

偏移对象是指保持选择对象的形状，在不同的位置以不同的尺寸大小新建的一个对象。

执行方式

命令行：OFFSET

菜单：“修改”→“偏移”

工具栏：“修改”→“偏移”

操作步骤

```
命令: OFFSET↙
当前设置: 删除源=否 图层=源 OFFSETGAPTYPE=0
指定偏移距离或 [通过(T)/删除(E)/图层(L)] <通过>: (指定距离植)
选择要偏移的对象, 或 [退出(E)/放弃(U)] <退出>: (选择要偏移的对象。按 Enter 键, 会结束操作)
指定要偏移的那一侧上的点, 或 [退出(E)/多个(M)/放弃(U)] <退出>: (指定偏移方向)
```

选项说明

1. 指定偏移距离

输入一个距离值或按 Enter 键，使用当前的距离值，系统把该距离值作为偏移距离，如图 4-18 所示。

2. 通过（T）

指定偏移对象的通过点。选择该选项后出现如下提示：

```
选择要偏移的对象或 <退出>:（选择要偏移的对象，按Enter 键，结束操作）
指定通过点:（指定偏移对象的一个通过点）
```

操作完毕后，系统根据指定的通过点绘出偏移对象，如图 4-19 所示。

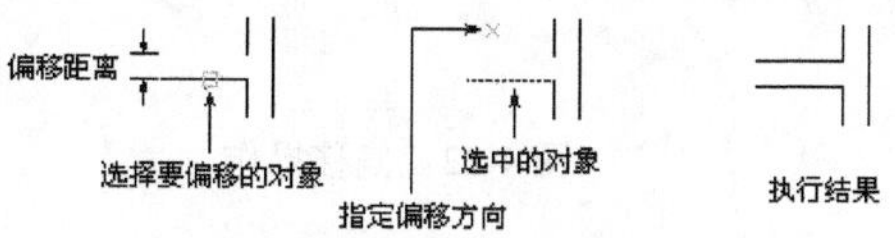

图 4-18 指定偏移对象的距离

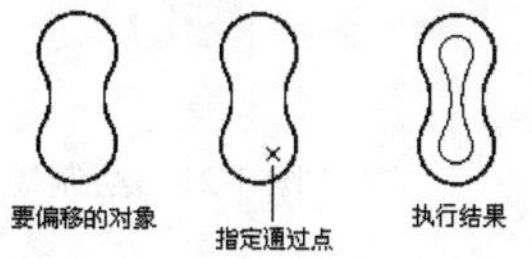

图 4-19 指定偏移对象的通过点

3. 删除（E）

偏移后，将源对象删除。选择该选项后出现如下提示：

```
要在偏移后删除源对象吗? [是(Y)/否(N)]<当前>:
```

4. 图层（L）

确定将偏移对象创建在当前图层上还是源对象所在的图层上。选择该选项后出现如下提示：

```
输入偏移对象的图层选项 [当前(C)/源(S)] <当前>:
```

4.2.6 实例——单开门

绘制如图 4-20 所示的单开门。

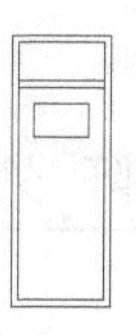

图 4-20 门

实讲实训多媒体演示

多媒体演示参见配套光盘中的\\视频\第 3 章\绘制门.avi。

Step 绘制步骤

1 单击“绘图”工具栏中的“矩形”按钮，绘制角点坐标分别为（0，0）和（@900，2400）

的矩形，结果如图 4-21 所示。

2. 单击“修改”工具栏中的“偏移”按钮，将上步绘制的矩形进行偏移操作。命令行提示如下：

```
命令：_offset
当前设置：删除源=否  图层=源  OFFSETGAPTYPE=0
指定偏移距离或 [通过(T)/删除(E)/图层(L)] <通过>:  60
选择要偏移的对象，或 [退出(E)/放弃(U)] <退出>:(选择上述矩形)
指定要偏移的那一侧上的点，或 [退出(E)/多个(M)/放弃(U)] <退出>: (选择矩形内侧)
选择要偏移的对象，或 [退出(E)/放弃(U)] <退出>:
```

结果如图 4-22 所示。

图 4-21　绘制矩形

图 4-22　偏移操作

3. 单击“绘图”工具栏中的“直线”按钮，绘制端点坐标分别为（60，2000）和（@780，0）的直线，结果如图 4-23 所示。

4. 单击“修改”工具栏中的“偏移”按钮，将上一步绘制的直线向下偏移，偏移距离为 60，结果如图 4-24 所示。

图 4-23　绘制直线

图 4-24　偏移直线

5. 单击“绘图”工具栏中的“矩形”按钮，绘制角点坐标分别为（200,1500）和（700,1800）的矩形，绘制结果如图 4-20 所示。

4.2.7　阵列命令

阵列按环形或矩形排列形式复制对象或选择集。对于环形阵列，可以控制复制对象的数目和是否旋转对象。对于矩形阵列，可以控制行和列的数目以及间距。

执行方式

命令行：ARRAY

菜单：“修改”→“阵列”→“矩形阵列”或“路径阵列”或“环形阵列”

工具栏：“修改”→“矩形阵列”或“路径阵列”或“环形阵列”

操作步骤

```
命令：ARRAY↙
选择对象：（使用对象选择方法）
输入阵列类型[矩形（R）/路径（PA）/极轴（PO）]<矩形>:PA↙
类型=路径 关联=是
选择路径曲线：（使用一种对象选择方法）
输入沿路径的项数或 [方向(O)/表达式(E)] <方向>: （指定项目数或输入选项）
指定基点或 [关键点(K)] <路径曲线的终点>: （指定基点或输入选项）
指定与路径一致的方向或 [两点(2P)/法线(N)] <当前>: （按 Enter 键或选择选项）
指定沿路径的项目间的距离或 [定数等分(D)/全部(T)/表达式(E)] <沿路径平均定数等分（D）>: （指定距离或输入选项）
按 Enter 键接受或 [关联(AS)/基点(B)/项目(I)/行数(R)/层级(L)/对齐项目(A)/Z 方向(Z)/退出(X)] <退出>: 按 Enter 键或选择选项
```

选项说明

（1）方向（O）

控制选定对象是否将相对于路径的起始方向重定向（旋转），然后再移动到路径的起点。

（2）表达式（E）

使用数学公式或方程式获取值。

（3）基点（B）

指定阵列的基点。

（4）关键点（K）

对于关联阵列，在源对象上指定有效的约束点（或关键点）以用作基点。如果编辑生成的阵列的源对象，阵列的基点保持与源对象的关键点重合。

（5）定数等分（D）

沿整个路径长度平均定数等分项目。

（6）全部（T）

指定第一个和最后一个项目之间的总距离。

（7）关联（AS）

指定是否在阵列中创建项目作为关联阵列对象，或作为独立对象。

（8）项目（I）

编辑阵列中的项目数。

（9）行数（R）

指定阵列中的行数和行间距，以及它们之间的增量标高。

（10）层级（L）

指定阵列中的层数和层间距。

（11）对齐项目（A）

指定对齐的每个项目与路径的方向相切，对齐相对于第一个项目的方向（方向选项）。

（12）Z 方向（Z）

控制是否保持项目的原始 *z* 方向或沿三维路径自然倾斜项目。

（13）退出（X）

退出命令。

4.2.8 实例——装饰花瓣

绘制如图 4-25 所示的装饰花瓣。

图 4-25 装饰花瓣

Step 绘制步骤

1. 单击“绘图”工具栏中的“多段线”按钮和“圆弧”按钮绘制花瓣外框，绘制结果如图 4-26 所示。

图 4-26 花瓣外框

2. 单击“修改”工具栏中的“环形阵列”按钮，设置项目总数为 5，项目间角度为 360，选择花瓣下端点外一点为中心，选择绘制的花瓣为对象。单击“确定”按钮，绘制出的装饰花瓣如图 4-25 所示。

4.3 改变位置类命令

这一类编辑命令的功能是按照指定要求改变当前图形或部分图形的位置，主要包括移动、旋转和缩放等命令。

4.3.1 移动命令

执行方式

命令行：MOVE

菜单："修改"→"移动"

快捷菜单：选择要复制的对象，在绘图区右键单击，从打开的右键快捷菜单上选择"移动"命令

工具栏："修改"→"移动"

操作步骤

```
命令：MOVE↙
选择对象：(选择对象)
用前面介绍的对象选择方法选择要移动的对象，按Enter键，结束选择。系统继续提示：
指定基点或位移：(指定基点或移至点)
指定基点或 [位移(D)] <位移>：(指定基点或位移)
指定第二个点或 <使用第一个点作为位移>：
```

命令的选项功能与"复制"命令类似。

4.3.2 实例——组合电视柜

绘制如图4-27所示的组合电视柜。

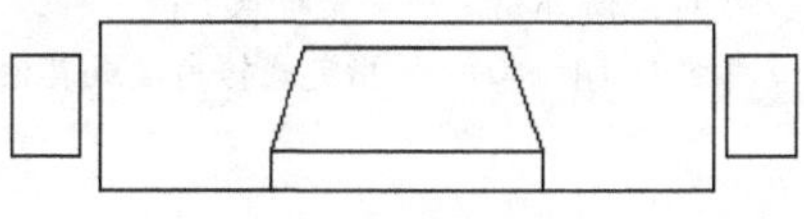

图4-27 组合电视柜

Step 绘制步骤

1. 打开源文件/建筑图库/电视柜图形，如图4-28所示。

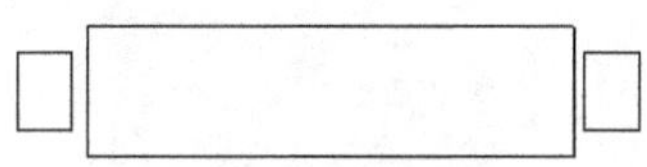

图4-28 电视柜图形

2. 打开源文件/建筑图库/电视图形，如图4-29所示。

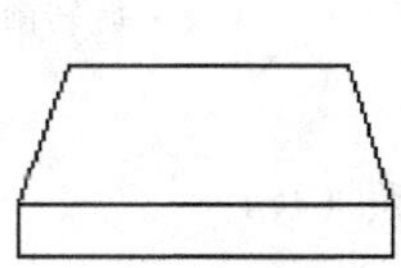

图4-29 电视图形

3 单击“修改”工具栏中的“移动”按钮，将电视图形移动到电视柜图形上。命令行提示如下：

```
命令: MOVE
选择对象: 指定对角点: 找到 1 个
选择对象: (选择电视图形) ↙
指定基点或 [位移(D)] <位移>:  (指定电视图形外边的中点)
指定第二个点或 <使用第一个点作为位移>:  (F8 关闭正交)  <正交 关> (选取电视图形外边的中点到电视柜外边中点)
```

绘制结果如图 4-27 所示。

4.3.3 旋转命令

执行方式

命令行：ROTATE

菜单：“修改” → “旋转”

快捷菜单：选择要旋转的对象，在绘图区右键单击，从打开的右键快捷菜单上选择“旋转”命令

工具栏：“修改” → “旋转”

操作步骤

```
命令: ROTATE↙
UCS 当前的正角方向:  ANGDIR=逆时针   ANGBASE=0
选择对象: (选择要旋转的对象)
指定基点: (指定旋转的基点。在对象内部指定一个坐标点)
指定旋转角度, 或 [复制(C)/参照(R)]  <0>: (指定旋转角度或其他选项)
```

选项说明

1. 复制（C）

选择该项，旋转对象的同时，保留原对象，如图 4-30 所示。

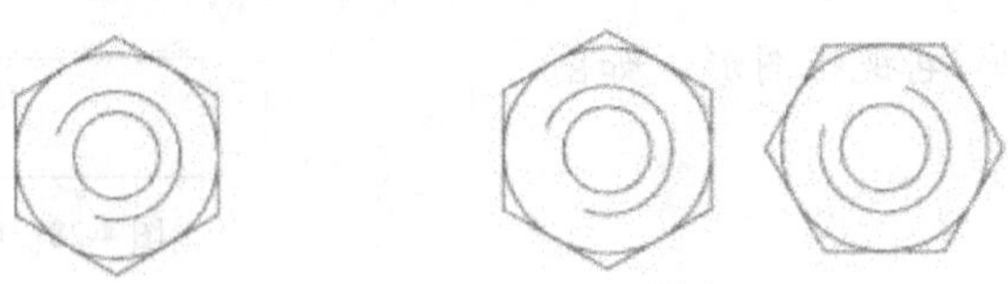

旋转前　　　　旋转后

图 4-30　复制旋转

2. 参照（R）

采用参照方式旋转对象时，系统提示：

指定参照角 <0>：(指定要参考的角度，默认值为 0)
指定新角度：(输入旋转后的角度值)
操作完毕后，对象被旋转至指定的角度位置。

注意

可以用拖曳鼠标的方法旋转对象。选择对象并指定基点后，从基点到当前光标位置会出现一条连线，鼠标选择的对象会动态地随着该连线与水平方向的夹角的变化而旋转，按 Enter 键，确认旋转操作，如图 4-31 所示。

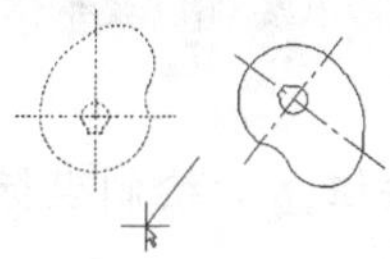

图 4-31 拖曳鼠标旋转对象

4.3.4 实例——电脑

绘制如图 4-32 所示的电脑。

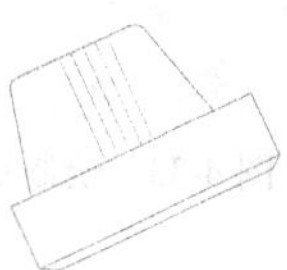

图 4-32 电脑

Step 绘制步骤

1 图层设计。新建两个图层。

（1）“1” 图层，颜色为红色，其余属性默认。

（2）“2” 图层，颜色为绿色，其余属性默认。

2 将当前图层设为“1”。单击“绘图”工具栏中的“矩形”按钮，绘制角点坐标分别为（0，16），（450，130）的矩形，绘制结果如图 4-33 所示。

3 单击“绘图”工具栏中的“多段线”按钮。命令行提示如下：

```
命令：_pline
指定起点：0,16
当前线宽为 0.0000
指定下一个点或 [圆弧(A)/半宽(H)/长度(L)/放弃(U)/宽度(W)]：30,0
指定下一点或 [圆弧(A)/闭合(C)/半宽(H)/长度(L)/放弃(U)/宽度(W)]：430,0
指定下一点或 [圆弧(A)/闭合(C)/半宽(H)/长度(L)/放弃(U)/宽度(W)]：450,16
指定下一点或 [圆弧(A)/闭合(C)/半宽(H)/长度(L)/放弃(U)/宽度(W)]：
命令：pline
指定起点：37,130
当前线宽为 0.0000
指定下一个点或 [圆弧(A)/半宽(H)/长度(L)/放弃(U)/宽度(W)]：80,308
指定下一点或 [圆弧(A)/闭合(C)/半宽(H)/长度(L)/放弃(U)/宽度(W)]：a
指定圆弧的端点或[角度(A)/圆心(CE)/闭合(CL)/方向(D)/半宽(H)/直线(L)/半径(R)/第二个点(S)/放弃
```

```
(U)/宽度(W)]: 101,320
    指定圆弧的端点或[角度(A)/圆心(CE)/闭合(CL)/方向(D)/半宽(H)/直线(L)/半径(R)/第二个点(S)/放弃(U)/宽度(W)]: l
    指定下一点或 [圆弧(A)/闭合(C)/半宽(H)/长度(L)/放弃(U)/宽度(W)]: 306,320
    指定下一点或 [圆弧(A)/闭合(C)/半宽(H)/长度(L)/放弃(U)/宽度(W)]: a
    指定圆弧的端点或[角度(A)/圆心(CE)/闭合(CL)/方向(D)/半宽(H)/直线(L)/半径(R)/第二个点(S)/放弃(U)/宽度(W)]: 326,308
    指定圆弧的端点或[角度(A)/圆心(CE)/闭合(CL)/方向(D)/半宽(H)/直线(L)/半径(R)/第二个点(S)/放弃(U)/宽度(W)]: l
    指定下一点或 [圆弧(A)/闭合(C)/半宽(H)/长度(L)/放弃(U)/宽度(W)]: 380,130
    指定下一点或 [圆弧(A)/闭合(C)/半宽(H)/长度(L)/放弃(U)/宽度(W)]:
```

绘制结果如图 4-34 所示。

4. 单击"绘图"工具栏中的"直线"按钮，绘制坐标点为（176，130），（176，320）的直线，如图 4-35 所示。

5. 单击"修改"工具栏中的"矩形阵列"按钮，阵列对象为步骤 4 中绘制的直线，设置行数为 1，列数为 5，列间距为 22，绘制结果如图 4-36 所示。

图 4-33　绘制矩形

图 4-34　绘制多段线

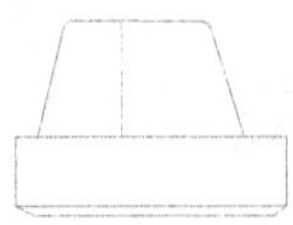

图 4-35　绘制直线

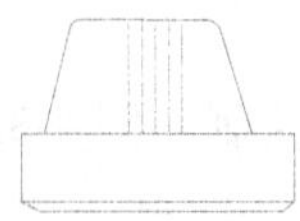

图 4-36　阵列

6. 单击"修改"工具栏中的"旋转"按钮，旋转绘制的电脑。命令行提示如下：

```
命令: _rotate
UCS 当前的正角方向: ANGDIR=逆时针 ANGBASE=0
选择对象: all↙ 找到 8 个
选择对象:
指定基点: 0,0
指定旋转角度, 或 [复制(C)/参照(R)] <0>: 25
```

绘制结果如图 4-32 所示。

4.3.5　缩 放 命 令

执行方式

命令行：SCALE

菜单："修改"→"缩放"

快捷菜单：选择要缩放的对象，在绘图区右键单击，从打开的右键快捷菜单上选择"缩放"命令

工具栏："修改"→"缩放"

操作步骤

```
命令: SCALE↙
选择对象: (选择要缩放的对象)
指定基点: (指定缩放操作的基点)
指定比例因子或 [复制(C)/参照(R)] <1.0000>:
```

选项说明

1. 参照（R）

采用参考方向缩放对象时，系统提示:

```
指定参照长度 <1>: (指定参考长度值)
指定新的长度或 [点(P)] <1.0000>: (指定新长度值)
```

若新长度值大于参考长度值，则放大对象；否则，缩小对象。操作完毕后，系统以指定的基点按指定的比例因子缩放对象。如果选择“点（P）”选项，则指定两点来定义新的长度。

2. 指定比例因子

选择对象并指定基点后，从基点到当前光标位置会出现一条线段，线段的长度即为比例大小。鼠标选择的对象会动态地随着该连线长度的变化而缩放，按 Enter 键，确认缩放操作。

3. 复制（C）

选择“复制（C）”选项时，可以复制缩放对象，即缩放对象时，保留原对象，如图 4-37 所示。

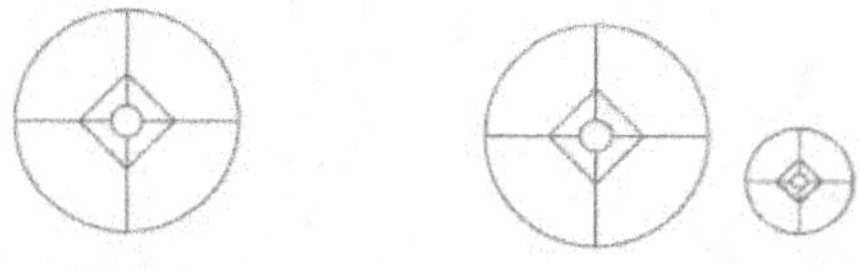

缩放前　　缩放后

图 4-37　复制缩放

4.3.6　实例——沙发与茶几

绘制如图 4-38 所示的沙发与茶几。

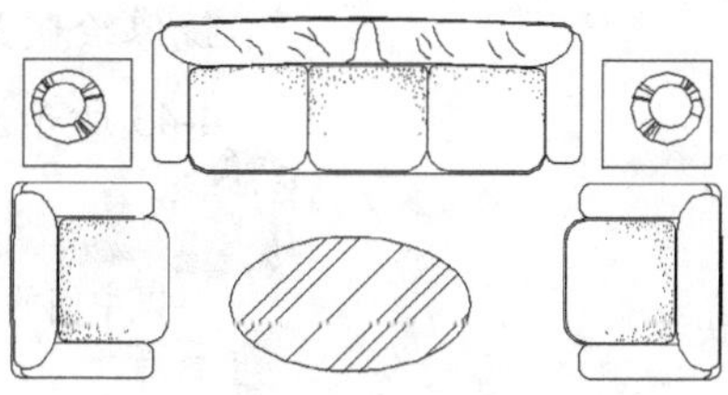

图 4-38　沙发与茶几

实讲实训多媒体演示

多媒体演示参见配套光盘中的\\视频\第 3 章\绘制客厅沙发茶几图.avi。

Step 绘制步骤

1 单击“绘图”工具栏中的“直线”按钮，绘制其中的单个沙发面 4 边，如图 4-39 所示。

图 4-39　创建沙发面的 4 边

注意

使用“直线”命令绘制沙发面的 4 边，尺寸适当选取，注意其相对位置和长度的关系。

2 单击“绘图”工具栏中的“圆弧”按钮，将沙发面 4 边连接起来，得到完整的沙发面，如图 4-40 所示。

图 4-40　连接边角

3 单击“绘图”工具栏中的“直线”按钮，绘制侧面扶手轮廓，如图 4-41 所示。

图 4-41　绘制扶手轮廓

4 单击“绘图”工具栏中的“圆弧”按钮，绘制侧面扶手的弧边线，如图 4-42 所示。

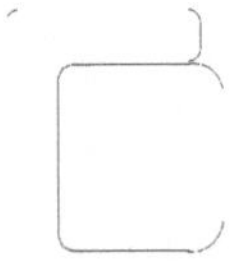

图 4-42　绘制扶手的弧边线

5 单击“修改”工具栏中的“镜像”按钮，镜像绘制另外一个侧面的扶手轮廓，如图 4-43 所示。

图 4-43　创建另外一侧扶手

注意

以中间的轴线作为镜像线，镜像另一侧的扶手轮廓。

6 单击“绘图”工具栏中的“圆弧”按钮和“修改”工具栏中的“镜像”按钮，绘制沙发背部扶手轮廓，如图 4-44 所示。

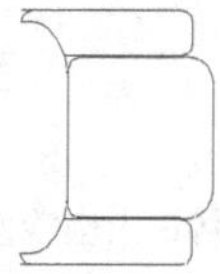

图 4-44 创建背部扶手

7 单击“绘图”工具栏中的“圆弧”按钮、“直线”按钮和“修改”工具栏中的“镜像”按钮，完善沙发背部扶手，如图 4-45 所示。

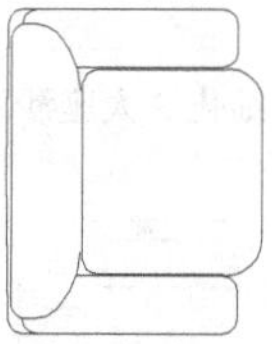

图 4-45 完善背部扶手

8 单击“修改”工具栏中的“偏移”按钮，对沙发面进行修改，使其更为形象，如图 4-46 所示。

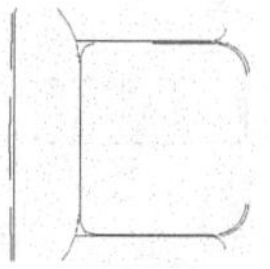

图 4-46 修改沙发面

9 单击“绘图”工 具栏中的“点”按钮，在沙发座面上绘制点，细化沙发面，如图 4-47 所示。

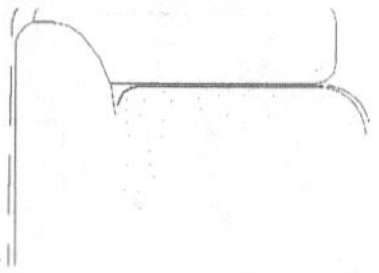

图 4-47 细化沙发面

10 单击“修改”工具栏中的“镜像”按钮，进一步完善沙发面造型，使其更为形象，如图 4-48 所示。

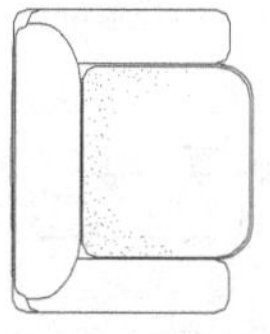

图 4-48 完善沙发面造型

11 采用相同的方法，绘制 3 人座的沙发面造型，如图 4-49 所示。

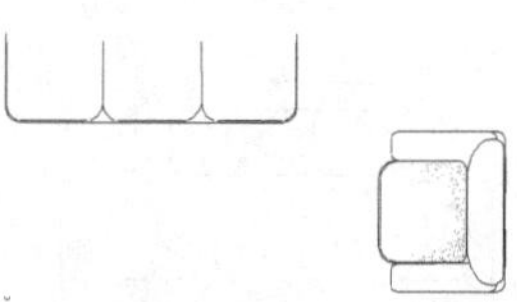

图 4-49 绘制 3 人座的沙发面造型

注意

先绘制沙发面造型。

12 单击“绘图”工具栏中的“直线”按钮、“圆弧”按钮和“修改”工具栏中的“镜像”按钮，绘制 3 人座沙发扶手造型，如图 4-50 所示。

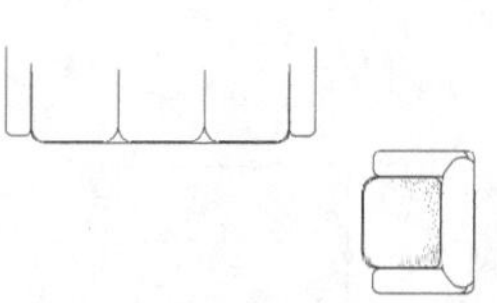

图 4-50 绘制 3 人座沙发扶手造型

13 单击“绘图”工具栏中的“圆弧”按钮和“直线”按钮，绘制 3 人座沙发背部造型，如图 4-51 所示。

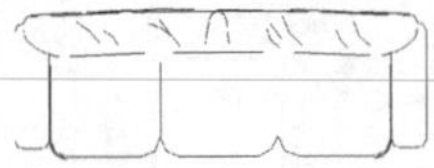
图 4-51　绘制 3 人座沙发背部造型

14 单击“绘图”工具栏中的“点”按钮，对 3 人座沙发面造型进行细化，如图 4-52 所示。

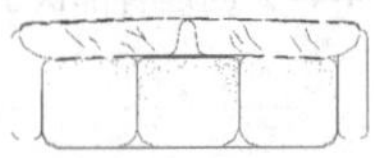
图 4-52　细化 3 人座沙发面造型

15 单击“修改”工具栏中的“移动”按钮，调整两个沙发造型的位置，结果如图 4-53 所示。

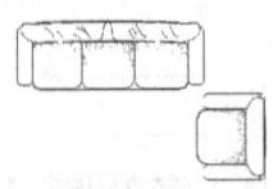
图 4-53　调整两个沙发的位置

16 单击“修改”工具栏中的“镜像”按钮，对单个沙发进行镜像，得到沙发组造型，如图 4-54 所示。

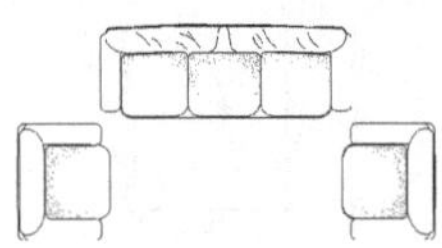
图 4-54　沙发组

17 单击“绘图”工具栏中的“椭圆”按钮造型，绘制 1 个椭圆形，建立椭圆形茶几造型，如图 4-55 所示。

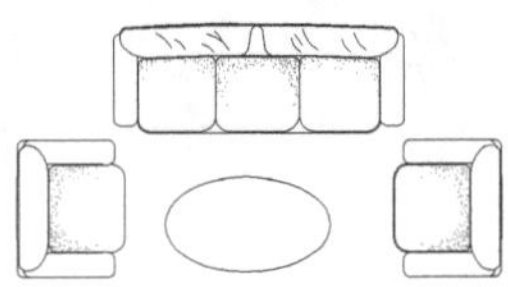
图 4-55　建立椭圆型茶几造型

注意

可以绘制其他形式的茶几造型。

18 单击“绘图”工具栏中的“图案填充”按钮，弹出“图案填充和渐变色”对话框，选择适当的图案，对茶几进行填充图案，如图 4-56 所示。

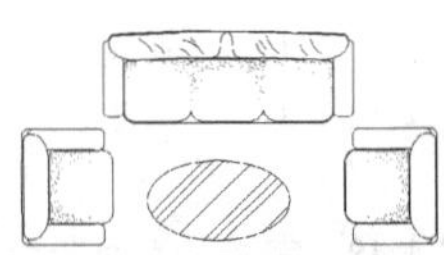
图 4-56　填充茶几图案

19 单击“绘图”工具栏中的“多边形”按钮，绘制沙发之间的一个正方形桌面灯造型，如图 4-57 所示。

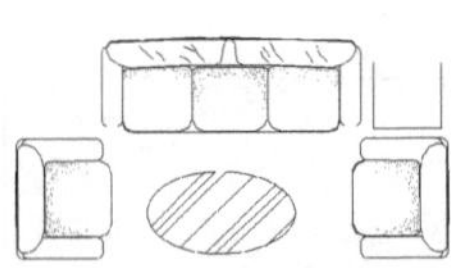
图 4-57　绘制桌面灯造型

注意

先绘制一个正方形作为桌面。

20 单击“绘图”工具栏中的“圆”按钮，绘制两个大小和圆心位置都不同的圆形，如图 4-58 所示。

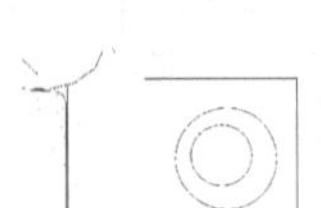
图 4-58　绘制两个圆形

21 单击“绘图”工具栏中的“直线”按钮，绘制随机斜线，形成灯罩效果，如图 4-59 所示。

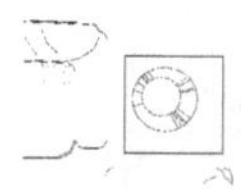

图 4-59 创建灯罩

22 单击“修改”工具栏中的“镜像”按钮，进行镜像得到两个沙发桌面灯，完成客厅沙发茶几图的绘制，如图 4-38 所示。

4.4 删除及恢复类命令

这一类命令主要用于删除图形的某部分或对已被删除的部分进行恢复。包括删除、回退、重做和清除等命令。

4.4.1 删除命令

如果绘制的图形不符合要求或错绘了图形，则可以使用删除命令 ERASE 把它删除。

执行方式

命令行：ERASE

菜单：“修改”→“删除”

快捷菜单：选择要删除的对象，在绘图区右键单击，从打开的右键快捷菜单上选择“删除”命令

工具栏：“修改”→“删除”

操作步骤

可以先选择对象，然后调用删除命令；也可以先调用删除命令，然后再选择对象。选择对象时，可以使用前面介绍的各种对象选择的方法。

当选择多个对象时，多个对象都被删除；若选择的对象属于某个对象组，则该对象组的所有对象都被删除。

4.4.2 恢复命令

若误删除了图形，则可以使用恢复命令 OOPS 恢复误删除的对象。

执行方式

命令行：OOPS 或 U

工具栏："标准工具栏" → "回退"

快捷键：Ctrl+Z

操作步骤

在命令行窗口的提示行上输入 OOPS，按 Enter 键。

4.4.3 清除命令

此命令与删除命令的功能完全相同。

执行方式

菜单："修改" → "清除"

快捷键：Del

操作步骤

用菜单或快捷键输入上述命令后，系统提示：

选择对象：(选择要清除的对象，按 Enter 键执行清除命令)

4.5 改变几何特性类命令

这一类编辑命令在对指定对象进行编辑后，使编辑对象的几何特性发生改变，包括倒角、圆角、打断、剪切、延伸、拉长和拉伸等命令。

4.5.1 剪切命令

执行方式

命令行：TRIM

菜单："修改"→"修剪"

工具栏："修改"→"修剪"

操作步骤

```
命令：TRIM↙
当前设置：投影=UCS，边=无
选择剪切边...
选择对象或 <全部选择>：(选择用作修剪边界的对象)
按Enter键，结束对象选择，系统提示：
选择要修剪的对象，或按住 Shift 键选择要延伸的对象，或[栏选(F)/窗交(C)/投影(P)/边(E)/删除(R)/放弃(U)]：
```

选项说明

1. 按 Shift 键

在选择对象时，如果按住 Shift 键，系统则会自动将"修剪"命令转换成"延伸"命令，"延伸"命令将在下节介绍。

2. 边（E）

选择此选项时，可以选择对象的修剪方式：延伸和不延伸。

- 延伸（E）：延伸边界进行修剪。在此方式下，如果剪切边没有与要修剪的对象相交，系统会延伸剪切边直至与要修剪的对象相交，然后再修剪，如图 4-60 所示。

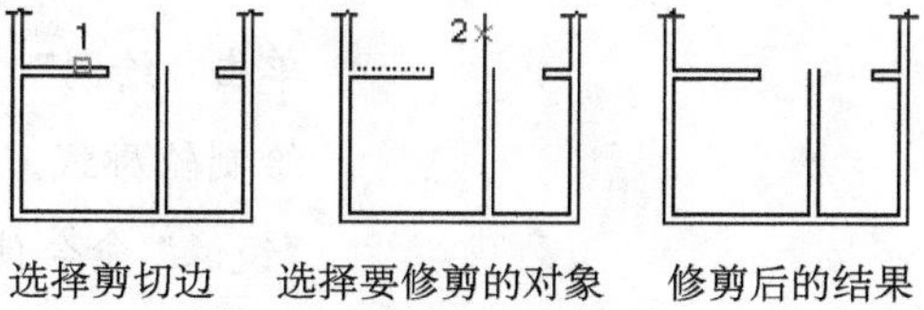

选择剪切边　　选择要修剪的对象　　修剪后的结果

图 4-60　延伸方式修剪对象

- 不延伸（N）：不延伸边界修剪对象，只修剪与剪切边相交的对象。

3. 栏选（F）

选择此选项时，系统以栏选的方式选择被修剪对象，如图 4-61 所示。

4. 窗交（C）

选择此选项时，系统以窗交的方式选择被修剪对象，如图 4-62 所示。

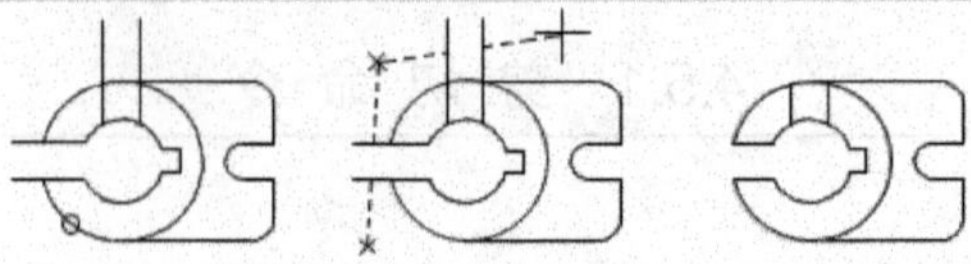

选定剪切边　使用栏选选定的要修剪的对象　结果

图 4-61　栏选选择修剪对象

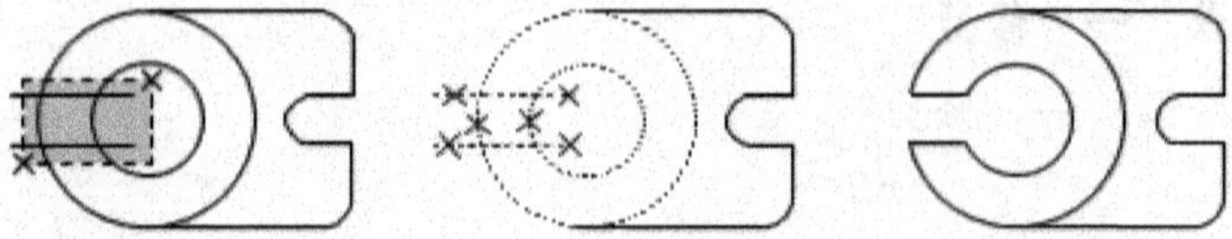

使用窗交选择选定的边　选定要修剪的对象　结果

图 4-62　窗交选择修剪对象

被选择的对象可以互为边界和被修剪对象，此时系统会在选择的对象中自动判断边界，如图 4-62 所示。

4.5.2　实例——灯具

绘制如图 4-63 所示的灯具。

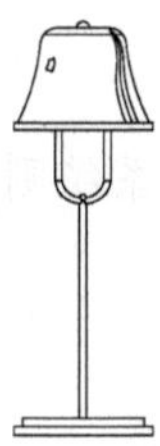

图 4-63　灯具

Step 绘制步骤

图 4-64　绘制轮廓线

图 4-65　绘制圆弧

1. 单击“绘图”工具栏中的“矩形”按钮，绘制轮廓线。选择菜单栏中的“修改”→“镜像”命令使轮廓线左右对称，如图 4-64 所示。
2. 单击“绘图”工具栏中的“圆弧”按钮和“修改”工具栏中的“偏移”按钮，绘制两条圆弧，端点分别捕捉到矩形的角点上，绘制的下面的圆弧中间一点捕捉到中间矩形上边的中点上，如图 4-65 所示。

3 单击“绘图”工具栏中的“圆弧”按钮和“直线”按钮，绘制灯柱上的结合点，如图 4-66 所示。

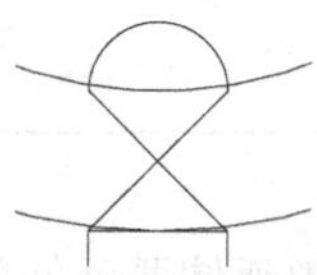

图 4-66 绘制灯柱上的结合点

4 单击“修改”工具栏中的“修剪”按钮，修剪多余图线。命令行提示如下：

```
命令: _trim
当前设置:投影=UCS, 边=延伸
选择修剪边...
选择对象或<全部选择>:(选择修剪边界对象)↙
选择对象:(选择修剪边界对象)↙
选择对象:
选择要修剪的对象，或按住<Shift>键选择要延伸的对象，或[投影(P)/边(E)/放弃(U)]:(选择修剪对象)↙
```

修剪结果如图 4-67 所示。

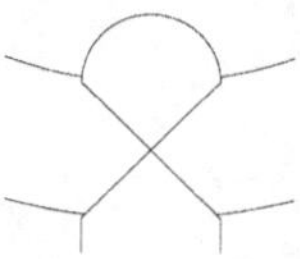

图 4-67 修剪图形

5 单击“绘图”工具栏中的“样条曲线”按钮和“修改”工具栏中的“镜像”按钮，绘制灯罩轮廓线，如图 4-68 所示。

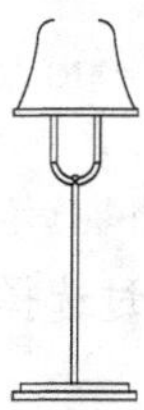

图 4-68 绘制灯罩轮廓线

6 单击“绘图”工具栏中的“直线”按钮，补齐灯罩轮廓线，直线端点捕捉对应样条曲线端点，如图 4-69 所示。

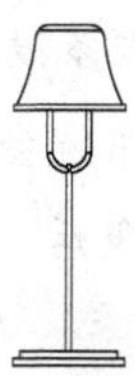

图 4-69 补齐灯罩轮廓线

7 单击“绘图”工具栏中的“圆弧”按钮，绘制灯罩顶端的突起，如图 4-70 所示。

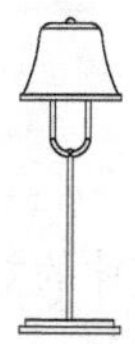

图 4-70 绘制灯罩顶端的突起

8 单击“绘图”工具栏中的“样条曲线”按钮，绘制灯罩上的装饰线，最终结果如图 4-63 所示。

4.5.3 延伸命令

延伸对象是指延伸要延伸的对象直至另一个对象的边界线，如图 4-71 所示。

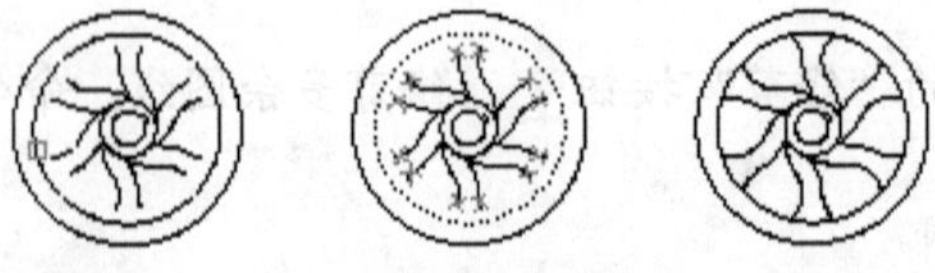

选择边界　　选择要延伸的对象　　执行结果

图 4-71　延伸对象

执行方式

命令行：EXTEND

菜单："修改"→"延伸"

工具栏："修改"→"延伸"

操作步骤

```
命令：EXTEND↙
当前设置:投影=UCS，边=无
选择边界的边...
选择对象或 <全部选择>：(选择边界对象)
```

此时可以通过选择对象来定义边界。若直接按 Enter 键，则选择所有对象作为可能的边界对象。

系统规定可以用作边界对象的对象有：直线段、射线、双向无限长线、圆弧、圆、椭圆、二维和三维多段线、样条曲线、文本、浮动的视口以及区域。如果选择二维多段线作为边界对象，系统会忽略其宽度而把对象延伸至多段线的中心线上。

选择边界对象后，系统继续提示：

```
选择要延伸的对象，或按住 Shift 键选择要修剪的对象，或[栏选(F)/窗交(C)/投影(P)/边(E)/放弃(U)]：
```

选项说明

1. 如果要延伸的对象是适配样条多段线，则延伸后会在多段线的控制框上增加新节点。如果要延伸的对象是锥形的多段线，系统会修正延伸端的宽度，使多段线从起始端平滑地延伸至新的终止端。如果延伸操作导致新终止端的宽度为负值，则取宽度值为 0，如图 4-72 所示。

2. 选择对象时，如果按住 Shift 键，系统则会自动将"延伸"命令转换成"修剪"命令。

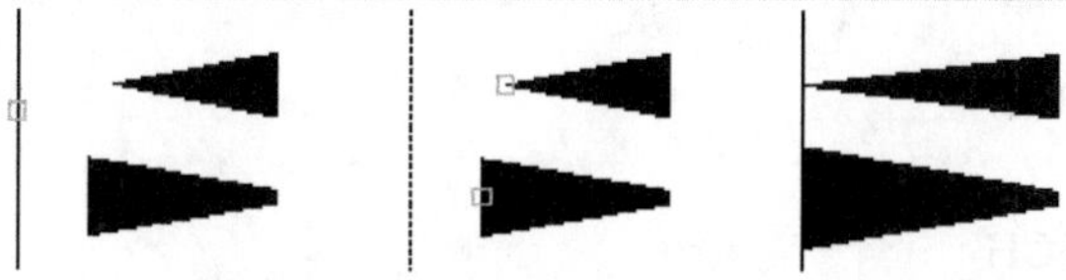

图 4-72 延伸对象

4.5.4 实例——窗户

绘制如图 4-73 所示的窗户。

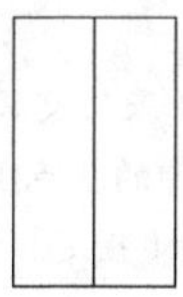

图 4-73 窗户

Step 绘制步骤

1. 单击“绘图”工具栏中的“矩形”按钮，绘制角点坐标分别为（100，100），（300，500）的矩形作为窗户外轮廓线。
2. 单击“绘图”工具栏中的“直线”按钮，绘制坐标为（250，100），（250，200）的直线分割矩形，绘制完成如图 4-74 所示。

图 4-74 绘制窗户分割线

3. 单击“修改”工具栏中的“延伸”按钮，将直线延伸至矩形最上面的边窗户。命令行提示如下：

```
命令: _extend
当前设置:投影=UCS，边=无
选择边界的边...
选择对象或 <全部选择>: (拾取矩形的最上边)
选择要延伸的对象，或按住 Shift 键选择要修剪的对象，或[栏选(F)/窗交(C)/投影(P)/边(E)/放弃(U)]:
(拾取直线)
```

绘制完成的窗户如图 4-73 所示。

4.5.5 拉伸命令

拉伸对象是指拖拉选择的对象，且形状发生改变后的对象。在拉伸对象时，应指定拉伸的基点和移置点。利用一些辅助工具如捕捉、钳夹功能及相对坐标等可以提高拉伸的精度。

执行方式

命令行：STRETCH
菜单："修改"→"拉伸"
工具栏："修改"→"拉伸"

操作步骤

```
命令：STRETCH↙
以交叉窗口或交叉多边形选择要拉伸的对象...
选择对象：C↙
指定第一个角点：指定对角点：找到 2 个（采用交叉窗口的方式选择要拉伸的对象）
指定基点或 [位移(D)] <位移>：（指定拉伸的基点）
指定第二个点或 <使用第一个点作为位移>：（指定拉伸的移至点）
```

此时，若指定第二个点，系统将根据这两点决定的矢量拉伸对象；若直接按 Enter 键，系统会把第一个点作为 x 轴和 y 轴的分量值。

STRETCH 仅移动位于交叉选择内的顶点和端点，不更改那些位于交叉选择外的顶点和端点。部分包含在交叉选择窗口内的对象将被拉伸，如图 4-75 所示。

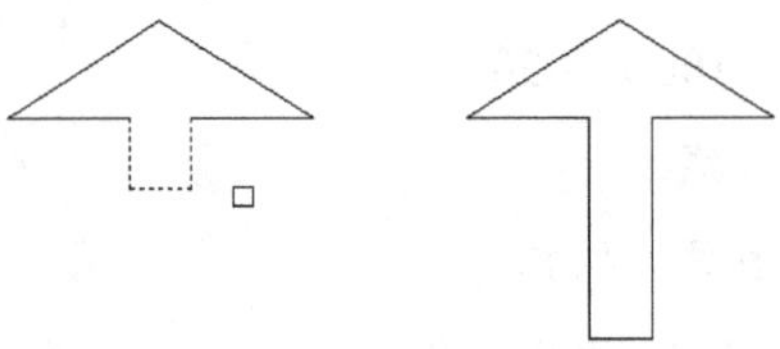

(a) 选取对象　　(b) 拉伸后

图 4-75　拉伸

注意

用交叉窗口选择拉伸对象时，落在交叉窗口内的端点被拉伸，落在外部的端点保持不动。

4.5.6　实例——门把手

绘制如图 4-76 所示的门把手。

图 4-76　门把手

Step 绘制步骤

❶ 设置图层。

选择菜单栏中的“格式”→“图层”命令，弹出“图层特性管理器”对话框，新建两个图层。

（1）第一图层命名为“轮廓线”，线宽属性为 0.3mm，其余属性默认。

（2）第二图层命名为“中心线”，颜色设为红色，线型加载为 center，其余属性默认。

❷ 将“轮廓线”层设置为当前层。选择菜单栏中的“绘图”→“直线”命令，绘制坐标分别为（150，150），（@120，0）的直线，结果如图 4-77 所示。

图 4-77 绘制直线

❸ 单击“绘图”工具栏中的“圆”按钮，绘制圆心坐标为（160，150），半径为 10 的圆。重复“圆”命令，以（235，150）为圆心，绘制半径为 15 的圆。再绘制半径为 50 的圆与前两个圆相切，结果如图 4-78 所示。

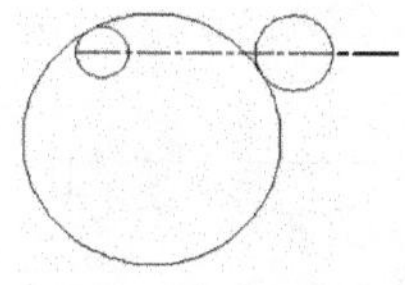

图 4-78 绘制圆

❹ 单击“绘图”工具栏中的“直线”按钮，绘制坐标为（250，150），（@10<90），（@15<180）的两条直线。重复“直线”命令，绘制坐标为（235，165），（235，150）的直线，结果如图 4-79 所示。

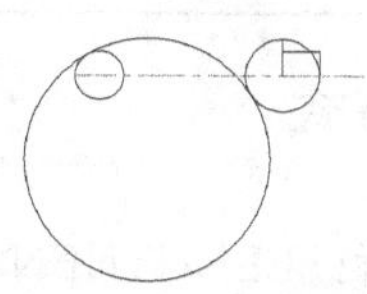

图 4-79 绘制直线

❺ 单击“修改”工具栏中的“修剪”按钮，进行修剪处理，结果如图 4-80 所示。

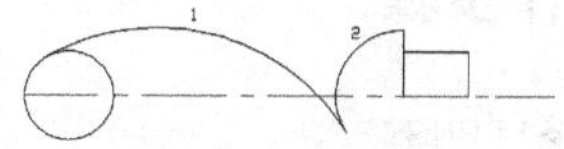

图 4-80 修剪处理

❻ 绘制圆。

单击“绘图”工具栏中的“圆”按钮，绘制与圆弧 1 和圆弧 2 相切的圆，半径为 12，结果如图 4-81 所示。

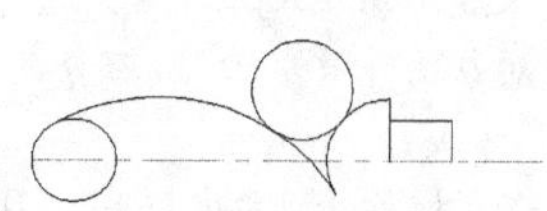

图 4-81 绘制圆

❼ 修剪处理。

单击“修改”工具栏中的“修剪”按钮，将多余的圆弧进行修剪，结果如图 4-82 所示。

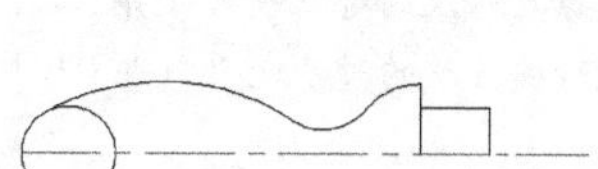

图 4-82 修剪处理

❽ 选择菜单栏中的“修改”→“镜像”命令对图形进行镜像处理，镜像线的两点坐标分别为（150，150），（250，150），结果如图 4-83 所示。

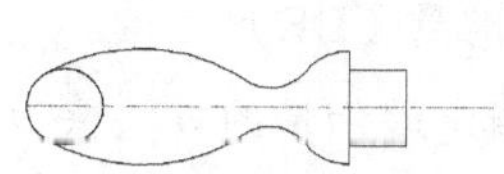

图 4-83 镜像处理

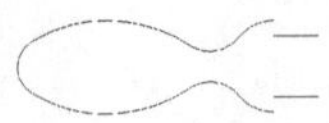

图 4-84　把手初步图形

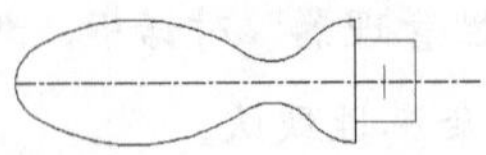

图 4-85　销孔中心线

图 4-86　销孔

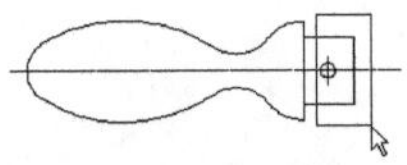

图 4-87　指定拉伸对象

9. 单击“修改”工具栏中的“镜像”按钮，进行修剪处理，结果如图 4-84 所示。

10. 将“中心线”层设置为当前层。单击“绘图”工具栏中的“直线”按钮，在把手接头处中间位置绘制适当长度的竖直线段，作为销孔定位中心线，如图 4-85 所示。

11. 将“轮廓线”层设置为当前层。单击“绘图”工具栏中的“圆”按钮，以中心线交点为圆心绘制适当半径的圆，将其作为销孔，如图 4-86 所示。

12. 单击“修改”工具栏中的“拉伸”按钮，拉伸接头长度，结果如图 4-87 所示。

4.5.7 拉长命令

执行方式

命令行：LENGTHEN

菜单：“修改”→“拉长”

操作步骤

命令：LENGTHEN

选择对象或 [增量(DE)/百分数(P)/全部(T)/动态(DY)]：(选定对象)

当前长度：30.5001 (给出选定对象的长度，如果选择圆弧则还将给出圆弧的包含角)

选择对象或 [增量(DE)/百分数(P)/全部(T)/动态(DY)]：DE↙ (选择拉长或缩短的方式。如选择“增量(DE)”方式)

输入长度增量或 [角度(A)] <0.0000>：10↙ (输入长度增量数值。如果选择圆弧段，则可输入选项“A”给定角度增量)

选择要修改的对象或 [放弃(U)]：(选定要修改的对象，进行拉长操作)

选择要修改的对象或 [放弃(U)]：(继续选择，按 Enter 键，结束命令)

选项说明

1. 增量（DE）

用指定增加量的方法来改变对象的长度或角度。

2. 百分数（P）

用指定要修改对象的长度占总长度的百分比的方法来改变圆弧或直线段的长度。

3. 全部（T）

用指定新的总长度或总角度值的方法来改变对象的长度或角度。

4. 动态（DY）

在这种模式下，可以使用拖曳鼠标的方法来动态地改变对象的长度或角度。

4.5.8 实例——挂钟

绘制如图 4-88 所示的挂钟。

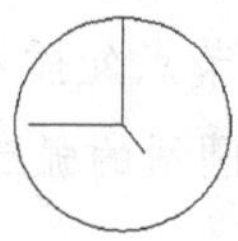

图 4-88 挂钟图形

Step 绘制步骤

1. 单击“绘图”工具栏中的“圆”按钮，绘制圆心为（100，100），半径为 20 的圆形作为挂钟的外轮廓线，如图 4-89 所示。

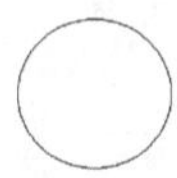

图 4-89 绘制圆形

2. 单击“绘图”工具栏中的“直线”按钮，绘制坐标为（100，100），（100，120）；（100，100），（80，100）；（100，100），（105，94）的 3 条直线作为挂钟的指针，如图 4-90 所示。

图 4-90 绘制指针

3. 选择菜单栏中的“修改”→“拉长”命令将秒针拉长至圆的边，绘制挂钟完成，如图 4-88 所示。

4.5.9 圆角命令

圆角是指用指定的半径决定的一段平滑的圆弧连接两个对象。系统规定可以圆角连接一对直线段、非圆弧的多段线段、样条曲线、双向无限长线、射线、圆、圆弧和椭圆，可以在任何时刻圆角连接非圆弧多段线的每个节点。

执行方式

命令行：FILLET

菜单：“修改”→“圆角”

工具栏：“修改”→“圆角”

操作步骤

命令：FILLET↙
当前设置：模式 = 修剪，半径 = 0.0000
选择第一个对象或[放弃(U)/多段线(P)/半径(R)/修剪(T)/多个(M)]:(选择第一个对象或别的选项)
选择第二个对象，或按住 Shift 键选择要应用角点的对象：(选择第二个对象)

选项说明

1. 多段线（P）

在一条二维多段线的两段直线段的节点处插入圆滑的弧。选择多段线后，系统会根据指定的圆弧的半径把多段线各顶点用圆滑的弧连接起来。

2. 修剪（T）

决定在圆角连接两条边时，是否修剪这两条边，如图 4-91 所示。

(a) 修剪方式　　(b) 不修剪方式

图 4-91　圆角连接

3. 多个（M）

可以同时对多个对象进行圆角编辑，而无需重新启用命令。

4. 按住 Shift 键并选择两条直线，可以快速创建零距离倒角或零半径圆角。

4.5.10　实例——沙发

绘制如图 4-92 所示的沙发。

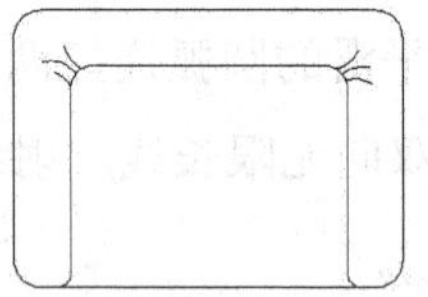

图 4-92　沙发

Step 绘制步骤

① 单击“绘图”工具栏中的“矩形”按钮□，绘制圆角为 10，第一角点坐标为（20，20），长度和宽度分别为 140 和 100 的矩形为沙发的外框 0。

2 单击“绘图”工具栏中的“直线”按钮，绘制坐标分别为（40，20）、（@0，80）、（@100，0）、（@0，–80）的直线，绘制结果如图 4-93 所示。

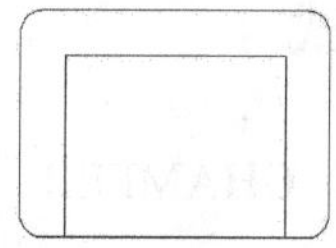

图 4-93 绘制初步轮廓

3 单击“修改”工具栏中的“分解”按钮、“圆角”按钮、“延伸”按钮和“修剪”按钮，绘制沙发的大体轮廓。命令行提示如下：

```
命令: EXPLODE
选择对象:（选择外面倒圆矩形）
选择对象:
命令: FILLET
当前设置: 模式 = 修剪，半径 = 6.0000
选择第一个对象或 [放弃(U)/多段线(P)/半径(R)/修剪(T)/多个(M)]:（选择内部四边形左边）
选择第二个对象，或按住 Shift 键选择要应用角点的对象:（选择内部四边形上边）
选择第一个对象或 [放弃(U)/多段线(P)/半径(R)/修剪(T)/多个(M)]:（选择内部四边形右边）
选择第二个对象，或按住 Shift 键选择要应用角点的对象:（选择内部四边形上边）
选择第一个对象或 [放弃(U)/多段线(P)/半径(R)/修剪(T)/多个(M)]:
```

4 重复“圆角”命令，选择内部四边形左边和外部矩形下边左端为对象，进行圆角处理，如图 4-94 所示。

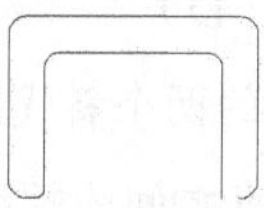

图 4-94 绘制倒圆

```
命令: EXTEND
当前设置: 投影=UCS，边=无
选择边界的边...
选择对象或 <全部选择>:（选择图 4-62 右下角圆弧）
选择对象:
选择要延伸的对象，或按住 Shift 键选择要修剪的对象，或[栏选(F)/窗交(C)/投影(P)/边(E)/放弃(U)]:
（选择图 4-73 左端的短水平线）
选择要延伸的对象，或按住 Shift 键选择要修剪的对象，或[栏选(F)/窗交(C)/投影(P)/边(E)/放弃(U)]:
```

5 单击“修改”工具栏中的“圆角”按钮，选择内部四边形右边和外部矩形下边右端为对象，进行圆角处理。

6 单击“修改”工具栏中的“修剪”按钮，以刚绘制的圆角圆弧为边界，对内部四边形右边下端进行修剪，绘制结果如图 4-95 所示。

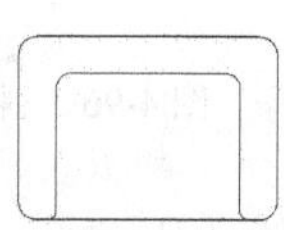

图 4-95 完成倒圆角

7 单击“绘图”工具栏中的“圆弧”按钮，绘制沙发皱纹。在沙发拐角位置绘制 6 条圆弧，结果如图 4-92 所示。

4.5.11 倒角命令

倒角是指用斜线连接两个不平行的线型对象，可以用斜线连接直线段、双向无限长线、射线和多段线。

执行方式

命令行：CHAMFER

菜单："修改"→"倒角"

工具栏："修改"→"倒角"

操作步骤

```
命令：CHAMFER
（"不修剪"模式）当前倒角距离 1 = 0.0000，距离 2 = 0.0000
选择第一条直线或 [放弃(U)/多段线(P)/距离(D)/角度(A)/修剪(T)/方式(E)/多个(M)]：（选择第一条直线或别的选项）
选择第二条直线，或按住 Shift 键选择要应用角点的直线：（选择第二条直线）
```

选项说明

1. 距离（D）

选择倒角的两个斜线距离。斜线距离是指从被连接的对象与斜线的交点到被连接的两对象的可能的交点之间的距离，如图 4-96 所示。这两个斜线距离可以相同也可以不相同，若二者均为 0，则系统不绘制连接的斜线，而是把两个对象延伸至相交，并修剪超出的部分。

2. 角度（A）

选择第一条直线的斜线距离和角度。采用这种方法斜线连接对象时，需要输入两个参数：斜线与一个对象的斜线距离和斜线与该对象的夹角，如图 4-97 所示。

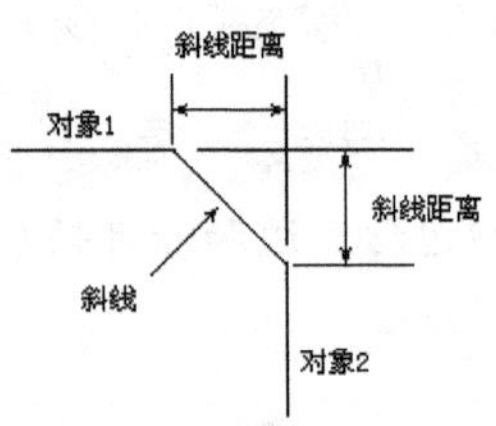

图 4-96　斜线距离

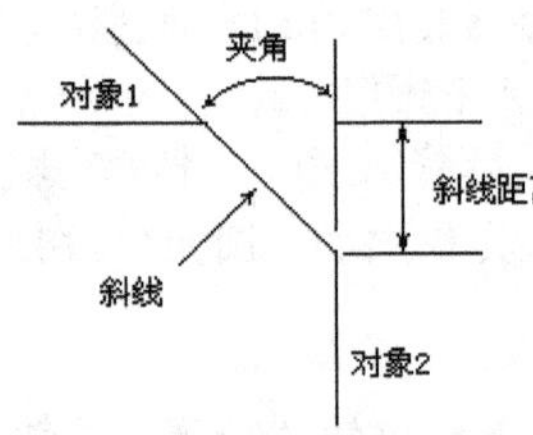

图 4-97　斜线距离与夹角

3. 多段线（P）

对多段线的各个交叉点进行倒角编辑。为了得到最好的连接效果，一般设置斜线是相等的值。系统根据指定的斜线距离把多段线的每个交叉点都作斜线连接，连接的斜线成为多段线新添加的构成部分，如图 4-98 所示。

4. 修剪（T）

与圆角连接命令 FILLET 相同，该选项决定连接对象后，是否剪切原对象。

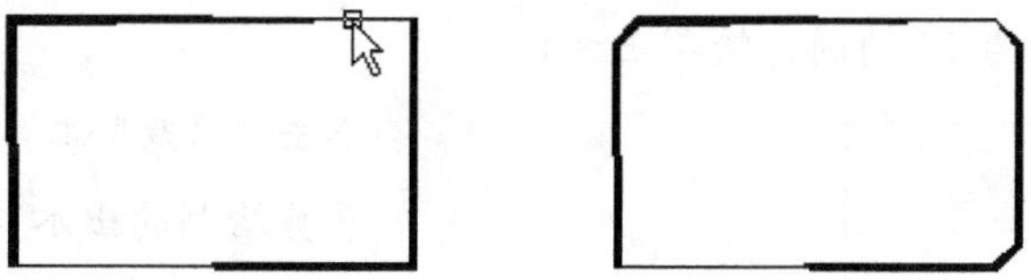

（a）选择多段线　　　　　　（b）倒角结果

图 4-98　斜线连接多段线

5. 方式（M）

决定采用“距离”方式还是“角度”方式来倒角。

6. 多个（U）

同时对多个对象进行倒角编辑。

注意

在执行圆角和倒角命令时，有时会发现命令不执行或执行后没什么变化，那是因为系统默认圆角半径和斜线距离均为 0，如果不事先设定圆角半径或斜线距离，系统就以默认值执行命令，所以看起来好像没有执行命令。

4.5.12　实例——洗菜盆

绘制如图 4-99 所示的洗菜盆。

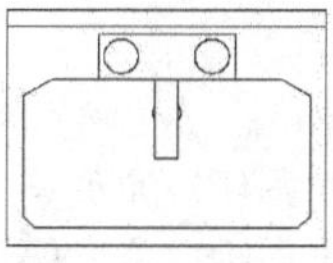

图 4-99　洗菜盆

Step 绘制步骤

❶ 单击“绘图”工具栏中的“直线”按钮可以绘制出初步轮廓，大约尺寸如图 4-100 所示。

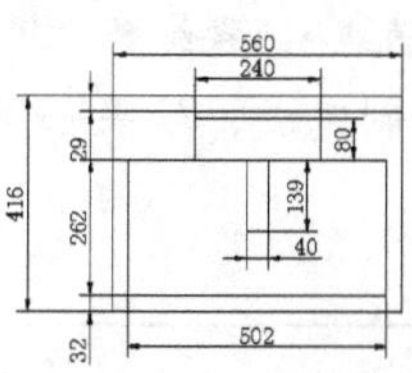

图 4-100　初步轮廓图

❷ 单击“绘图”工具栏中的“圆”按钮，绘制一个圆心在图 4-100 中长 240、宽 80 的矩形大约左中位置处，半径为 35 的圆。

❸ 单击“修改”工具栏中的“复制”按钮，选择刚绘制的圆，复制到右边合适的位置，完成旋钮绘制。

4. 单击“绘图”工具栏中的“圆”按钮，绘制一个圆心在图 4-100 中长 139、宽 40 的矩形大约正中位置，半径为 25 的圆，绘制出水口。

5. 单击“修改”工具栏中的“修剪”按钮，修剪绘制的出水口，如图 4-101 所示。

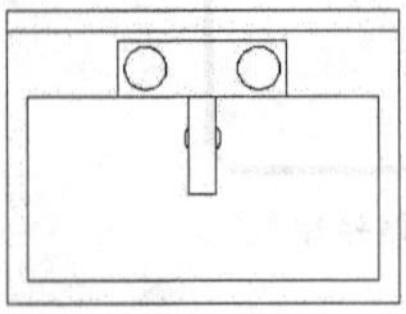

图 4-101　绘制水笼头和出水口

6. 单击“修改”工具栏中的“倒角”按钮，绘制水盆的 4 角。命令行提示如下：

```
命令:CHAMFER
(“修剪”模式) 当前倒角距离 1 = 0.0000, 距离 2 = 0.0000
选择第一条直线或 [放弃(U)/多段线(P)/距离(D)/角度(A)/修剪(T)/方式(E)/多个(M)]:D
指定第一个倒角距离 <0.0000>: 50
指定第二个倒角距离 <50.0000>: 30
选择第一条直线或 [多段线(P)/距离(D)/角度(A)/修剪(T)/方式(M)/多个(U)]: U
选择第一条直线或 [放弃(U)/多段线(P)/距离(D)/角度(A)/修剪(T)/方式(E)/多个(M)]:(选择左上角横线段)
选择第二条直线, 或按住 Shift 键选择要应用角点的直线:(选择右上角竖线段)
选择第一条直线或 [放弃(U)/多段线(P)/距离(D)/角度(A)/修剪(T)/方式(E)/多个(M)]:(选择左上角横线段)
选择第二条直线, 或按住 Shift 键选择要应用角点的直线:(选择右上角竖线段)
命令: CHAMFER
(“修剪”模式) 当前倒角距离 1 = 50.0000, 距离 2 = 30.0000
选择第一条直线或 [放弃(U)/多段线(P)/距离(D)/角度(A)/修剪(T)/方式(E)/多个(M)]:A
指定第一条直线的倒角长度 <20.0000>:
指定第一条直线的倒角角度 <0>: 45
选择第一条直线或 [放弃(U)/多段线(P)/距离(D)/角度(A)/修剪(T)/方式(E)/多个(M)]:U
选择第一条直线或 [放弃(U)/多段线(P)/距离(D)/角度(A)/修剪(T)/方式(E)/多个(M)]: (选择左下角横线段)
选择第二条直线, 或按住 Shift 键选择要应用角点的直线:(选择左下角竖线段)
选择第一条直线或 [放弃(U)/多段线(P)/距离(D)/角度(A)/修剪(T)/方式(E)/多个(M)]: (选择右下角横线段)
选择第二条直线, 或按住 Shift 键选择要应用角点的直线:(选择右下角竖线段)
```

洗菜盆绘制完成，结果如图 4-99 所示。

4.5.13 打断命令

执行方式

命令行：BREAK

菜单：“修改”→“打断”

工具栏：“修改”→“打断”

操作步骤

```
命令：BREAK
选择对象：（选择要打断的对象）
指定第二个打断点或 [第一点(F)]：（指定第二个断开点或键入 F）
```

选项说明

如果选择“第一点（F）”选项，系统将丢弃前面的第一个选择点，重新提示用户指定两个打断点。

4.5.14 打断于点

打断于点是指在对象上指定一点，从而把对象在此点拆分成两部分，此命令与打断命令类似。

执行方式

工具栏：“修改”→“打断于点”

操作步骤

输入此命令后，命令行提示如下：

```
选择对象：（选择要打断的对象）
指定第二个打断点或 [第一点(F)]：_f（系统自动执行“第一点(F)”选项）
指定第一个打断点：（选择打断点）
指定第二个打断点：@（系统自动忽略此提示）
```

4.5.15 分解命令

执行方式

命令行：EXPLODE

菜单：“修改”→“分解”

工具栏：“修改”→“分解”

操作步骤

```
命令：EXPLODE
选择对象：（选择要分解的对象）
```

选择一个对象后，该对象会被分解，系统继续提示该行信息，允许分解多个对象。

4.5.16 合并命令

可以将直线、圆弧、椭圆弧和样条曲线等独立的对象合并为一个对象，如图 4-102 所示。

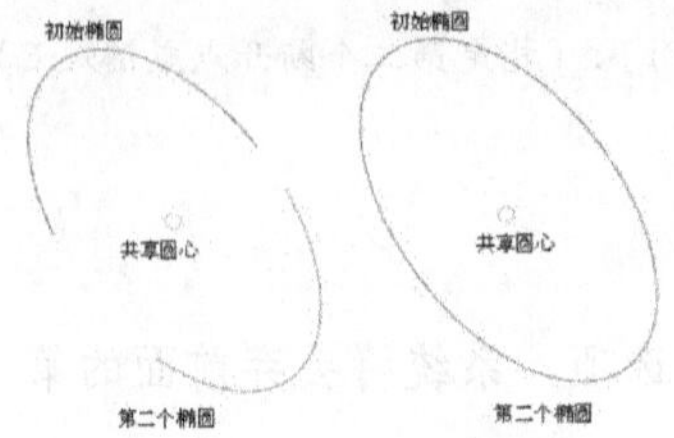

图 4-102　合并对象

执行方式

命令行：JOIN

菜单："修改"→"合并"

工具栏："修改"→"合并"

操作步骤

```
命令：JOIN
选择源对象：(选择一个对象)
选择要合并到源的直线： (选择另一个对象)
找到 1 个
选择要合并到源的直线：
已将 1 条直线合并到源
```

第5章

辅助工具

文字注释是图形中很重要的一部分内容，在进行各种设计时，通常不仅要绘出图形，还要在图形中标注一些文字。图表在 AutoCAD 图形中也有大量的应用，如明细表、参数表和标题栏等。尺寸标注是绘图设计过程当中相当重要的一个环节。

在绘图设计过程中，经常会遇到一些重复出现的图形（例如建筑设计中的桌椅、门窗等）如果每次都重新绘制这些图形，不仅会造成大量的重复工作，而且存储这些图形及其信息也会占据相当大的磁盘空间。

重点与难点

- 文本标注
- 表格
- 尺寸标注
- 查询工具
- 图块及其属性
- 设计中心与工具选项板

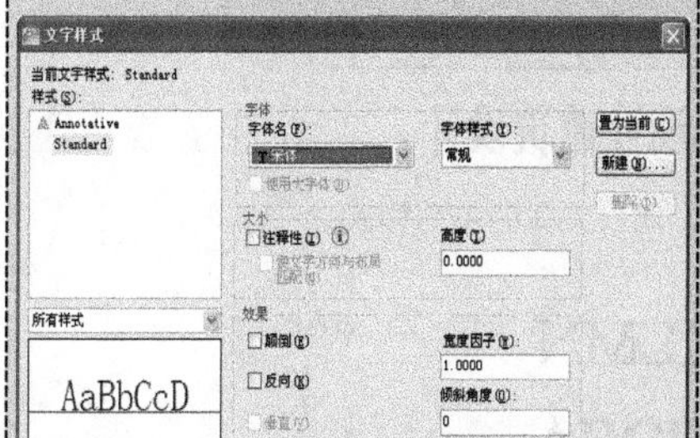

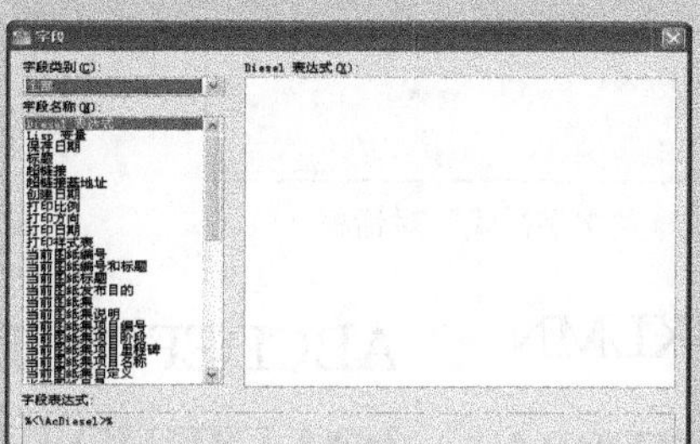

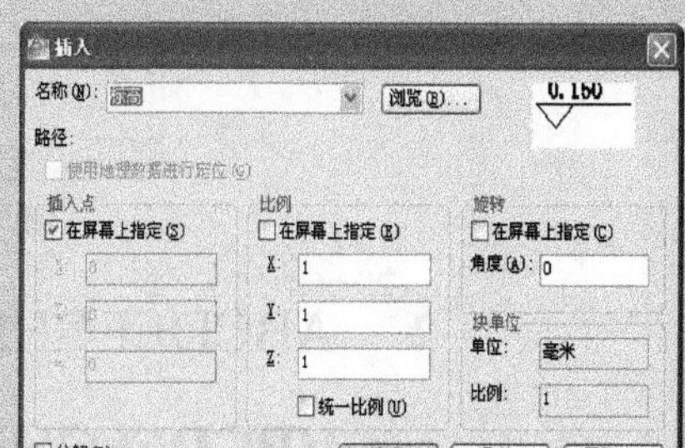

5.1 文本标注

文本是建筑图形的基本组成部分，在图签、说明、图纸目录等地方都要用到文本。本节讲述文本标注的基本方法。

5.1.1 设置文本样式

执行方式

命令行：STYLE 或 DDSTYLE

菜单："格式"→"文字样式"

工具栏："文字"→"文字样式"

操作步骤

执行上述命令，系统打开"文字样式"对话框，如图 5-1 所示。

利用该对话框可以新建文字样式或修改当前文字样式。图 5-2～图 5-4 所示为各种文字样式。

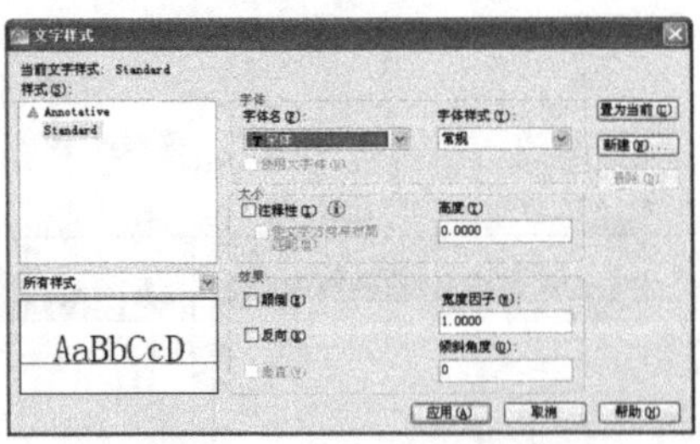

图 5-1 "文字样式"对话框

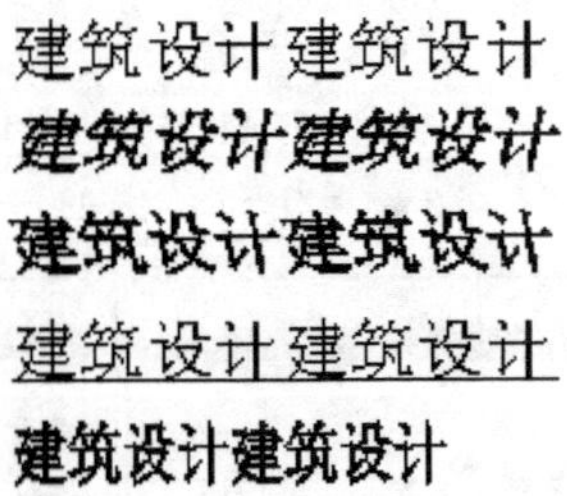

图 5-2 同一字体的不同样式

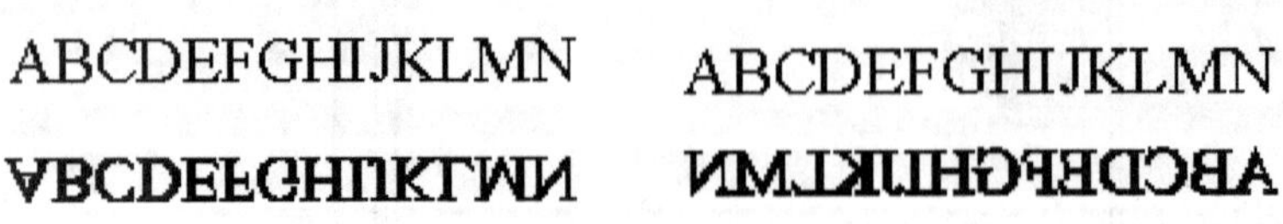

(a) (b)

图 5-3 文字倒置标注与反向标注

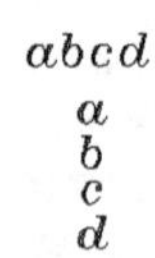

图 5-4 垂直标注文字

5.1.2 单行文本标注

执行方式

命令行：TEXT 或 DTEXT

菜单："绘图" → "文字" → "单行文字"

工具栏："文字" → "单行文字" AI

操作步骤

```
命令：TEXT
当前文字样式： Standard  当前文字高度： 0.2000
指定文字的起点或 [对正(J)/样式(S)]:
```

选项说明

1. 指定文字的起点

在此提示下直接在作图屏幕上点取一点作为文本的起始点。命令行提示如下：

```
指定高度 <0.2000>:（确定字符的高度）
指定文字的旋转角度 <0>:（确定文本行的倾斜角度）
输入文字：（输入文本）
输入文字：（输入文本或回车）
```

2. 对正（J）

在上面的提示下键入 J，用来确定文本的对齐方式，对齐方式决定文本的哪一部分与所选的插入点对齐。执行此选项，AutoCAD 提示：

```
输入选项 [对齐(A)/调整(F)/中心(C)/中间(M)/右®/左上(TL)/中上(TC)/右上(TR)/左中(ML)/正中(MC)/右中(MR)/左下(BL)/中下(BC)/右下(BR)]:
```

在此提示下选择一个选项作为文本的对齐方式。当文本串水平排列时，AutoCAD 为标注文本串定义了如图 5-5 所示的顶线、中线、基线和底线。各种对齐方式如图 5-6 所示，图中大写字母对应上述提示中各命令。下面以"对齐"为例进行简要说明。

图 5-5 文本行的底线、基线、中线和顶线

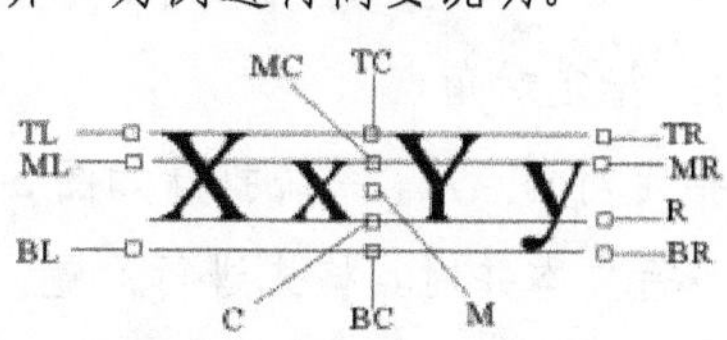

图 5-6 文本的对齐方式

在实际绘图时，有时需要标注一些特殊字符，例如直径符号、上划线或下划线、温度符号等，由于这些符号不能直接从键盘上输入，AutoCAD 提供了一些控制码，用来实现这些要求。控制码用两个百分号（%%）加一个字符构成，常用的控制码如表 5-1 所示。

表 5-1 AutoCAD 常用控制码

符　号	功　能	符　号	功　能
%%O	上划线	\u+0278	电相位
%%U	下划线	\u+E101	流线
%%D	"度"符号	\u+2261	标识
%%P	正负符号	\u+E102	界碑线
%%C	直径符号	\u+2260	不相等
%%%	百分号%	\u+2126	欧姆
\u+2248	几乎相等	\u+03A9	欧米加
\u+2220	角度	\u+214A	低界线
\u+E100	边界线	\u+2082	下标 2
\u+2104	中心线	\u+00B2	上标 2
\u+0394	差值		

5.1.3 多行文本标注

执行方式

命令行：MTEXT

菜单："绘图" → "文字" → "多行文字"

工具栏："绘图" → "多行文字" A 或 "文字" → "多行文字" A

操作步骤

```
命令:MTEXT
当前文字样式: "Standard"  当前文字高度:1.9122
指定第一角点: (指定矩形框的第一个角点)
指定对角点或 [高度(H)/对正(J)/行距(L)/旋转®/样式(S)/宽度(W)]:
```

选项说明

1. 指定对角点

指定对角点后，系统打开如图 5-7 所示的多行文字编辑器，可利用此对话框与编辑器输入多行文本并对其格式进行设置。该对话框与 Word 软件界面类似，不再赘述。

2. 其他选项

（1）对正（J）：确定所标注文本的对齐方式。

（2）行距（L）：确定多行文本的行间距，这里所说的行间距是指相邻两文本行的基线之间的垂直距离。

（3）旋转（R）：确定文本行的倾斜角度。

（4）样式（S）：确定当前的文本样式。

（5）宽度（W）：指定多行文本的宽度。

3. 在多行文字绘制区域，单击鼠标右键，系统打开右键快捷菜单，如图 5-8 所示。该快捷菜单提供标准编辑选项和多行文字特有的选项。在多行文字编辑器中单击右键以显示快捷菜单。菜单顶层的选项是基本编辑选项：放弃、重做、剪切、复制和粘贴。后面的选项是多行文字编辑器特有的选项。

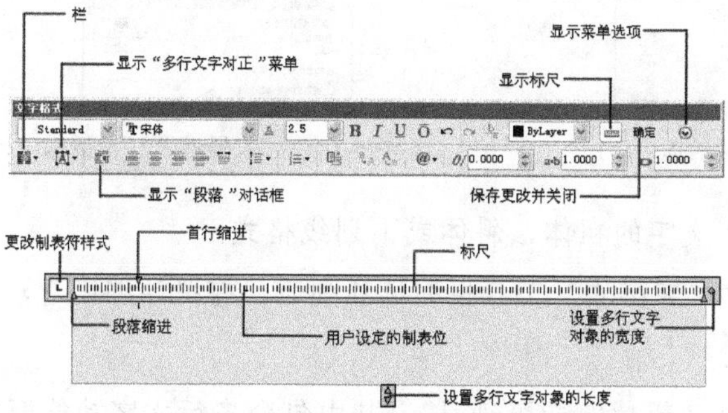

图 5-7 “文字格式”对话框和多行文字编辑器

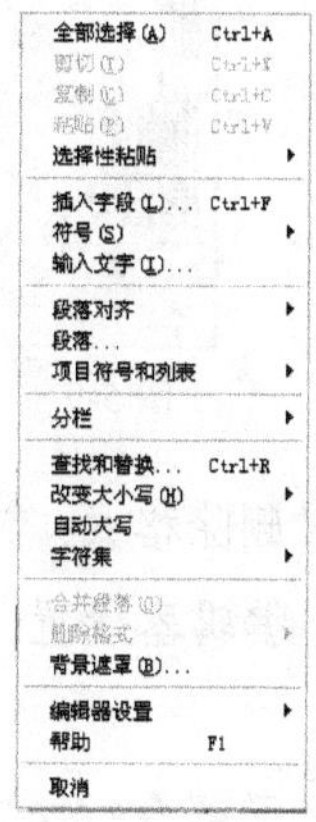

图 5-8 右键快捷菜单

（1）插入字段：显示“字段”对话框如图 5-9 所示，从中可以选择要插入到文字中的字段。关闭该对话框后，字段的当前值将显示在文字中。

（2）符号：在光标位置插入符号或不间断空格，也可以手动插入符号。

（3）输入文字：显示“选择文件”对话框（标准文件选择对话框）。选择任意 ASCII 或 RTF 格式的文件。

（4）段落对齐：设置多行文字对象的对正和对齐方式。“左上”选项是默认设置。在一行的末尾输入的空格也是文字的一部分，并会影响该行文字的对正。文字根据其左右边界进行置中对正、左对正或右对正。文字根据其上下边界进行中央对齐、顶对齐或底对齐。各种对齐方式与前面所述类似，不再赘述。

（5）段落：为段落和段落的第一行设置缩进。指定制表位和缩进，控制段落对齐方式、段落间距和段落行距。

（6）项目符号和列表：显示用于编号列表的选项。

（7）不分栏：为当前多行文字对象指定“不分栏”。

（8）改变大小写：改变选定文字的大小写，可以选择“大写”或“小写”。

（9）自动大写：将所有新输入的文字转换成大写，自动大写不影响已有的文字。要改变已有文字的大小写，请选择文字，单击右键，然后在快捷菜单上单击“改变大小写”命令。

（10）字符集：显示代码页菜单。选择一个代码页并将其应用到选定的文字。

（11）段落对齐：选择多行文字对象中的所有文字。

（12）合并段落：将选定的段落合并为一段并用空格替换每段的回车。

（13）背景遮罩：用设定的背景对标注的文字进行遮罩。单击该命令，系统打开“背景遮罩”对话框，如图 5-10 所示。

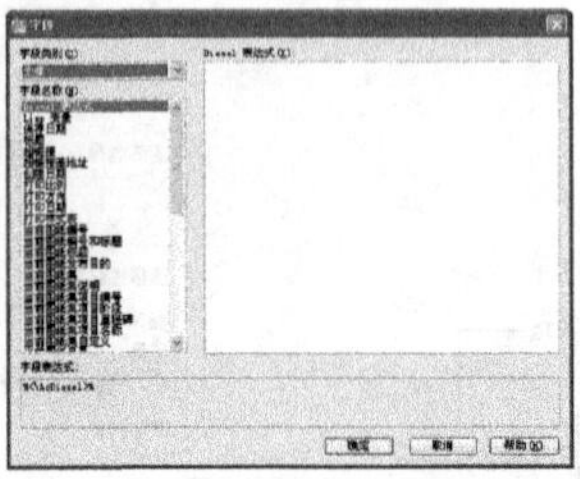

图 5-9 “字段”对话框

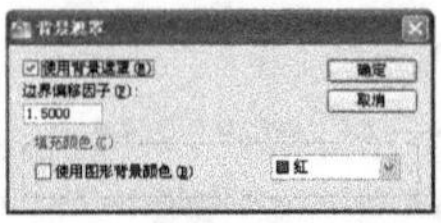

图 5-10 “背景遮罩”对话框

（14）删除格式：清除选定文字的粗体、斜体或下划线格式。

（15）编辑器设置：显示“文字格式”工具栏的选项列表。有关详细信息，请参见编辑器设置。

（16）了解多行文字：显示“新功能专题研习”，其中包含多行文字功能概述。

5.1.4 多行文本编辑

执行方式

命令行：DDEDIT

菜单：“修改”→“对象”→“文字”→“编辑”

工具栏：“文字”→“编辑”

操作步骤

```
命令：DDEDIT
选择注释对象或 [放弃(U)]:
```

要求选择想要修改的文本，同时光标变为拾取框。用拾取框单击对象，如果选取的文本是用 TEXT 命令创建的单行文本，可对其直接进行修改。如果选取的文本是用 MTEXT 命令创建的多行文本，选取后则打开多行文字编辑器（如图 5-7 所示），可根据前面的介绍对各项设置或内容进行修改。

5.1.5 实例——酒瓶

绘制如图 5-11 所示的酒瓶。

图 5-11 酒瓶

Step 绘制步骤

1 单击“图层”工具栏中的“图层”按钮，打开“图层管理器”对话框，新建3个图层。

（1）“1”图层，颜色为绿色，其余属性默认。

（2）“2”图层，颜色为黑色，其余属性默认。

（3）“3”图层，颜色为蓝色，其余属性默认。

2 选择菜单栏中的“视图”→“缩放”→“圆心”命令，将图形界面缩放至适当大小。

3 将当前图层设为“3”图层，单击“绘图”工具栏中的“多段线”按钮。命令行提示如下：

```
命令: _pline
指定起点: 40,0
当前线宽为 0.0000
指定下一个点或 [圆弧(A)/半宽(H)/长度(L)/放弃(U)/宽度(W)]: @-40,0
指定下一点或 [圆弧(A)/闭合(C)/半宽(H)/长度(L)/ 放弃(U)/宽度(W)]: @0,119.8
指定下一点或 [圆弧(A)/闭合(C)/半宽(H)/长度(L)/放弃(U)/宽度(W)]: a
指定圆弧的端点或[角度(A)/圆心(CE)/闭合(CL)/方向(D)/半宽(H)/直线(L)/半径(R)/第二个点(S)/放弃(U)/宽度(W)]: 22,139.6
指定圆弧的端点或[角度(A)/圆心(CE)/闭合(CL)/方向(D)/半宽(H)/直线(L)/半径(R)/第二个点(S)/放弃(U)/宽度(W)]: l
指定下一点或 [圆弧(A)/闭合(C)/半宽(H)/长度(L)/放弃(U)/宽度(W)]: 29,190.7
指定下一点或 [圆弧(A)/闭合(C)/半宽(H)/长度(L)/放弃(U)/宽度(W)]: 29,222.5
指定下一点或 [圆弧(A)/闭合(C)/半宽(H)/长度(L)/放弃(U)/宽度(W)]: a
指定圆弧的端点或[角度(A)/圆心(CE)/闭合(CL)/方向(D)/半宽(H)/直线(L)/半径(R)/第二个点(S)/放弃(U)/宽度(W)]: s
指定圆弧上的第二个点: 40,227.6
指定圆弧的端点: 51.2,223.3
指定圆弧的端点或[角度(A)/圆心(CE)/闭合(CL)/方向(D)/半宽(H)/直线(L)/半径(R)/第二个点(S)/放弃(U)/宽度(W)]:
```

绘制结果如图 5-12 所示。

图 5-12 绘制多段线

图 5-13 镜像处理

图 5-14 绘制直线

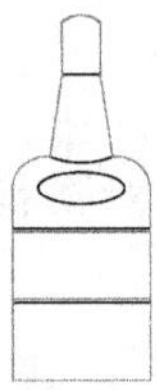

图 5-15 绘制椭圆

图 5-16 输入文字

4 单击“修改”工具栏中的“镜像”按钮，镜像绘制的多段线，指定镜像点为(40,0)，(40, 10)，绘制结果如图 5-13 所示。

5 单击“绘图”工具栏中的“直线”按钮，绘制坐标点为{(0, 94.5)(@80, 0)}、{(0, 48.6), (@80, 0)}、{(29, 190.7), (@22, 0)}、{(0, 50.6), (@80, 0)}的直线，绘制结果如图 5-14 所示。

6 单击“绘图”工具栏中的“椭圆”按钮，指定中心点为(40, 120)，轴端点为(@25, 0)，轴长度为(@0, 10)。

单击“绘图”工具栏中的“圆弧”按钮，以 3 点方式绘制坐标为(22, 139.6)、(40, 136)、(58, 139.6)的圆弧，绘制结果如图 5-15 所示。

7 单击“绘图”工具栏中的“多行文字”按钮，指定文字高度为 5，输入文字，输入文字如图 5-16 所示。

5.2 表 格

在以前的版本中，要绘制表格必须采用绘制图线或者图线结合偏移或复制等编辑命令来完成，这样的操作过程繁琐而复杂，不利于提高绘图效率。从 AutoCAD2005 开始，新增加了一个“表格”绘图功能，有了该功能，创建表格就变得非常容易，用户可以直接插入设置好样式的表格，而无需绘制由单独的图线组成的栅格。

5.2.1 设置表格样式

执行方式

命令行：TABLESTYLE

菜单："格式" → "表格样式"

工具栏："样式" → "表格样式管理器"

操作步骤

执行上述命令，系统打开"表格样式"对话框，如图 5-17 所示。

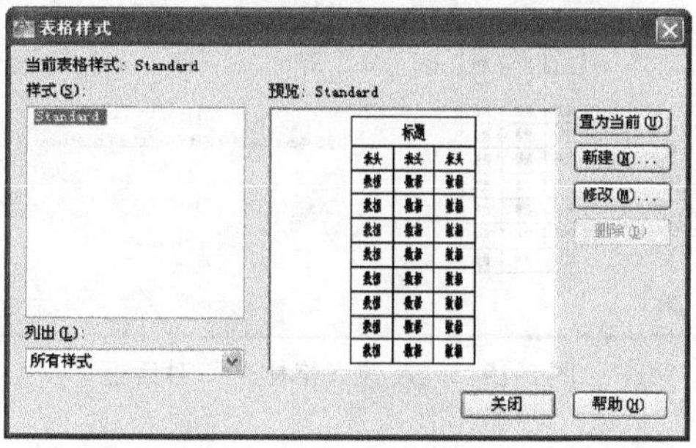

图 5-17 "表格样式"对话框

选项说明

1. 新建

单击该按钮，系统打开"创建新的表格样式"对话框，如图 5-18 所示。输入新的表格样式名后，单击"继续"按钮，系统打开"新建表格样式"对话框，如图 5-19 所示。从中可以定义新的表样式。分别控制表格中数据、列标题和总标题的有关参数，如图 5-20 所示。

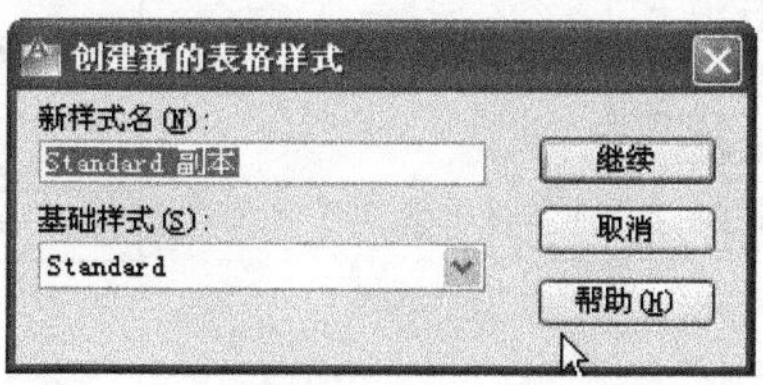

图 5-18 "创建新的表格样式"对话框

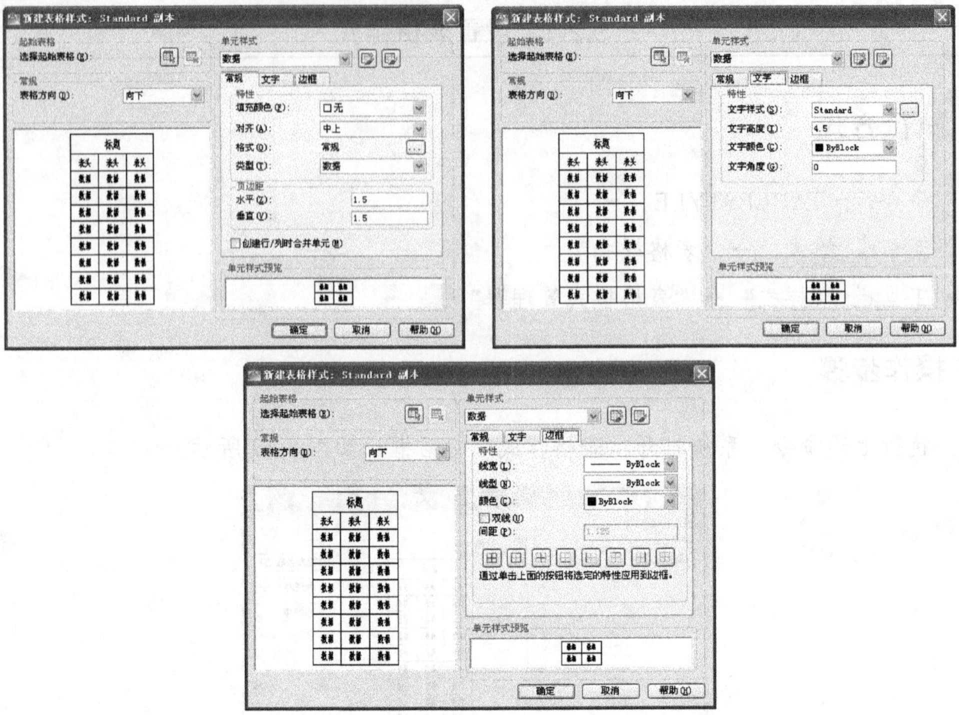

图 5-19 “新建表格样式”对话框

图 5-21 所示的数据文字样式为“standard”，文字高度为 4.5，文字颜色为“红色”，填充颜色为“黄色”，对齐方式为“右下”；没有列标题行，标题文字样式为“standard”，文字高度为 6，文字颜色为“蓝色”，填充颜色为“无”，对齐方式为“正中”；表格方向为“上”，水平单元边距和垂直单元边距都为“1.5”的表格样式。

标题		
页码	页码	页码
数据	数据	数据
数据	数据	数据
数据	数据	数据
数据	数据	数据
数据	数据	数据
数据	数据	数据
数据	数据	数据
数据	数据	数据

图 5-20 表格样式

数据	数据	数据
数据	数据	数据
数据	数据	数据
数据	数据	数据
数据	数据	数据
数据	数据	数据
数据	数据	数据
数据	数据	数据
数据	数据	数据
标题		

图 5-21 表格示例

2. 修改

对当前表格样式进行修改，方式与新建表格样式相同。

5.2.2 创建表格

执行方式

命令行：TABLE

菜单：“绘图”→“表格”

工具栏：“绘图”→“表格”

操作步骤

执行上述命令，系统打开“插入”对话框，如图 5-22 所示。

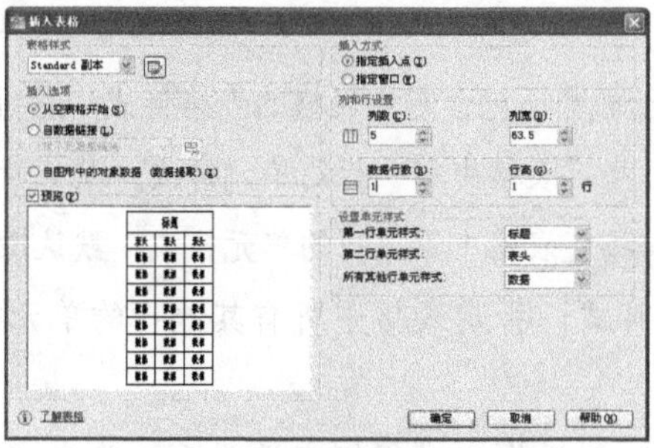

图 5-22 “插入表格”对话框

选项说明

1. 表格样式：在要从中创建表格的当前图形中选择表格样式。通过单击下拉列表旁边的按钮，用户可以创建新的表格样式。

（1）插入选项：指定插入表格的方式。

（2）从空表格开始：创建可以手动填充数据的空表格。

（3）从数据链接开始：从外部电子表格中的数据创建表格。

（4）从数据提取开始：启动“数据提取”向导。

2. 预览：显示当前表格样式的样例。

（1）插入方式：指定表格位置。

（2）指定插入点：指定表格左上角的位置。可以使用定点设备，也可以在命令提示下输入坐标值。如果表格样式将表格的方向设置为由下而上读取，则插入点位于表格的左下角。

（3）指定窗口：指定表格的大小和位置。可以使用定点设备，也可以在命令提示下输入坐标值。选定此选项时，行数、列数、列宽和行高取决于窗口的大小以及列和行设置。

3. 列和行设置：设置列和行的数目和大小。

（1）列数：选定“指定窗口”选项并指定列宽时，“自动”选项将被选定，且列数由

表格的宽度控制。如果已指定包含起始表格的表格样式，则可以选择要添加到此起始表格的其他列的数量。

（2）列宽：指定列的宽度。当选定“指定窗口”选项并指定列数时，则选定了“自动”选项，且列宽由表格的宽度控制。最小列宽为一个字符。

（3）数据行数：指定行数。选定“指定窗口”选项并指定行高时，则选定了“自动”选项，且行数由表格的高度控制。带有标题行和表格头行的表格样式最少应有 3 行。最小行高为一个文字行。如果已指定包含起始表格的表格样式，则可以选择要添加到此起始表格的其他数据行的数量。

（4）行高：按照行数指定行高。文字行高基于文字高度和单元边距，这两项均在表格样式中设置。选定“指定窗口”选项并指定行数时，则选定了“自动”选项，且行高由表格的高度控制。

4. 设置单元样式：对于那些不包含起始表格的表格样式，请指定新表格中行的单元格式。

（1）第一行单元样式：指定表格中第一行的单元样式。默认情况下，使用标题单元样式。

（2）第二行单元样式：指定表格中第二行的单元样式。默认情况下，使用表头单元样式。

（3）所有其他行单元样式：指定表格中所有其他行的单元样式。默认情况下，使用数据单元样式。

在上面的“插入表格”对话框中进行相应设置后，单击“确定”按钮，系统在指定的插入点或窗口自动插入一个空表格，并显示多行文字编辑器，用户可以逐行逐列输入相应的文字或数据，如图 5-23 所示。

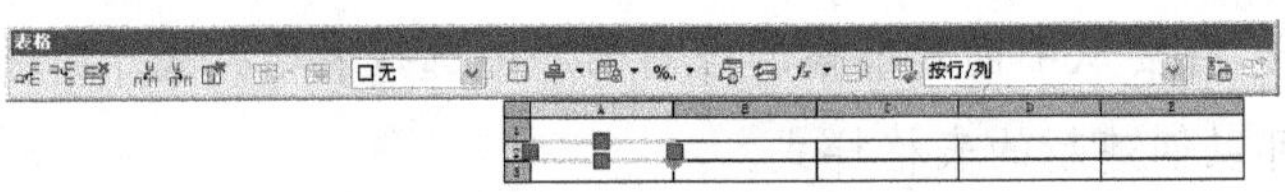

图 5-23　表格编辑器

5.2.3　编辑表格文字

执行方式

命令行：TABLEDIT

定点设备：表格内双击

快捷菜单：编辑单元文字

操作步骤

执行上述命令，系统打开如图 5-7 所示的多行文字编辑器，用户可以对指定表格单元的文字进行编辑。

5.2.4 实例——公园设计植物明细表

绘制如图 5-24 所示的公园设计植物明细表。

苗木名称	数量	规格	苗木名称	数量	规格	苗木名称	数量	规格
落叶松	32	10cm	红叶	3	15cm	金叶女贞		20棵/m2丛植H=500
银杏	44	15cm	法国梧桐	10	20cm	紫叶小檗		20棵/m2丛植H=500
元宝枫	5	6m(冠径)	油松	4	8cm	草坪		2-3个品种混播
樱花	3	10cm	三角枫	26	10cm			
合欢	8	12cm	睡莲	20				
玉兰	27	15cm						
龙爪槐	30	8cm						

图 5-24 植物明细表

Step 绘制步骤

1. 选择菜单栏中的“格式”→“表格样式”命令，系统打开“表格样式”对话框，如图 5-25 所示。
2. 单击“新建”按钮，系统打开“创建新的表格样式”对话框，如图 5-26 所示。输入新的表格名称后，单击“继续”按钮，系统打开“新建表格样式”对话框，如图 5-27 所示。“数据”选项卡的设置如图 5-27 所示。“标题”选项卡按照如图 5-28 所示设置。创建好表格样式后，确定并关闭退出“表格样式”对话框。

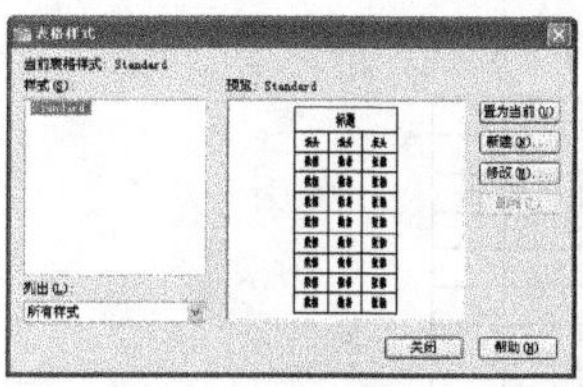

图 5-25 “表格样式”对话框

图 5-26 “创建新的表格样式”对话框

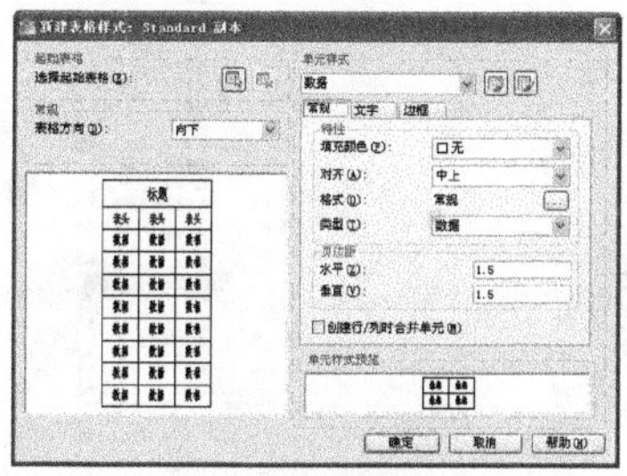

图 5-27 “新建表格样式”对话框

3. 创建表格。在设置好表格样式后，单击“绘图”工具栏中的“表格”按钮创建表格。
4. 单击“绘图”工具栏中的“表格”按钮，系统打开“插入表格”的对话框，设置如图 5-29 所示。

图 5-28 “标题”选项卡设置

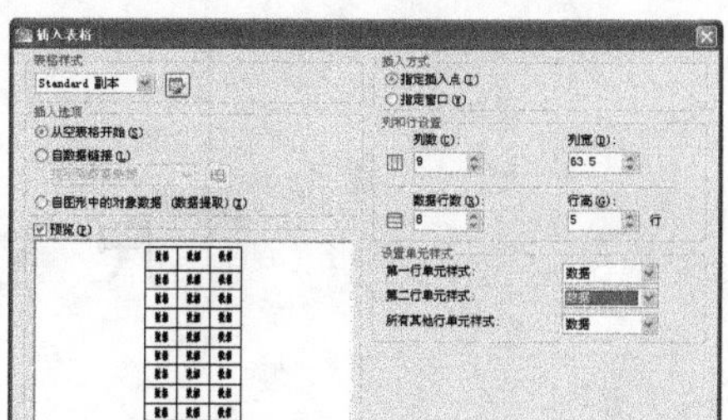

图 5-29 “插入表格”对话框

5 单击“确定”按钮，系统在指定的插入点或窗口自动插入一个空表格，并显示多行文字编辑器，用户可以逐行逐列输入相应的文字或数据，如图 5-30 所示。

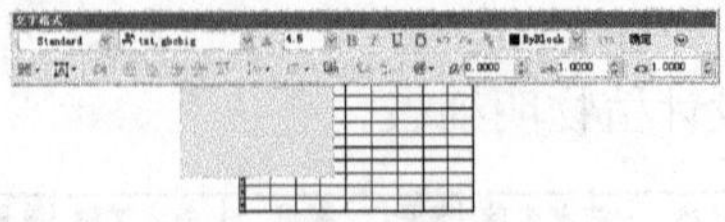

图 5-30 多行文字编辑器

6 当编辑完成的表格有需要修改的地方时，可用 TABLEDIT 命令来完成（也可在要修改的表格上右键单击，在弹出的快捷菜单中单击“编辑单元文字”，如图 5-31 所示，同样可以达到修改文本的目的）。命令行提示如下：

```
命令：tabledit↵
拾取表格单元：（鼠标点取需要修改文本的表格单元）
```

多行文字编辑器会再次出现，用户可以进行修改。

注意

在插入后的表格中选择某一个单位格，单击后出现钳夹点，通过移动钳夹点可以改变单元格的大小，如图 5-32 所示。

最后完成的植物明细表如图 5-24 所示。

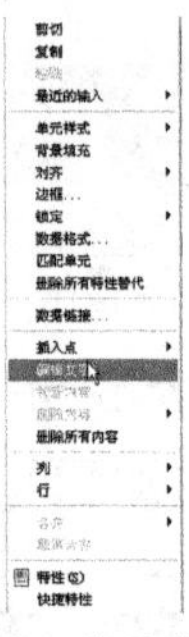

图 5-31 快捷菜单

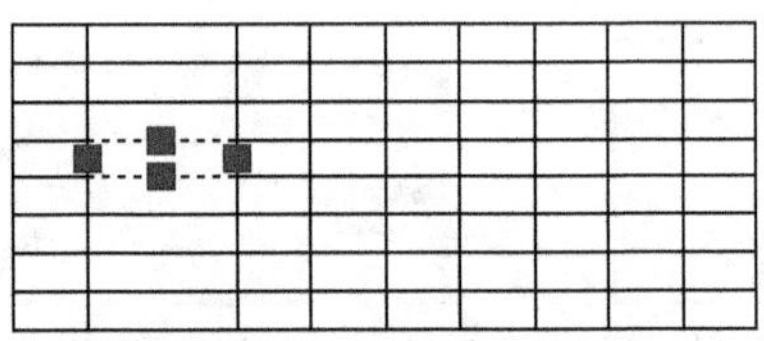

图 5-32 改变单元格大小

5.3 尺寸标注

本节中尺寸标注相关命令的菜单方式集中在“标注”菜单中，工具栏方式集中在“标注”工具栏中。

5.3.1 设置尺寸样式

执行方式

命令行：DIMSTYLE

菜单："格式"→"标注样式"或"标注"→"样式"

工具栏："标注"→"标注样式"

操作步骤

执行上述命令，系统打开"标注样式管理器"对话框，如图 5-33 所示。利用此对话框可方便直观地定制和浏览尺寸标注样式，包括产生新的标注样式、修改已存在的样式、设置当前尺寸标注样式、样式重命名以及删除一个已有样式等。

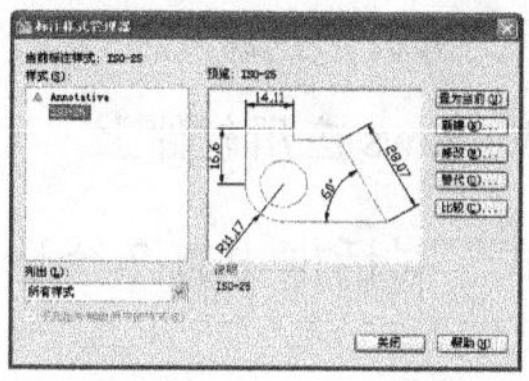

图 5-33 "标注样式管理器"对话框

选项说明

1. "置为当前"按钮

点取此按钮，把在"样式"列表框中选中的样式设置为当前样式。

2. "新建"按钮

定义一个新的尺寸标注样式。单击此按钮，AutoCAD 打开"创建新标注样式"对话框，如图 5-34 所示；利用此对话框可创建一个新的尺寸标注样式，单击"继续"按钮，系统打开"新建标注样式"对话框，如图 5-35 所示；利用此对话框可对新样式的各项特性进行设置。该对话框中各部分的含义和功能将在后面介绍。

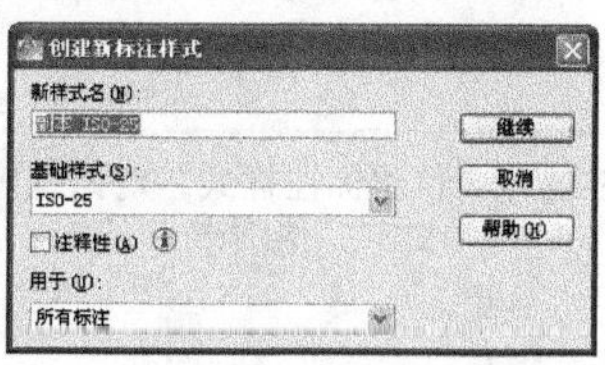

图 5-34 "创建新标注样式"对话框

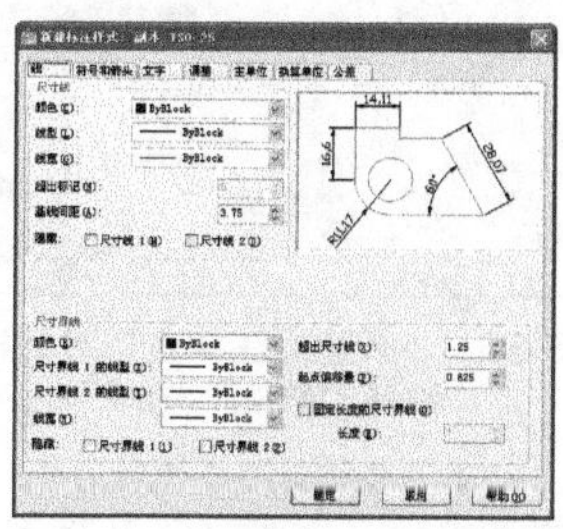

图 5-35 "新建标注样式"对话框

3. “修改”按钮

修改一个已存在的尺寸标注样式。单击此按钮，AutoCAD 弹出“修改标注样式”对话框，该对话框中的各选项与“新建标注样式”对话框中完全相同，可以对已有标注样式进行修改。

4. “替代”按钮

设置临时覆盖尺寸标注样式。单击此按钮，AutoCAD 打开“替代当前样式”对话框，该对话框中各选项与“新建标注样式”对话框完全相同，用户可改变选项的设置覆盖原来的设置，但这种修改只对指定的尺寸标注起作用，而不影响当前尺寸变量的设置。

5. “比较”按钮

比较两个尺寸标注样式在参数上的区别或浏览一个尺寸标注样式的参数设置。单击此按钮，AutoCAD 打开“比较标注样式”对话框，如图 5-36 所示。可以把比较结果复制到剪切板上，然后再粘贴到其他的 Windows 应用软件上。

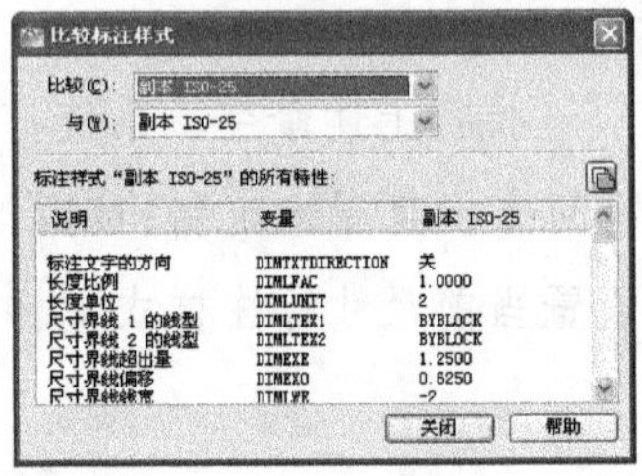

图 5-36 “比较标注样式”对话框

在图 5-35 所示的“新建标注样式”对话框中有 7 个选项卡，分别说明如下。

- 线。

该选项卡对尺寸线、尺寸界线的形式和特性各个参数进行设置。包括尺寸线的颜色、线宽、超出标记、基线间距和隐藏等参数，尺寸界线的颜色、线宽、超出尺寸线、起点偏移量和隐藏等参数。

- 符号和箭头。

该选项卡主要对箭头、圆心标记、弧长符号和半径折弯标注的形式和特性进行设置，如图 5-37 所示。包括箭头的大小、引线、形状等参数以及圆心标记的类型和大小等参数。

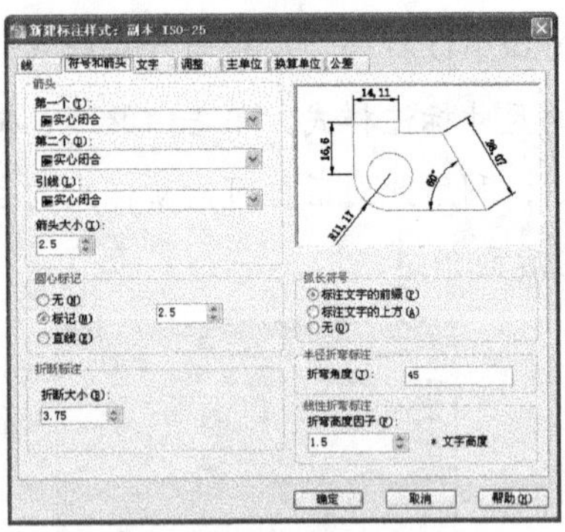

图 5-37 “新建标注样式”对话框中的“符号和箭头”选项卡

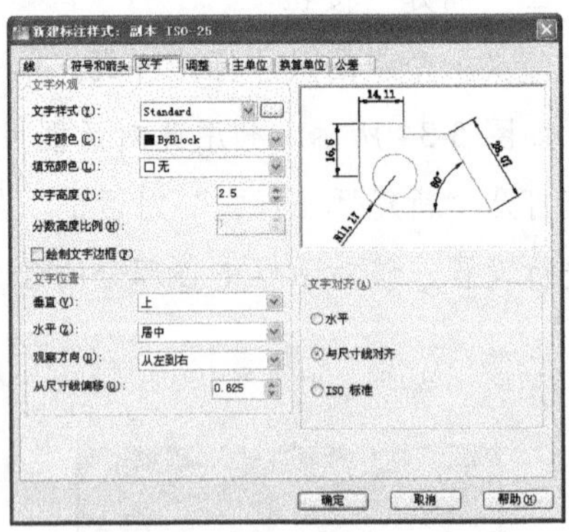

图 5-38 “新建标注样式”对话框中的“文字”选项卡

- 文字。

该选项卡对文字的外观、位置和对齐方式等各个参数进行设置，如图 5-38 所示。包括文字外观的文字样式、颜色、填充颜色、文字高度、分数高度比例和是否绘制文字边框等参数，文字位置的垂直、水平和从尺寸线偏移量等参数。对齐方式有水平、与尺寸线对齐和 ISO 标准 3 种方式。图 5-39 所示为尺寸在垂直方向的放置的 4 种不同情形；图 5-40 所示为尺寸在水平方向的放置的 5 种不同情形。

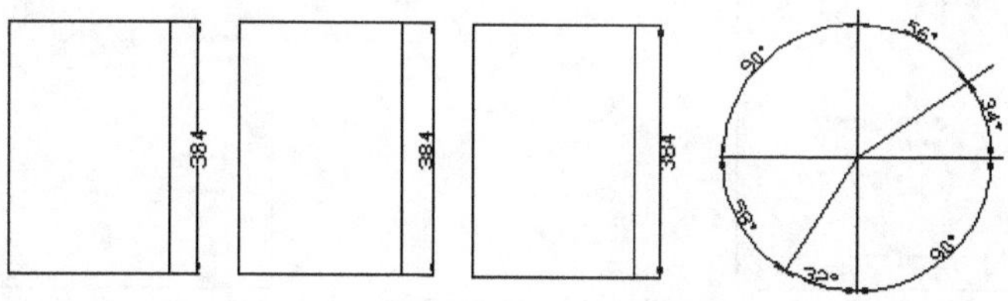

（a）置中　（b）上方　（c）外部　（d）JIS

图 5-39　尺寸文本在垂直方向的放置

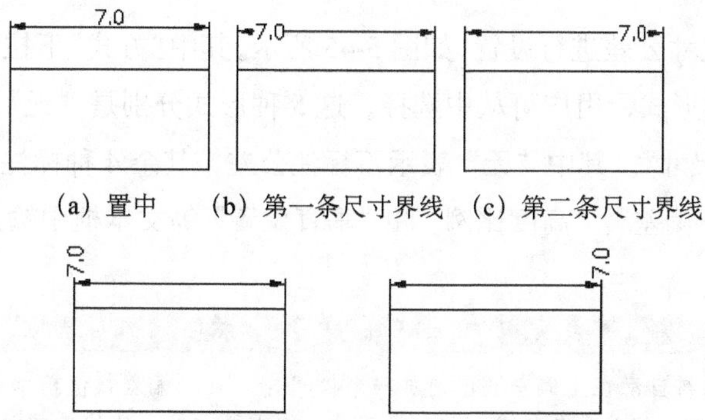

（a）置中　（b）第一条尺寸界线　（c）第二条尺寸界线

（d）第一条尺寸界线上方　（e）第二条尺寸界线上方

图 5-40　尺寸文本在水平方向的放置

- 调整。

该选项卡对调整选项、文字位置、标注特征比例等各个参数进行设置，如图 5-41 所示。包括调整选项选择、文字不在默认位置时的放置位置、标注特征比例选择，以及调整尺寸要素位置等参数。图 5-42 所示为文字不在默认位置时的放置位置的 3 种不同情形。

- 主单位。

该选项卡用于设置尺寸标注的主单位和精度，以及给尺寸文本添加固定的前缀或后缀。本选项卡含有两个选项组，分别对长度型标注和角度型标注进行设置，如图 5-43 所示。

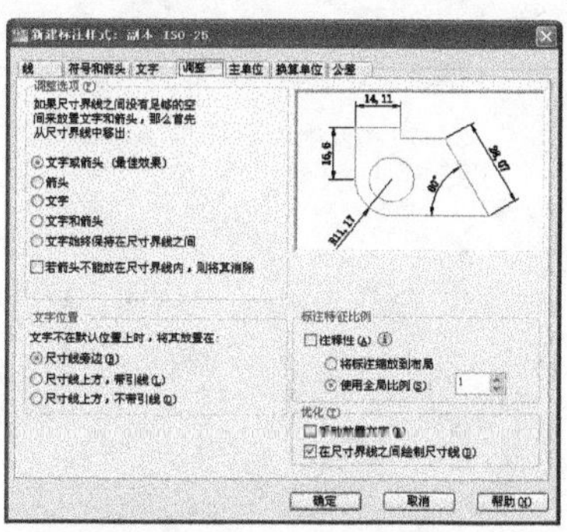

图 5-41　“新建标注样式”对话框中的“调整”选项卡

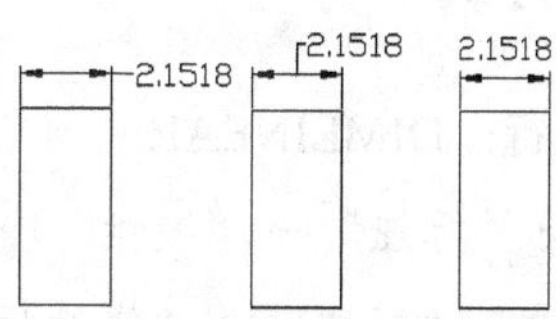

图 5-42　尺寸文本的位置

● 换算单位。

该选项卡用于对替换单位进行设置，如图 5-44 所示。

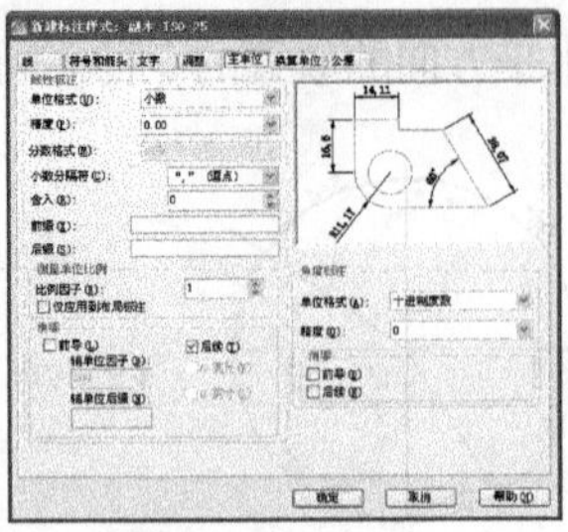

图 5-43 “新建标注样式”对话框中的“主单位”选项卡

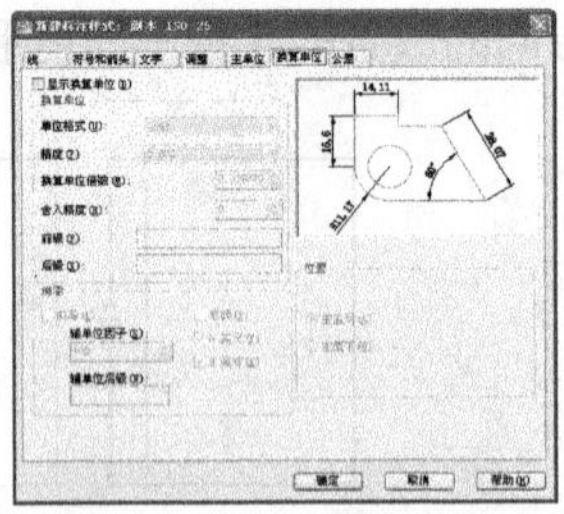

图 5-44 “新建标注样式”对话框中的“换算单位”选项卡

● 公差。

该选项卡用于对尺寸公差进行设置，如图 5-45 所示。其中“方式”下拉列表框列出了 AutoCAD 提供的 5 种标注公差的形式，用户可从中选择。这 5 种形式分别是“无”、“对称”、“极限偏差”、“极限尺寸”和“基本尺寸”。其中“无”表示不标注公差，其余 4 种标注情况如图 5-46 所示。在“精度”、“上偏差”、“下偏差”、“高度比例”和“垂直位置”等文本框中输入或选择相应的参数值。

注意

系统自动在上偏差数值前加一个“+”号，在下偏差数值前加一个“–”号。如果上偏差是负值或下偏差是正值，都需要在输入的偏差值前加负号。如下偏差是+0.005，则需要在“下偏差”微调框中输入–0.005。

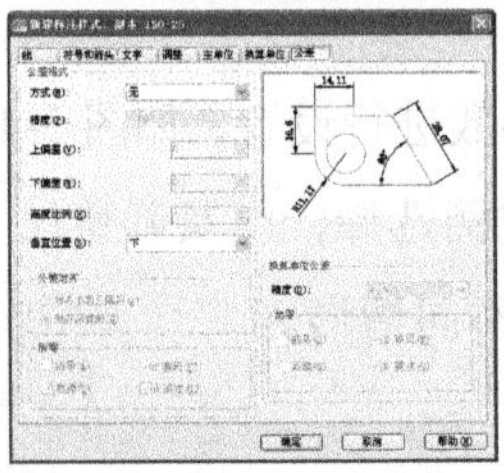

图 5-45 “新建标注样式”对话框中的“公差”选项卡

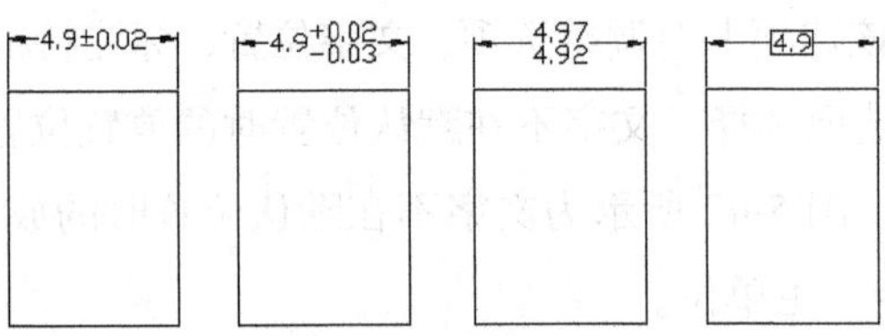

对称 极限偏差 极限尺寸 基本尺寸

图 5-46 公差标注的形式

5.3.2 尺寸标注

1. 线性标注

执行方式

命令行：DIMLINEAR

菜单：“标注”→“线性”

工具栏：“标注”→“线性标注”

操作步骤

```
命令：DIMLINEAR
指定第一条尺寸界线原点或 <选择对象>:
```

在此提示下有两种选择，直接按 Enter 键选择要标注的对象或确定尺寸界线的起始点，回车并选择要标注的对象或指定两条尺寸界线的起始点后，系统继续提示：

```
指定尺寸线位置或[多行文字(M)/文字(T)/角度(A)/水平(H)/垂直(V)/旋转(R)]:
```

选项说明

（1）指定尺寸线位置：确定尺寸线的位置。用户可移动鼠标选择合适的尺寸线位置，然后回车或单击鼠标左键，AutoCAD 则自动测量所标注线段的长度并标注出相应的尺寸。

（2）多行文字（M）：用多行文本编辑器确定尺寸文本。

（3）文字（T）：在命令行提示下输入或编辑尺寸文本。选择此选项后，AutoCAD 提示：

```
输入标注文字 <默认值>:
```

其中的默认值是 AutoCAD 自动测量得到的被标注线段的长度，直接按 Enter 键即可采用此长度值，也可输入其他数值代替默认值。当尺寸文本中包含默认值时，可使用尖括号“<>”表示默认值。

（4）角度（A）：确定尺寸文本的倾斜角度。

（5）水平（H）：水平标注尺寸，不论标注什么方向的线段，尺寸线均水平放置。

（6）垂直（V）：垂直标注尺寸，不论被标注线段沿什么方向，尺寸线总保持垂直。

（7）旋转（R）：输入尺寸线旋转的角度值，旋转标注尺寸。

对齐标注时尺寸线与所标注的轮廓线平行；坐标标注指标注点的纵坐标或横坐标；角度标注指标注两个对象之间的角度；直径或半径标注指标注圆或圆弧的直径或半径；圆心标记指标注圆或圆弧的中心或中心线，具体由“新建（修改）标注样式”对话框中的“尺寸与箭头”选项卡“圆心标记”选项组决定。上面所述的几种尺寸标注与线性标注类似。

2．基线标注

基线标注用于产生一系列基于同一条尺寸界线的尺寸标注，适用于长度尺寸标注、角度标注和坐标标注等。在使用基线标注方式之前，应该先标注出一个相关的尺寸，如图 5-47 所示。基线标注时两平行尺寸线的间距值由“新建（修改）标注样式”对话框→“尺寸与箭头”选项卡→“尺寸线”选项组→“基线间距”文本框中的值决定。

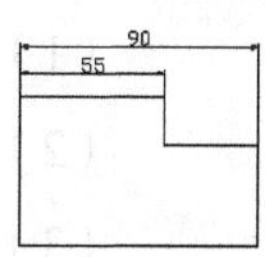

图 5-47 基线标注

执行方式

命令行：DIMBASELINE

菜单：“标注”→“基线”

工具栏：“标注”→“基线标注”

操作步骤

```
命令：DIMBASELINE
指定第二条尺寸界线原点或 [放弃(U)/选择(S)] <选择>:
```

直接确定另一个尺寸的第二条尺寸界线的起点，AutoCAD 以上次标注的尺寸为基准标注，标注出相应尺寸。

直接按 Enter 键，系统提示：

```
选择基准标注：(选取作为基准的尺寸标注)
```

连续标注又叫尺寸链标注，用于产生一系列连续的尺寸标注，后一个尺寸标注均把前一个标注的第二条尺寸界线作为它的第一条尺寸界线。与基线标注一样，在使用连续标注方式之前，应该先标注出一个相关的尺寸。其标注过程与基线标注类似，如图 5-48 所示。

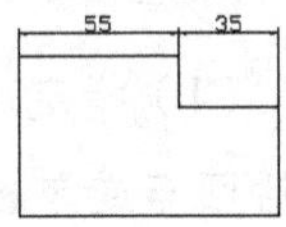

图 5-48 连续标注

3．快速标注

快速尺寸标注命令 QDIM 使用户可以交互地、动态地、自动化地进行尺寸标注。在 QDIM 命令中可以同时选择多个圆或圆弧标注直径或半径，也可同时选择多个对象进行基线标注和连续标注，选择一次即可完成多个标注，因此可节省时间，提高工作效率。

执行方式

命令行：QDIM

菜单："标注" → "快速标注"

工具栏："标注" → "快速标注"

操作步骤

```
命令：QDIM
选择要标注的几何图形：(选择要标注尺寸的多个对象后回车)
指定尺寸线位置或 [连续(C)/并列(S)/基线(B)/坐标(O)/半径(R)/直径(D)/基准点(P)/编辑(E)/设置(T)] <连续>:
```

选项说明

（1）指定尺寸线位置：直接确定尺寸线的位置，按默认尺寸标注类型标注出相应尺寸。

（2）连续（C）：产生一系列连续标注的尺寸。

（3）并列（S）：产生一系列交错的尺寸标注，如图 5-49 所示。

（4）基线（B）：产生一系列基线标注的尺寸。后面的"坐标（O）"、"半径（R）"、"直径（D）"含义与此类同。

（5）基准点（P）：为基线标注和连续标注指定一个新的基准点。

（6）编辑（E）：对多个尺寸标注进行编辑。系统允许对已存在的尺寸标注添加或移去尺寸点。选择此选项，AutoCAD 作如下提示。

```
指定要删除的标注点或 [添加(A)/退出(X)] <退出>:
```

在此提示下确定要移去的点之后按 Enter 键，AutoCAD 对尺寸标注进行更新。图 5-50 所示为图 5-49 删除中间 4 个标注点后的尺寸标注。

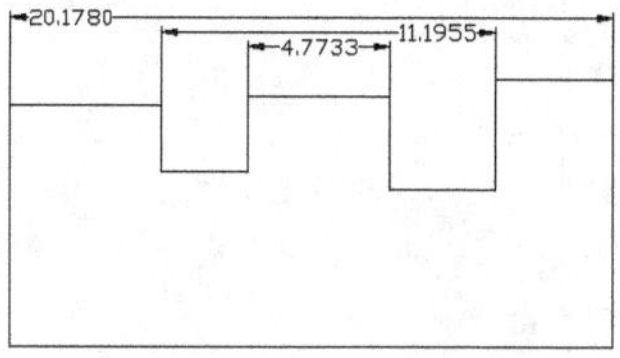

图 5-49　交错尺寸标注

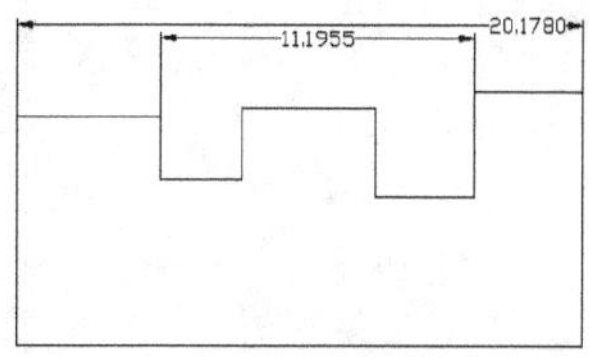

图 5-50　删除标注点

4. 引线标注

执行方式

命令行：QLEADER

操作步骤

```
命令: QLEADER
指定第一个引线点或 [设置(S)] <设置>:
指定下一点:（输入指引线的第二点）
指定下一点:（输入指引线的第三点）
指定文字宽度 <0.0000>:（输入多行文本的宽度）
输入注释文字的第一行 <多行文字(M)>:（输入单行文本或回车打开多行文字编辑器输入多行文本）
输入注释文字的下一行:（输入另一行文本）
输入注释文字的下一行:（输入另一行文本或回车）
```

也可以在上面操作过程中选择“设置（S）”项打开“引线设置”对话框进行相关参数设置，如图 5-51 所示。

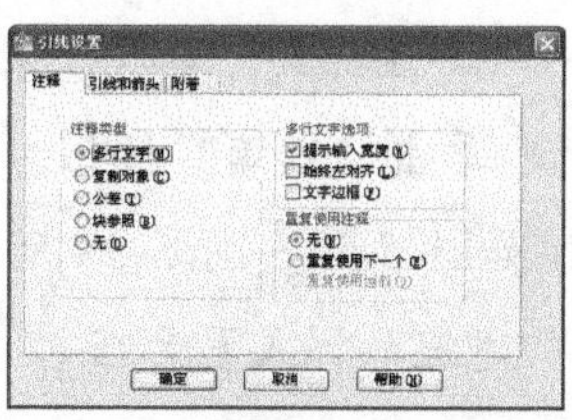
图 5-51　“引线设置”对话框

另外还有一个名为 LEADER 的命令也可以进行引线标注，与 QLEADER 命令类似，不再赘述。

5.3.3　实例——给户型平面图标注尺寸

给如图 5-52 所示的户型平面图标注尺寸。

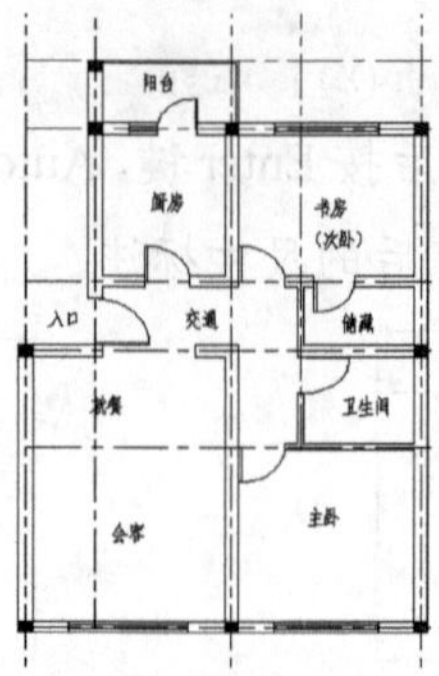

图 5-52　户型平面图

实讲实训多媒体演示

多媒体演示参见配套光盘中的\\视频\第 6 章\平面标注尺寸.avi。

Step 绘制步骤

1. 选择菜单栏中的“格式”→“图层”命令，建立“尺寸”图层，尺寸图层参数如图 5-53 所示，并将其置为当前层。

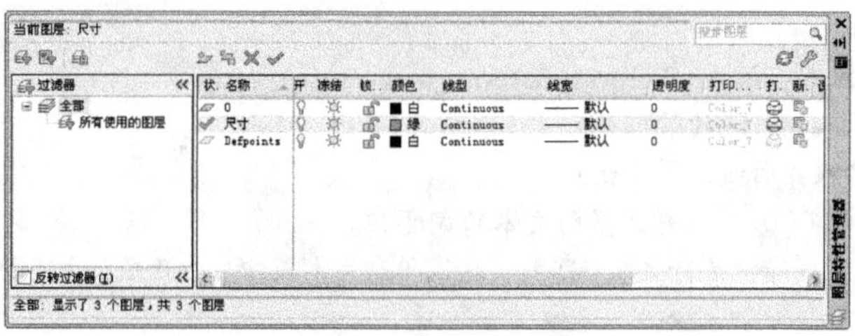

图 5-53　尺寸图层参数

2. 标注样式设置。标注样式的设置应该跟绘图比例相匹配。如前面所述，该平面图以实际尺寸绘制，并以 1∶100 的比例输出，现在对标注样式进行如下设置。

（1）选择菜单栏中的“格式”→“标注样式”命令，系统打开“标注样式管理器”对话框，新建一个标注样式，命名为“建筑”，单击“继续”按钮，如图 5-54 所示。

（2）将“建筑”样式中的参数按如图 5-55～图 5-58 所示逐项进行设置，单击“确定”后返回“标注样式管理器”对话框，将“建筑”样式置为当前，如图 5-59 所示。

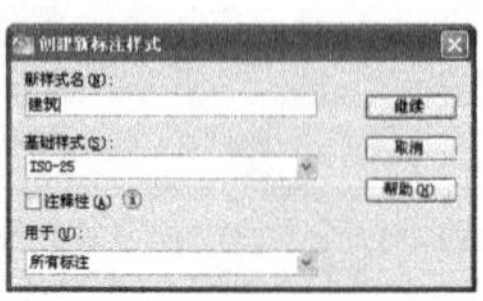

图 5-54　新建标注样式

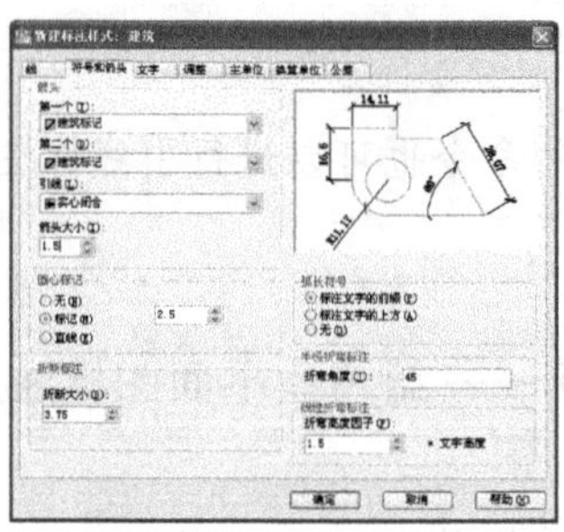

图 5-55　设置参数 1

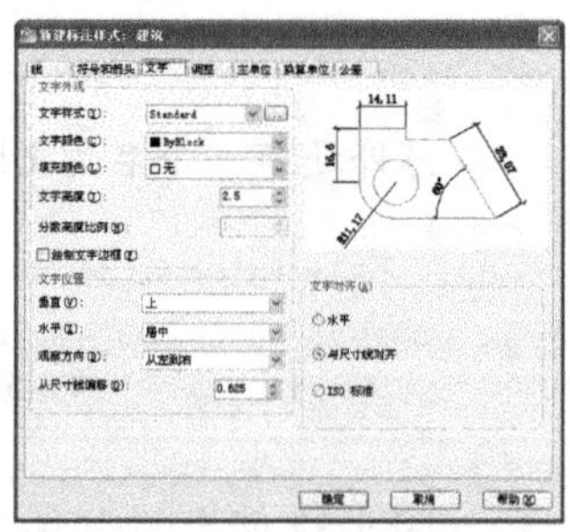

图 5-56　设置参数 2

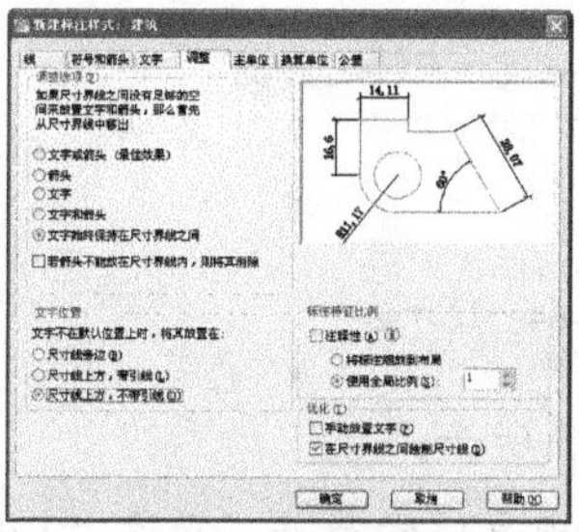

图 5-57 设置参数 3

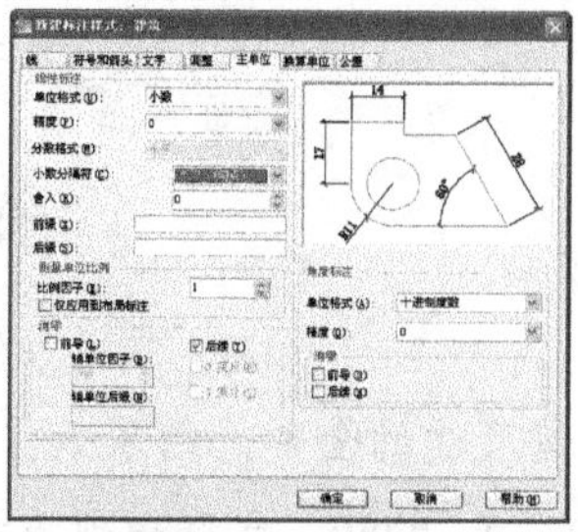

图 5-58 设置参数 4

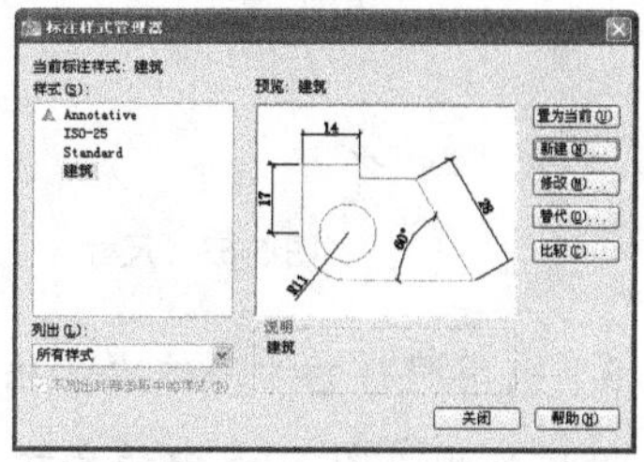

图 5-59 将“建筑”样式置为当前

3. 尺寸标注。以图 5-52 所示的底部的尺寸标注为例，该部分尺寸分为 3 道，第一道为墙体宽度及门窗宽度，第二道为轴线间距，第三道为总尺寸。

（1）在任意工具栏的空白处右键单击，在弹出的右键快捷菜单上选择“标注”项，如图 5-60 所示，将“标注”工具栏显示在屏幕上。

（2）第一道尺寸线的绘制。

1）选择菜单栏中的“标注” → “线性标注”命令，如图 5-61 所示，命令行提示如下：

```
命令: _dimlinear
指定第一条尺寸界线原点或 <选择对象>:（利用“对象捕捉”单击图 5-62 中的 A 点）
指定第二条尺寸界线原点: （捕捉 B 点）
指定尺寸线位置或[多行文字(M)/文字(T)/角度(A)/水平(H)/垂直(V)/旋转(R)]:@0,-1200(按 Enter 键)
```

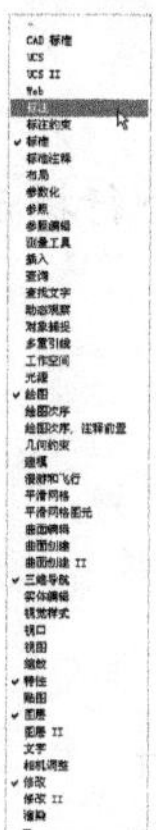

图 5-60 显示“标注”工具栏

图 5-61 “标注”工具栏

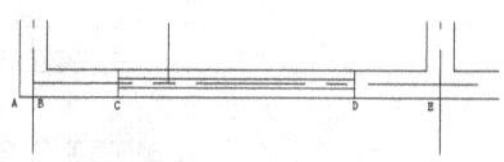

图 5-62 捕捉点示意

上述操作也可以在捕捉 A、B 两点后，通过直接向外拖动来确定尺寸线的放置位置，结果如图 5-63 所示。

2）重复“线性标注”命令，命令行提示如下：

```
命令: _dimlinear
指定第一条尺寸界线原点或 <选择对象>:（单击图中的 B 点）
指定第二条尺寸界线原点: （捕捉 C 点）
指定尺寸线位置或[多行文字(M)/文字(T)/角度(A)/水平(H)/垂直(V)/旋转(R)]: @0,-1200 （按 Enter 键。也可以直接捕捉上一道尺寸线位置）
```

结果如图 5-64 所示。

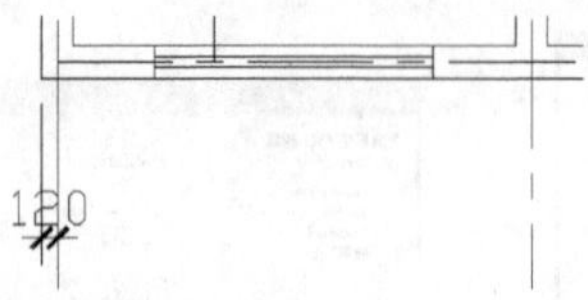

图 5-63　尺寸 1

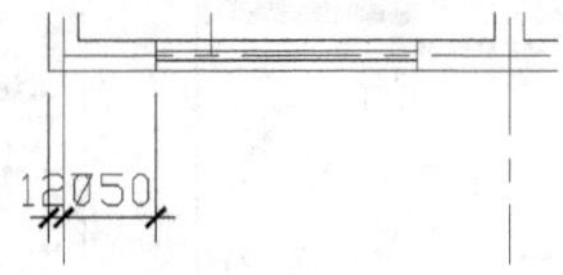

图 5-64　尺寸 2

3）采用同样的方法依次绘出第一道尺寸的全部，结果如图 5-65 所示。

此时发现，图 5-65 中的尺寸“120”跟“750”字样出现重叠，现在将它移开。单击“120”，则该尺寸处于选中状态；再用鼠标单击中间的蓝色方块标记，将“120”字样移至外侧适当位置后，单击“确定”按钮。采用同样的办法处理右侧的“120”字样，结果如图 5-66 所示。

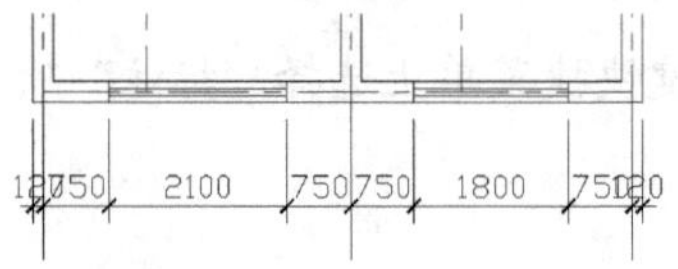

图 5-65　尺寸 3

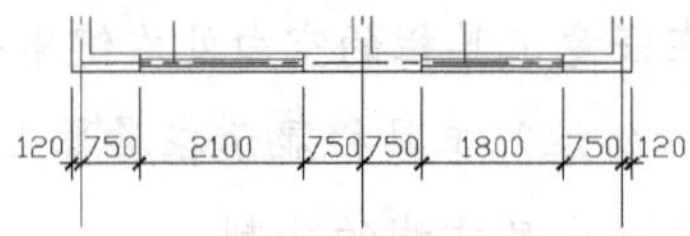

图 5-66　第一道尺寸

注意

处理字样重叠的问题，也可以在标注样式中进行相关设置，这样计算机会自动处理，但处理效果有时不太理想，也可以通过单击“标注”工具栏中的“编辑标注文字”按钮来调整文字位置，读者可以试一试。

（3）第二道尺寸绘制。选择菜单栏中的“标注”→“线性标注”命令，命令行提示如下：

```
命令: _dimlinear
指定第一条尺寸界线原点或 <选择对象>:（捕捉如图 5-67 所示中的 A 点）
指定第二条尺寸界线原点：（捕捉 B 点）
指定尺寸线位置或
[多行文字(M)/文字(T)/角度(A)/水平(H)/垂直(V)/旋转(R)]: @0,-800 （按 Enter 键）
```

结果如图 5-68 所示。

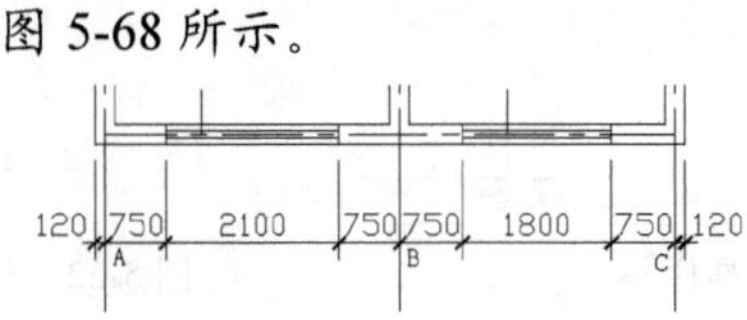

图 5-67　捕捉点示意

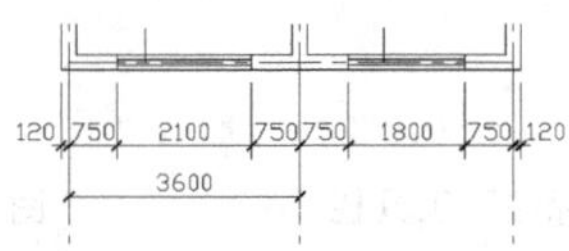

图 5-68　轴线尺寸 1

重复上述命令，分别捕捉 B 点、C 点，完成第二道尺寸的绘制，结果如图 5-69 所示。

（4）第三道尺寸绘制。选择菜单栏中的“标注”→“线性标注”命令，命令行提示如下：

```
命令: _dimlinear
指定第一条尺寸界线原点或 <选择对象>:（捕捉左下角的外墙角点）
指定第二条尺寸界线原点：（捕捉右下角的外墙角点）
指定尺寸线位置或
[多行文字(M)/文字(T)/角度(A)/水平(H)/垂直(V)/旋转(R)]: @0,-2800 （按 Enter 键）
```

结果如图 5-70 所示。

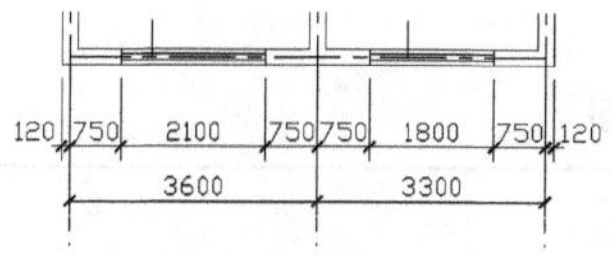

图 5-69 第二道尺寸

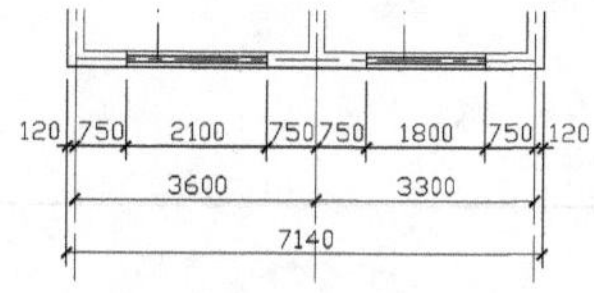

图 5-70 第三道尺寸

④ 轴号标注。根据规范要求，横向轴号一般用阿拉伯数字 1、2、3……标注，纵向轴号一般用字母 A、B、C……标注。

在轴线端绘制一个直径为 800 的圆，在图的中央标注一个数字“1”，字高为 300，如图 5-71 所示。将该轴号图例复制到其他轴线端，并修改圈内的数字。

双击数字，打开“文字编辑器”对话框，如图 5-72 所示，输入修改的数字，单击“确定”按钮。

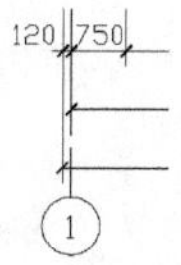

图 5-71 轴号 1

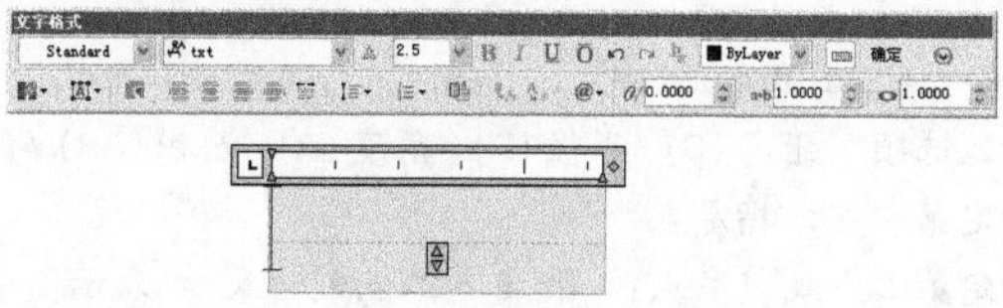

图 5-72 “文字编辑器”对话框

轴号标注结束后，下方尺寸标注结果如图 5-73 所示。

采用上述整套的尺寸标注方法，将其他方向的尺寸标注完成，结果如图 5-74 所示。

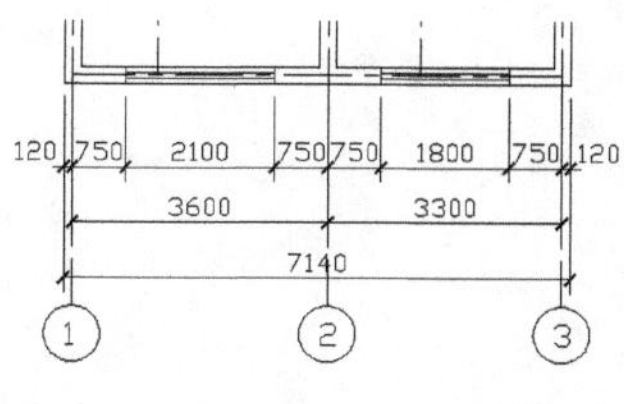

图 5-73 下方尺寸标注结果

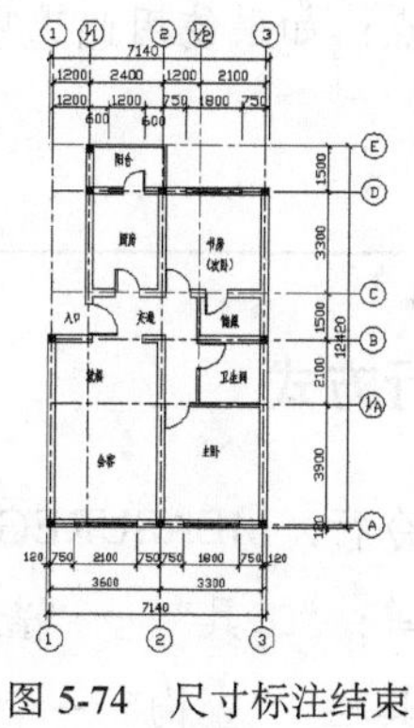

图 5-74 尺寸标注结束

5.4 查询工具

为方便用户及时了解图形信息，AutoCAD 提供了很多查询工具，这里进行简要说明。

5.4.1 距离查询

执行方式

命令行：MEASUREGEOM

菜单："工具"→"查询"→"距离"

工具栏："查询"→"距离"

操作步骤

```
命令：MEASUREGEOM
输入选项 [距离(D)/半径(R)/角度(A)/面积(AR)/体积(V)] <距离>：距离
指定第一点：指定点
指定第二点或 [多点]：指定第二点或输入 m 表示多个点
输入选项 [距离(D)/半径(R)/角度(A)/面积(AR)/体积(V)/退出(X)] <距离>：退出
```

选项说明

多点：如果使用此选项，将基于现有直线段和当前橡皮线即时计算总距离。

5.4.2 面积查询

执行方式

命令行：MEASUREGEOM

菜单："工具"→"查询"→"面积"

工具栏："查询"→"面积"

操作步骤

```
命令：MEASUREGEOM
输入选项 [距离(D)/半径(R)/角度(A)/面积(AR)/体积(V)] <距离>：面积
指定第一个角点或 [对象(O)/增加面积(A)/减少面积(S)/退出(X)] <对象>：选择选项
```

选项说明

在工具选项板中，系统设置了一些常用图形的选项卡，这些选项卡可以方便用户绘图。

1．指定角点

计算由指定点所定义的面积和周长。

2．增加面积

打开“加”模式，并在定义区域时即时保持总面积。

3．减少面积

从总面积中减去指定的面积。

5.5 图块及其属性

把一组图形对象组合成图块加以保存，需要的时候可以把图块作为一个整体以任意比例和旋转角度插入到图中任意位置，这样不仅避免了大量的重复工作，提高绘图速度和工作效率，而且可大大节省了磁盘空间。

5.5.1 图 块 操 作

1．图块定义

执行方式

命令行：BLOCK

菜单栏：“绘图”→“块”→“创建命令”

工具栏：“绘图”→“创建块”

操作步骤

执行上述命令，系统打开如图 5-75 所示的“块定义”对话框，利用该对话框指定定义对象和基点以及其他参数，可定义图块并命名。

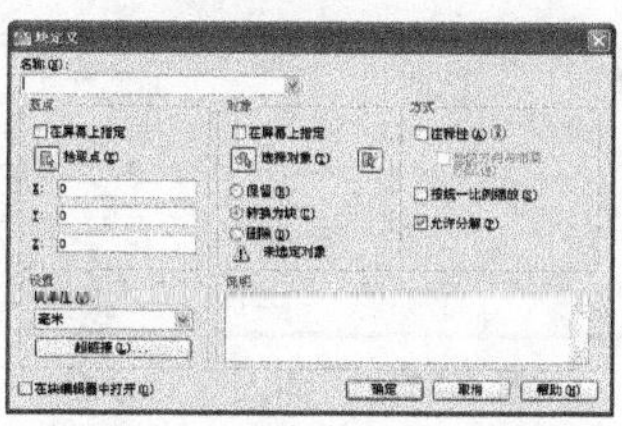

图 5-75 “块定义”对话框

2．图块保存

执行方式

命令行：WBLOCK

操作步骤

执行上述命令，系统打开如图 5-76 所示的“写块”对话框，利用此对话框可把图形对象保存为图块或把图块转换成图形文件。

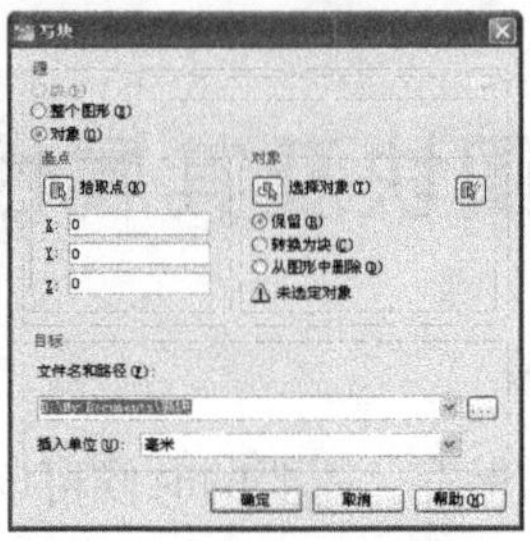

图 5-76 “写块”对话框

3．图块插入

执行方式

命令行：INSERT

菜单栏：“插入”→“块”

工具栏：“插入”→“插入块” 或“绘图”→“插入块”

操作步骤

执行上述命令，系统打开“插入”对话框，如图 5-77 所示。利用此对话框设置插入点位置、插入比例以及旋转角度可以指定要插入的图块及插入位置。

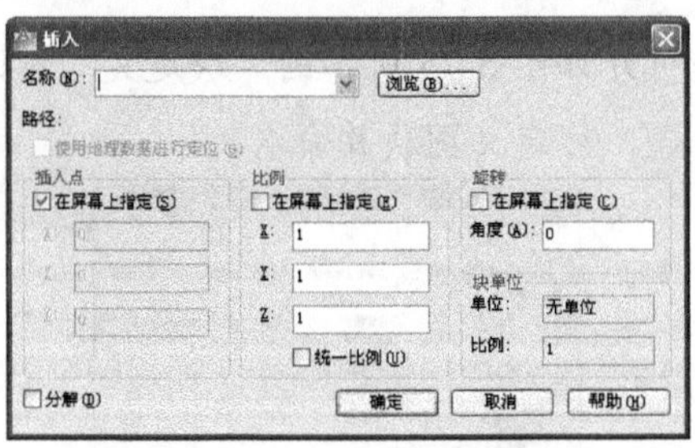

图 5-77 “插入”对话框

5.5.2 图块的属性

1．属性定义

执行方式

命令行：ATTDEF

菜单栏："绘图" → "块" → "属性定义"

操作步骤

执行上述命令，系统打开"属性定义"对话框，如图 5-78 所示。

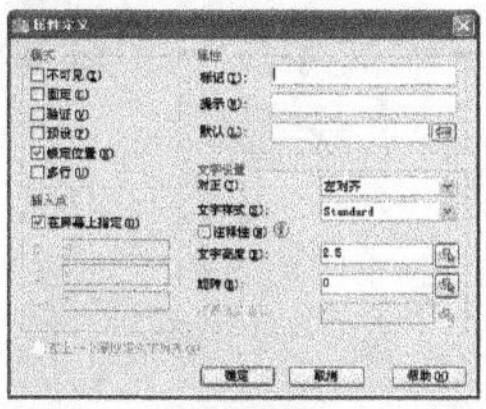

图 5-78 "属性定义"对话框

选项说明

（1）"模式"选项组

1）"不可见"复选框：选中此复选框，属性为不可见显示方式，即插入图块并输入属性值后，属性值在图中并不显示出来。

2）"固定"复选框：选中此复选框，属性值为常量，即属性值在属性定义时给定，在插入图块时，AutoCAD 不再提示输入属性值。

3）"验证"复选框：选中此复选框，当插入图块时 AutoCAD 重新显示属性值让用户验证该值是否正确。

4）"预设"复选框：选中此复选框，当插入图块时 AutoCAD 自动把事先设置好的默认值赋予属性，而不再提示输入属性值。

5）"锁定位置"复选框：选中此复选框，当插入图块时 AutoCAD 锁定块参照中属性的位置。解锁后，属性可以相对于使用夹点编辑的块的其他部分移动，并且可以调整多行属性的大小。

6）"多行"复选框：指定属性值可以包含多行文字。

（2）"属性"选项组

1）"标记"文本框：输入属性标签。属性标签可由除空格和感叹号以外的所有字符组成。AutoCAD 自动把小写字母改为大写字母。

2）"提示"文本框：输入属性提示。属性提示是插入图块时 AutoCAD 要求输入属性值的提示。如果不在此文本框内输入文本，则以属性标签作为提示。如果在“模式”选项组选中“固定”复选框，即设置属性为常量，则不需设置属性提示。

3）“值”文本框：设置默认的属性值。可把使用次数较多的属性值作为默认值，也可不设默认值。

其他各选项组比较简单，这里不再赘述。

2. 修改属性定义

执行方式

命令行：DDEDIT

菜单栏：“修改”→“对象”→“文字”→“编辑”

操作步骤

```
命令: DDEDIT
选择注释对象或[放弃(U)]:
```

在此提示下选择要修改的属性定义，AutoCAD 打开“编辑属性定义”对话框，如图 5-79 所示，可以在该对话框中修改属性定义。

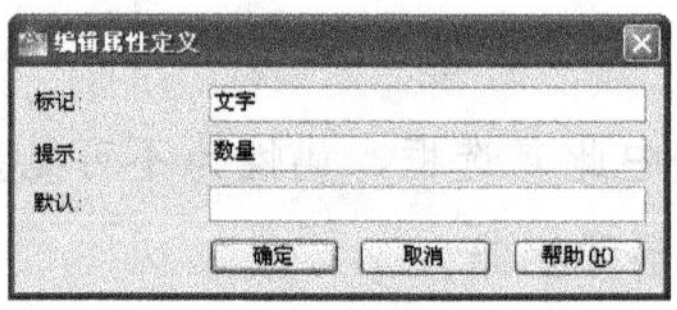

图 5-79 “编辑属性定义”对话框

3. 图块属性编辑

执行方式

命令行：EATTEDIT

菜单栏：“修改”→“对象”→“属性”→“单个”

工具栏：“修改 II”→“编辑属性”

操作步骤

```
命令: EATTEDIT
选择块:
```

选择块后，系统打开“增强属性编辑器”对话框，如图 5-80 所示。该对话框不仅可以编辑属性值，还可以编辑属性的文字选项、图层、线型和颜色等特性值。

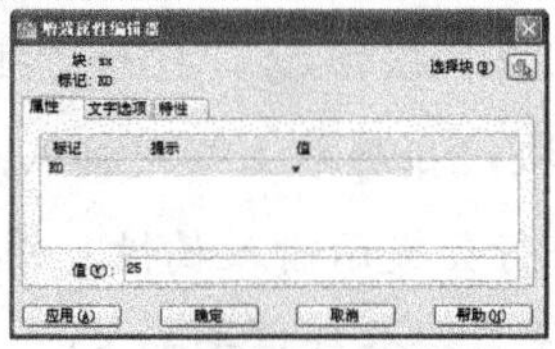

图 5-80 “增强属性编辑器”对话框

5.5.3 实例——标注标高符号

标注标高符号如图 5-81 所示。

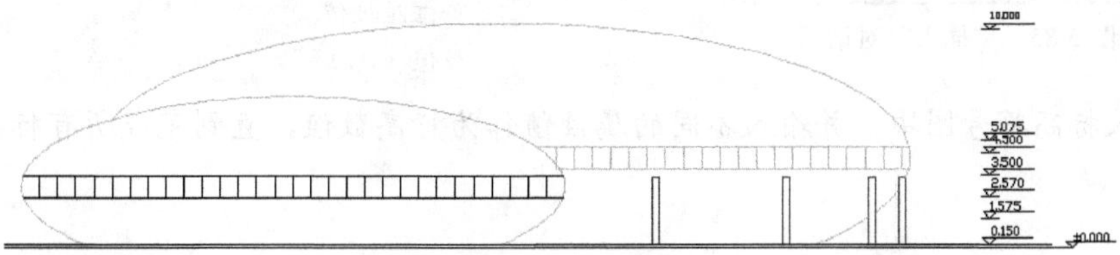

图 5-81 标注标高符号

Step 绘制步骤

1. 单击“绘图”工具栏中的“直线”按钮，绘制如图 5-82 所示的标高符号图形。

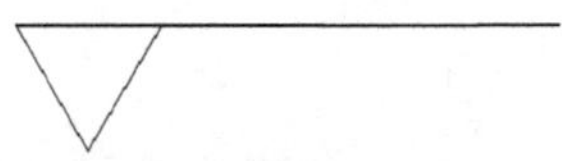

图 5-82 绘制标高符号

2. 选择菜单栏中的“绘图”→“块”→“定义属性”命令，系统打开“属性定义”对话框，进行如图 5-83 所示的设置，其中模式为“验证”，插入点为粗糙度符号水平线中点，确认退出。

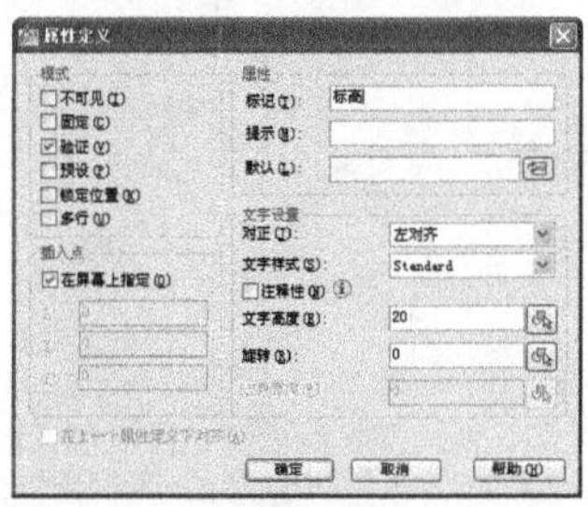

图 5-83 “属性定义”对话框

3. 在命令行输入 WBLOCK 命令打开“写块”对话框，如图 5-84 所示。拾取图 5-82 图形下尖点为基点，以此图形为对象，输入图块名称并指定路径，确认退出。

图 5-84 “写块”对话框

4 单击“绘图”工具栏中的“插入块”按钮，打开“插入”对话框，如图 5-85 所示。单击“浏览”按钮找到刚才保存的图块，在屏幕上指定插入点和旋转角度，将该图块插入到如图 5-81 所示的图形中，这时，命令行会提示输入属性，并要求验证属性值，此时输入标高数值 0.150，就完成了一个标高的标注。命令行提示如下：

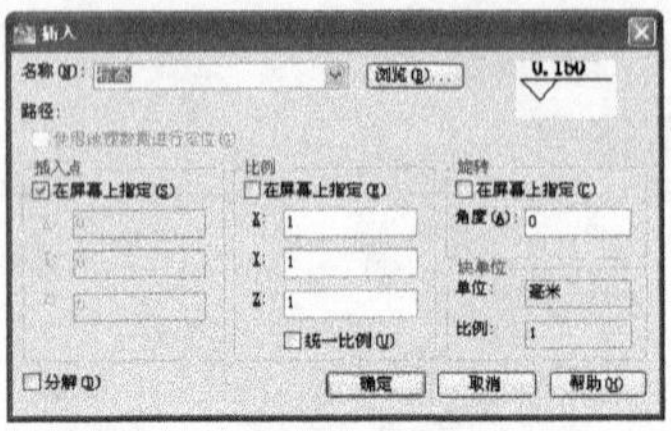

图 5-85 “插入”对话框

```
命令：INSERT
指定插入点或[基点(b)/比例(S)/X/Y/Z/旋转(R)/预览比例(PS)/PX/PY/PZ/预览旋转(PR)]:(在对话框中指定相关参数，如图 5-18 所示)
输入属性值
数值：0.150
验证属性值
数值 <0.150>:
```

5 继续插入标高符号图块，并输入不同的属性值作为标高数值，直到完成所有标高符号标注。

第2部分 建筑图样实例

本部分主要结合实例讲解利用 AutoCAD 2010 进行各种建筑设计的操作步骤、方法和技巧等，包括总平面图、平面图、立面图、剖面图和详图等知识。

本部分将通过实例加深读者对 AutoCAD 功能的理解，使其掌握各种建筑图形的绘制方法。

第6章

绘制建筑总平面图

建筑总平面规划设计是建筑工程设计中比较重要的一个环节，一般情况下，建筑总平面包含多种功能的建筑群体。本章以办公楼的总平面为例，详细论述建筑总平面的设计及其CAD绘制方法与相关技巧，包括总平面中的场地、建筑单体、小区道路和文字尺寸等的绘制和标注方法。

重点与难点

- 建筑总平面图绘制概述
- 某办公楼总平面设计

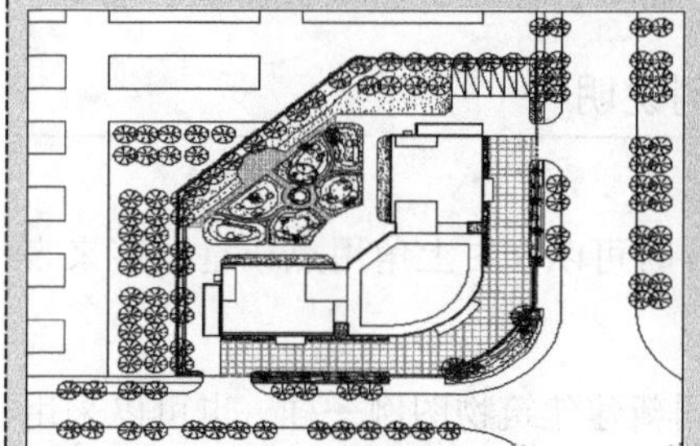

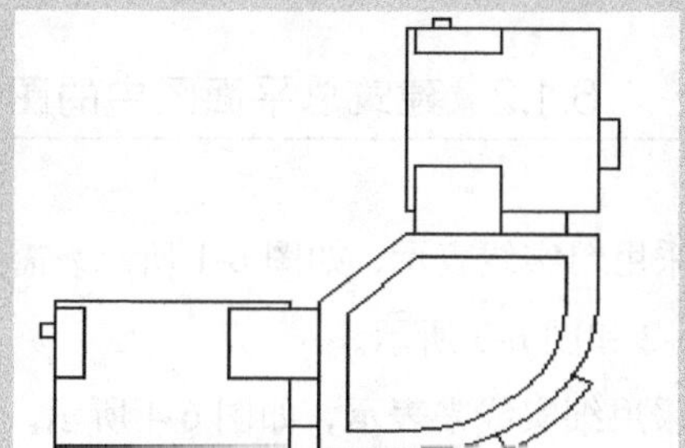

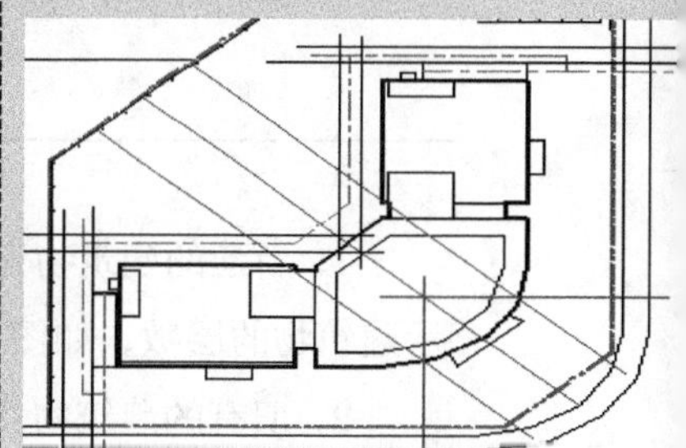

6.1 建筑总平面图绘制概述

将拟建工程四周一定范围内的新建、拟建、原有和拆除的建筑物、构筑物及其周围的地形和地物情况，用水平投影的方法和相应的图例所画出的图样，称为总平面图或总平面布置图。

下面将介绍有关总平面图的理论基础知识。

6.1.1 总平面图绘制概述

总平面图用于表达整个建筑基地的总体布局、新建建筑物及构筑物的位置、朝向及周边环境关系，这也是总平面图的基本功能。总平面专业设计成果包括设计说明书、设计图纸以及合同规定的鸟瞰图、模型等。总平面图只是其中的设计图纸部分，在不同的设计阶段，总平面图除了具备其基本功能外，还表达了设计意图的不同深度和倾向。

在方案设计阶段，总平面图着重体现新建建筑物的体积大小、形状及周边道路、房屋、绿地、广场和红线之间的空间关系，同时表现室外空间的设计效果。因此，方案图在具有必要的技术性的基础上，还应强调艺术性的体现。就目前情况来看，除了绘制 CAD 线条图外，还需对线条图进行套色、渲染处理或制作鸟瞰图、模型等。

在初步设计阶段，需要推敲总平面设计中涉及的各种因素和环节（如道路红线、建筑红线或用地界线、建筑控制高度、容积率、建筑密度、绿地率、停车位数以及总平面布局、周围环境、空间处理、交通组织、环境保护、文物保护、分期建设等），以及方案的合理性、科学性和可实施性，从而进一步准确落实各项技术指标，深化竖向设计，为施工图设计做准备。

6.1.2 建筑总平面图中的图例说明

1．新建的建筑物：采用粗实线表示，如图 6-1 所示。需要时可以在右上角用点或是数字来表示建筑物的层数，如图 6-2 和图 6-3 所示。

2．旧有的建筑物：采用细实线来表示，如图 6-4 所示。同新建建筑物图例一样，也可以采用在右上角用点数或是数字来表示建筑物的层数。

3．计划扩建的预留地或建筑物：采用虚线来表示，如图 6-5 所示。

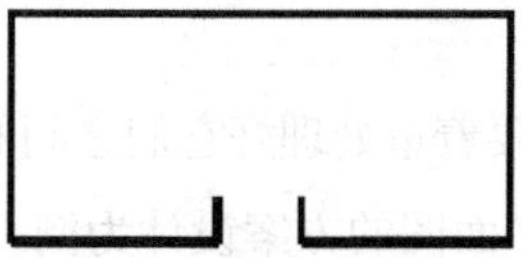

图 6-1 新建建筑物图例

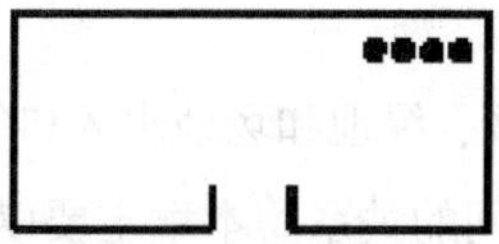

图 6-2 以点表示层数（4 层）

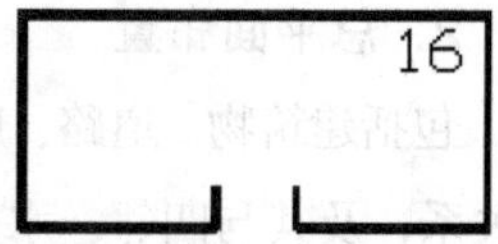

图 6-3 以数字表示层数（16 层）

4．拆除的建筑物：采用打上叉号的细实线来表示，如图 6-6 所示。

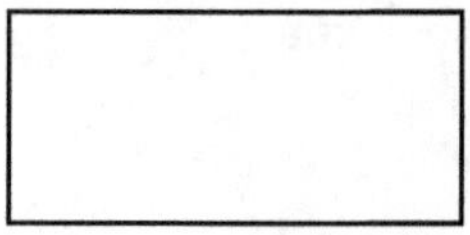

图 6-4 旧有建筑物图例

图 6-5 计划扩建的建筑物图例

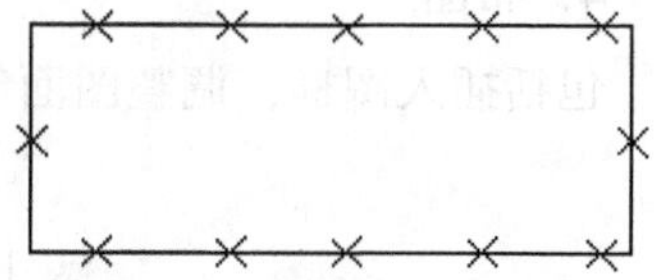

图 6-6 拆除的建筑物图例

5．坐标：如图 6-7 和图 6-8 所示。注意两种不同的坐标表示方法。

图 6-7 测量坐标图例

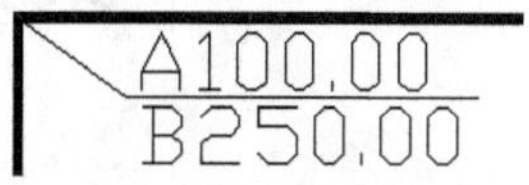

图 6-8 施工坐标图例

6．新建的道路：如图 6-9 所示；其中，“R8”表示道路的转弯半径为 8m，“30.10”为路面中心的标高。

7．旧有的道路：如图 6-10 所示。

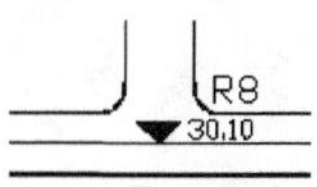

图 6-9 新建的道路图例

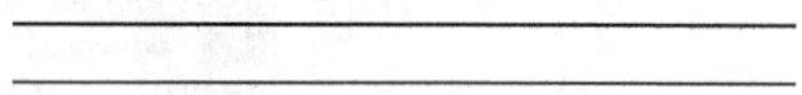

图 6-10 旧有的道路图例

8．计划扩建的道路：如图 6-11 所示。

9．拆除的道路：如图 6-12 所示。

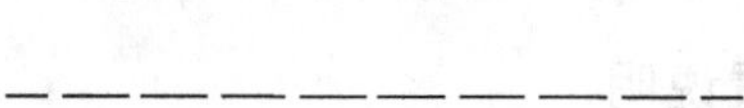

图 6-11 计划扩建的道路图例

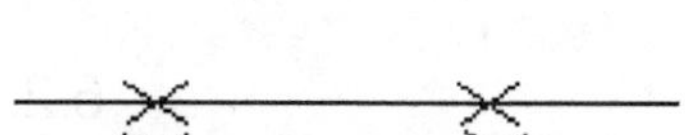

图 6-12 拆除的道路图例

6.1.3 建筑总平面图绘制步骤

一般情况下，使用 AutoCAD 绘制总平面图的步骤如下。

1．地形图的处理

包括地形图的插入、描绘、整理和应用等。地形图是总平面图设计绘制的基础，包括 3 方面的内容：一是图廓处的各种标记，二是地物和地貌，三是用地范围。本书不再详细介绍，读者可参阅相关书籍。

2．总平面布置

包括建筑物、道路、广场、停车场、绿地和场地出入口等的布置，需要着重处理好它们之间的空间关系，及其与四邻、水体、地形之间的关系。本章主要以某办公楼总平面图的方案设计为例。

3．各种文字及标注

包括文字、尺寸、标高、坐标、图表和图例等。

4．布图

包括插入图框、调整图面等。

6.2 某办公楼总平面设计

本节将介绍在 AutoCAD 2012 中布置这些内容的操作方法和注意事项。在讲解中，主要以某综合办公楼的总平面图方案设计为例，如图 6-13 所示。

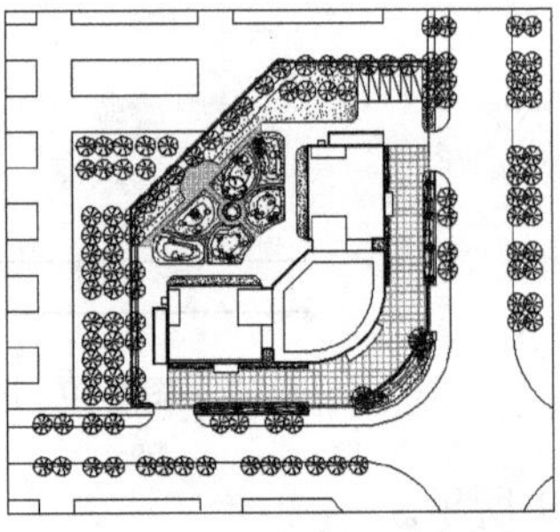

图 6-13　某办公楼总平面布置

6.2.1　单位及图层设置说明

鉴于总图中的图样内容与其他建筑图纸（平、立、剖）存在一些差异，在此有必要对绘图单位及图层设置作一个简单说明。

1．单位

虽然总图一般以“m”为单位标注尺寸，但仍然将单位设置为“mm”，以“mm”为单位的实际尺寸绘制。

2．图层

由于图样内容不一样，因此图层划分的内容也不一样。总体上仍然按照不同图样对象划分到不同的图层中的原则，其中酌情考虑线型、颜色的搭配和协调，如图 6-14 所示。

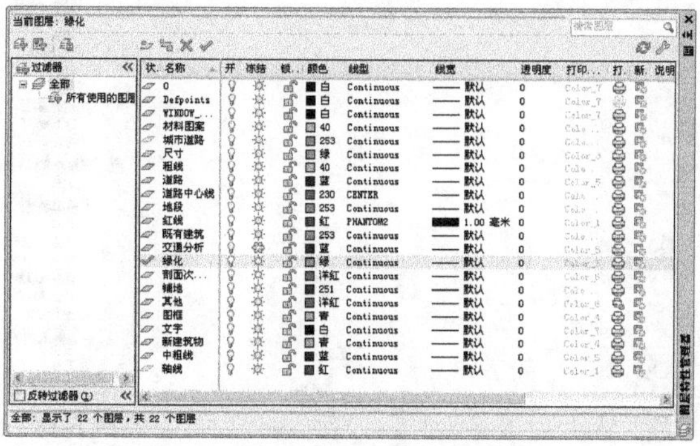

图 6-14　总图图层设置示例

6.2.2 建筑物布置

1. 整理建筑物图样

为了便捷绘图，可以将屋顶平面图复制过来，适当增绘一些平面正投影下看得到的建筑附属设施（如地面台阶、雨蓬等）后，作为总图建筑图样的底稿。然后，将它做成一个图块，如图 6-15 所示。

2. 绘制建筑物轮廓

（1）绘制轮廓线。单击“绘图”工具栏中的“多段线”按钮，沿建筑周边将建筑物 ±0.00 标高处的可见轮廓线描绘出来，如图 6-16 所示。注意最后将多段线闭合，便于用它来查询建筑用地面积。

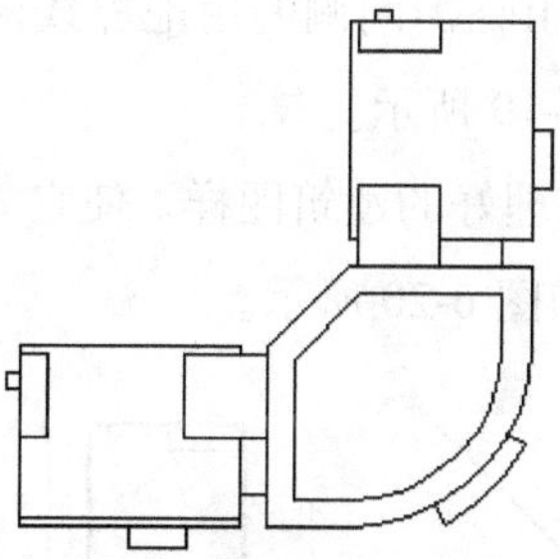

图 6-15　整理建筑图样

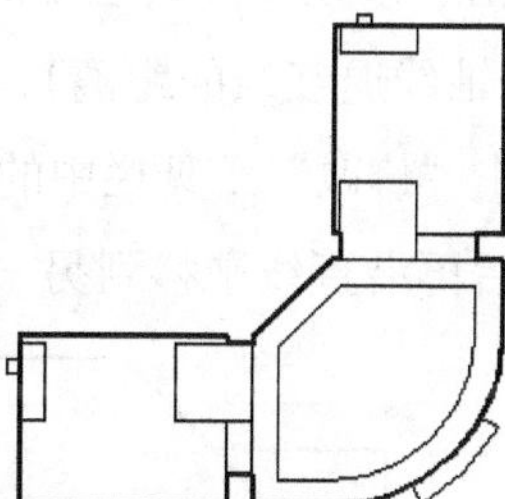

图 6-16　绘制轮廓线

（2）多段线加粗。我们单独把轮廓线加粗，加粗的方法有两个，可以酌情选择。

1）调整全局宽度。选中多段线，按“Ctrl+1”组合键打开特性窗口，调整其全局宽度。如图 6-17 所示。由于其宽度值随出图比例的变化而变化，因此，需要将它放大出图比例所缩小的倍数。例如，出图比例为 1∶500，则 1mm 的线宽输入 500。

2）为对象指定线宽。将“特性”窗口中的线宽值设为需要宽度，如图 6-18 所示；该线宽值不会随比例变化。

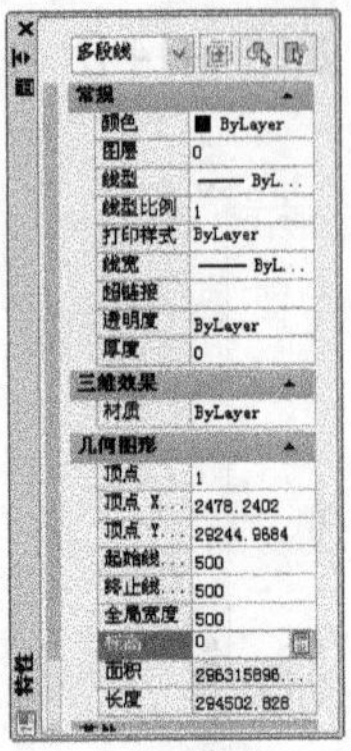

图 6-17 “多段线”特性

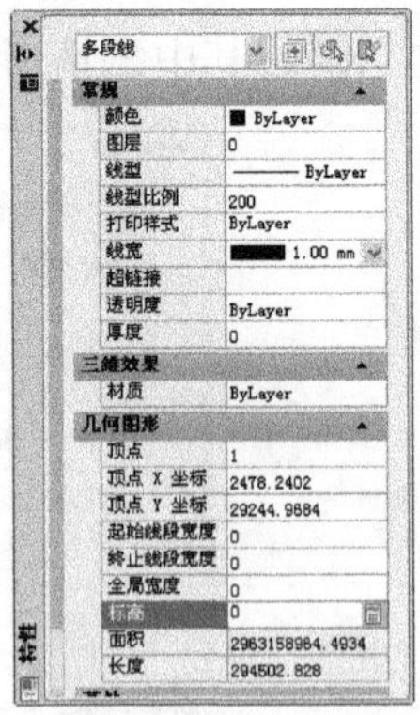

图 6-18 绘制轮廓线

3. 建筑物定位

常用的定位方式有两种：一种相对距离法，另一种是坐标定位法。相对距离法是参照现有建筑物和构筑物、场地边界或围墙、道路中心线或边缘的位置。以纵横相对距离来确定新建筑的设计位置。这种方式比较简便，但精度较坐标定位法低，在方案设计阶段使用较多。坐标定位法是指依据国家大地坐标系或测量坐标系引出定位坐标的方法。对于建筑定位，一般至少应给出 3 个角点的坐标。当平面形式和位置关系简单、外墙与坐标轴线平行时，也可以标注其对角坐标。为了便于施工测量及放线而设立的相对场地施工坐标系统，必须给出与国家坐标系之间的换算关系。

本节办公楼实例临街外墙面与街道平行，采用相对距离法定位，并以外墙定位轴线为定位的基准。操作步骤如下。

（1）单击“修改”工具栏中的“偏移”按钮，分别由临街两侧的用地界线向场地内偏移 15000（外墙轴线退红线的距离），得出两条辅助线，如图 6-19 所示。

（2）单击“修改”工具栏中的“移动”按钮，移动整理好的建筑图样，使它先与一条辅助线对齐，然后再沿直线平移到另一条直线处，完成定位，如图 6-20 所示。

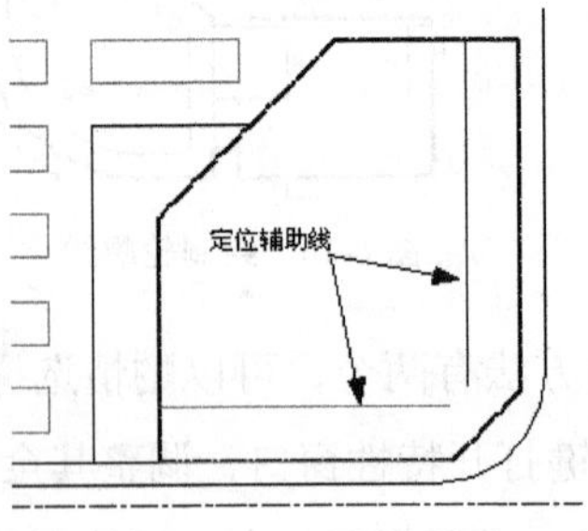

图 6-19 定位辅助线

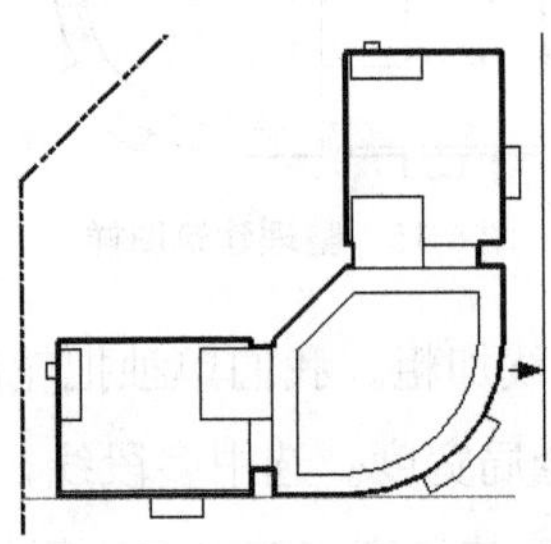

图 6-20 建筑定位

注意

将“对象捕捉”和“正交绘图模式”打开，便于操作。

注意

建筑轮廓线尺寸可以根据外墙轴线绘出，也可以根据外墙外轮廓绘出。在方案阶段，如果尚不能准确确定外墙的大小，可以外墙轴线为准表示轮廓的大小。具体绘图时，以哪个位置（轴线或墙面）来定位建筑物，需在说明中注明。

6.2.3 场地道路、广场、停车场、出入口、绿地等布置

完成建筑布置后，其余的道路、广场、出入口、停车场和绿地等内容都可以在此基础上进行布置。布置时不妨抓住三个要点：一是找准场地布置起控制作用的因素；二是注意布置对象的必要尺寸及其相对距离关系；三是注意布置对象的几何构成特征，充分利用绘图功能。

本例布置结果如图 6-21 所示，起控制作用的因素是地下车库出入口、道路、广场和停车场，在此基础上再考虑绿地布置。只要场地设计充分，利用好辅助线，结合“移动”、“复制”、“镜像”和“阵列”等命令来实施，难度是不大的。下面叙述其操作要点。

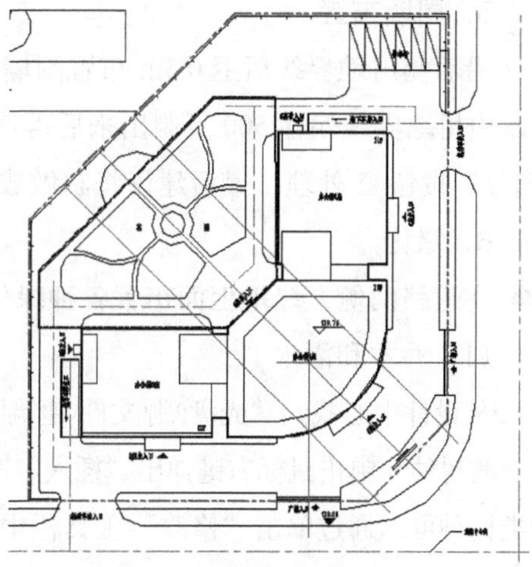

图 6-21 地下车库出入口、道路、广场、绿地和停车场等布置

1. 地下停车库出入口布置

本例地下停车库位置如图 6-21 中粗虚线所示范围，综合考虑机动车流线要求、场地特征及出入口坡道的宽度和长度等因素，将停车库出入口分开设置于办公楼 B、C 座的两端。

2. 广场、道路布置

（1）广场。本例沿街面空地设置为广场，其内外两侧适当设置绿化带，广场上考虑机动车行走。

（2）道路布置。本例打算沿建筑后侧周边布置机动车行道路，在道路与建筑外墙之间考虑设置一定宽度的绿地隔离带。基于此打算，不妨先确定绿地隔离带的宽度，然后确定道路的宽度，完成车道的大致布置，如图 6-22 所示。

（3）场地出入口布置。综合考虑人流、车流特点布置场地人流、车流出入口。结合一部分绿地的布置完成道路、广场的边沿的绘制，如图 6-23 所示。

3. 停车场布置

在临近机动车上入口右侧布置地面停车场，主要供大车使用。

4. 绿地布置

以 45°倾斜的平面对称轴线为中轴线，布置后院绿地花园。先确定花园四周轮廓，再进行内

部规划，最后进行倒角处理，完成绿地轮廓，同时也就完成道路边沿的绘制。

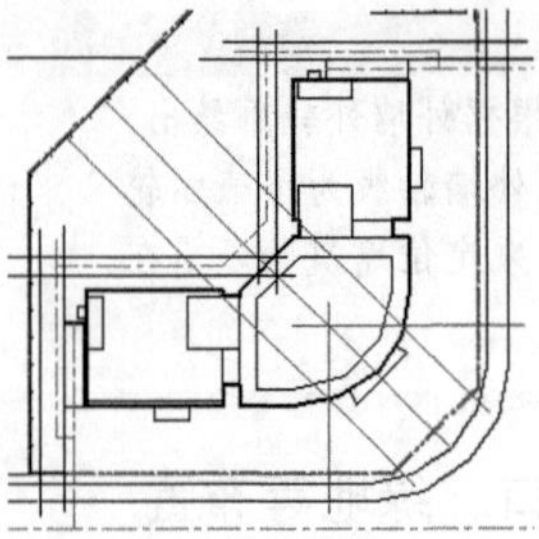

图 6-22 机动车道布置

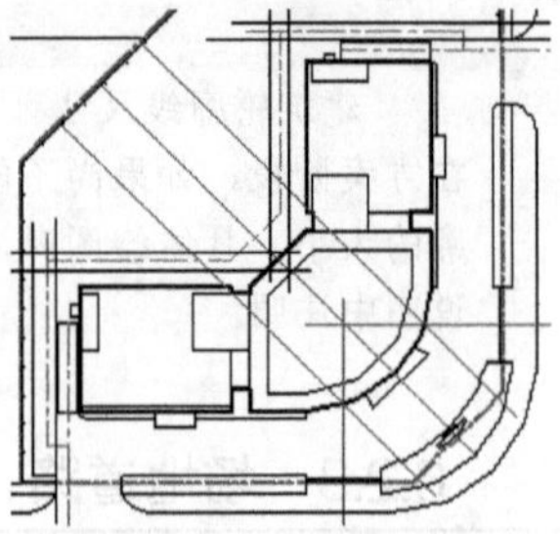

图 6-23 入口及广场

5. 围墙布置

沿后侧用地界线后退 0.5m 布置围墙，如图 6-24 所示。围墙图例长线为粗实线，短线为细线，可以由用地界线偏移 500 复制出来后再修改，短线用单击“修改”工具栏中的“矩形阵列”按钮、“偏移”按钮处理，最后建议将它做成图块。

6. 绿化

在道路两侧、绿地上面布置各种绿化，注意乔木、灌木、花卉、草坪和小品之间的搭配。

(1) 乔木和灌木

从设计中心找到“光盘:\源文件\建筑图库.dwg”，打开图块内容，里面有一部分绿化图块。找到所需的树种，单击鼠标右键弹出“插入”对话框，给出相应比例，确定完成插入，如图 6-25 所示。同类树种可以通过单击“修改”工具栏中的“复制”按钮和单击“修改”工具栏中的“矩形阵列”按钮等操作来实现。

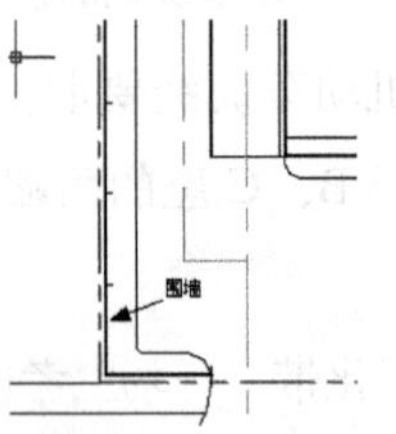

图 6-24 围墙布置

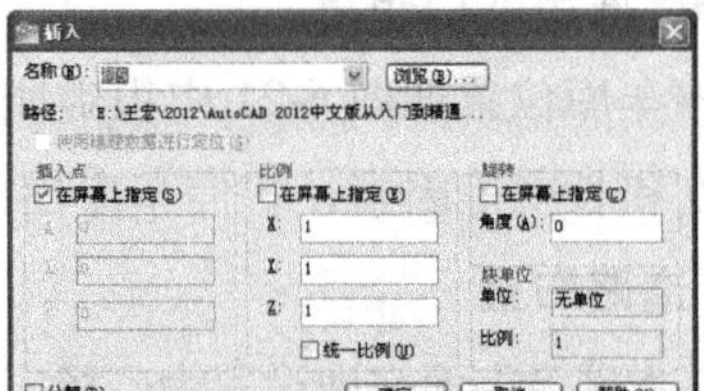

图 6-25 “插入”对话框

注意

需要说明的是，工作中收集到的图块，由于来源不一样，其单位设置有可能不一样。所以，需注意“插入”对话框中显示的图块单位，换算出缩放比例。例如本例，图块单位为“英寸”，比“毫米”大 25 倍，故输入比例“0.04”。

(2) 绿篱

如没有现成的绿篱图块，则可以单击“绘图”工具栏中的“修订云线”按钮”或单击“绘图”工具栏中的“样条曲线”按钮来完成绘制，如图 6-26 所示。

（3）草坪

草坪可以用单击“绘图”工具栏中的“点”按钮，用点来表示，也可以填充“GRASS”图案来完成，如图 6-27 所示。

图 6-26 绿篱绘制

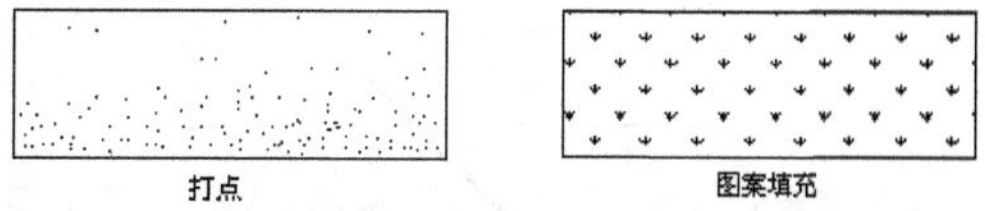

图 6-27 草坪绘制

7．铺地

铺地一般采用图案填充来实现。本例铺地包括 3 个部分：广场花岗岩铺地、人行道水泥砖铺地和人行道卵石铺地。

（1）广场花岗岩铺地。

1）单击“绘图”工具栏中的“直线”按钮，将填充区域的边界不全的地方补全，如图 6-28 所示。

2）单击“绘图”工具栏中的“图案填充”按钮，网格纵横线条分两次完成，结果如图 6-29 所示。

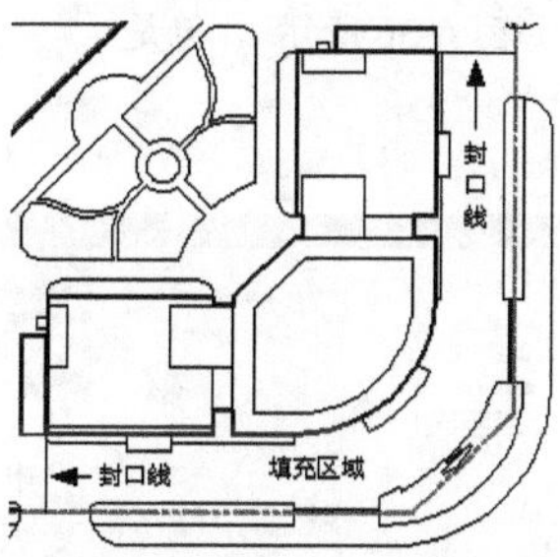

图 6-28 补全填充区域边界

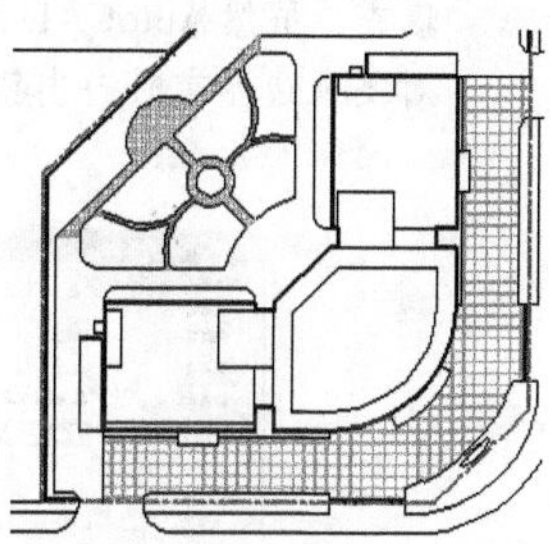
图 6-29 填充结果

3）重复“图案填充”命令，水平线条的填充参数如图 6-30 所示。

4）重复“图案填充”命令，竖直线条参数如图 6-31 所示。

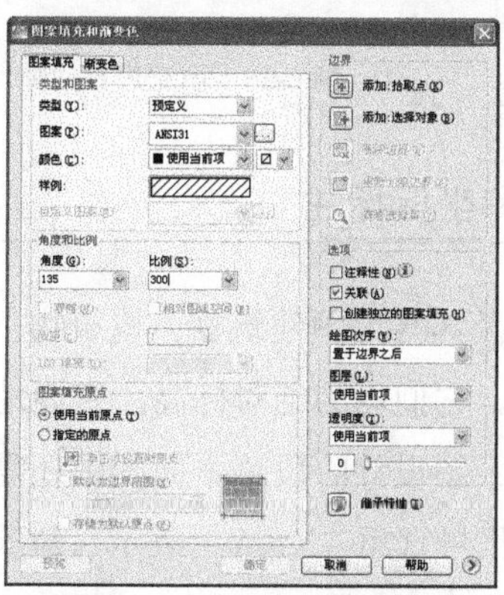
图 6-30 水平线条填充参数

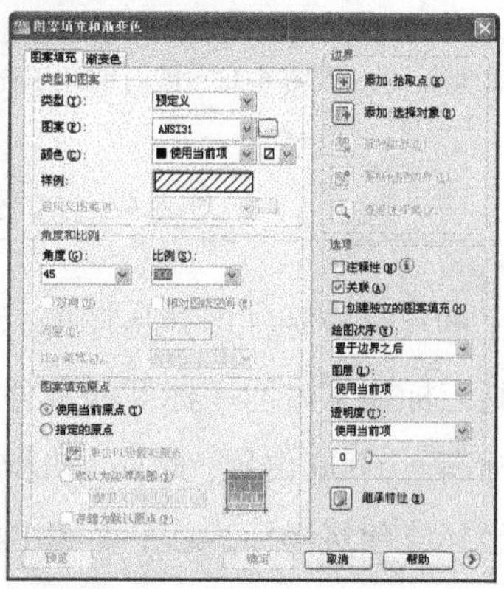
图 6-31 竖直线条填充参数

（2）人行道水泥砖铺地。

重复“图案填充”命令，结果如图 6-32 所示，填充参数如图 6-33 所示。

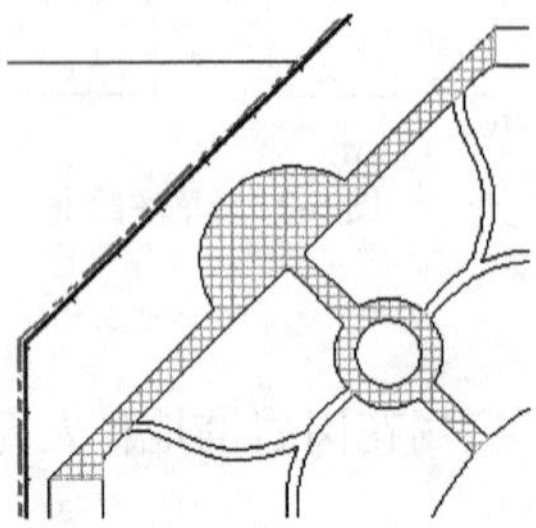

图 6-32　人行道水泥砖铺地

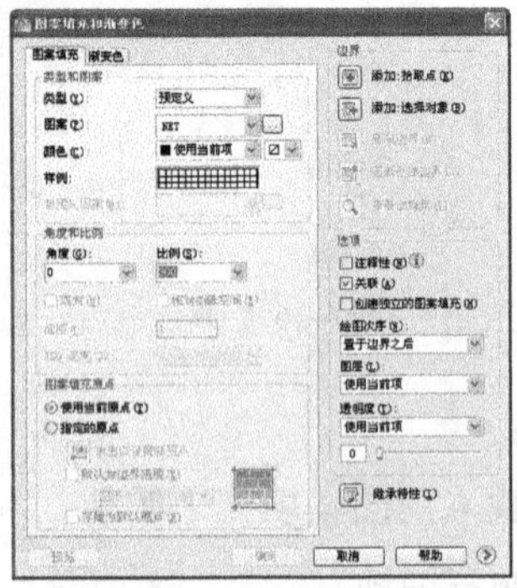

图 6-33　水泥砖铺地填充参数

（3）卵石铺地。

重复“图案填充”命令，卵石铺地，如图 6-34 所示；填充参数如图 6-35 所示。

> **注意**
>
> 在绘制道路、绿地轮廓线时，尽量将线条接头处封闭，这样利于图案填充。虽然 AutoCAD 2012 允许用户设置接头空隙（如图 6-36 所示），但是对复杂边界有时会出错，而且会增加分析时间。

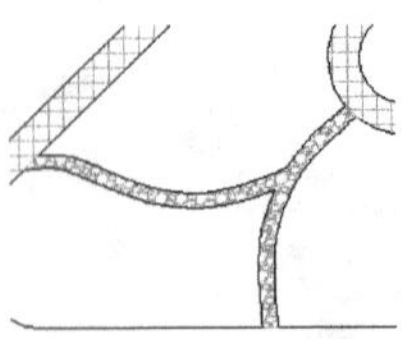

图 6-34　卵石铺地

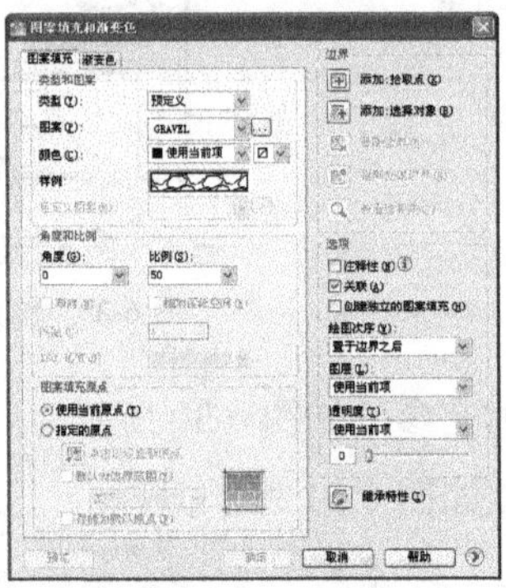

图 6-35　卵石铺地填充参数

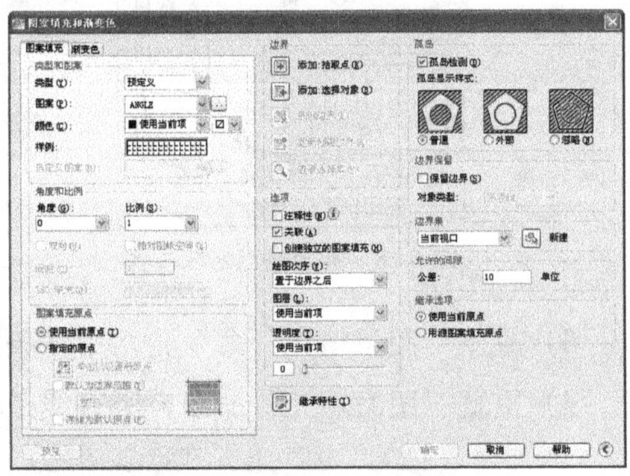

图 6-36　填充边界间隙设置

6.2.4　尺寸、标高和坐标标注

总平面图上的尺寸应标注新建房屋的总长、总宽及其与周围建筑物、构筑物、道路、红线之间的间距。标高应标注室内地坪标高和室外整平标高，它们均为绝对标高。室内地坪绝对标高即建筑底层相对标高 ±0.000 位置。此外，初步设计及施工图设计阶段总平面图中还需要准确标注建筑物角点测量坐标或建筑坐标。总平面图上测量坐标代号宜用“X、Y”表示，建筑坐标代号宜用“A、B”表示。坐标值为负数时，应注“–”号，为正数时，“+”号可省略。总图上尺寸、标高、

坐标值以米为单位，并应至少取至小数点后两位，不足时以“0”补齐。下面将结合实例介绍。

1．**尺寸样式设置**

对比前面第 3 章用过的尺寸样式，这里为总图设置的样式有几个不同之处：线性标注精度；测量单位比例因子；尺寸数字“消零”设置；全局比例因子；在同一样式中为尺寸、角度、半径和引线设置不同风格。下面讲解具体设置过程及内容，请特别留心与前面相关内容的不同之处。

（1）新建总图样式：选择菜单栏中的“格式”→“标注样式”命令，弹出“创建标注样式”对话框，如图 6-37 所示，在原有样式基础上建立新样式，注意将“用于”选项框设置为“所有标注”。

（2）修改“调整”选项卡：如图 6-38 所示，将全局比例因子改为 500，以适应 1∶500 的出图比例。

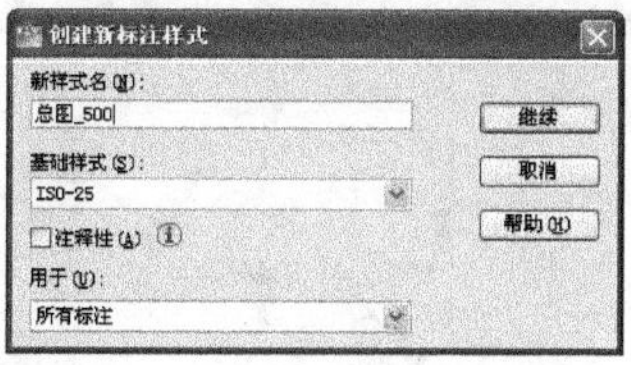

图 6-37　新建“总图_500”样式

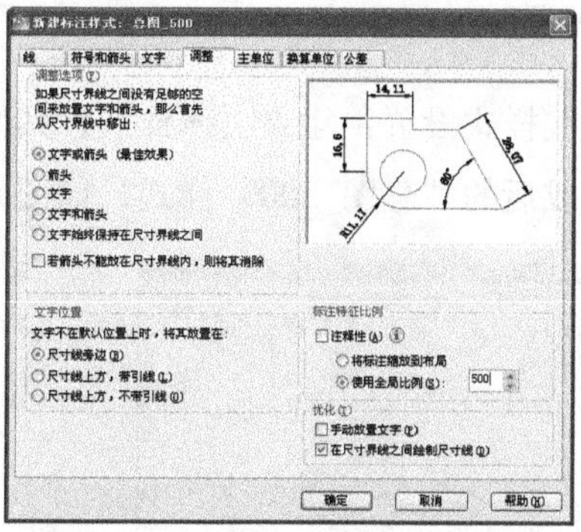

图 6-38　“调整”选项卡修改内容

（3）修改“主单位”选项卡：如图 6-39 所示，线性标注精度调整为“0.00”以满足保留尺寸两位小数的要求；小数分隔符调为句点“.”；比例因子调为“0.001”，以符合尺寸单位为米的要求，因为绘制尺寸为毫米；消零选项去掉，可以为不足的小数点位数补零。

（4）建立半径标注样式：在标注样式管理器中，单击“新建”按钮，以“总图_500”为基础样式，注意将“用于”选项框设置为“半径标注”，建立“总图_500：半径”样式，然后，单击“继续”按钮，如图 6-40 所示。

这两个选项卡修改结束后，确定回到上一级对话框。

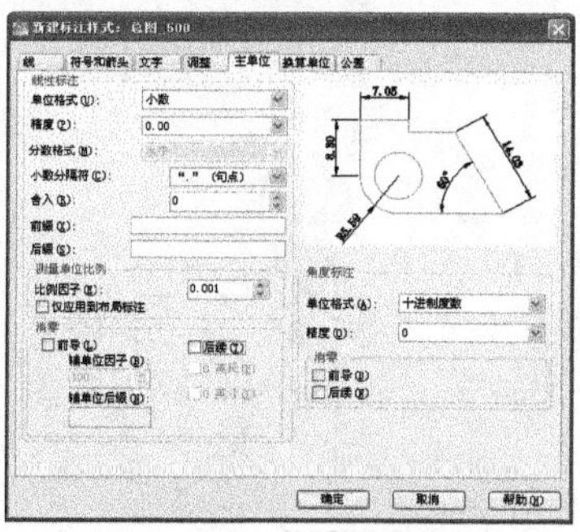

图 6-39　“主单位”选项卡修改内容

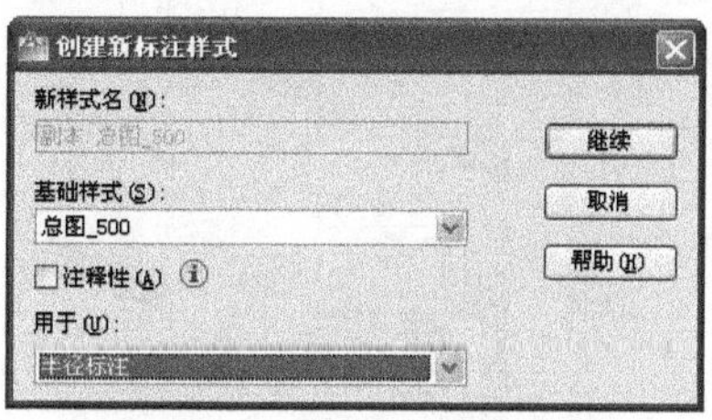

图 6-40　新建半径标注样式

（5）半径标注样式设置：在“符号和箭头”选项卡中，将“第二个”箭头选为实心闭合箭头，如图 6-41 所示，确定后完成设置。

（6）角度样式设置：采用半径样式同样的操作方法，建立角度，其修改内容如图 6-42 所示。

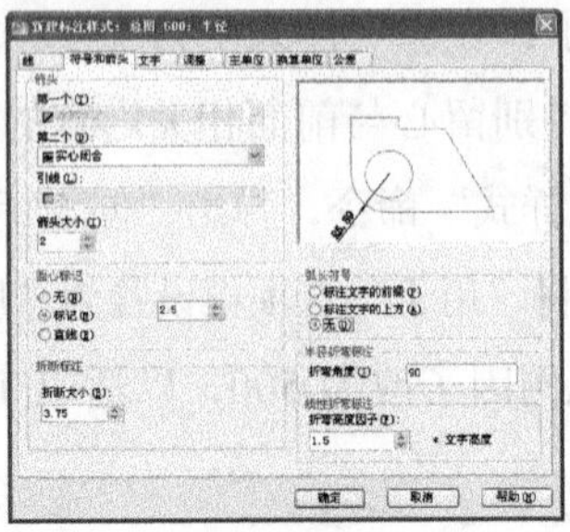

图 6-41　半径样式修改内容

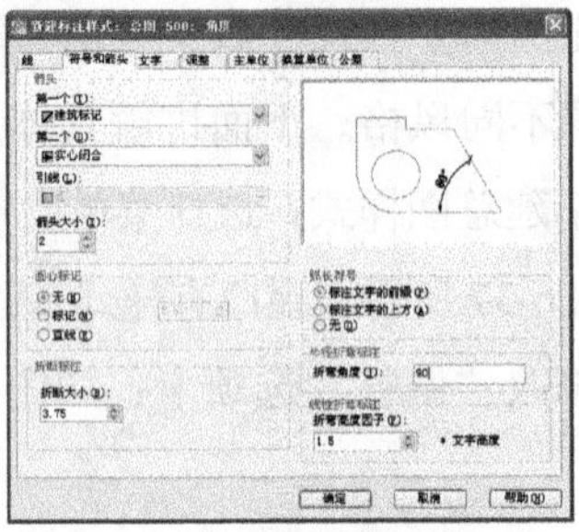

图 6-42　角度样式修改内容

（7）引线样式设置：建立引线样式，其修改内容如图 6-43 所示。

（8）完成后的“总图_500”样式，如图 6-44 所示。

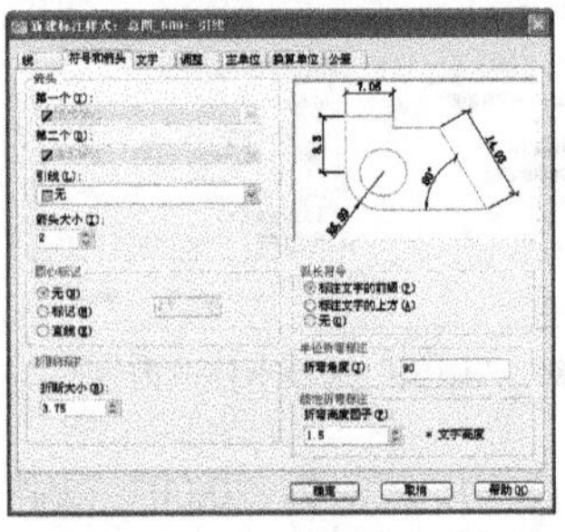

图 6-43　引线样式修改内容

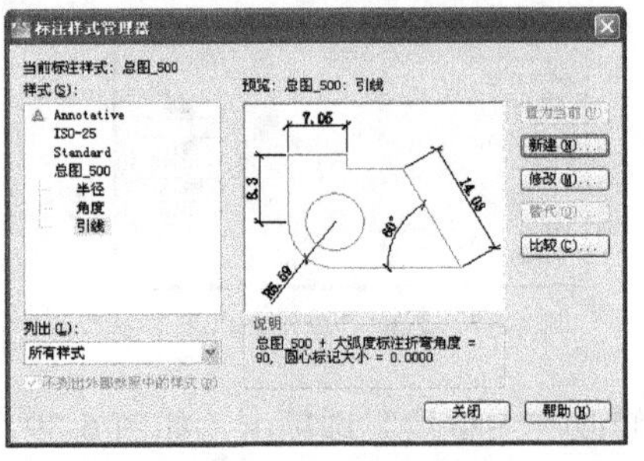

图 6-44　完成后的“总图_500”样式

2．尺寸标注

单击“标注”工具栏中的“线性”按钮或“对齐”按钮，对距离尺寸进行标注，如图 6-45 所示。

3．角度、半径标注

选择菜单栏中的“标注”→“角度标注”命令或“标注”→“半径标注”命令，对角度、半径进行标注，如图 6-46 所示。

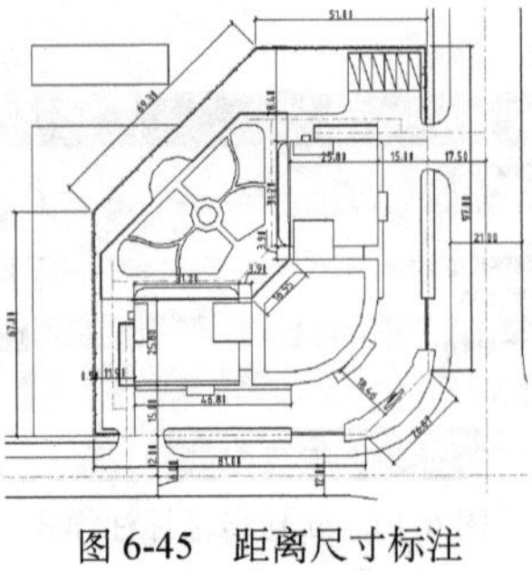

图 6-45　距离尺寸标注

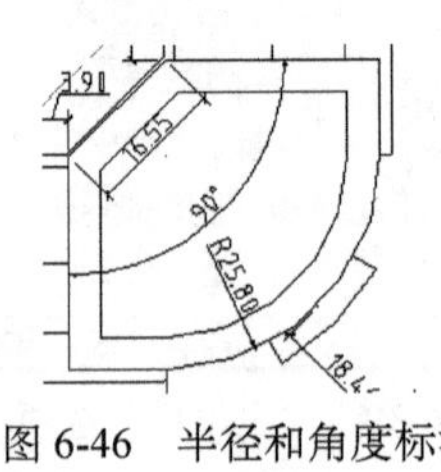

图 6-46　半径和角度标注

4．标高标注

标高标注利用事先做好的带标高属性的图块来标注。操作步骤如下。

（1）选择菜单栏中的“工具”→“选项板”→“设计中心”命令，打开设计中心，找到“光盘：\图库\建筑图块.DWG”文件，打开图块内容，找到标高符号。

（2）双击图块或通过右键菜单插入标高符号，输入缩放比例 500，在命令行输入相应的标高值，完成标高标注，如图 6-47 和图 6-48 所示。

图 6-47　室外标高

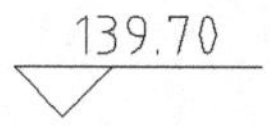

图 6-48　室内标高

5．坐标标注

在本例中属方案图，可以不注坐标。但是，下面仍然简要说明坐标注法。

（1）选择菜单栏中的“绘图”→“直线”命令或菜单栏中的“绘图”→“多段线”命令，由轴线或外墙面交点引出指引线，如图 6-49 所示。

（2）选择菜单栏中的“绘图”→“单行文字”命令，先在横线上方输入纵坐标，按 Enter 键后，在下一行输入横坐标。

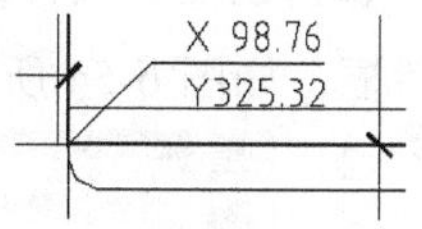

图 6-49　坐标标注

6.2.5　文 字 标 注

总图中的文字标注包括主要建筑物名称、出入口位置、其他场地布置名称、建筑层数和文字说明等。在 AutoCAD 2012 操作中，对于单行文字用“单行文字”（DT ,*DTEXT）注写，多行文字用“多行文字”（MT ,*MTEXT）注写。在初设图和施工图中，字体建议使用“.shx”工程字；而在方案图中，为了突出图面艺术效果，可以酌情使用其他的规范字体，如宋体、黑体或楷体等。

6.2.6　统计表格制作

总平面图中统计表格主要用于工程规模及各种技术经济指标的统计，例如某住宅小区修建性规划总平面图中的三个表格：“规划用地平衡表”、“技术经济统计表”和“公建项目一览表”等，如图 6-50、图 6-51 和图 6-52 所示。

下面介绍三种表格制作的方法：一是传统方法；二是 AutoCAD 的表格绘制；三是 OLE 链接方法。

1．传统方法

传统方法是指用“直线”、“偏移”、“阵列”配合“修剪”、“延伸”等命令绘制好表格后填写文字的方法。该方法在绘制表格时比较繁琐，但是能够根据需要随意绘制表格形式。该方法操作难度不大，请读者自行尝试。

规划用地平衡表

项　目		面 积 (ha)	百分比（%）	人均面积（㎡/人）
规划可用地		2.7962	100	9.99
其中	住宅用地	1.517	54.3	5.42
	公建用地	0.408	14.6	1.46
	道路用地	0.282	10.1	1.01
	公共绿地	0.5892	21.0	2.10

图 6-50　规划用地平衡表

技术经济指标一览表

项　目		单 位	数 量	备　注
可建设用地面积		万平方米	2.7962	
规划总建筑面积		万平方米	10.612	
其中	规划住宅建筑面积	万平方米	9.683	
	配套公建建筑面积	万平方米	0.929	
容 积 率			3.795	
总建筑密度		%	29.6	
居住人口		人	2800	
居住户数		户	800	
人口毛密度		人/公顷	1001.4	
平均每户建筑面积		平方米/户	121	
绿 地 率		%	45.3	
日照间距			1:1.2	
停 车 率		%	0.8	
停 车 位		个	640	其中地下634个

图 6-51　技术经济一览表

公建项目一览表

编号	项　目	数量（处）	占地面积（平方米）	建筑面积（平方米）
1	会所及配套公建	1	1000	3000
2	底层商业	1	2100	6290
3	地下人防兼停车库	3	21000	21000

图 6-52　公建项目一览表

2. 表格绘制

（1）执行命令：选择菜单栏中的“绘图”→“表格”命令，系统打开“插入表格”对话框，如图 6-53 所示。

（2）创建表格样式：选择菜单栏中的“表格”→“表格样式”命令，系统打开“表格样式”对话框，如图 6-54 所示。

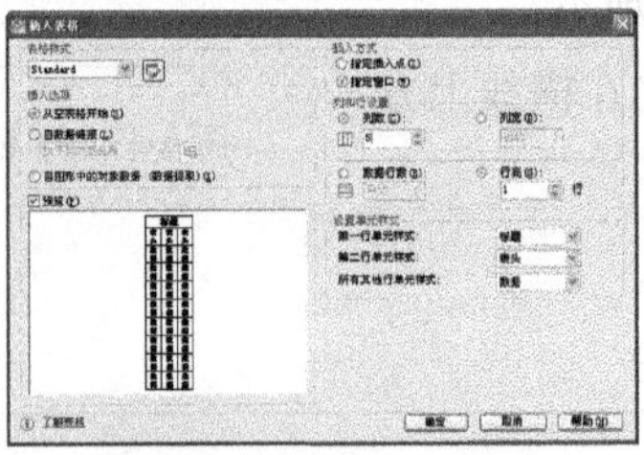

图 6-53　插入表格对话框

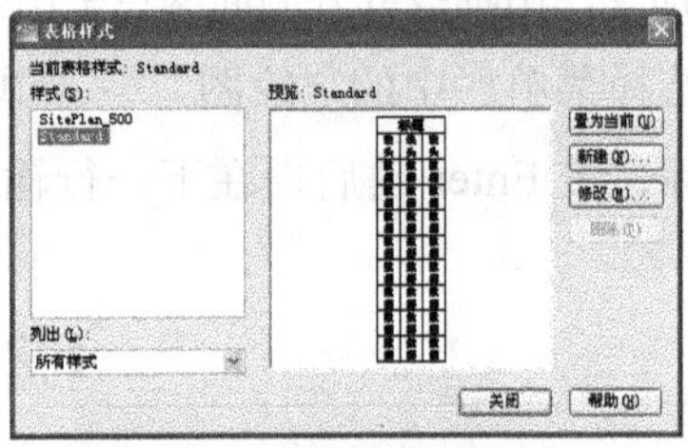

图 6-54　表格样式对话框

（3）单击“新建”按钮，创建“总图_500”样式，单击“继续”按钮，如图 6-55 所示。

（4）数据单元设置：文字选项卡设置如图 6-56 所示，关键注意“字高”、“对齐”和“单元边距”的设置。

图 6-55　创建表格样式

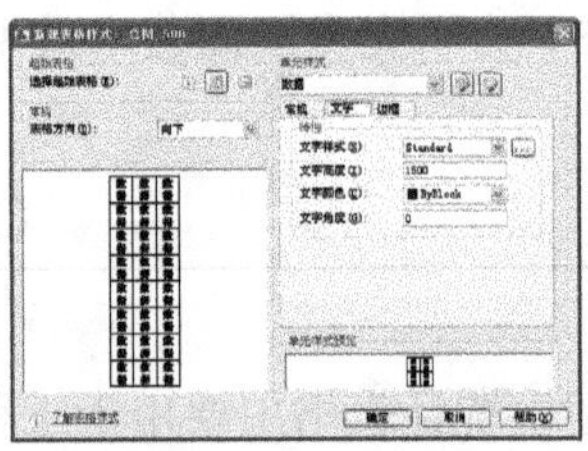

图 6-56　数据选项卡设置

（5）常规选项卡设置如图 6-57 所示。

（6）单击“确定”回到“插入表格”对话框，设置如图 6-58 所示。插入方式为“指定窗口”，则只需设置“列数”和“数据行数”，至于“列宽”和“行高”可以在屏幕上拖曳鼠标来确定。

（7）单击“确定”按钮，在屏幕上指定插入点，拖曳鼠标确定表格大小后，单击左键弹出文字输入窗口，依次输入相应文字，如图 6-59 所示。输完一个单元格后，按“Tab”键可以切换到下一个单元格。

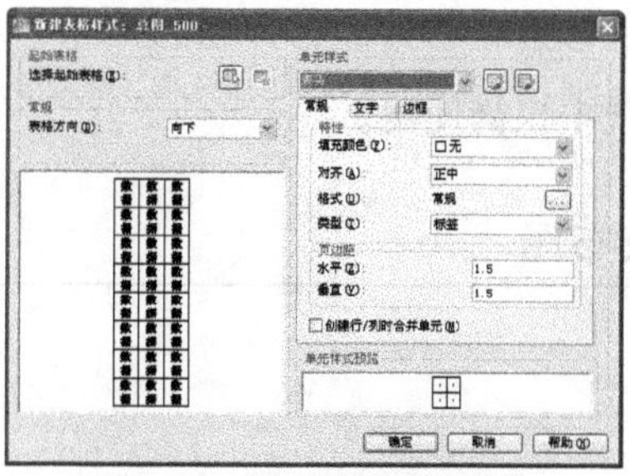

图 6-57　列标题选项卡设置

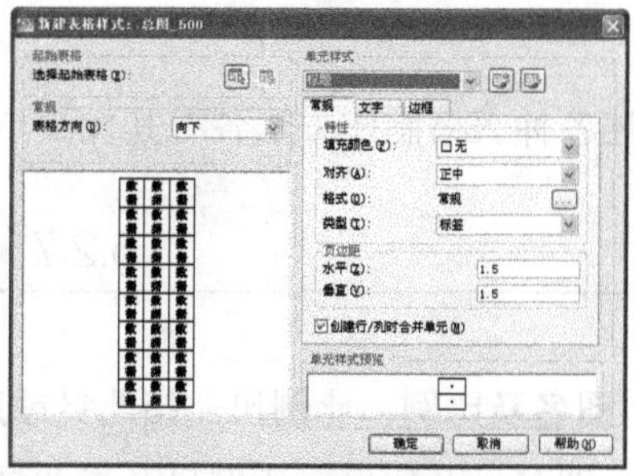

图 6-58　插入表格对话框设置

3．OLE 链接方法

OLE 链接方法是指在 Microsoft Word 或 Excel 中做好表格，然后通过 OLE 链接方式插入到 AutoCAD 图形文件中。需要修改表格和数据时，双击表格即可回到 Microsoft Word 或 Excel 软件中。这种方法便于表格的制作和表格数据的处理，下面将介绍 OLE 链接方式插入表格的方法。

方法一：插入对象。

（1）选择菜单栏中的“插入”→“OLE 对象”命令，弹出“插入对象”对话框，如图 6-60 所示。

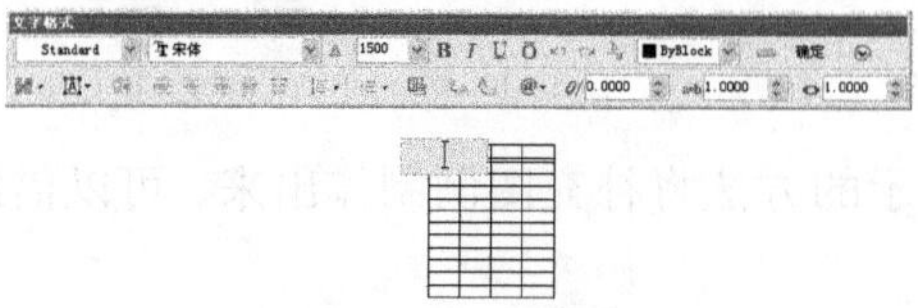

图 6-59　输入数据

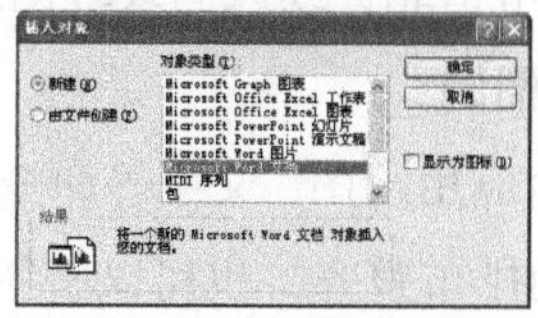

图 6-60　插入对象对话框

（2）选取 Microsoft Word 对象类型，单击“确定”按钮，打开 Microsoft Word 程序。在 Word 界面中创建所需表格，如图 6-61 所示。

（3）完成后，关闭 Word 窗口，返回 AutoCAD 界面，刚才所绘表格即显示在图形文件中，如图 6-62 所示，可以拖曳四角对表格大小进行调整。

图 6-61　Word 中制作表格

序号	项 目	单 位	数 量	备 注
1	总用地面积	hm^2	22	
2	建筑用地面积	hm^2	22	
3	道路广场面积	hm^2	22	
4	绿化面积	hm^2	22	
5	总建筑面积	hm^2	22	
6	A座建筑面积	m^2	22	
7	B座建筑面积	m^2	22	
8	C座建筑面积	m^2	22	
9	容积率		3.1	
10	绿化率	%	36.3	
11	建筑密度	%	22	
12	停车位	个	22	

图 6-62　插入对象对话框

方法二：复制、粘贴。

（1）首先在 Word 或 Excel 中作好表格，然后将表格全选中，选择菜单栏中的“编辑”→“复制”命令，进行复制。

（2）回到 AutoCAD 中，选择菜单栏中的“编辑”→“粘贴”命令，进行粘贴。其他操作同方法一。

上述各种表格制作方法各有其优缺点，请读者在实践中权衡使用。

6.2.7 图名、图例及布图

1．图名及比例、比例尺、指北针或风向玫瑰图。

（1）图名、及比例、比例尺及指北针如图 6-63 所示。

（2）图名的下划线为粗线，选择菜单栏中的“绘图”→“多段线”命令绘制，然后在其特性中调整全局宽度。

（3）一般标注了比例后，比例尺可以不标注。但是考虑到方案图有时不按比例打印，特别是转入到 Photoshop 等图像处理软件中套色时后，出图比例容易改变，所以，同时标上比例尺便于识别图形大小。

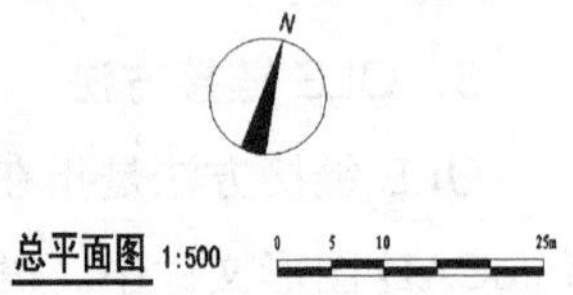

图 6-63 图名及比例、比例尺

（4）总平面图一般按上北下南方向绘制。根据场地形状或布局，可向左或右偏转，但不宜超过 45°，用指北针或风向玫瑰图表明具体方位。

2．图例

综合应用绘图、文字等命令，按照图 6-64 所示的方法将补充图例制作出来，可以借助纵横线条来帮助排布整齐，也可以将图例组织到表格中。

3．布图及图框

（1）用一个矩形框确定场地中需要保留的范围，如图 6-65 所示，然后将周边没必要的部分修剪或删除掉。

（2）选择菜单栏中的“工具”→“查询”→“距离查询”命令测量出保留下的图面大小，然后除以 500，确定所需图框大小。

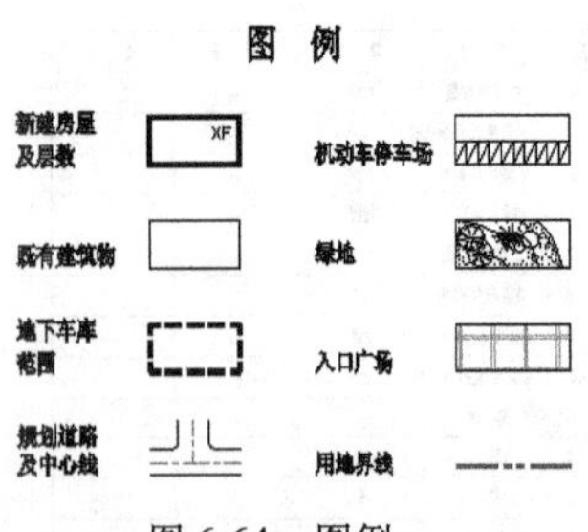

图 6-64 图例

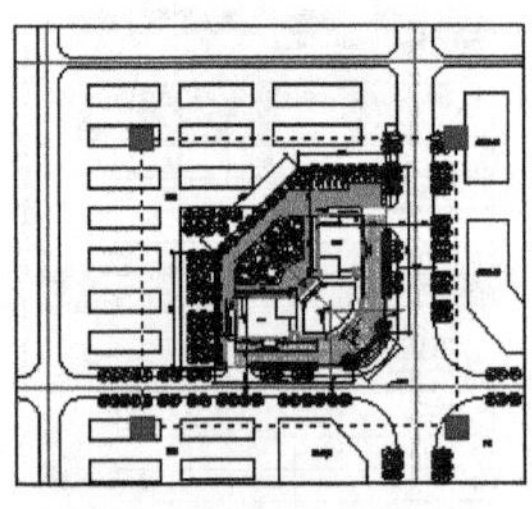

图 6-65 总平面图保留范围

（3）插入图框，将图面中各项内容编排组织到图框内，结果如图 6-66 所示。

> **注意**
>
> 布图的途径有两种：一种是在模型空间中进行，如前所述；另一种是在布局中完成，将在后面介绍。

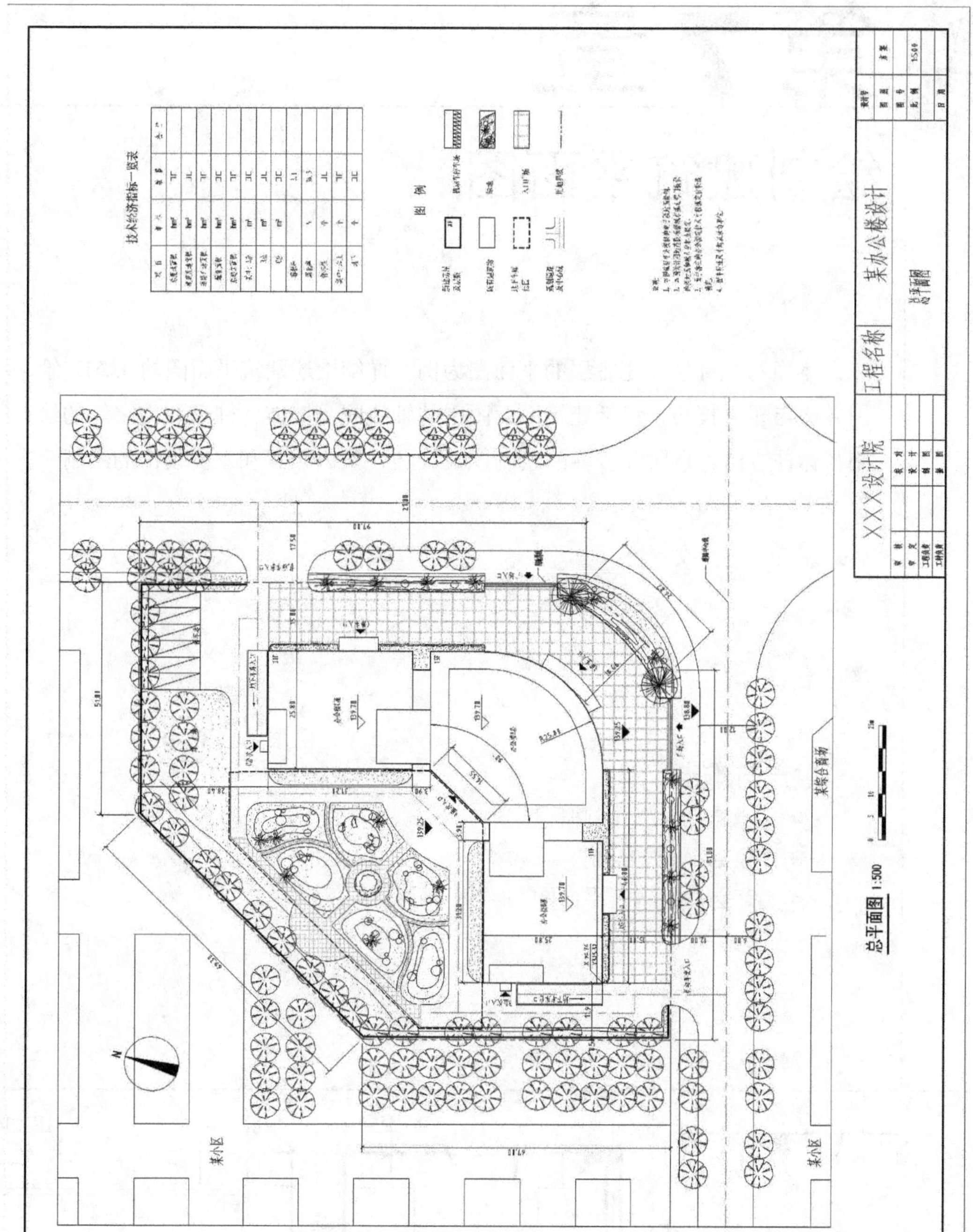

图 6-66 完成后的总平面图

第7章 绘制建筑平面图

本章将以高层住宅各层的平面图为例，详细论述建筑平面图的 CAD 绘制方法与相关技巧，包括建筑平面图中的轴线网、墙体、柱子和文字等的绘制与标注方法；台阶和楼梯的绘制以及技巧；室内布置和室内装饰的绘制。

重点与难点

- 建筑平面图绘制概述
- 住宅平面图绘制
- 高层住宅建筑平面图

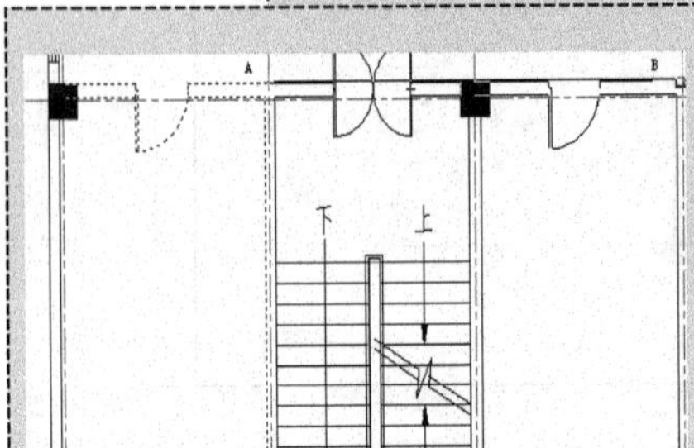

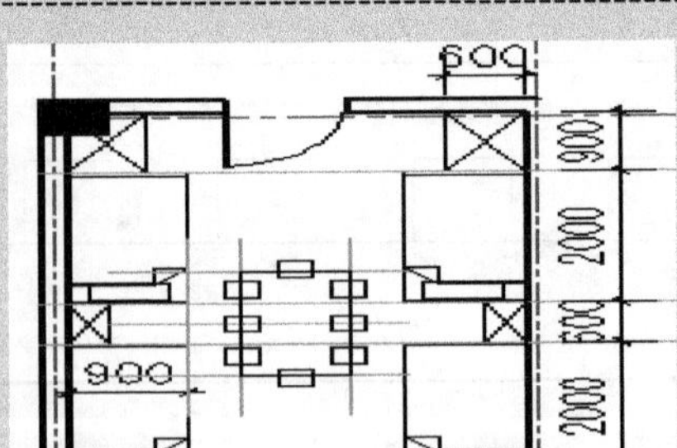

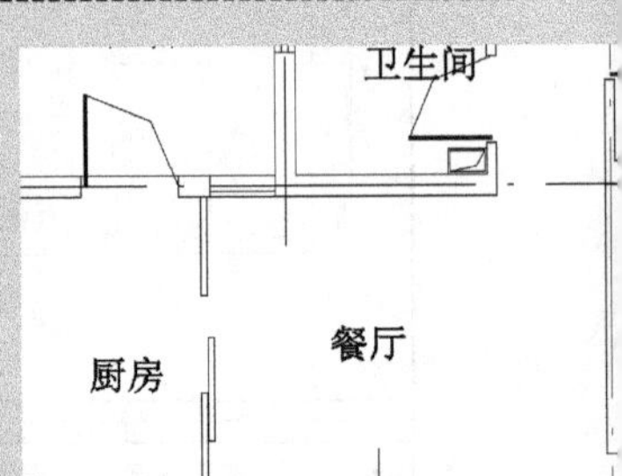

7.1 建筑平面图绘制概述

建筑平面图是表达建筑物的基本图样之一，它主要反映建筑物的平面布局情况。

7.1.1　建筑平面图概述

建筑平面图是假想在门窗洞口之间用一个水平剖切面将建筑物剖切成两部分，下半部分在水平面上（H 面）的正投影图。

平面图中的主要图形包括剖切到的墙、柱、门窗、楼梯，以及看到的地面、台阶、楼梯等的剖切面以下的部分的构建轮廓。因此，从平面图中可以看到建筑的平面大小、形状、空间平面布局、内外交通及联系、建筑构配件大小及材料等内容。除了按制图知识和规范绘制建筑构配件的平面图形外，还需标注尺寸及文字说明，设置图面比例等。

由于建筑平面图能突出地表达建筑的组成和功能关系等方面的内容，因此一般建筑设计都从平面设计入手。在平面设计中应从建筑整体出发，考虑建筑空间组合的效果，照顾建筑剖面和立面的效果和体型关系。在设计的各个阶段中，都应有建筑平面图样，但表达的深度不同。

一般的建筑平面图可以使用粗、中、细 3 种线来绘制。被剖切到的墙、柱断面的轮廓线用粗线来绘制；被剖切到的次要部分的轮廓线，如墙面抹灰、轻质隔墙以及没有剖切到的可见部分的轮廓如窗台、墙身、阳台、楼梯段等，均用中实线绘制；没有剖切到的高窗、墙洞和不可见部分的轮廓线都用中虚线绘制；引出线、尺寸标注线等用细实线绘制；定位轴线、中心线和对称线等用细点化线绘制。

7.1.2　建筑平面图的图示要点

1．每个平面图对应一个建筑物楼层，并注有相应的图名。

2．可以表示多层的平面图称为标准层平面图。标准层平面图中的各层的房间数量、大小和布置都必须一样。

3．当建筑物左右对称时，可以将两层的平面图绘制在同一张图纸上，左边一半和右边一半分别绘制出各层的一半，同时中间要注上对称符号。

4．如果建筑平面较大时，可以进行分段绘制。

7.1.3 建筑平面图的图示内容

建筑平面图主要包括如下内容。

1．表示墙、柱、门、窗等的位置和编号，房间的名称或编号，轴线编号等。

2．标注出室内外的有关尺寸及室内楼标层、地面的标高。如果本层是建筑物的底层，则标高为±0.000。

3．表示出电梯、楼梯的位置以及楼梯的上下方向和主要尺寸。

4．表示阳台、雨篷、踏步、斜坡、雨水管道和排水沟等的具体位置以及尺寸。

5．画出卫生器具、水池、工作台以及其他的重要设备的位置。

6．画出剖面图的剖切符号以及编号。根据绘图习惯，一般只在底层平面图中绘制出来。

7．标注出有关部位的上节点详图的索引符号。

8．标注出指北针。根据绘图习惯，一般只在底层平面图中绘制指北针。

7.1.4 建筑平面图绘制的一般步骤

建筑平面图绘制的一般步骤如下。

Step 绘制步骤

1. 绘图环境设置。
2. 轴线绘制。
3. 墙线绘制。
4. 柱绘制。
5. 门窗绘制。
6. 阳台绘制。
7. 楼梯、台阶绘制。
8. 室内布置。
9. 室外周边景观（底层平面图）。
10. 尺寸、文字标注。

7.2 住宅平面图绘制

本节将以工程设计中常见住宅建筑平面图为例，详细介绍建筑平面图 CAD 绘制方法。通过本案例学习，综合前面的建筑平面图绘图方法，巩固其相关知识，全面掌握建筑平面图的绘制方法。

7.2.1 墙体等建筑平面图绘制

Step 绘制步骤

1. 建立居室的轴线。单击“绘图”工具栏中的“直线”按钮，先绘制 1 条垂直方向的直线，其长度要略大于居室建筑垂直方向的总长度尺寸，如图 7-1 所示。

图 7-1 绘制轴线

2. 将该直线改变为点划线线型，如图 7-2 所示。改变线型为点划线，使用鼠标单击所绘的直线，然后在【对象特性】工具栏上，单击【线形控制】下拉列表选择点划线，所选择的直线将改变线型，得到建筑平面图的轴线点划线。若还未加载此种线型，则选择【其他】命令选项先加载此种点划线线型。

图 7-2 改变轴线线型

3. 单击“绘图”工具栏中的“直线”按钮，绘制 1 条水平方向的轴线，如图 7-3 所示。

图 7-3　绘制水平轴线

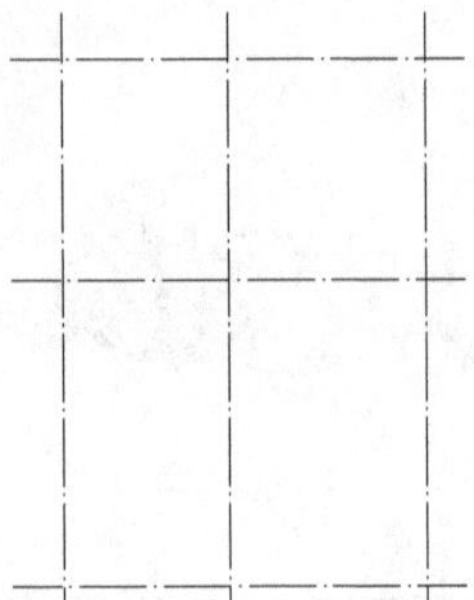

图 7-4　偏移轴线

4. 根据居室每个房间的长度、宽度（即进深与开间）、尺寸大小，单击“修改”工具栏中的“偏移”按钮，偏移生成相应位置的轴线，如图 7-4 所示。

> **注意**
>
> 注意轴线的长短可以使用 STRETCH 或热点键进行调整。

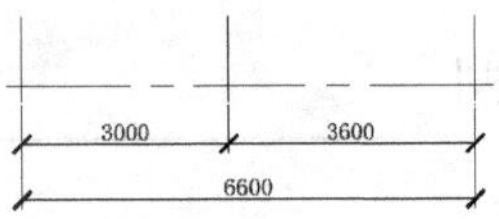

图 7-5　标注轴线尺寸

5. 单击“标注”工具栏中的“线性”按钮，标注轴线尺寸，如图 7-5 所示。

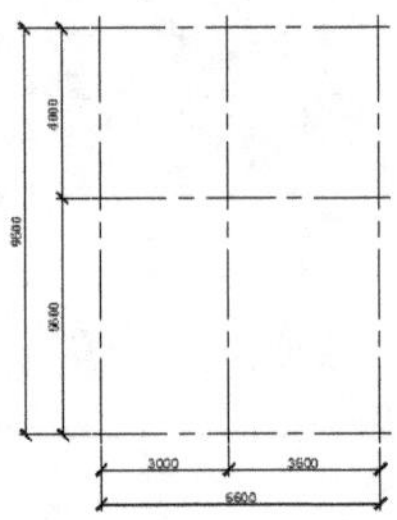

图 7-6　标注相关轴线尺寸

6. 单击“标注”工具栏中的“线性”按钮，完成相关轴线的尺寸标注，如图 7-6 所示。

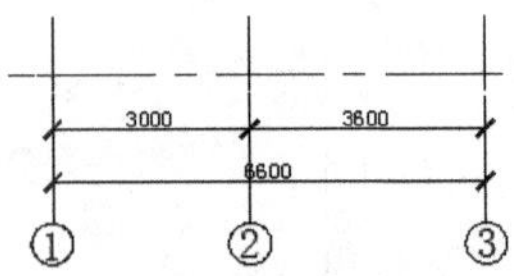

图 7-7　标注轴线编号

7. 单击“绘图”工具栏中的“圆”按钮和菜单栏中的“绘图”→“文字”→“单行文字”命令，标注轴线编号，文字高度为 450，如图 7-7 所示。

8. 按第 7 步方法，可以顺利绘制两个方向（①\②\③\……，A\B\C\……）的轴线编号，如图 7-8 所示。

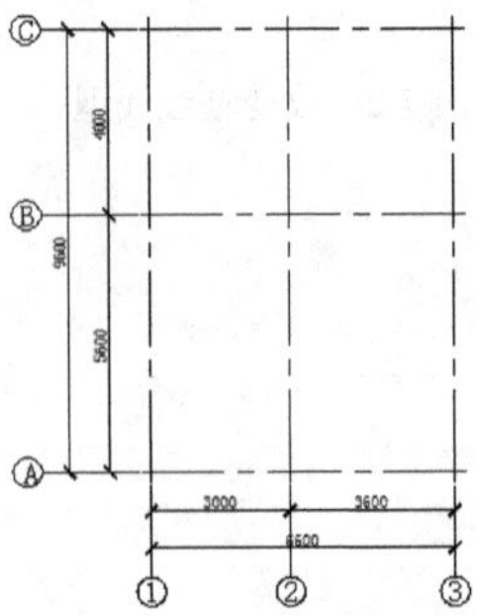

图 7-8　绘制两个方向轴线编号

9. 选择菜单栏中的“绘图”→“多线”命令和选择菜单栏中的“修改”→“对象”→“多线编辑工具”命令，绘制墙体，多线宽度为200，如图7-9所示。

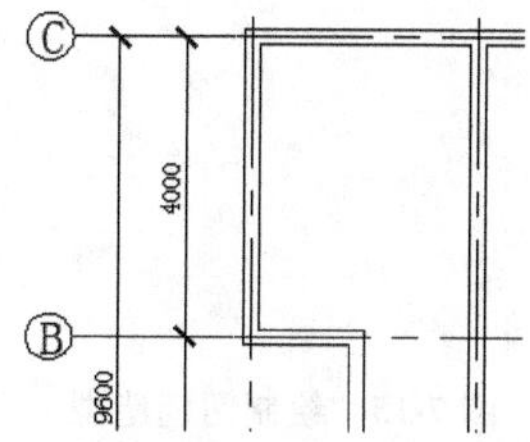

图7-9 绘制墙体

注意

墙体宽度通过调整MLINE的比例（S）得到。

10. 根据居室布局和轴线情况，重复“多线”命令，完成墙体绘制，如图7-10所示。

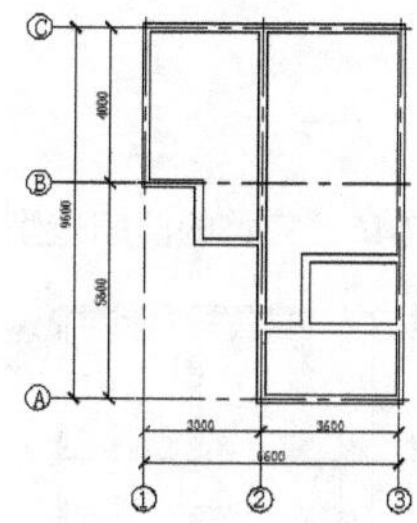
图7-10 绘制其他墙体

11. 单击“绘图”工具栏中的“直线”按钮，按阳台门大小绘制两条与墙体垂直的平行线，如图7-11所示。

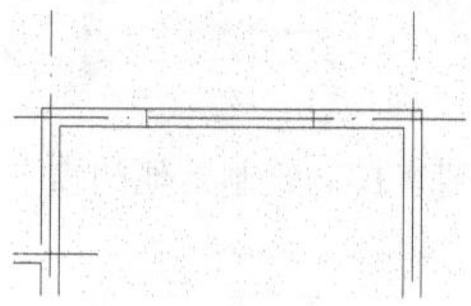
图7-11 绘制平行线

12. 单击“修改”工具栏中的“修剪”按钮，对平行线内的线条进行剪切，得到门洞造型，如图7-12所示。

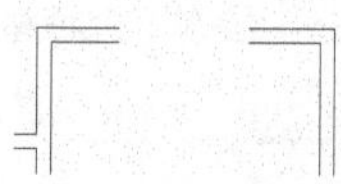
图7-12 绘制门洞

13. 单击“绘图”工具栏中的“直线”按钮，绘制两条与墙体垂直的平行线，然后再绘制两条与墙体平行的线，形成窗户造型，如图7-13所示。

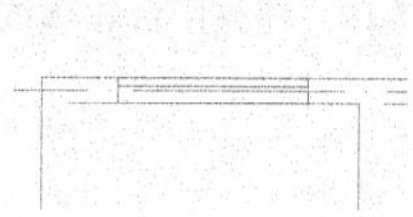
图7-13 勾画窗户造型

14. 单击“绘图”工具栏中的“直线”按钮和“修改”工具栏中的“偏移”按钮、“修剪”按钮，进行门扇造型的绘制，如图7-14所示。

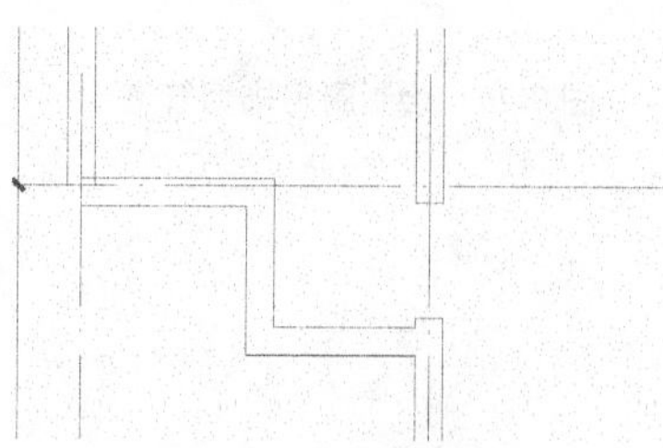
图7-14 绘制门扇洞口

注意

先绘制门的宽度，然后剪切得到门洞造型。

图 7-15　绘制门扇造型

15 单击“绘图”工具栏中的“矩形”按钮，绘制矩形门扇造型，如图 7-15 所示。

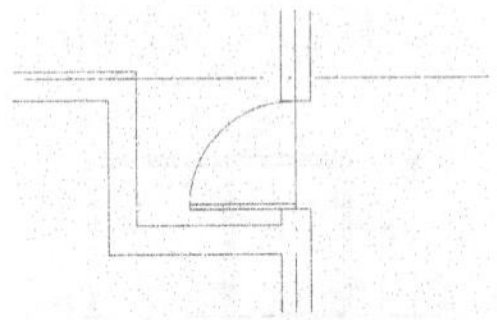

图 7-16　完整的门扇造型

16 单击“绘图”工具栏中的“圆弧”按钮，绘制弧线构成完整的门扇造型，如图 7-16 所示。

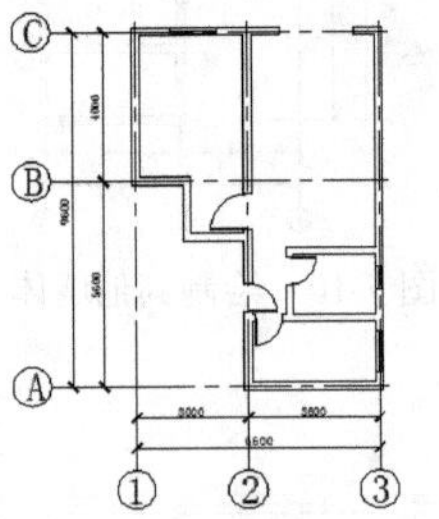

图 7-17　绘制其他门窗

17 其他门扇及窗户造型可按步骤（14）～步骤（16）绘制，如图 7-17 所示。

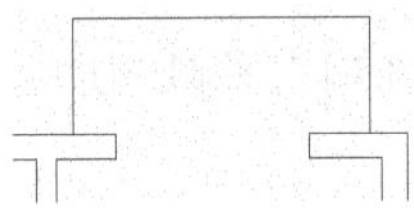

图 7-18　绘制阳台轮廓

18 单击“绘图”工具栏中的“多段线”按钮，绘制客厅阳台造型轮廓，如图 7-18 所示。

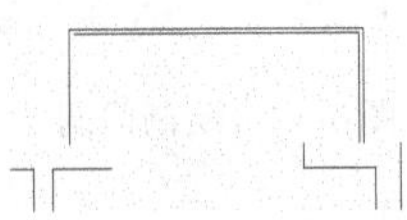

图 7-19　偏移阳台轮廓线

19 单击“修改”工具栏中的“偏移”按钮，对轮廓线进行偏移，得到具有一定厚度的阳台栏杆造型，如图 7-19 所示。

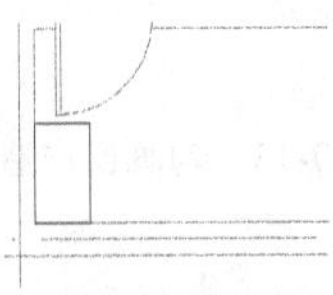

图 7-20　绘制厨房排烟管道

20 单击“绘图”工具栏中的“矩形”按钮，绘制厨房的排烟管道造型，如图 7-20 所示。

> **注意**
>
> 一般在厨房及卫生间有通风及排烟管道需要绘制。

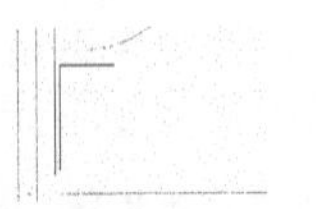

图 7-21　偏移管道线

21 单击“修改”工具栏中的“偏移”按钮，偏移形成管道外轮廓造型，如图 7-21 所示。

22 单击“绘图”工具栏中的“直线”按钮和“修改”工具栏中的“偏移”按钮，排烟管道一般分为两个空间，如图 7-22 所示。

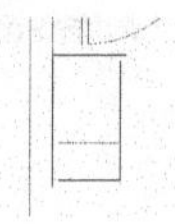
图 7-22　划分管道空间

23 单击“绘图”工具栏中的“直线”按钮，勾画管道折线形成管道空洞效果，如图 7-23 所示。

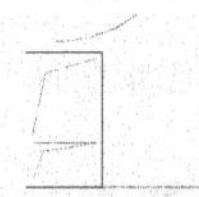
图 7-23　勾画折线

24 对于卫生间的通风管道造型，可单击“绘图”工具栏中的“直线”按钮，进行绘制，如图 7-24 所示。

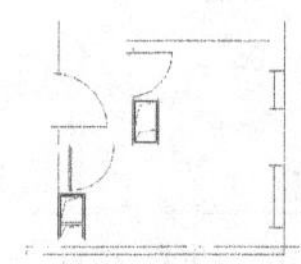
图 7-24　卫生间通风道

25 选择菜单栏中的“绘图”→“文字”→“单行文字”命令，对建筑平面图中的各个功能房间名称标注，文字高度为 350，文字的倾斜角度为 0，如图 7-25 所示。

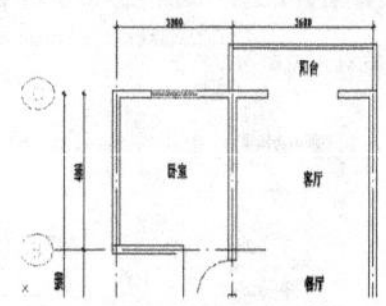
图 7-25　标注房间名

26 至此，一居室的未装修的建筑平面图绘制完成。单击“修改”工具栏中的“缩放”按钮，缩放视图观察图形，保存图形，如图 7-26 所示。

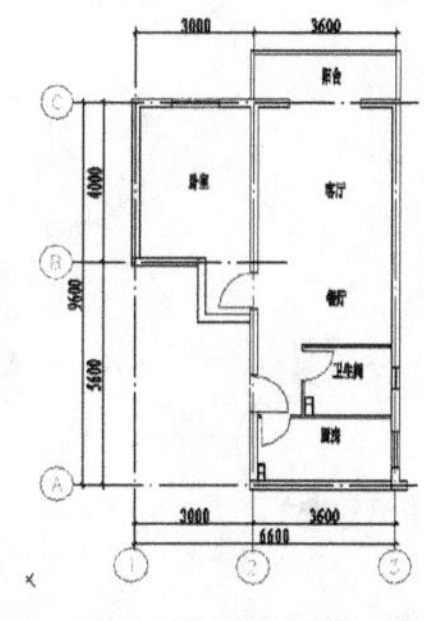

图 7-26　完成建筑平面绘制

7.2.2　建筑平面图家具布置

Step 绘制步骤

1 先介绍图块的插入方法。单击“绘图”工具栏中的“插入块”按钮，系统打开“插入”对话框，如图 7-27 所示。

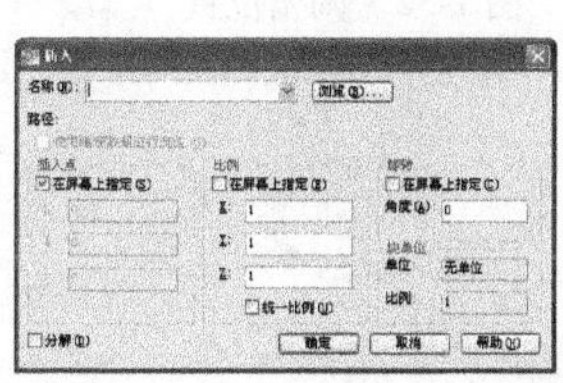
图 7-27　“插入”对话框

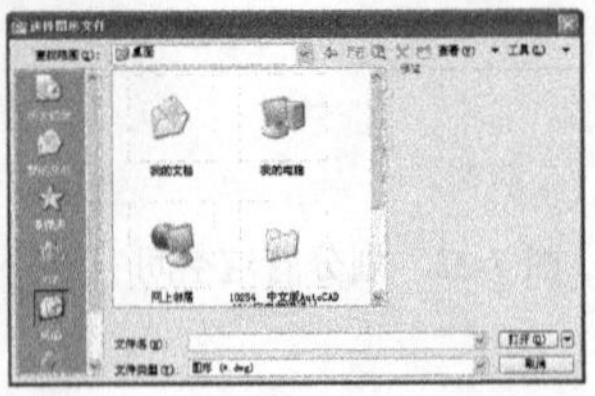

图 7-28　“选择图形文件”对话框

2 单击“插入”对话框中的“浏览”按钮，屏幕上将弹出选择图形文件对话框，如图 7-28 所示。

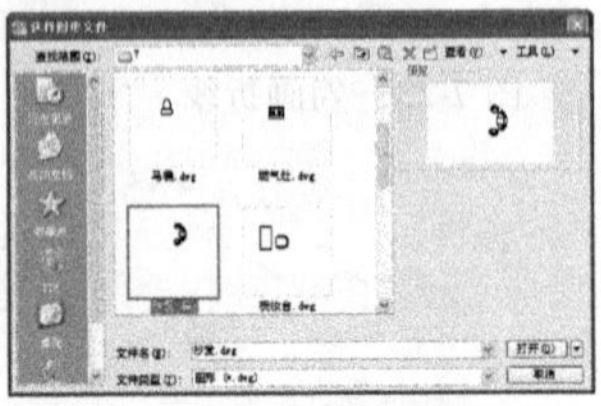

图 7-29　选择家具

3 在选择图形文件对话框中，选择家具所在的目录路径，单击要选择的家具——沙发，系统同时在对话框的右侧显示该家具的图形，如图 7-29 所示。

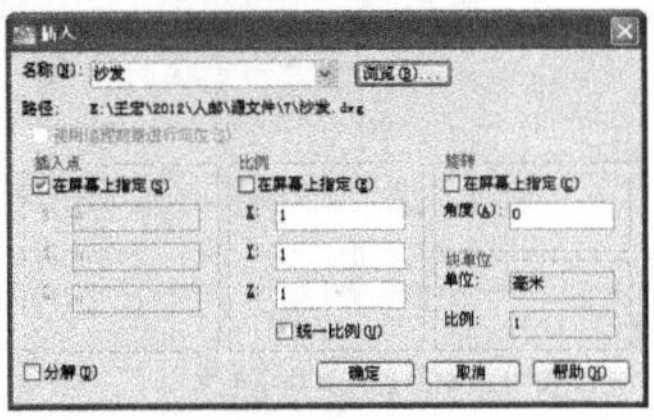

图 7-30　切回插入对话框

4 单击“打开”按钮，回到插入对话框中，名称已是所选择的沙发家具名称，如图 7-30 所示。

注意

此时可以设置相关的参数，包括插入点、缩放比例和旋转等。也可以不设置，在每一项前勾取在屏幕上指定。

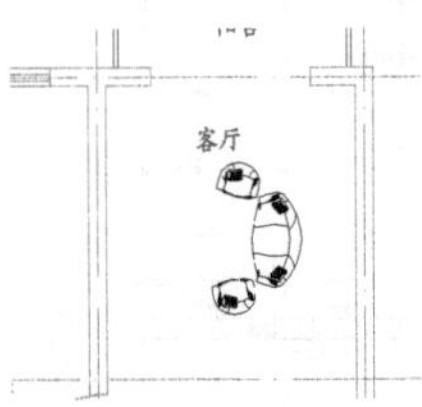

图 7-31　插入沙发

5 单击“确定”按钮，在屏幕上指定家具插入点位置和输入比例因子、旋转角度等，如图 7-31 所示。

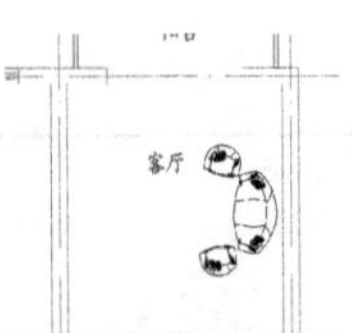

图 7-32　调整位置

6 若插入的位置不合适，则可以对其位置进行调整，如图 7-32 所示。

图 7-33　绘制茶几造型

7 单击“绘图”工具栏中的“矩形”按钮，绘制矩形茶几造型，如图 7-33 所示。

8 单击“绘图”工具栏中的“多段线”按钮，绘制电视柜轮廓造型，如图 7-34 所示。

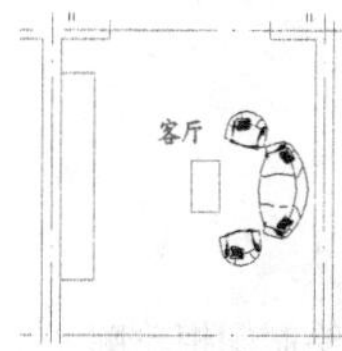

图 7-34　绘制电视柜造型

9 单击“绘图”工具栏中的“插入块”按钮，在电视柜上插入电视机造型，如图 7-35 所示。

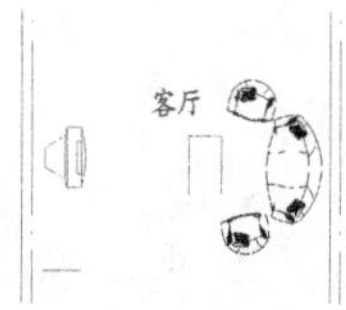

图 7-35　插入电视机

10 单击“绘图”工具栏中的“插入块”按钮，插入餐桌，如图 7-36 所示。

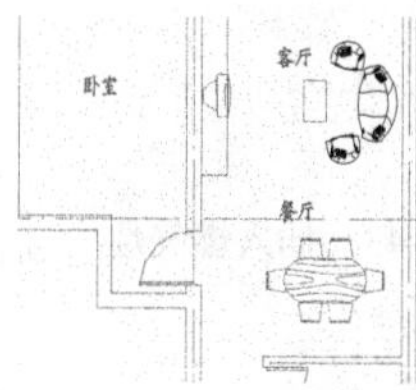

图 7-36　插入餐桌

11 单击“绘图”工具栏中的“插入块”按钮，插入双人床造型，如图 7-37 所示。

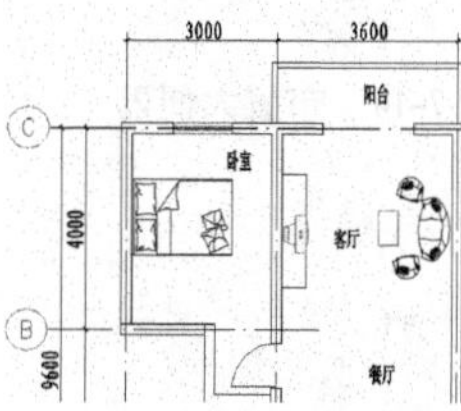

图 7-37　插入双人床

12 单击“绘图”工具栏中的“插入块”按钮，插入衣柜造型，如图 7-38 所示。

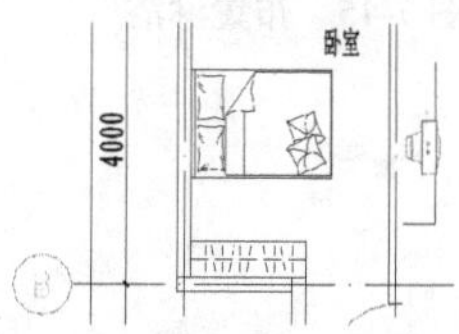

图 7-38　插入衣柜

13 单击“绘图”工具栏中的“插入块”按钮，插入梳妆台造型，如图 7-39 所示。

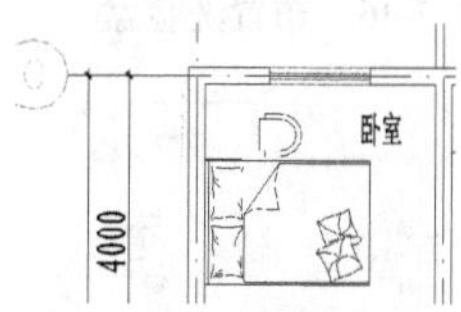

图 7-39　插入梳妆台

14 完成卧室的家具布置，如图 7-40 所示。

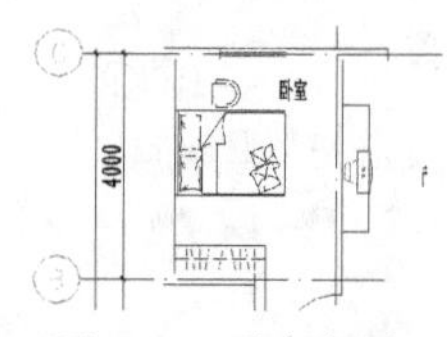

图 7-40　卧室布置

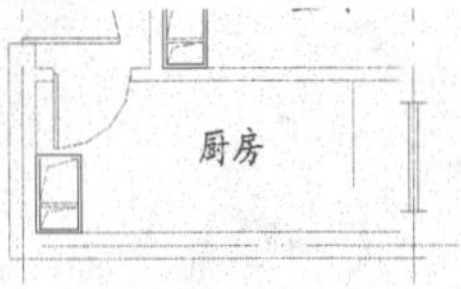

图 7-41　绘制橱柜轮廓

15 单击“绘图”工具栏中的“多段线”按钮，绘制橱柜轮廓线，如图 7-41 所示。

注意

考虑厨房空间呈长方形，因此布置 L 型橱柜造型。

图 7-42　插入洗菜盆

16 单击“绘图”工具栏中的“插入块”按钮，插入洗菜盆造型，如图 7-42 所示。

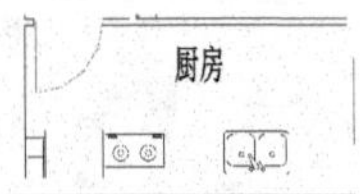

图 7-43　插入燃气灶

17 单击“绘图”工具栏中的“插入块”按钮，把燃气灶造型插入到橱柜中，如图 7-43 所示。

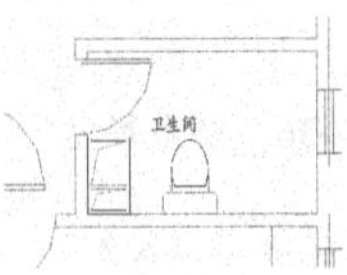

图 7-44　布置大便器

18 单击“绘图”工具栏中的“插入块”按钮，先布置大便器，如图 7-44 所示。

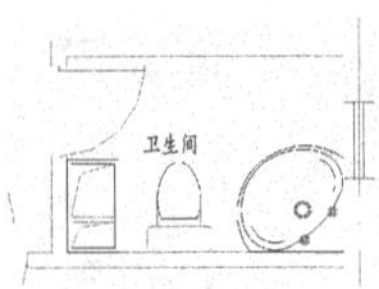

图 7-45　布置淋浴

19 单击“绘图”工具栏中的“插入块”按钮，在大便器右侧布置整体淋浴设施，如图 7-45 所示。

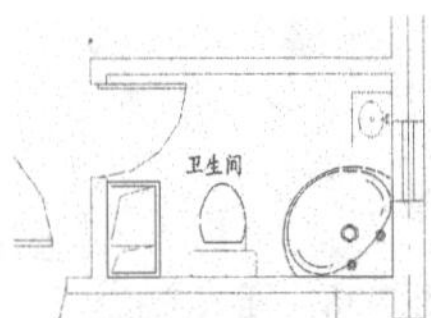

图 7-46　布置洗脸盆

20 单击“绘图”工具栏中的“插入块”按钮，根据卫生间的空间情况，在门口处布置洗脸盆，如图 7-46 所示。

图 7-47　完成家具等布置

21 完成洁具和家具布置。单击“标准”工具栏中的“实时缩放”按钮，缩放视图观察，保存图形，如图 7-47 所示。

注意

图形绘制完成后要注意保存。

7.3 高层住宅建筑平面图

本节将以工程设计中常见的建筑平面图作为例子，详细介绍建筑平面图 CAD 绘制方法与技巧。通过本设计案例的学习，综合前面有关章节的建筑平面图的绘图方法，进一步巩固其相关的绘图知识和方法，全面掌握建筑平面图的绘制方法。

下面将介绍如图 7-48 所示的住宅平面空间的建筑平面图设计的相关知识及其绘图方法与技巧。

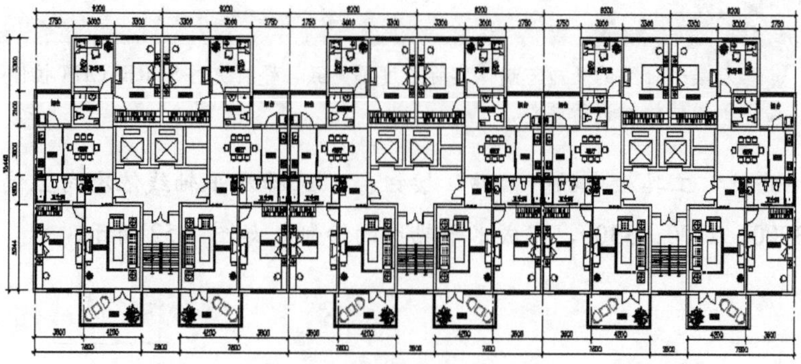

图 7-48 住宅平面空间建筑平面

7.3.1 建筑平面墙体绘制

Step 绘制步骤

1. 绘制轴线。

（1）单击“绘图”工具栏中的“直线”按钮，绘制居室墙体的轴线，所绘制的轴线长度为 16000，宽度为 9200，如图 7-49 所示。

（2）单击图层特性管理器中的线型，将轴线的线型由实线线型改为点划线线型，如图 7-50 所示。

注意

改变线型为点画线的方法是：先用鼠标单击所绘的直线，然后在“对象特性”工具栏上单击“线形控制”下拉列表框，选择点画线，所选择的直线将改变线型，得到建筑平面图的轴线点画线。若还未加载此种线型，则选择“其他”命令选项先加载此种点画线线型。

图 7-49　绘制墙体轴线

图 7-50　改变轴线的线型

（3）单击“修改”工具栏中的“偏移”按钮，选择竖直轴线依次向右偏移，偏移距离为 2750、3000、3300，选择偏移后的最右边轴线向左侧进行偏移，偏移距离为 1250、4200、3600，完成竖直轴线的绘制。

（4）单击“修改”工具栏中的“偏移”按钮和 “拉伸”按钮，根据居室开间或进深创建轴线，如图 7-51 所示。

注意

若某个轴线的长短与墙体实际长度不一致，可以使用 STRETCH（拉伸命令）或快捷键进行调整。

（5）单击“修改”工具栏中的“偏移”按钮，选择水平轴线依次向上偏移，偏移距离为 5250、1800、3000、2100、3300，完成水平轴线的绘制，如图 7-52 所示。

图 7-51　按开间或进深创建轴线

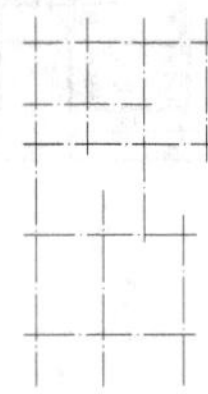

图 7-52　完成轴线绘制

（6）标注样式的设置应该跟绘图比例相匹配。该平面图以实际尺寸绘制，并以 1∶100 的比例输出，选择菜单栏中的“格式”→“标注样式”命令，弹出标注样式管理器对话框，对标注样式进行如下设置，如图 7-53～图 7-58 所示。

图 7-53　“创建新标注样式”对话框

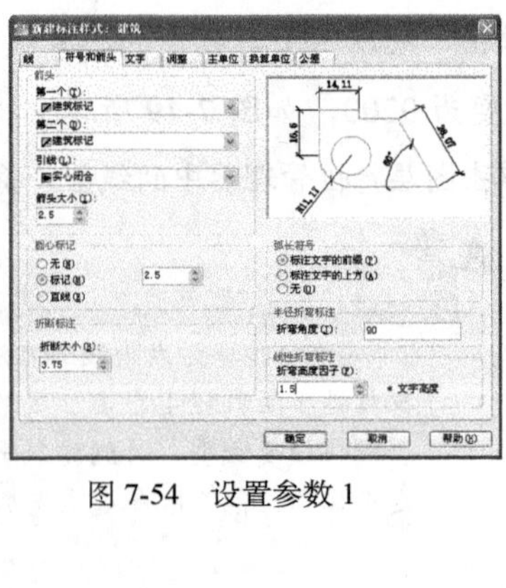

图 7-54　设置参数 1

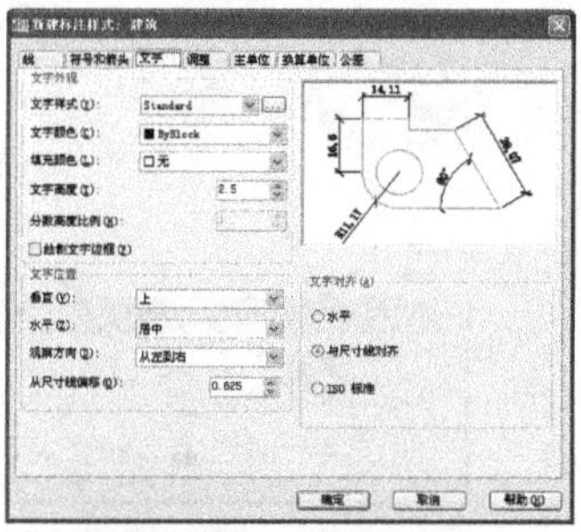

图 7-55 设置参数 2

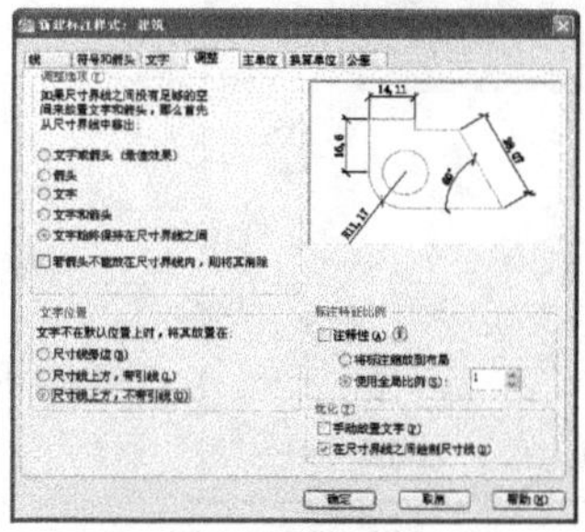

图 7-56 设置参数 3

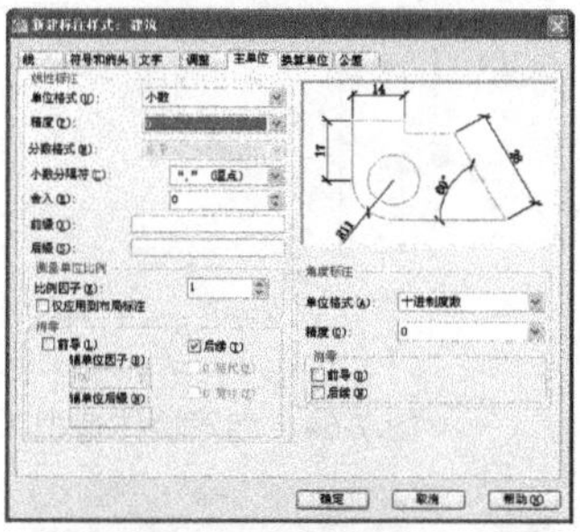

图 7-57 设置参数 4

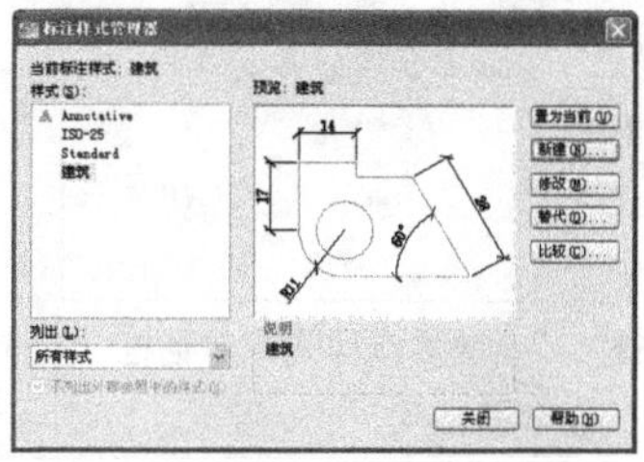

图 7-58 将“建筑”样式置为当前

（7）单击“标注”工具栏中的“线性”按钮，对轴线尺寸进行标注，如图 7-59 所示。

（8）单击“标注”工具栏中的“线性”按钮，完成住宅平面空间所有相关轴线尺寸的标注，如图 7-60 所示。

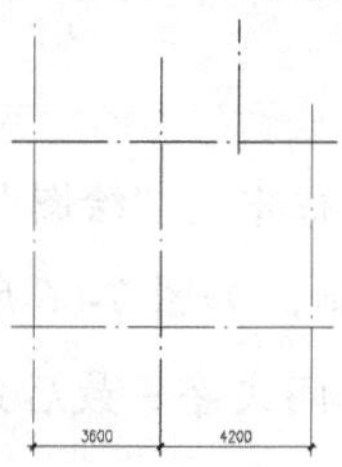

图 7-59 标注轴线

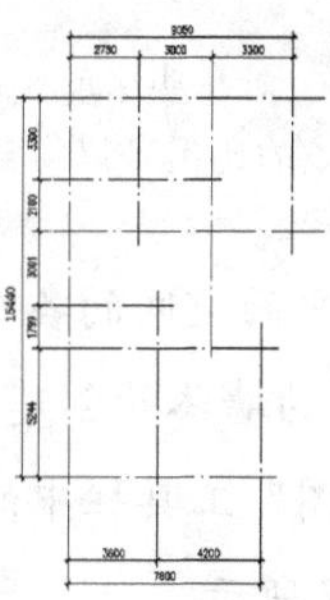

图 7-60 标注所有轴线

2 绘制墙体。

（1）选择菜单栏中的“格式”→“多线样式”命令，如图 7-61 所示。在该对话框中单击“新建”按钮，系统打开“创建新的多线样式”对话框，在该对话框的“新样式名”文本框中键入“墙体线”，如图 7-62 所示。单击“继续”按钮，系统打开“新建多线样式”对话框，单击“图元”选项组中的第一个图元项，在“偏移”文本框中将其数值改为 120，采用同样方法，将第二个图元项的偏移数值改为–120，其他选项设置如图 7-63 所示，确认后退出。

（2）选择菜单栏中的“绘图”→“多线”命令绘制墙体。多线比例为 1，完成墙体绘制，如图 7-64 所示。

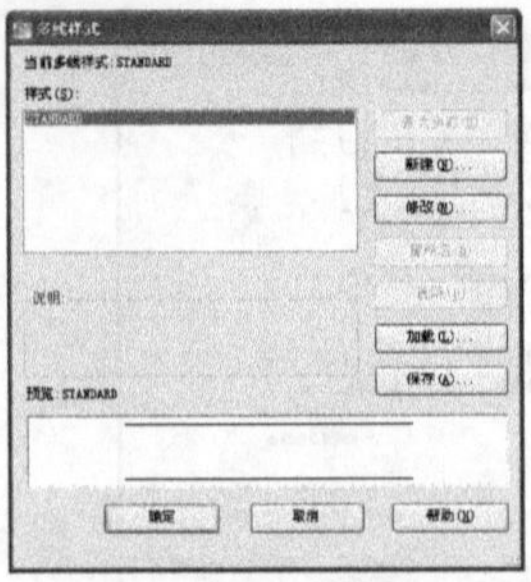

图 7-61 “多线样式”对话框

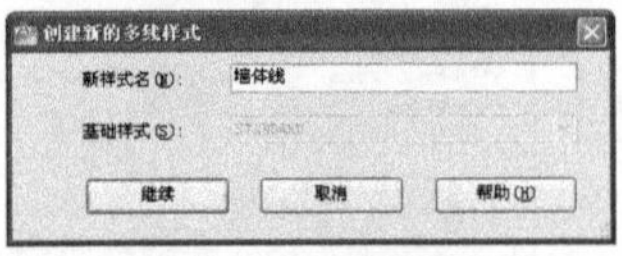

图 7-62 “创建新的多线样式”对话框

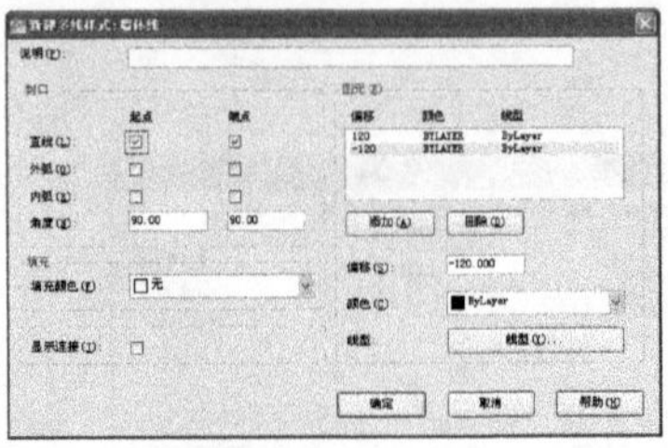

图 7-63 “新建多线样式”对话框

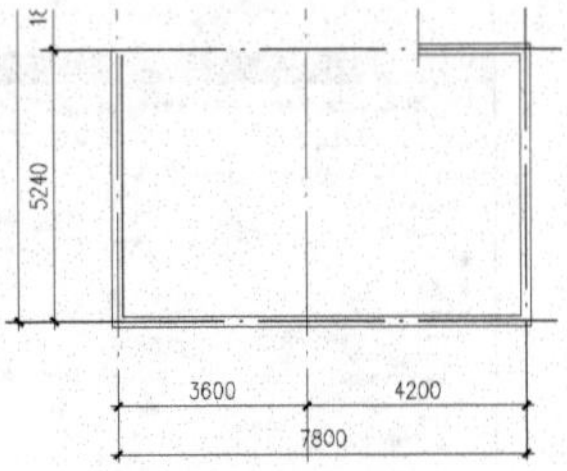

图 7-64 创建墙体造型

注意

通常，墙体厚度设置为 200mm。

（3）选择菜单栏中的“绘图”→“多线”命令，绘制其他位置墙体，如图 7-65 所示。

注意

对一些厚度比较薄的隔墙，如卫生间、过道等位置的墙体，通过调整多线的比例可以得到不同厚度的墙体造型。

（4）按照住宅平面空间的各个房间的开间与进深，选择菜单栏中的“绘图”→“多线”命令，继续进行其他位置的墙体的创建，最后完成整个墙体造型的绘制，如图 7-66 所示。

（5）单击“绘图”工具栏中的“多行文字”按钮 A，标注房间文字，最后完成整个建筑墙体平面图，如图 7-67 所示。

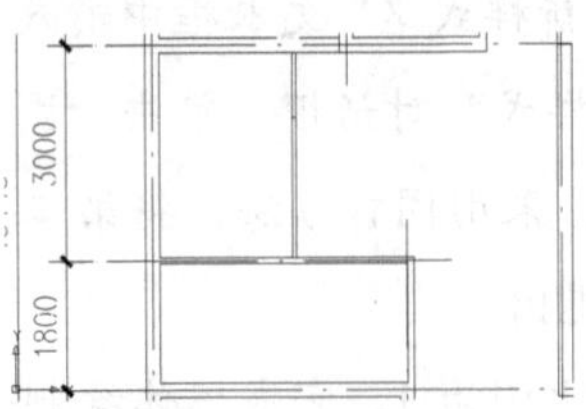

图 7-65 创建隔墙

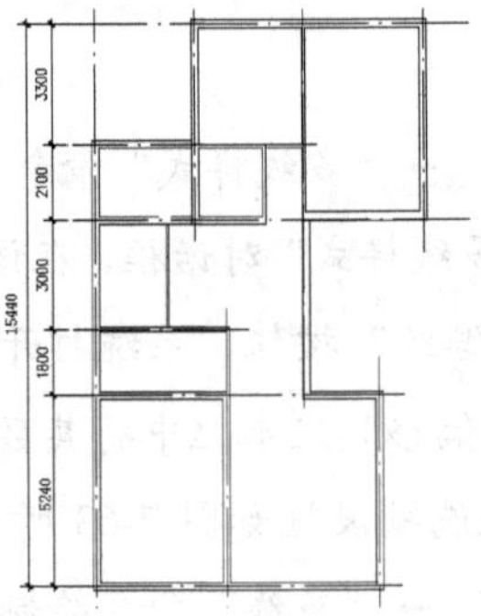

图 7-66 完成墙体绘制

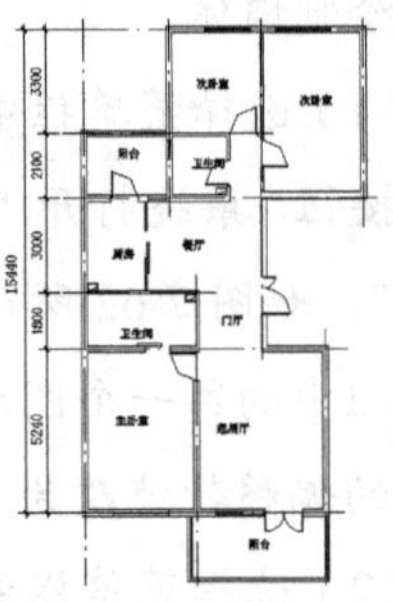

图 7-67 标注房间文字

7.3.2 建筑平面门窗绘制

Step 绘制步骤

1 绘制建筑平面图门。

（1）单击“绘图”工具栏中的“直线”按钮和“修改”工具栏中的“偏移”按钮，创建住宅平面空间的户门造型。按户门的大小绘制两条与墙体垂直的平行线确定户门宽度，如图 7-68 所示。

（2）单击“修改”工具栏中的“修剪”按钮，对线条进行剪切得到户门的门洞，如图 7-69 所示。

图 7-68 确定户门宽度

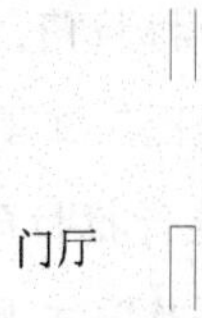

图 7-69 创建户门门洞

（3）单击“绘图”工具栏中的“多段线”按钮，绘制户门的门扇造型，该门扇为一大一小的造型，如图 7-70 所示。

（4）单击“绘图”工具栏中的“圆弧”按钮，绘制两段长度不一样的弧线，得到户门的造型，如图 7-71 所示。

（5）单击“绘图”工具栏中的“直线”按钮和“修改”工具栏中的“偏移”按钮，对阳台门联窗户的造型进行绘制，如图 7-72 所示。

图 7-70 绘制门扇

图 7-71 绘制两段弧线

（6）单击“修改”工具栏中的“修剪”按钮，在门的位置剪切边界线，得到门洞，如图 7-73 所示。

（7）单击“绘图”工具栏中的“多段线”按钮和“修改”工具栏中的“偏移”按钮，在门洞旁边绘制窗户造型，如图 7-74 所示。

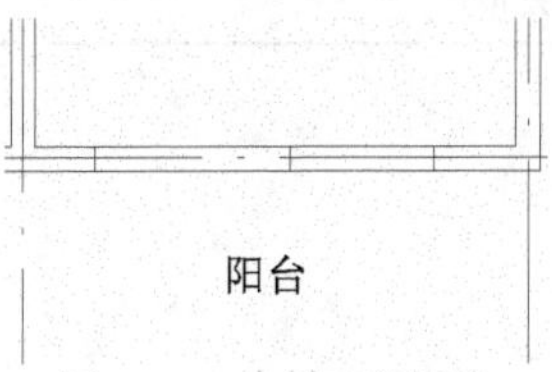

图 7-72 绘制三段短线

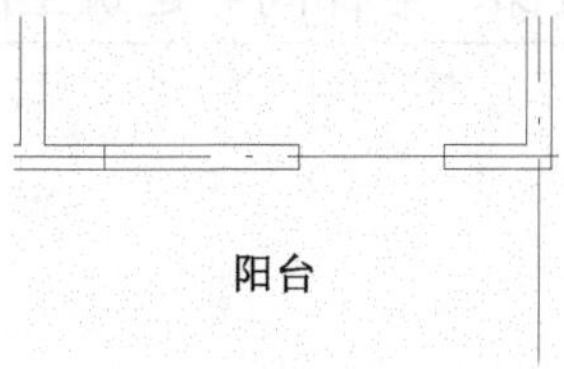

图 7-73 绘制转角窗户边界

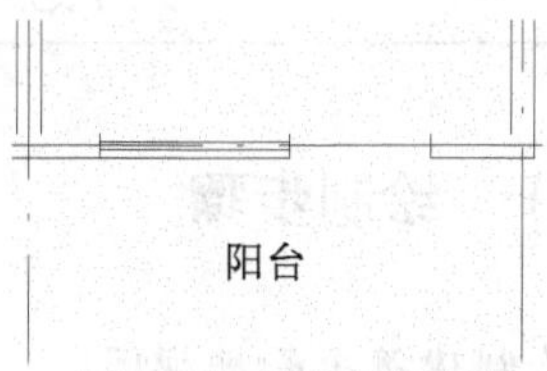

图 7-74 创建窗户造型

② 绘制建筑平面图对开门。

（1）单击“绘图”工具栏中的“多段线”按钮，按门大小的一半绘制其中一扇门扇，如图 7-75 所示。

（2）单击“修改”工具栏中的“镜像”按钮，通过镜像得到阳台门扇造型，完成门联窗户造型的绘制，如图 7-76 所示。

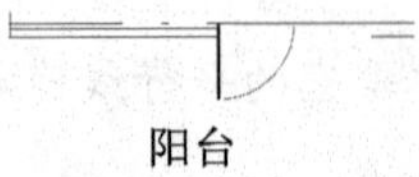

图 7-75　创建门洞

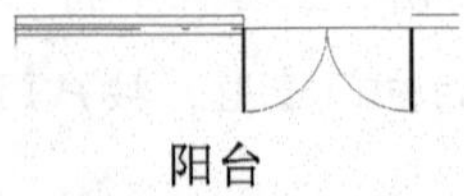

图 7-76　镜像门扇

③ 绘制建筑平面推拉门。

（1）单击“绘图”工具栏中的“直线”按钮和“修改”工具栏中的“偏移”按钮，在餐厅与厨房之间进行推拉门造型绘制，先绘制门的宽度范围，如图 7-77 所示。

（2）单击“修改”工具栏中的“修剪”按钮，剪切得到门洞形状，如图 7-78 所示。

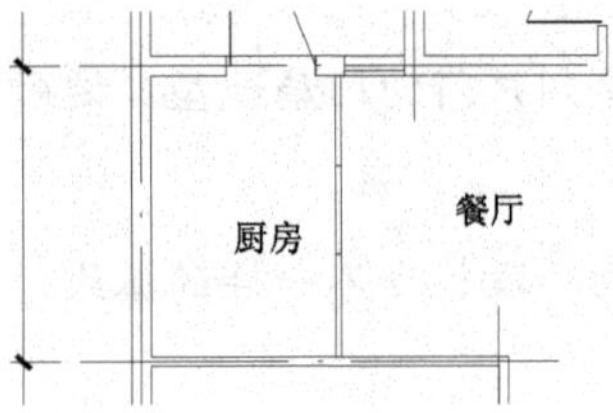

图 7-77　绘制门宽范围

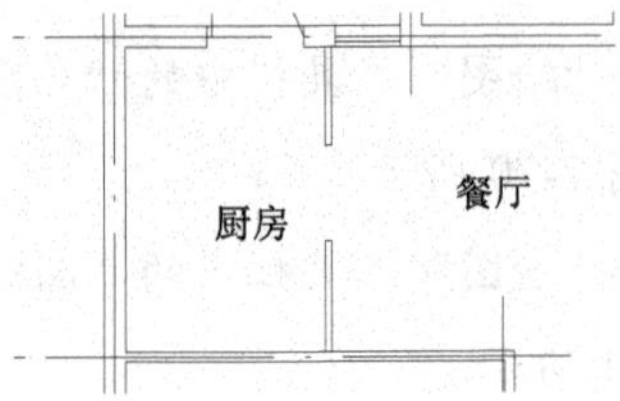

图 7-78　剪切形成门洞

（3）单击“绘图”工具栏中的“矩形”按钮，在靠餐厅一侧绘制矩形推拉门，如图 7-79 所示。

（4）其他位置的门扇和窗户造型可参照步骤（1）～步骤（3）进行创建，如图 7-80 所示。

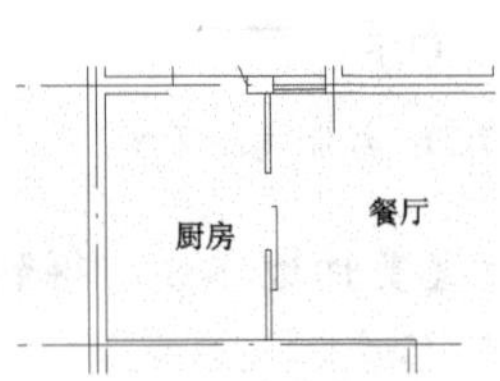

图 7-79　创建推拉门

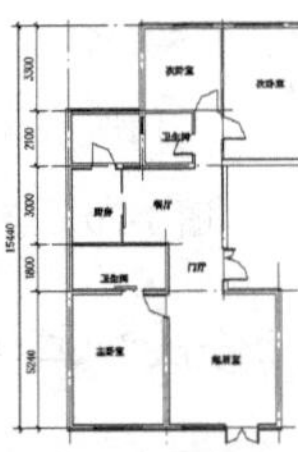
图 7-80　创建其他门窗

7.3.3　楼梯、电梯间等建筑空间平面绘制

Step 绘制步骤

① 绘制建筑平面楼梯间。

（1）单击“绘图”工具栏中的“直线”按钮和“圆弧”按钮，绘制楼梯间的墙体和门

窗轮廓图形，如图 7-81 所示。

（2）单击“绘图”工具栏中的“直线”按钮和“修改”工具栏中的“偏移”按钮，绘制楼梯踏步平面造型，如图 7-82 所示。

（3）单击“绘图”工具栏中的“直线”按钮和“修改”工具栏中的“修剪”按钮，勾画楼梯踏步折断线造型，如图 7-83 所示。

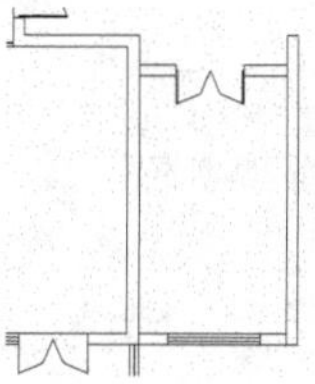

图 7-81 绘制楼梯间轮廓

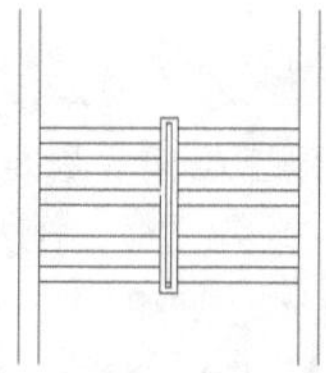

图 7-82 绘制踏步造型

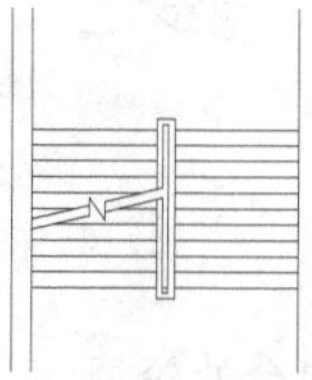

图 7-83 勾画楼梯折断线造型

2 绘制建筑平面电梯间。

（1）单击“绘图”工具栏中的“直线”按钮，绘制电梯井建筑墙体轮廓，如图 7-84 所示。

（2）单击“绘图”工具栏中的“矩形”按钮和 “直线”按钮，绘制电梯平面造型，如图 7-85 所示。

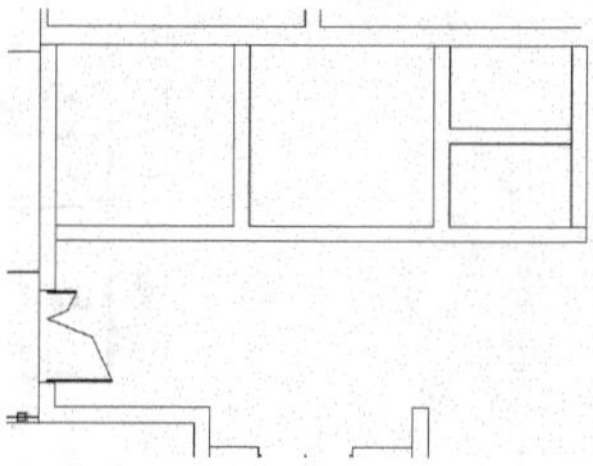

图 7-84 创建电梯井墙体

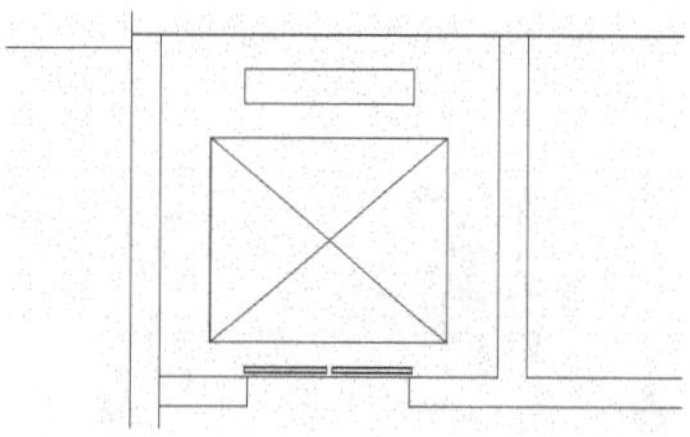

图 7-85 绘制电梯平面造型

（3）单击“修改”工具栏中的“复制”按钮，在电梯平面复制另一个电梯，如图 7-86 所示。

（4）单击“绘图”工具栏中的“多段线”按钮，绘制卫生间中的矩形通风道造型，如图 7-87 所示。

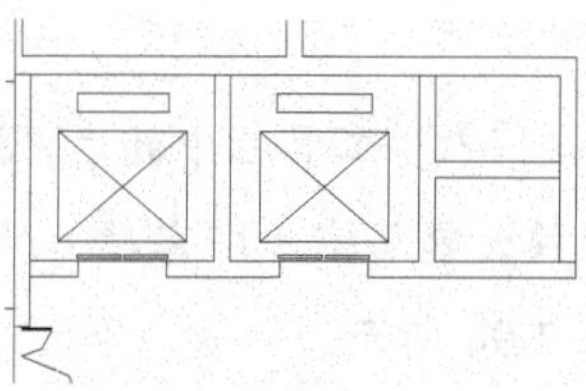

图 7-86 绘制另外一个电梯

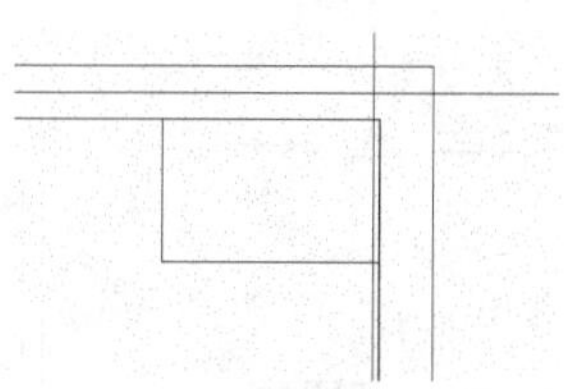

图 7-87 绘制通风道造型

（5）单击“修改”工具栏中的“偏移”按钮，得到通风道墙体造型，如图 7-88 所示。

（6）单击“绘图”工具栏中的“直线”按钮，在通风道内绘制折线造型，如图 7-89 所示。

（7）创建其他造型轮廓，如图 7-90 所示。

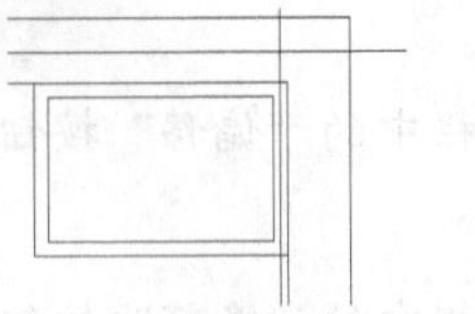

图 7-88　创建通风道墙体

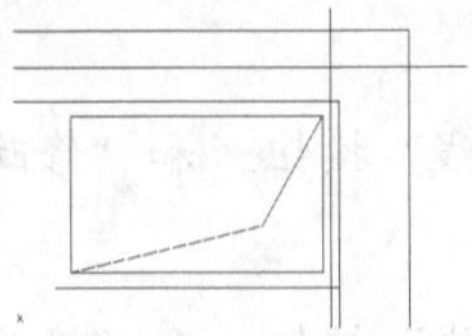

图 7-89　绘制折线

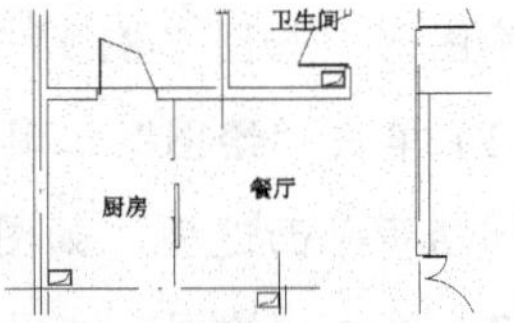

图 7-90　绘制其他管道造型

> **注意**
>
> 按上述方法可以创建其他卫生间和厨房的通风及排烟管道等造型轮廓，具体方法从略。

3 绘制阳台外轮廓。

（1）单击“绘图”工具栏中的“多段线”按钮，按阳台的大小尺寸绘制其外轮廓，如图 7-91 所示。

（2）单击“修改”工具栏中的“偏移”按钮，得到阳台及其栏杆造型效果，如图 7-92 所示。

（3）完成建筑平面图标准单元图形的绘制，如图 7-93 所示。

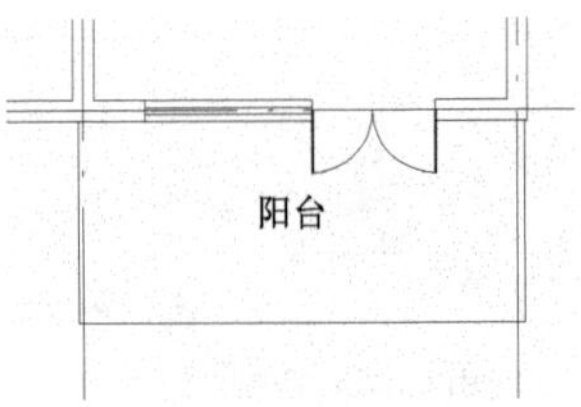

图 7-91　绘制阳台外轮廓

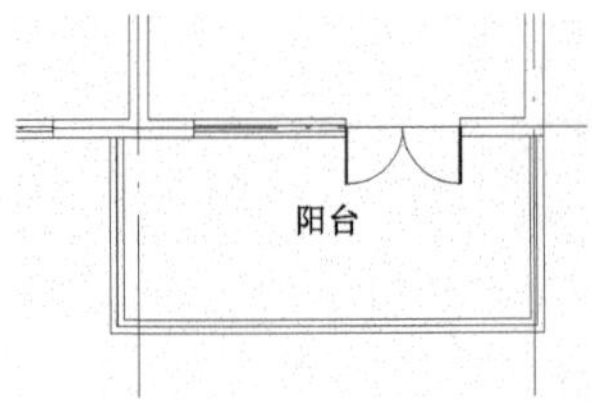

图 7-92　创建阳台栏杆造型

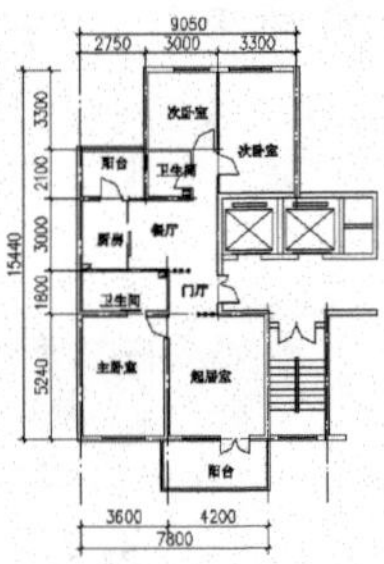

图 7-93　完成建筑墙体平面

7.3.4　建筑平面家具布置

Step 绘制步骤

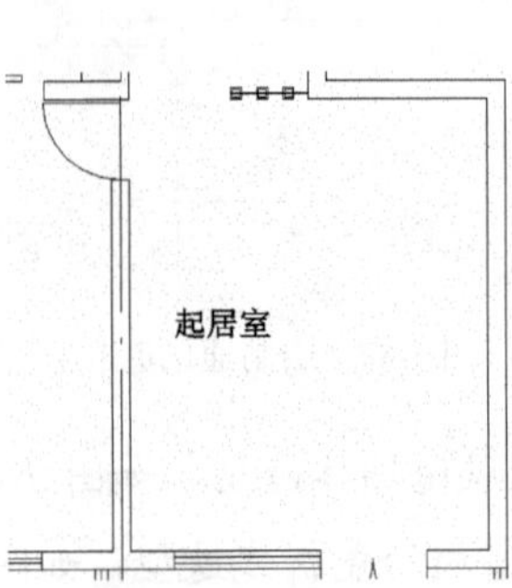

图 7-94　起居室平面

1 单击“修改”工具栏中的“缩放”按钮，局部放大起居室（即客厅）的空间平面，如图 7-94 所示。

2 单击“绘图”工具栏中的“插入块”按钮，在起居室平面上插入沙发造型等，如图7-95所示。

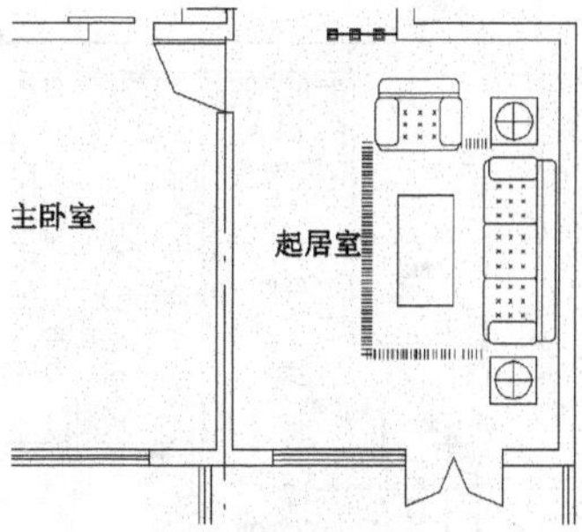

图 7-95　插入沙发

注意

该沙发造型包括沙发、茶几和地毯等综合造型。若沙发等家具插入的位置不合适，可以通过移动、旋转等命令对其位置进行调整。

3 单击“绘图”工具栏中的“插入块”按钮，为客厅配置电视柜造型，如图7-96所示。

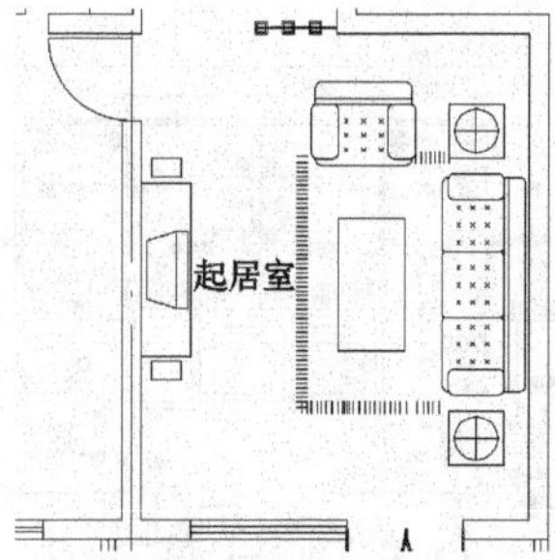

图 7-96　配置电视柜

4 单击“绘图”工具栏中的“插入块”按钮，在起居室布置适当的花草进行美化，如图7-97所示。

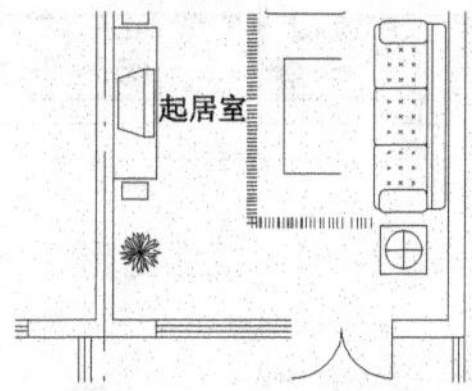

图 7-97　布置花草

5 单击“绘图”工具栏中的“插入块”按钮，在餐厅平面上插入餐桌，如图7-98所示。

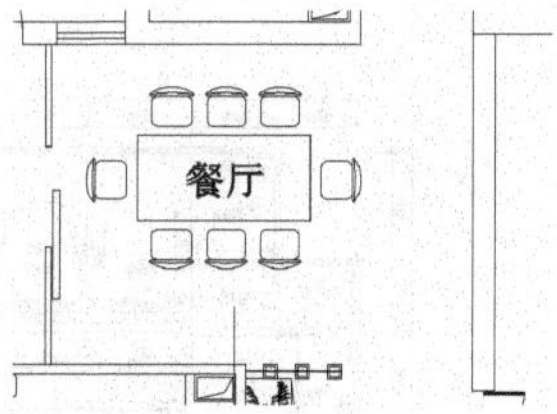

图 7-98　餐桌布置

6 单击“绘图”工具栏中的“插入块”按钮，按相似的方法布置其他位置的家具。

7 单击“绘图”工具栏中的“插入块”按钮，布置如卫生间的坐便器和洁身器等洁具设施，如图7-99所示。

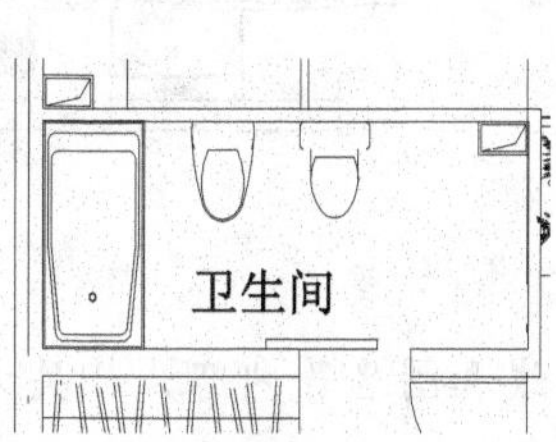

图 7-99　布置坐便器和洁具

图 7-100　继续布置家具

8 继续进行家具布置，最终完成平面图家具的布置，如图 7-100 所示。

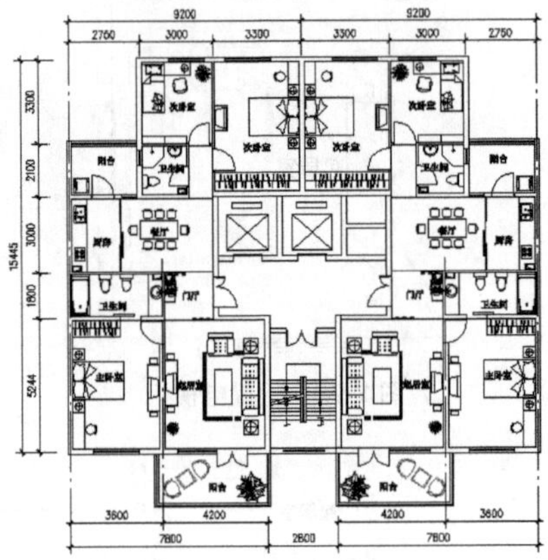
图 7-101　镜像图形

9 单击"修改"工具栏中的"镜像"按钮，将布置好的家具进行镜像得到标准单元平面图，如图 7-101 所示。

10 选择菜单栏中的"修改"→"复制"命令，将标准单元进行复制，得到整个建筑平面图，如图 7-102 所示。

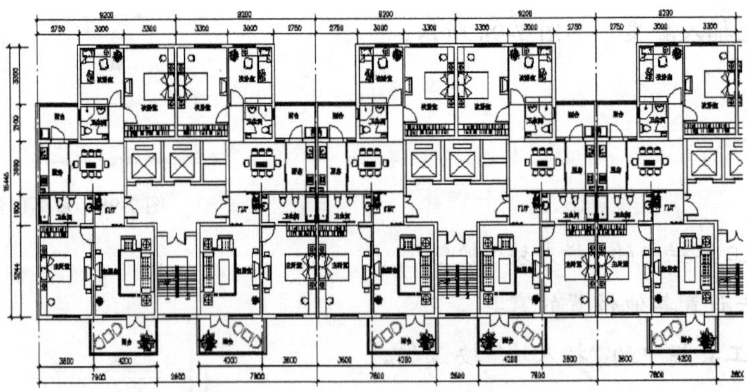
图 7-102　复制得到平面图

11 标注轴线和图名等内容，相关方法可参阅前面有关章节介绍的方法，在此不再赘述，效果如图 7-48 所示。

第8章 绘制建筑立面图

立面图是用直接正投影法将建筑各个墙面进行投影所得到的正投影图。本章将以别墅、公寓立面图为例，详细论述这些建筑立面图的CAD绘制方法与相关技巧。

学习要点

- 建筑立面图绘制概述
- 某联排别墅建筑立面图绘制
- 某高档公寓建筑立面图绘制

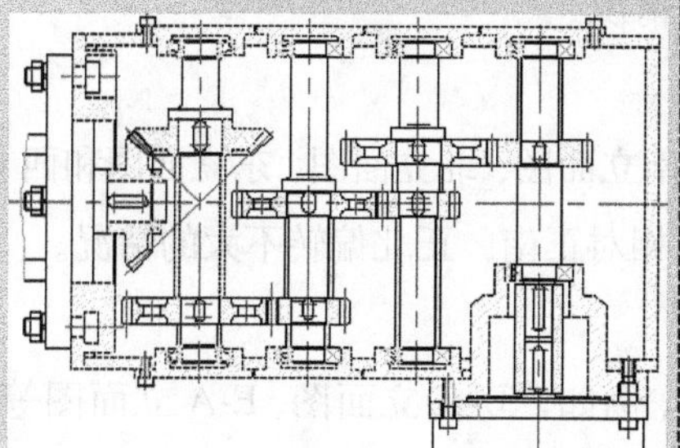

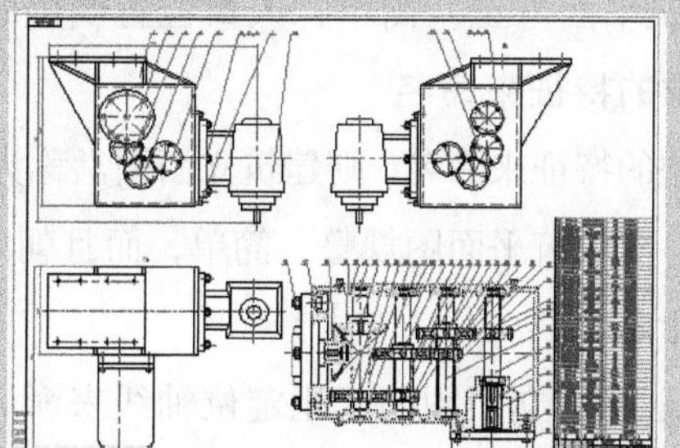

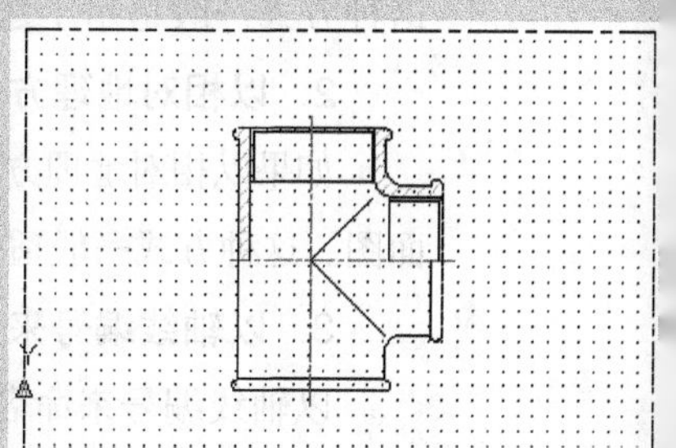

8.1 建筑立面图绘制概述

建筑立面图是用来研究建筑立面的造型和装修的图样。立面图主要是反映建筑物的外貌和立面装修的做法，这是因为建筑物给人的美感主要来自其立面的造型和装修。

8.1.1 建筑立面图的概念及图示内容

立面图是用直接正投影法将建筑各个墙面进行投影所得到的正投影图。一般情况下，立面图上的图示内容包括墙体外轮廓及内部凹凸轮廓、门窗（幕墙）、入口台阶及坡道、雨篷、窗台、窗楣、壁柱、檐口、栏杆、外露楼梯、各种小的细部可以简化或用比例来代替。例如门窗的立面，可以在具脚线等。从理论上讲，立面图上所有建筑配件的正投影图均要反映在立面图上。实际上，一些比例较有代表性的位置仔细绘制出时，可以绘制展开立面图。圆形或多边形平面的建筑物可通过分段展开来绘制立面图窗扇、门扇等细节，而同类门窗则用其轮廓表示即可。在施工图中立面图上的不足。

此外，当立面转折、曲折较复，如果门窗不是引用有关门窗图集，则其细部构造需要通过绘制大样图来表示。为了图示明确，在图名上均应注明“展开”二字，在转角处应准确标明轴线号。

8.1.2 建筑立面图的命名方式

建筑立面图命名的目的在于使读者一目了然地识别其立面的位置。因此，各种命名方式都是围绕“明确位置”这一主题来实施的。至于采取哪种方式，则视具体情况而定。

1．以相对主入口的位置特征来命名

如果以相对主入口的位置特征来命名，则建筑立面图称为正立面图、背立面图和侧立面图。这种方式一般适用于建筑平面方正、简单，入口位置明确的情况。

2．以相对地理方位的特征来命名

如果以相对地理方位的特征来命名，则建筑立面图常称为南立面图、北立面图、东立面图和西立面图。这种方式一般适用于建筑平面图规整、简单，而且朝向相对正南、正北偏转不大的情况。

3．以轴线编号来命名

以轴线编号来命名是指用立面图的起止定位轴线来命名，例如，①-⑥立面图、E-A 立面图等。这种命名方式准确，便于查对，特别适用于平面较复杂的情况。

根据《建筑制图标准》(GB/T 50104-2001)，有定位轴线的建筑物，宜根据两端定位轴线号来编注立面图名称。无定位轴线的建筑物可按平面图各面的朝向来确定名称。

8.1.3 建筑立面图绘制的一般步骤

从总体上来说，立面图是通过在平面图的基础上引出定位辅助线确定立面图样的水平位置及大小，然后根据高度方向的设计尺寸来确定立面图样的竖向位置及尺寸，从而绘制出一系列的图样。因此，立面图绘制的一般步骤如下。

Step 绘制步骤

1. 绘图环境设置。
2. 确定定位辅助线，包括墙、柱定位轴线、楼层水平定位辅助线及其他立面图样的辅助线。
3. 立面图样的绘制，包括墙体外轮廓及内部凹凸轮廓、门窗（幕墙）、入口台阶及坡道、雨篷、窗台、窗楣、壁柱、檐口、栏杆、外露楼梯和各种脚线等。
4. 配景，包括植物、车辆和人物等。
5. 尺寸、文字标注。
6. 线型、线宽设置。

8.2 某联排别墅建筑立面图绘制

以两层楼的低层建筑立面图为例，从地平面开始绘制，依次建立门窗立面、阳台立面和庭院栏杆立面图形，然后标注立面标高和文字等，逐步完成整个低层建筑的立面图形绘制。

本节将以图 8-1 所示低层建筑立面图为例，说明低层建筑的立面图 CAD 绘制方法与技巧。

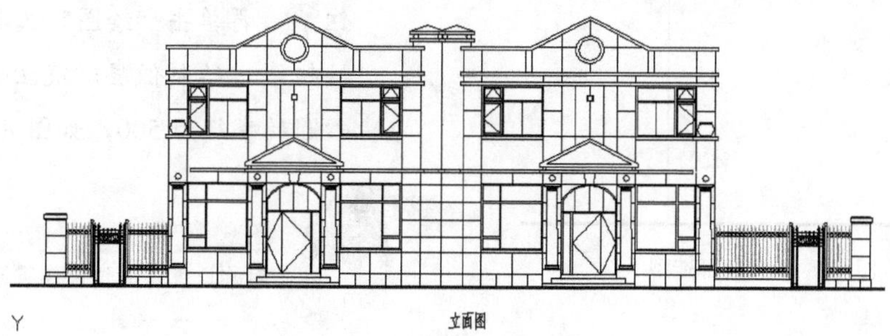

图 8-1 低层建筑立面图

8.2.1 低层建筑立面主体轮廓绘制

Step 绘制步骤

1 创建低层建筑的建筑楼体地平线，如图 8-2 所示。命令行提示如下：

```
命令：PLINE（使用 PLINE 命令绘制等宽度的线条）
指定起点：（指定等宽度的线条起点）
当前线宽为 0.0000
指定下一个点或 [圆弧（A）/半宽（H）/长度（L）/放弃（U）/宽度（W）]：W（输入 W 设置线条宽度）
指定起点宽度 <0.0000>：15（输入起点宽度）
指定端点宽度 <18-0000>：15（输入端点宽度）
指定下一个点或 [圆弧（A）/半宽（H）/长度（L）/放弃（U）/宽度（W）]：（依次输入多段线端点坐标或直接在屏幕上使用鼠标点取）
指定下一点或 [圆弧（A）/闭合（C）/半宽（H）/长度（L）/放弃（U）/宽度（W）]：（指定下一点位置）
指定下一点或 [圆弧（A）/闭合（C）/半宽（H）/长度（L）/放弃（U）/宽度（W）]：（回车结束操作）
```


图 8-2 创建地平线

注意

作为建筑的地平线，其长度要略大于建筑水平的总长度，并以粗实线表示。

2 建立低层建筑两边垂直轮廓线，单击“修改”工具栏中的“偏移”按钮，绘制一条竖直的直线，单击“修改”工具栏中的“偏移”按钮，向右偏移 15000，如图 8-3 所示。

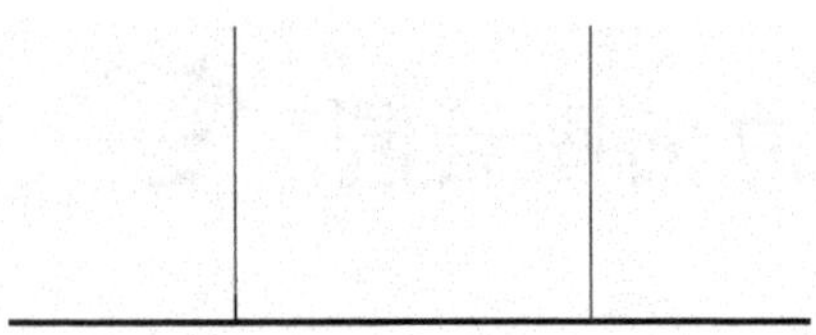

图 8-3 建立两边轮廓线

注意

按其中 1 个单元的宽度绘制。

3 单击“绘图”工具栏中的“多段线”按钮，然后单击“修改”工具栏中的“复制”按钮，再单击“绘图”工具栏中的“圆”按钮，绘制低层建筑立面顶部造型，同心圆的半径为 500，如图 8-4 所示。

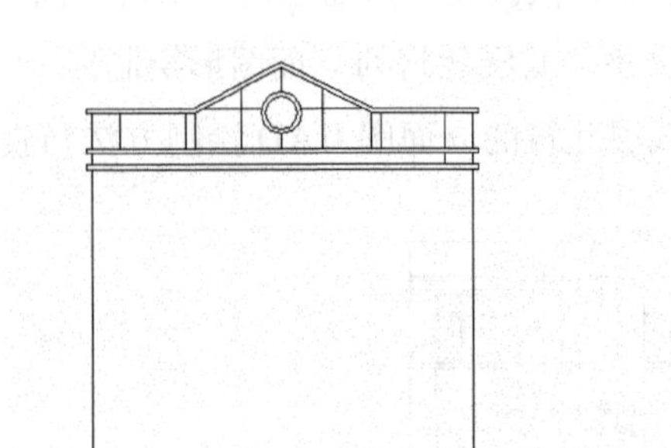

图 8-4 绘制顶部造型

注意

左右对称还可以通过镜像得到。

8.2.2 低层建筑门窗立面造型绘制

Step 绘制步骤

1. 单击“绘图”工具栏中的“直线”按钮和单击“修改”工具栏中的“镜像”按钮，创建中部竖直立面分格线，如图8-5所示。

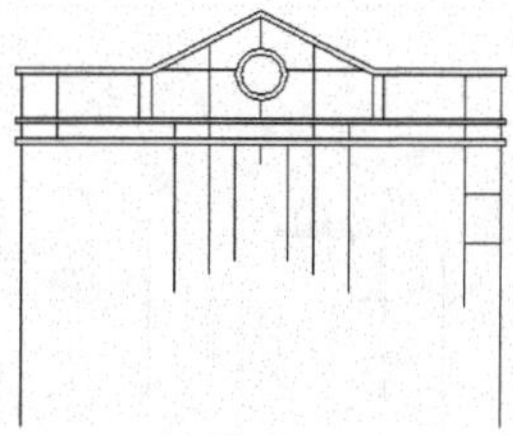

图8-5 创建中部分格线

2. 单击“绘图”工具栏中的“矩形”按钮和“多段线”按钮，建立低层建筑立面窗户的造型轮廓线，矩形长度为1200，宽度为1800，如图8-6所示。

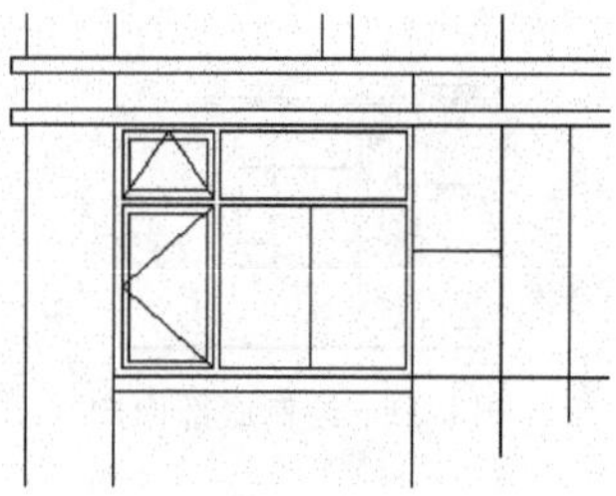

图8-6 建立立面窗户

注意

窗户宽度大小根据平面图确定，高度根据层高确定。

3. 单击“修改”工具栏中的“镜像”按钮，通过镜像形成对称立面处的窗户，如图8-7所示。

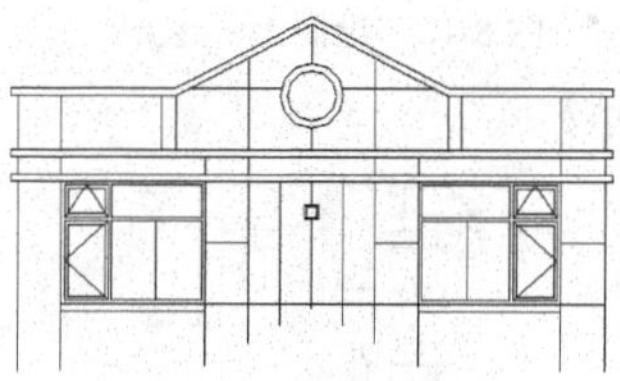

图8-7 镜像对称窗户

注意

采用复制得到的效果不同。

4. 创建入口门厅顶部屋面轮廓线。单击“绘图”工具栏中的“多段线”按钮，绘制由直线构成的多段线，单击“修改”工具栏中的“偏移”按钮，偏移形成形状相似的图形，偏移距离为100，如图8-8所示。

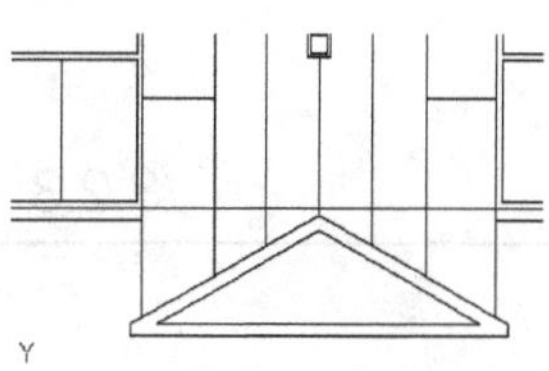

图8-8 创建入口屋面

5. 单击“绘图”工具栏中的“圆弧”按钮、“直线”按钮和单击“修改”工具栏中的“复制”按钮等，绘制低层建筑户门形状，如图8-9所示。

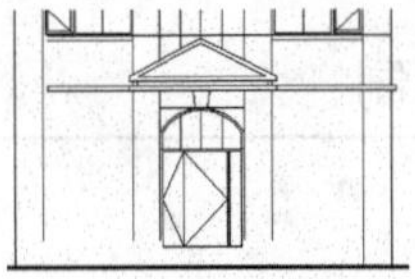

图 8-9 绘制低层建筑户门

注意

户门为一大一小 2 扇。

6 单击“绘图”工具栏中的“矩形”按钮，创建建筑台阶图形对象，如图 8-10 所示。

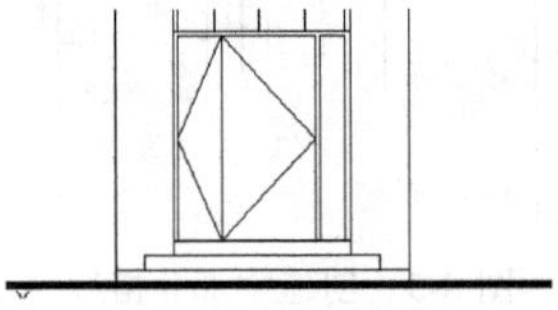

图 8-10 创建台阶

注意

室内外高差 150mm ~ 450mm，3 步台阶。

7 单击“绘图”工具栏中的“直线”按钮和“矩形”按钮，完成底部窗户图形的绘制，如图 8-11 所示。

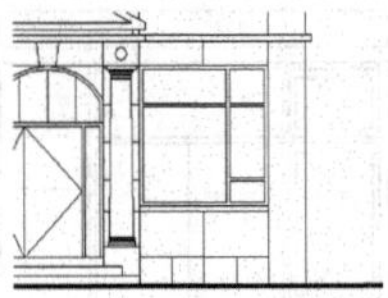

图 8-11 绘制底部窗户

8 单击“绘图”工具栏中的“直线”按钮和“矩形”按钮，完成上部的窗户图形绘制，如图 8-12 所示。

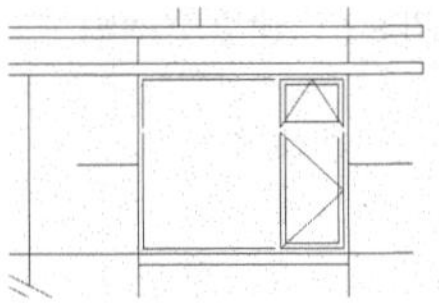

图 8-12 绘制上部窗户

9 单击“标准”工具栏中的“实时缩放”按钮，缩放视图进行观察整个图形，完成整个建筑立面的窗户立面绘制，如图 8-13 所示。

图 8-13 完成窗户立面

注意

注意保存图形。

8.2.3 低层建筑立面细部造型绘制

Step 绘制步骤

1 绘制户门两侧的柱子基座造型。

1）单击“绘图”工具栏中的“直线”按钮，绘制一条水平的直线。

2）单击“修改”工具栏中的“偏移”按钮，将直线向上偏移 150。

3）单击“绘图”工具栏中的“圆”按钮，同心圆的半径为 150。

4）单击“修改”工具栏中的“修剪”按钮，将多余的线修剪掉，如图 8-14 所示。

注意

罗马式柱子造型。

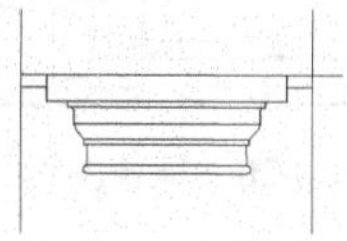

图 8-14 绘制柱子基座

2 按步骤 1 所示方法建立柱子顶部造型，如图 8-15 所示。

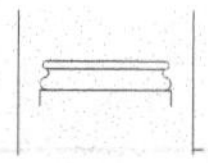

图 8-15 绘制柱子顶部

3 单击“绘图”工具栏中的“直线”按钮，将柱子顶部造型与基座造型连接起来，构成整个柱子形体，如图 8-16 所示。

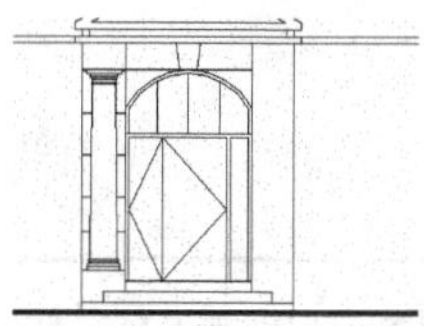

图 8-16 构成整个柱子

4 单击“修改”工具栏中的“复制”按钮或“镜像”按钮，得到门另一侧的柱子，如图 8-17 所示。

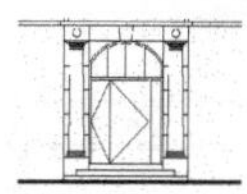

图 8-17 镜像得到柱子

5 按上述方法完成低层建筑主体立面图的绘制操作，如图 8-18 所示。

注意

完成的是一个单元的建筑立面。

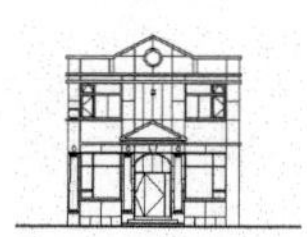

图 8-18 完成主体立面图

8.2.4 低层建筑立面辅助造型绘制

Step 绘制步骤

1 单击“绘图”工具栏中的“多段线”按钮，建立低层建筑烟囱图形外轮廓，如图 8-19 所示。

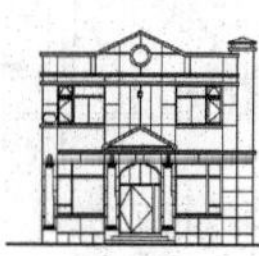

图 8-19 建立烟囱

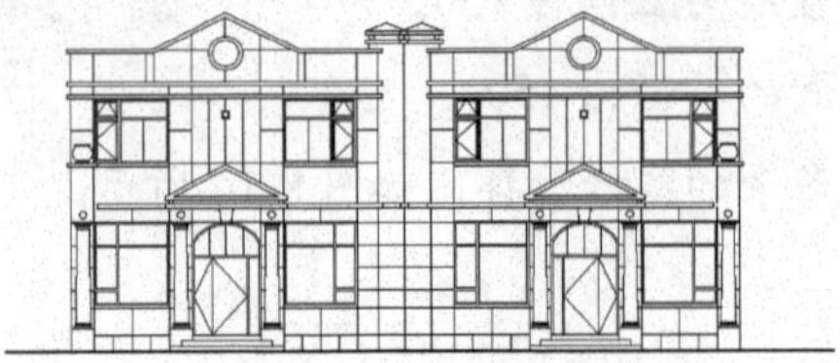

图 8-20　镜像图形

2 单击“修改”工具栏中的“镜像”按钮，镜像得到另外一侧的图形，如图 8-20 所示。

注意

若通过复制可得到另外一种组合建筑形式。

3 单击“绘图”工具栏中的“矩形”按钮和单击“修改”工具栏中的“复制”按钮，绘制低层建筑院落围栏，如图 8-21 所示。

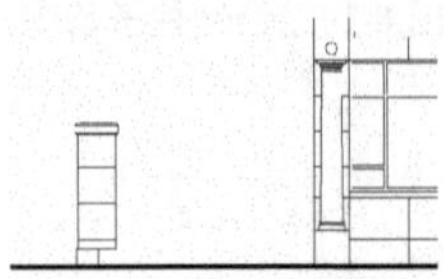

图 8-21　绘制院落围栏

4 单击“绘图”工具栏中的“圆”按钮和单击“绘图”工具栏中的“直线”按钮，创建围栏入口门主栏杆，同心圆半径为 60，如图 8-22 所示。

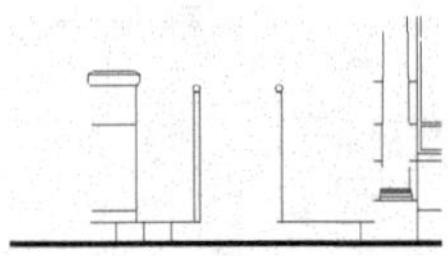

图 8-22　绘制入口栏杆

5 单击“绘图”工具栏中的“直线”按钮和单击“修改”工具栏中的“偏移”按钮，对入口门隔栅栏杆勾画，偏移距离为 250，如图 8-23 所示。

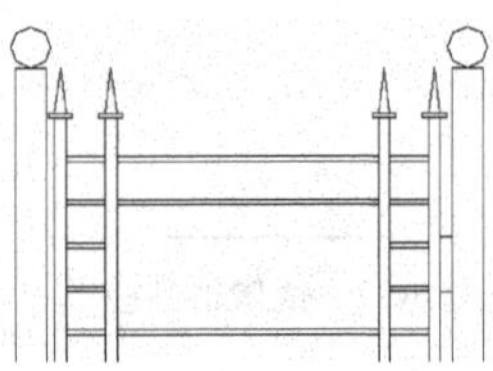

图 8-23　勾画隔栅栏杆

6 单击“绘图”工具栏中的“样条曲线”按钮，对隔栅栏杆内细部造型描绘，如图 8-24 所示。

图 8-24　细部造型描绘

注意

细部绘制比较繁琐。

7 单击“修改”工具栏中的“镜像”按钮和“复制”按钮，复制构成整体隔栅栏杆，如图 8-25 所示。

图 8-25　构成栏杆

8 采用步骤 3 ～ 7 所示的方法，完成围栏的其他部分，如图 8-26 所示。

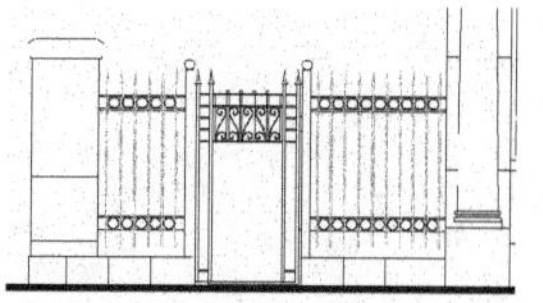

图 8-26　完成围栏的其他部分

9 另外一侧的围栏及平台的绘制方法，与前面操作相类似，如图 8-27 所示。

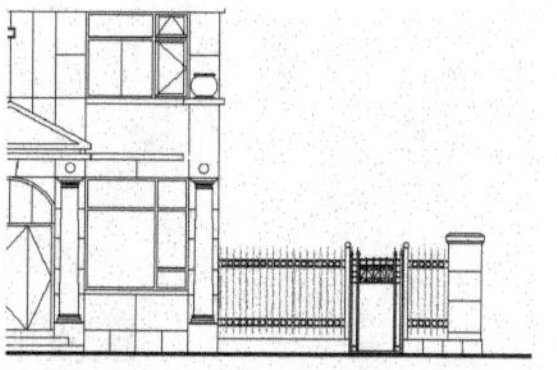

图 8-27　另一侧围栏

注意

可以通过镜像功能命令得到。

10 单击“绘图”工具栏中的“直线”按钮，绘制标高造型符号，选择菜单栏中的“绘图”→“文字”→“单行文字”命令，标注标高和文字尺寸等，标高为 3.900，文字高度 450，如图 8-28 所示。

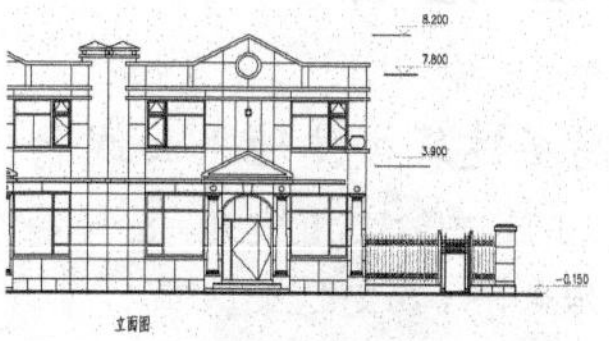

图 8-28　标注标高

11 单击“标准”工具栏中的“实时缩放”按钮，进行图形视图缩放观察，完成整个低层建筑立面图绘制并存储，如图 8-29 所示。

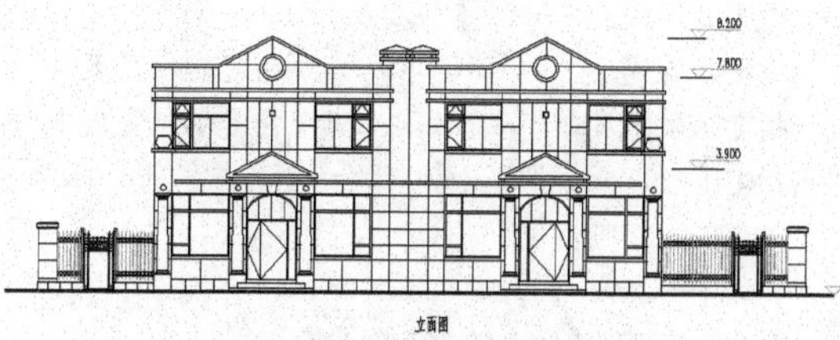

图 8-29　完成整个立面图

8.3 某高档公寓建筑立面图绘制

以高层建筑立面图为例，通过依次建立标准层的门窗立面、阳台立面等，创建标准层的立面图，然后通过复制得到整个楼层的立面图，接着标注立面标高和文字等，逐步完成整个高层建筑的立面图形绘制。

本节将详细讲述如图 8-30 所示的高层建筑立面图的 AutoCAD 绘制方法。

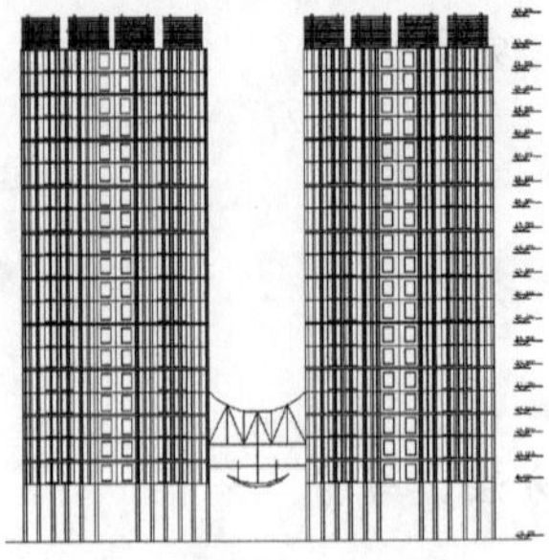

图 8-30　高层建筑立面图

8.3.1　高层建筑标准层立面图绘制

Step 绘制步骤

1 创建高层建筑楼体地平面线和柱子，如图 8-31 所示。命令行提示如下：

```
命令: PLINE (创建直线)
指定开始点: (指定起点)
当前线宽是 0.0000
指定下一点或 [圆弧(A)/闭合(C)/半宽(H)/长度(L)/放弃(U)/宽度(W)]: W (输入 W 指定下一条直线段的宽度)
指定开始宽度 <0.0000>: 20 (指定起点宽度)
指定结束宽度 <20.0000>:20 (指定端点宽度)
指定下一点或 [圆弧(A)/闭合(C)/半宽(H)/长度(L)/放弃(U)/宽度(W)]: (指定下一点位置)
……
指定下一点或 [圆弧(A)/闭合(C)/半宽(H)/长度(L)/放弃(U)/宽度(W)]: (按 Enter 键)
命令: LINE (输入绘制直线命令)
指定第一点: (指定直线起点或输入端点坐标)
指定下一点或 [放弃 (U)]:@0,6000 (指定直线终点或输入端点坐标)
指定下一点或 [放弃 (U)]: (按 Enter 键)
命令: OFFSET (在距现有对象指定的距离处或通过指定点创建新对象)
当前设置: 删除源=否  图层=源  OFFSETGAPTYPE=0
指定偏移距离或 [通过(T)/删除(E)/图层(L)] <0.0000>:1500 (输入偏移距离)
选择要偏移的对象, 或 [退出(E)/放弃(U)] <退出>: (选择要偏移的图形)
指定要偏移的那一侧上的点, 或 [退出(E)/多个(M)/放弃(U)] <退出>: (指定偏移位置)
…… (选择要偏移的对象, 指定偏移位置)
选择要偏移的对象, 或 [退出(E)/放弃(U)] <退出>: (按 Enter 键)
命令: OFFSET (在距现有对象指定的距离处或通过指定点创建新对象)
当前设置: 删除源=否  图层=源  OFFSETGAPTYPE=0
指定偏移距离或 [通过(T)/删除(E)/图层(L)] <0.0000>:310 (输入偏移距离)
选择要偏移的对象, 或 [退出(E)/放弃(U)] <退出>: (选择要偏移的图形)
指定要偏移的那一侧上的点, 或 [退出(E)/多个(M)/放弃(U)] <退出>: (指定偏移位置)
…… (选择要偏移的对象, 指定偏移位置)
```

```
选择要偏移的对象，或 [退出(E)/放弃(U)] <退出>:（按Enter键）
```

> **注意**
>
> 先绘制其中一栋建筑的立面轮廓。

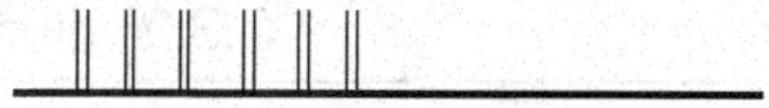

图 8-31 创建地平面线和柱子

2. 单击“绘图”工具栏中的“直线”按钮和“修改”工具栏中的“复制”按钮，绘制2层立面图形，如图8-32所示。

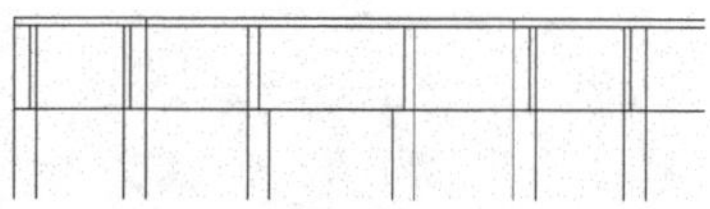

图 8-32 绘制 2 层立面图形

3. 单击“绘图”工具栏中的“矩形”按钮，勾画2层楼体窗户立面图，矩形为120×2200，如图8-33所示。

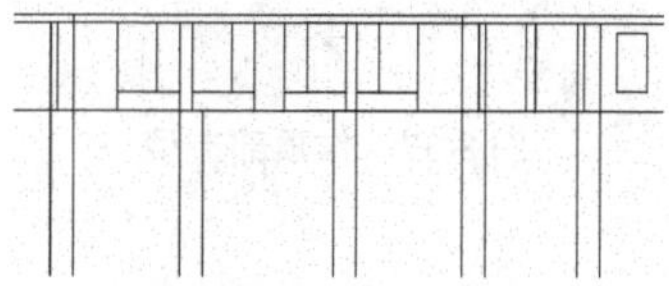

图 8-33 勾画 2 层窗户

> **注意**
>
> 窗户造型仅为示意。

4. 单击“修改”工具栏中的“复制”按钮，进行逐层复制，如图8-34所示。

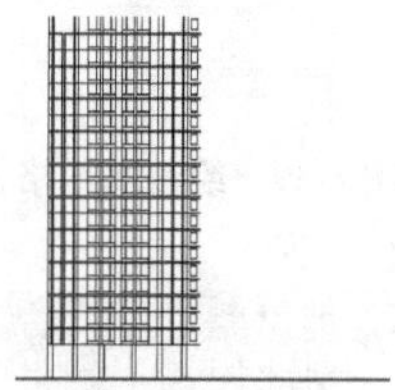

图 8-34 进行逐层复制

5. 单击“修改”工具栏中的“复制”按钮，按高层建筑的层数，复制完成所有相同层立面图，如图8-35所示。

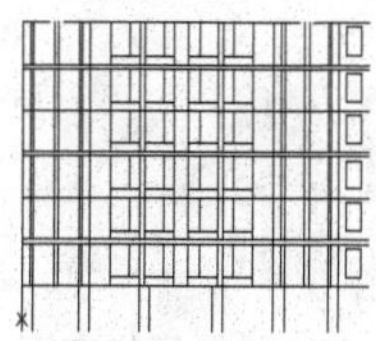

图 8-35 继续复制楼层

> **注意**
>
> 作为高层建筑，其层数较多。

6. 单击“修改”工具栏中的“镜像”按钮得到对称部分立面造型图，如图8-36所示。

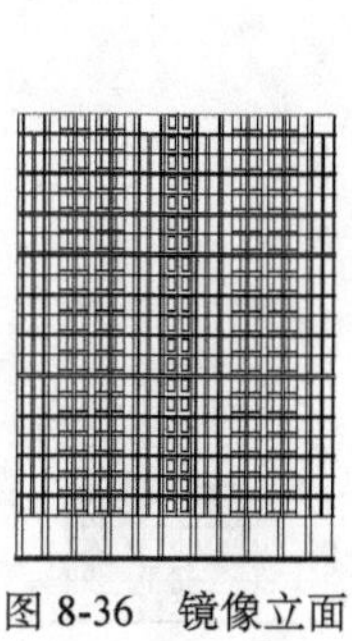

图 8-36 镜像立面

8.3.2 高层建筑立面细部造型绘制

Step 绘制步骤

❶ 单击“绘图”工具栏中的“直线”按钮，制作高层建筑顶部造型，如图 8-37 所示。

图 8-37 作顶部造型

注意

在这里主要构成图形元素是直线。

❷ 单击“修改”工具栏中的“复制”按钮，进行复制得到对称一侧的形体造型，如图 8-38 所示。

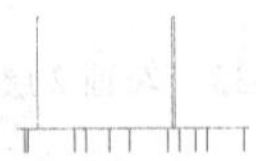

图 8-38 复制得到对称形体

❸ 单击“绘图”工具栏中的“多段线”按钮和“修改”工具栏中的“复制”按钮，绘制中部水平格栅造型，如图 8-39 所示。

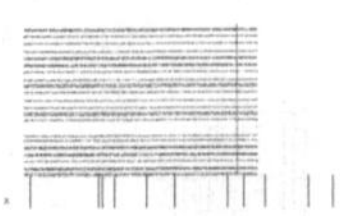

图 8-39 绘制水平格栅

❹ 单击“修改”工具栏中的“复制”按钮，复制格栅造型，如图 8-40 所示。

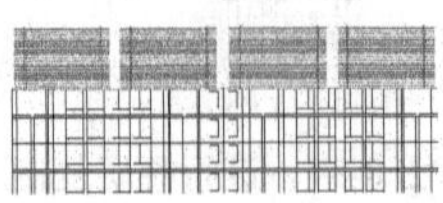

图 8-40 复制格栅造型

❺ 选择菜单栏中的“修改”→“放大”命令，局部放大上部图形，单击“绘图”工具栏中的“多行文字”按钮 A，输入广告文字造型，如图 8-41 所示。

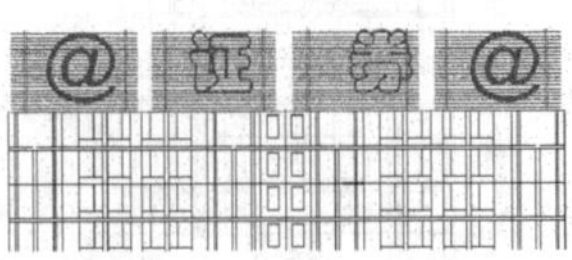

图 8-41 设置广告文字造型

注意

文字内容仅为示意。

❻ 完成高层建筑第 1 幢楼立面绘制，如图 8-42 所示。

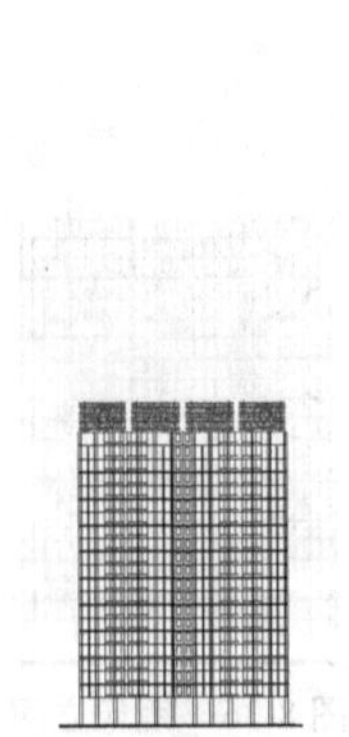

图 8-42 完成第 1 幢楼立面

7. 单击“修改”工具栏中的“复制”按钮，复制得到另外一幢高层建筑的立面，如图 8-43 所示。

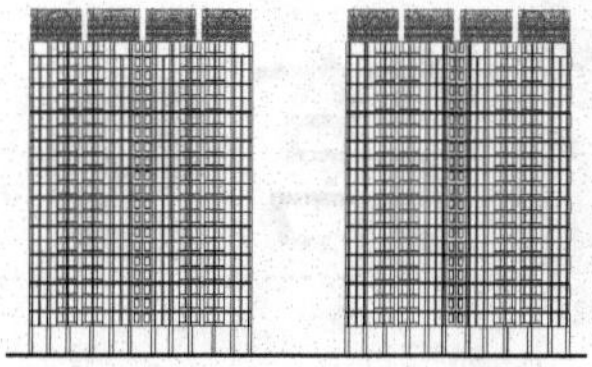

图 8-43 得到另外一幢楼立面

8. 单击“绘图”工具栏中的“圆弧”按钮和“直线”按钮，在两幢楼立面之间，绘制联廊造型轮廓，如图 8-44 所示。

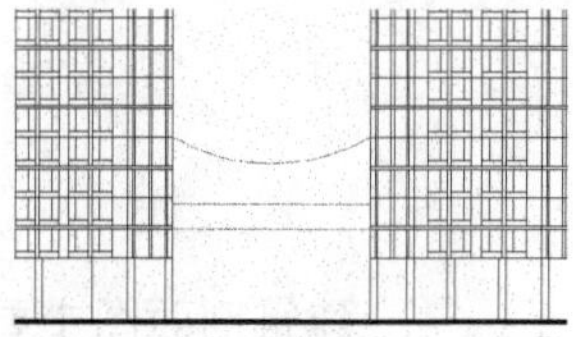

图 8-44 绘制联廊轮廓

注意

联廊造型属于高层建筑的裙房部分。

9. 单击“绘图”工具栏中的“直线”按钮，细化联廊立面造型，如图 8-45 所示。

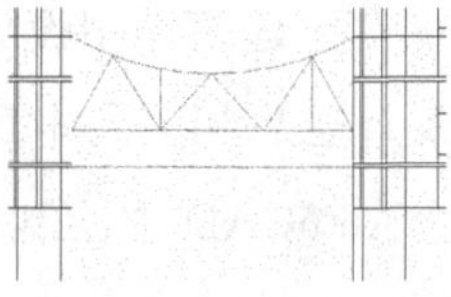

图 8-45 细化联廊立面

10. 单击“绘图”工具栏中的“直线”按钮和“圆弧”按钮，在联廊下部绘制一个联廊入口造型立面，如图 8-46 所示。

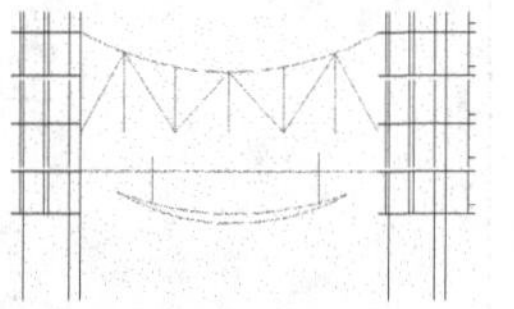

图 8-46 绘制联廊入口立面

11. 单击“绘图”工具栏中的“直线”按钮，绘制标高造型符号，选择菜单栏中的“绘制”→“文字”→“单行文字”命令，标注标高和图名等相关文字说明，字高 450，如图 8-47 所示。

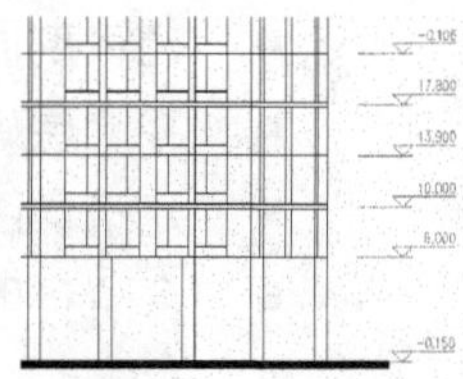

图 8-47 标注标高等

12. 单击“标准”工具栏中的“实时缩放”按钮，完成高层建筑的立面图绘制，如图 8-48 所示。

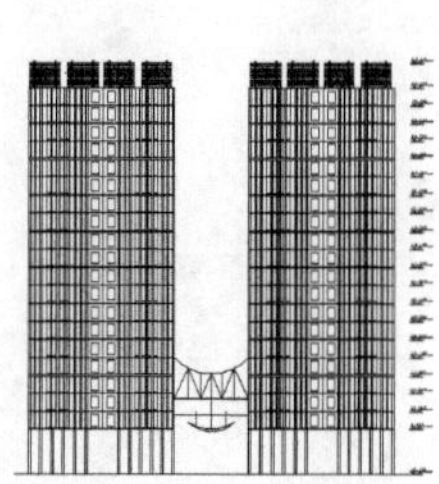

图 8-48 完成高层建筑立面

注意

在这里对高层建筑立面不做更详细的勾画，保存图形或将其打印输出。

AutoCAD 2012

第9章

绘制建筑剖面图与详图

建筑剖面图主要反映建筑物的结构形式、垂直空间利用、各层构造做法和门窗洞口高度等。本章将以高层建筑剖面图为例，详细论述建筑剖面图的CAD 绘制方法与相关技巧。

建筑详图设计是建筑施工图绘制过程中的一项重要内容，与建筑构造设计息息相关。本章也将简要介绍建筑详图的基本知识，然后结合实例介绍在AutoCAD 中绘制详图的方法和技巧。

学习要点

- 建筑剖面图绘制概述
- 某高层建筑剖面图绘制
- 建筑详图绘制概述
- 台阶详图和构造节点详图绘制

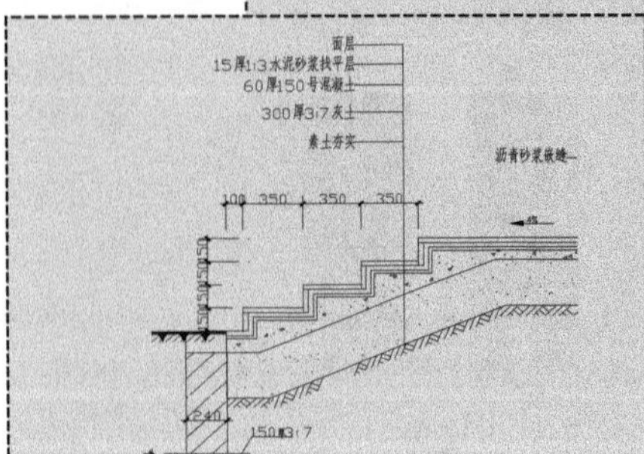

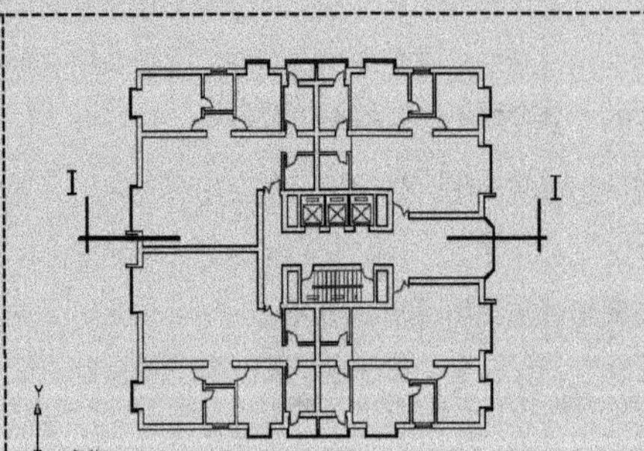

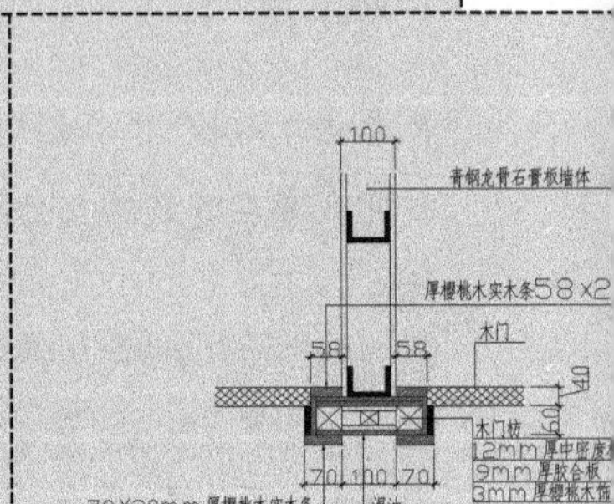

9.1 建筑剖面图绘制概述

建筑剖面图是与平面图和立面图相互配合表达建筑物的重要图样，它主要反映建筑物的结构形式、垂直空间利用、各层构造做法和门窗洞口高度等。

9.1.1 建筑剖面图的概念及图示内容

剖面图是指用一剖切面将建筑物的某一位置剖开，移去一侧后，剩下的一侧沿剖视方向的正投影图。根据工程的需要，绘制一个剖面图可以选择 1 个剖切面、2 个平行的剖切面或 2 个相交的剖切面，如图 9-1 所示。对于两个相交剖切面的情况，应在图中注明“展开”二字。剖面图与断面图的区别在于：剖面图除了表示剖切到的部位外，还应表示出在投射方向看到的构配件轮廓（即所谓的“看线”）；而断面图只需要表示剖切到的部位。

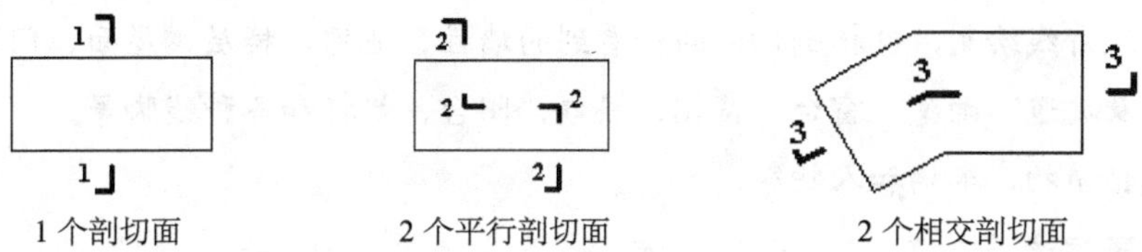

图 9-1 剖切面形式

对于不同的设计深度，图示内容也有所不同。

方案阶段重点在于表达剖切部位的空间关系、建筑层数、高度和室内外高度差等。剖面图中应注明室内外地坪标高、楼层标高、建筑总高度（室外地面至檐口）、剖面标号、比例或比例尺等。如果有建筑高度控制，还需标明最高点的标高。

初步设计阶段需要在方案图基础上增加主要内外承重墙、柱的定位轴线和编号，更加详细、清晰、准确地表达出建筑结构、构件（剖切到的或看到的墙、柱、门窗、楼板、地坪、楼梯、台阶、坡道、雨篷和阳台等）本身及相互关系。

施工阶段在优化、调整和丰富初设图的基础上，图示内容最为详细。一方面是剖切到的和看到的构配件图样准确、详尽、到位；另一方面是标注详细。除了标注室内外地坪、楼层、屋面突出物和各构配件的标高外，还需要标注竖向尺寸和水平尺寸。竖向尺寸包括外部 3 道尺寸（与立面图类似）和内部地坑、隔断、吊顶、门窗等部位的尺寸；水平尺寸包括两端和内部剖切到的墙、柱定位轴线间的尺寸及轴线编号。

9.1.2 剖切位置及投射方向的选择

根据规定，剖面图的剖切部位应根据图纸的用途或设计深度，选择空间复杂、能反映建筑全貌、构造特征以及有代表性的部位。

投射方向一般宜向左、向上，当然也要根据工程情况而定。剖切符号在底层平面图中，短线指向为投射方向。剖面图编号标注在投射方向那侧，剖切线若有转折，应在转角的外侧加注与该符号相同的编号。

9.1.3 建筑剖面图绘制的一般步骤

建筑剖面图一般在平面图、立面图的基础上，并参照平、立面图进行绘制。剖面图绘制的一般步骤如下。

Step 绘制步骤

1. 绘图环境设置。
2. 确定剖切位置和投射方向。
3. 绘制定位辅助线，包括墙、柱定位轴线、楼层水平定位辅助线及其他剖面图样的辅助线。
4. 剖面图样及看线绘制，包括剖切到的和看到的墙柱、地坪、楼层、屋面、门窗（幕墙）、楼梯、台阶及坡道、雨篷、窗台、窗楣、檐口、阳台、栏杆和各种线脚等。
5. 配景，包括植物、车辆和人物等。
6. 尺寸、文字标注。

9.2 某高层建筑剖面图绘制

本节将以高层建筑剖面图为例，通过绘制高层剖面的墙体、门窗等剖面图形，建立标准层建筑剖面图及屋面剖面轮廓图，完成整其剖面图绘制。

对建筑空间的需要理解透彻，对建筑构造做法也要熟悉。只有掌握了建筑不同空间的构造关系，才能准确快速绘制其剖面图。图 9-2 所示是某屋面结构剖面局部图形。本节将对建筑的剖面图绘制方法进行论述。

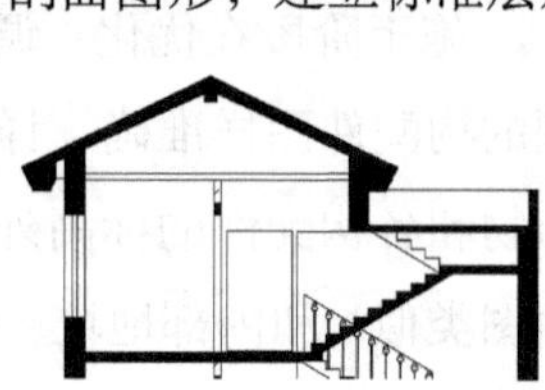

图 9-2 某屋面局部剖面

9.2.1 标注层剖面轮廓绘制

Step 绘制步骤

1. 单击“绘图”工具栏中的“多段线”按钮，在 I-I 剖切位置剖切方向及位置，如图 9-3 所示。

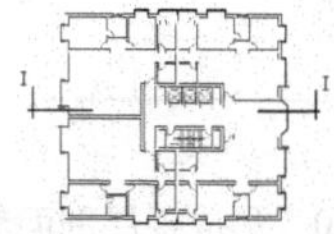

图 9-3 I-I 剖面位置

2. 单击“绘图”工具栏中的“多段线”按钮，在 I-I 剖切位置剖切方向对应的上侧，绘制 1 条线宽为 30 的直线，如图 9-4 所示。

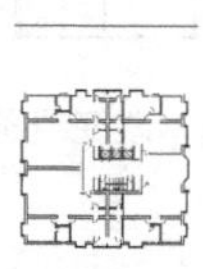

图 9-4 绘制 1 条水平直线

3. 单击“绘图”工具栏中的“直线”按钮和单击“修改”工具栏中的“偏移”按钮，绘制相关的轮廓线，如图 9-5 所示。

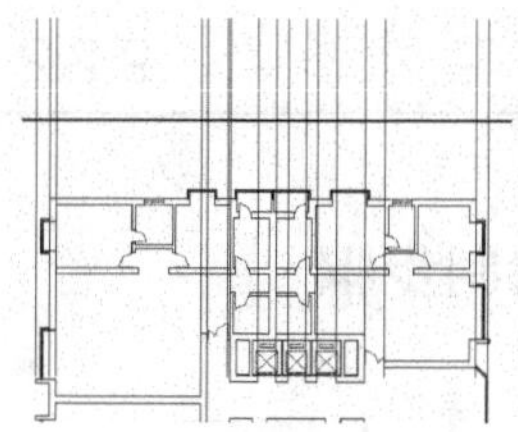

图 9-5 绘制剖面轮廓线

注意

与上面所绘直线相垂直方向，按 I-I 剖切对应位置建立结构墙体、门电梯、外墙窗户和室内门洞等相关的轮廓线。

4. 单击“修改”工具栏中的“偏移”按钮，偏移距离为 3300，按建筑的层高绘制 1 个楼层高度线，如图 9-6 所示。

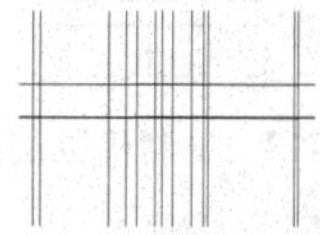

图 9-6 绘制楼层高度线

5. 单击“修改”工具栏中的“修剪”按钮，对楼层高度线进行修剪，如图 9-7 所示。

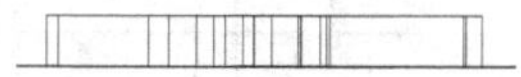

图 9-7 进行修剪

6. 单击“修改”工具栏中的“偏移”按钮，绘制剖面门窗上下的水平位置定位线，偏移距离为 500，如图 9-8 所示。

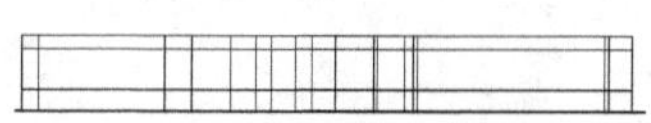

图 9-8 门窗剖面线

注意

按照立面图中门窗的高度位置，绘制剖面门窗上下的水平位置定位线。

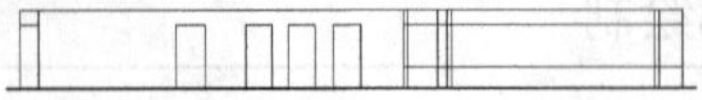

图 9-9 修剪相关线条

7 单击“修改”工具栏中的“修剪”按钮，对线条修剪，形成内部空间相关建筑结构体的剖面图形，如电梯门、墙体等，如图 9-9 所示。

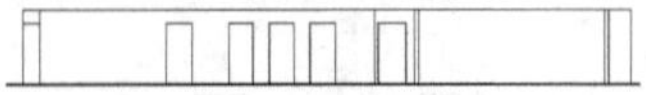

图 9-10 形成楼层剖面轮廓

8 用和上一步同样的方法继续进行修剪，形成 1 个楼层的剖面图主体轮廓，如图 9-10 所示。

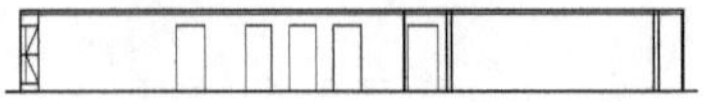

图 9-11 改变线条宽度

9 继续编辑剖面图相关线条，如图 9-11 所示。

注意

对剖面图中的外边线及结构轮廓继续编辑，使其具有一定的宽度。

9.2.2 建筑全部楼层剖面轮廓绘制

Step 绘制步骤

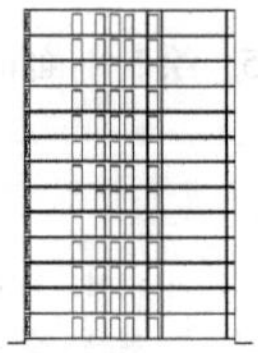

图 9-12 复制楼层剖面

1 单击“修改”工具栏中的“复制”按钮，对楼进行楼层剖面复制，得到主体剖面轮廓图，如图 9-12 所示。

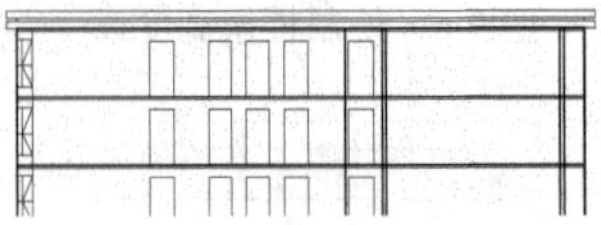

图 9-13 绘制屋面轮廓

2 单击“绘图”工具栏中的“多段线”按钮，绘制线宽为 50 的屋面轮廓线，如图 9-13 所示。

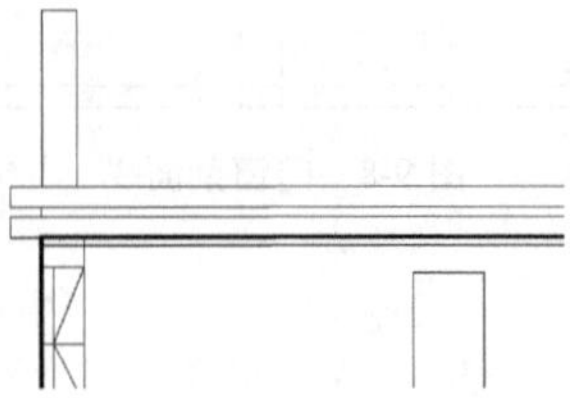

图 9-14 绘制女儿墙造型

3 单击“绘图”工具栏中的“多段线”按钮，绘制线宽为 50 的屋面女儿墙剖面轮廓线，如图 9-14 所示。

注意

女儿墙高度为 450mm 以上。

4. 单击“修改”工具栏中的“镜像”按钮，镜像生成对称造型图。单击“绘图”工具栏中的“直线”按钮，连接两侧的造型，完成对屋面檐口细部剖面轮廓造型镜像，如图 9-15 所示。

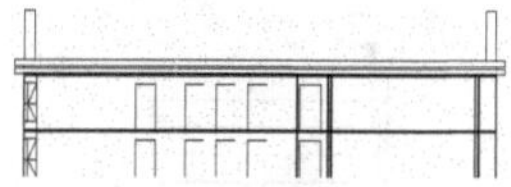

图 9-15 镜像对称造型

5. 单击“绘图”工具栏中的“多段线”按钮，对照立面图，按剖切到的屋面高度绘制其线宽为 45 的轮廓线，如图 9-16 所示。

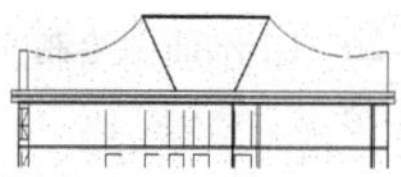

图 9-16 绘制屋面轮廓线

6. 在屋面剖面图对应两侧位置，绘制造型立面轮廓线，如图 9-17 所示。

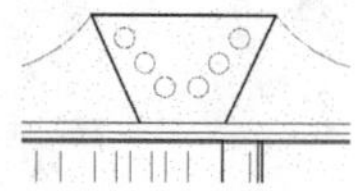

图 9-17 绘制矩形造型立面

9.2.3 剖面标高及尺寸标注

Step 绘制步骤

1. 单击“绘图”工具栏中的“直线”按钮，绘制标高造型符号，选择菜单栏中的“绘图”→“文字”→“单行文字”命令，在剖面图中标注建筑标高和文字说明等，标高为 –0.600，字体高度为 400，如图 9-18 所示。

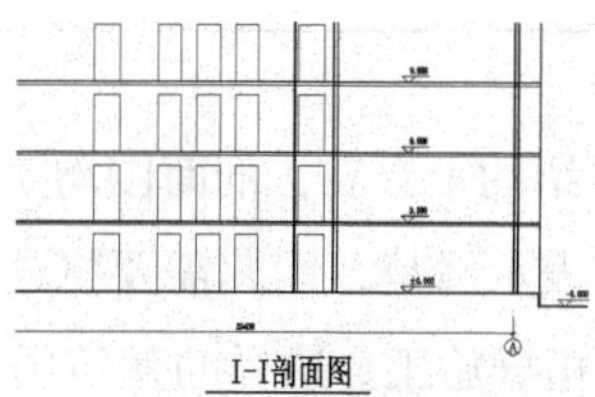

图 9-18 标注建筑标高等

2. 标注建筑剖面图中楼层、门窗等高度尺寸。单击“标注”工具栏中的“线性”按钮，进行 2 点线性标注，尺寸大小为 500；单击“绘图”工具栏中的“圆”按钮，绘制半径为 240 的圆；单击“绘图”工具栏中的“多行文字”按钮A，标注轴线编号，文字的高度为 400，文字编号为“A、H”，如图 9-19 所示。

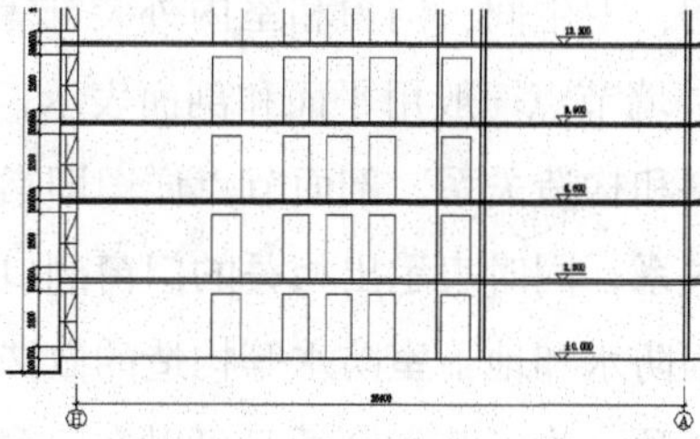

图 9-19 标注高度尺寸

注意

标注建筑剖面图中楼层、门窗等高度尺寸，并根据平面图中相应的位置，绘制 I-I 定位轴线。

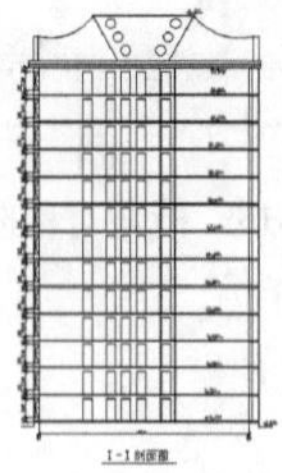

图 9-20　I-I 剖面图绘制完成

3. I-I 剖面图绘制完成，单击“修改”工具栏中的“缩放”按钮，保存图形并缩放视图进行检查，如图 9-20 所示。

9.3 建筑详图绘制概述

在正式讲述用 AutoCAD 绘制建筑详图之前，本节将简要介绍详图绘制的基本知识和绘制步骤。

9.3.1　建筑详图的概念

前面介绍的平、立、剖面图均是全局性的图形，由于比例的限制，不可能将一些复杂的细部或局部做法表示清楚，因此需要将这些细部、局部的构造、材料及相互关系用较大的比例详细绘制出来，以指导施工。这样的建筑图形称为建筑详图，也称详图。对局部平面（如厨房、卫生间）进行放大绘制的图形，习惯称为放大图。需要绘制详图的位置一般包括室内外墙节点、楼梯、电梯、厨房、卫生间、门窗和室内外装饰等。

内外墙节点一般用平面和剖面表示，常用比例为 1∶20。平面节点详图表示出墙、柱或构造柱的材料和构造关系。剖面节点详图即常说的墙身详图，需要表示出墙体与室内外地坪、楼面和屋面的关系，同时表示出相关的门窗洞口、梁或圈梁、雨篷、阳台、女儿墙、檐口、散水、防潮层、屋面防水和地下室防水等构造的做法。墙身详图可以从室内外地坪、防潮层处开始一直画到女儿墙压顶。为了节省图纸，可以在门窗洞口处断开，也可以重点绘制地坪、中间层和屋面处的几个节点，而将中间层重复使用的节点集中到一个详图中表示。节点一般由上到下进行编号。

9.3.2　建筑详图的图示内容

楼梯详图包括平面、剖面及节点 3 部分。平面、剖面详图常用 1∶50 的比例来绘制，而楼梯中的节点详图则可以根据对象大小酌情采用 1∶5、1∶10 和 1∶20 等比例。楼梯平面图与建筑平面图不同的是，它只需绘制出楼梯及其四面相接的墙体；而且，楼梯平面图需要准确地表示出楼梯间净空尺寸、梯段长度、梯段宽度、踏步宽度和级数、栏杆（栏板）的大小及位置，以及楼面、平台处的标高等。楼梯剖面图只需绘制出与楼梯相关的部分，其相邻部分可用折断线断开。选择在底层第一跑梯段并能够剖到门窗的位置进行剖切，向底层另一跑梯段方向投射。尺寸需要标注层高、平台、梯段、门窗洞口、栏杆高度等竖向尺寸，还应标注出室内外地坪、平台、平台梁底面等的标高。水平方向需要标注定位轴线及编号、轴线尺寸、平台和梯段尺寸等。梯段尺寸一般用“踏步宽（高）×级数=梯段宽（高)”的形式表示。此外，楼梯剖面图上还应注明栏杆构造节点详图的索引编号。

电梯详图一般包括电梯间平面图、机房平面图和电梯间剖面图 3 个部分，常用 1∶50 的比例进行绘制。平面图需要表示出电梯井、电梯厅、前室相对定位轴线的尺寸及其自身的净空尺寸，还表示出电梯图例及配重位置、电梯编号、门洞大小及开取形式、地坪标高等。机房平面图需表示出设备平台位置及平面尺寸、顶面标高、楼面标高，以及通往平台的梯子形式等。剖面图需要剖切在电梯井、门洞处，表示出地坪、楼层、地坑、机房平台等竖向尺寸和高度，标注出门洞高度。为了节约图纸，中间相同部分可以折断绘制。

厨房、卫生间放大图根据其大小可酌情采用 1∶30、1∶40 和 1∶50 的比例进行绘制。需要详细表示出各种设备的形状、大小、位置、地面设计标高、地面排水方向以及坡度等，对于需要进一步说明的构造节点，则应标明详图索引符号、绘制节点详图，或引用图集。

门窗详图包括立面图、断面图、节点详图等。立面图常用 1∶20 的比例进行绘制，断面图常用 1∶5 的比例进行绘制，节点详图常用 1∶10 的比例进行绘制。标准化的门窗可以引用有关标准图集，说明其门窗图集编号和所在位置。根据《建筑工程设计文件编制深度规定》(2003 年版)，非标准的门窗、幕墙需绘制详图。如委托加工，则需绘制出立面分格图，标明开取扇、开取方向，说明材料、颜色及其与主体结构的连接方式等。

就图形而言，详图兼有平、立、剖面图的特征，它综合了平、立、剖面图绘制的基本操作方法，并具有自己的特点，只要掌握一定的绘图程序，绘图难度应不大。真正的难度在于对建筑构造、建筑材料和建筑规范等相关知识的掌握。

9.3.3 建筑详图的特点

1. 比例较大

建筑平面图、立面图、剖面图互相配合，反映房屋的全局，而建筑详图是建筑平面图、立面图和剖面图的补充。在详图中尺寸标注齐全，图文说明详尽、清晰，因而详图常用较大比例。

2. 图示详尽清楚

建筑详图是建筑细部的施工图，根据施工要求将建筑平面图、立面图和剖面图中的某些建筑构配件（如门、窗、楼梯、阳台和各种装饰等）或某些建筑剖面节点（如檐口、窗台、明沟或散水以及楼地面层、屋顶层等）的详细构造（包括样式、层次、做法和用料等）用较大比例清楚地表达出来的图样。表示构造合理，用料及做法适宜，因而应该图示详尽、清楚。

3. 尺寸标注齐全

建筑详图的作用在于指导具体施工，更为清楚地了解该局部的详细构造及做法、用料、尺寸等，因此具体的尺寸标准必须齐全。

4. 数量灵活

数量的选择，与建筑的复杂程度及平、立、剖面图的内容及比例有关。建筑详图的图示方法，视细部的构造复杂程度而定。一般来说，墙身剖面图之需要一个剖面详图就能表示清楚，而楼梯间、卫生间就可能需要增加平面详图，门窗玻璃隔断等就可能需要增加立面详图。

9.3.4 建筑详图的具体识别分析

1. 外墙身详图

图 9-21 所示为外墙身详图，根据剖面图的编号 3-3，对照平面图上 3-3 剖切符号，可知该剖面图的剖切位置和投影方向。绘图所用的比例是 1∶20。图中注上轴线的两个编号，表示这个详图适用于Ⓐ、Ⓔ两个轴线的墙身。也就是说，在横向轴线③～⑨的范围内，Ⓐ、Ⓔ两轴线的任何地方（不局限在 3-3 剖面处），墙身各相应部分的构造情况都相同。在详图中,对屋面楼层和地面的构造，采用多层构造说明方法来表示。

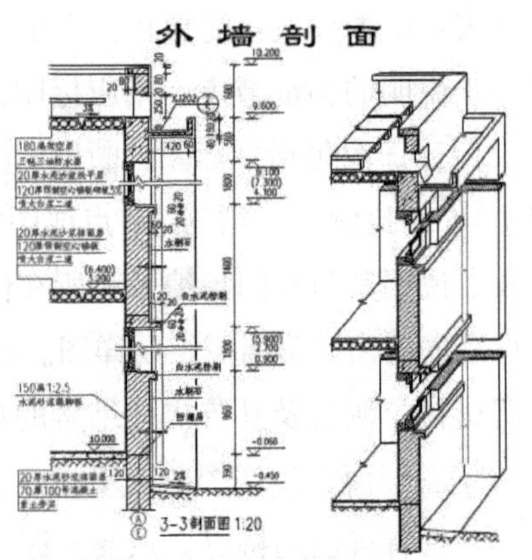

图 9-21　外墙剖面详图

将其局部放大，从如图 9-22 所示的檐口部分来看，可知屋面的承重层是预制钢筋混凝土空心板，按 3%来砌坡，上面有油毡防水层和架空层，以加强屋面的隔热和防漏。檐口外侧做一天沟，并通过女儿墙所留孔洞（雨水口兼通风孔），使雨水沿雨水管集中流到地面。雨水管的位置和数量可从立面图或平面图中查阅。

从楼板与墙身连接部分来看，可了解各层楼板（或梁）的搁置方向及与墙身的关系。在本例中，预制钢筋混凝土空心板是平行纵向布置的，因而它们是搁置在两端的横墙上。在每层的室内墙脚处需作一踢脚板，以保护墙壁，从图中的说明可看到其构造做法。踢脚板的厚度可等于或大于内墙面的粉刷层。如厚度一样时，在其立面图中可不画出其分界线。从图 9-23 中还可看到窗台、窗过梁（或圈梁）的构造情况。窗框和窗扇的形状和尺寸需另用详图表示。

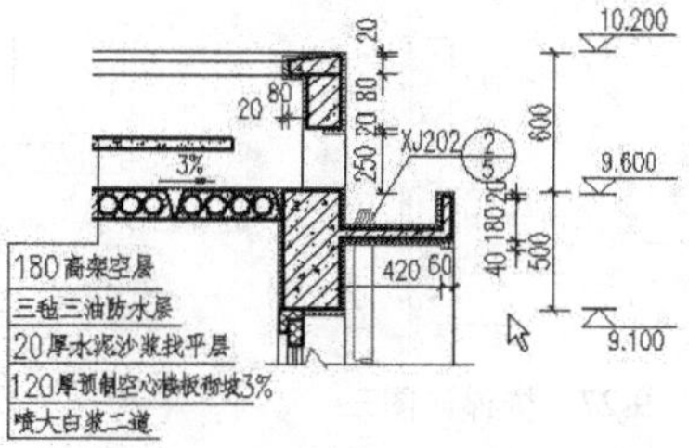

图 9-22　屋面详图

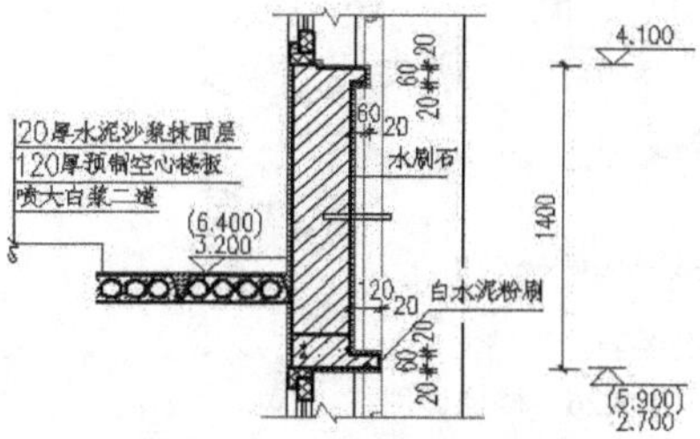

图 9-23　窗台详图

如图 9-24 所示，从勒脚部分，可知房屋外墙的防潮、防水和排水的做法。外（内）墙身的防潮层，一般是在底层室内地面下 60mm 左右（指一般刚性地面）处，以防地下水对墙身的侵蚀。在外墙面，离室外地面 300mm～500mm 高度范围内（或窗台以下），用坚硬防水的材料做成勒脚。在勒脚的外地面，用 1∶2 的水泥砂浆抹面，做出 2%坡度的散水，以防雨水或地面水对墙基础的侵蚀。

在上述详图中，一般应注出各部位的标高、高度方向和墙身细部的尺寸。图中标高注写有两个数字时，有括号的数字表示在高一层的标高。从图中有关文字说明，可知墙身内外表面装修的断面形式、厚度及所用的材料等。

2．楼梯详图

楼梯是多层房屋上下交通的主要设施。楼梯是由楼梯段（简称梯段，包括踏步或斜梁）、平台（包括平台板和梁）和栏板（或栏杆）等组成。楼梯详图主要表示楼梯的类型、结构形式、各部位的尺寸及装修做法。楼梯详图包括平面图、剖面图及踏步和栏板详图等，并尽可能画在同一张图纸内。平、剖面图比例要一致，以便对照阅读。踏步、栏板详图比例要大些，以便表达清楚该部分的构造情况，如图 9-25 所示。

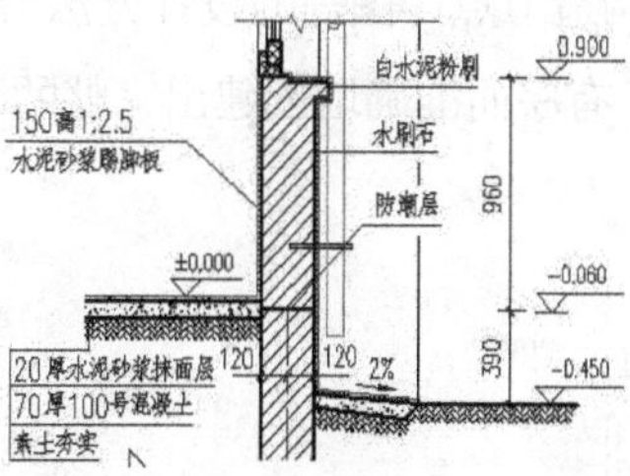

图 9-24　勒脚详图

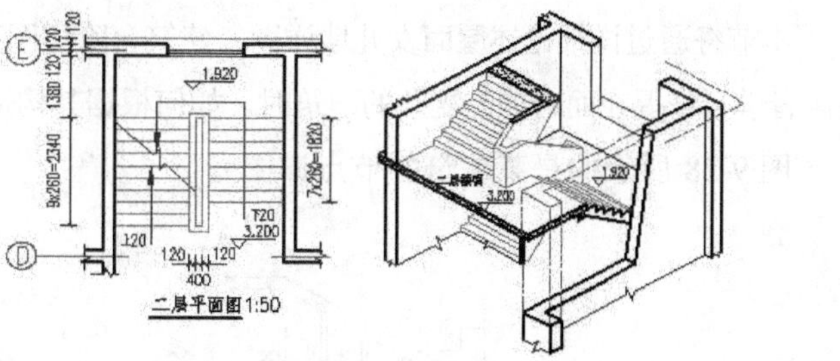

图 9-25　楼梯详图一

假想用一铅垂面（4-4），通过各层的一个梯段和门窗洞，将楼梯剖开，向另一未剖到的梯段方向投影，所作的剖面图，即为楼梯剖面详图，如图 9-26 所示。

从图中的索引符号可知，踏步、扶手和栏板都另有详图，用更大的比例画出它们的型式、大小、材料及构造情况，如图 9-27 所示。

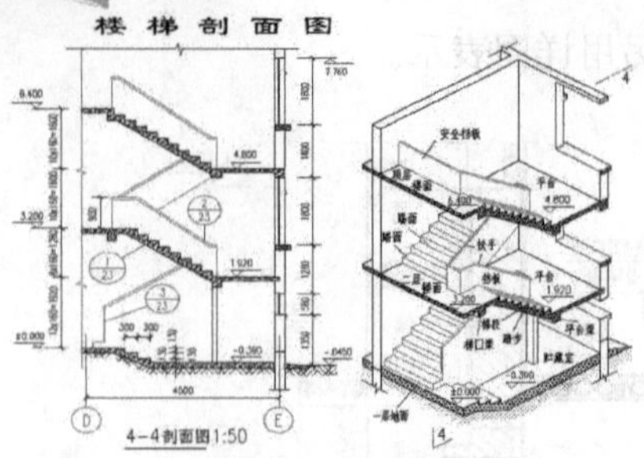

图 9-26　楼梯详图二

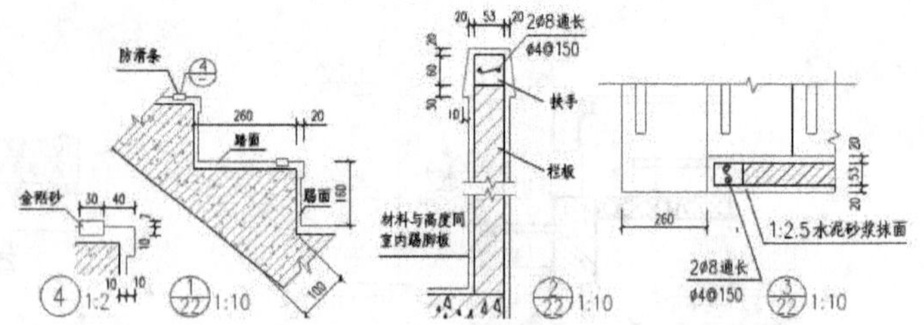

图 9-27　楼梯详图三

9.3.5　建筑详图绘制的一般步骤

Step 绘制步骤

1. 图形轮廓绘制，包括断面轮廓和看线。
2. 材料图例填充，包括各种材料图例的选用和填充。
3. 符号、尺寸、文字等标注，包括设计深度要求的轴线及编号、标高、索引、折断符号和尺寸和说明文字等。

9.4 台阶详图和构造节点详图绘制

建筑详图有很多，如卫生间大样、墙体大样和节点详图等，它们是建筑图纸不可缺少的部分。

本节将通过详细论述屋面女儿墙详图、建筑台阶详图和建筑构造节点详图等的设计方法与技巧，使读者学习掌握在面对构造复杂的建筑时，如何根据其构造形式，有序而准确地创建出完整的图形。

图 9-28 所示的是某建筑的节点详图。

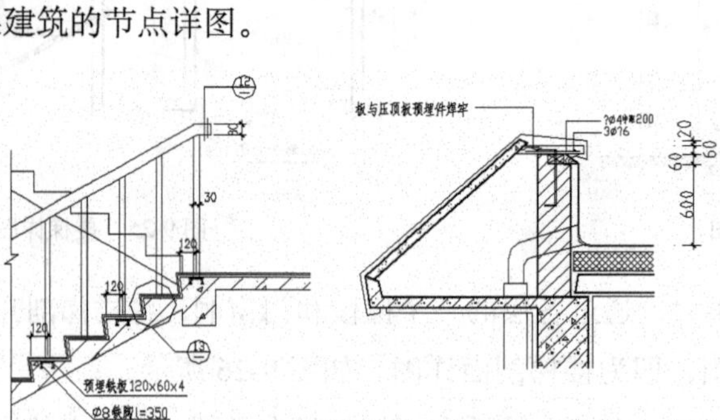

图 9-28　建筑节点详图

9.4.1 建筑台阶详图绘制

下面以如图 9-29 所示的常见台阶形式为例，说明其绘制方法与技巧。

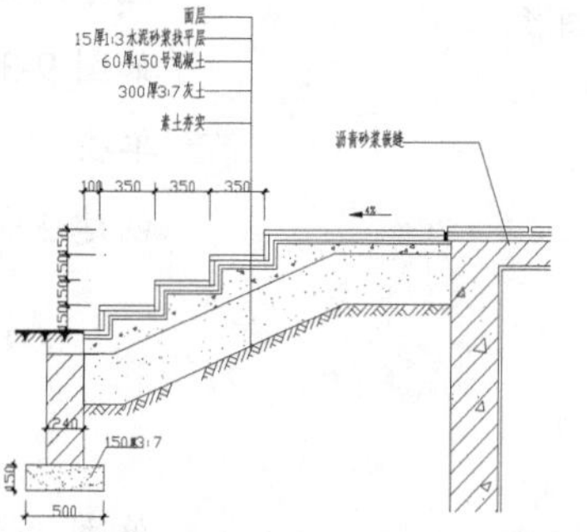

图 9-29 台阶详图

Step 绘制步骤

1. 单击“绘图”工具栏中的“直线”按钮和单击“修改”工具栏中的“偏移”按钮，绘制台阶处的墙体轮廓线，如图 9-30 所示。

图 9-30 绘制台阶处的墙体

2. 单击“绘图”工具栏中的“多段线”按钮，绘制台阶轮廓线，如图 9-31 所示。

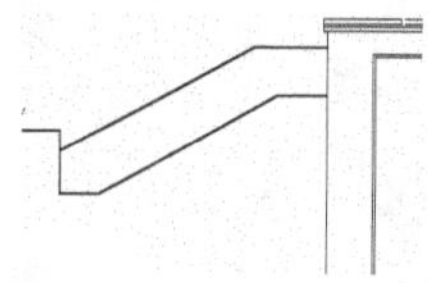

图 9-31 绘制台阶轮廓线

3. 单击“绘图”工具栏中的“直线”按钮，绘制台阶踏步，如图 9-32 所示。

注意

台阶踏步高度小于或等于 150mm。

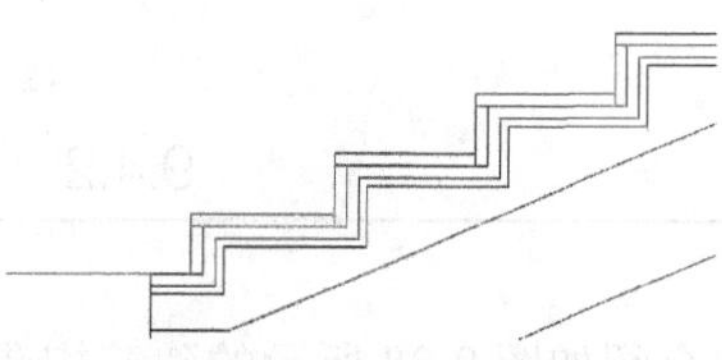

图 9-32 绘制台阶踏步

4. 创建自然土壤造型，单击“绘图”工具栏中的“多段线”按钮和“修改”工具栏中的“偏移”按钮，分段即可得到，如图 9-33 所示。

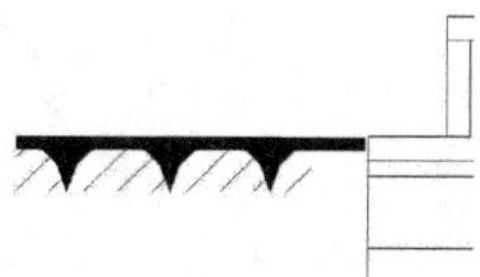

图 9-33 创建自然土壤造型

注意

需设置 PLINE 不同宽度大小。

图 9-34　创建台阶下面的图形

5 单击“绘图”工具栏中的“直线”按钮和“修改”工具栏中的“偏移”按钮，按上述方法，创建台阶下面的压实土层的造型，如图 9-34 所示。

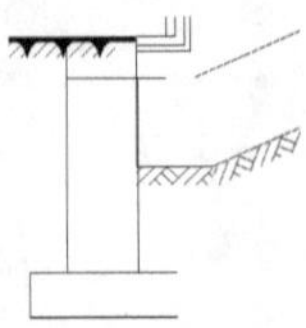

图 9-35　创建挡土墙造型

6 单击“绘图”工具栏中的“直线”按钮，创建底部挡土墙造型，如图 9-35 所示。

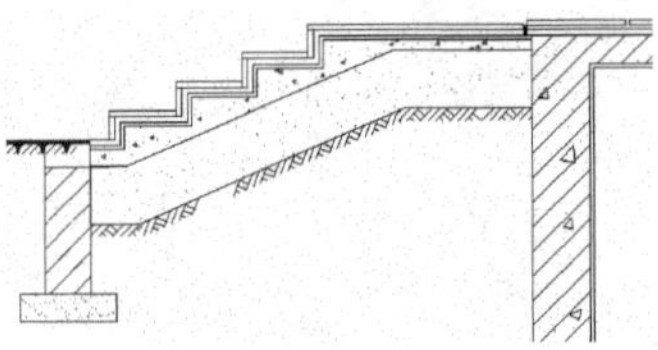

图 9-36　进行两次填充

7 单击“绘图”工具栏中的“图案填充”按钮，进行两次填充，如图 9-36 所示。

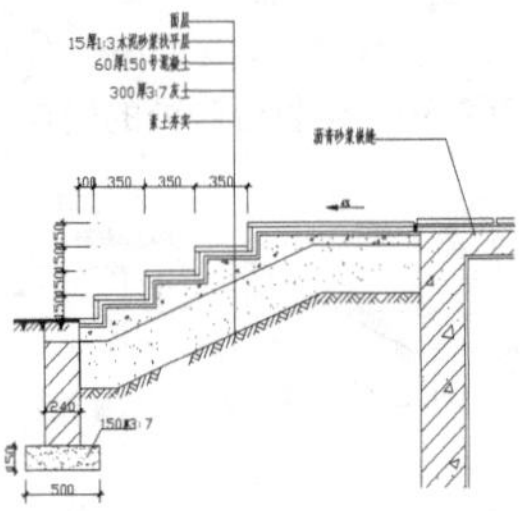

图 9-37　标注尺寸及文字等

8 单击“标注”工具栏中的“线性”按钮，标注尺寸；单击“绘图”工具栏中的“多行文字”按钮，标注说明文字和构造做法，完成台阶绘制，如图 9-37 所示。

9.4.2　建筑构造节点详图绘制

下面介绍如图 9-38 所示的建筑构造节点详图的绘制方法与相关技巧。

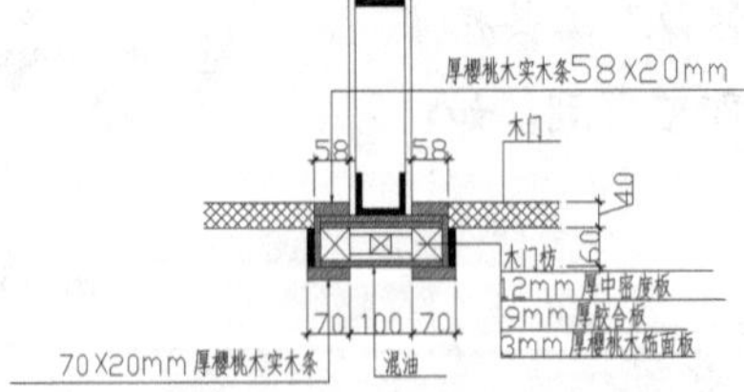

图 9-38　建筑构造节点详图

Step 绘制步骤

1. 单击“绘图”工具栏中的“直线”按钮和“修改”工具栏中的“偏移”按钮，绘制中间的墙体轮廓，如图 9-39 所示。

图 9-39 绘制墙体轮廓

2. 单击“绘图”工具栏中的“多段线”按钮和“修改”工具栏中的“复制”按钮，绘制龙骨轮廓，如图 9-40 所示。

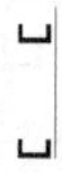

图 9-40 绘制龙骨轮廓

3. 单击“绘图”工具栏中的“直线”按钮，绘制内侧细部构造做法，如图 9-41 所示。

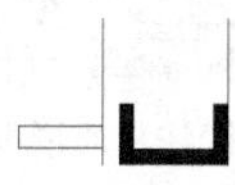

图 9-41 绘制内侧细部构造做法

注意

按构造由内至外进行绘制。

4. 单击“绘图”工具栏中的“直线”按钮、“修改”工具栏中的“偏移”按钮和“修剪”按钮，继续逐层勾画不同部位的构造做法，如图 9-42 所示。

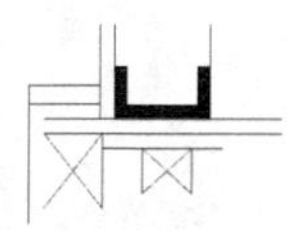

图 9-42 勾画不同部位的构造做法

5. 单击“绘图”工具栏中的“矩形”按钮和“直线”按钮，勾画外侧表面构造做法，如图 9-43 所示。

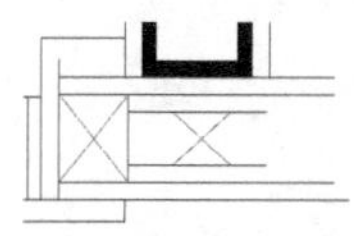

图 9-43 勾画外侧表面构造做法

6. 单击“绘图”工具栏中的“直线”按钮，绘制门扇平面造型，如图 9-44 所示。

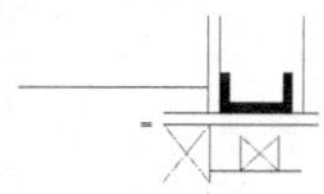

图 9-44 绘制门扇平面造型

7. 单击“修改”工具栏中的“镜像”按钮，进行图形镜像得到节点详图，如图 9-45 所示。

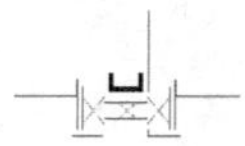

图 9-45 镜像图形

8. 单击“绘图”工具栏中的“图案填充”按钮，选择图案，对材质进行图案填充，如图 9-46 所示。

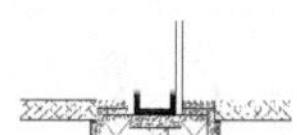

图 9-46 填充材质

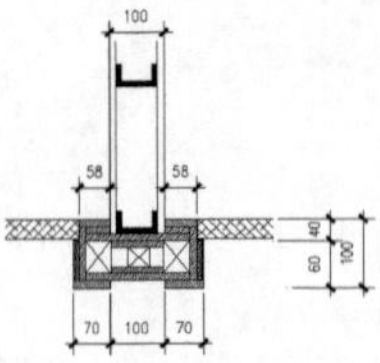

图 9-47　标注细部尺寸

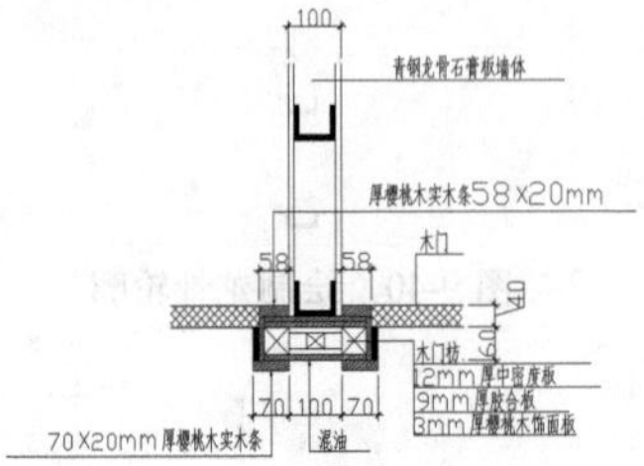

图 9-48　标注材质说明文字

9 单击“标注”工具栏中的“线性”按钮，标注细部尺寸，如图 9-47 所示。

10 单击“绘图”工具栏中的“多行文字”按钮A，标注材质说明文字，如图 9-48 所示。

第10章

某住宅小区建筑施工图总体概述

在前面的章节中，依次讲解了 AutoCAD 2012 的基础知识和基本操作。然而，就平面图形来说，AutoCAD 建筑设计应用的高级阶段是施工图的绘制。在这个阶段，操作的难点已经不再是具体操作命令的使用，而是综合地、熟练地应用 AutoCAD 的各种命令及功能，按照《房屋建筑制图统一标准》（GB/T50001-2001）、《建筑制图标准》（GB/T50104-2001）、《总图制图标准》（GB/T50103-2001）和建设部颁发的《建筑工程设计文件编制深度规定》（2003 年版）的要求，结合工程设计的实际情况，将施工图编制出来。

为了让读者进一步深化学习这一部分内容，本章将选取某住宅小区 1 号楼施工图为例，先简要介绍工程概况，然后按照施工图编排顺序逐项说明其编制方法及要点。

学习要点

- 工程及施工图概况
- 建筑施工图封面、目录的制作
- 施工图设计说明制作

10.1 工程及施工图概况

本节将简要介绍工程概况和建筑施工图概况，为后面的设计展开进行必要的准备。

10.1.1 工 程 概 况

工程概况应主要介绍工程所处的地理位置，工程建设条件（包括地形、水文地质情况、不同深度的土壤分析、冻结期和冻层厚度、冬雨季时间、主导风向等因素）、工程性质、名称、用途、规模以及建筑设计的特点及要求。

本例中工程为建设于我国华北地区某大城市的一个花园住宅小区中的 1 号商住楼，南北朝向，左侧依河，南面临街，环境优雅。该住宅楼地上部分 18 层，1～3 层为商场，4～18 层为住宅，分甲、乙两个对称单元，总建筑面积为 12455.60m²。地下部分 1 层，为储藏及设备用房，建筑面积为 588.60m²。基地建筑面积为 588.60m²。建筑高度为 60.60m，室内外高差 0.60m，±0.00 标高相当于绝对标高 5.63m 处。

该住宅楼设计使用年限为 50 年，工程等级为二级，二类建筑，地上部分耐火等级为二级，地下部分为一级，屋面防水等级为 II 级，抗震设防烈度为 7 度，结构形式为钢筋混凝土剪力墙结构。

10.1.2 建筑施工图概况

建筑施工图是在总体规划的前提下，根据建设任务要求和工程技术条件，表达房屋建筑的总体布局、房屋的空间组合设计、内部房间布置情况、外部形状、建筑各部分的构造做法及施工要求等，它是整个设计的先行，处于主导地位，是房屋建筑施工的主要依据，也是结构设计、设备设计的依据，但必须与其他设计工种配合。

建筑施工图包括基本图和详图，其中基本图有总平面图、建筑平面图、立面图和剖面图等，详图有墙身、楼梯、门窗、厕所、檐口以及各种装修构造的详细做法。

建筑施工图的图示特点如下。

1．施工图主要用正投影法绘制，在图幅大小允许时，可将平面图、立面图和剖面图按投影关系画在同一张图纸上，如图幅过小，可分别画在几张图纸上。

2．施工图一般用较小比例绘制，在小比例图中无法表达清楚的结构，需要配以比例较大的详图来表达。

3．为使作图简便，“国家标准”规定了一系列的图形符号来代表建筑构配件、卫生设备和建筑材料等，这些图形符号称为“图例”。为读图方便，“国家标准”还规定了许多标注符号。

本例中的施工图包括封面、目录、施工图设计说明和设计图纸 4 个部分。其中施工图设计说明包括文字部分、装修做法表和门窗统计表；设计图纸包括各层平面图 7 张、立面图 4 张、剖面图 1 张和详图 5 张（楼梯、门窗、外墙和电梯）。由于整个小区项目较大，总图归属总平面专业图纸体系，所以未列入建筑专业范围。

10.2 建筑施工图封面、目录的制作

本节将简要介绍施工图的封面和目录制作的基本方法和大体内容。

10.2.1 施工图封面制作

对于图纸封面，各设计单位的制作风格不尽一样。但是，不管采用什么样的风格，其必要内容是不可少的。根据建设部颁发的《建筑工程设计文件编制深度规定》（2003 年版）（以下简称《规定》）要求，总封面应该包括项目名称、编制单位名称、项目的设计编号、设计阶段、编制单位法定代表人、技术负责人和项目总负责人的姓名及其签字或授权盖章以及编制年月（即出图年月）等内容。

本例图纸总封面包含了规定必需的内容：

1．项目名称；

2．编制单位名称；

3．项目的设计编号；

4．设计阶段；

5．编制单位法定代表人、技术总负责人和项目总负责人的姓名及其签字或授权盖章；

6．编制年月（即出图年、月），如图 10-1 所示，供读者参考。

10.2.2 施工图目录制作

目录用来说明图纸的编排顺序和所在位置。

就建筑专业来说，一般图纸编排顺序是：封面、目录、施工图设计说明、装修做法表、门窗统计表、（总平面图）、各层平面图（由低向高排）、立面图、剖面图和详图（先主要后次要）等。

先列新绘制的图纸，后列选用的标准图及重复使用的图纸。

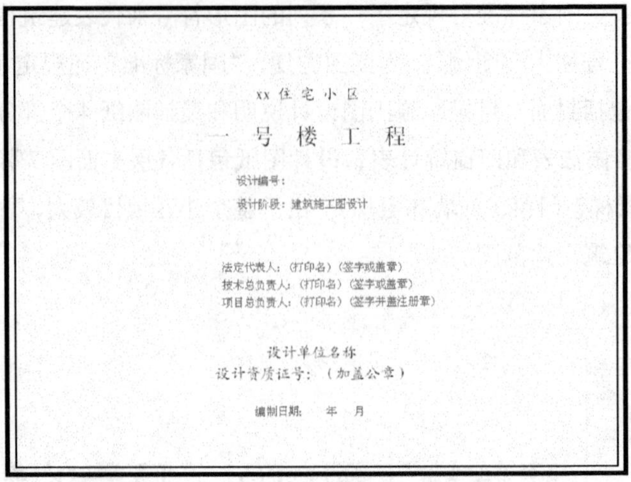

xx住宅小区

一号楼工程

设计编号：

设计阶段：建筑施工图设计

法定代表人：（打印名）（签字或盖章）

技术总负责人：（打印名）（签字或盖章）

项目总负责人：（打印名）（签字并盖注册章）

设计单位名称

设计资质证号：（加盖公章）

编制日期：　年　月

图 10-1　施工图纸封面

目录的内容最起码要包括序号、图名、图号、页数、图幅和备注等项目。如果目录单独成页，还应包括工程名称、制表、审核、校正、图纸编号和日期等标题栏的内容，本例目录如图 10-2 所示。

设计单位名称		xx住宅小区			工号		图号	建施-01
		1号楼工程(建筑专业)			分号		页号	
序号	图纸名称	图号	重复使用图纸号 院内	重复使用图纸号 院外	实际张数	折合标准张	备注	
01	目录	建施-01			1	0.5		
02	施工图设计说明	建施-02			1	1.00		
03	装修一览表	建施-03			1	1.00		
04	装修做法表	建施-04			1	1.00		
05	门窗统计表	建施-05			1	1.00		
06	地下层平面图	建施-06			1	1.00		
07	首层平面图	建施-07			1	1.00		
08	二~三层平面图	建施-08			1	1.00		
09	四层平面组合图	建施-09			1	1.00		
10	甲单元四层平面图	建施-10			1	2.00		
11	甲单元五-十四层平面图	建施-11			1	2.00		
12	甲单元十五-十六层平面图	建施-12			1	2.00		
13	甲单元十七层平面图	建施-13			1	2.00		
14	甲单元十八层平面图	建施-14			1	2.00		
15	十九平面图	建施-15			1	1.00		
16	屋顶平面图	建施-16			1	1.00		
17	①-⑱轴立面图	建施-17			1	2.00		
18	Ⓐ-Ⓗ轴立面图	建施-18			1	2.00		
19	Ⓗ-Ⓐ轴立面图	建施-19			1	2.00		
20	⑱-①轴立面图	建施-20			1	2.00		
21	1-1剖面图	建施-21			1	2.00		
22	楼梯详图	建施-22			1	2.00		
23	门窗详图	建施-23			1	1.00		
24	外墙详图（一）	建施-24			1	2.00		
25	外墙详图（二）	建施-25			1	2.00		
26	电梯详图及厕所平面详图	建施-26			1	2.00		
27								
28								
29								
30								
制表		校正		审核		日期	年 月 日	

图 10-2　图纸目录

本目录表格较复杂，用线条直接绘制，没有应用 AutoCAD 表格功能。

10.3 施工图设计说明制作

各专业均有必要的设计说明，对于建筑专业，根据《规定》要求，应包含以下内容。

1．本子项工程施工图设计的依据性文件、批文和相关规范。

2．项目概况：内容一般应包括建筑名称、建设地点、建设单位、建筑面积、建筑基底面积、建筑工程等级、设计使用年限、建筑层数和建筑高度、防火设计建筑分类和耐火等级、人防工程防护等级、屋面防水等级、地下室防水等级、抗震设防烈度等，以及能反映建筑规模的主要技术经济指标，如住宅的套型和套数（包括每套的建筑面积、使用面积、阳台建筑面积，房间的使用面积可在平面图中标注）、旅馆的客房间数和床位数、医院的门诊人次和住院部的床位数和车库的停车泊位数等，如图 10-3 所示。

设计标高：说明 ± 0.00 标高与绝对标高的关系及室内外高差。

3．用料说明和室内外装修。

（1）墙体、墙身防潮层、地下室防水、屋面、外墙面、勒脚、散水、台阶、坡道、油漆、涂料等的材料和做法，可用文字说明或部分文字说明，部分直接在图上引注或加注索引号。

（2）室内装修部分除用文字说明以外也可用表格形式表达（见表 10-4），在表上填写相应的做法或代号。较复杂或较高级的民用建筑应另行委托室内装修设计；凡属二次装修的部分，可不列装修做法表和进行室内施工图设计，但对原建筑设计、结构和设备设计有较大改动时，应征得原设计单位和设计人员的同意。各部分用料说明和室内外装修指出地下室、墙体、屋面、外墙、防潮层、散水、台阶、坡道等各部分的材料及构造做法。根据设计合同规定的室内外装修设计范围，说明室内外装修材料及做法，可用表格来表示，如图 10-4 和图 10-5 所示，表列项目可增减。

本子项工程采用的新材料、新工艺及特殊建筑造型的说明。

4．门窗表及门窗性能（防火、隔声、防护、抗风压、保温、空气渗透和雨水渗透等）、用料、颜色、玻璃和五金件等的设计要求，如图 10-6 和图 10-7 所示。

5．幕墙工程及特殊屋面工程制作说明（包括玻璃、金属、石材等）及特殊的屋面工程（包括金属、玻璃、膜结构等）的性能及制作要求，平面图、预埋件安装图等以及防火、安全、隔音构造。

6．电梯（自动扶梯）的型号及功能、载重量、速度、停站数和提升高度等性能说明等。

7．墙体及楼板预留孔洞需封堵时的封堵方式说明。

8．其他需要说明的问题。

此外，还可以根据具体情况，对施工图图面表达、建筑材料的选用及施工要求等方面进行必要的说明。总之，施工图设计说明需要条理清楚、论证到位，与设计图纸互为补充、相互协调。

图 10-3 施工图设计说明

装修一览表

层数	房间名称 \ 部位	楼、地面	踢脚	内墙面	顶棚	窗台	备注
地下一~二层	电梯前室	地面1	踢脚3	内墙4	顶棚2		
	楼梯间	地面1	踢脚3	内墙4	顶棚5		
	走道	地面1	踢脚3	内墙4	顶棚4.5		顶棚4用于地下1层，顶棚5用于地下2层
	储藏室	地面1	踢脚3	内墙4	顶棚4.5		顶棚做法同上
	自行车库	地面1	踢脚3	内墙4	顶棚4.5		顶棚做法同上
	配电间	地面1	踢脚3	内墙4	顶棚4.5		顶棚做法同上
	报警阀室	地面1	踢脚3	内墙4	顶棚4.5		顶棚做法同上
	设备用房	地面1	踢脚3	内墙4	顶棚4.5		顶棚做法同上
首层	管理室	楼面6	踢脚2	内墙3	顶棚1	窗台1	
	消防控制室	楼面6	踢脚2	内墙3	顶棚1	窗台1	
	商场	楼面6	踢脚2	内墙3	顶棚3	窗台1	顶棚做法待二次装修时统一考虑
	商场卫生间	楼面7		内墙2	顶棚2	窗台1	
	入口门厅	楼面1	踢脚1	内墙1	顶棚3		
	电梯前室	楼面1	踢脚1	内墙1	顶棚3		
	楼梯间	楼面2	踢脚1	内墙1	顶棚1	窗台1	
	起居室、家庭厅	楼面3	踢脚2	内墙1	顶棚1	窗台1	面层为用户精装修部位，用户自理
	厨房、餐厅	楼面3	踢脚2	内墙1	顶棚1	窗台1	精装修面层同上
	卧室、衣帽间	楼面3	踢脚2	内墙1	顶棚1	窗台1	精装修面层同上
	卫生间	楼面4		内墙2	顶棚2	窗台1	精装修面层同上
	走道	楼面3	踢脚2	内墙1	顶棚1	窗台1	精装修面层同上
	阳台	楼面3	踢脚2	内墙1	顶棚1		精装修面层同上
二层	管理室	楼面6	踢脚2	内墙3	顶棚1	窗台1	
	消防控制室	楼面6	踢脚2	内墙3	顶棚1	窗台1	
	商场	楼面6	踢脚2	内墙3	顶棚3	窗台1	顶棚做法待二次装修时统一考虑
	商场卫生间	楼面7		内墙2	顶棚2	窗台1	
	电梯前室	楼面1	踢脚1	内墙1	顶棚3		
	楼梯间	楼面2	踢脚1	内墙1	顶棚1	窗台1	
	起居室、家庭厅	楼面3	踢脚2	内墙1	顶棚1	窗台1	面层为用户精装修部位，用户自理
	厨房、餐厅	楼面3	踢脚2	内墙1	顶棚1	窗台1	精装修面层同上
	卧室、衣帽间、储藏	楼面3	踢脚2	内墙1	顶棚1	窗台1	精装修面层同上
	卫生间	楼面4		内墙2	顶棚2	窗台1	精装修面层同上
	走道	楼面3	踢脚2	内墙1	顶棚1	窗台1	精装修面层同上
	阳台	楼面3	踢脚2	内墙1	顶棚1		精装修面层同上
三层	管理室	楼面6	踢脚2	内墙3	顶棚1	窗台1	
	消防控制室	楼面6	踢脚2	内墙3	顶棚1	窗台1	
	商场	楼面6	踢脚2	内墙3	顶棚3	窗台1	顶棚做法待二次装修时统一考虑
	商场卫生间	楼面7		内墙2	顶棚2	窗台1	
	电梯前室	楼面1	踢脚1	内墙1	顶棚3		
	楼梯间	楼面5	踢脚3	内墙3	顶棚5	窗台2	
	起居室、家庭厅	楼面3	踢脚2	内墙1	顶棚1	窗台1	面层为用户精装修部位，用户自理
	厨房、餐厅	楼面3	踢脚2	内墙1	顶棚1	窗台1	精装修面层同上
	卧室、衣帽间、储藏	楼面3	踢脚2	内墙1	顶棚1	窗台1	精装修面层同上
	卫生间	楼面4		内墙2	顶棚2	窗台1	精装修面层同上
	走道	楼面3	踢脚2	内墙1	顶棚1	窗台1	精装修面层同上
	阳台	楼面3	踢脚2	内墙1	顶棚1		精装修面层同上
四~二十九层	电梯前室	楼面1	踢脚1	内墙1	顶棚3		
	楼梯间	楼面5	踢脚3	内墙3	顶棚5	窗台2	
	起居室、家庭厅	楼面3	踢脚2	内墙1	顶棚1	窗台1	面层为用户精装修部位，用户自理
	厨房、餐厅	楼面3	踢脚2	内墙1	顶棚1	窗台1	精装修面层同上
	卧室、衣帽间、储藏	楼面3	踢脚2	内墙1	顶棚1	窗台1	精装修面层同上
	卫生间	楼面4		内墙2	顶棚2	窗台1	精装修面层同上
	走道	楼面3	踢脚2	内墙1	顶棚1	窗台1	精装修面层同上
	阳台	楼面3	踢脚2	内墙1	顶棚1		精装修面层同上
	报警阀室	楼面5	踢脚3	内墙3	顶棚5		
	水箱间	楼面7	踢脚3	内墙3	顶棚5	窗台2	仅用于10号楼
机房层	楼梯间	楼面5	踢脚3	内墙3	顶棚5	窗台2	
	水箱间	楼面7	踢脚3	内墙3	顶棚5	窗台2	仅用于10号楼
	电梯机房	楼面5	踢脚3	内墙3	顶棚5	窗台2	

图 10-4 装修一览表

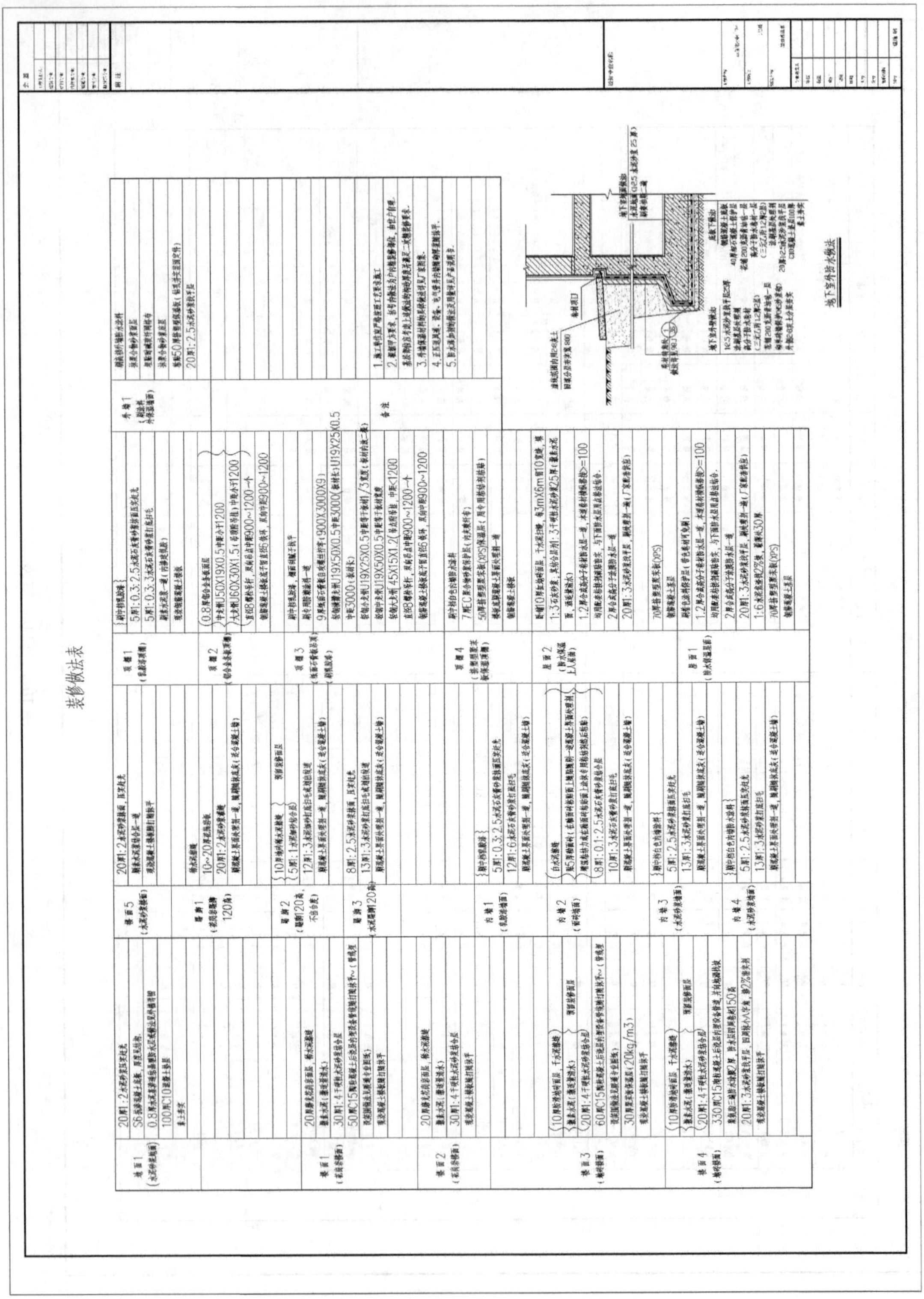

图 10-5　装修做法表

门窗统计表

门窗名称	洞口尺寸	材料与形式	门窗数量										选用标准图号	备注
			地下室层	首层	2-3层	4层	5-14层	15-16层	17层	18层	19层	总计		
C-1	1800x1820	铝合金平开窗				6	2x10=20					26	详门窗详图	凸窗，尺寸以现场测量为准
C-1′		铝合金平开窗						2x2=4	2	2		8	详门窗详图	凸窗，尺寸以现场测量为准
C-2	1500x1820	铝合金平开窗				2	2x10=20	2x2=4				26	详门窗详图	凸窗，尺寸以现场测量为准
C-2′		铝合金平开窗							2	2		4	详门窗详图	凸窗，尺寸以现场测量为准
C-3	以现场测量为准	铝合金平开窗				2	2x10=20	2x2=4	2			28	详门窗详图	凸窗，尺寸以现场测量为准
C-4	1100x1520	铝合金平开窗				2	2x10=20	2x2=4	2	2		30	详门窗详图	
C-5	2100x2800	铝合金平开窗					2x10=20	2x2=4	2	2		28	详门窗详图	凸窗，尺寸以现场测量为准
C-5′	2100x2800	铝合金平开窗								2		2	详门窗详图	凸窗，尺寸以现场测量为准
C-5′′	2100x1820	铝合金平开窗				2						2	详门窗详图	凸窗，尺寸以现场测量为准
C-6	1000x1520	铝合金平开窗				2	2x10=20	2x2=4	2	2		30	详门窗详图	
C-7	1500x1520	铝合金平开窗		4	4x2=8	4	4x10=40	4x2=8	4	4	4	76	详门窗详图	
C-7′	1500x500	铝合金推拉窗			4x2=8							8	详门窗详图	
C-8	1200x1520	铝合金平开窗		4	6x2=12	6	6x10=60	6x2=12	6	6	2	108	详门窗详图	
C-8′	1200x500	铝合金推拉窗			4x2=8							8	详门窗详图	
C-10	900x1520	铝合金平开窗				2	2x10=20	2x2=4	2	2		30	详门窗详图	
C-11	600x1520	铝合金平开窗				2	2x10=20	2x2=4	2	2		30	详门窗详图	
FM-1	1000x2100	乙级防火门				8	8x10=80	8x2=16	8	8		120	优质成品三防门	用于住宅入户门处
FM-2	1200x2400	乙级防火门		1								1		用于楼梯前室及消防通道入口处
FM-3	1000x2100	乙级防火门		3	2	2	2x10=20	2x2=4	2	2	6	41		用于楼梯间入口处
FM-4	1600x2100	丙级防火门		2	2x2=4	4	2x10=20	2x2=4	2	2		38		用于水暖管井
FM-5	600x2100	丙级防火门		2	2x2=4	4	2x10=20	2x2=4	2	2		38		用于排风管井
FM-6	900x2100	丙级防火门		2	2x2=4	4	2x10=20	2x2=4	2	2		38		用于电管井
FM-7	1500x2100	乙级防火门												设备用房及通道
FM-8	1500x2100	甲级防火门												消防阀室
FM-9	1000x2100	甲级防火门												消防水泵房
M-1	1500x2400	铝合金平开门		2								2	详门窗详图	
M-3	900x2100	木平开门		2	2x2=4	10	10x10=100	10x2=20	10	10		156	详门窗详图	
M-4	800x2100	木平开门		2	4x2=8	7	18x10=180	9x2=18	9	9		233	详门窗详图	
M-5	1000x2100	木平开门		4	2x2=4							8	详门窗详图	
MC-1	1800x2400	铝合金平开门					4x10=40	4x2=8	4	4		60	详门窗详图	
MC-2	2400x2400	铝合金平开门								2		2	详门窗详图	
YC-1	2400x2200	铝合金平开窗					2x10=20	2x2=4				24	详门窗详图	
YC-2	2700x2200	铝合金平开窗					2x10=20					20	详门窗详图	
YC-2′	2100x1820	铝合金平开窗						2x2=4	4	4		12	详门窗详图	
YC-3	2100x2200	铝合金平开窗					2x10=20	2x2=4	2			26	详门窗详图	
YC-4	1750x2200	铝合金平开窗				4	4x10=40	4x2=8	4	4		60	详门窗详图	

会签

附注

设计单位名称

门窗统计表

建施-05

图 10-6　门窗统计表

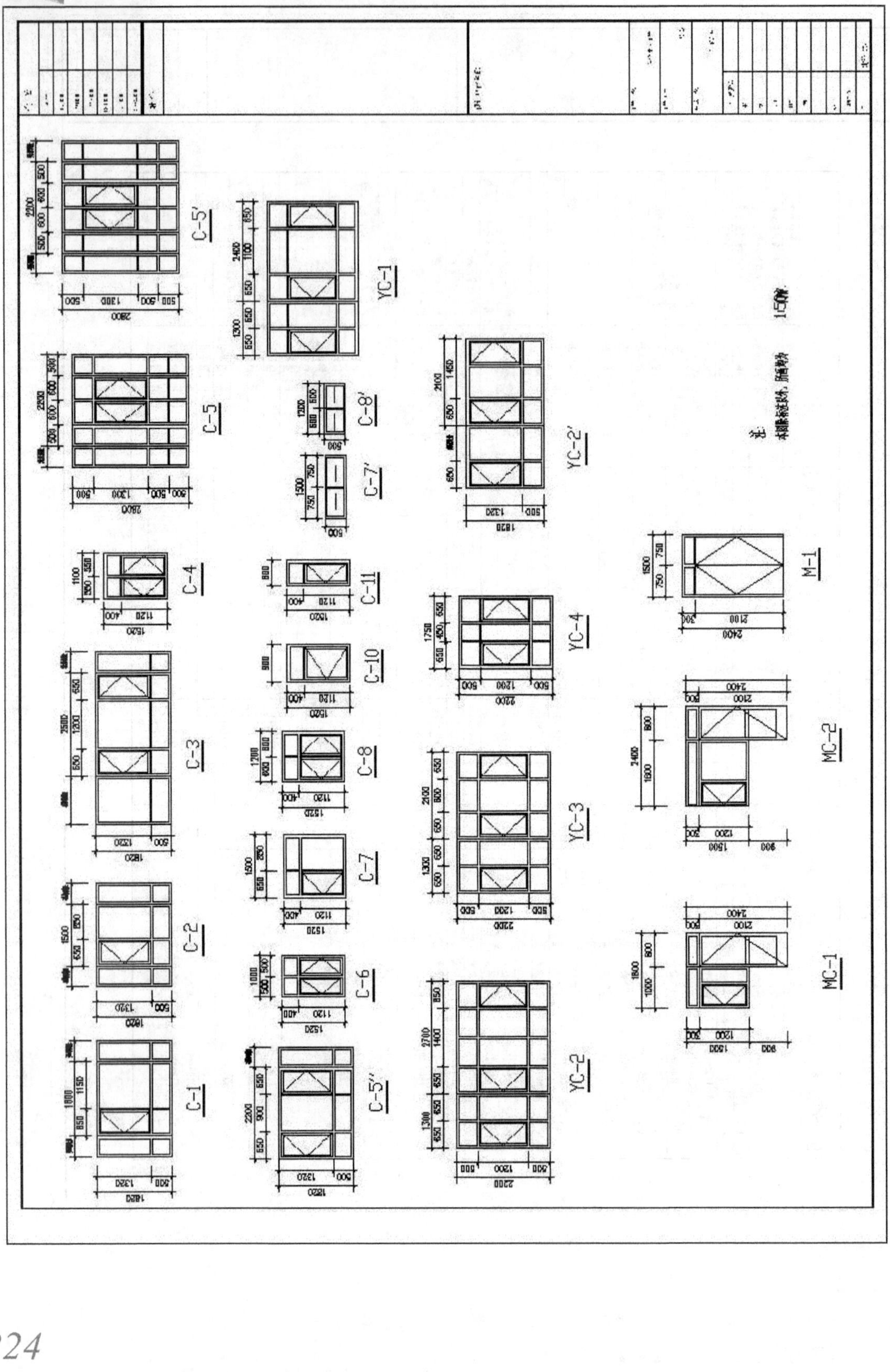
C-5'
YC-1
C-5
C-8'
C-7'
YC-2'
M-1
C-4
C-11
YC-4
C-3
C-10
C-8
YC-3
MC-2
C-7
C-2
C-6
MC-1
C-1
C-5''
YC-2

图 10-7 门窗详图汇总

第3部分

综合案例

3 综合实例

本部分主要介绍商住楼施工图概述和施工图的设计方法。

本部分内容通过某住宅小区施工图实例加深读者对 AutoCAD 功能的理解和掌握，更主要的是向读者传授一种建筑设计的系统思想。

第11章

某住宅小区规划总平面图绘制

本章将结合一个小区实例，详细介绍规划总平面图的绘制方法。在前面的章节中，详细介绍了 AutoCAD 2012 基本的图形绘制和图形编辑命令，以及一些基本的，也是最常用的概念和绘图技巧。在本章中，通过学习规制规划平面图，读者将进一步加深对 AutoCAD 2012 基本概念和命令的理解，逐步地熟悉各命令的操作步骤，积累一些适用的编辑技巧和绘图经验，同时学会基本的规划方法。

学习要点

- 规划总平面图概述
- 规划总平面图绘制过程

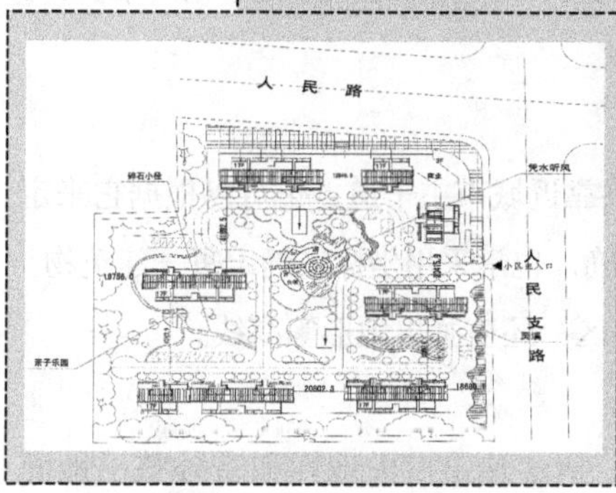

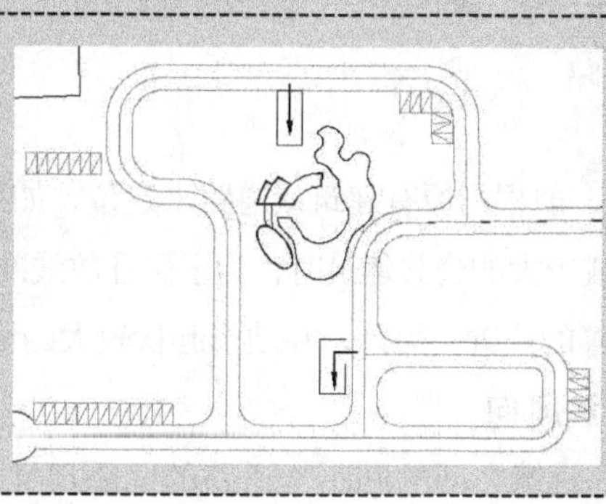

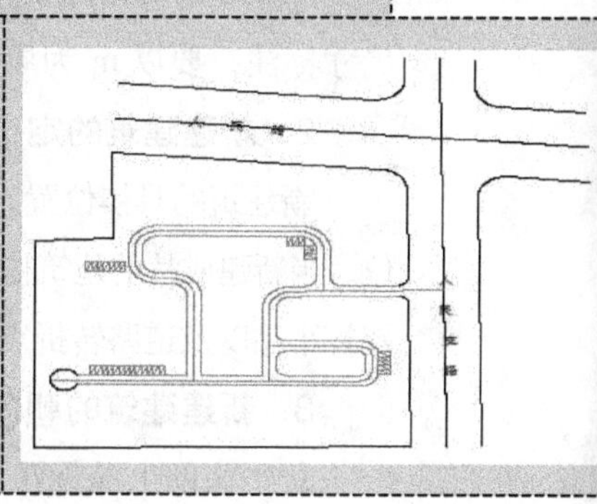

11.1 规划总平面图概述

规划总平面图是将拟建工程周围一定范围内的建筑物，连同周围的环境状况向水平面投影，用相应的图例来表示的图样。总平面图能反映拟建建筑物的平面状态、所处位置等内容，是建筑施工定位的依据。

本章提供的规划实例为占地 2.31 公顷的高层住宅小区，总建筑面积约为 62000m^2，拥有商业、居住、运动和休闲等各种不同功能的空间。

11.1.1 总平面的基本知识

规划总平面图是表明一项建设工程总体布置情况的图纸。它是在建设基地的地形图上，把已有的、新建的和拟建的建筑物、构筑物以及道路、绿化等按与地形图同样比例绘制出来的平面图。主要表明新建平面形状、层数、室内外地面标高，新建道路、绿化、场地排水和管线的布置情况，并表明原有建筑、道路、绿化等和新建筑的相互关系以及环境保护方面的要求等。由于建设工程的性质、规模以及所在基地的地形、地貌的不同，规划总平面图所包括的内容有的较为简单，有的则比较复杂，必要时还可分项绘出竖向布置图、管线综合布置图和绿化布置图等。

总平面图的图示内容主要包括：比例、新建筑的定位、尺寸标注和名称标注、标高。

1．比例

由于总平面表达的范围较大，所以采用较小的比例绘制。国家标准《建筑制图标准》（GB/T50104－2001）规定：总平面应采用 1：500、1：1000 和 1：2000 的比例绘制。总平面上的尺寸标注，要以 m 为单位。

2．新建建筑的定位

新建筑的具体位置，一般根据原有建筑或道路来定位，如果靠近城市主干道，也可以根据它来定位。当新建成片的建筑物或较大的公共建筑时，为了保证放线准确，也常采用坐标来确定每一建筑物、建筑小品以及道路转折点等的位置。另外，在地形起伏较大的地区，还应画出地形等高线。

3．新建建筑的朝向和风向

总平面图上应标注：建筑之间的间距、道路的间距尺寸、新建建筑室内地坪和室外整平地面的绝对标高尺寸，各建筑物和环境小品的名称。总平面图上标注的尺寸及标高，一律以 m 为单位，标注精确到小数点后两位。

4．标高

平时用来表达建筑各部位（如室内外地面、道路高差等）高度的标注方法。在图中用标高符号加注尺寸数字表示。标高分为绝对标高和相对标高。我国把青岛附近的黄海平均海平面定为标高零点，其他各地的高度都以此为基准，得到的数值即为绝对标高。把建筑底层内地面定为零点，建筑其他各部位的高度都以此为基准，得到的数值即为相对标高。建筑施工图中，除了总平面图外，都标注相对标高。

11.1.2 规划设计的基本知识

规划总平面不是简单的用 AutoCAD 绘图，而是通过 AutoCAD 将设计意图表达出来。其中建筑布局和绘制都有一定的要求和依据，我们需要重点掌握的有：基地环境的认知、基地形状与建筑布局形态、规划控制条件的要求、建筑物朝向、绘制方法和步骤。

1．基地环境的认知

每幢建筑总是处于一个特定的环境中，因此，建筑的布局，要充分考虑和周围环境的关系，例如，原有建筑、道路的走向、基地面积大小以及绿化等方面与新建建筑物之间的关系。新规划的建筑，要使所在基地形成协调的室外空间和良好的室外环境。

2．基地形状与建筑布局形态

建筑布局形态与基地的大小、形状和地形有着密切的关系。一般情况下，当场地规模平坦并较小时，常采用简单规整的行列式。对于场地面积较大的基地，结合基地情况，采取围合式、点式等布局形式。对于地形较复杂的基地，可以有吊脚、爬坡等多种处理方式。当场地地坪图不规则或较狭窄时，则要根据使用性质，结合实际情况，充分考虑基地环境，采取不规则的布局形式。

3．规划控制条件的要求

新建筑的布局往往受到周围环境的影响，为了与周围环境相协调，就要遵守一些规划的控制条件，一般包括规划红线和建筑半间距。

建筑红线（又称建筑控制线）是指有关法规或详细规划确定的建筑物，构筑物的基底位置不得超出的界线。因此我们在后面的规划设计中，建筑布局不得超越该红线。

建筑半间距是指规划中相邻地块的建筑各退让一半，作为合理的日照间距。

当然，规划的控制条件远不止以上两条，有兴趣的读者可以查找相关规范以便遵守。

4．建筑物朝向

影响建筑物朝向的因素主要有日照和风向。根据我国所处的地理位置，建筑物南向或南偏东、偏西少许角度就能获得良好的日照。

正确的朝向，可改变室内气温条件、创造舒适的室内环境。例如，如果住宅设计中合理利用夏季主导风向，可以有效解决夏季通风降温的问题。

5. 绘制方法和步骤

规划总平面图是一水平投影图，绘制时按照一定的比例，在图纸上画出建筑的轮廓线及其他设施的水平投影的可见线，以表示建筑物和周围设施在一定范围内的总体布局情况。

规划总平面图的绘制一般有以下几个步骤：

- 设置绘图环境；
- 建筑布局；
- 绘制道路与停车场；
- 绘制环境；
- 尺寸标注和文字说明。

11.2 规划总平面图绘制过程

建筑住宅小区时，要选择适合当地特点、设计合理、造型多样和舒适美观的住宅类型，为方便小区居民生活，住宅小区规划中要合理确定小区公共服务设施的项目、规模及其分布方式，做到公共服务设施项目齐全，设备先进，布点适当，与住宅联系方便；为适应经济的增长和人民群众物质生活水平的提高，规划中应合理确定小区道路走向及道路断面形式，步行与车行互不干扰，并且还应根据住宅小区居民的需求，合理确定停车场地的指标和布局。此外，住宅小区规划中还应满足居民对安全、卫生、经济和美观等的要求，合理组织小区居民室外休息活动的场地和公共绿地，创造宜人的居住生活环境。在绘图时，根据用地范围先绘制住宅小区的轮廓，然后合理安排建筑单体，然后设置交通道路，标注相关的文字尺寸。

住宅小区是不同的建筑群体，例如住宅小区包含住宅区、配套学校、绿地、社区活动中心和购物中心等建筑群体；商业小区则包括写字楼、百货商场和娱乐中心等建筑群体。图 11-1～图 11-3 所示是国内常见的住宅小区的总平面规划图和三维效果图。

本节将在上面对规划总平面知识介绍的基础上，运用 AutoCAD 2012 设计并绘制某居住区总平面图。

从总平面中可以看出，该图采用 1：1 的比例绘制。我们规划的地块北面邻 40m 宽的人民路，东面邻 30m 宽的人民支路，东西面邻相邻地块。地形基本平坦，为长 165m、宽 162m 的不规则矩形，主要入口在北边和东边。

规划布局主要由退道路红线距离和建筑半间距来定位，该地块初步预测南北向能部 3 列建筑。

此外该住宅区还要提供各种绿化景观和游乐设施。

图 11-1 某住宅小区总平面图

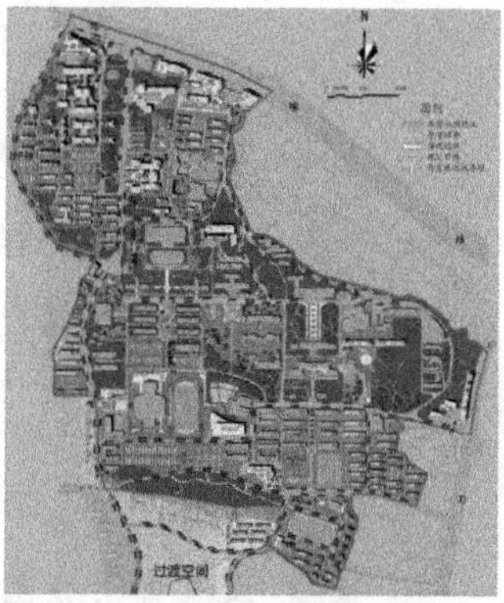

图 11-2 某大学校园小区总平面图

图 11-3 某住宅小区的总平面三维效果图

整个设计过程包括设置绘图环境、布局各种建筑、绘制路网、绘制环境、尺寸标注和文字说明共 5 部分，总平面图如图 11-4 所示。

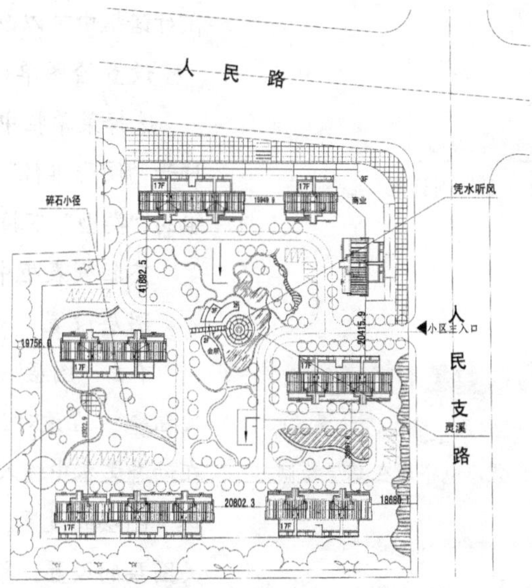

图 11-4 总平面图

11.2.1 设置总平面图绘图环境

绘图环境的初步设置内容包括新建绘图文件、设置背景颜色、设置绘图单位和图层设置。

注意

规划平面图中文字和标注没有特别的规定，以美观、出图后清楚为原则，所以这里不过多讲述“文字样式设置”和“标注样式设置”的问题。

Step 绘制步骤

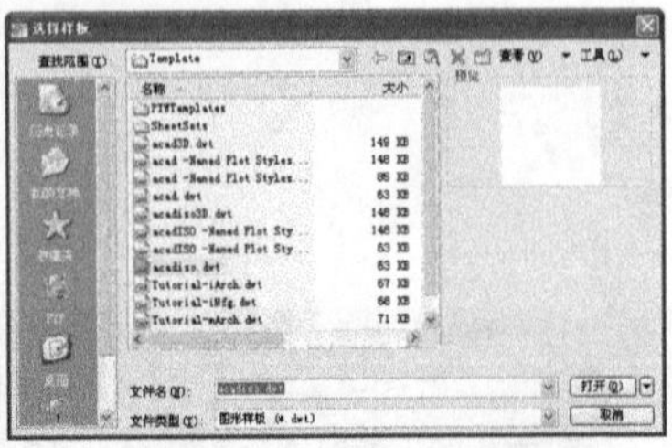

图 11-5 “选择样板”对话框

❶ 新建绘图文件。

单击“标准”工具栏中的“新建”按钮，系统打开“选择样板”对话框，单击“打开”按钮，从中选择“样板打开－公制”选项，如图 11-5 所示。

❷ 设置背景颜色。

选择菜单栏中的“工具”→“选项”命令，弹出“选项”对话框，选择“显示”选项卡，单击“颜色”按钮，弹出“图形窗口颜色”对话框，在对话框中可以改变绘图背景的颜色为“白色”。

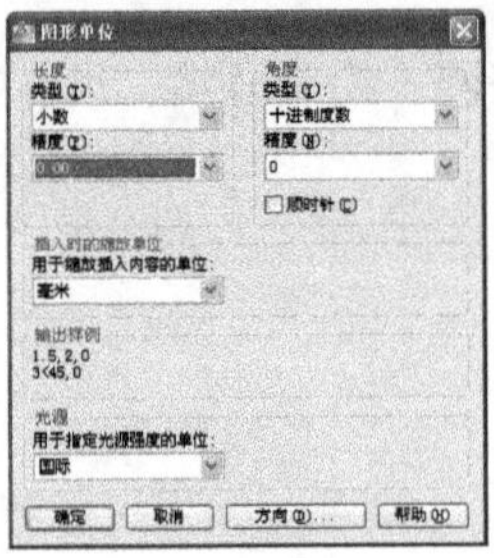

图 11-6 “图形单位”对话框

❸ 设置绘图单位。

选择菜单栏中的“格式”→“单位”命令，打开“图形单位”对话框，在“长度”选项类型组的“类型”下拉列表框中选择“小数”，在“精度”下拉列表框中选择 0.00，如图 11-6 所示。

❹ 图层设置。

单击“图层”工具栏中的“图层特性管理器”按钮。在该对话框中单击“新建”按钮，然后在动态文本中输入“道路”，按 Enter 键，完成“道路”图层的设置。按照同样的方法，依次完成相关图层的设置。单击颜色和线型处，可根据需要设置图层的颜色和线型，最后结果如图 11-7 所示。

注意

（1）各图层设置不同颜色、线宽、状态等；

（2）0 层不作任何设置，也不应在 0 层绘制图样。

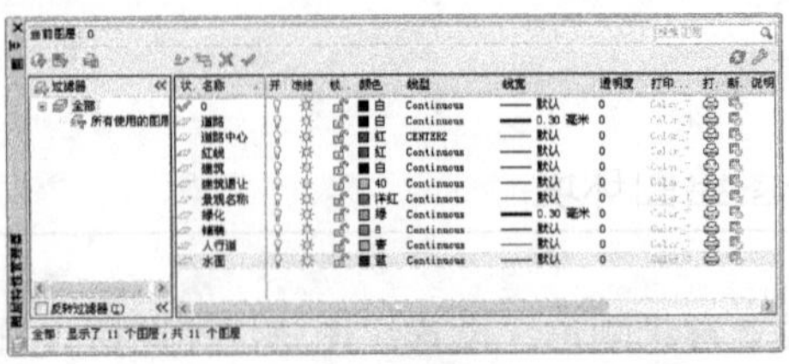

图 11-7 “图层特性管理器”对话框

11.2.2 建筑布局

通过分析，人民路和人民支路均为城市性干道，因此在人民路和人民支路上布置临街商业门面，同时为了满足小区业主休闲的需要，在中心绿地处设计会所一处。因此建筑布局包括公共建筑绘制、建筑模块的准备和住宅建筑布置 3 个步骤。

Step 绘制步骤

1 公共建筑的绘制。

（1）打开源文件中已经绘制好的建设基地的地形图，如图 11-8 所示，其绘图环境已按 9.2.1 小节设置完毕。

（2）将“0”图层设置为当前层。单击“绘图”工具栏中的“直线”按钮，绘制出商业建筑的一边。按住 F8 键，打开正交（这样绘制出来的线都是垂直 *xy* 轴的直线），得到人民路临街商业的横向基准线。重复“直线”命令，得到人民支路临街商业的竖向基准线，如图 11-9 所示。

（3）单击“修改”工具栏中的“偏移”按钮，完成建筑轮廓绘制。将人民路临街商业基准线和人民支路临街商业基准线向左偏移 12000，得到临街商业的进深，如图 11-10 所示。

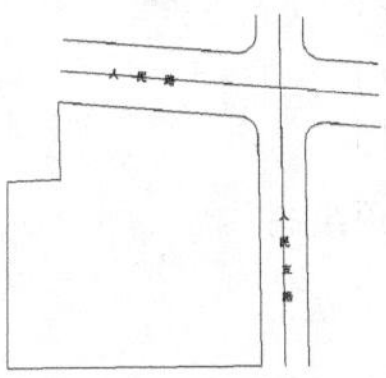

图 11-8 建设基地地形图

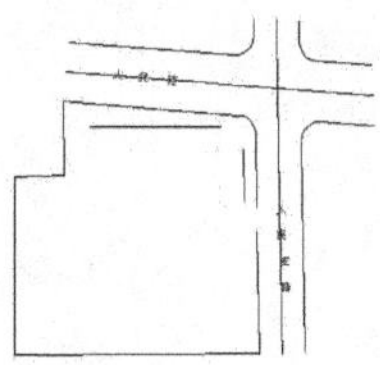

图 11-9 绘制临街商业基准线

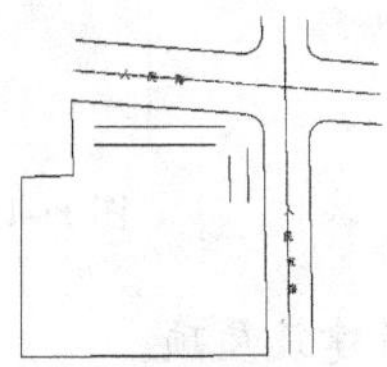

图 11-10 偏移临街商业基准线

（4）单击“绘图”工具栏中的“直线”按钮，连接两条建筑边。重复“直线”命令连接其他建筑边，完成连接，如图 11-11 所示。

（5）单击“修改”工具栏中的“倒角”按钮，绘制建筑转角处。单击“修改”工具栏中的“圆角”按钮，选取横向商业建筑基线的右侧第一点和竖向商业建筑基线的上方第一点，绘制圆角半径为 15000 的商业建筑转角处圆弧，结果如图 11-12 所示。

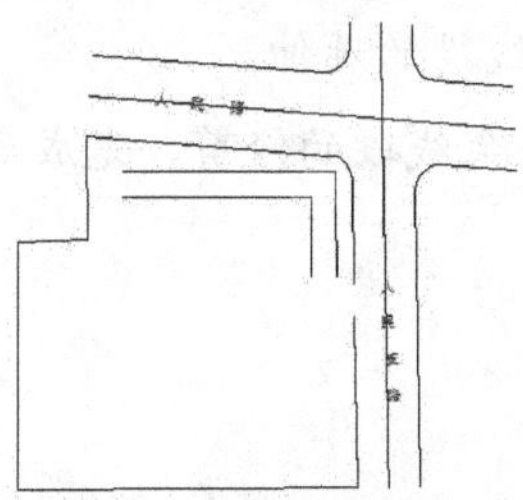

图 11-11 连接商业建筑轮廓

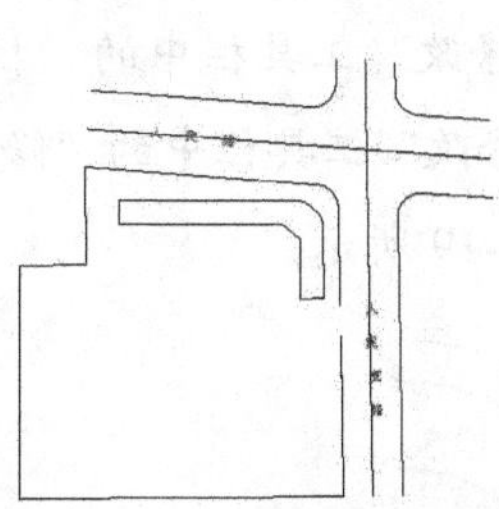

图 11-12 商业建筑转角

（6）单击“修改”工具栏中的“偏移”按钮，将人民路临街商业基准线向下侧偏移 2250，连续偏移 2 次，进行建筑细部绘制，如图 11-13 所示。

（7）单击“修改”工具栏中的“偏移”按钮，分别将相应直线向右侧偏移 8500，连续偏移到所需位置如图 11-14 所示。

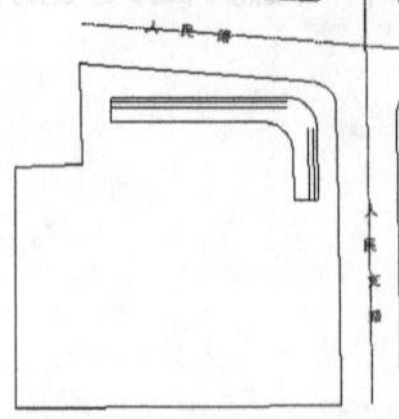

图 11-13　向下侧偏移基线

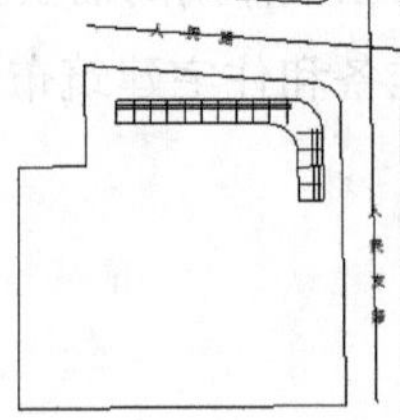

图 11-14　向右侧连续偏移基线

（8）单击“绘图”工具栏中的“直线”按钮，连接屋顶分割，结果如图 11-15 所示。

（9）单击“修改”工具栏中的“修剪”按钮，进行细部修剪，完成商业建筑屋顶绘制，结果如图 11-16 所示。

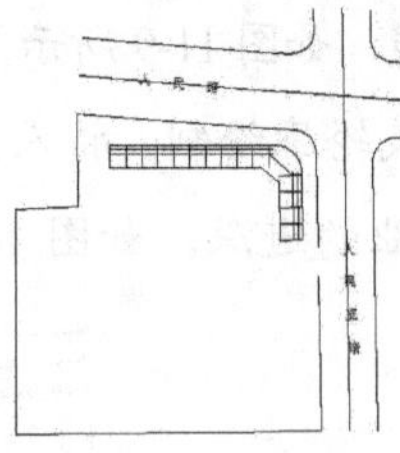

图 11-15　屋顶分割

图 11-16　完成屋顶绘制

❷ 会所建筑屋顶。

（1）单击“绘图”工具栏中的“圆弧”按钮，绘制会所建筑第一条边，会所建筑基准边完成。

（2）单击“修改”工具栏中的“偏移”按钮，将会所建筑基准线向外偏移 3360、6720。

（3）单击“修改”工具栏中的“偏移”按钮，偏移距离为 1600，完成偏移，如图 11-17 所示。

（4）单击“绘图”工具栏中的“直线”按钮，连接偏移的几个建筑边。

（5）单击“绘图”工具栏中的“直线”按钮，连接步骤（2）和步骤（3）偏移的 3 条弧线建筑边。为了美观，进行不等连接，最后完成的效果如图 11-18 所示。

（6）单击“修改”工具栏中的“拉伸”按钮，进行线段的延伸。

（7）单击“修改”工具栏中的“修剪”按钮，进行多余线段的修剪，完成商业建筑屋顶绘制，结果如图 11-19 所示。

图 11-17　连续偏移弧线

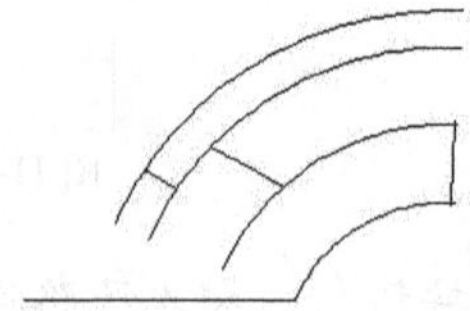

图 11-18　不等连接

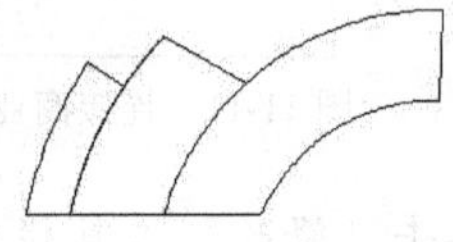

图 11-19　建筑屋顶

（8）单击“绘图”工具栏中的“椭圆”按钮，绘制椭圆造型的建筑部分，椭圆建筑造型完成，如图 11-20 所示。

（9）单击“绘图”工具栏中的“圆弧”按钮，绘制建筑连接部分，如图 11-21 所示。

（10）单击“修改”工具栏中的“偏移”按钮，将上步绘制的圆弧建筑边向内偏移 1600。

（11）单击“修改”工具栏中的“修剪”按钮，进行修剪。

（12）单击“修改”工具栏中的“偏移”按钮，将所有的会所建筑线，向内偏移 160，完成会所建筑屋顶绘制，结果如图 11-22 所示。

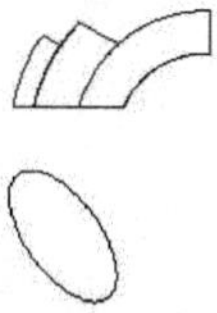

图 11-20 椭圆建筑造型

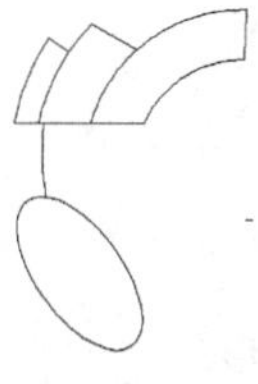

图 11-21 绘制连接弧线

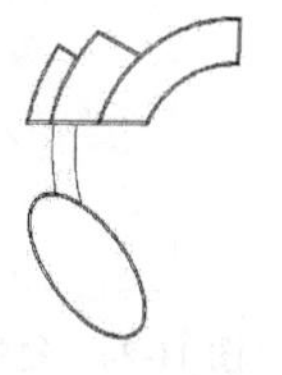

图 11-22 会所建筑屋顶

3 建筑模块的准备。

将建筑屋顶平面做成整体的块，方便在建筑布局中使用。首先打开建筑屋顶平面 DWG 文件，关闭所有的标注层和文字层，设置“建筑”层为当前层，具体操作步骤如下。

（1）选择菜单栏中的“修改”→“特性匹配”命令，将建筑屋顶平面各种线型统一到“建筑”图层上。

（2）定义块；单击“绘图”工具栏中的“创建块”按钮，打开如图 11-23 所示的“块定义”对话框，在名称一栏输入 jz1。单击“拾取点”后在建筑屋顶平面上选取任意一点；单击“选择对象”后框选整个建筑屋顶平面；单击“确定”按钮，在规划布局中使用的建筑模块制作完成。

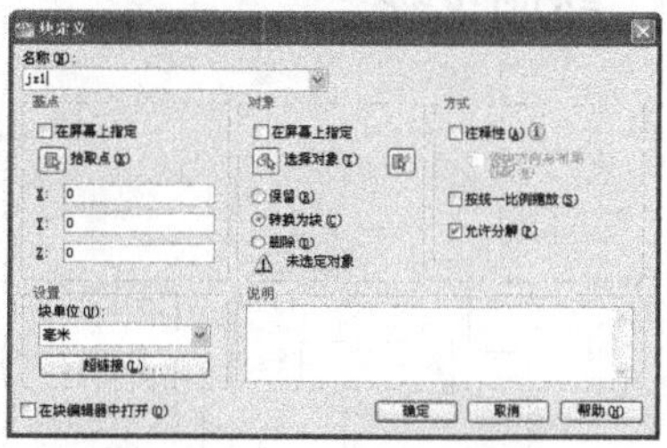

图 11-23 “块定义”对话框

4 住宅建筑布置。

打开绘制好的 JZL 模块，单击“修改”工具栏中的“复制”按钮、“编辑”工具栏中的“粘贴”按钮、“修改”工具栏中的“旋转”按钮、“复制”按钮，以完成建筑布置的绘制。

> **注意**
>
> 区别：“编辑”→“复制”命令是用于两个 CAD 文件之间的复制，“修改”→“复制”命令用于一个 CAD 文件内部的复制。

（1）在“建筑屋顶平面”图上单击“编辑”工具栏中的“复制”按钮。

（2）在“规划平面”图上单击“编辑”工具栏中的“粘贴”按钮。

模块调入完成。

> **注意**
>
> 如果没有已经绘制好的建筑图形，可以绘制出建筑物的大体轮廓图形代替具体的建筑物图形作为建筑的示意图。在总平面图中允许采用这种示意画法。

（3）单击“修改”工具栏中的“复制”按钮，进行多个建筑的布置，如图 11-24 所示。

（4）单击“修改”工具栏中的“旋转”按钮，旋转角度不合适的建筑，完成需要旋转的建筑，结果如图 11-25 所示。

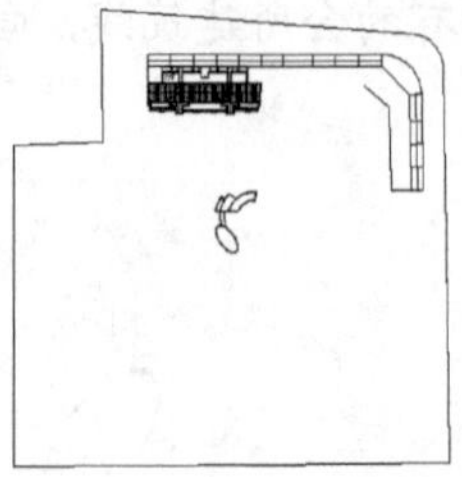
图 11-24　复制并粘贴建筑图形

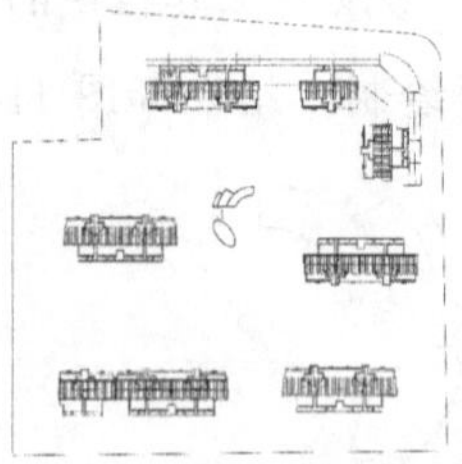
图 11-25　住宅建筑布局

11.2.3　绘制道路与停车场

道路以通达性为原则，为了满足小区的需要，需要配置地面停车和地下停车。因此绘制道路与停车场包括绘制道路、绘制地面停车场和绘制地下车库入口 3 个部分。

Step 绘制步骤

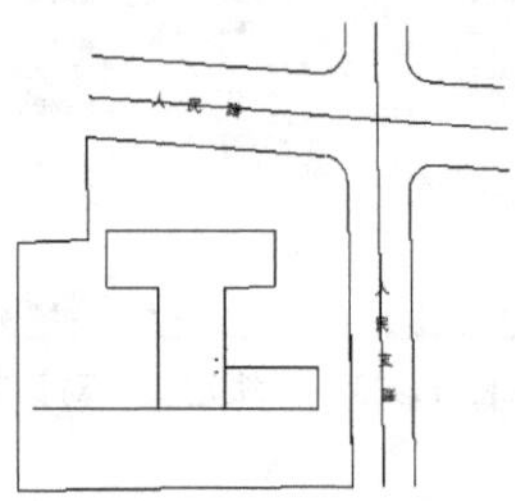
图 11-26　绘制道路转角

❶ 道路绘制。

（1）将“道路中心线”层设置为当前图层，单击“绘图”工具栏中的“直线”按钮，来绘制道路转角，如图 11-26 所示。

（2）单击“绘图”工具栏中的“直线”按钮，绘制道路第一根中心线，根据建筑布局生成的道路布局形成，结果如图 11-27 所示。

（3）单击“修改”工具栏中的“圆角”按钮，绘制道路中心线的圆角，圆角半径为 1000。

（4）单击“修改”工具栏中的“圆角”按钮，所有的相交道路中心线均要倒圆角，在局部道路狭小的地方，r=5000，完成情况如图 11-28 所示。

（5）单击“修改”工具栏中的“偏移”按钮，将一条道路中心线向两侧偏移 3000，生成道路。

（6）单击“修改”工具栏中的“偏移”按钮，偏移所有的道路中心线，完成情况如图 11-29 所示。

（7）单击“修改”工具栏中的“修剪”按钮，对所有的道路线段进行修剪。

（8）单击“修改”工具栏中的“圆角”按钮，绘制道路圆角，圆角半径为 5000，完成结果如图 11-30 所示。

图 11-27　道路中心线

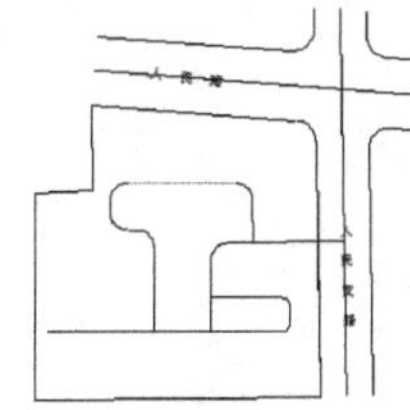

图 11-28　道路中心线倒角

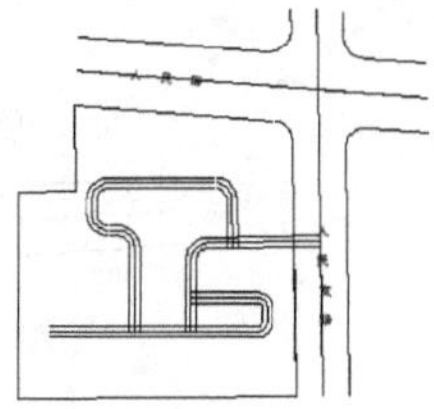

图 11-29　偏移所有的道路中心线

（9）单击“绘图”工具栏中的“圆”按钮，在道路的顶端绘制直径为 12000 的圆，并单击“修改”工具栏中的“修剪”按钮，对圆图形进行修剪，完成的道路图结果如图 11-31 所示。

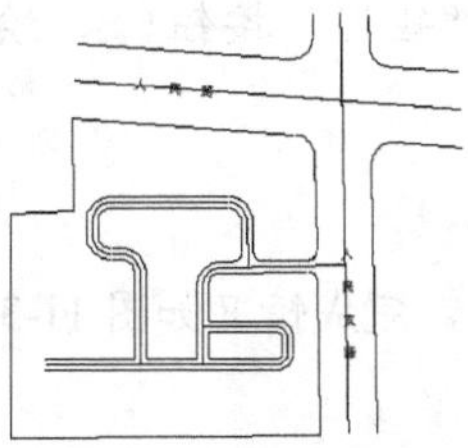

图 11-30　道路绘制完成

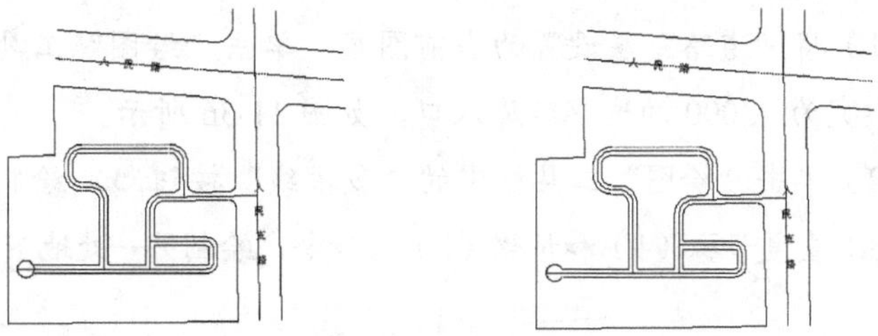

图 11-31　停车场绘制

2 地面停车场绘制。

（1）将“道路”图层设置为当前，单击“绘图”工具栏中的“矩形”按钮，绘制一矩形为 2500 × 5000 的停车位轮廓线。

（2）单击“绘图”工具栏中的“直线”按钮，在上步绘制的矩形框内绘制一条斜线，这样才是一个停车位的完整表达方式，完成情况如图 11-32 所示。

（3）在命令行输入 WBlock 命令，弹出如图 11-33 所示的对话框，在名称一栏写上“tch”，单击“拾取点”后在建筑屋顶平面上选取任意一点，单击“选择对象”后框选整个停车位，然后单击“确定”按钮，在规划布局中使用的停车位模块制作完成。

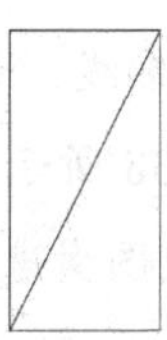

图 11-32　停车位

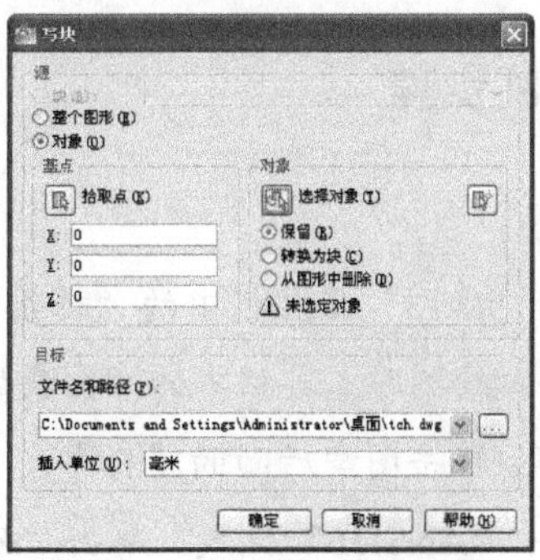

图 11-33　“块定义”对话框

（4）单击“修改”工具栏中的“移动”按钮，将绘制好的停车位图形移动到图形中，如图 11-34 所示。选择菜单栏中的“修改”→“复制”命令，复制绘制出其他停车位，完成情况如图

11-35 所示。

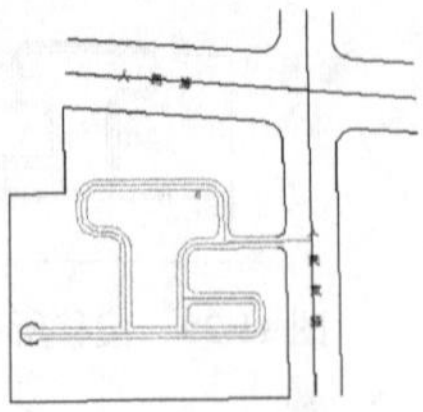

图 11-34　移动

图 11-35　停车场布置

③ 地下车库入口绘制。

（1）将"道路"层设置为当前图层，单击"绘图"工具栏中的"矩形"按钮▭，绘制长为 6000、宽为 13000 的地下车库入口，如图 11-36 所示。

（2）单击"绘图"工具栏中的"多段线"按钮，绘制箭头。

（3）重复步骤（1）和步骤（2）的命令，绘制另一处地下车库入口，完成情况如图 11-36 所示。

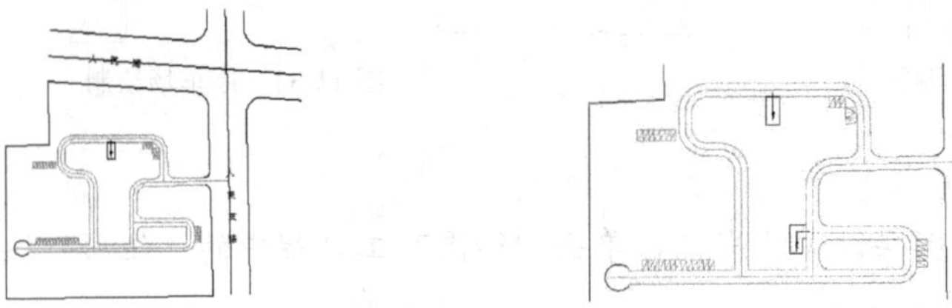

图 11-36　地下车库入口

11.2.4　建筑周围环境绘制

绘制环境以舒适性为原则，为了满足小区的使用，设计了水面、步行道和广场，因此绘制环境包括绘制水池、绘制步行道、绘制广场、绘制灌木和绘制树 5 个部分。

Step 绘制步骤

① 水池绘制。

（1）单击"绘图"工具栏中的"样条曲线"按钮，绘制水池轮廓线，如图 11-37 所示。

（2）单击"绘图"工具栏中的"图案填充"按钮，弹出如图 11-38 所示的"图案填充和渐变色"对话框。单击图案后面的图标，出现如图 11-39 所示的"填充图案选项板"对话框，选择"ANSI"→"ANSI36"样式，单击"确定"按钮，退出"填充图案选项板"对话框。在比例处填写 10000，单击"添加：拾取点"按钮，暂时退出"图案填充和渐变色"对话框。在刚刚描绘的水池线中间单击，水池现呈虚线，表示选择成功，按 Enter 键，回到"填充图案选项板"对话框，单击"确定"按钮，填充完成。完成情况如图 11-37 所示。

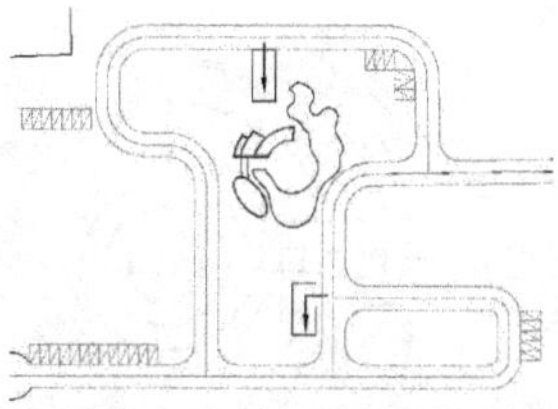

图 11-37　水池的绘制

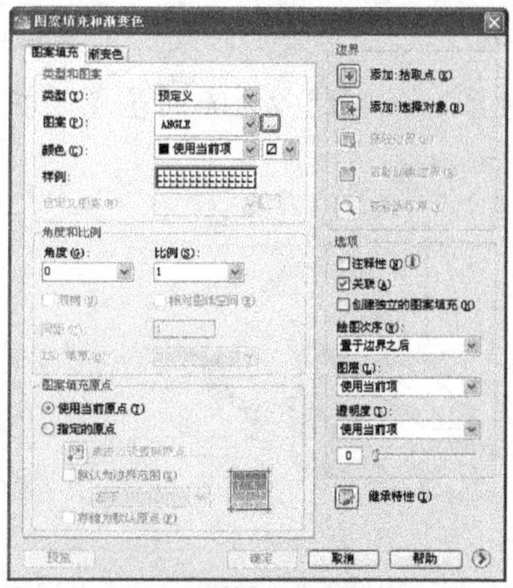

图 11-38　“图案填充和渐变色”对话框

图 11-39　“填充图案选项板”对话框

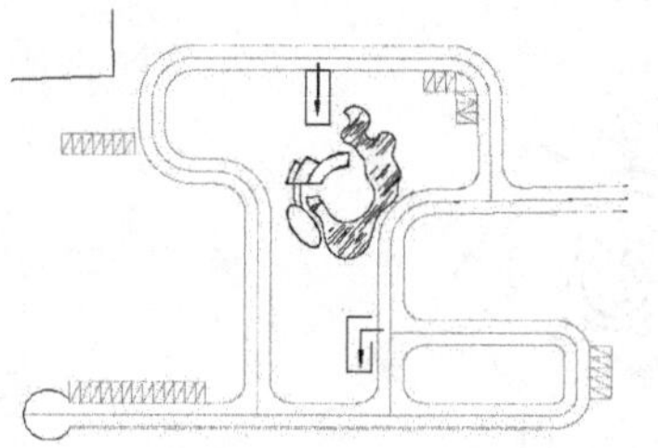

图 11-40　填充水面

❷ 步行道绘制。

单击“绘图”工具栏中的“样条曲线”按钮，绘制基本轮廓，完成情况如图 11-41 所示。

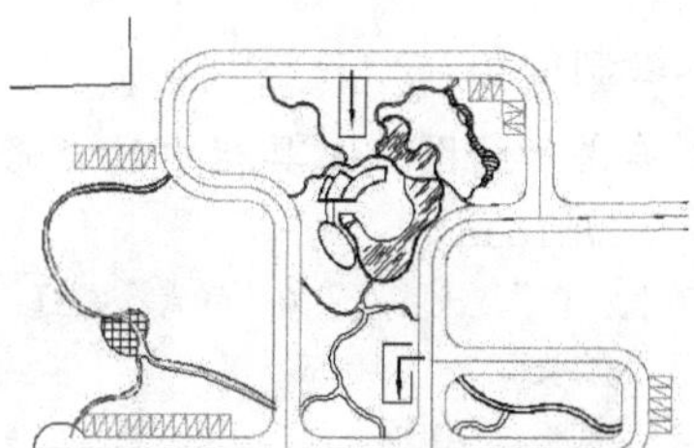

图 11-41　步行道

❸ 中心圆形的广场绘制。

（1）单击“绘图”工具栏中的“圆”按钮，绘制直径为 12000 的圆，如图 11-42 所示。

（2）单击“修改”工具栏中的“偏移”按钮，将上一步绘制的圆向内侧偏移 1500，得到广场细部。

（3）同步骤（2），再将步骤（2）所偏移的圆环，依次偏移 1200 和 500。

（4）将步骤（2）、步骤（3）偏移的圆环，均向内侧偏移 200，如图 11-43 所示。

（5）单击“绘图”工具栏中的“直线”按钮，随意在圆上画一根连接到圆心的线段，如图 11-44 所示。单击“修改”工具栏中的“环形阵列”按钮，选择上一步绘制的直线段为阵列对象，拾取圆心为阵列基点，在项目总数栏填写 10，填充角度为 360，完成情况如图 11-45 所示。

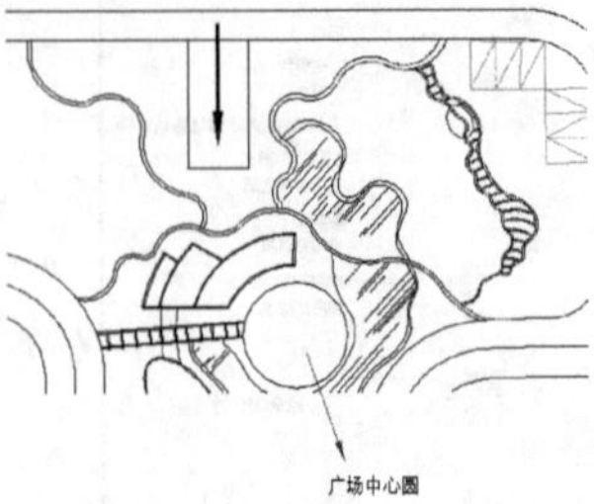

图 11-42 广场的中心圆形

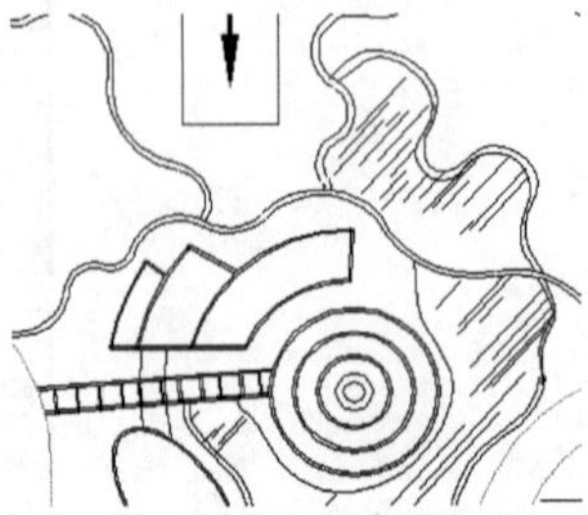

图 11-43 偏移广场的中心圆形

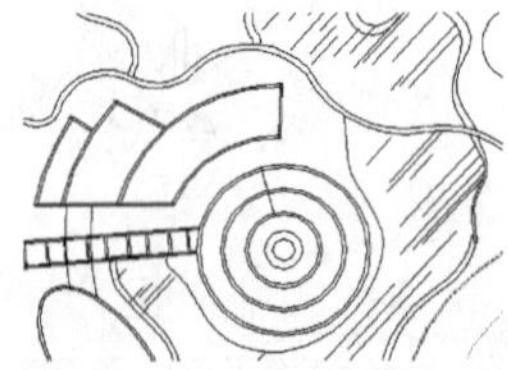

图 11-44 绘制中心圆形的直线段

（6）单击“绘图”工具栏中的“直线”按钮和“圆弧”按钮，绘制节点广场，如图 11-46 所示，并单击“绘图”工具栏中的“图案填充”按钮，完成节点广场的区域填充，最后广场效果如图 11-47 所示。

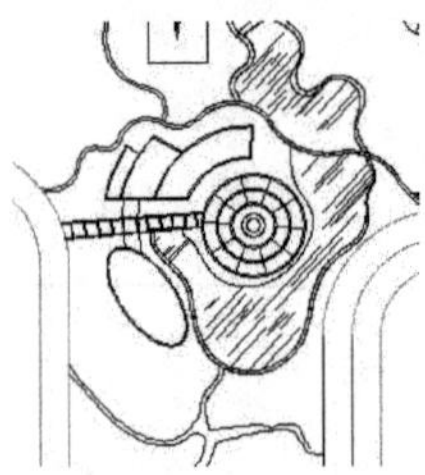

图 11-45 广场

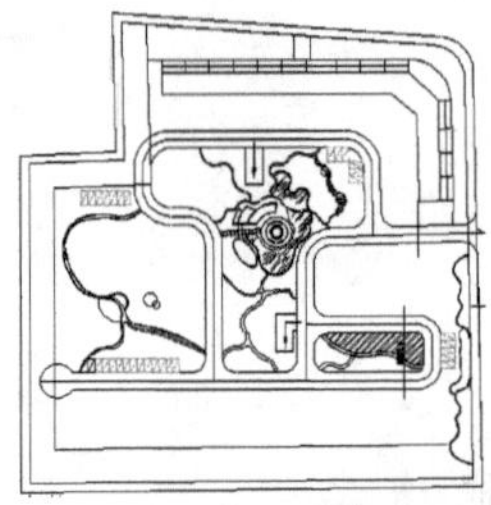

图 11-46 绘制节点广场的填充区域

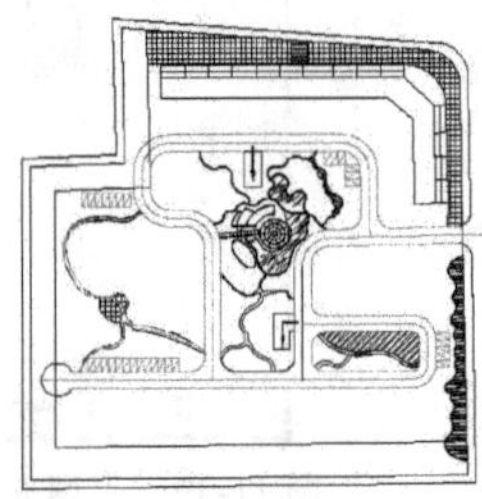

图 11-47 广场总图绘制

❹ 灌木绘制绘制。

（1）单击“绘图”工具栏中的“修订云线”按钮，绘制一个灌木丛。命令行操作如下：

```
命令: revcloud
最小弧长: 0  最大弧长: 0  样式: 普通  指定起点或[圆弧(A)/ 对象(O) /样式(S) ] <对象>:  a
指定最小弧长<0>:  4000
指定最大弧长<4000>: ↙
指定起点或[圆弧(A)/ 对象(O) /样式(S) ] <对象>: 用鼠标点取; 命令行显示: 沿云线路径引导十字光标…鼠标沿灌木布置方向移动,
最后按 ENTER 键, 结束引导过程;
命令行显示: 反转方向[是(Y)/ 否(N) ] <否>: ↙
灌木外轮廓线绘制完成。
```

（2）重复“修订云线”的命令，绘制灌木内部曲线，绘制完成的一组灌木丛如图 11-48 所示。

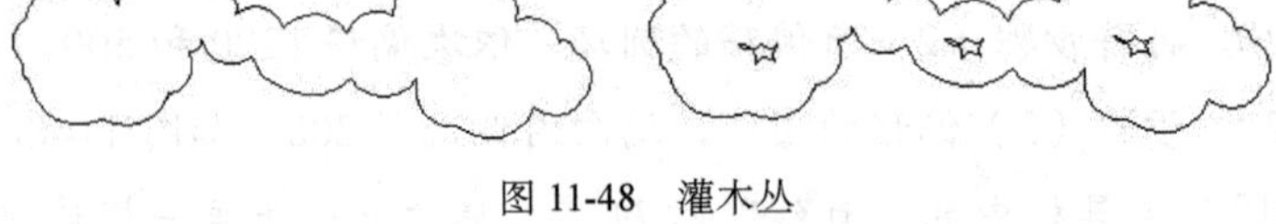

图 11-48 灌木丛

（3）单击“修改”工具栏中的“移动”按钮和“复制”按钮，完成总平面图所有灌木的布置，如图 11-49 所示。

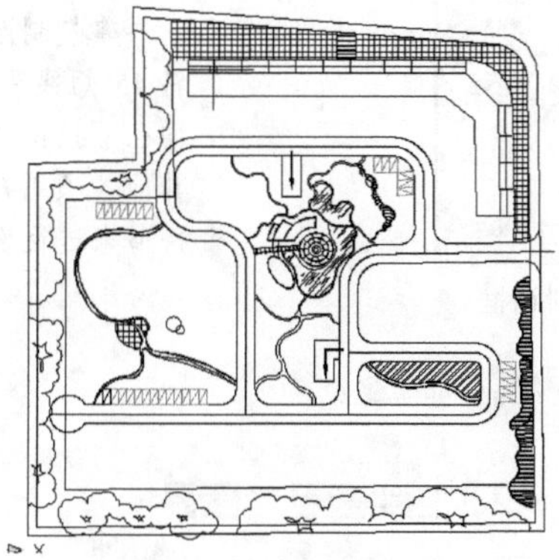

图 11-49 总平面图灌木的布置

5 树的绘制。

独立树木，我们在图上用简单的圆圈表示。

（1）单击“绘图”工具栏中的“圆”按钮，绘制一棵直径为 4000 的圆圈树。

（2）单击“修改”工具栏中的“复制”按钮，绘制其他的树，如图 11-50 所示。

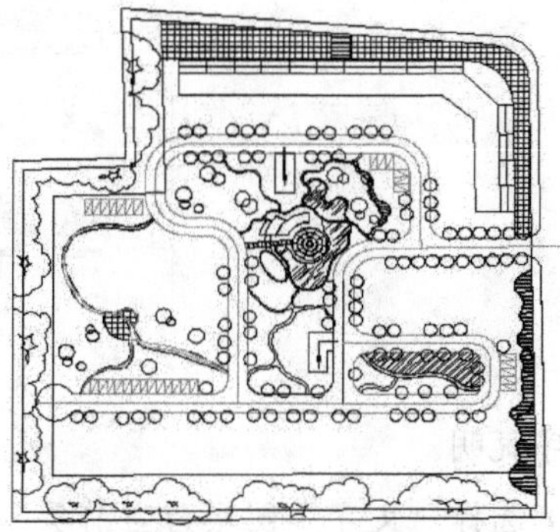

图 11-50 环境总图绘制

11.2.5 尺寸标注和文字说明

在完成上面的工作之后，这幅总平面图已经可以看到相当多的内容了。但是，对于一幅用于工程的图纸而言，还不够准确和全面，还需要进行尺寸、文字标注等完善工作。

Step 绘制步骤

1 尺寸标注。

（1）设置标注的样式。选择“文字”图层为当前层。

（2）选择菜单栏中的“格式”→“标注样式”命令，打开“标准样式管理器”，选择“标注样式”为 STANDARD，设置如图 11-51 所示，单击“置为当前”按钮，然后单击“关闭”按钮。

（3）单击“标注”工具栏中的“快速标注”按钮。

利用上述命令完成图中所有建筑物之间、建筑物与道路、建筑物与地块线之间的标注，得到如图 11-52 所示的总图尺寸标注结果。

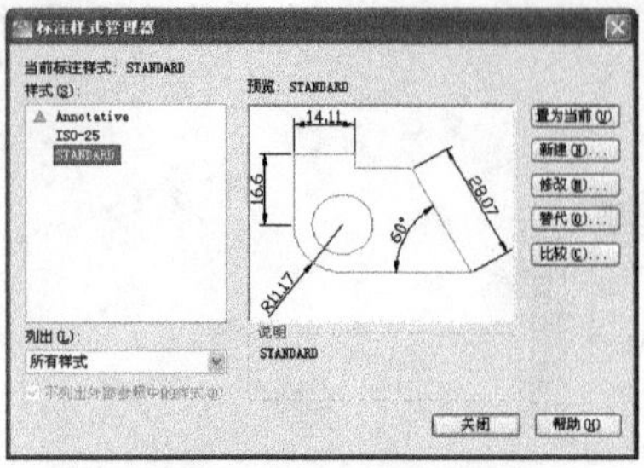

图 11-51　标准样式管理器对话框

注意

建筑制图中标注尺寸线的起始及结束均以斜 45°短线为标记，故在“符号和箭头”项中，均在下拉符号列表中选择“建筑标记”斜短线。其他各项用户均可参照相关建筑制图标准或教科书来进行设置。

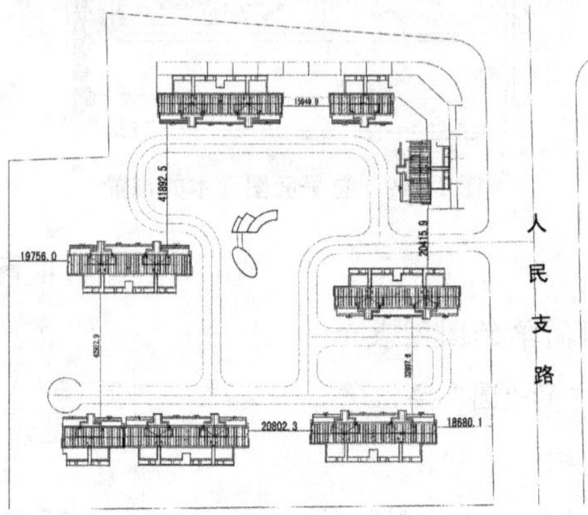

图 11-52　标注总图

2 文字说明。

（1）选择“文字”图层为当前层，设置文字样式，选择菜单栏中的“格式”→“文字样式”命令，系统打开“文字样式”对话框，新建文字样式 name，设置字体为“txt”，高度为“2000”。

（2）单击“绘图”工具栏中的“多行文字”按钮 A，标注文字说明，如图 11-4 所示。

第12章

某住宅小区 1 号楼建筑平面图绘制

建筑平面图表示建筑的平面形式、大小尺寸、房间布置、建筑入口、门厅及楼梯布置的情况，表明墙、柱的位置、厚度和所用材料以及门窗的类型、位置等情况。主要图纸有地下一层平面图，首层平面图，二、三层以及标准层平面图，顶层平面图和屋顶平面图等。本章将详细介绍建筑平面图的绘制方法。

学习要点

- 前期绘图环境设置
- 地下一层平面图绘制
- 一号楼首层平面图绘制
- 二、三层平面图绘制
- 四至十四层组合平面绘制
- 四至十八层甲单元平面绘制
- 屋顶设备层平面图绘制
- 屋顶平面图绘制

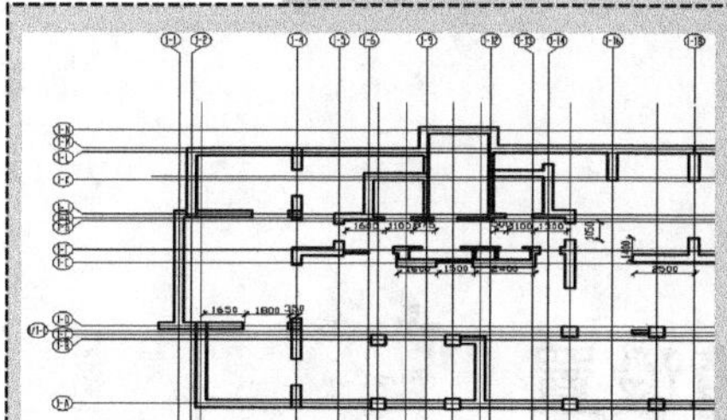

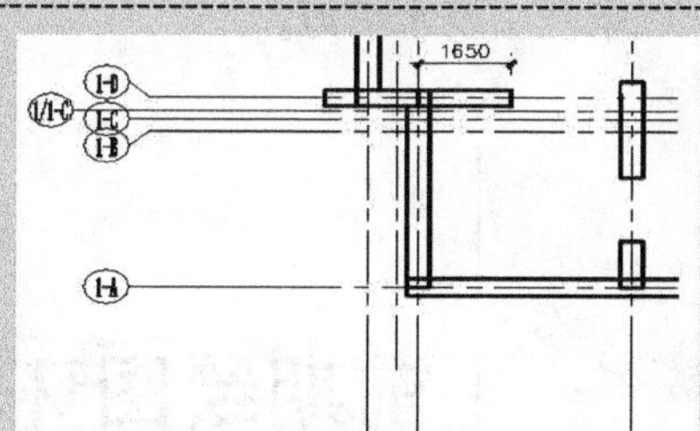

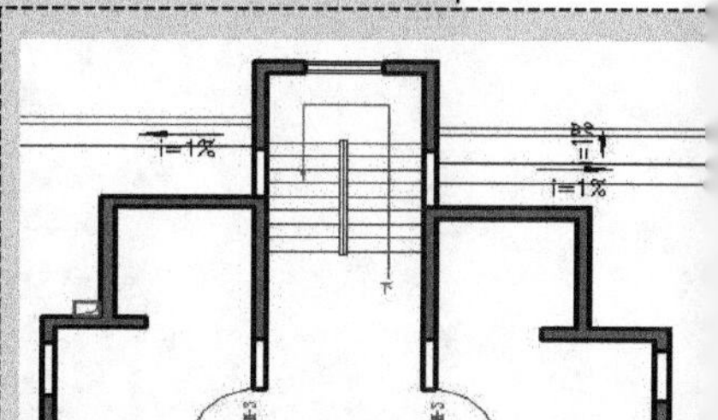

12.1 总体思路

该商场地下一层、一至三层都采用短肢剪力墙结构。随着人们对住宅，特别是高层住宅平面与空间的要求越来越高，原来普通框架结构的露梁露柱，在较高的建筑中难以控制侧向变形，抗震性能比剪力墙弱。普通剪力墙结构的间距不宜过大，在建筑空间的布置利用上受到限制，对建筑空间的严格限定与分隔已不能满足人们对住宅空间的要求。于是在原有剪力墙的基础上，吸收了框架结构的优点，逐步发展形成了能适应人们新的住宅观念的高层住宅结构型式，即"短肢剪力墙结构"，既能提供较大较灵活布置的建筑空间，又具有良好的抗震性能。"短肢"剪力墙仍属于剪力墙结构体系，只不过采用较短的剪力墙肢（短肢剪力墙是指墙肢截面高度与厚度之比的剪力墙），而且通常采用 T 形、L 形、J 形和+形等。当这些墙肢截面高度与墙厚之比小于等于 3 时，它已接近于柱的形式，但并非是方柱，因此称之为"异形柱"。所以从广义角度讲，宜将这种结构体系称为"短肢剪力墙－筒体（或一般剪力墙结构体系）"。所谓"筒体"就是以楼电梯间所组成的钢筋混凝土核心筒；"一般剪力墙"就是指墙肢截面高度与墙厚之比大于 8 的剪力墙。这种结构体系已在办公楼、饭店、公寓、教学楼、试验楼和病房楼等各类房屋建筑中得到了广泛的应用。

《高层建筑混凝土结构技术规程》（JGJ3－2002）中已对短肢剪力墙－筒体（或一般剪力墙）结构体系有设计要求。

本方案的特点：结合建筑平面、利用间隔墙位置来布置竖向构件，剪力墙的数量可多可少，剪力墙肢可长可短，主要视抗侧力的需要而定，还可通过不同尺寸和布置以调整刚度和刚度中心的位置；由于减少了剪力墙数量，取而代之以轻质填充墙，不仅房屋总重量可以减轻，同时也可适当降低结构刚度，使地震作用减小，这不仅对基础设计有利，而且对结构抗震较为有利，同时可降低工程造价，还可加快施工进度。这种结构体系通常视建筑平面及抗侧力的需要，将中心竖向交通区处理成为筒体，以承受主要水平力。

12.2 前期绘图环境设置

本节讲述在 AutoCAD 2012 中文版软件界面上如何创建一张新图，创建新的图层，以及图形的打开与保存。

12.2.1 创 建 新 图

建立一个新的图形文件，主要包括创建新图和新图的参数设置两部分。

Step 绘制步骤

① 创建新图。

单击“标准”工具栏中的“新建”按钮，打开“选择样板”对话框，单击“打开”按钮，如图 12-1 所示。

② 参数设置。

（1）选择菜单栏中的“格式”→“单位”命令，弹出“图形单位”对话框。

（2）将“图形单位”对话框中“长度”下的“类型”设置为“小数”，“精度”选择“0”，“角度”下的“类型”设置为“十进制度数”，“精度”选择“0”，如图 12-2 所示。

（3）单击“图形单位”对话框中的“确定”按钮，完成绘图环境设置。

图 12-1 “选择样板”对话框

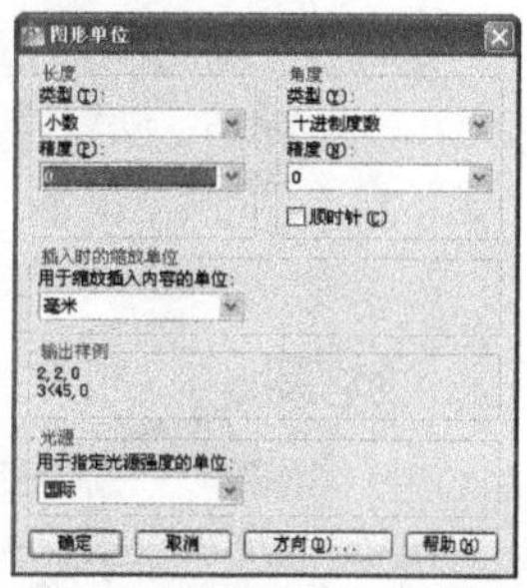

图 12-2 “图形单位”对话框

12.2.2 创建新图层

图层是用来组织图形中对象分类的工具，将同一对象组织在同一图层里，以便于编辑和修改，并且可以给新建图层设置颜色、线性和线宽等特性，还可以设置图层的打开与关闭、冻结与解冻、锁定与解锁、打印与不可打印等，按名称或特性对图层排序，搜索图层的组。因此，在绘图前要为不同的图形对象设置不同的图层。

Step 绘制步骤

① 新建图层。

单击“图层”工具栏中的“图层特性管理器”按钮，弹出“图层特性管理器”对话框，其中包含左侧的树状图和右侧的列表图。树状图显示所有定义的图层组和过滤器，列表图显示当前组或者过滤器中的所有图层，如图 12-3 所示。

② 设置图层。

单击列表图上边的“新建”按钮，对新建图层进行重命名和特性设置。将新建图层命名为“轴线”，“颜色”选择“红色”，“线型”加载“ACAD-IS004W100”类型，“线宽”选择“0.09”，“打印样式”设置为“不可打印”。建立“墙体”图层，“颜色”选择“白色”，“线型”选择“Continuous”默认类型，“线宽”选择“0.35”，“打印样式”设置为“可打印”，如图 12-4 所示。再分别依次建立其他图层。

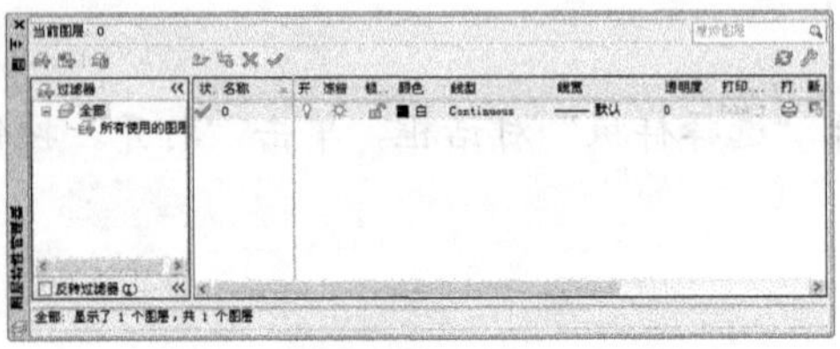

图 12-3 “图层特性管理器”对话框

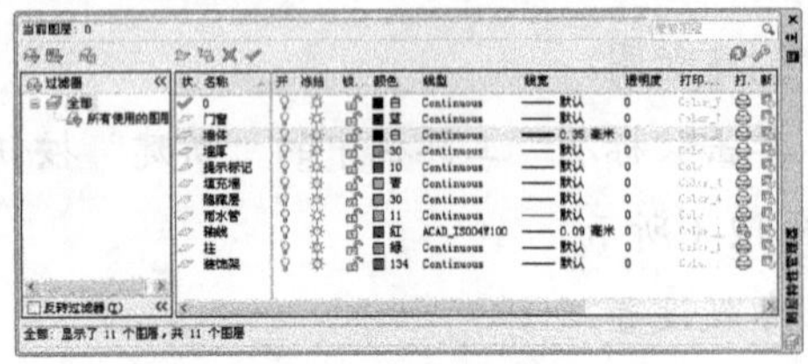

图 12-4 新建图层

单击“图层特性管理器”对话框中的“关闭”按钮，完成图层建立。

注意

平面图中的墙线一般用粗实线表示，窗子和阳台等建筑附件通常用中实线表示，轴线用细点划线表示，标注等其他部分用细实线表示。线的类型不同，线型、线宽设置、颜色的设置均不同，为以后画图提供很大的方便。

注意

初学读者务必先学会图层的灵活运用。图层分类合理，则图样的修改很方便，在改一个图层时可以把其他的图层都关闭。把图层的颜色设为不同，这样不会画错图层。要灵活使用冻结和关闭功能。

12.2.3 图形文件的打开与保存

Step 绘制步骤

① 创建一个新的图形文件，对其完成参数设置后进行保存。

（1）选择菜单栏中的“文件”→“保存”命令，弹出“图形另存为”对话框。

（2）在“图形另存为”对话框中的“保存于”中输入保存地址，“文件名”中输入“某住宅小区 1 号楼建筑平面图”，如图 12-5 所示。

（3）单击“保存”按钮，完成设置。

注意

对于已经命名的图形文件，如果单击“保存”，则不会弹出上述对话框，文件自动保存在原目录中，覆盖原文件。

❷ 打开已保存的图形文件。

（1）选择菜单栏中“文件”→“打开”命令，弹出“选择文件”对话框，如图 12-6 所示。

（2）在“选择文件”对话框中选择刚才保存的文件名，则对话框的右侧出现所选文件的预览图像。

（3）单击“选择文件”对话框中的“打开”按钮，即打开输入“某住宅小区 1 号楼建筑平面图”文件，为下面正式绘图做准备。

图 12-5 “图像另存为”对话框

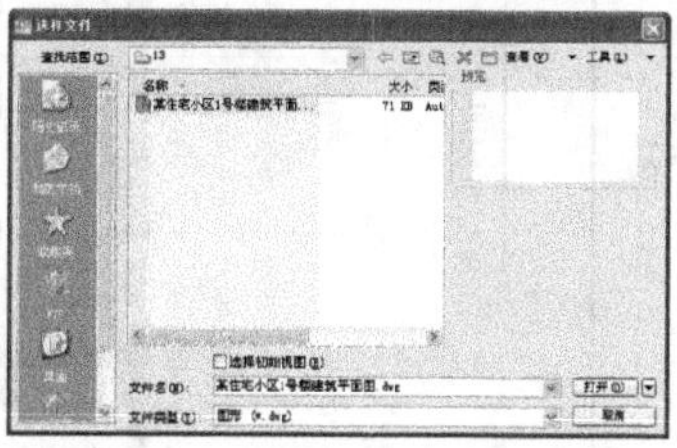

图 12-6 “选择文件”对话框

12.3 地下一层平面图绘制

地下层设计采用灵活划分的方式，布置有自行车库、机电设备用房。本节将先绘制轴线、墙体等主要结构，再绘制门窗、设备，最后标注和文字说明。地下一层建筑平面图如图 12-7 所示。

注意

地下层是指房屋全部或部分在室外地坪以下的部分（包括层高在 2.2m 以下的半地下室），房间地面低于室外地平面的高度超过该房间净高的 1～2 倍。

12.3.1 建筑轴网绘制

建筑轴线是控制建筑物尺度以及建筑模数的基本手段，是墙体定位的主要依据。下面先绘制主要的轴线。

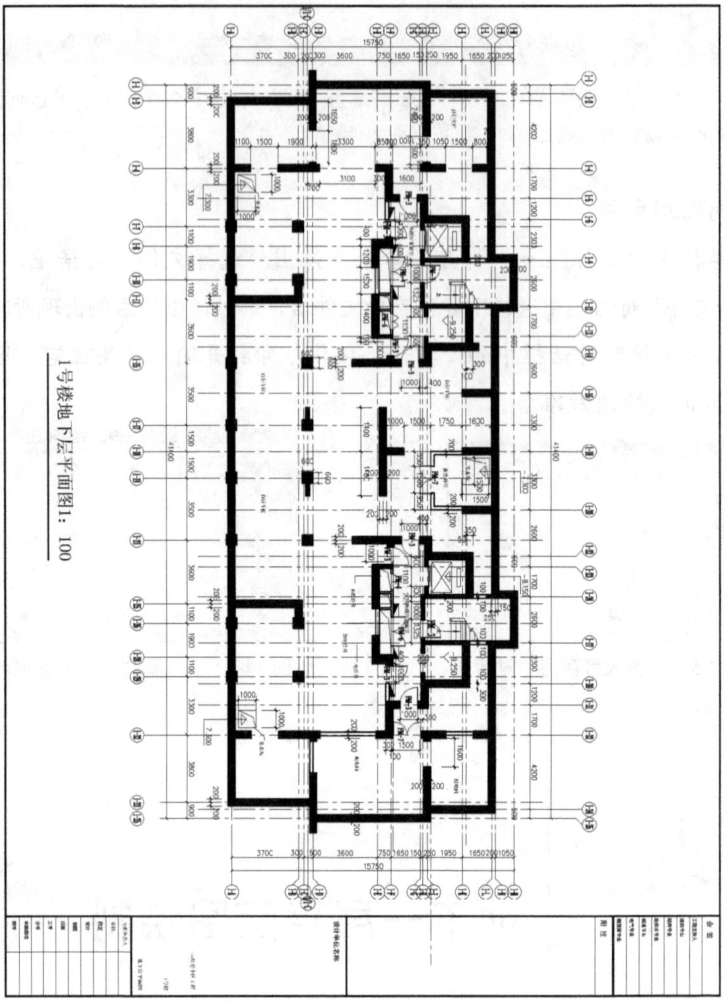

图 12-7　地下一层建筑平面图

该建筑分为甲乙两个单元对称布置，一～三层柱网轴线也是对称布置，所以绘制地下一层平面图轴线时只绘制一个单元的轴线即可。

Step 绘制步骤

1 轴线绘制。

（1）将轴线层设为当前图层。单击“绘图”工具栏中的“直线”按钮，打开“正交”模式，绘制一条水平基准轴线，长度为 44000。在水平线靠左边适当位置绘制一条竖直基准轴线，长度为 19300，如图 12-8 所示。

（2）单击“修改”工具栏中的“偏移”按钮，将水平直线基准轴线向上偏移 3700mm、300mm、500mm、3600mm、750mm、1650mm、150mm、250mm、1950mm、1650mm、200mm、1050mm，

得到所有水平方向的轴线。重复“偏移”命令，竖直轴线依次向右偏移出 500mm、400mm、3800mm、1700mm、1200mm、400mm、1100mm、800mm、1100mm、1100mm、400mm、1700mm、600mm、900mm、1700mm、1800mm、1500mm，得到对称部分左边主要轴网，如图 12-9 所示。

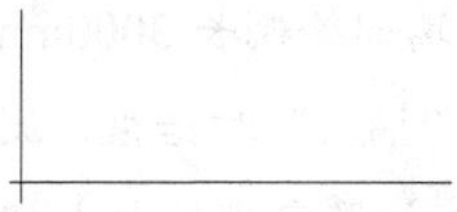

图 12-8　绘制轴线

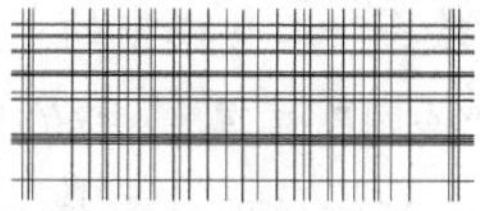

图 12-9　轴线网

注意

在绘制建筑轴线时，一般选择建筑横向、纵向的最大长度为轴线长度，但当建筑物形体过于复杂时，太长的轴线往往会影响图形效果，因此，也可以仅在一些需要轴线定位的建筑局部绘制轴线。

② 轴号绘制。

这些轴线称为定位轴线。在建筑施工图中，房间结构比较复杂，定位轴线特别多且不易区分，为了在施工时进行定位放线和查阅图纸，需要注明编号。下面介绍创建轴线编号的操作步骤。

轴线编号的圆圈采用细实线，一般直径为 8mm，详图上为 10mm。在平面图水平方向上的编号采用阿拉伯数字，从左至右依次编写。垂直方向上的编号，采用大写拉丁字母按从下到上的顺序编写。在简单或者对称的图形中，轴线编号只标在平面图的下方和左侧即可。如果图形比较复杂或不对称，需在图形的上方和右侧也进行标注。拉丁字母中的 I、O、Z 3 个字母不得作为轴线编号，以免和数字 1、0、2 混淆。

（1）新建“标注”图层，将“颜色”设置为“绿色”，其他选项保持默认设置。

（2）单击“绘图”工具栏中的“圆”按钮，绘制一个直径为 800mm 的圆，如图 12-10 所示。

（3）选择菜单栏中“绘图”→“块”→“定义属性”命令，弹出“属性定义”对话框，在对话框中的“标记”中输入“X”，表示所设置的属性名称是“X”；在“提示”中输入“轴线编号”，表示插入块时的“提示符”；在“值”中输入“A”，表示属性的指定缺省值为“A”，将“对正”设置为“居中”，“文字样式”设置为“宋体”，“高度”设置为“450”，如图 12-11 所示。

（4）单击“确定”按钮，用光标拾取所绘制圆的圆心，按 Enter 键，如图 12-12 所示。

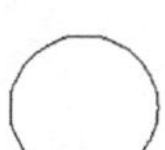

图 12-10　绘制“圆”

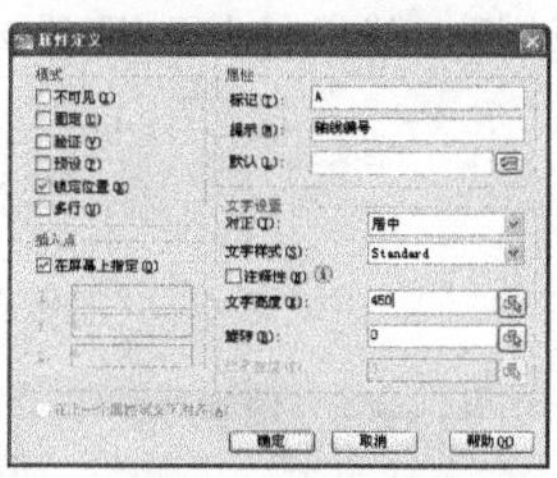

图 12-11　“属性定义”参数设置结果

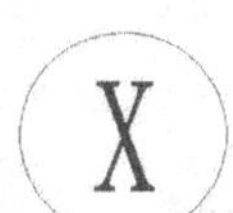

图 12-12　“块”定义

（5）在命令行中输入“Wblock”，按 Enter 键，弹出“写块”对话框，如图 12-13 所示。

（6）设置参数。在对话框中单击“基点”的“拾取点”，返回绘图区，拾取圆心作为块的基点；单击“对象”的“选择对象”，在绘图区选取圆形及圆内文字，单击鼠标右键，返回对话框，在“文件名和路径”中出输入保存路径，将“单位”设置为“英寸”；单击“确定”按钮，如图 12-14 所示。

（7）单击“绘图”工具栏中的“直线”按钮，在轴线的端部绘制长 3000mm 的轴号引出线。

（8）单击“绘图”工具栏中的“插入块”按钮，弹出“插入”对话框，浏览“写入块的路径”。单击确定，返回绘图区，插入轴号，修改轴号内字母，如果字母的大小超出圆，则双击字母，弹出“文字格式”对话框，修改文字大小。

（9）用上述方法绘制其他轴号，如图 12-15 所示。

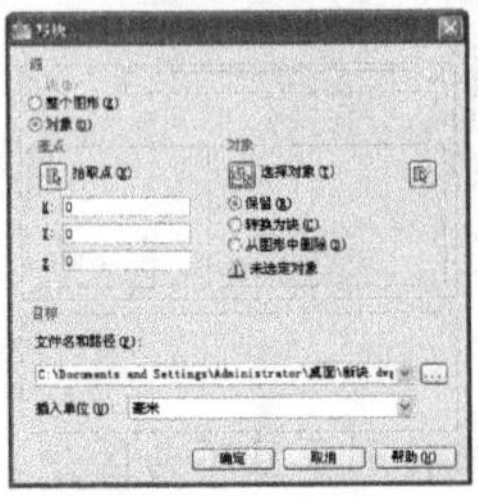

图 12-13 “写块”对话框

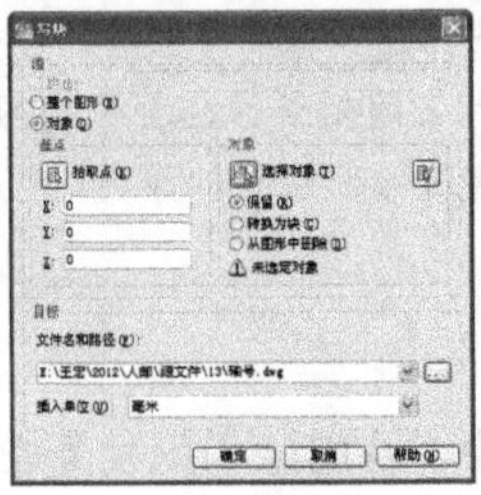

图 12-14 在“文件名和路径”中输入保存路径

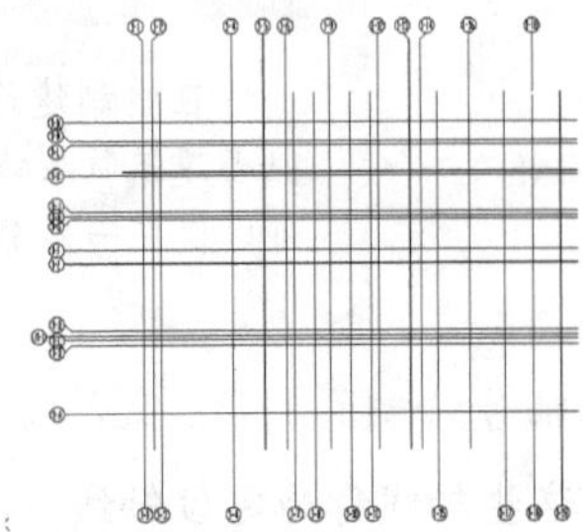

图 12-15 轴号绘制结果

12.3.2 剪力墙绘制

一般的墙体分为承重墙和隔墙，承重墙厚 240，隔墙厚 120，剪力墙的厚度由结构计算决定。本例的高层地下层采用的剪力墙厚 400，绘制墙体的具体步骤如下。

Step 绘制步骤

1 创建多线样式。

（1）选择菜单栏中“格式”→“多线样式”命令，弹出“多线样式”对话框，如图 12-16 所示。

（2）在对话框中单击“新建”，弹出“创建新的多线样式”对话框，在新建样式名输入“墙体”，单击“继续”，如图 12-17 所示。弹出“新建多线样式墙体”对话框，在对话框的“直线”处勾上“起点”、“端点”，再单击“确定”，完成多样创建，如图 12-18 所示。

（3）回到“多线样式”对话框，将“墙体”设置为“置为当前”。

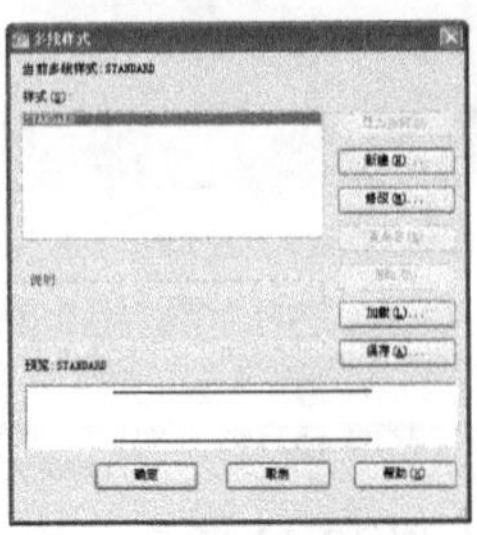

图 12-16 “多线样式”对话框

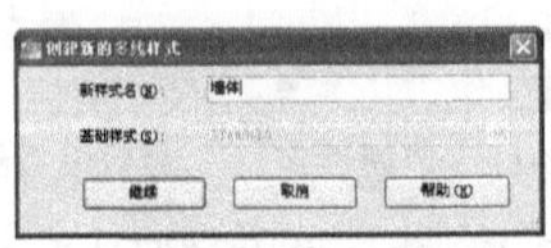

图 12-17 “创建新的多线样式”对话框

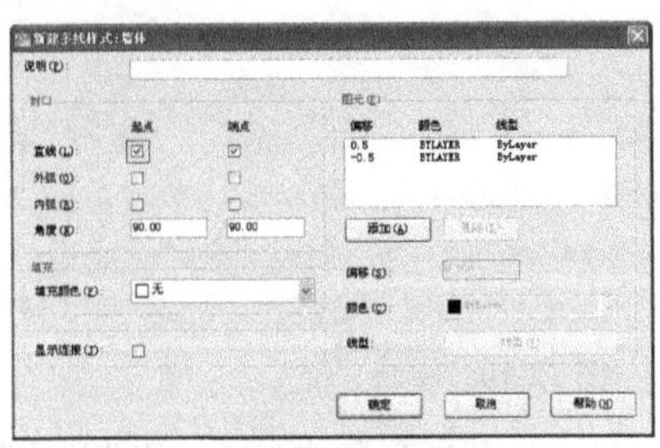

图 12-18 多线样式参数设置

② 绘制墙体。

（1）将“墙体”设置为当前图层。选择菜单栏中的“绘制”→“多线”命令，多线比例为 400，起点坐标为 1-3 和 1-A 号轴线的交点，如图 12-19 所示，下一点坐标为 1-A 与 1-18 号轴线的交点，这样就绘制出一条外墙线。

（2）按照同样的方法绘制出所有的外墙线，如图 12-20 所示。

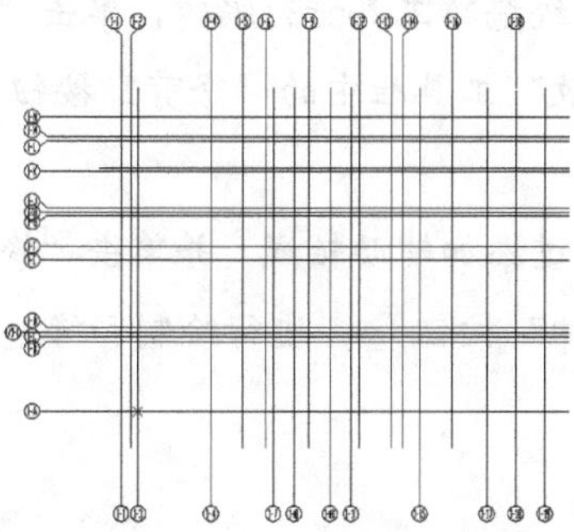

图 12-19 多线绘制起点

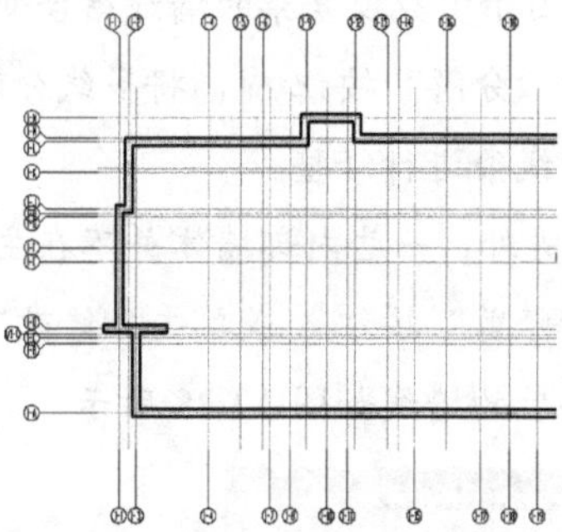

图 12-20 多线绘制外墙线结果

（3）由于剪力墙分布比较不规则，对于开洞和孤立的墙体，如在 1-D 与 1-3 轴线的交点处画一条长 1650 的多线，如图 12-21 和图 12-22 所示。

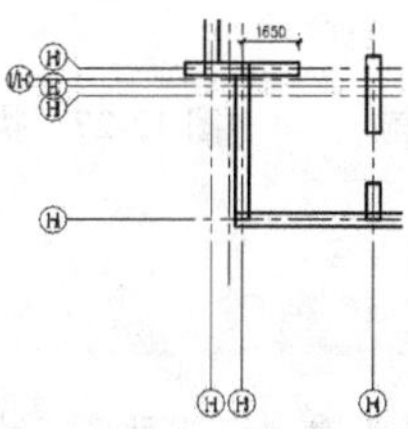

图 12-21 多线绘制内墙一

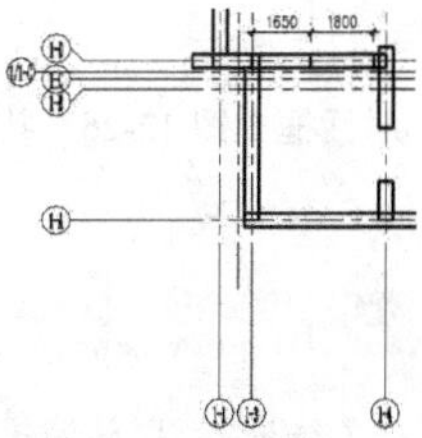

图 12-22 多线绘制内墙三

（4）以 1650 的末端为起点画一条长 1800 的多线，接着以 1800 的末端为起点画多线至 1-4 与 1-D 轴线的交点，如图 12-23 所示。

（5）单击“修改”工具栏中的“删除”按钮，删除长 1800 的多线，这样就完成了这种孤立墙体的绘制。

（6）采用上述方法绘制出所有墙体，如图 12-24 所示。

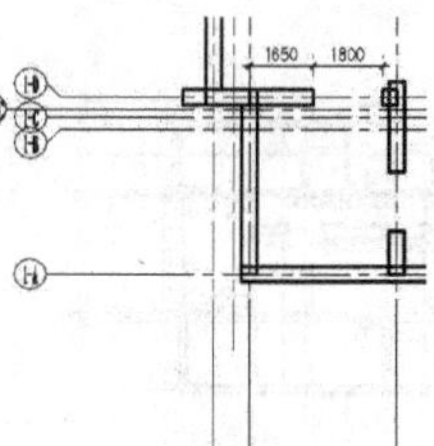

图 12-23 多线绘制内墙四

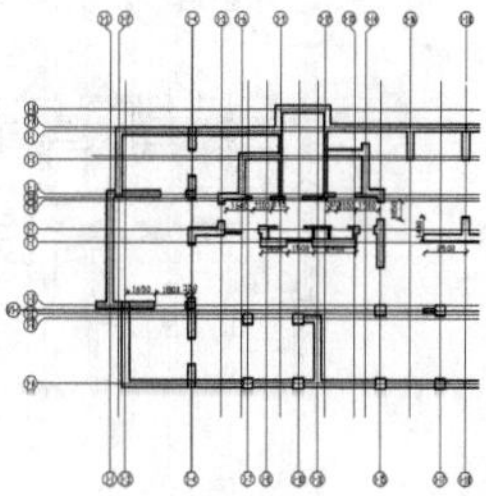

图 12-24 甲单元所有墙体绘制结果

③ 编辑和修整墙体。

（1）选择菜单栏“修改”→“对象”→“多线”命令，弹出“多线编辑工具”对话框，如图12-25 所示。该对话框中提供 12 种多线编辑工具，可根据不同的多线交叉方式选择相应的工具进行编辑。一般用得较多的是“T 形打开”或者“T 形合并”。

结果如图 12-26 和图 12-27 所示。

（2）由于少数较复杂的墙线结合处无法找到相应的多线编辑工具进行编辑，单击“修改”工具栏中的“分解”按钮，将多线分解，然后单击“修改”工具栏中的“修剪”按钮，对该结合处的线条进行修整。

（3）另外，一些内部墙体并不在主要轴线上，可以通过添加辅助轴线，并单击“修改”工具栏中的“修剪”按钮或单击“修改”工具栏中的“拉伸”按钮，进行绘制和修整。经过编辑和修整后的墙线如图 12-28 所示。

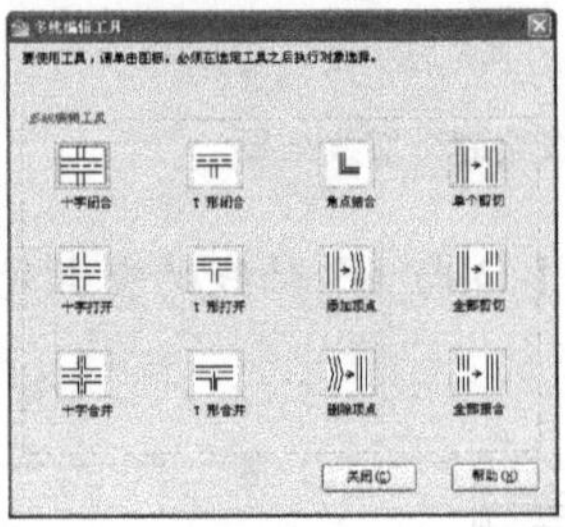

图 12-25　“多线编辑器”对话框

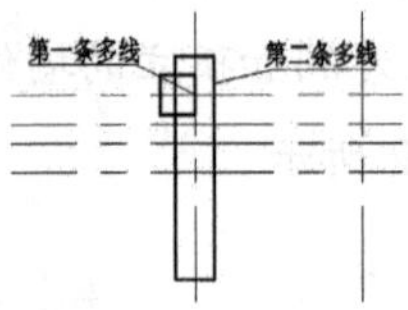

图 12-26　执行“T 形合并”命令前

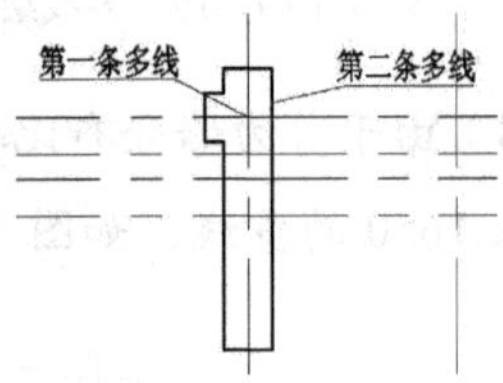

图 12-27　执行“T 形合并”命令后

注意

当对多线进行 T 形编辑时，选择多线的顺序很重要：当两条多线的位置呈 T 形时，一定要先选择下方的那条多线；当位置呈⊥形时，一定要先选择上方那条多线；当位置呈┤形时，一定要先选择左边的那条多线；当位置呈├形时，一定要先选择右边那条多线。如不慎操作失误，则应在命令行中输入“U“，撤销上一步操作。

（4）单击“修改”工具栏中的“镜像”按钮，镜像出完全对称的另一半墙体，再补齐 1-18 轴线上的墙体，如图 12-29 所示。

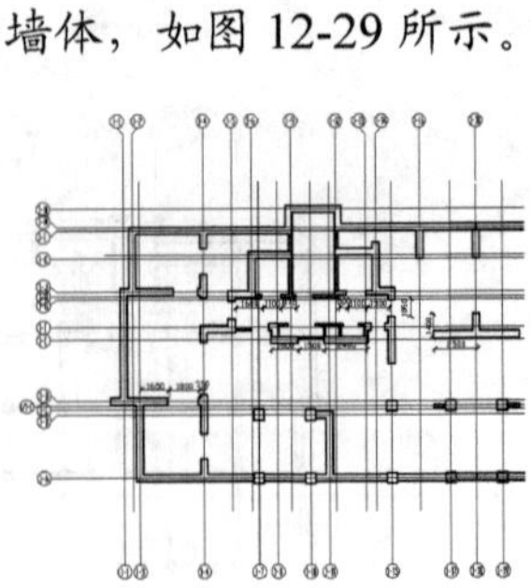

图 12-28　墙线修改结果

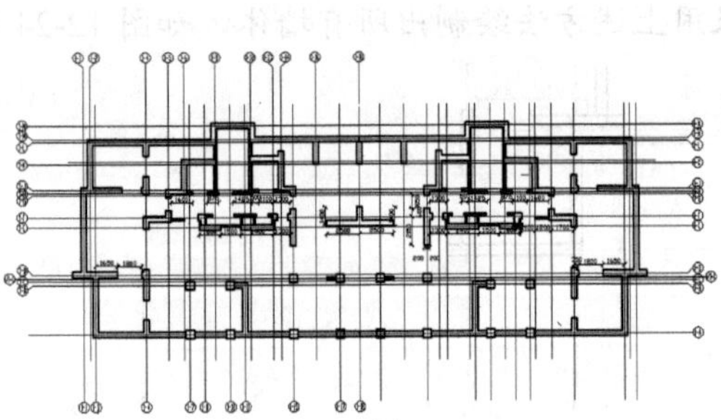

图 12-29　镜像墙体结果

（5）单击“修改”工具栏中的“复制”按钮，将上面已经绘制好的轴号复制移动到镜像的轴线上方，标上右边部分的轴线，如图 12-30 所示。

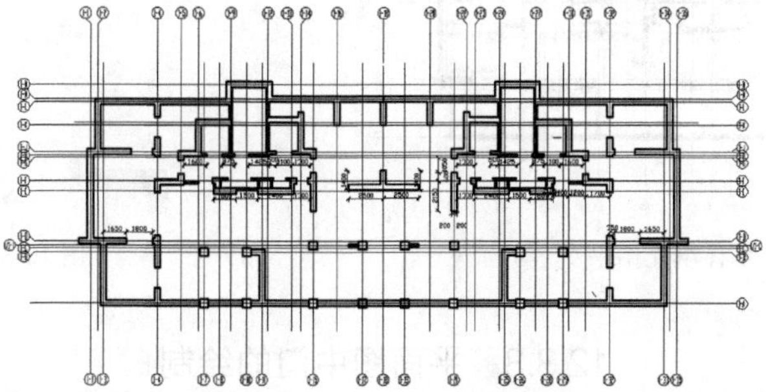

图 12-30 插入轴号的结果

4 编辑和修整墙体。

（1）将轴线图层关闭，便于图案填充。

（2）单击“绘图”工具栏中的“图案填充”按钮，弹出“图案填充和渐变色”对话框，选择“图案”后面的选项按钮，如图 12-31 所示，弹出“填充图案选项板”对话框，选择“其他预定义”中的“SOLID”类型图案，单击“确定”按钮，如图 12-32 所示。

（3）返回“图案填充和渐变色”对话框，在“样例”中选择“颜色 252”，如图 12-33 所示。

（4）单击“添加：拾取点”，返回绘图界面，拾取要填充的剪力墙，将钢筋混凝土剪力墙填充成灰色，再将轴线图层打开，如图 12-34 所示。

5 绘制管道隔墙。

（1）选择菜单栏中的“绘图”→“多线”命令，将多线比例设置为 100，在管道处绘制对应的隔墙。

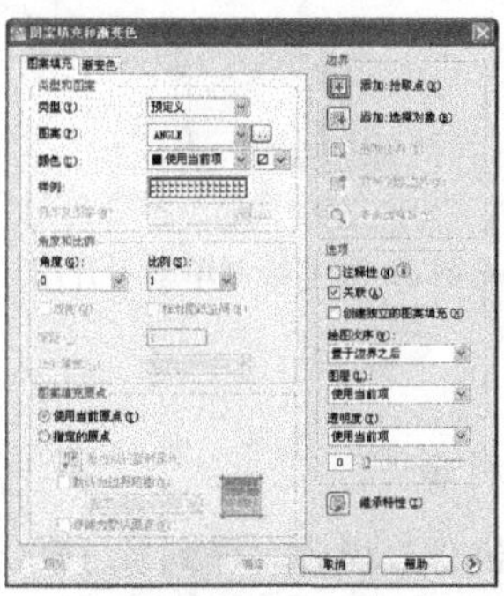

图 12-31 “图案填充和渐变色”对话框

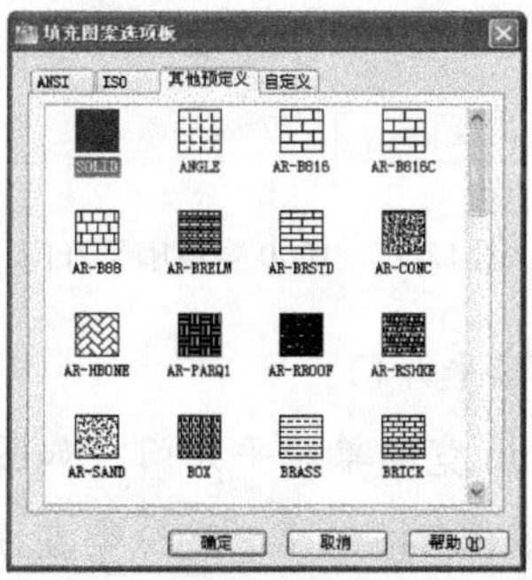

图 12-32 “填充图案选项板”对话框

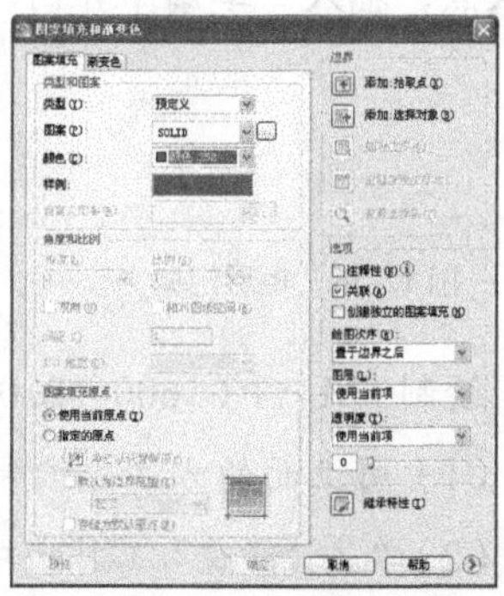

图 12-33 “图案填充和渐变色”对话框

（2）单击“绘图”工具栏中的“直线”按钮，按 F8 键关闭正交模式，在管道间内部绘制一条折线，表示管道井中空，结果如图 12-35 所示。

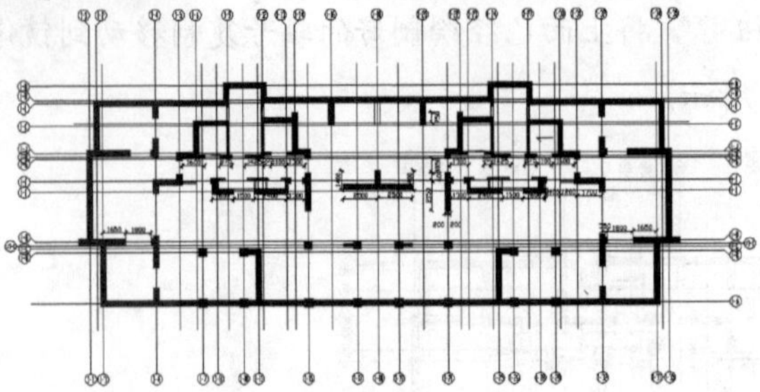

图 12-34　墙体填充结果

图 12-35　管道井隔墙

12.3.3　平面图中门的绘制

Step 绘制步骤

❶ 绘制 FM－3（1000×2100）防火平开门。

（1）打开“图层管理器”，新建图层“门”，一切采用默认设置，双击新建图层，将当前图层设为“门”。

（2）单击“绘图”工具栏中的“矩形”按钮，绘制一个尺寸为 40mm×1000mm 的矩形门扇，如图 12-36 所示。

（3）单击“绘图”工具栏中的“圆弧”按钮，以矩形门扇右上角顶点为起点，右下角顶点为圆心，绘制一条圆心角为 90°、半径为 1000 的圆弧，得到如图 12-37 所示的单扇平开门图形。

（4）单击“绘图”工具栏中的“创建块”按钮，创建“单扇平开门”图块。

（5）单击“绘图”工具栏中的“插入块”按钮，在平面图中单击预留门洞墙线的中点作为插入点，插入“单扇平开门”图块，如图 12-38 所示，完成平开门的绘制。

图 12-36　矩形门扇

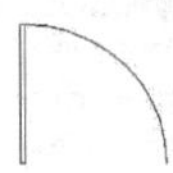

图 12-37　1000 宽单扇平开门

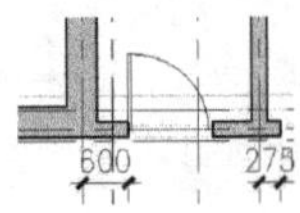

图 12-38　绘制单扇平开门

❷ 绘制 FM－4（1600×2100）双扇平开门。

（1）用上面的方法先绘制 800mm 宽的单扇平开门，如图 12-39 所示。

（2）单击“修改”工具栏中的“镜像”按钮，进行竖直方向的“镜像”操作，得到宽 1600mm 的双扇平开门，如图 12-40 所示。

（3）单击“绘图”工具栏中的“创建块”按钮，创建“双扇平开门”图块。

（4）单击“绘图”工具栏中的“插入块”按钮，在平面图中单击预留门洞墙线的中点作为插入点，插入“双单扇平开门”图块，如图 12-41 所示，完成双扇平开门的绘制。

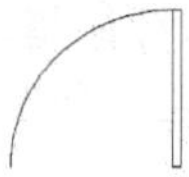

图 12-39 800mm 宽单扇平开门

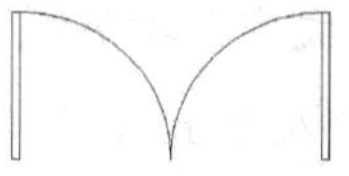

图 12-40 1600mm 宽双扇平开门

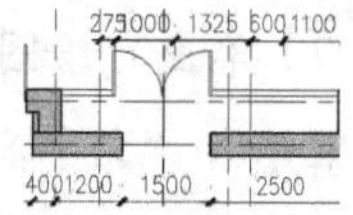

图 12-41 插入“门”

（5）用上述方法画出平面图中其余的 FM－6、FM－7 防火门，如图 12-42 所示。

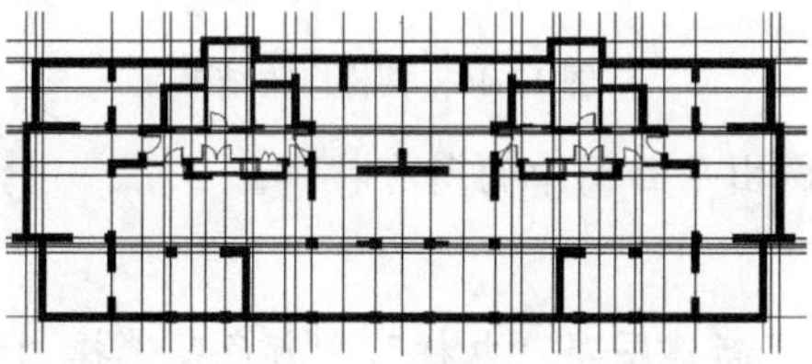

图 12-42 地下层全部门的绘制结果

12.3.4 电梯、楼梯绘制

电梯由机房、井道和地坑 3 部分组成，本例中共 4 部电梯，但只设 2 部电梯下到地下负一层。

Step 绘制步骤

❶ 绘制楼梯。

一般建筑图中楼梯都有楼梯详图，所以在建筑平面图上并不需要非常精确地绘制楼梯平面图。绘制过程如下。

（1）打开“图层管理器”，新建图层“楼梯”，“颜色”选择“深蓝色”，其余采用默认设置，双击新建图层，将当前图层设为“楼梯”。

（2）单击“绘图”工具栏中的“直线”按钮，绘制楼梯间的中点线，再选择菜单栏中的“修改”→“偏移”命令，向左右各偏移 75，如图 12-43 所示。

（3）同样单击“绘图”工具栏中的“直线”按钮和“修改”工具栏中的“偏移”按钮，绘制出楼梯的踏步，如图 12-44 所示。

（4）单击“绘图”工具栏中的“直线”按钮，按 F8 键关闭正交模式，绘制出楼梯的剖切线，如图 12-45 所示。

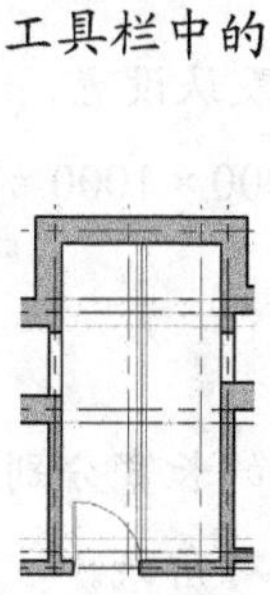

图 12-43 偏移出梯井

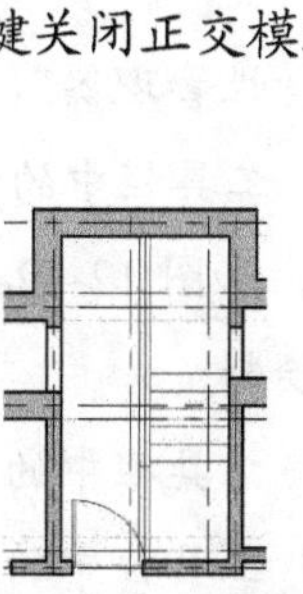

图 12-44 踏步绘制结果

（5）单击“修改”工具栏中的“修剪”按钮，剪掉多余的线段，如图 12-46 所示。

（6）选择菜单栏中的“标注”→“多重引线”命令，在踏步的中线处绘制指示箭头。

（7）单击“绘图”工具栏中的“多行文字”按钮A，弹出“文字格式”对话框，“字体”选择“宋体”，“文字高度”选择“200”，输入“上”，绘制结果如图 12-47 所示。

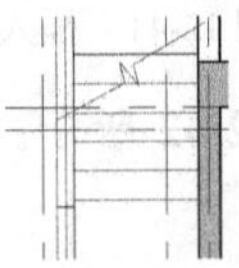
图 12-45　楼梯剖切线

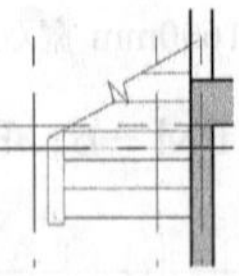
图 12-46　楼梯修改结果

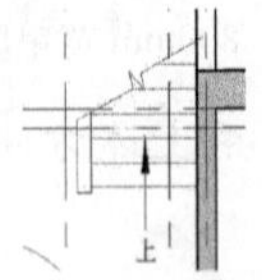

图 12-47　楼梯绘制结果

（8）用相同的方法，绘制出平面图中的所有楼梯。

❷ 电梯绘制。

（1）打开“图层管理器”，新建图层“电梯”，“颜色”选择“黄色”，其余采用默认设置，双击新建图层，将当前图层设为“电梯”。

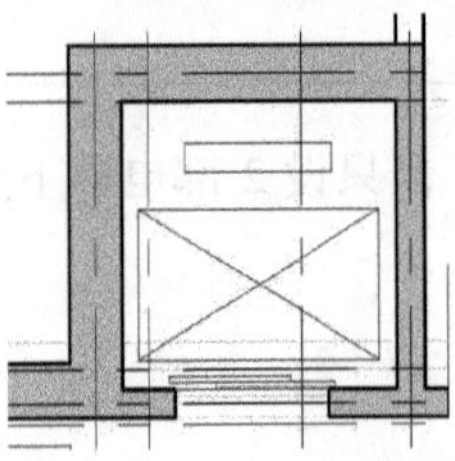
图 12-48　电梯绘制结果

（2）单击“绘图”工具栏中的“矩形”按钮，以电梯间左上角为起点，绘制长度为 1750，宽度为 1100 的矩形。

（3）单击“绘图”工具栏中的“直线”按钮，绘制矩形的对角线，完成轿箱的绘制。

（4）单击“绘图”工具栏中的“矩形”按钮，完成电梯的绘制，如图 12-48 所示。

12.3.5　建筑设备绘制

本例中的车库是自行车库，不需要车库尾气排风口。

Step 绘制步骤

❶ 集水坑的绘制。

（1）打开“图层特性管理器”，新建图层“设备”，采用默认设置。

（2）单击“绘图”工具栏中的“矩形”按钮，绘制 1000×1000 的矩形，利用“直线”命令完成集水坑的绘制，如图 12-49 所示。

❷ 多种电源配电箱绘制。

（1）单击“绘图”工具栏中的“矩形”按钮，配电箱的长宽分别为 700mm 和 320mm。

（2）单击“绘图”工具栏中的“直线”按钮，绘制出对角线。

（3）单击“绘图”工具栏中的“图案填充”按钮，填充下边三角形的区域，完成配电箱的绘制，如图 12-50 所示。

（4）完善地下一层的建筑平面图，如图 12-51 所示。

图 12-49　集水坑绘制结果

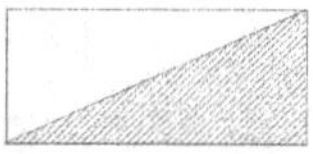

图 12-50　配电箱绘制结果

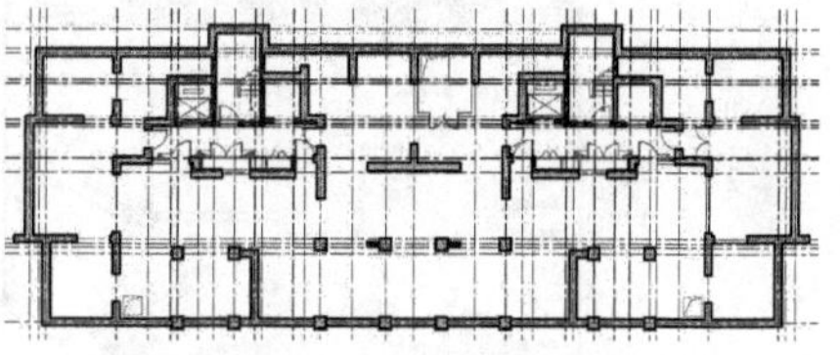

图 12-51　完善建筑设备

12.3.6　尺寸标注及文字说明

建筑平面图中的尺寸标注是绘制平面图的重要组成部分，它不仅标明了平面图的总体尺寸，也标明了平面图中墙线间的距离、门窗的长宽等各建筑部件之间的尺寸关系，通过平面图中所标注的尺寸标注，能使看图者准确了解设计者的整体构思，也是现场施工的首要前提。

尺寸标注的内容主要包括尺寸界线、尺寸线、标注文字和箭头等基本标注元素。绘制地下一层的最后一步就是尺寸标注和文字说明，绘制的具体步骤如下。

Step 绘制步骤

① 设置标注样式。

标注样式决定了尺寸标注的形式与功能，它控制着基本标注元素的格式，可以根据需要设置不同的标注样式，并为其命名。

（1）选择菜单栏的“格式”→“标注样式”命令，弹出“标注样式管理器”对话框，如图 12-52 所示。

（2）单击“标注样式管理器”对话框右边的“新建”，则弹出“创建新注样式”对话框，为新样式命名为“地下一层”，如图 12-53 所示。

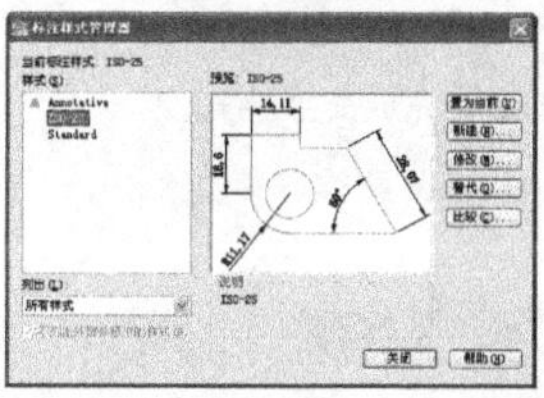

图 12-52　“标注样式”管理器

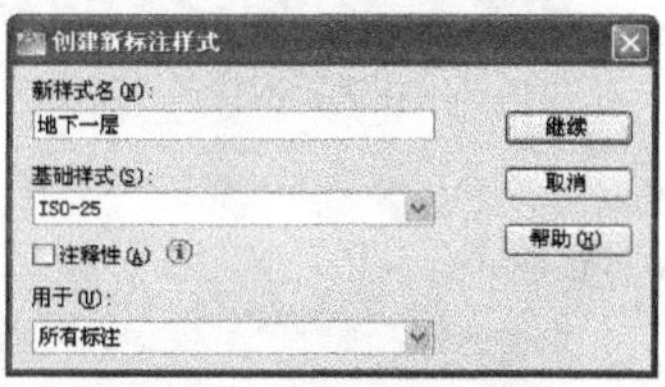

图 12-53　创建新标注样式

（3）单击“继续”，弹出“新建标注样式：地下一层”对话框，用来设置“地下一层”标注样式的各项参数。

（4）单击“直线”标签，在“超出尺寸线”文本框中输入“250”，在“起点偏移量”文本框中输入“0”，如图 12-54 所示。

（5）单击“符号和箭头”标签，在“第一项”右边下拉列表中选择“建筑标记”，则“第二个”自动变成“建筑标记”，表示标注箭头是常用的建筑斜线形式，在“箭头大小”文本框中输入“250”，如图 12-55 所示。

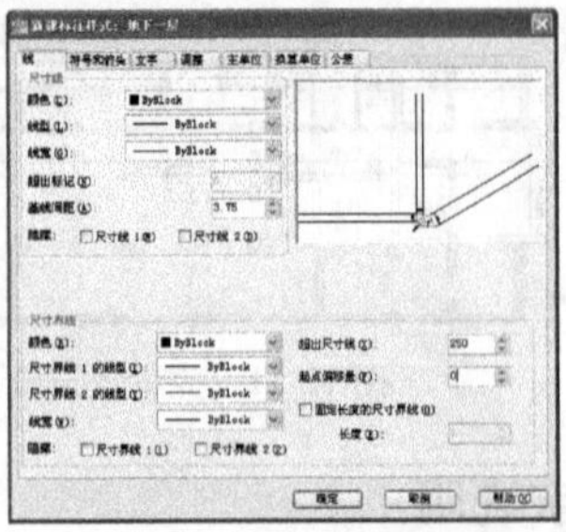

图 12-54　直线的参数设置

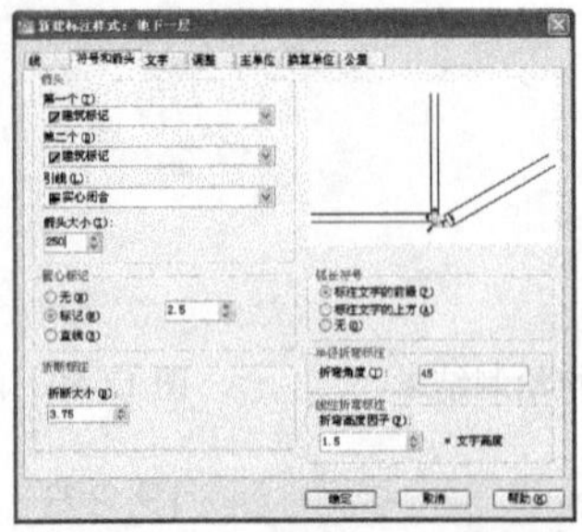

图 12-55　符号和箭头的参数设置

（6）单击“文字”标签，在“文字高度”文本框中输入“300”，将“从尺寸线偏移”设置为“100”，如图 12-56 所示。

（7）单击“调整”选项卡，选择“文字或箭头（最佳效果）”，如图 12-57 所示。

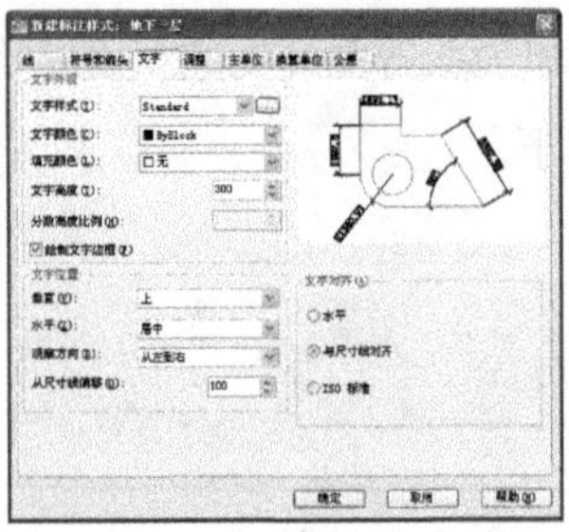

图 12-56　文字参数设置结果

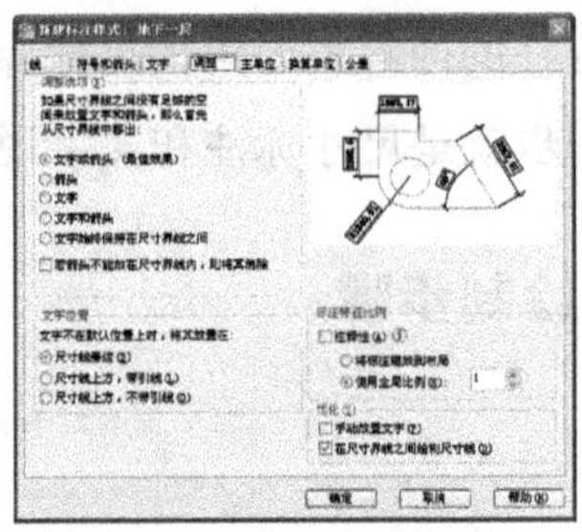

图 12-57　调整参数设置结果

（8）单击“主单位”选项卡，在“精度”右边下拉列表中选择“0”。

（9）单击“确定”按钮，返回“标注样式管理器”对话框，选中“地下一层”，单击“置为当前”按钮，将“地下一层”设为当前的标注样式，再单击“关闭”按钮，完成标注样式的设置。

注意

在进行图样尺寸及文字标注时，一个好的制图习惯是首先设置完成文字样式。

注意

平面图中的外墙尺寸一般有三道，最内层第一道为门窗的大小和位置尺寸（门窗的定形和定位尺寸）；中间层第二道为定位轴线的间距尺寸（房间的开间和进深尺寸）；最外层第三道为外墙总尺寸（房屋的总长和总宽）。内墙上的门窗尺寸可以标注在图形内。此外，还需标注某些局部尺寸，如墙厚、台阶、散水，以及室内外的标高等。

2 进行尺寸标注设置。

（1）打开“图层管理器”，新建图层“标注”，“颜色”选择“绿色”，其余采用默认设置，双击新建图层，将当前图层设为“标注”。

（2）在命令栏下方右键单击“对象捕捉”，打开“设置”，弹出“草图设置”对话框，在“对象捕捉”选项卡中将端点、中点和垂足设为固定捕捉，如图 12-58 所示。

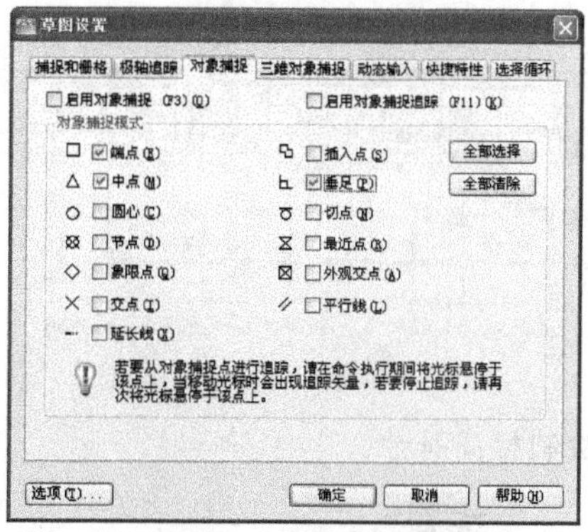

图 12-58　对象捕捉参数设置

3 第一道尺寸标注绘制。

（1）单击“标注”工具栏中的“线性”按钮，标注完成如图 12-59 所示。

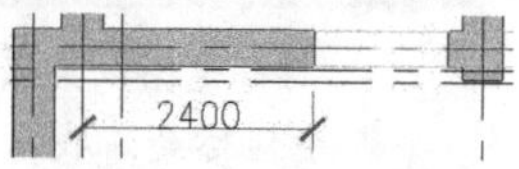

图 12-59　线性标注结果

（2）单击“标注”工具栏中的“连续”按钮，执行连续标注命令。水平移动光标，则新的标注的第一条尺寸界线紧接着上一次的标注的第二条尺寸界线，并且两个标注的标注线在一条水平直线上，用“捕捉到端点”依次捕捉尺寸界线的起点，进行连续标注，如图 12-60 所示。

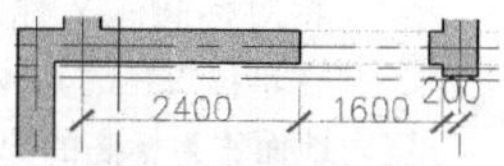

图 12-60　连续标注结果

注意

在标注过程中，如果出现标注尺寸错误，可以在命令行中输入“U”，取消此次标注。如果标注尺寸过小，标注文字出现重叠，则在命令行中输入“Dimtedit”，利用“编辑标注文字”调整文字的位置。

（3）采用上面的方法，标注出所有的细部尺寸，如图 12-61 所示。

4 第二道尺寸标注。

（1）单击“标注”工具栏中的“快速标注”按钮，标注完成如图 12-62 所示。

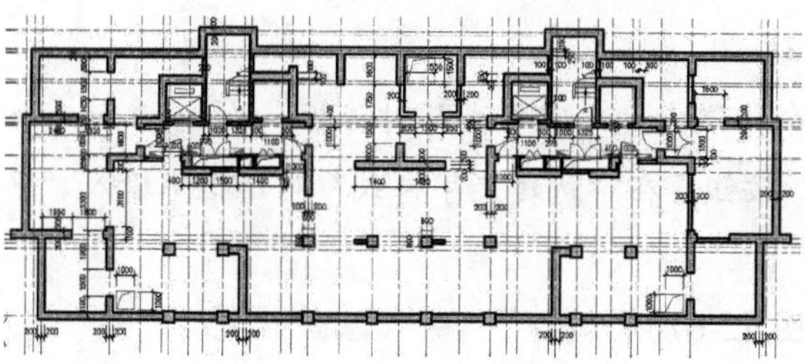
图 12-61　细部尺寸标注结果

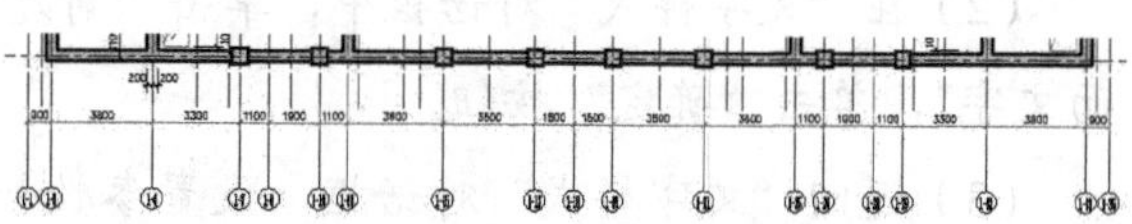
图 12-62　快速标注的结果

（2）采用上面的方法，绘制出所有的轴线尺寸，如图 12-63 所示。

（3）利用“编辑标注文字”调整文字的位置，调整整个视图。

5 第三道尺寸标注。

单击“标注”工具栏中的“线性”按钮，标注最外面尺寸，标注结果如图 12-64 所示。

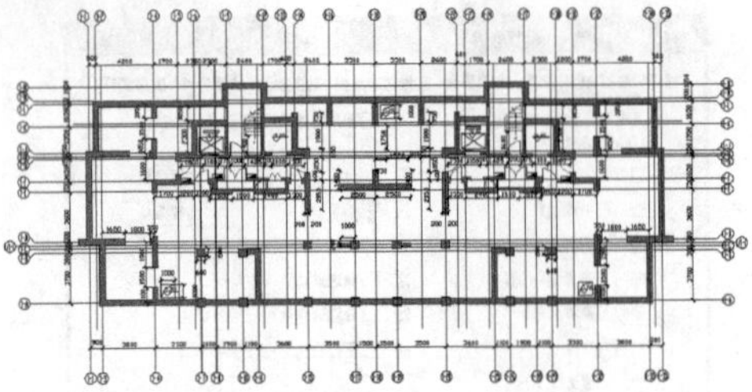

图 12-63　轴线标注绘制结果

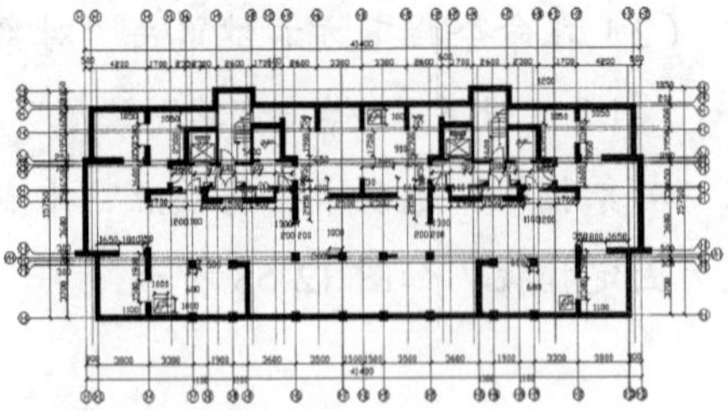

图 12-64　总尺寸标注绘制结果

6 绘制标高符号。

注意

标高是指以某点为基准的高度，有绝对标高和相对标高。

绝对标高：我国以青岛附近的黄海平均海平面作为绝对标高的水准点。绝对标高也是海拔高度。

相对标高：又称假设标高，其标高的起算点可根据建筑的需要设定。

在单位工程的具体设计中使用的标高就是相对标高，它是以单位工程底层的室内地面作为标高的起算点。即一般是以底层室内地坪的标高作为相对标高的零点。零点标高应写成 ± 0.000，正数标高不注“+”，负数标高应注“−”。

（1）单击“绘图”工具栏中的“直线”按钮，绘制一个倒立的等腰三角形。然后再使用直线命令在三角形的右边补上一段水平直线，得到室内的标高符号，如图 12-65 所示。

（2）单击“绘图”工具栏中的“多行文字”按钮A，在室内标高标上标高的高度，如图 12-66 所示。

（3）用上述方法绘制出平面图的所有标高标注。

图 12-65　绘制室内标高符号

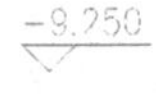

图 12-66　标高绘制结果

7 设置文字样式。

（1）选择菜单栏“格式”→“文字样式”命令，弹出“文字样式”对话框。

（2）在“文字样式”对话框中，单击“新建”按钮，在“新建文字样式”对话框中输入“平面文字”，单击“确定”按钮。

（3）返回“文字样式”对话框，设置参数如图 12-67 所示。

（4）单击“预览”，再单击“应用”按钮，完成文字样式的设置。

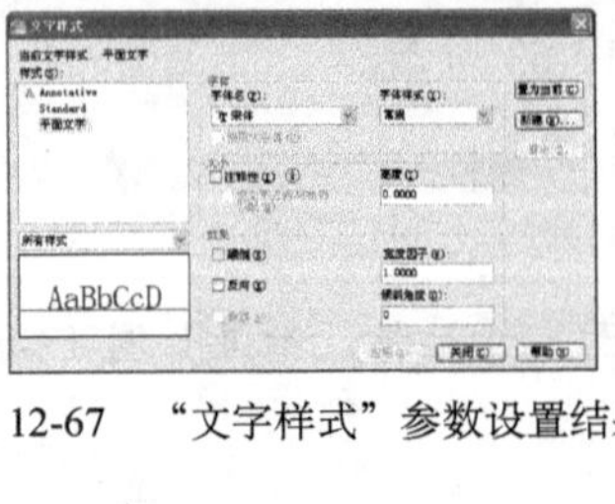

图 12-67　“文字样式”参数设置结果

注意

将“高度”设置为“0”，是为了在进行文字标注时指定任何文字高度。

8 进行文字标注。

> **注意**
>
> 如果文字的位置和大小不合适，可通过“移动”和“比例”命令来进行修改。

（1）打开“图层管理器”，新建图层“文字”，“颜色”选择“洋红”，其余采用默认设置，双击以新建图层，将当前图层名称设置为“文字”。

（2）选择菜单栏中的“绘图”→“文字”→“单行文字”命令，在绘图界面上输入要输入的文字标注，绘图区出现文字字样，如图 12-68 所示。

（3）用步骤（2）的方法，分别移动光标到要标注的位置，标注出所有的文字标注。

（4）按 Enter 键，结束“文字标注”命令。

（5）用步骤（2）的方法，标注各门窗的型号，结果如图 12-69 所示。

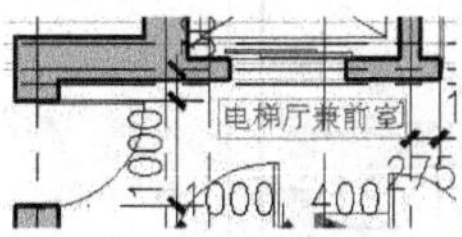

图 12-68 文字标注绘制结果

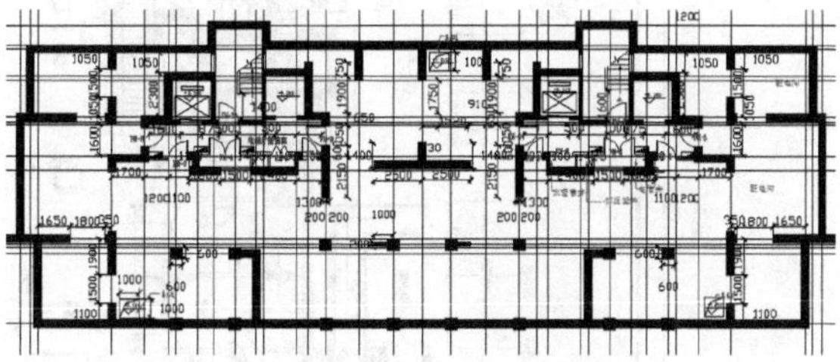

图 12-69 所有文字标注绘制结果

9 选择菜单栏中的“绘图”→“文字”→“单行文字”命令，在图纸下方输入“图名和比例”，字高为 700mm，并在图名下方画一条粗实线，如图 12-70 所示。

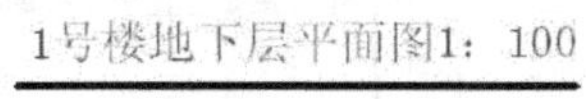

图 12-70 图名绘制结果

10 插入图框，本例采用 A1 图框，尺寸为 594mm × 841mm。

11 单击“绘图”工具栏中的“插入块”按钮，系统打开“插入”对话框，浏览本书光盘中的图框文件，将图框插入到绘图区，将图框放大 100 倍，即表示该图的绘制比例为 1∶100。地下一层建筑平面图绘制完毕，如图 12-7 所示。

12.4 一号楼首层平面图绘制

首层平面图是在地下一层平面图的基础上发展而来的，所以可以通过修改地下一层的平面图，获得首层建筑平面图。

首层平面图比地下一层多出一部分裙房，需要加柱和剪力墙承重。外墙上需要开窗。首层作为商场另外需要一些配套服务设施，如办公室、厕所等。一号楼首层建筑平面图如图 12-71 所示。

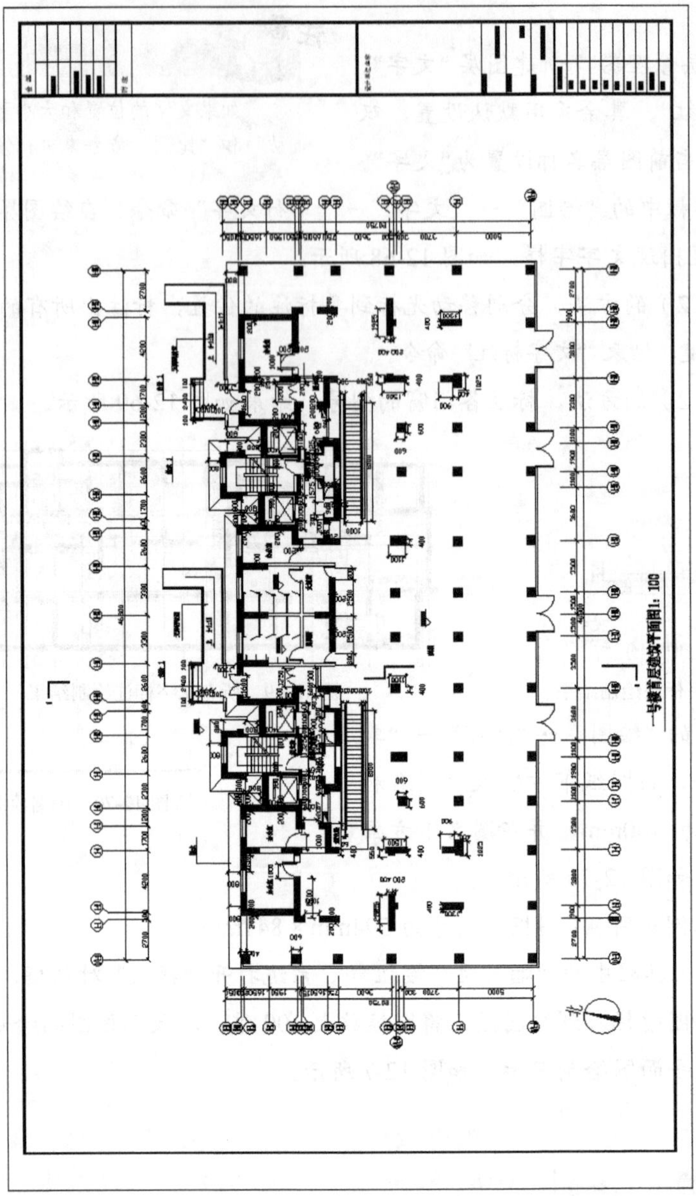

图 12-71　一号楼首层建筑平面图

12.4.1　修改地下一层建筑平面图

Step 绘制步骤

1. 打开“一号楼地下一层建筑平面图”，另存为“一号楼首层平面图”。
2. 删除所有的标注、门、建筑设备、隔墙，外墙填充部分，只保留剪力墙、电梯、设备管道和轴线，结果如图 12-72 所示。

3 裙楼部分绘制。

（1）将轴号以及轴号引出线全部选中，单击“修改”工具栏中的“移动”按钮，将上面的轴号向上移动 3600，将下面的轴号向下移动 5000，两边的轴号分别向两边移动 2700。

（2）将轴线全部延长至轴号引出线处。

（3）添加轴线，将 1-1 号轴线向左偏移 2700，采用前面所讲方法编上轴号 1/1-1；将 1-35 号轴线向右偏移 2700，编上轴号 1-36；将 1-A 号轴线向下偏移 5000，编上轴号 1/1-A，如图 12-73 所示。

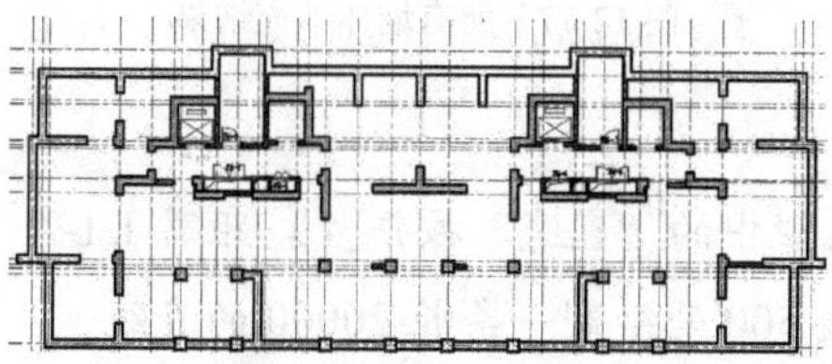

图 12-72　修改地下层结果

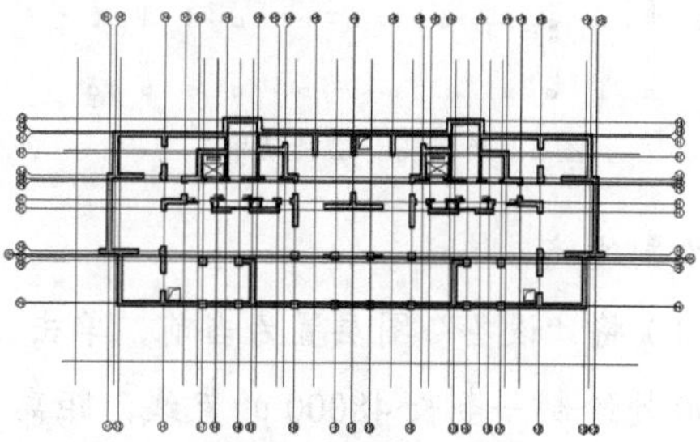

图 12-73　轴线添加结果

> **注意**
>
> 附加轴线的轴号用分数形式表示，如本例的附加轴线 1/1-1，表示 1-1 轴线前附加的第一根轴线。在两根轴线之间的附加轴线，应以分母表示前一轴线的编号，分子表示附加轴线的编号。

4 修改原墙体。

（1）将“墙体”图层置为当前。将原地下室的外墙体打断，单击“修改”工具栏中的“分解”按钮，将外墙的多线形式炸开。

（2 单击“修改”工具栏中的“修剪”按钮，将多余的墙体剪掉，绘制成短肢剪力墙作承重结构，结果如图 12-74 所示。

5 添加柱子。

（1）单击“绘图”工具栏中的“矩形”按钮，在相应的位置绘制长度、宽度分别为 600 的矩形柱子，如图 12-75 所示。

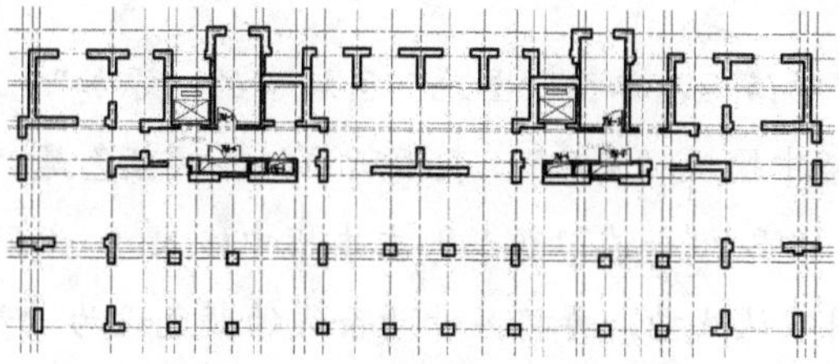

图 12-74　修改原墙体结果

图 12-75　矩形柱子

（2）单击“修改”工具栏中的“复制”按钮，添加 600×600 的柱子，满足结构的要求。绘制出所有的柱子，如图 12-76 所示。

6 填充墙体。

关闭轴线图层，单击“绘图”工具栏中的“图案填充”按钮，将所有的短肢剪力墙和柱子填充成 252 号灰色，表示承重结构，结果如图 12-77 所示。

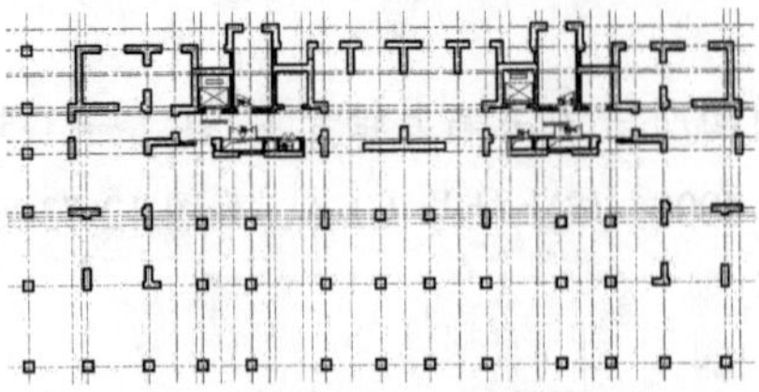
图 12-76　柱子绘制结果

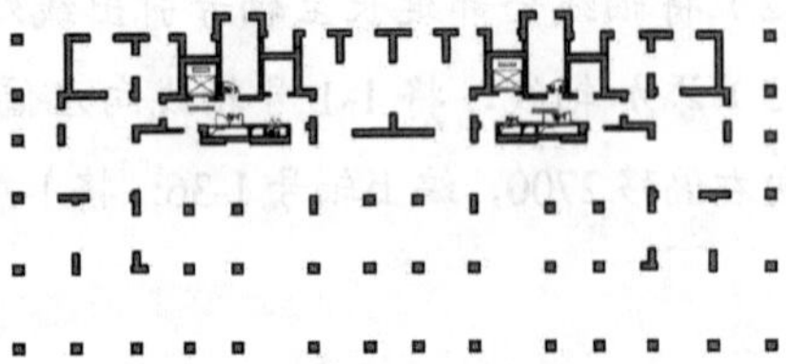
图 12-77　所有墙体填充结果

7 绘制玻璃幕墙。

（1）将“设备”图层置为当前。单击“绘图”工具栏中的“直线”按钮，距离 1/1-A 号轴线 300 处绘制一条长 48000 的直线，距离 1/1-1 号轴线 500 处绘制一条长 20000 的直线。

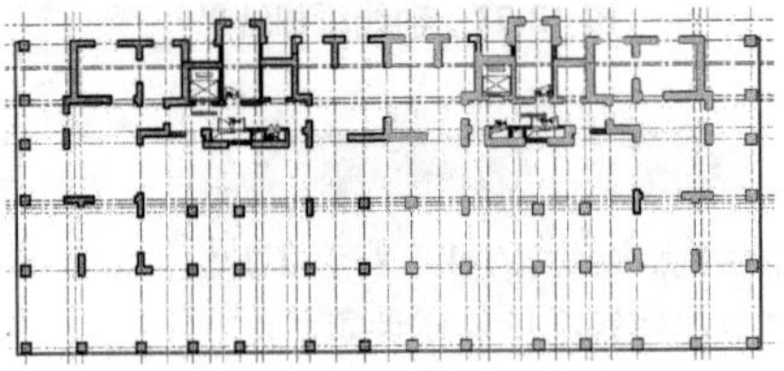
图 12-78　幕墙绘制结果

（2）单击“修改”工具栏中的“偏移”按钮，将直线分别向内偏移 100 偏移 100。

（3）单击“修改”工具栏中的“延伸”按钮和“修剪”按钮，完成幕墙的绘制，如图 12-78 所示。

12.4.2　门 窗 绘 制

Step 绘制步骤

1 窗的多线样式设置。

（1）选择菜单栏中“格式”→“多线样式”命令，弹出“多线样式”对话框。

（2）单击“多线样式”对话框中的“新建”，并在“新样式名”中输入“窗”，单击“继续”，如图 12-79 所示。

（3）弹出“新建多线样式：窗”对话框，单击“图元”区域中的“添加”，在“偏移”文本框中输入“0.25”，在“颜色”文本框中输入“黄色”，表示所添加线的颜色是“黄色”。

（4）再次单击“图元”区域中的“添加”，在“偏移”文本框中输入“－0.25”，在“颜色”文本框中输入“黄色”，“线型”采用默认线型，再将另外两条线的颜色设为“黄色”。

（5）单击“封口”区域中的“直线”选项卡中右方的空格内勾选“起点”和“端点”，单击“确定”按钮，窗的多线样式参数设置完毕，如图 12-80 所示。

（6）返回“多线样式”对话框，将“窗”多线样式“置为当前”。

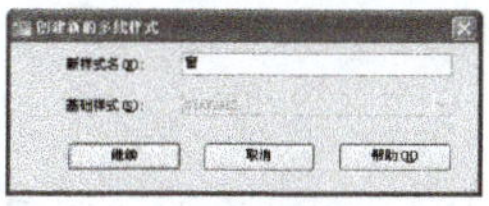

图 12-79 “创建多线样式”对话框

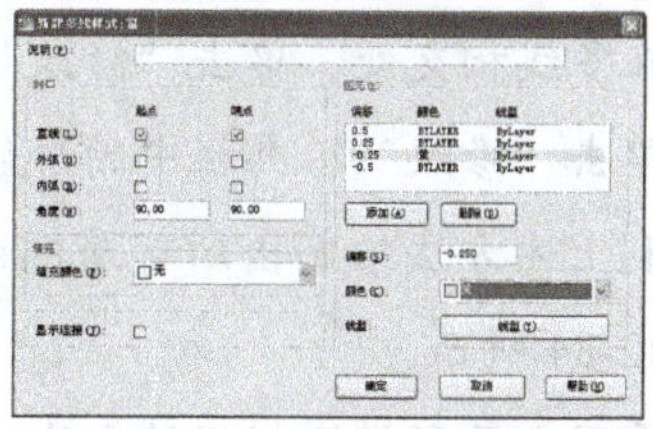

图 12-80 “窗”的多线样式参数设置结果

2 平面窗的绘制。

窗线的绘制方法跟墙线类似，基本没有新的知识点，下面将复习以上知识点。

（1）打开“图层管理器”，新建图层“窗”，“颜色”选择“黄色”，其余采用默认设置，双击新建图层，将当前图层命名为“窗”。

（2）选择菜单栏中的“绘图”→“多线”命令，多线比例为 400，这样绘制出一条窗线，结果如图 12-81 所示。

（3）重复上述步骤，绘制出首层平面图上的所有窗线，结果如图 12-82 所示。

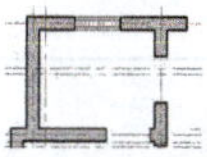

图 12-81 “平面窗”绘制结果

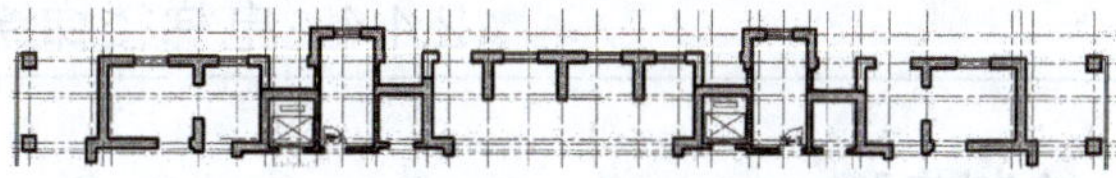

图 12-82 首层平面图所有窗线绘制结果

3 平面门绘制。

将图层“门”置为当前。该商场入口采用 2400 的双扇玻璃地弹门，采用前面所讲的绘制方法，单击“绘图”工具栏中的“矩形”按钮、“圆弧”按钮，以及“修改”工具栏中的“镜像”按钮，绘制出该平面门，结果如图 12-83 所示。

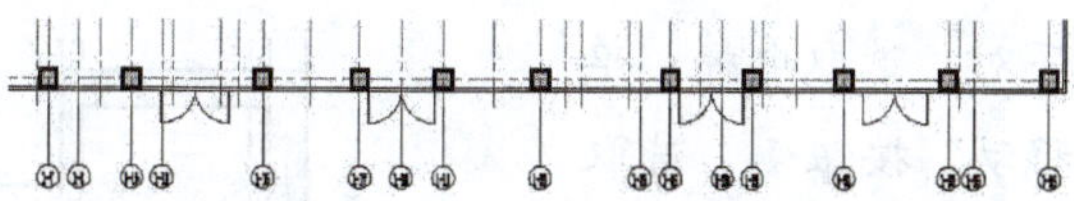

图 12-83 平面门绘制结果

12.4.3 室内功能划分及绘制

该层建筑用作商场，商场需要设置一些辅助空间，如商场办公室、公用卫生间，商场一、二、三层顾客垂直交通主要依靠自动扶梯。主要的辅助功能用房安排在该建筑的后面部分，如疏散楼梯、电梯、卫生间、办公室，商场的划分原则遵循灵活多变，便于二次划分的原则。

下面绘制隔墙。

Step 绘制步骤

1 将“墙体”设为当前图层，选择菜单栏中的“绘图”→“多线”命令，设置比例为 200 和 400 的多线，绘制出卫生间、办公室的隔墙。

2 在多线相交处，单击“修改”工具栏中的“分解”按钮，将多线炸开。

3 单击“修改”工具栏中的“修剪”按钮，将多余的线段剪掉。

4 利上述方法绘制出所有房间的隔墙。隔墙不需要填充，表示隔墙为不承重结构，结果如图 12-84 所示。

5 采用上面所讲绘制门的方法，单击“绘图”工具栏中的“矩形”按钮、单击“绘图”工具栏中的“圆弧”按钮、“修改”工具栏中的“镜像”按钮或者单击“绘图”工具栏中的“插入块”按钮的方法，绘制出卫生间、办公室的门，结果如图 12-85 所示。

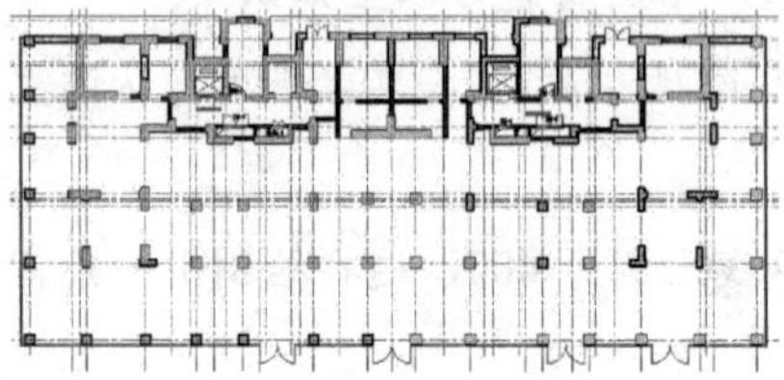
图 12-84　隔墙绘制结果

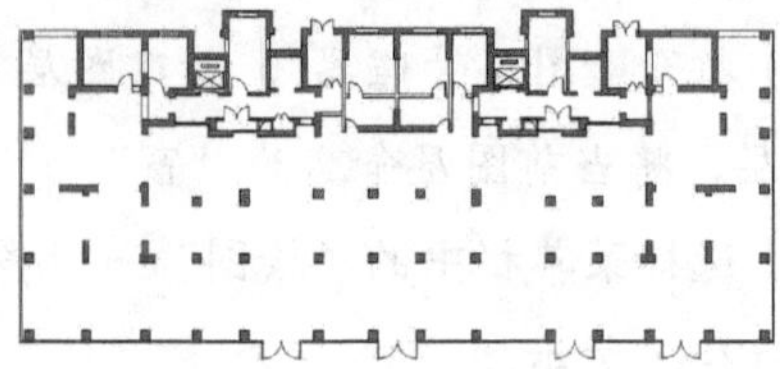
图 12-85　所有门绘制结果

12.4.4　电梯楼梯绘制

Step 绘制步骤

1 电梯跟消防电梯大小一样，利用“镜像”命令绘制出电梯。

（1）将“图层“电梯”置为当前。单击“绘图”工具栏中的“直线”按钮，在两个轿箱之间画一条辅助线，再单击“修改”工具栏中的“镜像”按钮，以辅助线的中点为镜像的第一点，中线上任意点为镜像的第二点，绘制出电梯。

（2）单该电梯的位置不对，选取电梯，单击“修改”工具栏中的“移动”按钮，选取电梯门的角点为拾取点，将电梯移动到适当的位置，绘制结果如图 12-86 所示。

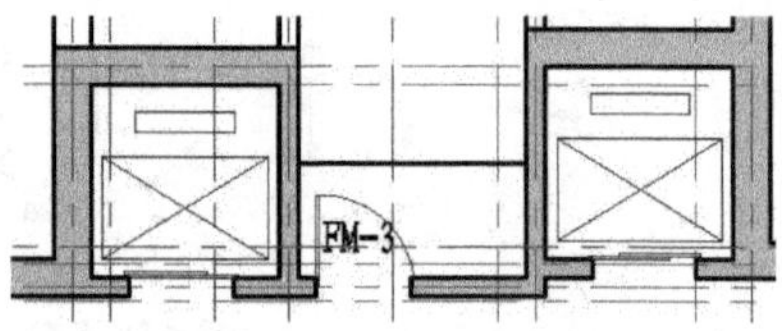

图 12-86　电梯绘制结果

（3）将辅助线删除掉。

（4）用同样的方法绘制出右边的电梯。

2 楼梯绘制。

前面已经讲过楼梯的绘制方法，楼梯平台宽 1350，梯井宽 120、长 2200，踏步宽 260、长 1140。大家可以根据前面所学方法，利用“直线”命令、“偏移”命令和“标注”命令，自行绘制出楼梯，楼梯绘制结果如图 12-87 所示。

单击“绘图”工具栏中的“矩形”按钮，绘制出矩形 1200×300，单击“修改”工具栏中的“偏移”按钮，分别偏移 100，单击“绘图”工具栏中的“矩形”按钮，再绘制一个矩形。这样就绘制出“消火栓”，绘制结果如图 12-88 所示。

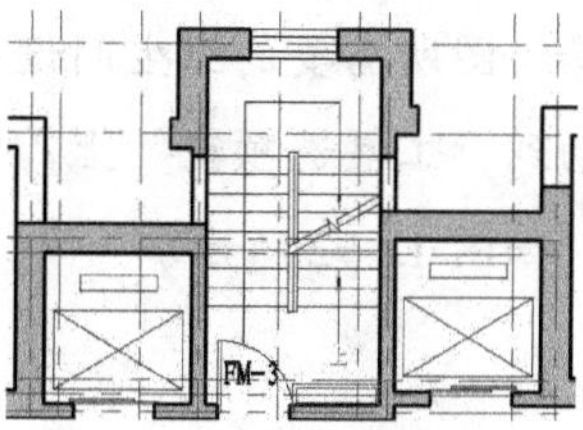

图 12-87 楼梯绘制结果

图 12-88 消防栓绘制结果

12.4.5 卫生间设备绘制

卫生间设备主要是有洗手台、蹲便器、小便器和清洗池。卫生间设备一般都有标准图块，只需要从原文件中直接调用即可。

Step 绘制步骤

1. 打开“图层管理器”，新建图层“隔断”，“颜色”选择“洋红”色，其余采用默认设置，双击新建图层，将当前图层设为“隔断”。
2. 单击“绘图”工具栏中的“直线”按钮，绘制卫生间的隔断，每个蹲位间大小宽 940、长 1300，每个蹲位独立隔断，隔断厚 40，隔断门为 600。小便器隔断长 400、隔断厚 20。绘制结果如图 12-89 所示。

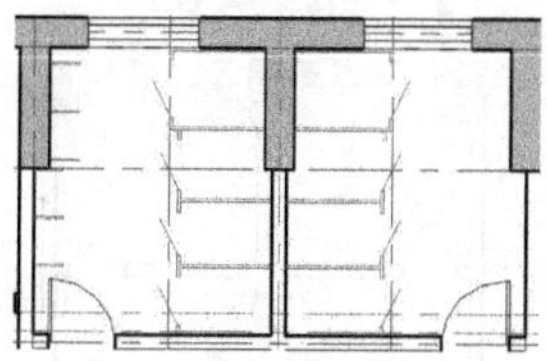

图 12-89 卫生间隔断绘制结果

3. 打开“图层管理器”，新建图层“家具”，“颜色”选择“黄色”，其余采用默认设置，双击新建图层，将当前图层设为“家具”。
4. 选择菜单栏中的“工具”→“选项板”→“工具选项板”命令，弹出“工具选项板”，单击“建筑”标签，显示绘图建筑图样常用的图例工具，如图 12-90 所示。

可以发现“工具选项板”上没有需要的卫生间图标，应通过“设计中心”的图形库加载所需的“卫生间”设备。

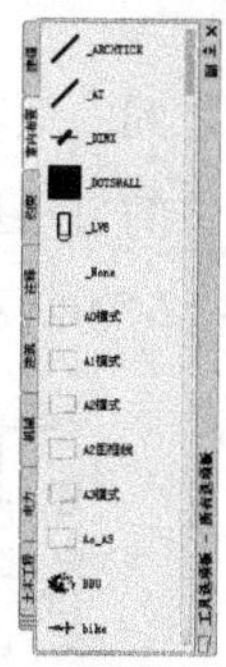

图 12-90 “工具选项板”图例

5. 选择菜单栏中的“工具”→“选项板”→“设计中心”命令，或者在命令行中输入“Adcenter”，弹出“设计中心”文本框，在“文件夹列表”中打开“随书光盘\源文件\图库\CAD 图库”文件。
6. 单击文件名，选择下面的“块”，在右侧的控制面板上显示了文件中保存的图块库，如图 12-91 所示。

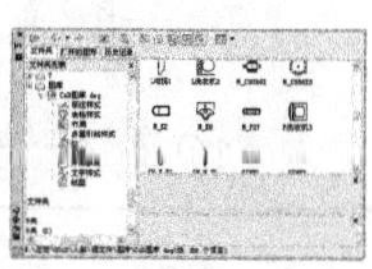

图 12-91 打开文件的图块库

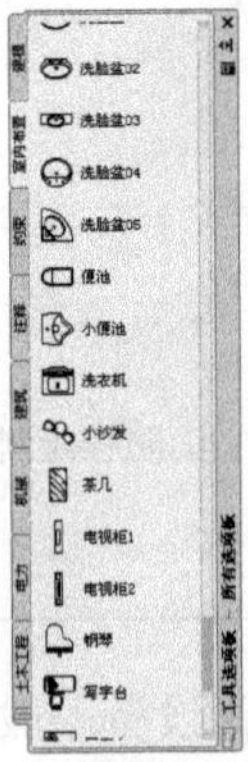

图 12-92　添加工具图块

7. 选择绘图所需要的卫生间设备图块，将其拖动到“工具选项板”上，完成图块的加载，如图 12-92 所示。

8. 单击“工具选项板”中所需的图形文件，按住鼠标左键，移动光标至绘图区，释放鼠标左键，绘图区出现所选图形。

9. 按命令行提示指定缩放比例和插入点，完成卫生间设备的绘制，如图 12-93 所示。

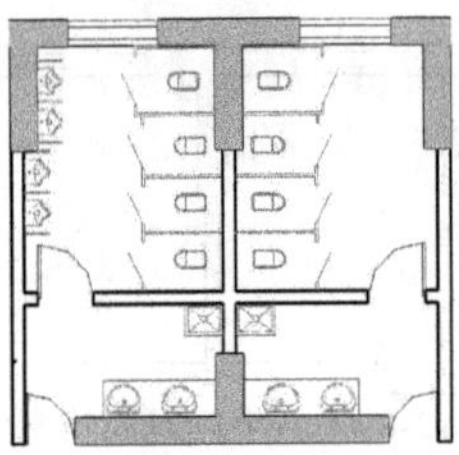

图 12-93　插入卫生设备

> **注意**
>
> 蹲便器不能靠墙布置，必须与墙保持一段距离，本图中蹲便器距离墙 280mm。

12.4.6　自动扶梯绘制

商场 1～3 层之间的顾客交通主要靠自动扶梯解决，采用两部扶梯，一部上行，一部下行。打开配套光盘所提供的自动扶梯图形文件，选中扶梯，通过“复制”、“粘贴”命令完成自动扶梯的绘制，结果如图 12-94 所示。

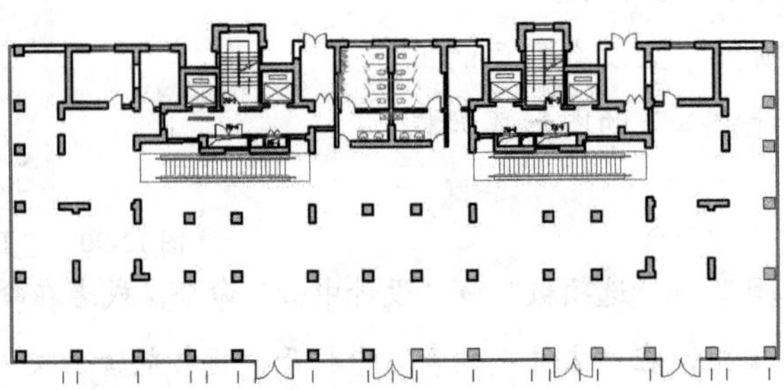

图 12-94　自动扶梯绘制结果

12.4.7　室外雨篷、台阶、散水、楼梯、坡道绘制

完成建筑物的轮廓及内部结构后，下面开始绘制室外建筑构件。

Step 绘制步骤

1 雨篷、室外台阶、坡道绘制。

大楼背面出口处设有雨篷，平面图上需绘制出雨篷的柱子。

（1）打开“图层管理器”，新建图层“室外设施”，“颜色”选择“黄色”，其余采用默认设置，双击新建图层，将当前图层设为“室外设施”。

（2）选择菜单栏中的“绘图”→“多线”命令，绘制宽 200、长 900 的雨篷柱子。

2 台阶绘制。

需要绘制的台阶是大楼背面楼梯口处的台阶，绘制步骤如下。

（1）单击“绘图”工具栏中的“直线”按钮，距离大楼背面的门 2400 处绘制一条长 2400 的直线；单击“修改”工具栏中的“偏移”按钮，偏移 300，偏移两次，得到台阶的踏步。

（2）单击“绘图”工具栏中的“直线”按钮，绘制栏杆，在踏步外边出绘制长 2400 的直线；单击“修改”工具栏中的“偏移”按钮，偏移 50，偏移两次，得到栏杆。

（3）还要绘制服务残疾人的无障碍坡道，坡度为 1∶12，坡道宽 1300，栏杆绘制方法同上。

（4）选择菜单栏中的“绘图”→“文字”→“单行文字”命令，在坡道中间输入“i=1∶12”，字高为 300。

（5）选择菜单栏中的“标注”→“多重引线”命令，绘制出坡道的指示方向，结果如图 12-95 所示。

（6）采用同样的方法绘制出大楼背面另一处台阶和坡道。

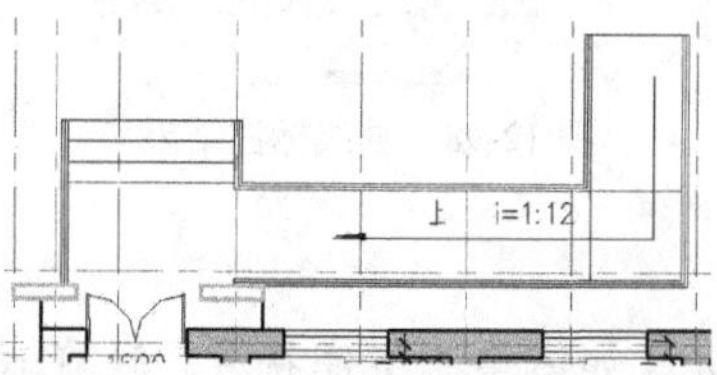

图 12-95　室外台阶、坡道绘制结果

3 散水绘制

（1）打开“图层管理器”，新建图层“散水”，“颜色”选择“蓝色”，其余采用默认设置，双击新建图层，将当前图层设为“散水”。

（2）单击“绘图”工具栏中的“直线”按钮，距离外墙 800 处绘制直线，结果如图 12-96 所示。

> **注意**
>
> 散水：就是房屋的外墙外侧，用不透水材料作出一定宽度，带有向外倾斜的带状保护带，其外沿必须高于建筑外地坪。其作用是迅速排除从屋檐滴下的雨水，防止因积水渗入地基而造成建筑物的下沉，不让墙根处积水，故称“散水”。

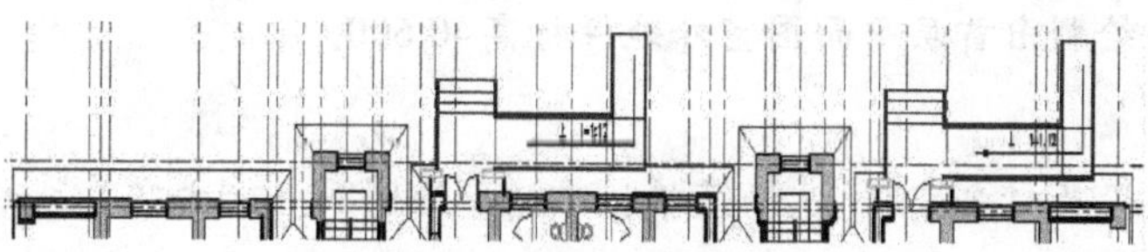

图 12-96　“散水”绘制结果

12.4.8　尺寸标注及文字说明

打开“图层管理器”，双击“标注”图层，将当前图层设为“标注”。

Step 绘制步骤

1 第一道细部尺寸标注。

选择菜单栏中的“标注”→“线性标注”命令标注出所有的细部尺寸，如图 12-97 所示。

2 第二道尺寸标注。

（1）单击“修改”工具栏中的“修剪”按钮，适当修剪轴线的长度，使标注看起来美观。

（2）单击“标注”工具栏中的“快速标注”按钮，标注出所有的轴线尺寸。

（3）标注完的标注尺寸利用“加点操作”，调整标注的位置，使之整齐美观，结果如图 12-98 所示。

3 第三道尺寸标注。

单击“标注”工具栏中的“线性”按钮，标注最外面尺寸，标注结果如图 12-99 所示。

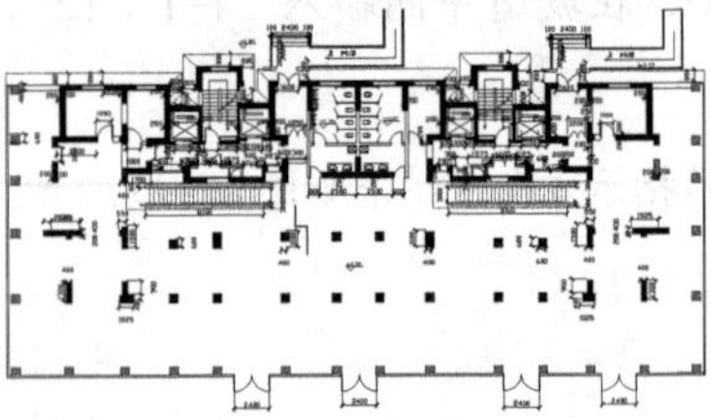

图 12-97　细部尺寸标注结果

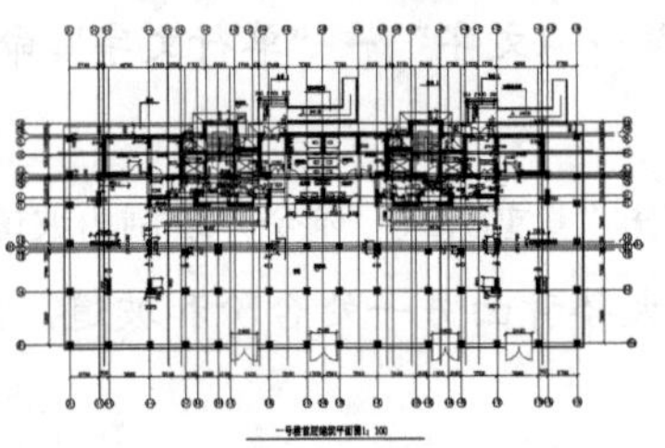

图 12-98　轴线标注结果

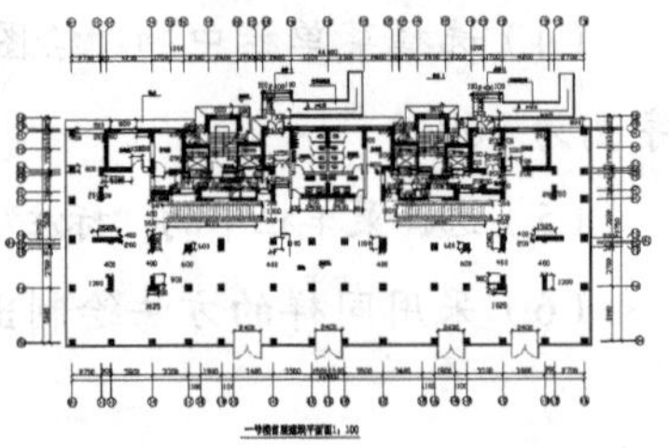

图 12-99　总尺寸标注结果

4 绘制标高符号。

在地下层平面图绘制过程已讲过如何绘制标高符号，现在我们直接用“复制”、“粘贴”命令绘制标高。

（1）打开地下层平面图，选中标高符号，单击“编辑”工具栏中的“复制”按钮，切换到首层平面图，单击“编辑”工具栏中的“粘贴”按钮，单击鼠标左键指定插入点，就可得到标高符号。

（2）此时得到的标高是地下层的标高，双击标高文字将文字修改成首层平面图的标高，如图 12-100 所示。

复制标高结果　　修改后的标高

图 12-100　绘制标高

（3）用这种方法绘制出首层平面图室外地坪标高–0.600。

5 进行文字标注。

（1）将当前图层设为“文字”，选择菜单栏中的“绘图”→“文字”→“单行文字”命令。

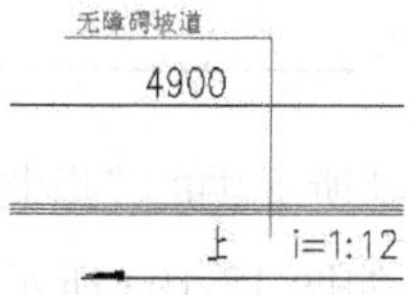

图 12-101 文字标注结果

（2）需要标注的文字如“商场”、“台阶”、“无障碍坡道”、“办公室”、“散水”、“消火栓”、“男厕所”、“女厕所”和“门窗符号”等，字高为 300。

（3）有的地方线条过于密集，就用线引出，再标注文字，结果如图 12-101 所示。

12.4.9 剖切符号绘制

Step 绘制步骤

1. 打开“图层管理器”，新建图层“剖切符号”，“颜色”选择“红色”，其余采用默认设置，双击新建图层，将当前图层设为“剖切符号”。
2. 单击“绘图”工具栏中的“多段线”按钮，命令行提示如下：

```
命令行输入：PL
指定起点：（用鼠标拾取剖切符号的起点）
指定下一个点或[圆弧（A）/半宽（H）/长度（L）/放弃（U）/宽度（W）]：W
指定起点宽度：50
指定端点宽度：50
打开正交模式：F8
指定下一个点或[圆弧（A）/半宽（H）/长度（L）/放弃（U）/宽度（W）]：（鼠标向左移动）1000
（鼠标再向下移动）键盘输入：1500
```

这样，绘制出一半的剖切符号。

3. 单击“绘图”工具栏中的“多段线”按钮，绘制出剖切符号的其余部分。
4. 选择菜单栏中的“绘图”→“文字”→“单行文字”命令，执行单行文字标注命令。在投影方向线的旁边标注出剖切编号“1”，结果如图 12-102 所示。

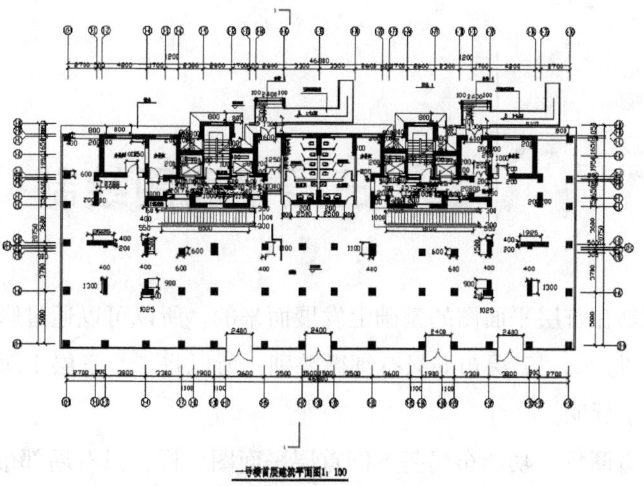

图 12-102 剖切符号绘制结果

12.4.10 其他部分绘制

首层建筑平面图需要指北针标明该建筑的朝向。打开配套光盘所提供的“指北针”图形文件，通过“复制”、“粘贴”命令，将指北针插入到平面图的左下方，如图 12-103 所示。

图 12-103 指北针绘制结果

这样首层平面图绘制完成，需加上图名和图框。

Step 绘制步骤

1. 将“文字”图层置为当前。选择菜单栏中的“绘图”→“文字”→“单行文字”，字高设为 700，在图形下方输入“1 号楼首层平面图 1：100”。
2. 单击“绘图”工具栏中的“多段线”按钮，在文字的下方绘制一条多段线，线宽为 50。如图 12-104 所示。

1号楼首层平面图1：100

图 12-104 图名绘制结果

3. 插入图框，采用 A1 加长图框，是在图框的长边方向，按照图框长边 1/4 的模数增加。每个图框不管图幅是多少，按照一定的比例打印出来时，图签栏的大小都应该是一样的。本例采用的 A1 加长图框尺寸为 594mm × 1051mm。
4. 浏览本书光盘中的 A1 加长图框文件，将图框插入到绘图区，将图框放大 100 倍，即表示该图的绘制比例是 1：100。
5. 1 号楼首层建筑平面图绘制完毕，如图 12-71 所示。

12.5 二、三层平面图绘制

二、三层平面图是在首层平面图的基础上发展而来的，所以可以通过修改首层的平面图，获得二、三层建筑平面图。二、三层布局只有细微差别，所以将二、三层平面用一张平面图表示，对某些不同之处用文字标明。

二、三层同样用着商场，功能布局基本同首层平面图一样，只有局部布置有稍微差异。1 号楼二、三层建筑平面图如图 12-105 所示。

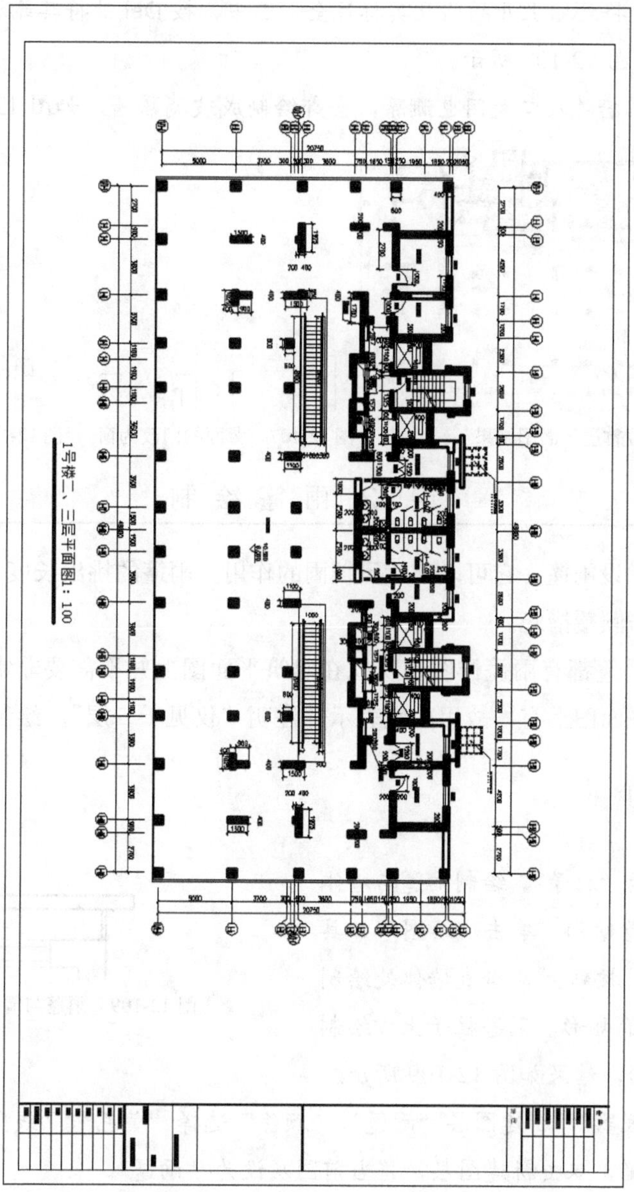

图 12-105 1 号楼二、三层建筑平面图

12.5.1 修改首层建筑平面图

Step 绘制步骤

1. 打开“1 号楼首层建筑平面图”，另存为“1 号楼二三层平面图”。
2. 关闭“轴线”图层，删除“散水”、“室外设施”线条，将散水、室外台阶、坡道、雨篷的文字标注和尺寸标注均删除，再将指北针、剖切符号删除，结果如图 12-106 所示。

3. 修改外墙墙体。将外墙上开的门及其标注全部选中，按 Del 键将其删除，背面的门改成 C－8 型号的窗，如图 12-107 所示。

将前面的玻璃幕墙的入口大门也删除，全部绘制成玻璃幕墙，如图 12-108 所示。

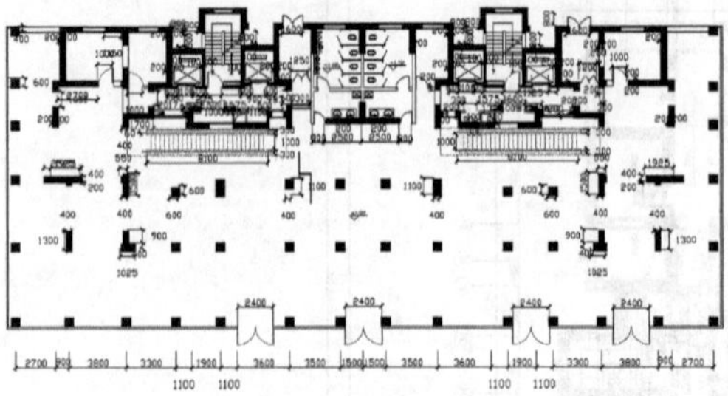

图 12-106　修改首层平面图结果

图 12-107　背面的门改为窗

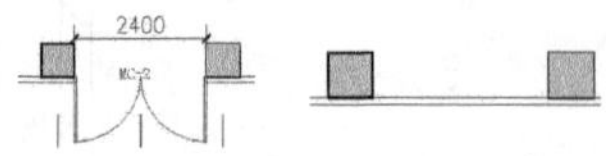

图 12-108　正面的门改为玻璃幕墙

12.5.2　雨 篷 绘 制

在外门的上部常设雨篷，它可以起遮风挡雨的作用。雨篷的挑出长度为 1.5m 左右，挑出尺寸较大者，应采取防倾覆措施。

一般建筑图中雨篷都有雨篷详图，所以在建筑平面图上并不需要非常精确地绘制雨篷平面图。雨篷只有二层平面图上有，故用虚线表示并注明“仅见于二层”。绘制过程如下。

Step 绘制步骤

1. 将当前图层设为“柱子”，绘制雨篷与墙体之间的连接承重结构。单击“绘图”工具栏中的“直线”按钮，垂直墙体处绘制两个 60 × 450 的矩形，雨篷柱子上方绘制 3600 × 200 矩形，结果如图 12-109 所示。

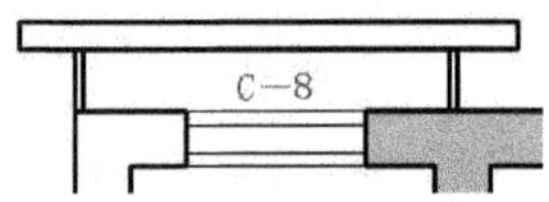

图 12-109　雨篷与墙体之间的连接结构

2. 打开“图层管理器”，新建图层“雨篷”，“颜色”选择“黄色”，“线型”选择“DASH”，其余采用默认设置，双击新建图层，将当前图层设为“雨篷”。
3. 单击“绘图”工具栏中的“直线”按钮，绘制出一个 1900 × 1550 的矩形。
4. 单击“修改”工具栏中的“偏移”按钮，把矩形向内偏移 50，得到一个小的矩形，再单击“修改”工具栏中的“修剪”按钮，将多余的线条剪掉。
5. 单击“修改”工具栏中的“偏移”按钮，将小矩形向内偏移 60，得到一个更小的矩形，再单击“修改”工具栏中的“修剪”按钮，修剪掉多余的线条，结果如图 12-110 所示。

图 12-110　偏移结果

6. 单击“修改”工具栏中的“偏移”按钮，将最小的矩形的宽分别向内偏移 510，再偏移 60。
7. 单击“修改”工具栏中的“偏移”按钮，将最小的矩形的长分别向内偏移 410，再偏移 60。
8. 单击“修改”工具栏中的“修剪”按钮，修剪掉多余线条，绘制出雨篷，如图 12-111 所示。

图 12-111　雨篷绘制结果

9. 将雨篷选中，拾取中点，单击“修改”工具栏中的“移动”按钮，将其移动到连接结构的中点。
10. 选择菜单栏中的“标注”→“多重引线”命令，将雨篷引出，弹出文本框中输入“雨篷仅见于二层”，结果如图 12-112 所示。

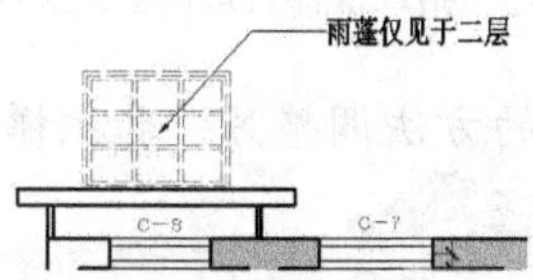

图 12-112　雨篷绘制完成

11. 将雨篷、连接墙体和标注文字全部选中，单击“修改”工具栏中的“复制”按钮，将雨篷等复制到另一处外门的上方处。

12.5.3　修改室内功能划分

Step 绘制步骤

1. 二、三层室内布局基本不变，为了满足消防疏散要求，将通往疏散楼梯的过道打开。将过道原来的隔墙选中，按 Del 键，将其删除，如图 12-113 所示。

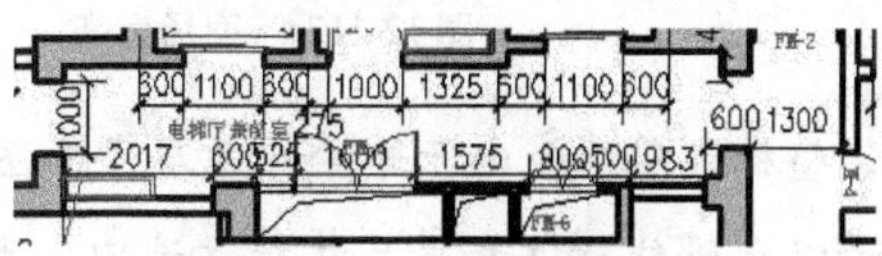

图 12-113　删除隔墙

2. 将二、三层靠近雨篷的房间改为“员工休息室”，将“标注”设为当前图层，选择菜单栏中的“绘图”→“文字”→“单行文字”命令，用鼠标单击房间中心，输入“员工休息室”，完成文字标注。
3. 修改卫生间的开门方向，因为隔墙打开，卫生间的门开在侧面更为合理，所以将原有墙体进行修改。将“墙体”图层设为当前，将墙体修改，预留卫生间门洞 800，将原卫生间门选中，单击“修改”工具栏中的“旋转”按钮，将门沿门框旋转-90°，再单击“修改”工具栏中的“镜像”按钮，将门沿门框方向镜像，再单击“修改”工具栏中的“移动”按钮，将其移到墙体处，并将标注尺寸修改，如图 12-114 所示。

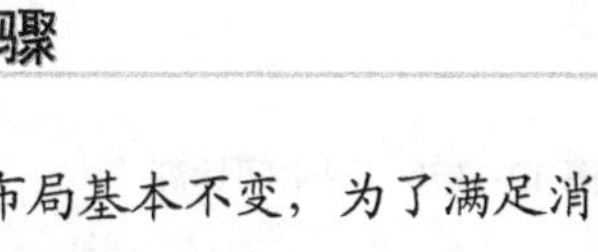

(a) 修改前

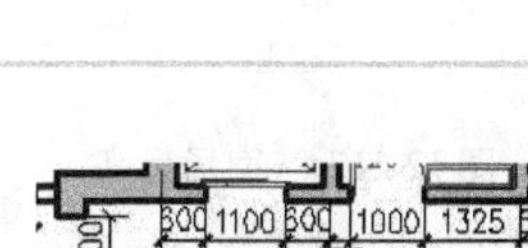

(b) 修改后

图 12-114　卫生间门

4 扶梯位置变动。将自动扶梯及其标注选中，单击“修改”工具栏中的“移动”按钮，按F8键开启“正交”模式，拾取自动扶梯右边扶手的外边缘一点，如图 12-115 所示。捕捉到自动扶梯左边扶手外边缘一点，如图 12-116 所示。单击鼠标左键，完成扶梯位置变动。

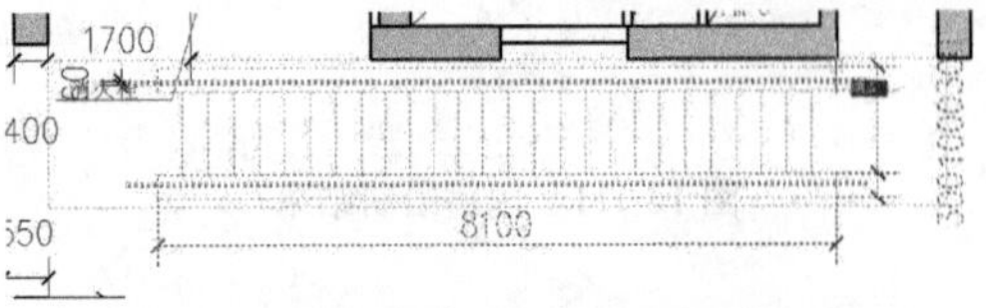

图 12-115　拾取扶梯右边扶手外边缘一点

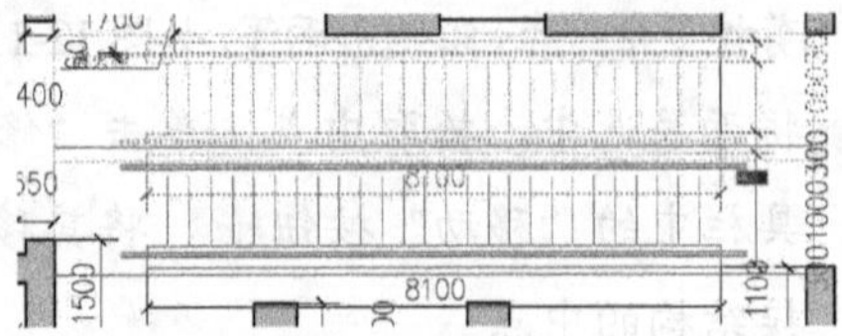

图 12-116　拾取扶梯左边扶手外边缘一点

用同样的方法调整另一部扶梯的位置。

注意

对调整后的构件，尺寸标注根据需要可以选择菜单栏中的“修改”→“移动”等命令调整其位置，使其更加简洁美观。

5 修改标高。如何修改标高尺寸，上一节中已经详细讲解，读者根据上一节的方法，将标高修改。由于二、三层用同一平面图表示，故其标高数字有 2 个。卫生间标高表示本层标高减去 0.02m，结果如图 12-117 所示。

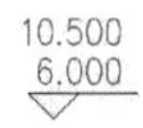

图 12-117a　商场标高

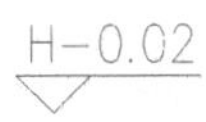

图 12-117b　卫生间标高

6 调整标注轴线。由于删除掉首层平面图的室外建筑构件，轴号标注与图不够紧凑，因此将轴号以及轴线标注和总尺寸标注选中，利用“移动”命令，开启“正交模式”适当调整。

这样二、三层平面图绘制完成，需添加图名和图框。

（1）将“文字”图层置为当前，选择菜单栏中的“绘图”→“文字”→“单行文字”命令，字高设为 700，在图形下方输入“1 号楼二、三层平面图 1：100”。

（2）单击“绘图”工具栏中的“多段线”按钮，在文字的下方绘制一条多段线，线宽 50，如图 12-118 所示。

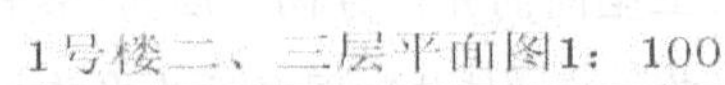

图 12-118　图名绘制结果

（3）插入图框，采用 A1 加长图框，是在图框的长边方向，按照图框长边 1/4 的模数增加。每个图框不管图幅是多少，按照一定的比例打印出来时，图签栏的大小都应该是一样的。本例采用的 A1 加长图框尺寸为 594 × 1051。

（4）浏览本书光盘中的 A1 加长图框文件，将图框插入到绘图区，将图框放大 100 倍，即表示该图的绘制比例时 1：100。二、三层建筑平面图绘制完毕，如图 12-105 所示。

12.6 四至十四层组合平面绘制

四至十四层是住宅，分为甲乙两个单元对称布置，每单元一梯四户，根据不同需要分为 ABCD 4 个户型。为了图纸表达清楚，应先绘制组合平面图，再分别绘制单元平面图。

四至十四层住宅的结构同样是短肢剪力墙结构，内部划分跟商场有很大的不同，要重新划分室内，所以只保留二、三层的轴线和轴号，其他的构件重新绘制。1 号楼四至十四层平面组合图如图 12-119 所示。

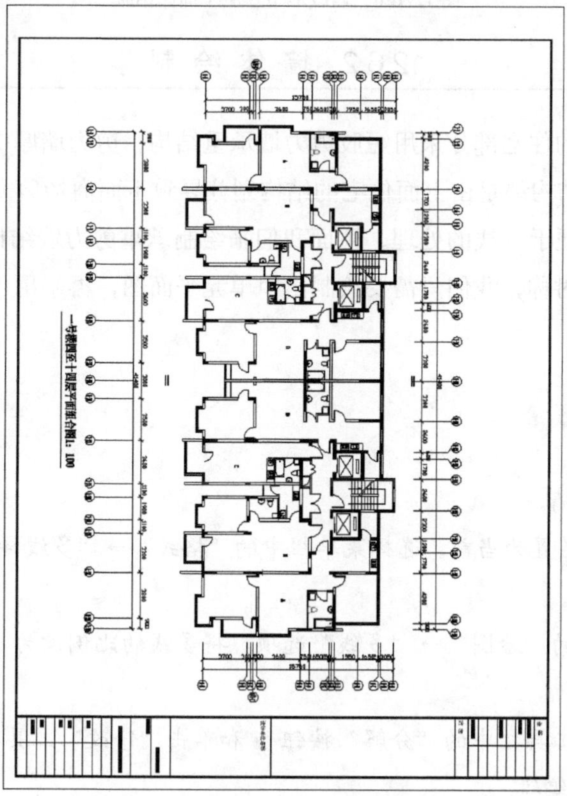

图 12-119 1 号楼四至十四层平面组合图

12.6.1 修改地下一层建筑平面图

Step 绘制步骤

1. 打开 1 号楼地下一层建筑平面图，另存为“1 号楼四至十四层平面组合图”。
2. 关闭“标注”、“轴线”图层，删除所有门、建筑设备、隔墙、幕墙、雨蓬和墙体等其他图层，再打开“标注”、“轴线”图层，删除所有尺寸标注，只保留“轴线”与“轴号”。

3 删除 1-1/1 和 1-1/A 号轴线，将下面的“轴号”向下移动 4000，将“轴线”延长至端点，结果如图 12-120 所示。

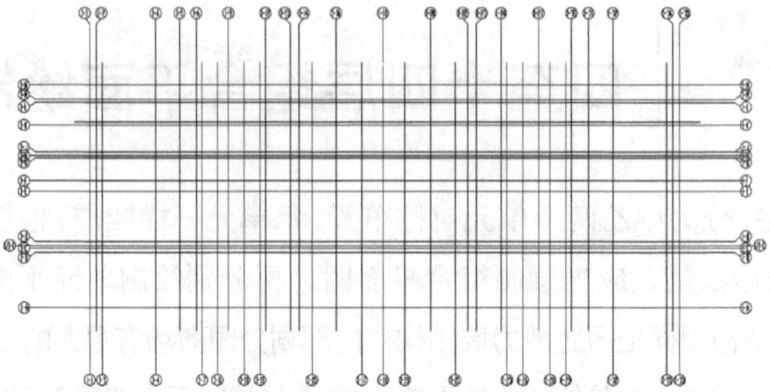

图 12-120　修改地下一层平面图结果

12.6.2　墙 体 绘 制

本例中高层商住楼的住宅部分采用短肢剪力墙承重结构，剪力墙厚 200。剪力墙落在下面商场的剪力墙上面，受力结构都是由上面住宅的结构划分导致下面商场剪力墙结构的分布。电梯、楼梯及设备位置不变，便于管线的处理。下面我们来绘制承重剪力墙结构。

由于甲乙单元完全对称，我们只需要绘制出甲单元平面图，再采用“镜像”命令，直接得到乙单元的平面图。

Step 绘制步骤

1 绘制承重短肢剪力墙。

（1）将“墙体”图层置为当前。选择菜单栏中的“格式”→“多线样式”，将前面设置的“墙体”多线样式置为当前。

（2）选择菜单栏中的“绘图”→“多线”选项，将多线的比例设为“200”，绘制出甲单元所有的承重短肢剪力墙。

（3）单击“修改”工具栏中的“分解”按钮和单击“修改”工具栏中的“修剪”按钮，将墙体多线进行修整和编辑。

（4）单击“绘图”工具栏中的“图案填充”按钮，将承重剪力墙填充成 252 号灰色，表示该墙体是承重结构。

关于多线绘制墙体的具体绘制方法，前面已经讲过，大家根据定位轴线来绘制出墙体，结果如图 12-121 所示。

2 绘制隔墙。

绘制完主要的承重墙体厚，下面来绘制隔墙，隔墙只起分隔和围护作用，不承受力的作用。本例中隔墙分两种，一种是室内卫生间，厨房分隔采用的 100 厚的隔墙；一种是室内分隔采用的 200 厚的隔墙。

隔墙的绘制同样选择菜单栏中的“绘图”→“多线”命令，预留出所有的门窗洞口。隔墙与短肢剪力墙绘制方法基本相同，唯一不同的是隔墙不需要填充，绘制结果如图 12-122 所示。

注意

在绘制隔墙时，需要局部添加轴线，以便于多线的绘制。小范围隔墙不需要添加轴号，只有大的室内划分需要添加轴线和轴号，本例中添加了轴号 1/1-E。

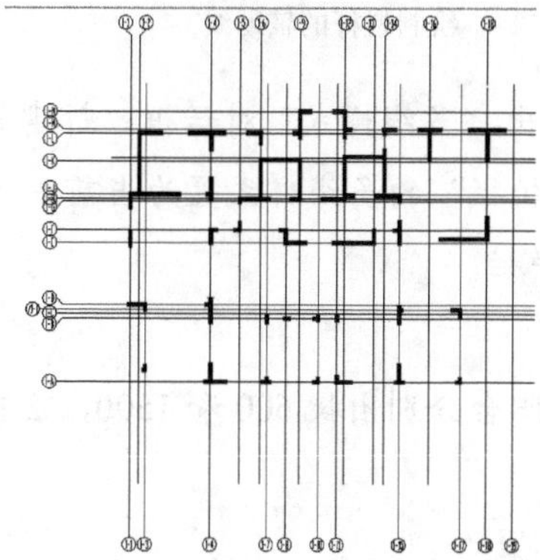

图 12-121 甲单元承重短肢剪力墙绘制结果

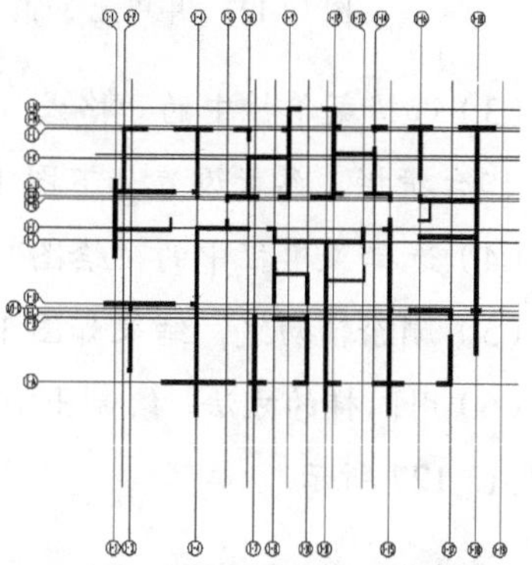

图 12-122 甲单元隔墙绘制结果

12.6.3 绘制门窗

住宅中共 3 种类型的门，每户的入户门代号为 FM－1，1000×2100 的乙级防火门；卧室的门采用代号为 M－3，900×2100 的木平开门；卫生间的门采用代号为 M－4，800×2100 的木平开门。窗均采用铝合金平开窗，具体情况见门窗表。

Step 绘制步骤

❶ 绘制门。

（1）具体绘制门的方法前面已详细讲过。将“门”图层置为当前，单击“绘图”工具栏中的“矩形”按钮和“圆弧”按钮，绘制出所需要的 3 种尺寸的门。

（2）单击“绘图”工具栏中的“创建块”按钮，用前面所讲“创建块”命令创建“平开门”图块。

（3）单击“绘图”工具栏中的“插入块”按钮，在平面图中点选在卧室和入户门以及卫生间处预留门洞墙线的中点作为插入点，插入“平开门”图块，完成平开门的绘制，结果如图 12-123 所示。

❷ 绘制阳台护栏。

根据建筑设计规范，阳台必须设护栏，为了跟窗线相区别，护栏用 4 根等距的线表示。

（1）打开“图层管理器”，新建图层“栏杆”，“颜色”设为“绿色”，其余采用默认设置，双击新建图层，将当前图层设为“栏杆”。

（2）甲单元左边的栏杆出挑宽度为栏杆中心线距离墙体的中心线 500 和 1400，阳台的长度分别为 2700、2900，先绘制出辅助线，如图 12-124 所示。

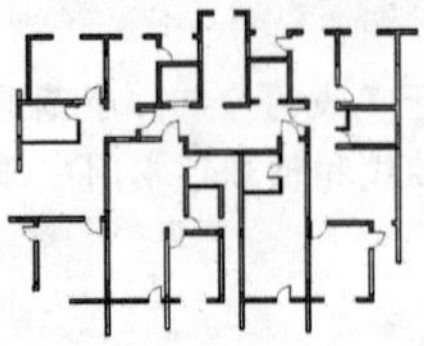

图 12-123　甲单元平面门绘制结果

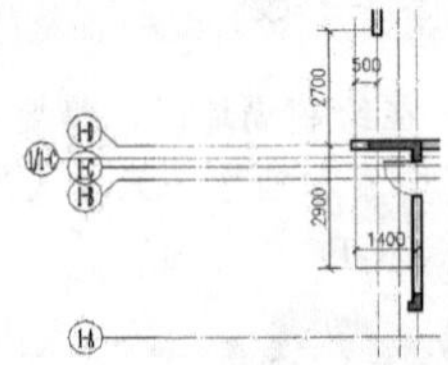

图 12-124　绘制栏杆的辅助线

（3）选择菜单栏中的“格式”→“多线样式”命令，弹出“多线样式”对话框。新建多线样式：阳台护栏，参数设置如下图 12-125 所示，再将“阳台护栏”的多线样式置为当前。

（4）选择菜单栏中的“绘图”→“多线”命令，绘制护栏。

（5）删除辅助线，结果如图 12-126 所示。

（6）用同样的方法，绘制出前面部分的阳台护栏。前面阳台分别出挑 600 和 1500，绘制结果如图 12-127 所示。

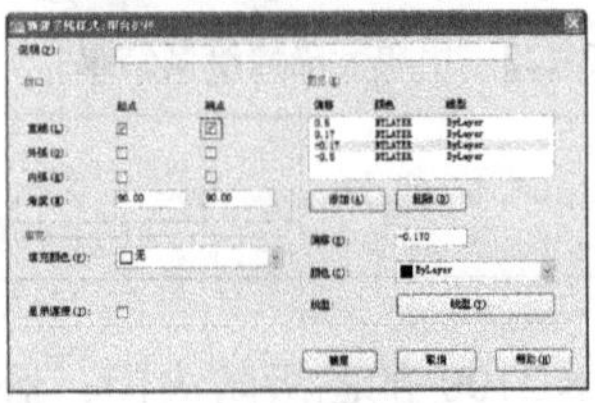

图 12-125　“阳台护栏”多线样式参数设置

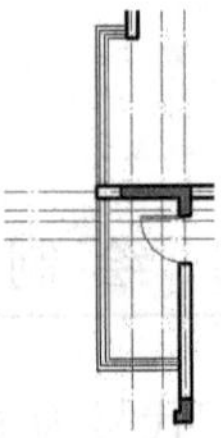

图 12-126　阳台护栏绘制结果

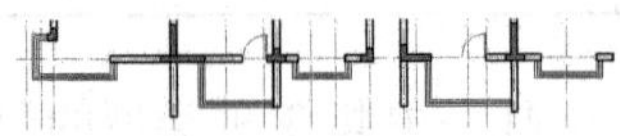

图 12-127　大楼前面阳台护栏绘制完成

❸ 绘制窗。

（1）将“门窗”图层置为当前，选择菜单栏中的“格式”→“多线样式”命令，将“窗”多线样式置为当前。

（2）选择菜单栏的“绘图”→“多线”命令，绘制出平面图上所有的窗线，如图 12-128 所示。

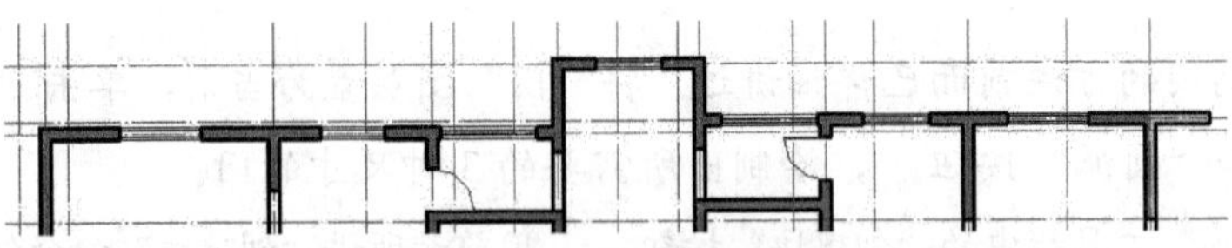

图 12-128　窗线绘制结果

12.6.4　绘制电梯、楼梯、管道

楼梯、电梯、建筑水暖管道、电管道和加压送风井的位置均不变，因此只需要将二、三层的楼梯、电梯、管道等复制过来即可。

Step 绘制步骤

1. 单击“标准”工具栏中的“打开”按钮，打开“1 号楼首层建筑平面图”，选中楼梯所有的线条，并选中一条便于识别的辅助线，单击“编辑”工具栏中的“复制”按钮，复制楼梯，如图 12-129 所示。
2. 单击菜单栏“窗口”，返回到“1 号楼四至十四层建筑平面图”，单击“编辑”工具栏中的“粘贴”按钮，在空白处单击鼠标左键，复制楼梯。
3. 选中楼梯，单击“修改”工具栏中的“移动”按钮，拾取辅助线的端点，将其移动到辅助线端点的对应位置，如图 12-130 所示。
4. 用同样的方法从首层建筑平面图中复制出电梯及管道，结果如图 12-131 所示。

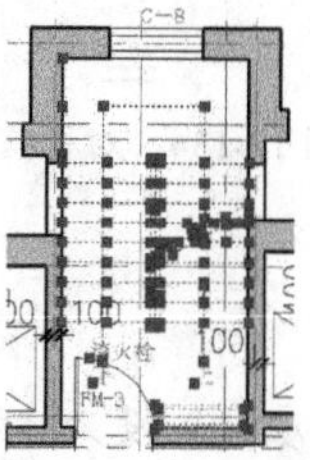
图 12-129　复制楼梯

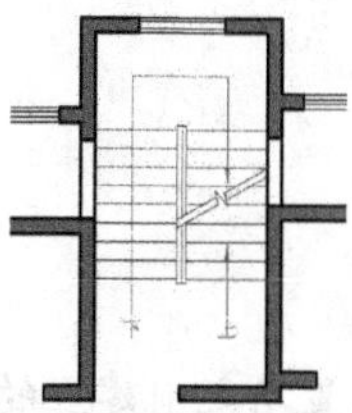
图 12-130　移动楼梯到相应位置

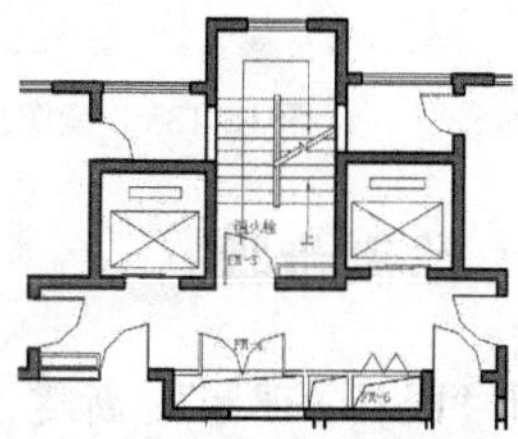
图 12-131　复制出电梯，管道井

12.6.5　绘制卫生间、厨房设备

卫生间、厨房设备都有标准图块，直接从原文件中调用即可，在第三节中我们已详细讲解了如何调用图块，在此就不再重复。厨房图块已经在配套光盘中提供，结果如图 12-132 所示。

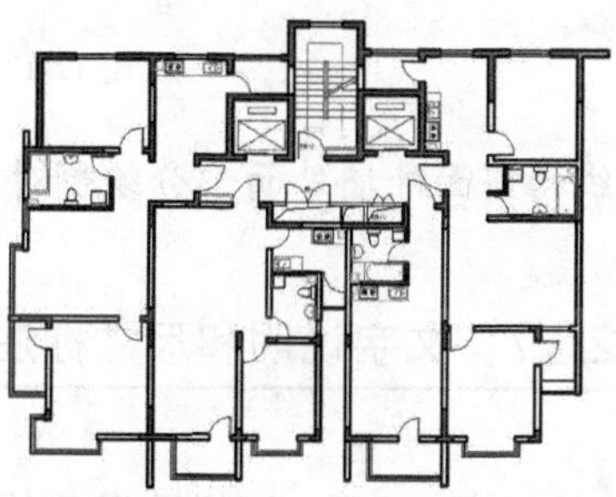
图 12-132　卫生间、厨房设备绘制

12.6.6　绘制乙单元平面图

由于甲乙单元完全对称，因此乙单元只需要采用“镜像”命令，即可得到乙单元的建筑平面图，并在对称中心线的两端画出对称符号。

将甲单元除开轴线和轴号的其余线条全部选中，采用“镜像”命令，再按 F8 键，打开正交模式。用鼠标左键拾取第 1-18 号轴线上任意两条，单击鼠标右键并选择“确定”，得到乙单元的平面图，如图 12-133 所示。

对称符号用一段平行线表示，根据制图规范要求，平行线长度宜为 6～10，间距宜为 2～3，如图 12-134 所示。但在本例中根据图像大小，将绘制长度为 800、间距为 200 的平行线。对称符号可用于平面图和立面图中。

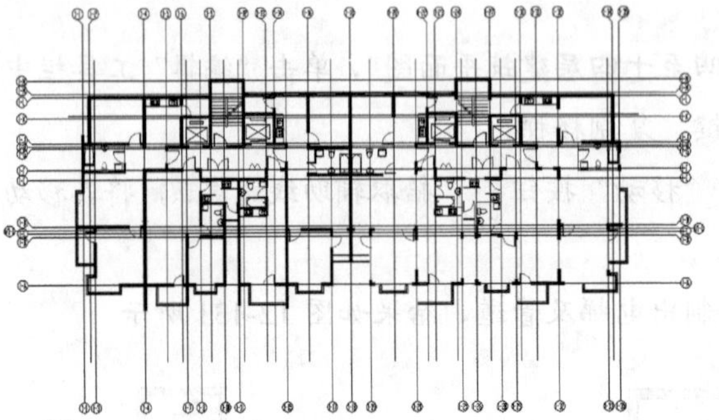

图 12-133　镜像出乙单元平面图

图 12-134　对称符号

Step 绘制步骤

1. 打开“图层管理器”，新建“标注”图层，设置与之前建立的标注图层一样，“颜色”设为“绿色”。
2. 单击“绘图”工具栏中的“多段线”按钮，“线宽”设为“50”，在 1-18 号轴线的建筑外墙部分，垂直与轴线绘制出一条长 800 的多段线。
3. 单击“修改”工具栏中的“偏移”按钮，偏移距离 200，得到平行线，如图 12-135 所示。

图 12-135　1-18 号轴线上绘制对称符号

4. 用同样的方法，在 1-18 号轴线的前面外墙外面部分绘制对称符号的下面部分。

12.6.7　文字说明和尺寸标注

本例中的 4 种户型分别用 A、B、C、D 表示，同样选择菜单栏中的“绘图”→“文字”→“单行文字”，文字高度设为 350，在每户房间空白处内分别输入“A”、“B”、“C”、“D”。

再采用前面我们所讲的方法，单击“标注”工具栏中的“快速标注”按钮和“线性”按钮，标注样式在前面已经设置好了，所以只需直接标注出轴线尺寸和总尺寸。

单击“修改”工具栏中的“修剪”按钮、“移动”按钮，适当地调整轴线的长度和轴号的位置，使得构图更加美观，结果如图 12-136 所示。

这样四至十四层平面组合图绘制完成，需加上图名和图框。

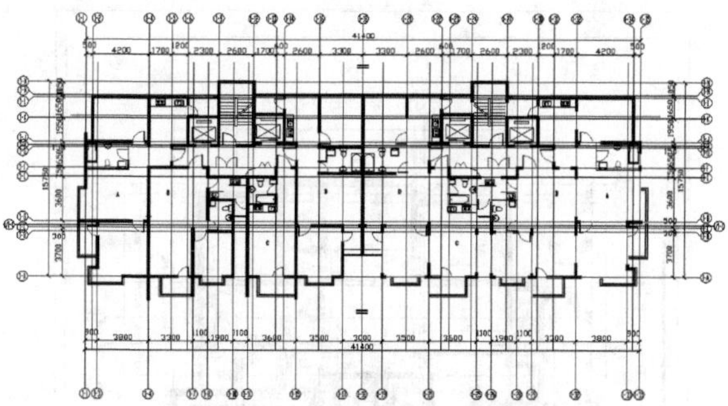

图 12-136 文字说明和尺寸标注结果

Step 绘制步骤

1. 打开“图层控制列表”下拉菜单，将“文字”图层置为当前。
2. 选择菜单栏中的“绘图”→“文字”→“单行文字”，字高设为 700，在图形下方输入“1 号楼四至十四层平面图 1：100”。
3. 单击“绘图”工具栏中的“多段线”按钮，在文字的下方绘制一条多段线，线宽 50，如图 12-137 所示。

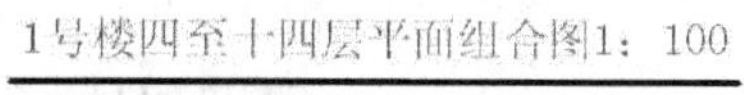

图 12-137 图名绘制结果

4. 浏览本书光盘中的 A1 图框文件，将图框“复制”、“粘贴”到绘图区，将图框放大 100 倍，即表示该图的绘制比例时 1：100。1 号楼四至十四层平面组合图绘制完毕，如图 12-119 所示。

12.7 四至十八层甲单元平面绘制

与四至十四层的平面图绘制方法一样，现在我们来学习绘制四至十八层甲单元平面图，其他楼层，大家只需要修改正立面阳台的大小和楼层标高即可。由于甲、乙单元完全对称，因此我们这里只讲解四至十八层甲单元的绘制方法。十八层甲单元建筑平面图如图 12-138 所示。

注意

四至十八层作为标准层，内部空间结构完全一样，唯一不同就是为了立面造型的需要，正立面出挑阳台的部分发生变化，以求立面效果的丰富。四至十四层外阳台完全一样，十五、十六层大楼正立面阳台出挑距离一样，十七、十八层正立面出挑距离一样，另外在十八层将一个卧室改为露台。

对高层建筑来说，要做造型的变化，只能在立面上以求变化，平面上的结构一定不能动，比如在出挑距离上做变化，但承重结构不便。

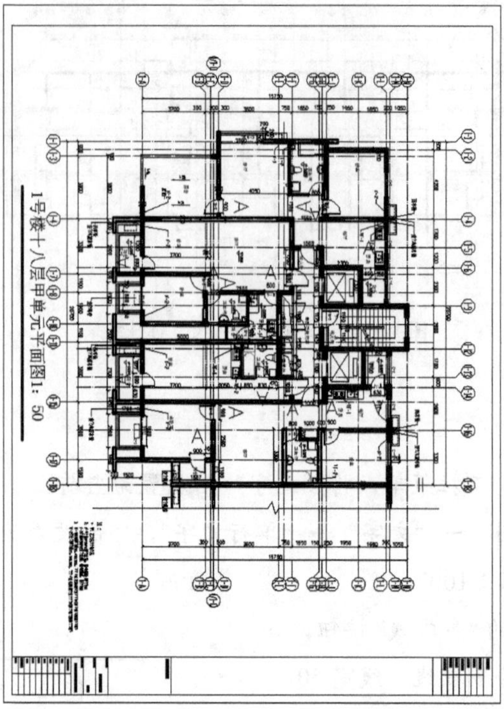

图 12-138　十八层甲单元建筑平面图

12.7.1　修改四至十四层平面组合图

Step 绘制步骤

1. 打开“1 号楼四至十四层平面组合图”，另存为“1 号楼四至十四层甲单元平面图”。
2. 将乙单元部分全部删除，只保留甲单元部分，在甲单元的右边用“直线”命令画上折断线，删除甲单元“A”、“B”、“C”、“D”户型代号。
3. 修剪轴线长短，调整轴号位置，结果如图 12-139 所示。

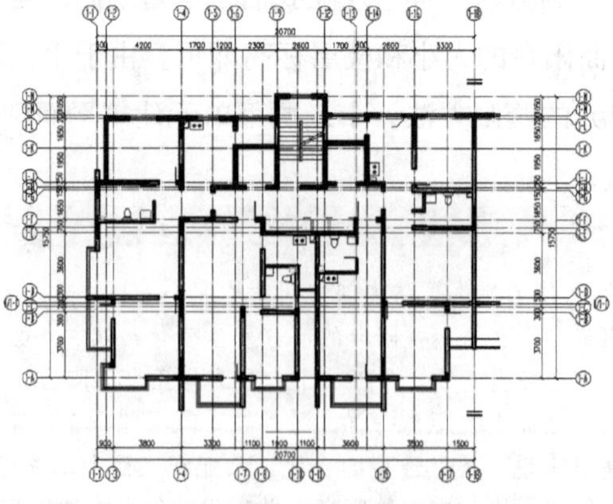

图 12-139　修改四至十四层平面组合图结果

12.7.2 绘制建筑构件

建筑立面为了造型需要，在正立面部分设置钢架，并在阳台处预留空调机位，使立面造型整齐美观。

Step 绘制步骤

1 钢架绘制。

（1）打开“图层管理器”，新建图层“构件”，“颜色”设置为“蓝色”，其他设置为默认设置，并将“构件”图层置为当前。

（2）选择菜单栏中的“格式”→“多线样式”命令，将“墙体”多线样式置为当前，选择菜单栏中的“绘图”→“多线”命令，在 1-4 号轴线与 1-15 号轴线之间，墙体的最外面处，绘制宽 200 的多线表示钢架，1-10 号轴线上钢架与墙体之间也用钢架连接，同样用“多线”命令绘制。

（3）由于钢架不是每层都设置，应该需要标注出钢架用于 21、24、33、36、45、48 标高处，选择菜单栏中的“标注”→“多重引线”命令，引出标注，结果如图 12-140 所示。

（4）在大楼背立面标高 18m、21m、30m、33m、42m、45m 处设置了钢架，钢架距离 1-2 号轴线 3100，外墙面 1450 处，钢架宽 200，具体尺寸如图 12-141 所示。

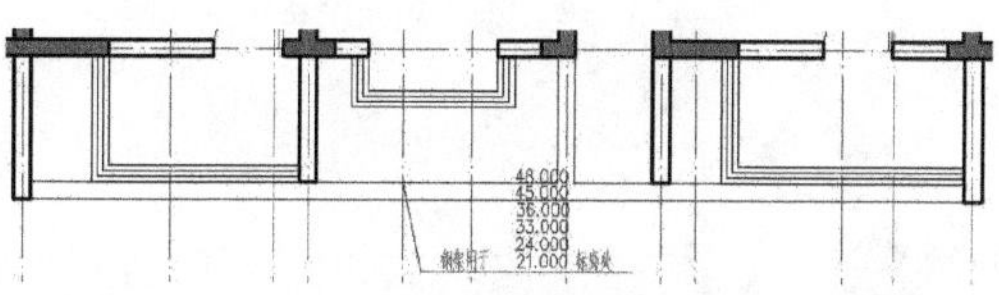

图 12-140 钢架绘制结果

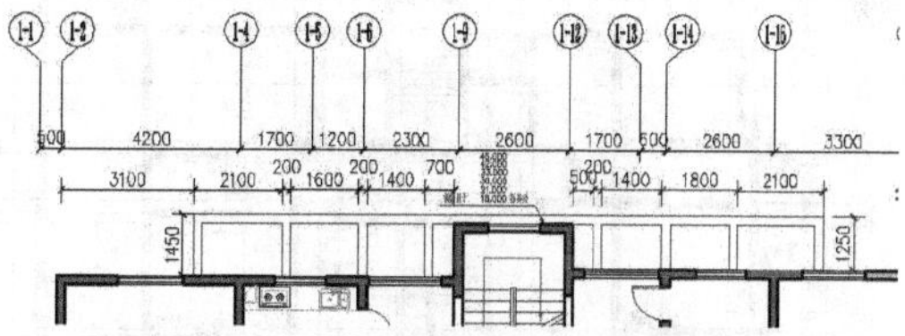

图 12-141 背面钢架绘制结果

（5）在高层的外墙落地窗需要设置护栏，单击“绘图”工具栏中的“直线”按钮，和单击“修改”工具栏中的“偏移”按钮，在室内靠近窗处绘制距离为 60 的平行线表示护栏。

2 空调机位、雨水管以及空调冷凝水管绘制。

（1）打开“图层管理器”，新建图层“空调机位”，“颜色”选择“黄色”，“线型”选择“DASH”，其余采用默认设置，双击新建图层，将当前图层设为“空调机位”。

（2）单击“绘图”工具栏中的“矩形”按钮，绘制长 800、宽 280 的矩形。单击“修改”工具栏中的“复制”按钮，将矩形设置在阳台与钢架之间的空隙处。无阳台只是出挑的一部分，将空调机位设置在护栏与窗之间的空隙处。

（3）将“构件”图层置为当前，绘制雨水管和空调冷凝水管。单击“绘图”工具栏中的“圆”按钮，绘制雨水管直径为 120，空调冷凝水管直径为 150。雨水管设置在 1-4 号轴线与 1-11 号轴线处的外墙角落处；空调冷凝水管设置在空调机位旁边不破坏建筑外立面美观处，如图 12-142 所示。

（4）同样在大楼的背面同样需要设置空调机位，在两种户型交接处预留空调机位，将雨水管和空调冷凝水管集中布置，结果如图 12-143 所示。

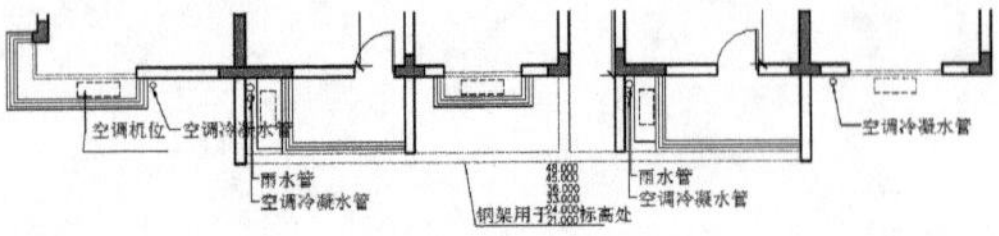

图 12-142　空调机位、雨水管以及空调冷凝水管绘制结果

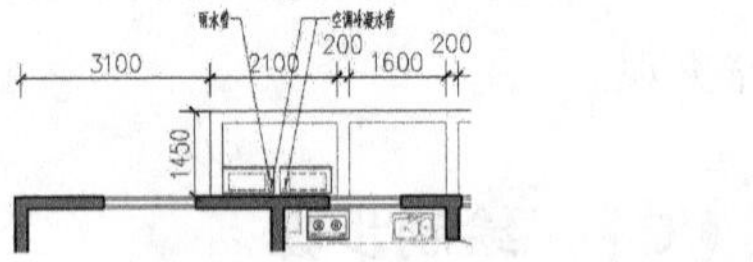

图 12-143　空调机位、雨水管以及空调冷凝水管绘制结果

12.7.3　尺寸标注及文字说明

1．尺寸标注

单击“标注”工具栏中的“线性”按钮和“快速标注”按钮，标注出细部尺寸和总尺寸。标注完的标注尺寸采用“加点操作”，调整标注的位置，使之整齐美观，结果如图 12-144 所示。

2．绘制标高符号

由于该图表示四至十四层的甲单元平面图，故需要标注出各层标高。卫生间、厨房和阳台均在每层的基础上下沉 20。采用前面所讲方法修改之前绘制好的标高，结果如图 12-145 和图 12-146 所示。

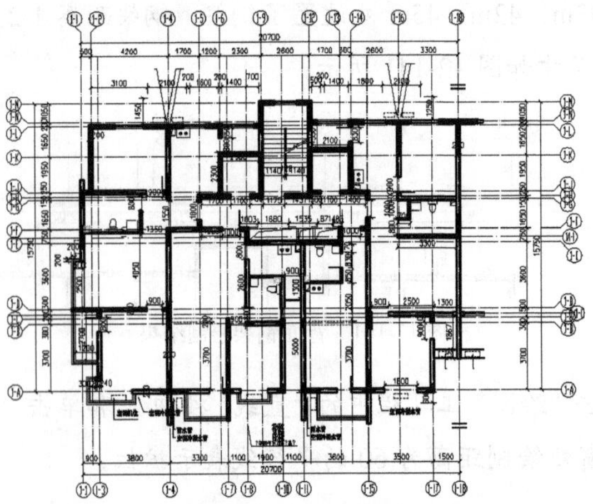

图 12-144　尺寸标注结果

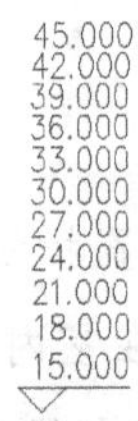

图 12-145　每层标高

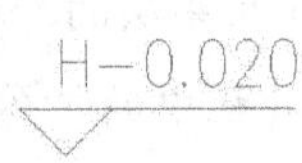

图 12-146　卫生间、厨房、阳台标高

3．文字说明

（1）选择菜单栏中的“绘图”→“文字”→“单行文字”命令，给房间初步划分，在房间空白处标注出大致的房间功能，如客厅、卧室、厨房、卫生间和阳台等。

（2）标注处门窗的型号。

（3）卫生间、厨房的排烟道细部做法用引线引出。

（4）标注出管道的名称，结果如图 12-147 所示。

（5）一些细部构造，需另外用文字说明，在图的右下角用给予说明。单击“绘图”工具栏中的“多行文字”按钮A，字高为 300，如图 12-148 所示。

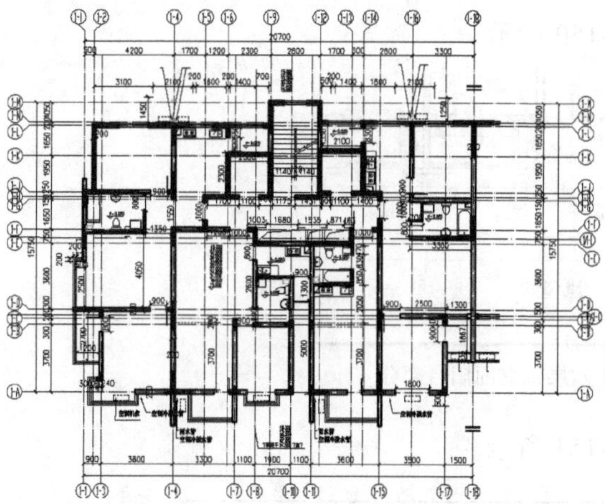

图 12-147 文字说明结果

注：

1: 甲、乙单元为对称单元

2: K-1:预留75UPVC空调套管，管中距地 150，距墙边 150

K-2:预留75UPVC空调套管，管中距地2250，距墙边 150

3: TF-1厨房排风道PC30,430x300，详见《住宅厨房卫生间变压式排风道应用技术规程》

TF-2:卫生间排风道PC35,340x300，详见《住宅厨房卫生间变压式排风道应用技术规程》

图 12-148 文字说明

12.7.4 标准层其他平面图绘制

四至十四层甲单元平面图绘制完成，需加上图名和图框，方法同前面一样，比例为 1∶50，如图 12-149 所示。

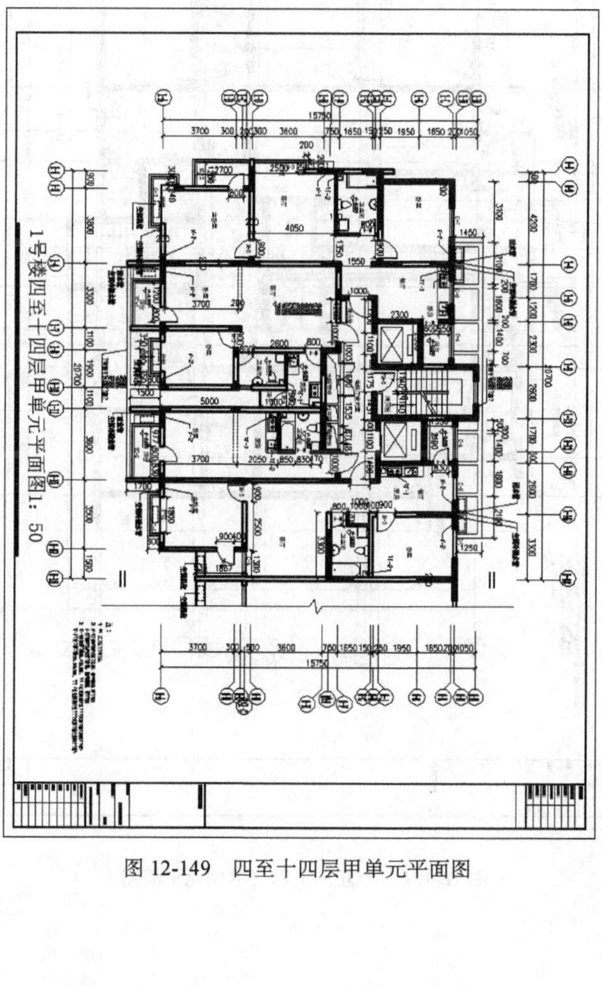

图 12-149 四至十四层甲单元平面图

十五、十六层正立面前面阳台部分如图 12-150 所示。

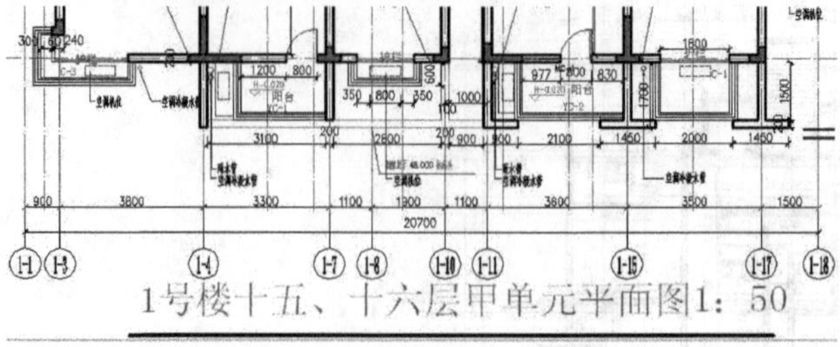

图 12-150　十五、十六层正立面阳台部分

十五、十六层甲单元建筑平面图，如图 12-151 所示。

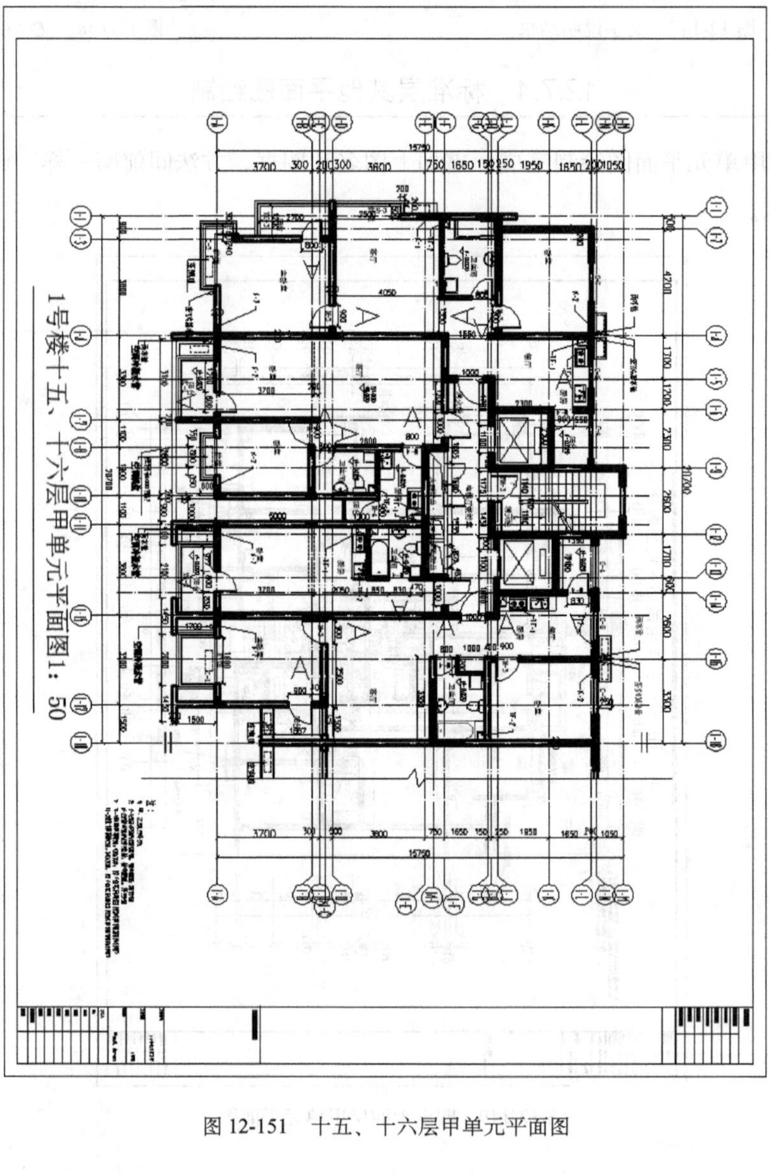

图 12-151　十五、十六层甲单元平面图

十七层甲单元正立面阳台部分，如图 12-152 所示。

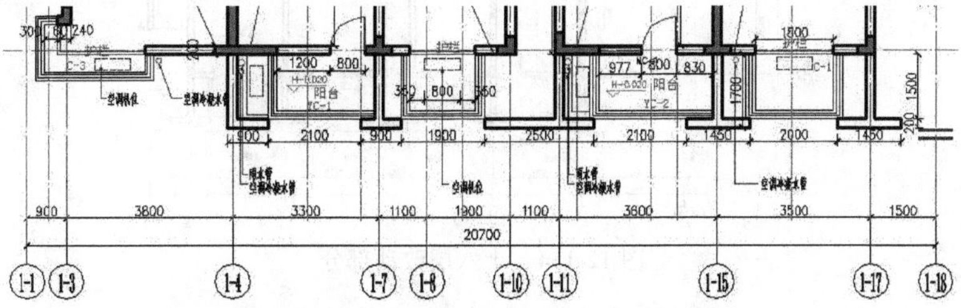

图 12-152　十七层甲单元正立面阳台部分

十七层甲单元建筑平面图，如图 12-153 所示。

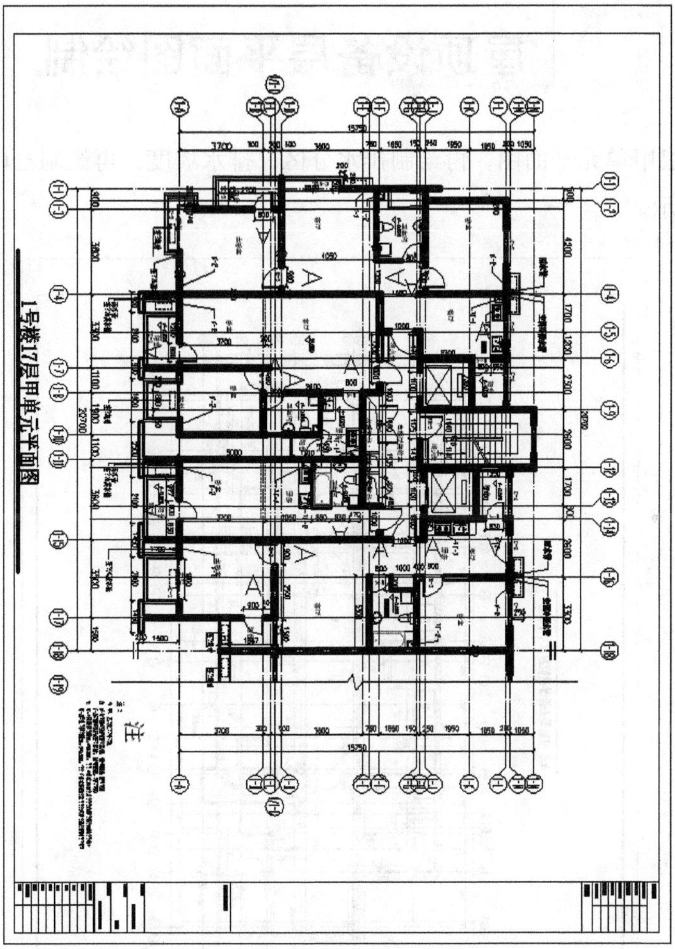

图 12-153　十七层甲单元建筑平面图

十八层将一个卧室改为露天平台，为了满足排水要求，需要放坡，坡度分别为 2%、1%。十八层改动部分如图 12-154 所示。

最终十八层甲单元建筑平面图，如图 12-141 所示。

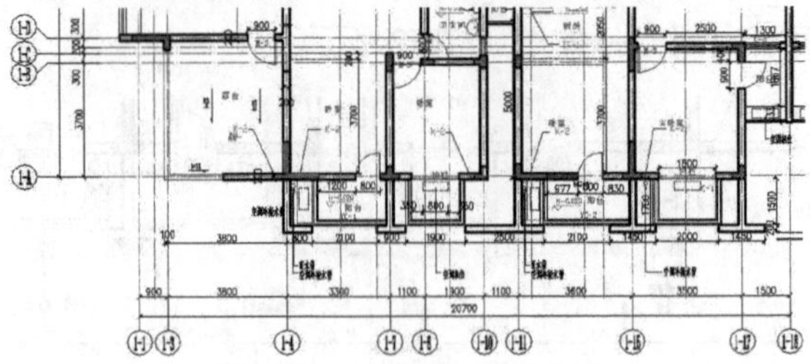

图 12-154　十八层改动部分

12.8 屋顶设备层平面图绘制

修改四至十四层甲单元平面图，再绘制排水分区、排水坡度，再绘制乙单元，屋顶设备层平面图如图 12-155 所示。

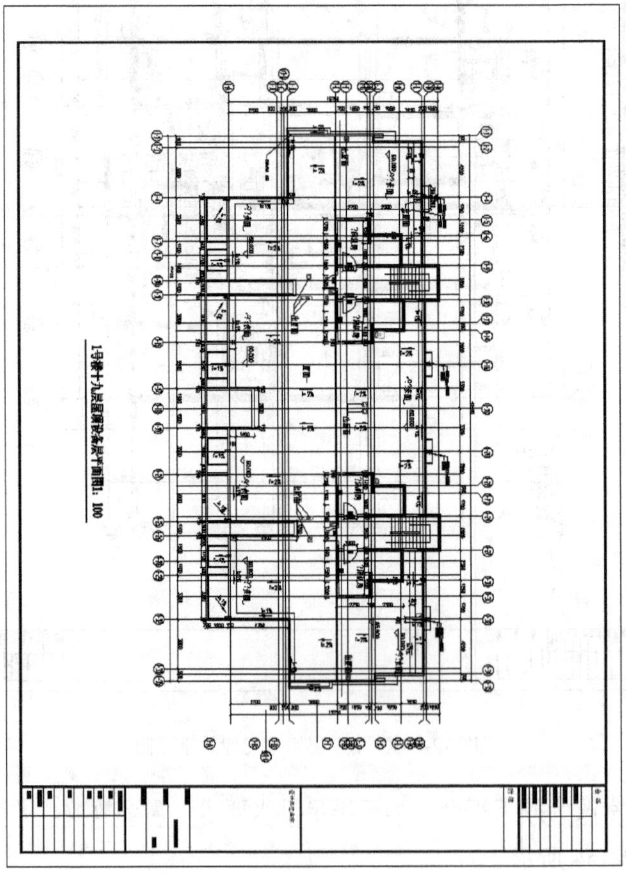

图 12-155　屋顶设备层平面图

注意

设备层主要是电梯机房，部分是屋顶平面。屋顶是建筑物最上层起覆盖作用的外围护构件，用以抵抗雨雪、避免日晒等自然元素的影响。屋顶由面层和承重结构两部分组成，它应该满足以下几点要求。

1. 承重要求：屋顶应能够承受积雪、积灰和人所产生的荷载并顺利地将这些荷载传递给墙柱。

2. 保温要求：屋顶面层是建筑物最上部的围护结构。它应具有一定的热阻能力，以防止热量从屋面过分散失。

3. 防水要求：屋顶积水（积雪）以后，应能很快地排除，以防渗漏。在处理屋面防水问题时，应兼顾“导”和“堵”两方面。所谓“导”，就是将屋面积水顺利排除，因而应该有足够的排水坡度及相应的排水设施；所谓“堵”，就是要采用适当的防水材料，采取妥善的构造做法，以防渗漏。屋顶工程根据建筑物的性质、重要程度、使用功能要求、建筑结构特点以及防水耐用年限等，将屋面防水分为 4 个等级，并按不同等级进行设防。

4. 美观要求：屋顶是建筑物的重要装修内容之一。屋顶采取什么形式，选用什么材料和颜色均与美观有关。在决定屋顶构造做法时，应兼顾技术和艺术两大方面。

12.8.1 修改四至十四层甲单元平面图

Step 绘制步骤

1. 使用 AutoCAD 2012 打开“1 号楼四至十四层甲单元平面图”，另存为“十九层设备层平面图”。
2. 打开“图层管理器”，新建图层“女儿墙”，“颜色”设置为“蓝色”，其余保持默认设置。
3. 删除“标注”图层、内部的墙体及其设备，保留楼梯、电梯核心筒部分。
4. 单击“绘图”工具栏中的“直线”按钮，沿建筑外墙外边沿绘制一圈，再单击“修改”工具栏中的“偏移”按钮，将刚刚绘制的线向墙内偏移 150，再删除外墙，结果如图 12-156 所示。
5. 绘制出所有的女儿墙。根据阳台尺寸大小，绘制出挑阳台上方的顶棚，结果如图 12-157 所示。

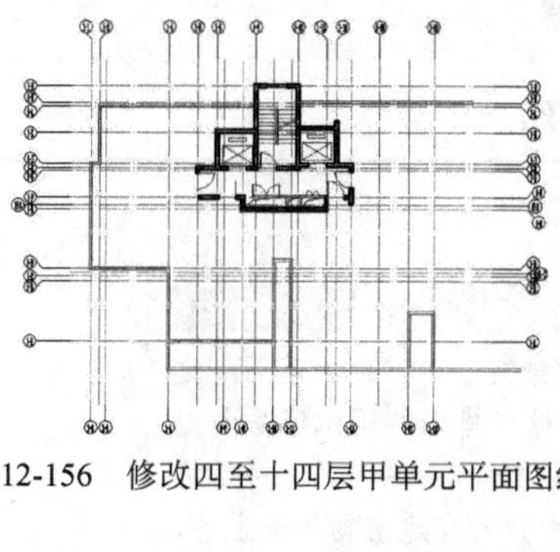

图 12-156 修改四至十四层甲单元平面图结果

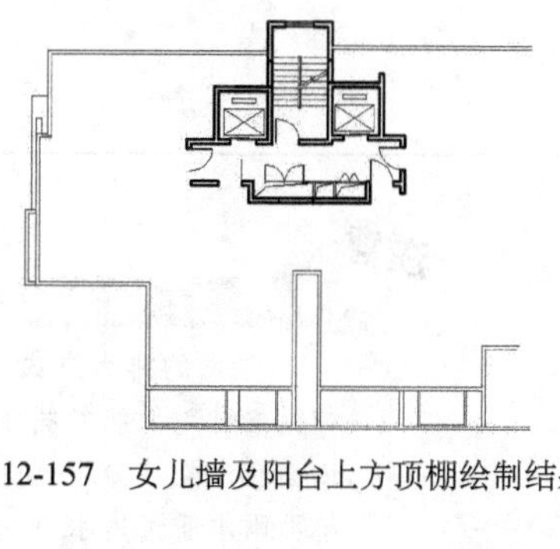

图 12-157 女儿墙及阳台上方顶棚绘制结果

6. 修改楼梯、电梯核心筒。电梯楼梯的前室改为电梯机房，我们需要修改核心筒的局部，如图

12-158 所示。

7 单击“修改”工具栏中的“镜像”按钮，绘制出乙单元屋顶平面图。调整轴线的长度、轴号的位置，绘制出乙单元的轴线及轴号，以 1-18 号轴线为对称中心线，结果如图 12-159 所示。

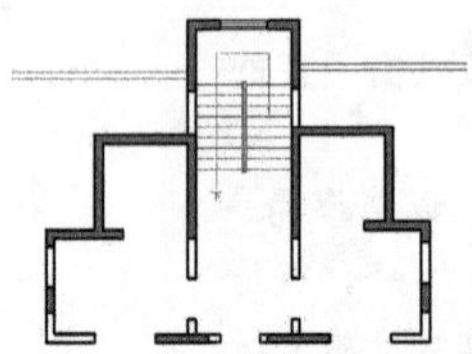

图 12-158　核心筒修改结果

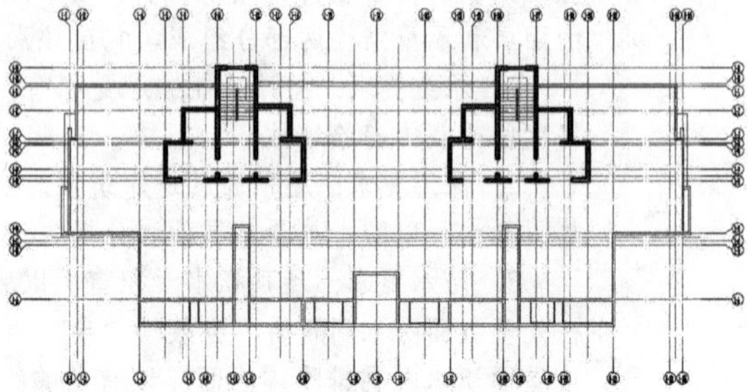

图 12-159　镜像出乙单元的结果

8 排烟道绘制。

（1）打开 18 层甲单元平面图，将图中所有的排烟道全部选中，单击“编辑”工具栏中的“复制”按钮，返回设备层绘图界面，单击“编辑”工具栏中的“粘贴”按钮，将这些排烟道全部粘贴到原位置。

（2）单击“修改”工具栏中的“镜像”按钮，以 1-18 号轴线为对称轴，镜像出乙单元的排烟道，结果如图 12-160 所示。

注意

所有的排烟道均要出屋面。凡是烟囱、管道等伸出屋面的构件必须在屋顶上开孔时，为了防止漏水，应将油毡向上翻起，抹上水泥砂浆或再盖上镀锌铁皮，起挡水作用，称为泛水。因此，下面住宅的厨房、卫生间的排烟道均要出屋面。

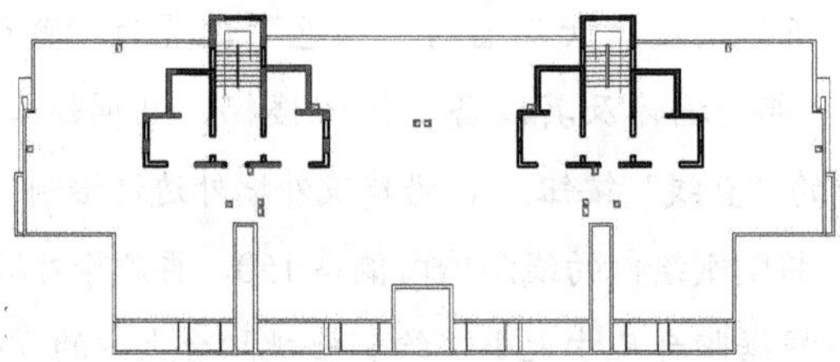

图 12-160　排烟道绘制结果

12.8.2　绘制排水组织

注意

屋面的排水方式有两种：一种是雨水从屋面排至檐口，自由落下，这种做法称为无组织排水，这种做法虽然简单，但檐口排下的雨水容易淋湿墙面和污染门窗，一般只用于檐部高度在 5m 以下的建筑物中，另一种是将屋面雨水通过集水口－雨水斗－雨水管排除，雨水管安在建筑物外墙上的，称为有组织的外排水，雨水管从建筑物内部穿过的，称为有组织的内排水。

注意

本例采用有组织的外排水。采用外排水时，注意防止雨水倾下外墙，危害行人或其他设施，设水落管时，其位置与颜色应注意与建筑立面的协调。

平屋顶上的横向排水坡度为 2%，纵向排水坡度为 1%。屋面排水分区一般按每个管径 75mm 雨水管能排除 200 ㎡ 的面积来划分。

排水组织包括确定排水坡度、划分排水分区、确定雨水管数量和绘制屋顶平面图等工作。

屋顶平面图应表明排水分区、排水坡度、雨水管位置、穿出屋顶突出的立管等。

屋顶上的排水沟即天沟，位于外檐边的天沟又称为檐沟。天沟的功能是汇集和迅速排除屋面雨水，所以其断面大小应恰当，一般建筑的天沟净宽不应小于 200mm，天沟上口至分水线的距离不应小于 120mm。天沟沟底沿长度方向应设纵向排水坡，简称天沟纵坡。天沟纵坡的坡度不宜小于 1%。

Step 绘制步骤

1. 打开“图层管理器”，新建图层“排水组织”，“颜色”设置为“黄色”，其余设置保持默认设置，并将“排水组织”置为当前。
2. 单击“绘图”工具栏中的“直线”按钮，沿正面和背面得女儿墙绘制天沟，宽 400，有排风道的地方，天沟避开排风道，通过材料找坡，使雨水汇集到天沟，再通过女儿墙中预埋管，流入室外的雨水管。
3. 根据规范绘制出排水分区。
4. 绘制出雨水口、预埋在女儿墙的过水洞，结果如图 12-161 所示。
5. 标注出屋面的排水坡度，结果如图 12-162 所示。

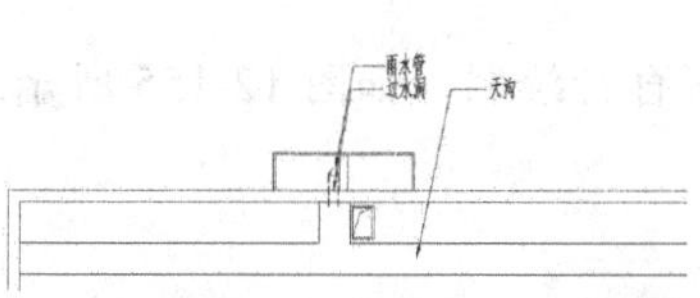

图 12-161 雨水管、过水洞、天沟绘制结果

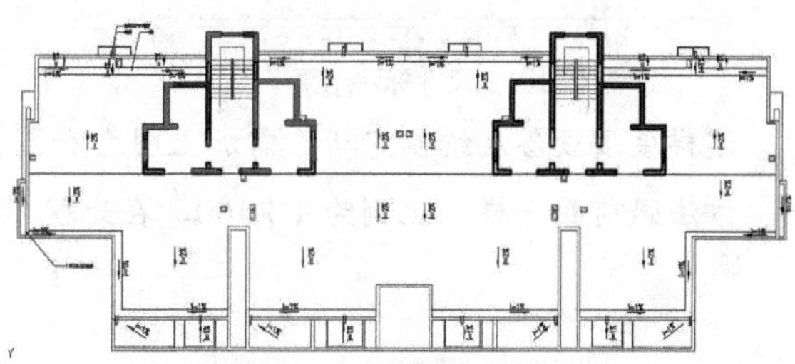

图 12-162 排水坡度标注结果

12.8.3 绘制门窗

采用型号为 FM－3，宽 1000 的防火门，窗为 C－7，1500×1520 的铝合金平开窗。

门窗绘制方法我们前面已详细讲解，大家单击“绘图”工具栏中的“矩形”按钮、“圆弧”按钮和选择菜单栏中的“绘图”→“多线”命令自行绘制，结果如图 12-163 所示。

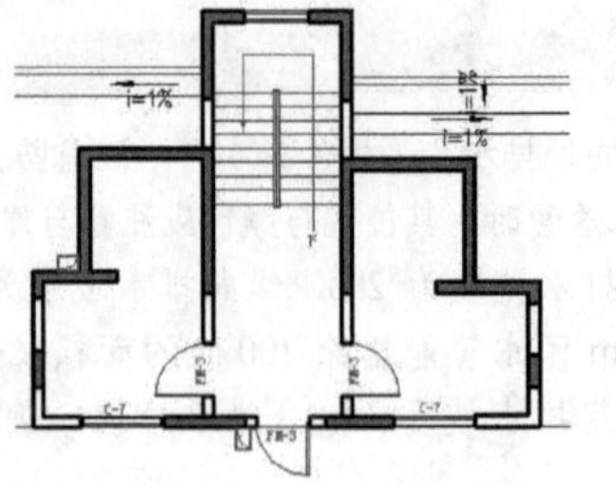

图 12-163 门窗绘制结果

12.8.4 尺寸标注和文字说明

Step 绘制步骤

❶ 尺寸标注。

（1）将“标注”图层置为当前。单击“标注”工具栏中的“线性”按钮，标注细部尺寸，单击“标注”工具栏中的“快速标注”按钮，标注轴线尺寸，单击“标注”工具栏中的“线性”按钮，标注总尺寸，结果如图 12-164 所示。

（2）绘制标高符号。屋顶层屋面处结构标高为 60.000m。

❷ 文字说明。

选择菜单栏中的“绘图”→“文字”→“单行文字”命令，标注出文字说明，如图 12-165 所示。

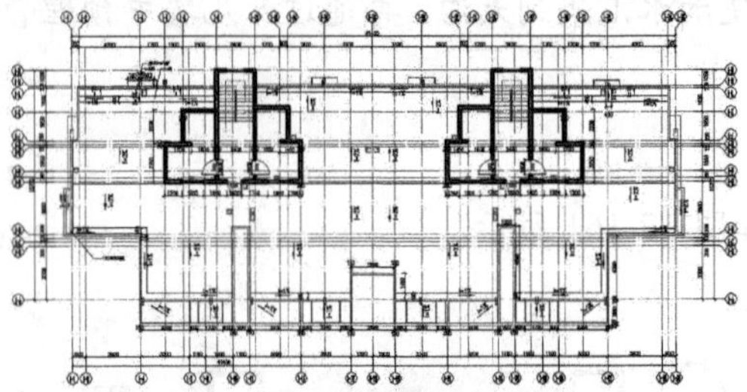

图 12-164 尺寸标注结果

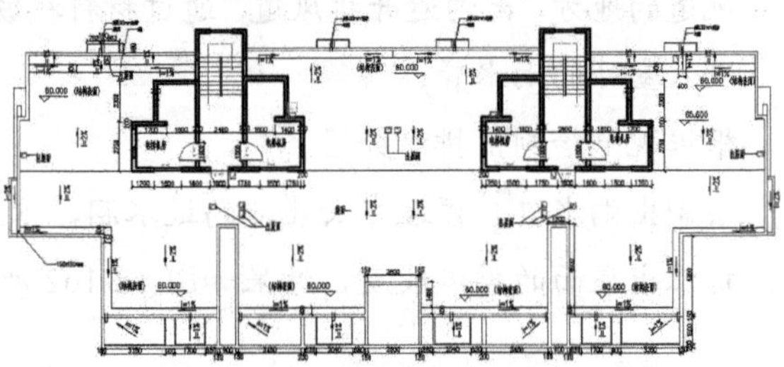

图 12-165 文字说明结果

这样屋顶设备层绘制完毕，需加上图名和图框。

方法同前面一样，比例为 1：100，在此就不再重复。大家自行绘制，如图 12-155 所示。

12.9 屋顶平面图绘制

只是修改屋顶设备层有屋架的部分即可，屋顶平面图如图 12-166 所示。

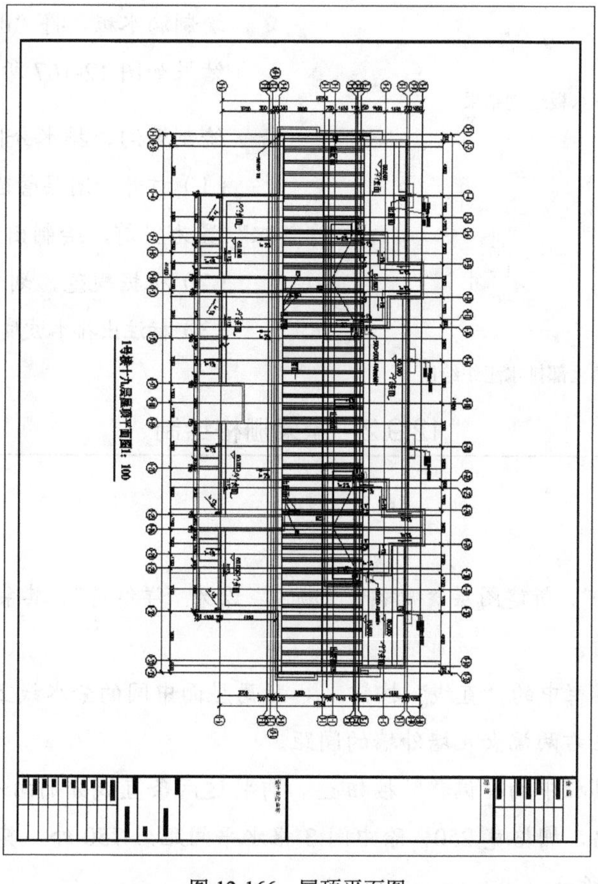

图 12-166 屋顶平面图

注意

在设备层电梯机房的上方做了部分栅格屋架，既是围护结构又是满足屋顶造型的要求。

12.9.1 修改屋顶设备层平面图

Step 绘制步骤

1. 在 AutoCAD 2012 中打开“1 号楼屋顶设备层平面图”，将文件另存为“屋顶平面图”。
2. 删除细部尺寸标注以及中间部分的排水坡度、文字说明。
3. 将图层“女儿墙”置为当前，单击“绘图”工具栏中的“直线”按钮，沿楼梯、电梯以及电梯机房的外墙边沿绘制一圈。
4. 删除原来的电梯、楼梯、电梯机房核心筒的所有线条。
5. 单击“修改”工具栏中的“偏移”按钮，将线条向内偏移 200。

6 绘制滴水板，将“雨水管”图层置为当前，结果如图 12-167 所示。

图 12-167 滴水板绘制结果

7 绘制天沟、排水分区、排水坡度。

（1）打开“图层管理器”，将图层“排水组织”置为当前，绘制出宽 400 的天沟。

（2）根据规范，划分出排水分区。

（3）标注出排水坡度，结果如图 12-168 所示。

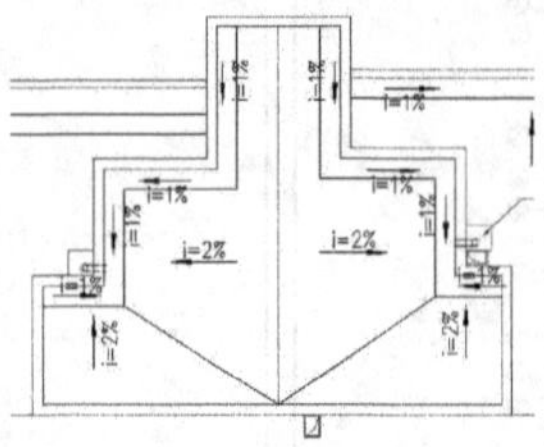

图 12-168 核心筒上部排水组织绘制

12.9.2 屋架栅格绘制

Step 绘制步骤

1. 打开“图层管理器”，新建图层“栅格”，“颜色”设为“洋红色”，其余保持默认设置，将“栅格”图层置为当前。
2. 单击“绘图”工具栏中的“直线”按钮，距离屋面中间的分水线上下距离 3150 处绘制两条直线，长度为左右两端女儿墙外墙的间距。
3. 单击“修改”工具栏中的“偏移”按钮，再将这两条直线分别向外偏移 500。
4. 从左向右绘制栅格，栅格宽 250，除中间 3 根水平间距为 750 外，其余水平间距均为 900，结果如图 12-169 所示。

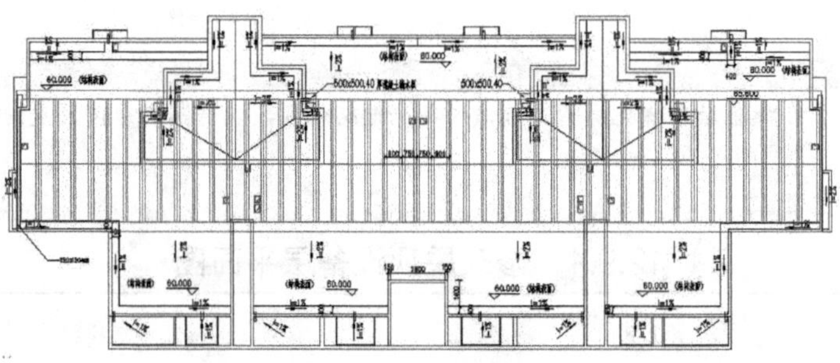
图 12-169 格栅绘制结果

12.9.3 尺寸标注和文字说明

Step 绘制步骤

1. 将“标注”图层置为当前，单击“标注”工具栏中的“线性”按钮，标注细部尺寸。
2. 标注出标高，格栅屋顶标高 63.600m，核心筒标高 64.800m。
3. 修改图名和图框中的图名，即可完成屋顶平面图的绘制，结果如图 12-166 所示。

第13章

某住宅小区1号楼建筑立面图绘制

建筑立面图是将建筑的不同侧表面投影到铅直投影面上得到的正投影图。它主要表现建筑的外貌形状，反映屋面、门窗、阳台、雨篷、台阶等的形式和位置，建筑垂直方向各部分高度，建筑的艺术造型效果和外部装饰做法等。

本章将结合上一个建筑实例，详细介绍建筑立面图的绘制方法。

学习要点

- 高层建筑正立面图的绘制
- 高层建筑背立面图的绘制

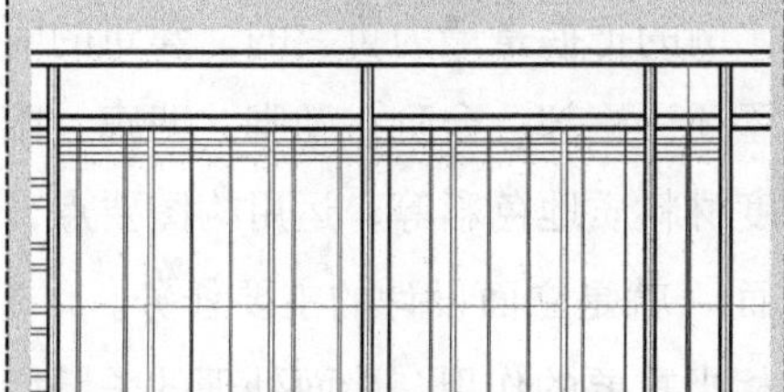
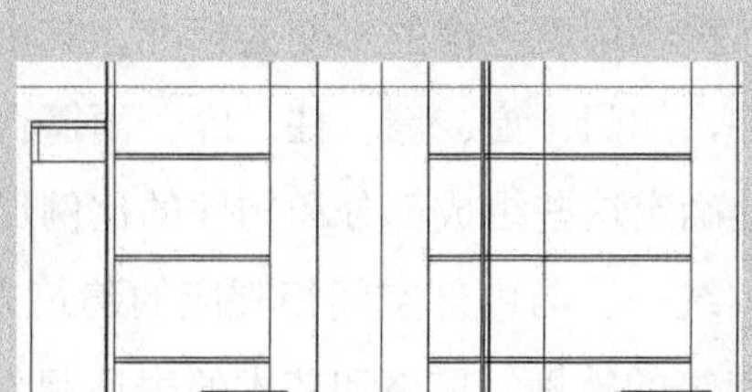

13.1 建筑型体和立面设计概述

建筑立面图根据建筑型体的复杂程度及主要出入口的特征，可以分为正立面、背立面和侧立面；也根据观看的地理方位和具体朝向，分为南立面、北立面、东立面、西立面；或者根据定位轴线的编号来命名，如①-⑩立面等。

建筑不仅要满足人们生产生活等物质功能的要求，还要满足人们精神文化方面的需求。建筑物的美观主要是通过内部空间及外部造型的艺术处理来体现，同时也涉及建筑物的群体空间布局，而其中建筑物的外观形象经常、广泛地被人们所接触，对人的精神感受上产生的影响尤为深刻。例如，轻巧、活泼、通透的园林建筑，雄伟、庄严、肃穆的纪念性建筑，朴素、亲切、宁静的居住性建筑遗迹简洁、完整、挺拔的高层公共建筑等。

一个建筑设计得是否成功，与周围环境的设计，平面功能的划分以及立面造型的设计都息息相关。体型和立面设计着重研究建筑物的体量大小、体型组合、立面及细部处理等。其实，在空间，功能相对固定的情况下，高层建筑的创新是有一定局限性的，怎样在这个框架的局限内有所突破，如何将建筑立面的创新性，功能性以及经济性相结合也是建筑设计师们比较头疼的一个问题。建筑立面设计应综合考虑城市景观要求，建筑物性质与功能，建筑物造型及特色等因素，在满足使用功能和经济合理性的前提下，运用不同的材料、结构形式、装饰细部、构图守法等创造出预想的意境，从而不同程度的给人以庄严、挺拔、明朗、轻快、简洁、朴素、大方和亲切的印象，加上建筑物体型庞大，与人们目光接触频繁，因此具有独特的表现力和感染力。

立面设计的设计创新不能以牺牲功能为代价，是在符合功能使用要求和结构构造合理的基础上，紧密结合内部空间设计，对建筑体型作进一步的刻划处理。在外立面的设计中，比例、尺度、色彩、对比，这些都是从美学角度考虑的不变的标准，其中比例的把握是最为重要的。建筑的隔离面可以看作是许多构件，如门、窗、墙、柱、跺、雨篷、屋顶、檐部、台阶、勒脚、凹廊、阳台和花饰等组成，恰当地确定这些组成部分和构件的比例尺度材料质地色彩等，运用构图要点，设计出与整体协调、内容统一、与内部空间相呼应的建筑立面，就是立面设计的主要任务。

建筑的外墙面对该建筑的特性、风格和艺术的表达起着相当重要的作用，墙面处理的关键问题就是如何把墙、跺、柱、窗、洞等各要素组织在一起，使之有条有理、有秩序、有变化。墙面的处理不能孤立的进行，它必然受到内部房间划分一级柱、梁、板凳结构体系的制约。为此，在组织墙面时，必须充分利用这些内在要素的规律性，来反映内部空间和结构的特点。同时，要是墙面设计具有良好的比例、尺寸，特别是具有各种形式的韵律感。墙面设计首先要巧妙的安排门、窗、窗间墙，恰当的组织阳台、凹廊等，还可以借助窗间墙的墙垛、墙面上的线脚以及为分隔窗用的隔片，为遮阳用的纵横遮阳板等，以赋予墙面更多变化。

立面设计结构构成必须明确划分为水平因素和垂直因素。一般都要使各要素的比例与整体的关系相配，以达成令人愉悦的观感效果，也就是我们通常设计中所说的要"虚中有实，实中带虚，虚实结合"。建筑的"虚"指的是立面上的空虚部分，如玻璃门窗洞口、门廊、空廊、凹廊等，他们给人以不同程度的空透、开敞、轻巧的感觉；"实"指的是立面上的实体部分，如墙面、驻缅、台阶踏步、屋面、栏板等，他们给人以不同程度的封闭、厚重、坚实的感觉。以虚为主的手法大多能赋予建筑以轻快、活泼的的特点。以实为主的手法大多表现出建筑的厚重、监视、雄伟的气势。立面凹凸关系的处理，可以丰富立面效果，加强光影变化，组织体量变化，突出重点和安排韵律节奏。

突出建筑立面中的重点，是建筑造型的设计手法，也是建筑使用功能的需要。突出建筑的重点，实质上就是建筑构图中主从设计的一个方面。

总之，在建筑立面设计中，利用阳台、凹廊、凸窗、柱式、门廊、雨篷、台阶不等的凹进凸出，可以得到对比强烈、光英辉映、明暗交错的效果。同时，利用窗户的大小、形状、组织变化和重点装饰等手法，也都可以丰富立面的艺术感，更好的表现建筑特色。

13.2 高层建筑正立面图的绘制

首先绘制这幢高层建筑的立面定位轴线及辅助轴网，然后绘制地平线及建筑外部轮廓线，接着分层绘出建筑的主要构件分隔线以及细部装饰线，然后借助已有建筑图库或根据具体尺寸，自己绘制高层建筑的门窗，最后进行尺寸和文字标注。

立面图所采用的比例一般与平面图中一致，如 1∶50、1∶100 和 1∶200，图中采用 1∶100 的比例绘制。以下就按照这个思路绘制高层建筑的正立面图，如图 13-1 所示。

13.2.1 辅助轴线的绘制

按照前面我们讲的，新建一个 DWG 文件，单击"图层特性管理器"按钮，打开"图层特性管理器"对话框，依次创建立面图中的基本图层，如外部轮廓线、框架、玻璃、金属片和标注等，如图 13-2 所示。

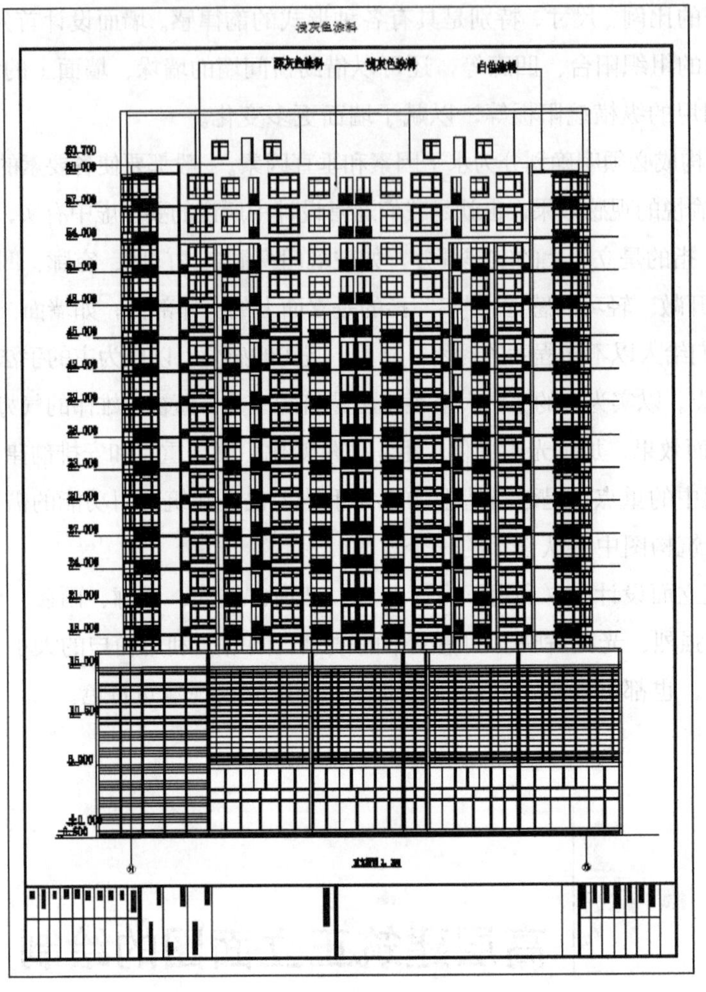

图 13-1　高层建筑正立面图绘制

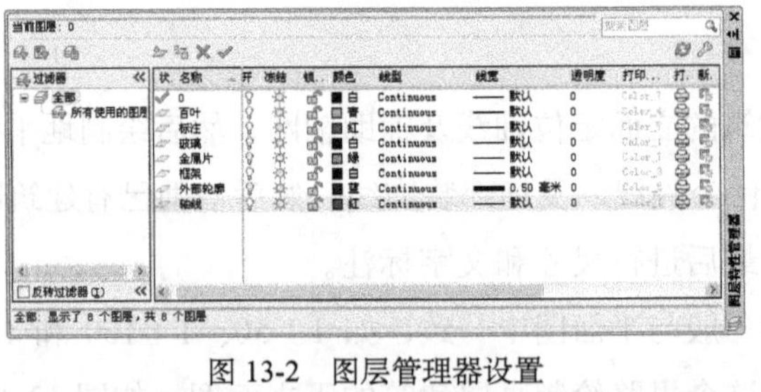

图 13-2　图层管理器设置

注意

在新建图层时，为了使建筑立面图看上去更加清晰直观，一般将外部轮廓线用粗实线表示，图层线宽设置为 0.5mm；突出墙面的阳台雨篷柱子等用中粗线表示，该图层线宽设置为 0.3mm；其余的门窗分格线，细部装饰线都用细实线表示，线宽设置为 0.09mm ~ 0.15mm。

Step 绘制步骤

1. “轴线”图层设置为当前图层，单击“绘图”工具栏中的“直线”按钮，打开“正交”（F8）辅助命令，绘制水平轴线，长度为该高层建筑的正面宽度 48000。
2. 单击“绘图”工具栏中的“直线”按钮，打开“对象捕捉”（F3）辅助命令，在水平轴线一端终点处，绘制一条垂直轴线，长度为此建筑群楼的高度 17100。
3. 单击“修改”工具栏中的“偏移”按钮，将水平轴线向上偏移 600，绘制 0.00 标高水平轴线，另外将 0.00 标高轴线连续向上偏移，高度分别为 6000、4500、4500，绘制群楼楼层分隔线。
4. 单击“修改”工具栏中的“矩形阵列”按钮，将水平轴线进行阵列，行数为 15，列数为 1，行间距为 3000，标准层楼层分隔线绘制完毕，如图 13-3 所示。

图 13-3　水平轴线绘制

5. 单击“修改”工具栏中的“偏移”按钮，将垂直轴线向右偏移 3300，确定第一根定位轴线 1-1，将 1-1 轴线长度拉长为该高层建筑的高度 65600，即拉伸 48500，如图 13-4 所示。

图 13-4　1-1 垂直轴线绘制

6. 单击“修改”工具栏中的“偏移”按钮，然后将原垂直轴线向右依次偏移，距离分别为 10450、9300、8300、2200、8300、6150、3300，群楼部分轴线绘制完毕，如图 13-5 所示。

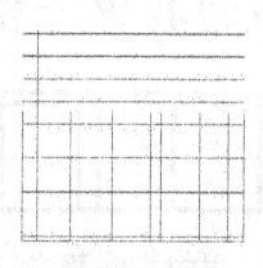

图 13-5　群楼垂直轴线绘制

7. 绘制水平框架轴线。单击“绘图”工具栏中的“直线”按钮，连接两垂直轮廓线的端点，该直线位置即为群楼女儿墙位置，将该轴线及四楼楼层分隔线分别向下偏移 300，如图 13-6 所示。

注意

对建筑设计及 CAD 基本功掌握较好的读者，在设计过程中，已知建筑平面图的前提下，还可以从原建筑平面图上直接提取长度尺寸绘制轴网，在底层平面图上，沿着需要绘制立面的那个方向，以各主要构件（如门窗洞口等）为起点，绘制一系列垂直该方向平面的直线，直接形成轴网，这样可以加快绘图速度。

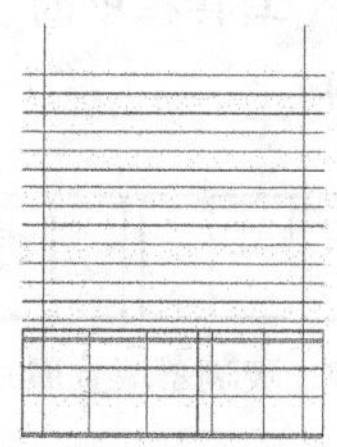

图 13-6　群楼水平框架轴线绘制

13.2.2　群楼正立面图的绘制

Step 绘制步骤

1. 将当前图层转换为“外部轮廓线”图层，单击“绘图”工具栏中的“直线”按钮，打开“线宽”，利用轴网及“对象捕捉”，绘制地坪线及群楼两侧外部轮廓线。

2 将当前图层设置为“框架图”层，单击“绘图”工具栏中的“直线”按钮，绘制水平框架，如图 13-7 所示。

图 13-7　群楼外部轮廓线绘制

3 单击“修改”工具栏中的“偏移”按钮，将除了定位轴线 1-1 以外的垂直轴线（即第 3、4、5、6、7 根轴线）分别向两侧偏移 150，将左右两侧各向内侧偏移 300，单击“修改”工具栏中的“修剪”按钮，将 0.000 标高轴线以下的部分减去。

4 单击“修改”工具栏中的“偏移”按钮，将 0.000 标高水平轴线向下连续偏移 3 个 150。

注意

台阶踏步在建筑及园林设计中起到不同高度之间的连接作用和引导视线的作用，可丰富空间的层次感，尤其是高差较大的台阶会形成不同的近景和远景的效果。

台阶的踏步高度（h）和宽度（b）是决定台阶舒适性的主要参数，两者的关系如下：2h+b=60-6cm 为宜。一般室外踏步高度设计为 12cm ~ 16cm，踏步宽度 30cm ~ 35cm，低于 10cm 的高差，不宜设置台阶，可以考虑做成坡道。

5 点选刚才偏移的其中一根直线，将其转换为“框架”图层。

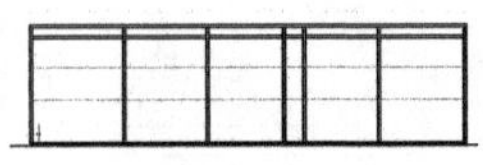

图 13-8　群楼垂直框架绘制

6 选择菜单栏中的“修改”→“特性匹配”命令，将刚才偏移出来的其他直线全部刷到“框架”图层，如图 13-8 所示。

7 单击“修改”工具栏中的“偏移”按钮，将 0.00 标高轴线向上偏移 850mm，并将该直线图层变更到“金属片”图层。

8 单击“修改”工具栏中的“修剪”按钮，将前两垂直框架之外部分剪去，并将该直线再向上偏移 150。

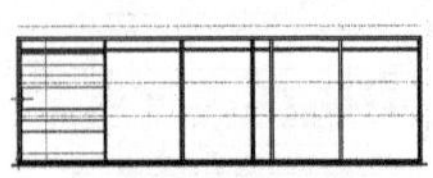

图 13-9　玻璃幕墙金属片绘制

9 单击“修改”工具栏中的“矩形阵列”按钮，将刚才绘制的那两根直线向上阵列，行数为 10，列数为 1，行间距为 1500，如图 13-9 所示。

10 单击“修改”工具栏中的“偏移”按钮，将最下面金属片的上线向上偏移 350，单击以选择该直线，将图层变更为“玻璃”，并向上偏移 150。

11 单击“修改”工具栏中的“矩形阵列”按钮，将上述两直线向上阵列，行数为 9，列数为 1，行间距为 1500。

12 单击“修改”工具栏中的“偏移”按钮，将左边第一个垂直框架的框架线向右偏移 2000，将其改选到“玻璃”图层。

13 单击“修改”工具栏中的“修剪”按钮，将第二根水平框架以上部分剪去，将该直线向右偏移 100。

14 单击“修改”工具栏中的“矩形阵列”按钮，将上述两直线向右阵列，行数为 1，列数为 4，列间距为 2000。滚动鼠标滚轴将玻璃幕墙部分放大，如图 13-10 所示。

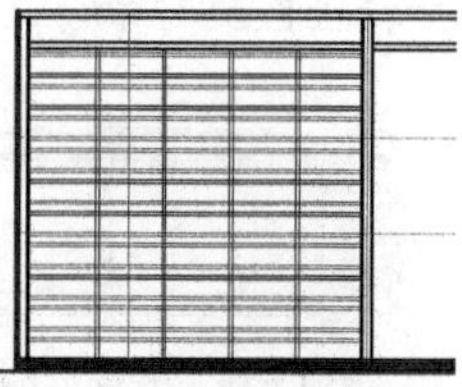

图 13-10　玻璃幕墙部分绘制

15 将当前图层设置为“框架”图层，单击“绘图”工具栏中的“直线”按钮和“修改”工具栏中的“偏移”按钮，绘制大门上方的水平框架，并单击“修改”工具栏中的“修剪”按钮，将多余地方剪去，如图 13-11 所示。

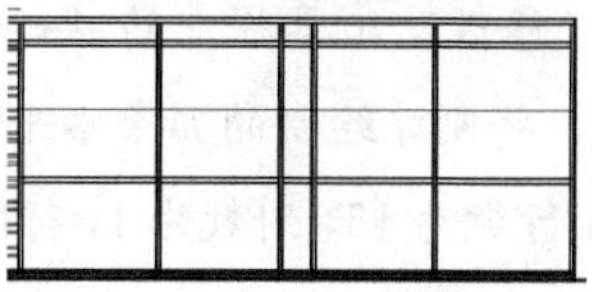

图 13-11　大门上方水平框架绘制

16 单击“修改”工具栏中的“偏移”按钮，将 0.00 标高水平轴线向上连续偏移 2650、100、900、100; 将 1-1 垂直轴线向右连续偏移 8600、100、1300、100、1100、100、450、100、450、100、1100、100、1300、100、2725、100、1125、100、950、100、450、100、450、100、950、100、1125、100; 选择菜单栏中的“修改”→“特性匹配”命令，将这些直线都刷入“玻璃”图层; 单击“修改”工具栏中的“修剪”按钮，将多余线段剪去，如图 13-12 所示。

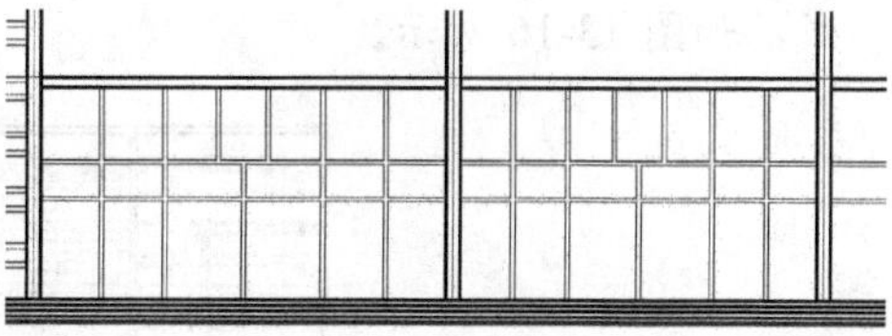

图 13-12　首层立面绘制一

17 由于该建筑两侧大门左右对称，单击“修改”工具栏中的“偏移”按钮，将第 5 根垂直轴线向右偏移 1100 作为镜像线，单击“修改”工具栏中的“镜像”按钮，选择刚才所绘制的玻璃门部分镜像，如图 13-13 所示。

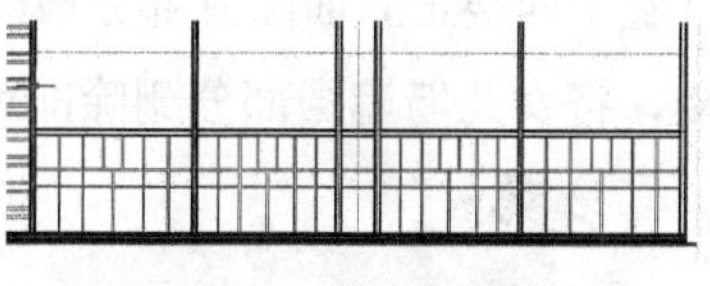

图 13-13　首层立面图二

18 绘制群楼二、三层立面图。单击“修改”工具栏中的“偏移”按钮，将 1-1 垂直轴线向右连续偏移 9950、150、3400、150、5250、150、3100、150、3500、100; 将 0.00 标高水平轴线向上连续偏移 6250、150、200、150、200、150、6850、150、200、150; 选择菜单栏中的“修改”→“特性匹配”命令，将这些直线刷入“金属片”图层，将多余部分剪去，如图 13-14 所示。

19 单击“修改”工具栏中的“偏移”按钮，将 1-1 垂直轴线向右连续偏移 7850、75、1300、75、1900、50、1100、50、1800、75、1300、75、1400、50、1200、50、1650、50、1100、50、1550、50、1200、50；将 0.00 标高水平轴线向上连续偏移 7500、100，选择菜单栏中的“修改”→“特性匹配”命令，将这些直线都刷入“玻璃”图层，剪去多余部分，如图 13-15 所示。

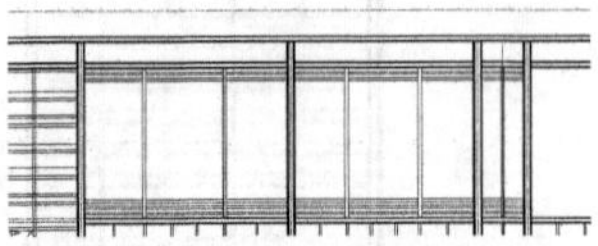

图 13-14 群楼上部立面图一

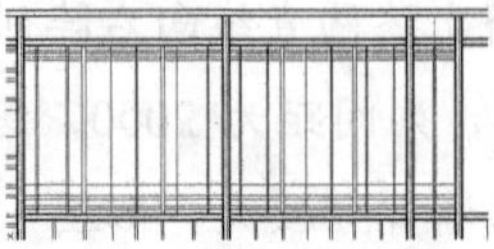

图 13-15 群楼上部立面二

20 单击“修改”工具栏中的“矩形阵列”按钮，将刚才绘制的那条水平玻璃线向上阵列，行数为 13，列数为 1，行间距为 500，剪去“金属片”遮挡部分。与首层立面图相似，再单击“修改”工具栏中的“镜像”按钮，进行镜像，群楼正立面图绘制完成，如图 13-16 所示。

注意

前些年建筑设计中玻璃幕墙应用非常广泛，但由于玻璃幕墙在公共建筑中使用所产生的能源浪费、光污染等问题，国家建设部专门出台文件，要求建设单位与设计单位增强节能环保意识和质量安全意识，在方案初始阶段即严格控制玻璃幕墙特别是隐框玻璃幕墙的使用。

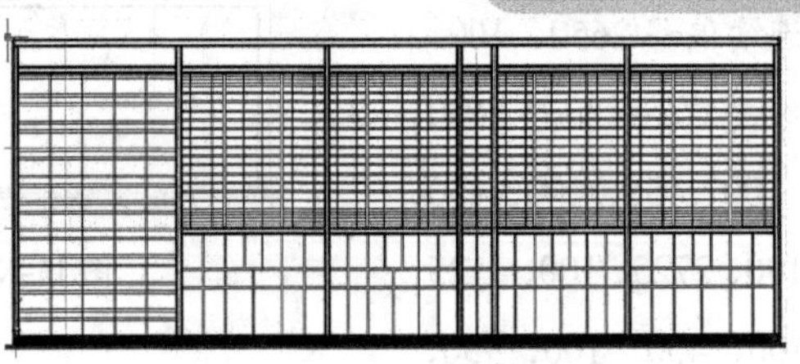

图 13-16 群楼正立面图

13.2.3 标准层正立面图绘制

先绘制标准层整体框架部分，然后再绘制细部窗框百叶等，最后调入玻璃窗图块或是自己绘制窗户（鉴于四楼正立面图有部分被群楼的女儿墙遮挡，所以绘制窗户时先从五楼入手，然后复制到四楼，将女儿墙遮挡部分删除即可）。

注意

女儿墙是指建筑物屋顶外围的矮墙，主要作用为防止坠落的栏杆，以维护安全，主要作用为防止坠落的栏杆，以维护安全，也会在底处施作防水压砖收头，避免防水层渗水及防止屋顶雨水漫流。

女儿墙高度依建筑技术规则规定，一般多层建筑的女儿墙高 1.0m～1.20m，但高层建筑则至少 1.20m，通常高过胸肩甚至高过头部，达 1.50m～1.80m。这是避免俯瞰时心悸目眩，发生危险而采取的措施。如果要使平顶上视野开阔，可在 1.0m 实墙以上加作金属网栏，以确保安全。

Step 绘制步骤

1. 单击“修改”工具栏中的“偏移”按钮，将 1-1 垂直轴线向左偏移 600mm，将 1-1 垂直轴线向右连续偏移 400、2350、1850、200、3100、200、3000、900、200、3400、200、3500、1300、200、1300、3500、200、3400、200、900、3000、200、3100、200、1850、2350、1000，如图 13-17 所示。

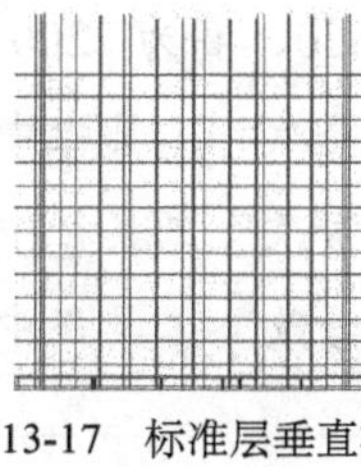

图 13-17 标准层垂直框架

2. 单击“修改”工具栏中的“偏移”按钮，将 0.000 标高水平轴线向上连续偏移 17900、29300、6300、7260、4850，将这些直线剪切并选择菜单栏中的“修改”→“特性匹配”命令刷到相应图层中，如图 13-18 所示。

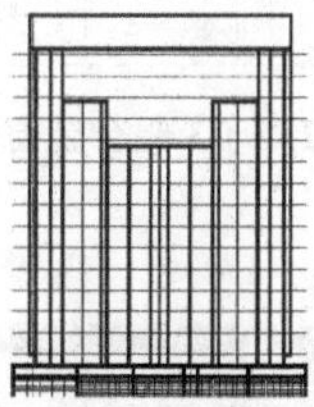

图 13-18 标准层正立面图框架

3. 单击“修改”工具栏中的“偏移”按钮，群楼女儿墙外边线向上偏移 1300、200，单击“修改”工具栏中的“矩形阵列”按钮，将这两条直线向上阵列，行数为 15，列数为 1，行间距为 3000，剪去多余部分，如图 13-19 所示。

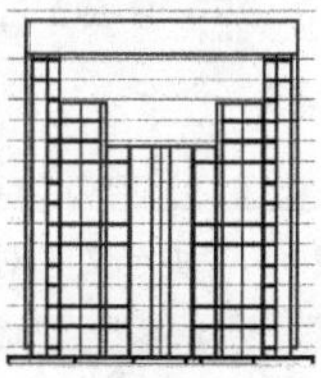

图 13-19 标准层水平框架绘制

4. 单击“修改”工具栏中的“偏移”按钮，使五楼楼层分隔轴线向上连续偏移 500、100、1870、100、330，将 1-1 垂直轴线向左偏移 550，再将 1-1 垂直轴线向右连续偏移 350、2450、2700、3100、1700、2600、3550、2000、4500、2000、3550、2600、1700、3100、2700、2450、900。

5. 单击“修改”工具栏中的“修剪”按钮，将多余部分剪切，并将这些直线选择菜单栏中的“修改”→“特性匹配”命令刷入“框架”图层及“外部轮廓线”图层，如图 13-20 和图 13-21 所示。

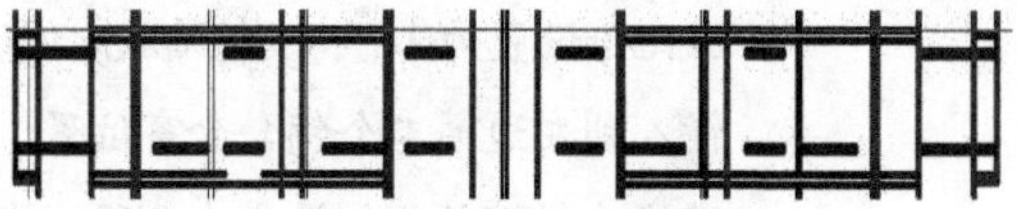

图 13-20 五楼窗台绘制

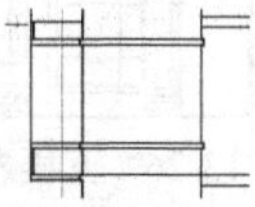

图 13-21 五楼窗台局部放大

6. 将当前图层设置为“家具”图层，单击“绘图”工具栏中的“直线”按钮、“修改”工具栏中的“偏移”按钮、“复制”按钮和“修剪”按钮等绘制五楼窗台百叶左边部分，百叶宽度为 40，间距为 100，如图 13-22 所示。

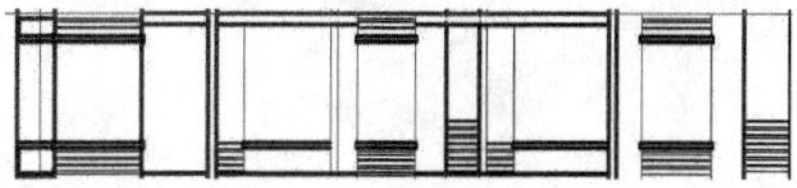

图 13-22 五楼窗台百叶左边

7 绘制铝合金窗。

（1）将当前图层设置为“玻璃”图层，单击“绘图”工具栏中的“矩形”按钮，在图纸空白处绘制长为 2350、高为 2200 的矩形。

（2）单击“修改”工具栏中的“偏移”按钮，将该矩形向内偏移 60，形成窗框。

（3）单击“修改”工具栏中的“分解”按钮，将小矩形分解。

（4）单击“修改”工具栏中的“偏移”按钮，绘制该铝合金窗，如图 13-23 所示。

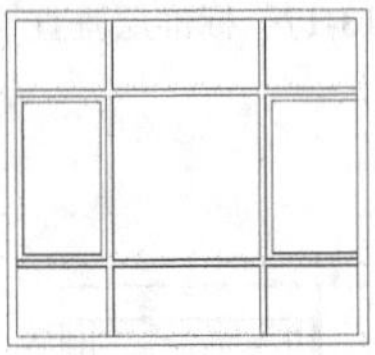

图 13-23　C3 铝合金窗绘制

注意

合理的窗墙比，既能满足日照、采光功能，又具有良好的保温性。立面设计通过减少外墙的凹凸面改善建筑形态，减少热量的消耗，使建筑体型系数达到标准为 0.35，不仅提高建筑的保温性能，同时由于窗户尺寸合理缩小及外墙凹凸面减少，使外墙面积减少，建筑成本也得到降低。

8 单击“绘图”工具栏中的“创建块”按钮，在弹出的对话框中单击“基点”设置为该铝合金窗左下角，单击“选择对象”选择该铝合金窗，如图 13-24 所示。

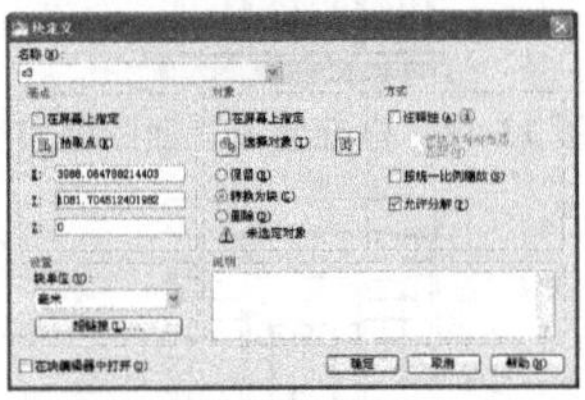

图 13-24　“块定义”对话框

9 单击“绘图”工具栏中的“插入块”按钮，弹出对话框如图 13-25 所示，将该窗放入左边第三个铝合金窗位置，再重复刚才的“插入块”命令，在缩放比例里将 x 轴缩放比例设置为 0.42，将 y 轴缩放比例设置为 0.85，插入到左边第一个铝合金窗位置。

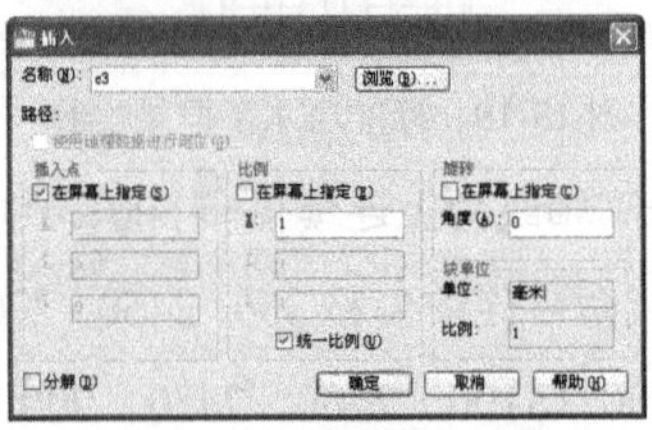

图 13-25　“插入”对话框

10 依次重复刚才的命令，在缩放比例里将 x 轴缩放比例设置为 1，将 y 轴缩放比例设置为 0.85，插入到左边第二个铝合金窗位置；在缩放比例里将 x 轴缩放比例设置为 0.68，将 y 轴缩放比例设置为 0.85，插入到左边第 4 个铝合金窗位置；在缩放比例里将 x 轴缩放比例设置为 1.128，将 y 轴缩放比例设置为 1，插入到左边第 5 个铝合金窗位置；在缩放比例里将 x 轴缩放比例设置为 0.81，将 y 轴缩放比例设置为 0.85，插入到左边第 6 个铝合金窗位置，如图 13-26 所示。

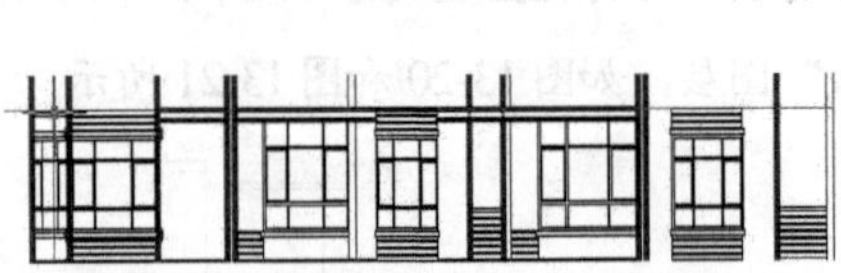

图 13-26　五楼左边铝合金窗绘制

⑪ 与刚才的步骤相同，我们再绘制一个落地窗，窗宽 1200、高 2500，将其定义为块，名称为 c-l，如图 13-27 所示。

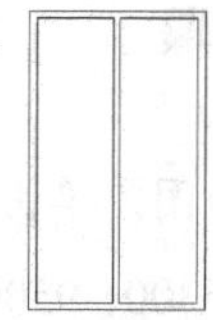

图 13-27 落地窗绘制

> **注意**
>
> 自 20 世纪 80 年代，铝合金窗在国内逐渐淘汰木窗、钢窗，短短数年间它成为了新建楼宇事实上的外窗标准；自 20 世纪 90 年代，经塑料窗改良强度而成的塑钢窗展露头脚。二者各有其优缺点，在设计过程中可根据具体建筑的特点灵活选用。

单击“绘图”工具栏中的“插入块”按钮，调整插入比例，插入相应位置，如图 13-28 所示。

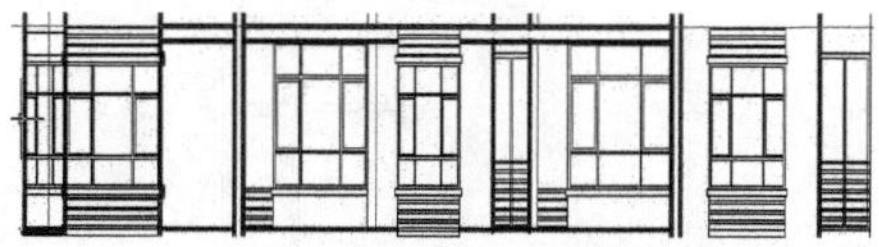

图 13-28 五楼立面左边部分绘制

⑫ 单击“修改”工具栏中的“镜像”按钮，补齐五楼右边部分。

单击“修改”工具栏中的“复制”按钮，将五楼立面图绘制部分复制到四楼，单击“修改”工具栏中的“修剪”按钮，将图块炸开，将女儿墙遮挡部分剪切删除，如图 13-29 所示。

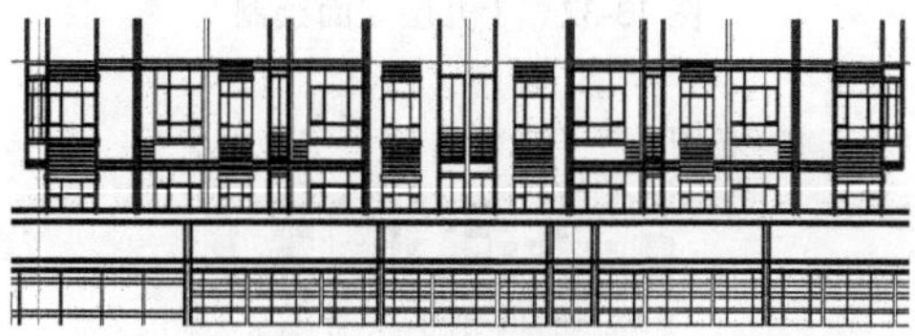

图 13-29 四楼、五楼立面绘制

⑬ 单击“修改”工具栏中的“矩形阵列”按钮，将五楼立面部分选中，向上阵列，行数为 14，列数为 1，行间距为 3000，如图 13-30 所示。

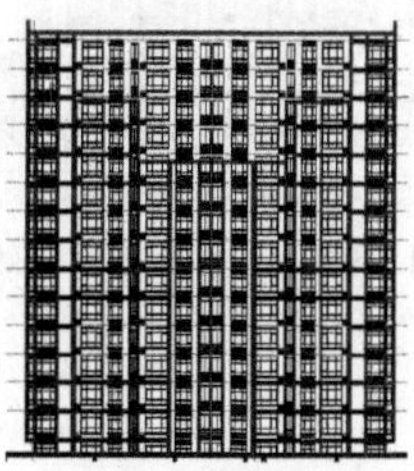

图 13-30 标准层立面绘制一

⑭ 单击“修改”工具栏中的“修剪”按钮和单击“修改”工具栏中的“删除”按钮，将遮挡以及多余部分除去。

13.2.4 十九层设备层立面绘制

> **注意**
>
> 高层建筑一般将电梯机房，水箱等布置在设备层。设备层的布置原则：20 层以内的高层建筑一般设置在底层或顶层；20 层以上 30 层以内的高层建筑宜在顶层和底层各设置一个设备层；超过 30 层的超高层建筑一般在上、中、下都要布置设备层。设备层的层高与其建筑面积有关。

Step 绘制步骤

1. 绘制 19 层立面图。单击“修改”工具栏中的“偏移”按钮，将 1-1 垂直轴线向左偏移 50，向右连续偏移 6300、9500、9800、9500，将顶框线向下偏移 400；单击“修改”工具栏中的“修剪”按钮，修剪并将图层设置为相应图层。

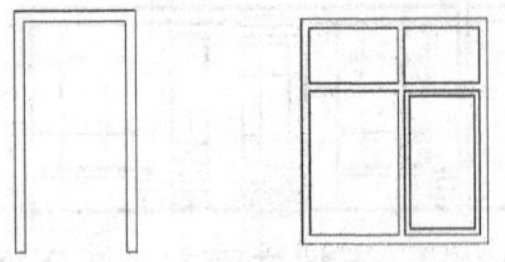
图 13-31　电梯机房门窗绘制

2. 重复前面绘制门窗步骤，在图纸空白处绘制 19 层电梯机房门窗立面，门尺寸为 1000×2350，窗尺寸为 1500×1500，如图 13-31 所示。

图 13-32　十九层立面绘制

3. 将电梯机房门窗定义成块后插入图中相应位置，如图 13-32 所示。

图 13-33　正立面图绘制效果

4. 到目前为止，高层建筑正立面图基本绘制完毕，如图 13-33 所示。

13.2.5　尺寸标注及文字说明

现在，这个高层建筑的正立面基本绘制完毕，下面我们进行尺寸标注和文字说明。与建筑平面图相似，尺寸标注也是立面图不可缺少的一部分，主要体现建筑物的总体高度、楼层高度以及各建筑物配件的尺寸和标高，不同点在于再立面图的水平方向上一般不标注尺寸，只标出立面图最外端墙的定位轴线及编号。

Step 绘制步骤

1. 单击图层特型管理器上的下拉符号，将当前图层设置为“标注”图层参照平面图的设置方法，分别选择菜单栏中的“格式”→“文字样式”命令和“标注样式命令，对文字样式标注样式进行设置。

2 单击“绘图”工具栏中的“直线”按钮，参照绘制平面图时所绘的标高符号的绘制方法，绘制如图 13-34 所示的标高符号。

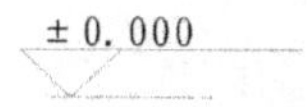

图 13-34 标高符号绘制

3 单击“修改”工具栏中的“复制”按钮，将刚才绘制的标高符号复制至各楼层相应位置并双击文字，修改成各楼层的相应标高–0.0600、±0.000、6.000、10.500、15.000、18.000、21.000、24.000、27.000、30.000、33.000、36.000、39.000、42.000、45.000、48.000、51.000、54.000、57.000、60.000、60.700、65.600。

4 单击“绘图”工具栏中的“圆”按钮、“多行文字”按钮A和“复制”按钮，参照绘制平面图时绘制的轴线号，复制至垂直定位轴线的下方，轴号分别标注为“1-1”和“1-35”。

5 单击“绘图”工具栏中的“多行文字”按钮A，在两轴号中间位置进行框选，输入图纸名称“正立面图 1∶100”，并单击“绘图”工具栏中的“多段线”按钮，在图纸名称下面绘制一条线宽为 50 的多段线作为图名下方的强调线。标注完毕的效果如图 13-35 所示。

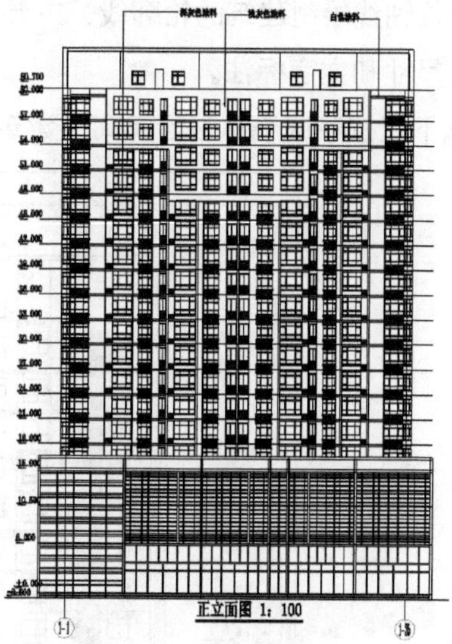

图 13-35 正立面图尺寸标注

6 选择菜单栏中的“标注”→“多重引线”命令，选择如下窗台下方栏板处，并在命令提示行中输入“深灰色涂料”；重复刚才命令，单击水平框架处输入“白色涂料”；单击立面其余空白处，输入“浅灰色涂料”，如图 13-36 所示。

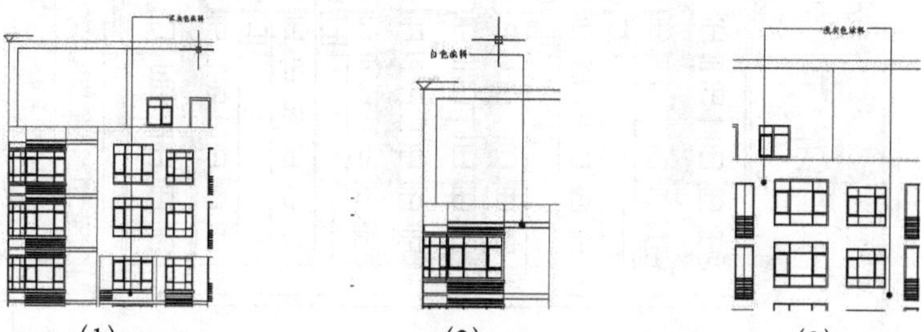

(1) (2) (3)

图 13-36 材料文字说明

7 从提供的光盘中选择图框文件，插入图中，得到最终效果图，如图 13-1 所示。

13.3 高层建筑背立面图的绘制

高层建筑背立面图主要绘制思路为：由于建筑正立面和背立面是分别站在建筑相对方位看到的立面图，因此我们可以直接根据先前绘制的建筑正立面图进行修改，得到背立面的轴线，然后利用定位轴线绘制建筑的轮廓线、主要构件分隔线以及细部装饰线，再绘制高层建筑的门窗，最后进行尺寸和文字标注。

以下就按照这个思路绘制高层建筑的背立面图，如图 13-37 所示。

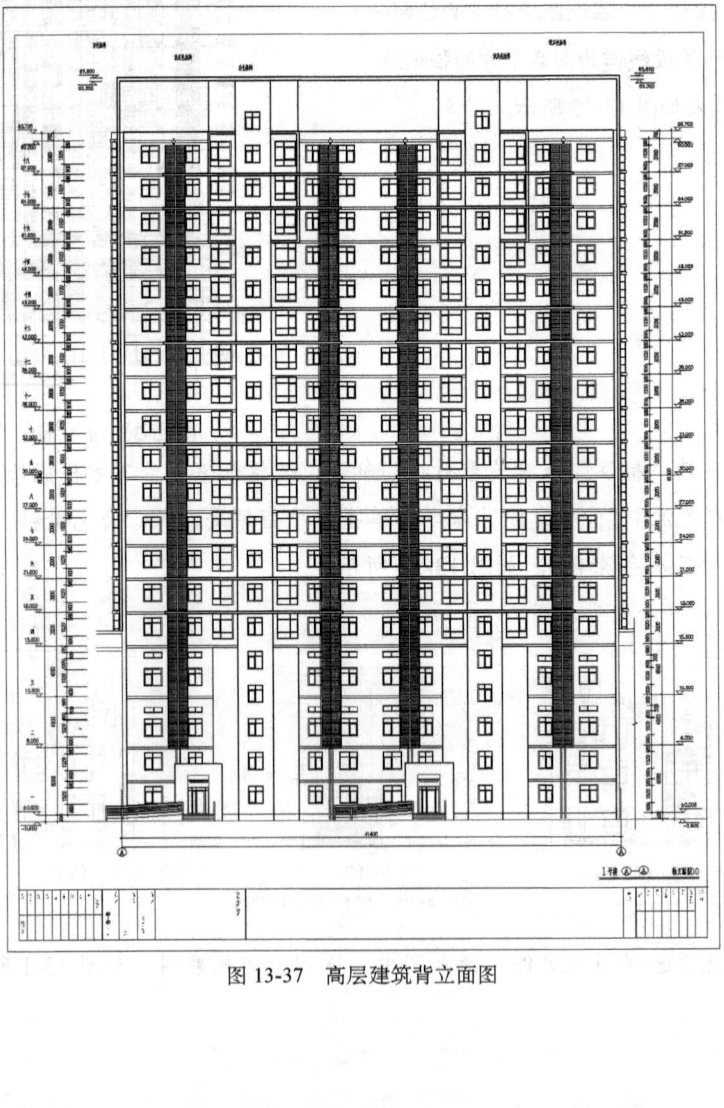

图 13-37　高层建筑背立面图

13.3.1 原有正立面的修改

Step 绘制步骤

1. 打开正立面图，打开图层工具栏，单击“图层”工具栏中的“图层特性管理器”按钮，单击除了“轴线”以外的其他图层的按钮，使之变暗，关闭掉该图层，然后单击“确定”按钮，突出“图层特性管理器”对话框。

2. 选择剩余可见图形，按 Ctrl+C 快捷键复制该图形，并新建一个图形文件，按 Ctrl+V 快捷键，将该部分图形粘贴到新图形文件中，再将该图形保存，命名为“背立面图”，如图 13-38 所示。

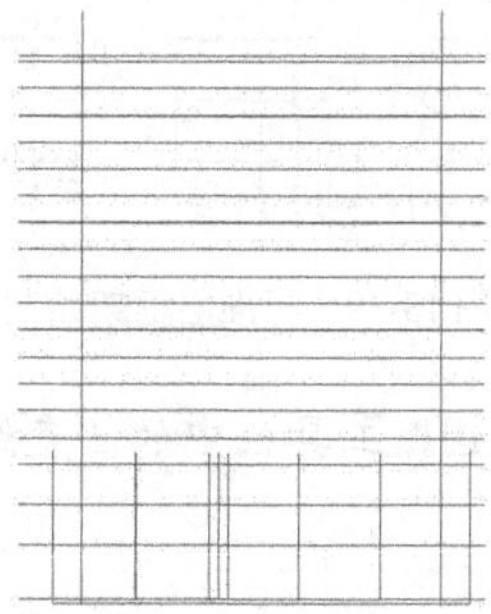

图 13-38　背立面图轴网绘制

3. 单击“修改”工具栏中的“修剪”按钮，将图中间部分的多余垂直轴线删除。

> **注意**
>
> 本来我们应该单击“修改”工具栏中的“镜像”按钮，将该图形左右镜像，并删除原图形，才能得到背立面图的轴网，但由于该建筑的左右对成性，可以不镜像。但我们要记住，目前图 13-38 中左侧的长垂直轴线为 1-35 号定位轴线，右侧的长垂直轴线为 1-1 号定位轴线，切不可混淆。为了避免混淆，也可以将轴号先行标注在图中。

13.3.2 群楼背立面图框架绘制

Step 绘制步骤

1. 单击“修改”工具栏中的“偏移”按钮，将 1-35 垂直轴线向左连续偏移 3000，向右连续偏移 100、300、3950、3100、750、1350、2900、2100、2400、100、200、100、2400、3500、3100、900、1200、3200、2100、2900、100、200、100、3950、300。

2. 单击“修改”工具栏中的“偏移”按钮，将 0.000 标高水平轴线向上连续偏移 2800、200、1450、1350、200、4300、200、4300、200。新建名称为“框架”图层，线宽 0.3，将以上轴线

选择菜单栏中的“修改”→“对象匹配”命令刷到“框架”图层，单击“修改”工具栏中的“修剪”按钮，修剪后如图 13-39 所示。

3 新建名称为“细部装饰线”图层并置为当前图层，线宽设置为 0.15。单击“修改”工具栏中的“偏移”按钮，将 1-35 轴线向左连续偏移 1250、100，将该轴线向右连续偏移 5000、100、2400、100、9900、100、1250、100、4900、100、2400、100。

4 重复“偏移”命令，将 0.000 标高水平轴线向上连续偏移“400，400”，选择菜单栏中的“修改”→“对象匹配”命令，将以上轴线刷到“细部装饰线”图层并剪切，如图 13-40 所示。

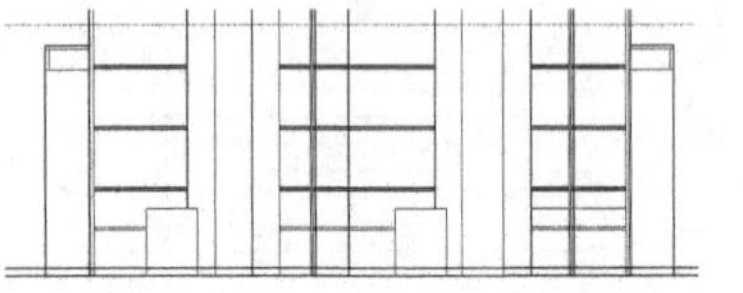

图 13-39　标准层框架绘制

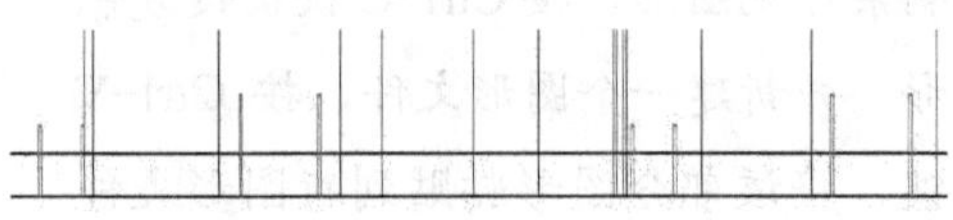

图 13-40　无障碍坡道栏杆绘制

5 单击“绘图”工具栏中的“直线”按钮，绘制栏杆拉索，拉索宽 60，间距 140，如图 13-41 所示。

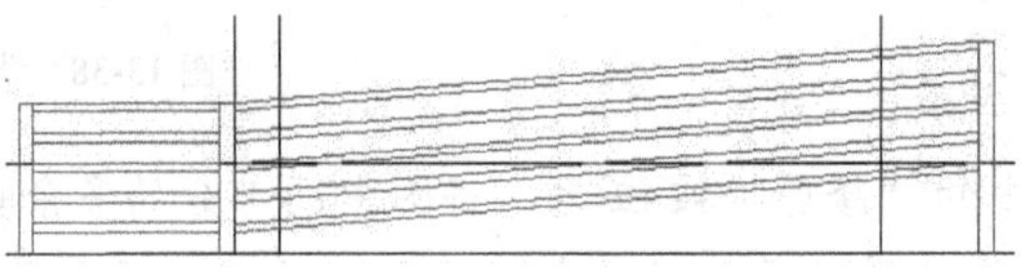

图 13-41　坡道栏杆拉索绘制

注意

栏杆具有拦阻功能，也是分隔空间的一个重要构件。设计时，应结合不同的使用场所，首先要充分考虑栏杆的强度、稳定性和耐久性；其次要考虑栏杆的造型美，突出其功能性和装饰性。常用材料有铸铁、铝合金、不锈钢、木材、竹子、混凝土等。当室外踏步级数超过 3 级时，必须设置栏杆扶手，以方便老人和残障人使用。

6 单击“绘图”工具栏中的“直线”按钮，绘制室外踏步，踏步高度 150；重复“直线”命令，沿着 0.000 标高水平轴线，绘制外墙勒脚，如图 13-42 所示。

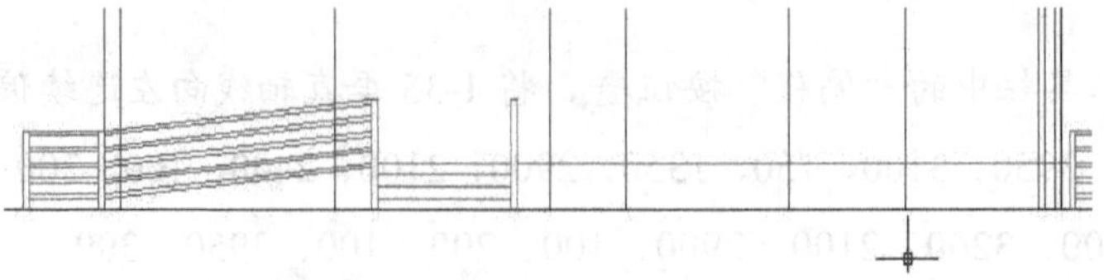

图 13-42　踏步及外墙勒脚绘制

13.3.3 标准层背立面图框架绘制

Step 绘制步骤

1. 单击“修改”工具栏中的“偏移”按钮，将标准层各楼层分隔线分别向下偏移200，将0.000标高水平轴线向上连续偏移65300、300。

将当前图层设置为“框架”图层，单击“绘图”工具栏中的“直线”按钮，沿着刚才的轴线绘制标准层水平框架并修剪，将“轴线”图层关闭，如图13-43所示。

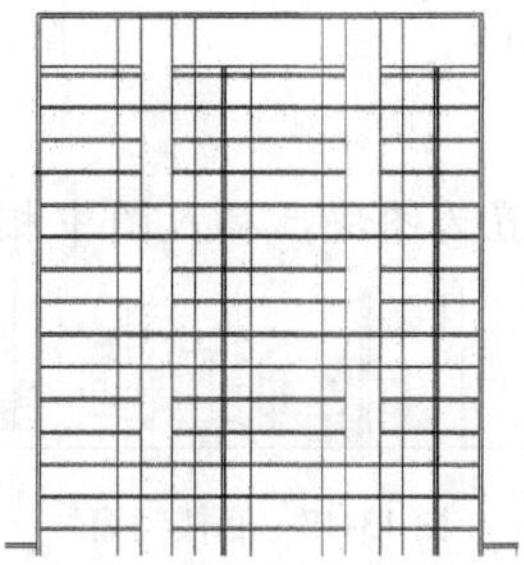
图13-43 标准层框架绘制

2. 单击“修改”工具栏中的“偏移”按钮，将1-35号垂直轴线向右连续偏移3870、60、500、100、50、100、50、100、500、60、11000、60、650、100、650、60、4860、60、500、100、50、100、50、100、500、60、11800、60、650、100、650、60，将这些直线选择菜单栏中的“修改”→“对象特性”命令，刷至“框架”图层，经修剪效果如图13-44所示。

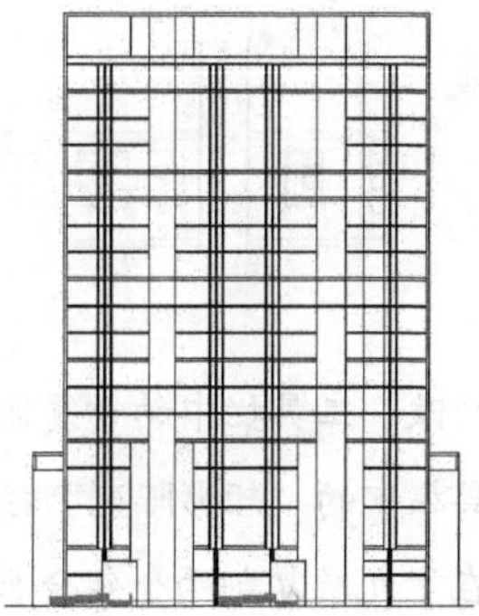
图13-44 标准层框架一

3. 单击“修改”工具栏中的“偏移”按钮，将1-35号轴线向右连续偏移7350、200、6900、200、11600、200、7200、200，将0.000标高水平轴线向上偏移60500，将这些直线刷至“框架”图层，经剪切效果如图13-45所示。

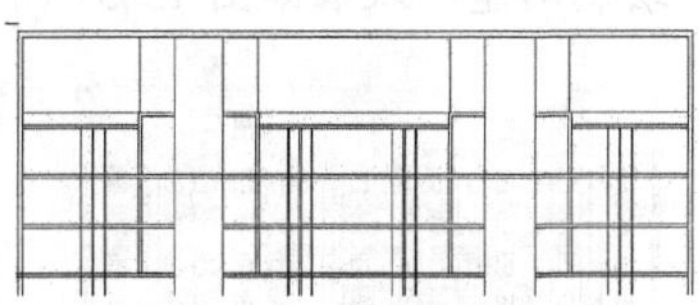
图13-45 标准层框架二

4. 新建名称为“门窗”的图层，线宽0.15，并将该图层置为当前图层。在图纸空白处，单击“绘图”工具栏中的“矩形”按钮、“修改”工具栏中的“偏移”按钮、“绘图”工具栏中的“直线”按钮和“修改”工具栏中的“修剪”按钮，绘制门窗。大门宽1600、高2400；普通铝合金推拉窗尺寸为1200×1500，高窗宽1500、高500；阳台凸窗侧面宽500、高2800；窗台宽600、高200，如图13-46所示。

大门　　阳台凸窗　　铝合金高窗　　铝合金推拉窗

图 13-46　门窗

5 门窗设置为图块，插入图中相应位置（窗台高 900），如图 13-47 和图 13-48 所示。

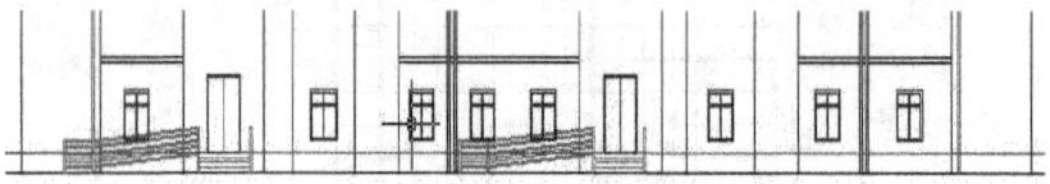

图 13-47　底楼门窗

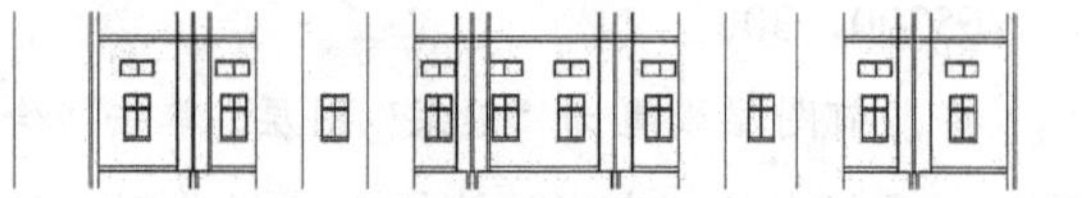

图 13-48　三楼门窗（群楼其他与此类似）

6 插入铝合金窗图块，x 轴放大 1.3 倍，y 轴放大一倍，插入标准层的相应位置，将阳台凸窗插入相应位置，具体如图 13-49 所示。

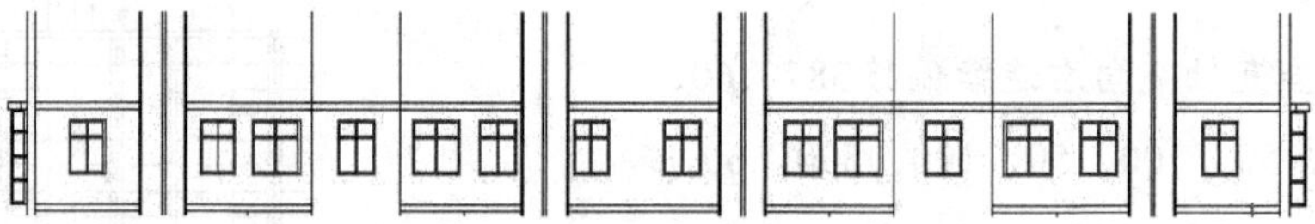

图 13-49　标准层门窗

7 单击“修改”工具栏中的“复制”按钮，将三层门窗向上向下复制，形成群楼的窗。单击“修改”工具栏中的“矩形阵列”按钮，将标准层门窗向上阵列，行数为 1，列数为 14，行间距为 3000，在十九层复制两个铝合金窗作为电梯机房的窗，绘制完毕，效果如图 13-50 所示。

8 将当前图层设置为“细部装饰线”，单击“绘图”工具栏中的“矩形”按钮和“直线”按钮，绘制雨篷，效果如图 13-51 所示。

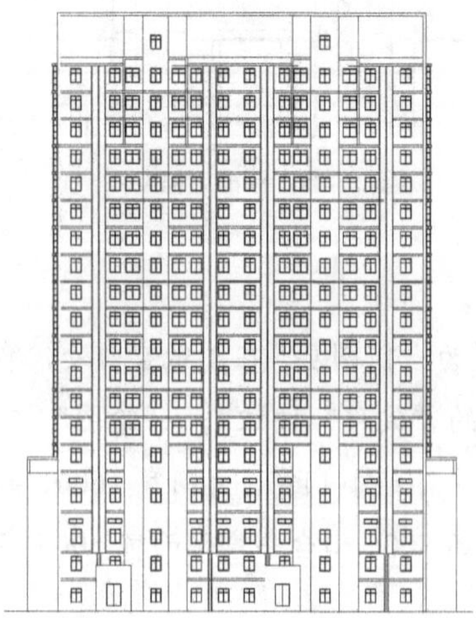

图 13-50　背立面门窗绘制

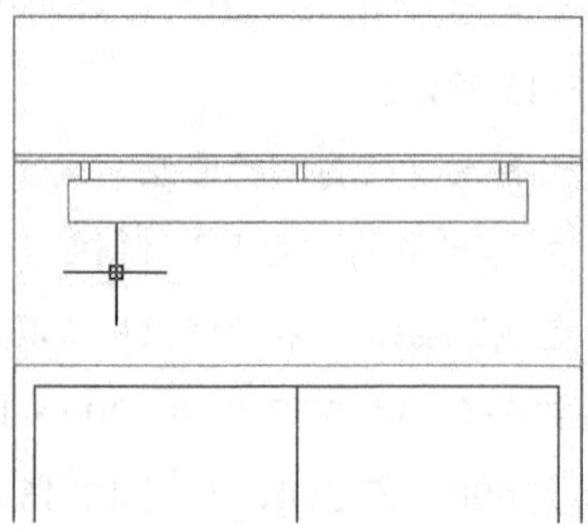

图 13-51　雨篷绘制

⑨ 单击“绘图”工具栏中的“直线”按钮和单击“修改”工具栏中的“矩形阵列”按钮，绘制百叶，行数为 2，列数为 1，行间距为 550。到目前为止，该高层建筑背立面图我们已经基本绘制完毕，如图 13-52 所示。

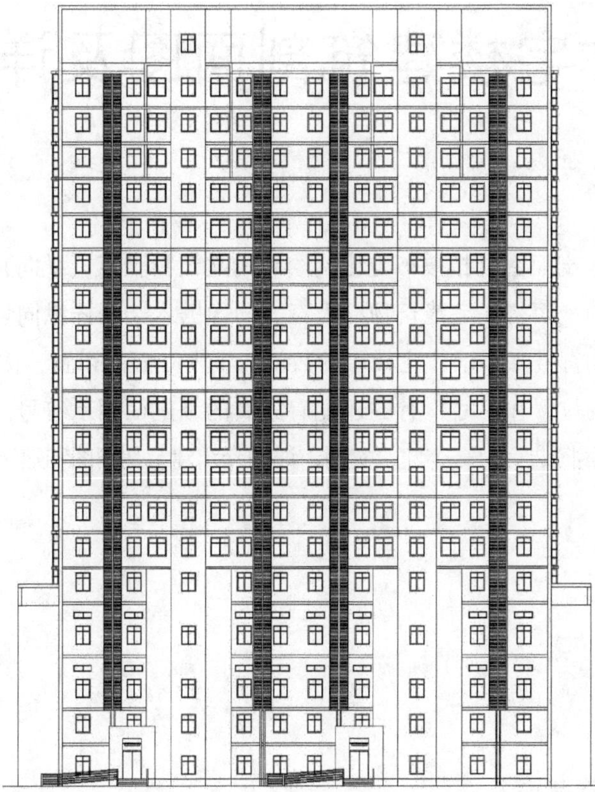

图 13-52 背立面图绘制效果

13.3.4 背立面图尺寸标准和文字说明

与正立面图的标注相似，新建“标注”图层，线宽 0.15，在图中相应的位置插入标高符号以及轴线号，标上材质说明以及图纸名。

从提供的光盘中选择图框文件，插入图中，得到的最终效果图如图 13-37 所示。

第14章

某住宅楼建筑剖面图及详图绘制

建筑剖面图是指按一定比例绘制的建筑物竖直（纵向）剖视图，即用一个假想的平面将住宅建筑物沿垂直方向像劈木柴一样纵向切开，切后的部分用图线和符号来表示住宅楼层的数量，室内立面的布置、楼板、地面、墙身、基础等的位置和尺寸，有的还配有家具的纵剖面图示符号。

本章将结合上一个建筑实例，详细介绍建筑剖面图和建筑详图的绘制方法。

学习要点

- 高层建筑剖面图的设计要求
- 某高层住宅建筑剖面图的绘制
- 建筑详图的绘制要求
- 某高层住宅部分建筑详图的绘制

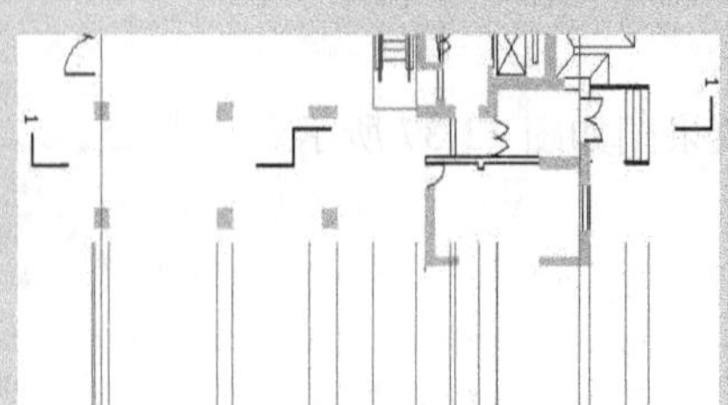

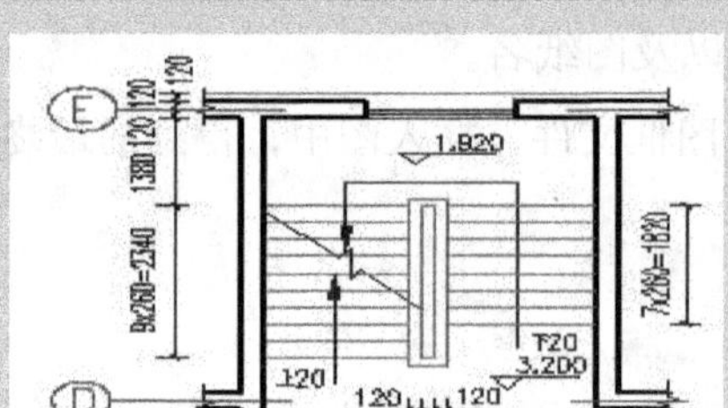

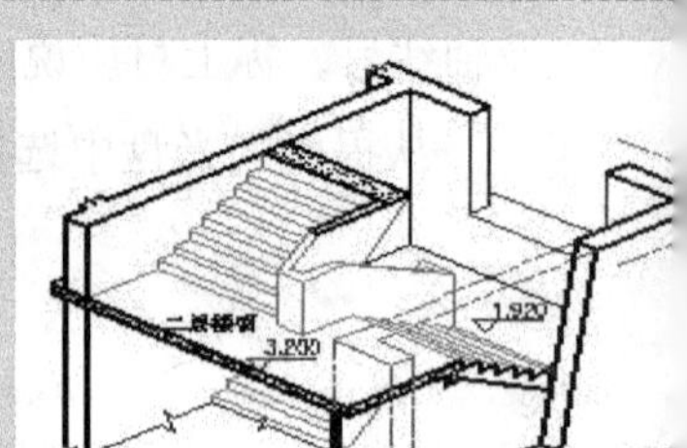

14.1 高层建筑剖面图的设计要求

建筑剖面图通常根据剖切线的编号命名，如 1-1 剖面图和 2-2 剖面图。

建筑详图是指对建筑的细部或构、配件用较大的比例（1∶20、1∶10、1∶5、1∶2、1∶1 等）将其形状、大小、材料和做法，按正投影图画法，详细地表示出来的图样，简称详图。

14.1.1 建筑剖面设计概述

房间的剖面形状主要是根据使用要求和特点来确定的，同时也要结合具体的物质技术、经济条件及特定的艺术构思考虑，使之既满足使用，又能达到一定的艺术效果。大多数民用建筑采用矩形是因为剖面简单、规整、便于竖向空间的组合，容易获得简洁而完整的体型，同时结构简单、施工方便，而非矩形剖面常用于有特殊要求的房间（如视线、音质等）。

有视线要求的房间主要是指影剧院的观众厅、体育馆的比赛大厅、教学楼中的阶梯教室等。这类房间除平面形状、大小满足一定的视距、视角要求外，地面也应有一定的坡度，以保证良好的视觉要求，即舒适、无遮挡地看清对象。

地面的升起坡度与设计视点的选择、座位排列方式（即前排与后排对位或错位排列）、排距和视线升高值（即前排与后排的视线升高差）等因素有关。

设计视点是指按设计要求所能看到的极限位置，以此作为视线设计的主要依据。各类建筑由于功能不同、观看对象性质不同、设计视点的选择也不一致。如电影院定在银幕底边的中点，这样可以保证观众看清银幕的全部；体育馆定在篮球场边线或边线上空 300mm～500mm 处等。设计视点的选择是否合理，是衡量视觉质量好坏的重要标准，直接影响到地面升起的坡度和经济性。设计视点越低，视觉范围越大，但房间地面升起坡度越大；设计视点越高，视野范围越小，地面升起坡度就平缓。一般来说，当观察对象低于人的眼睛时，地面起坡大，反之则起坡小。

14.1.2 高层建筑剖面设计要求

1. 剖面设计应适应设备布置的需要

建筑设计中，对房间高度有影响的设备布置，主要是电气系统中照明、通信和动力（小负荷）等管线的铺设，空调管道的位置和走向，冷、热水的上、下管道的位置和走向，以及其他专用设备的位置等。例如医院手术室内设有下悬式无影灯时，市内的净高就要相应有所提高。又如某档案馆，跨度大（11m），楼面负荷重，楼板厚，梁很高，梁下有空调管道，空调又是通过吊顶板的孔均匀送风，顶板和管道之间还要有一定的距离，另外还要有灯具、烟感器、自动灭火器等的位置，使这个层高为 4.2m 的档案馆的室内净高仅有 2.7m。可见设备布置对剖面设计的影响不容忽视。当今建筑中采用的新设备很多，它们直接影响着层高、层数、立面造型等。因此，在剖面设计时应慎重对待。

2. 剖面设计要与建筑艺术相结合

建筑艺术在某种程度上可以说是空间艺术。各种空间给人以不同的感受，人们视觉上的房间高低，通常具有一定的相对性。例如一个窄而高的空间，由于它所处的位置不同，会使人产生不同的感受，它在某种位置上会使人感到拘谨，这是需要降低它的净高，使人感到亲切。但是，窄而高的空间容易引起人们向上看，把它放在恰当的位置，利用它的窄高，可起到引导的作用。也有不少建筑利用窄高的空间来获得崇高、雄伟的艺术效果。因此，在确定房间净高时，要有全面的观点和具体的空间观念。

3. 剖面设计要充分利用空间

提高建筑空间的利用率是建筑设计的一个重要课题，利用率一方面是水平方向的，表现在平面上；另一方面是垂直方向的，表现在剖面上。空间的充分利用，主要有赖于良好的剖面设计。例如住宅设计中，小居室床位上都放吊柜，可增加贮藏面积，在入口部分的过道上空作些吊柜，即可增加贮藏面积，又好像降低了层高，使住宅局有小巧感，使人感到亲切。一些公共建筑的空间高大，充分利用其空间来增设夹层、跃廊等，可以增加使用面积、节约投资，同时还可利用夹层丰富空间的变化、增强市内的艺术效果。

4. 跃层建筑的设计目的

跃层建筑的设计目的是节省公共交通面积，减少干扰，主要用于每户建筑面积较多的住宅设计，也可用于公共建筑。在剖面设计中应注意楼梯和层高的高度问题。错层的剖面设计，主要适用于建筑物纵向或横向需随地形分段而高低错开的情况。可利用室外台阶解决上下层入口的错层问题，也可利用室内楼梯，选用楼梯梯段数量，调整梯段的踏步数，与楼梯平台的标高和错层地面的标高一致。

14.2 某高层住宅建筑剖面图的绘制

高层建筑剖面图主要绘制思路为：首先根据已有建筑侧立面图的轴线确定这幢高层建筑的剖

面定位轴线和辅助轴网，以及地平线和建筑外部轮廓线，接着绘制各楼层结构构件的剖面图，最后进行尺寸和文字标注。

剖面图所采用的比例一般与平面图中一致，图中我们采用 1∶100 的比例绘制。以下就按照这个思路绘制高层建筑的剖面图，如图 14-1 所示。

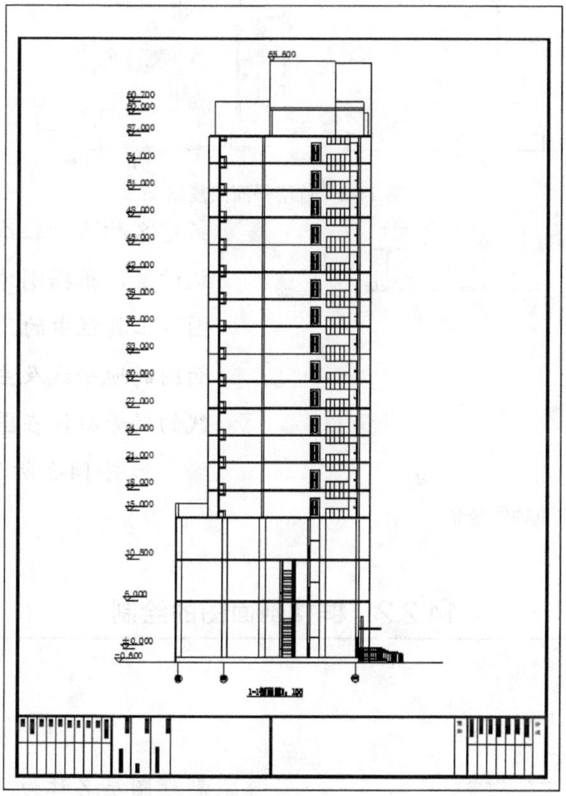

图 14-1 高层建筑剖面图绘制

14.2.1 辅助轴线的绘制

Step 绘制步骤

1. 在建筑底层平面图上一般都回标出剖切符号，表明剖面图的剖切位置。打开文件夹中先前绘制的“首层建筑平面图”，仔细观察图纸，关闭“标注”和“轴线”图层，按住 Ctrl+C 快捷键，从上向下框选该平面的左半部分，即该转折剖切线所能看到的部分。
2. 新建一个 dwg 文件，命名为“剖面图”，将刚才复制那部分图粘贴在新建图中（快捷键为 Ctrl+V），为了使图面整洁并且绘图方便，可将对于部分及参差不齐处修剪整齐，并利用“旋转”命令（快捷键 RO），将图旋转–90°，具体如图 14-2 所示。

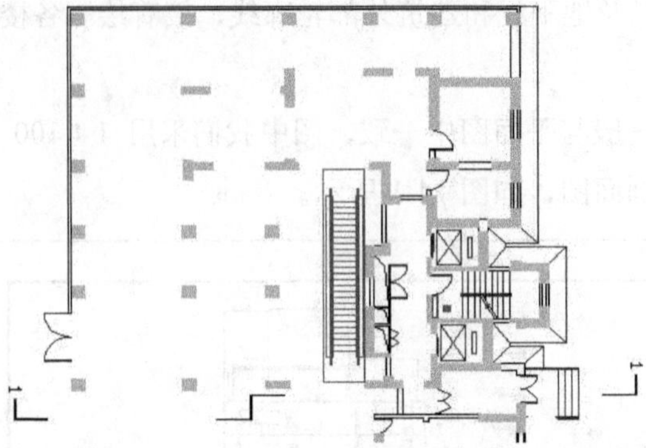

图 14-2　首层平面图复制

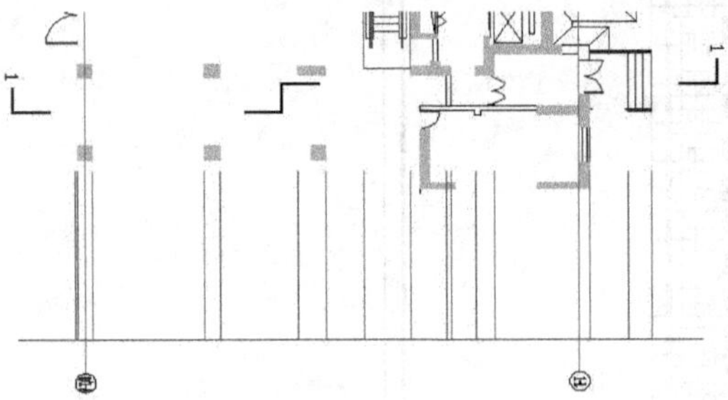

图 14-3　主要定位轴线绘制

3. 新建名称为“轴线”的图层，其余采用默认设置，根据刚才复制的部分，单击“绘图”工具栏中的“直线”按钮，绘制剖面图的地平线及主要定位轴线，将定位轴线的轴号标注在图纸上，并将多余部分删除，如图 14-3 所示。

14.2.2　群楼剖面图的绘制

Step 绘制步骤

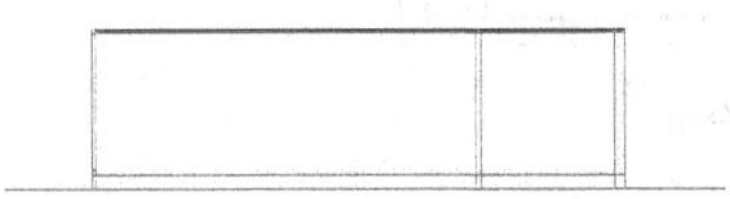

图 14-4　首层剖面图剖线绘制

1. 新建图层名称为“剖线”图层，线宽分别设置为 0.35，并置为当前。根据轴线及剖切线的位置，绘制室内外地坪线、楼板及剖到的墙体，如图 14-4 所示。

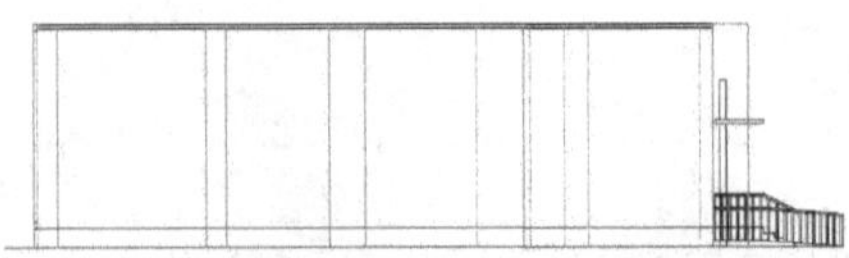

图 14-5　首层剖面图看线绘制

2. 新建图层名称为“看线”图层，线宽分别设置为 0.15，并置为当前。根据轴线及剖切线的位置，绘制首层看到的墙柱，室外台阶栏杆及雨篷，如图 14-5 所示。

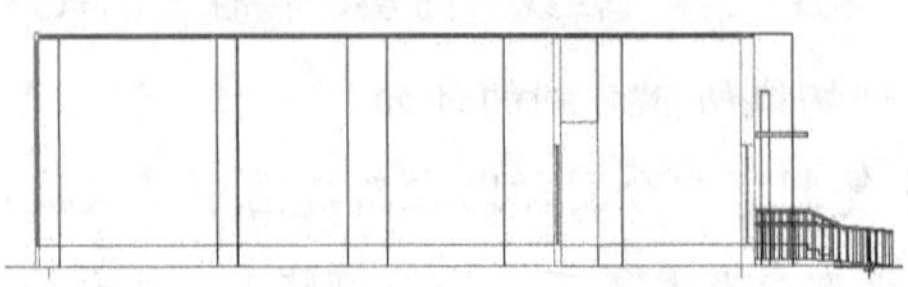

图 14-6　首层剖面图门窗绘制

3. 单击“绘图”工具栏中的“直线”按钮，绘制首层剖面图的门窗及玻璃幕墙，如图 14-6 所示。

4 单击"绘图"工具栏中的"直线"按钮和"修改"工具栏中的"矩形阵列"按钮，绘制自动扶梯，如图 14-7 所示。

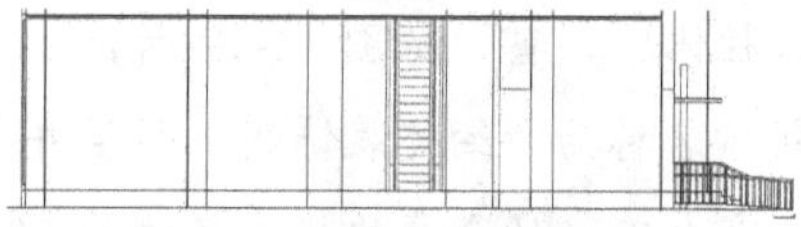

图 14-7 首层剖面图自动扶梯绘制

5 将首层剖面图除室外部分向上复制得到群楼其他楼层剖面图（注意，一楼层高 6000，而二楼、三楼层高 4500），经过细部剪切和修改后如图 14-8 所示。

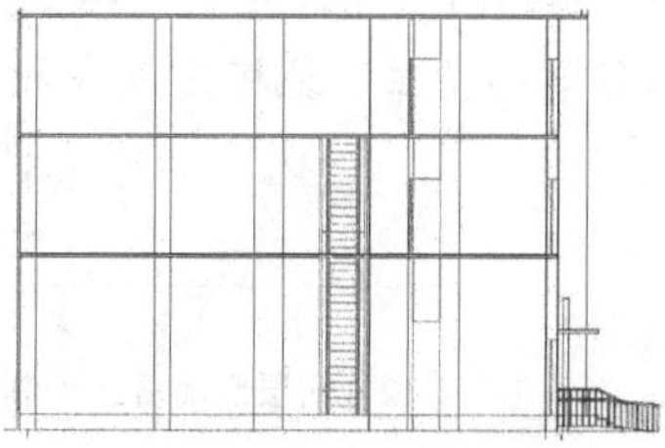

图 14-8 二、三楼剖面图绘制

6 单击"绘图"工具栏中的"直线"按钮，绘制女儿墙，得到群楼剖面图如图 14-9 所示。

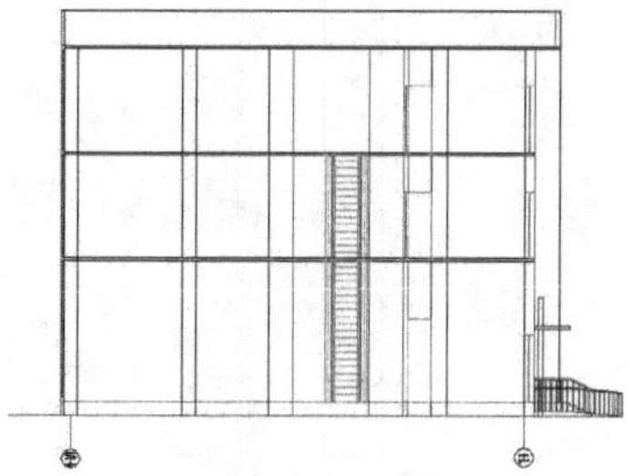

图 14-9 群楼剖面图一绘制

14.2.3 标准层剖面图的绘制

Step 绘制步骤

1 仔细观察四层平面图，根据首层平面图剖面符号的位置，单击"修改"工具栏中的"偏移"按钮，将 1-1-a 垂直轴线向右偏移 5000，得到原图中的 1-1 轴线位置。再将 1-1 轴线向左连续偏移 600、1200，向右连续偏移 4100、200、700、900、3550、1000、3200、800、200、200、1100，得到标准层剖面图的垂直辅助轴线，如图 14-10 所示。

2 重复"偏移"命令，将地平线水平轴线向上偏移 16200、2350、100，将当前图层设置为"剖线"图层，根据轴线位置及剖切线符号，绘制四楼楼板及剖到的墙体、窗台，并将女儿墙遮挡部分剪切，如图 14-11 所示。

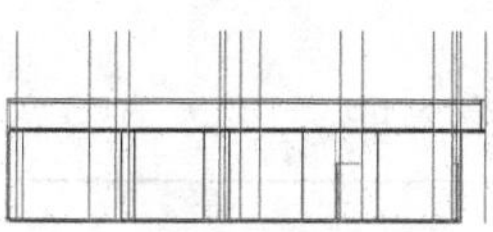

图 14-10 标准层垂直辅助轴线绘制

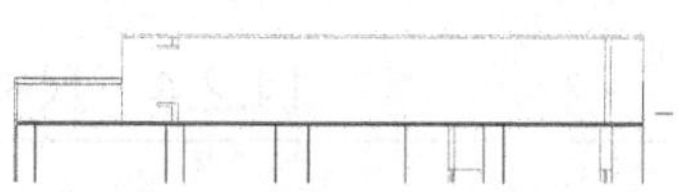

图 14-11 四层剖面剖线绘制

3 将当前图层分别设置为"看线"和"门窗"，根据轴线位置及剖切线符号，绘制四楼看到的墙柱体、门窗，如图 14-12 所示。

4. 新建名称为“细部装饰线”图层并置为当前，单击“绘图”工具栏中的“矩形”按钮，绘制窗台百叶的金属格栅，尺寸为 50 × 50，并单击“修改”工具栏中的“矩形阵列”按钮，将矩形进行阵列。单击“绘图”工具栏中的“矩形”按钮，绘制厨房看到的橱柜，根据人体工程学的特征，地柜高度我们暂定为 900，顶柜高度为 800，如图 14-13 所示。

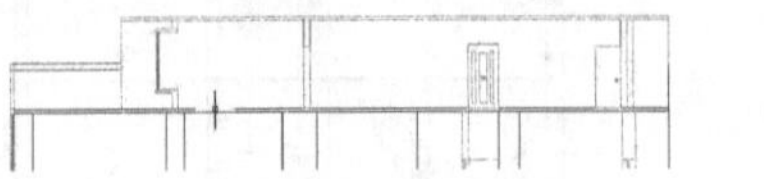

图 14-12　四层剖面看线绘制

图 14-13　四层剖面细部绘制

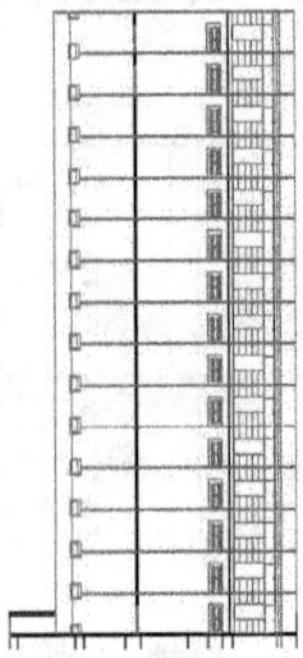

图 14-14　标准层剖面绘制

5. 单击“修改”工具栏中的“矩形阵列”按钮，将四层剖面图向上阵列，行数为 15，列数为 1，行间距 3000，单击“修改”工具栏中的“修剪”按钮，进行剪切后得到标准层的剖面图如图 14-14 所示。

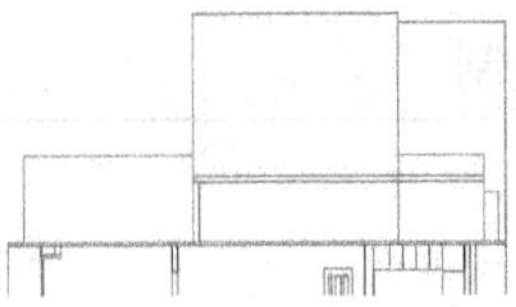

图 14-15　十九层及屋顶钢架剖面绘制

6. 根据剖切线位置及十九层的平面图，绘制十九层及屋顶钢架的剖面图，如图 14-15 所示。

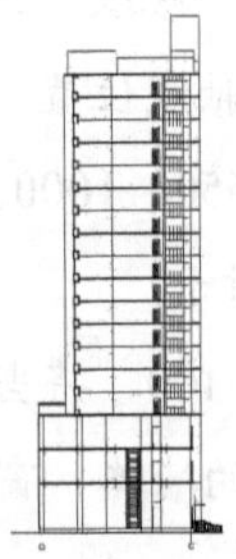

图 14-16　高层建筑剖面绘制

7. 该高层建筑的 1-1 剖面图基本绘制完毕，如图 14-16 所示。

14.2.4　尺寸标注及文字说明

Step 绘制步骤

1. 与前面的立面图相似，新建图层名称为“标注”的图层并置为当前，设置文字样式和标注样式，进行文字和标高标注。

2 单击“绘图”工具栏中的“多行文字”按钮A，标准图名为“1-1 剖面图 1∶100”，插入光盘中所带图框，如图 14-1 所示。

14.3 建筑详图的绘制要求

本节讲述建筑详图的基本理论和基础知识。

14.3.1 建筑详图的特点

1．比例较大

建筑平面图、立面图和剖面图互相配合，反映房屋的全局，而建筑详图是建筑平面图、立面图和剖面图的补充。详图的尺寸标注齐全，图文说明详尽、清晰，因此详图常用较大比例。

2．图示详尽清楚

建筑详图是建筑细部的施工图，根据施工要求，将建筑平面图、立面图和剖面图中的某些建筑构配件（如门、窗、楼梯、阳台、各种装饰等）或某些建筑剖面节点（如檐口、窗台、明沟或散水以及楼地面层、屋顶层等）的详细构造（包括样式、层次、做法、用料等），用较大比例清楚地表达出来的图样。建筑详图用于表示构造合理，用料及做法适宜，因而图示应该详尽、清楚。

3．尺寸标注齐全

建筑详图的作用在于指导具体施工，更为清楚地了解该局部的详细构造及做法、用料、尺寸等，因此具体的尺寸标准必须齐全。

4．数量灵活

数量的选择与建筑的复杂程度及平、立、剖面图的内容及比例有关。建筑详图的图示方法视细部的构造复杂程度而定。一般来说，墙身剖面图需要一个剖面详图就能表示清楚，而楼梯间、卫生间则需要增加平面详图，门窗玻璃隔断等则需要增加立面详图。

14.3.2 建筑详图的具体识别分析

1．外墙身详图

图 14-17 所示为外墙身详图，根据剖面图的编号 3-3，对照平面图上 3-3 剖切符号，可知该剖

面图的剖切位置和投影方向。绘图所用的比例是 1∶20。图中注上轴线的两个编号，表示这个详图适用于Ⓐ、Ⓔ两个轴线的墙身。也就是说，在横向轴线③～⑨的范围内，Ⓐ、Ⓔ两轴线的任何地方（不局限在 3-3 剖面处），墙身各相应部分的构造情况都相同。在详图中,对屋面楼层和地面的构造，采用多层构造说明方法来表示。

将其局部放大，从图 14-18 所示的檐口部分来看，可知屋面的承重层是预制钢筋混凝土空心板，按 3%来砌坡，上面有油毡防水层和架空层，以加强屋面的隔热和防漏。檐口外侧做一个天沟，并通过女儿墙所留孔洞（雨水口兼通风孔）使雨水沿雨水管集中流到地面。雨水管的位置和数量可从立面图或平面图中查阅。

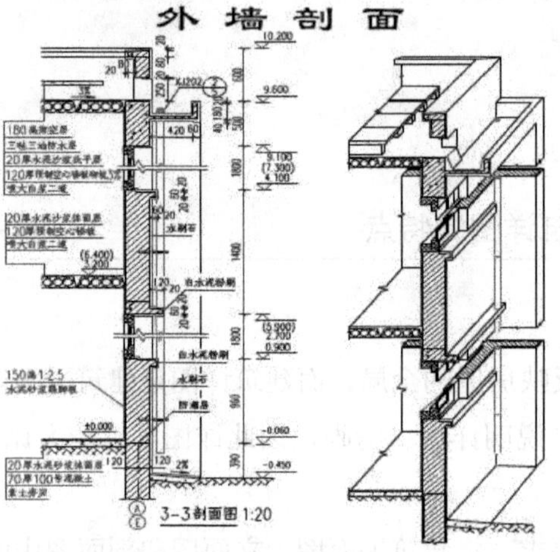

图 14-17　外墙剖面详图

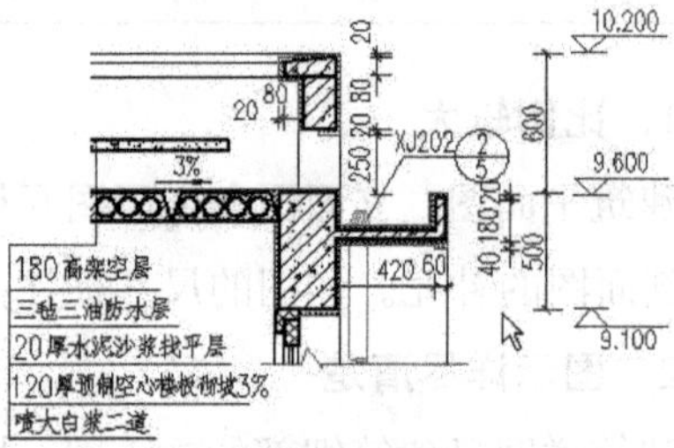

图 14-18　屋面详图

从楼板与墙身连接部分来看，可了解各层楼板（或梁）的搁置方向及与墙身的关系。在本例中，预制钢筋混凝土空心板是平行纵向布置的，因而它们搁置在两端的横墙上。在每层的室内墙脚处需作一个踢脚板，以保护墙壁，从图中的说明可看到其构造做法。踢脚板的厚度可等于或大于内墙面的粉刷层。如厚度一样时，在其立面图中可不画出其分界线。从图 14-19 中还可看到窗台、窗过梁（或圈梁）的构造情况。窗框和窗扇的形状和尺寸需另用详图表示。

如图 14-20 所示，从勒脚部分可知房屋外墙的防潮、防水和排水的做法。外（内）墙身的防潮层，一般是在底层室内地面下 60mm 左右（指一般刚性地面）处，以防地下水对墙身的侵蚀。在外墙面，离室外地面 300mm～500mm 高度范围内（或窗台以下），用坚硬防水的材料做成勒脚。在勒脚的外地面，用 1∶2 的水泥砂浆抹面，做出 2%坡度的散水，以防雨水或地面水对墙基础的侵蚀。

在上述详图中，一般应注出各部位的标高、高度方向和墙身细部的尺寸。图中标高注写有两个数字时，有括号的数字表示在高一层的标高。从图中有关文字说明，可知墙身内外表面装修的断面形式、厚度及所用的材料等。

2．楼梯详图

楼梯是多层房屋上下交通的主要设施。楼梯是由楼梯段（简称梯段，包括踏步或斜梁）、平台（包括平台板和梁）和栏板（或栏杆）等组成。楼梯详图主要表示楼梯的类型、结构形式、各部位的尺寸及装修做法。楼梯详图包括平面图、剖面图及踏步和栏板详图等，并尽可能画在同一张图纸内。平、剖面图比例要一致，以便对照阅读。踏步、栏板详图比例要大些，以便表达清楚该部分的构造情况，楼梯详图一如图 14-21 所示。

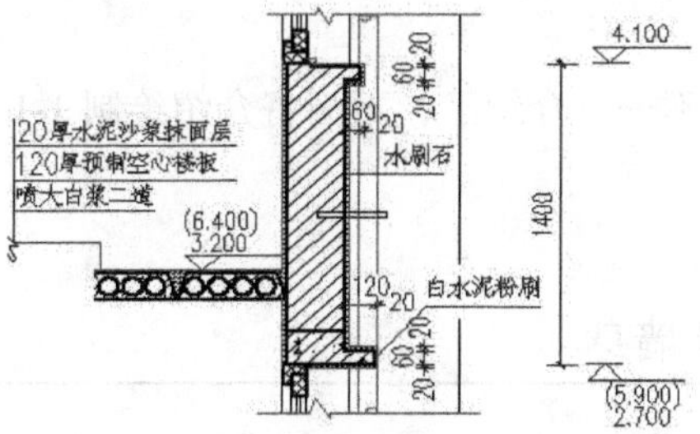

图 14-19 窗台详图

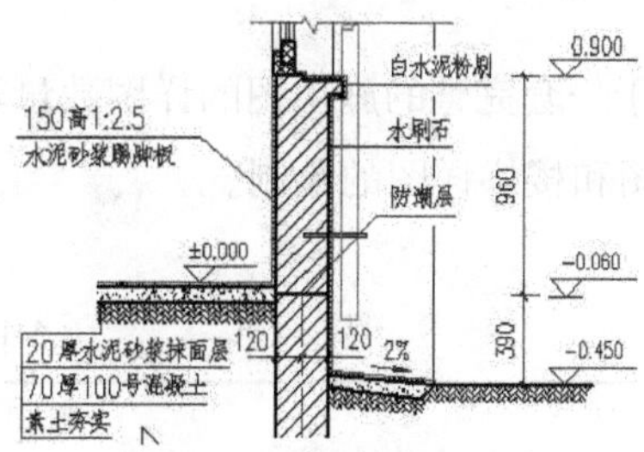

图 14-20 勒脚详图

假想用一铅垂面（4-4），通过各层的一个梯段和门窗洞，将楼梯剖开，向另一未剖到的梯段方向投影，所作的剖面图，即为楼梯剖面详图，楼梯详图二如图 14-22 所示。

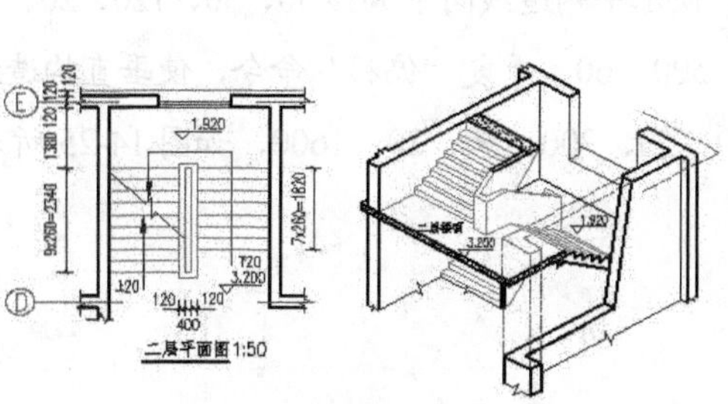

图 14-21 楼梯详图一

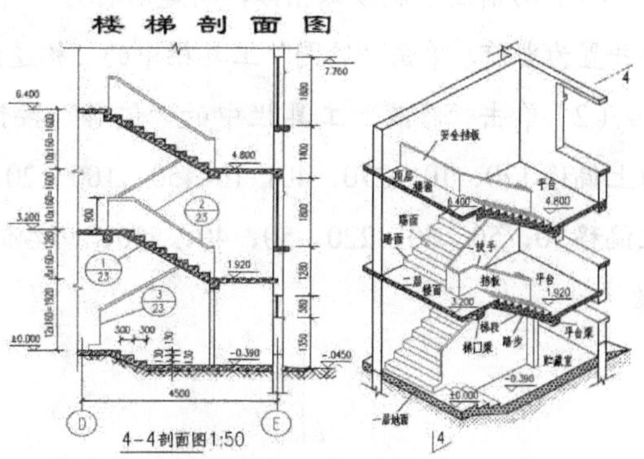

图 14-22 楼梯详图二

从图中的索引符号可知，踏步、扶手和栏板都另有详图，用更大的比例画出它们的形式、大小、材料及构造情况，楼梯详图三如图 14-23 所示。

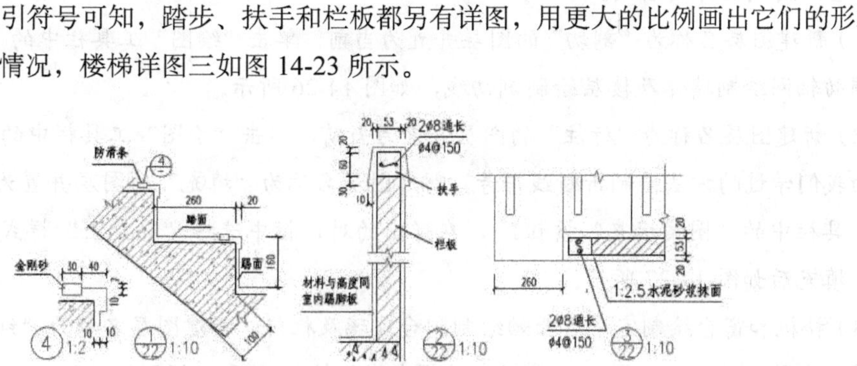

图 14-23 楼梯详图三

14.4 某高层住宅部分建筑详图的绘制

由于一套完整的施工图的详图数量较多，在此就不一一介绍了，下面将介绍绘制 1-1 标准层外墙详图和楼梯详图的绘制。

14.4.1 绘制外墙身

Step 绘制步骤

1 外墙详图辅助轴线绘制。

（1）与前面绘制步骤相似，新建名称为“外墙详图”的图形文件，新建图层名称为“轴线”的图层并置为当前，单击“绘图”工具栏中的“构造线”按钮，绘制水平及垂直轴线，如图 14-24 所示。

（2）单击“修改”工具栏中的“偏移”按钮，使水平构造线向下偏移 30、50、120、20、700，向上偏移 120、10、270、40、10、50、100、20、50、500、60。重复“偏移”命令，使垂直构造线向左偏移 30、50、80、220、50、40、550，向右偏移 20、50、200、50、20、1600，如图 14-25 所示。

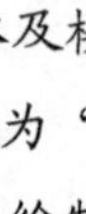

图 14-24 辅助轴线绘制

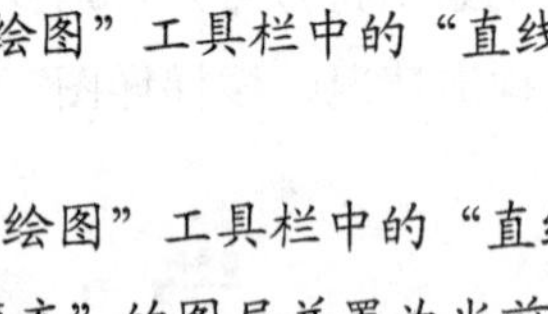

图 14-25 辅助轴网绘制

2 外墙详图剖切详图绘制。

（1）新建图层名称为“剖切”的图层并置为当前，单击“绘图”工具栏中的“直线”按钮，沿着辅助轴网绘制墙体及楼层绘制剖切线，如图 14-26 所示。

（2）新建图层名称为“标注”的图层并置为当前，单击“绘图”工具栏中的“直线”按钮和前面我们学过的方法绘制折断线符号，新建图层名称为“填充”的图层并置为当前，单击“绘图”工具栏中的“图案填充”按钮，在弹出的对话框中选择“混凝土”样式在相应位置进行填充，填充后如图 14-27 所示。

（3）楼板和窗台绘制完毕后开始绘制阳台玻璃及栏杆；新建图层名称为“细部装饰线”的图层并置为当前，单击“绘图”工具栏中的“直线”按钮和“矩形”按钮，绘制阳台玻璃及栏杆，如图 14-28 所示。

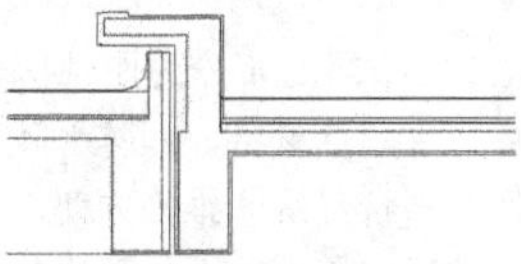

图 14-26　窗台剖切详图一

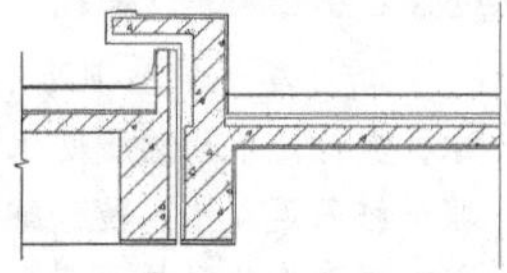

图 14-27　窗台剖切详图二

（4）将当前图层设置为“标注”图层，在刚才绘制的阳台玻璃上绘制两道平行线符号，将平行线之间部分剪切，代表其余雷同的标准层略去，如图 14-29 所示。

（5）将“轴线”图层置为当前，单击“修改”工具栏中的“复制”按钮和“偏移”按钮，将构造线向上偏移，并将“剖切”图层置为当前图层，在阳台上方绘制上一层楼的楼板及窗台剖切图，在“细部装饰线”图层绘制两楼层窗台之间的空调机位百叶，如图 14-30 所示。

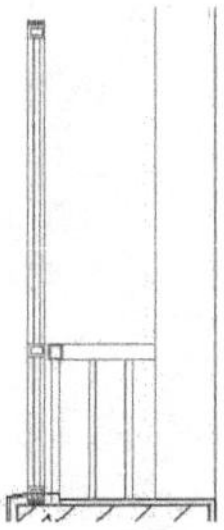

图 14-28　阳台剖面绘制一

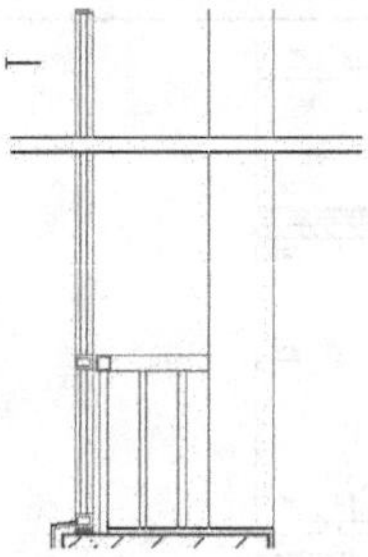

图 14-29　阳台剖面绘制二

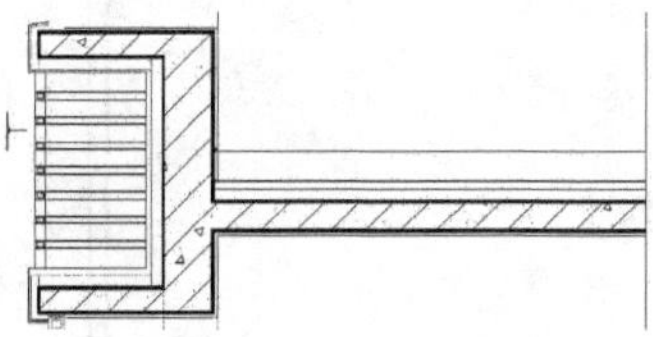

图 14-30　窗台空调机位详图

（6）单击“修改”工具栏中的“复制”按钮，将窗台空调机位向上复制 2 个，如图 14-31 所示。

（7）单击“绘图”工具栏中的“直线”按钮，在楼顶绘制女儿墙及屋顶防水层，如图 14-32 所示。

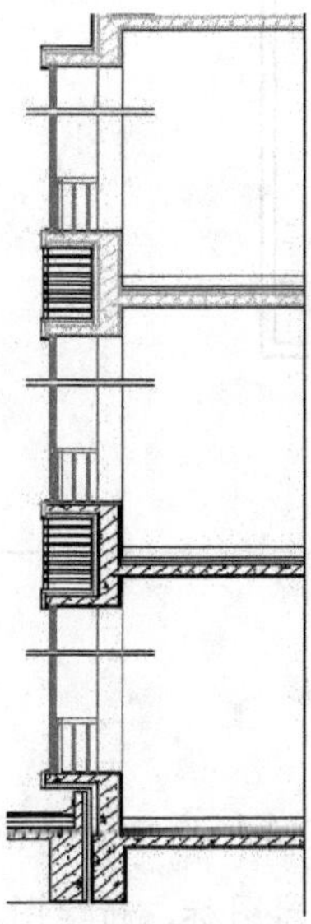

图 14-31　外墙详图绘制一

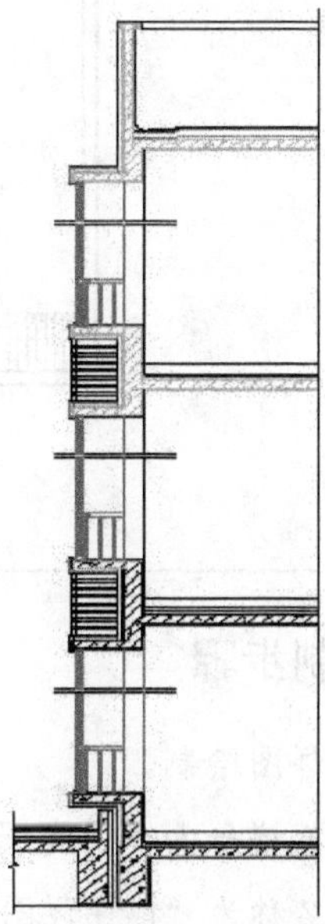

图 14-32　外墙详图绘制二

注意

高层建筑平屋顶防水屋面根据防水层材料和做法的不同通常分为刚性防水、柔性防水、涂膜防水和粉剂防水等。刚性防水层是以刚性材料，如防水砂浆、细石混凝土、配筋细石混凝土等构成，施工方便，造价经济，维修方便，但对温度变化和屋面变形比较敏感，多用于我国南方地区；柔性防水屋面的基本构造层分为结构层、找坡层、找平层、结合层、防水层和保护层。

3 外墙详图尺寸标注及文字说明。

新建文字样式及标注样式，在“标注”图层中对该详图进行标注，插入图框，如图 14-33 所示。

建筑空间的竖向组合交通联系，依靠楼梯、电梯、自动扶梯等竖向交通设施。其中，作为竖向交通和人员紧急疏散的主要交通设施，楼梯的使用最为广泛。

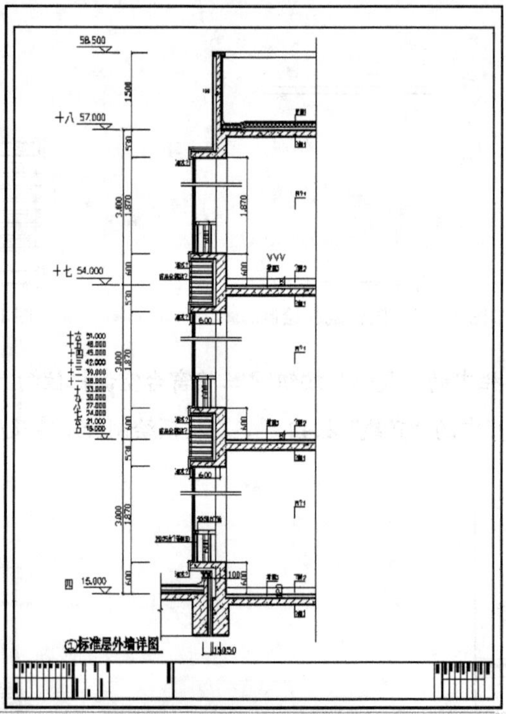

图 14-33　外墙详图绘制效果

14.4.2　绘制楼梯详图

Step 绘制步骤

1 楼梯平面详图绘制。

由于各层楼梯平面详图大同小异，下面将主要学习绘制地下室楼梯的平面详图。

（1）新建名称为“楼梯详图”的图形文件，单击图形特性管理器图标，新建图层名称为“轴线”的图层，一切设置采用默认值。单击“绘图”工具栏中的“直线”按钮，绘制辅助轴线，水平轴线长度略大于 2600，垂直轴线略大于 5100，如图 14-34 所示。

（2）新建图层名称为“墙体”的图层，线宽 0.35，并置为当前，与平面图墙体的绘制方法相似，选择菜单栏中的“绘图”→“多线”命令，绘制楼梯间墙体，如图 14-35 所示。新建图层名称为“楼梯”的图层，线宽 0.15，并置为当前，单击“修改”工具栏中的“偏移”按钮，将两根水平轴线分别向内偏移 1350，形成楼层平台和休息平台轴线，如图 14-36 所示。

图 14-34 辅助轴线绘制

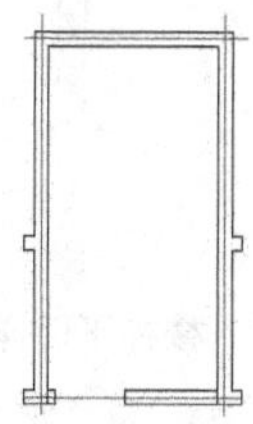

图 14-35 楼梯间外墙绘制

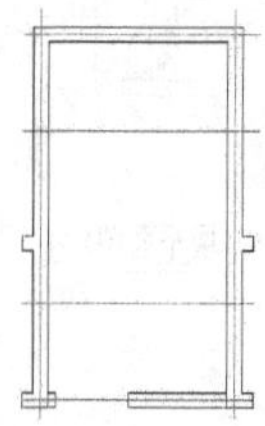

图 14-36 楼梯间平台轴线绘制

（3）单击“绘图”工具栏中的“直线”按钮和“修改”工具栏中的“矩形阵列”按钮，绘制楼梯间栏杆及踏步，如图 14-37 所示。

（4）单击“绘图”工具栏中的“直线”按钮和“修改”工具栏中的“修剪”按钮，绘制折断线；单击“绘图”工具栏中的“多段线”按钮，绘制上下楼的指向符号，如图 14-38 所示。

（5）新建图层名称为“填充”图层并置为当前，将墙体填充为钢筋混凝土样式。

（6）新建图层名称为“门窗”图层并置为当前，绘制楼梯间消防门及消防箱后如图 14-39 所示。

（7）新建图层名称为“标注”图层并置为当前，设置文字样式及标注样式后对楼梯间平面详图进行尺寸标注及文字标注，如图 14-40 所示。

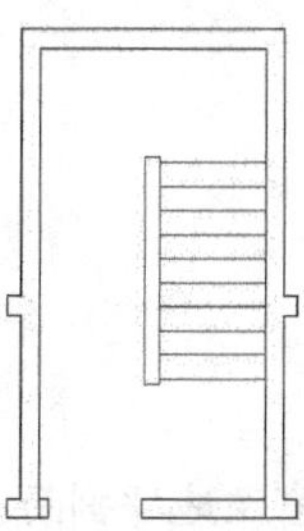

图 14-37 楼梯间栏杆及踏步绘制

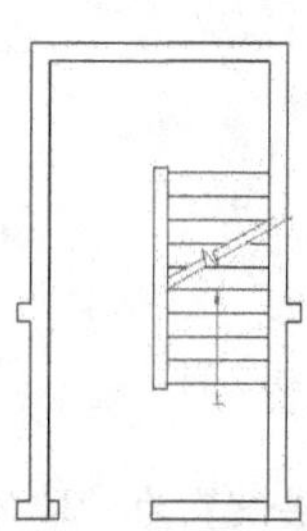

图 14-38 折断线及指示符号绘制

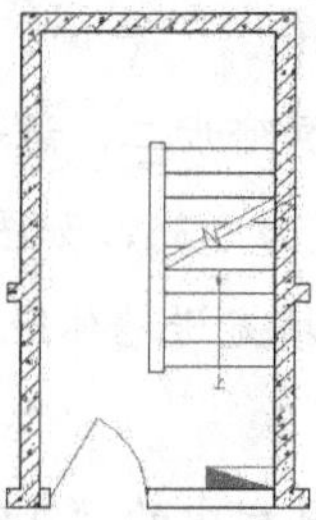

图 14-39 墙体填充绘制

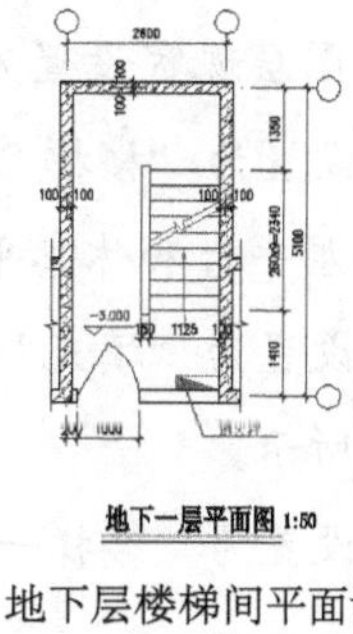

图 14-40 地下层楼梯间平面详图绘制

（8）其他层的楼梯间详图如图 14-41 所示，请读者自己动手练习。

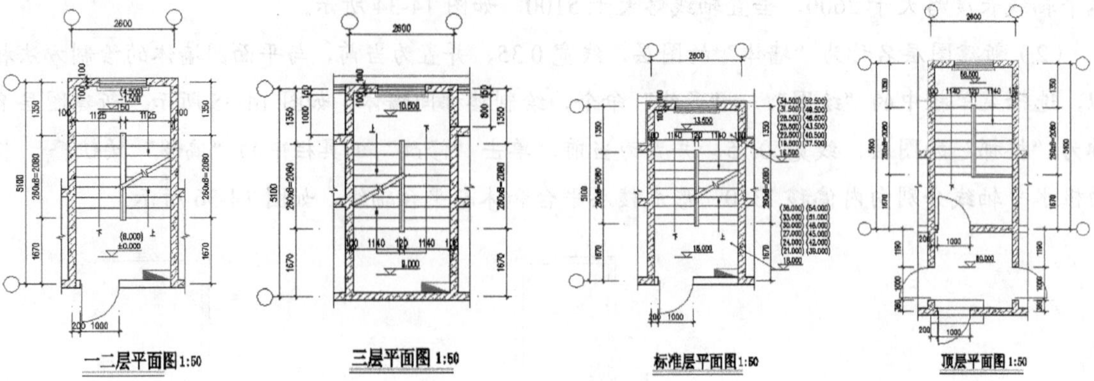

图 14-41　楼梯平面详图

❷ 楼梯剖面详图 1-1 绘制。

（1）将“轴线”图层置为当前图层，单击“绘图”工具栏中的“直线”按钮，绘制水平及垂直辅助轴线，如图 14-42 所示。

（2）单击“修改”工具栏中的“偏移”按钮，将水平轴线向上偏移 600，然后单击“修改”工具栏中的“矩形阵列”按钮，向上阵列，行数为 20，列数为 1，行间距为 150，得到楼梯 1-1 剖面详图的水平轴网，如图 14-43 所示。

（3）单击“修改”工具栏中的“偏移”按钮，将垂直轴线向右偏移 1350，然后单击“修改”工具栏中的“矩形阵列”按钮，向右阵列，行数为 1，列数为 10，列间距为 250，得到楼梯 1-1 剖面详图的垂直轴网，如图 14-44 所示。

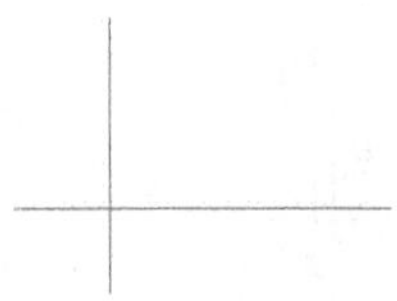

图 14-42　辅助轴线绘制

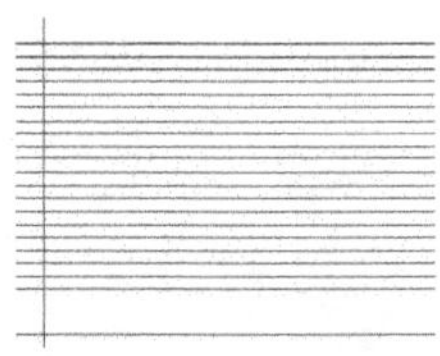

图 14-43　水平轴网绘制

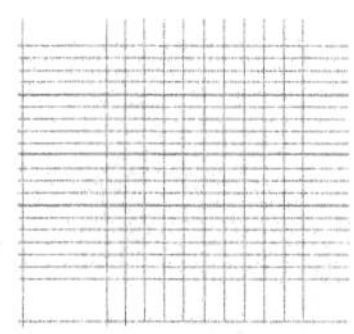

图 14-44　垂直轴网绘制

（4）将当前图层设置为“墙体”，绘制楼梯剖面详图的墙体、门窗及地坪剖面，如图 14-45 所示。

（5）将当前图层设置为“楼梯 1”图层，根据轴网绘制楼梯踏步一，该部分踏步为看到部分的楼梯踏步，所以该图层现宽设置为 0.15，具体如图 14-46 所示。

（6）将当前图层设置为“楼梯 2”图层，根据轴网绘制楼梯踏步二，该部分踏步为剖到部分的楼梯踏步，包括楼层平台和休息平台，所以该图层现宽设置为 0.35，如图 14-47 所示。

（7）将当前图层设置为“填充”图层，将“混凝土”样式填充进墙体地基以及楼梯梯段梁、平台梁，如图 14-48 所示。

（8）将当前图层设置为“楼梯一”图层，单击“绘图”工具栏中的“直线”按钮、“修改”

工具栏中的“复制”按钮和“修剪”按钮，绘制楼梯栏杆，具体如图 14-49 所示。

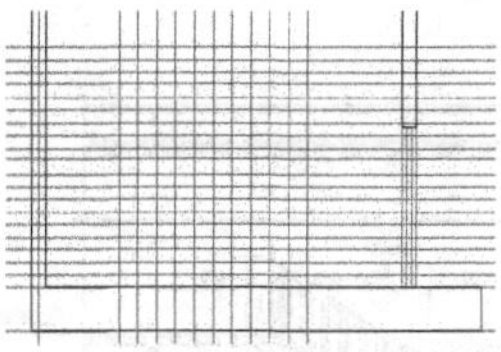

图 14-45　墙体、门窗及地坪绘制

图 14-46　楼梯踏步一绘制

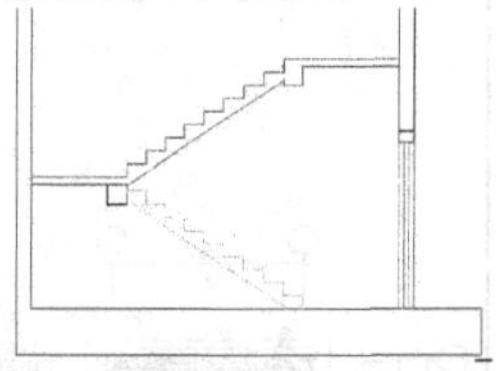

图 14-47　楼梯踏步二及平台绘制

（9）单击“修改”工具栏中的“矩形阵列”按钮，向上阵列得到其他楼层的楼图剖面图，由于层高的差异，楼梯踏步阶数不同的地方注意修改，即可得到 1-1 楼梯剖面详图，如图 14-50 所示。

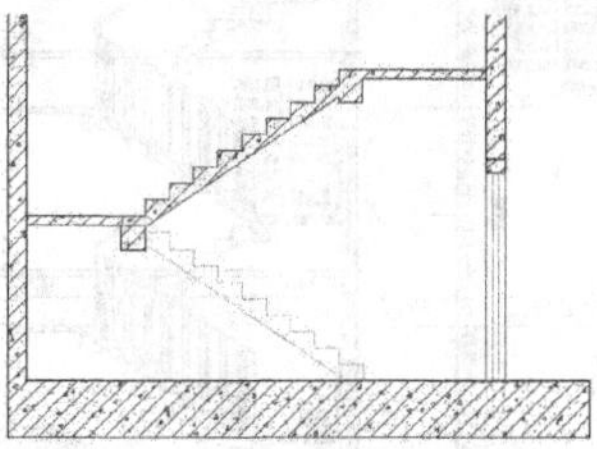

图 14-48　墙体填充绘制

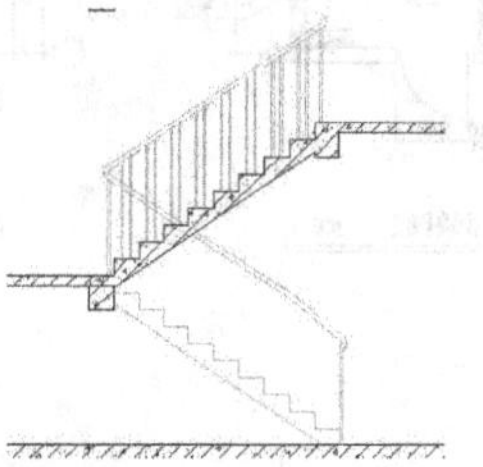

图 14-49　楼梯栏杆

（10）将当前图层设置为“标注”图层，对该楼梯 1-1 剖面详图进行标注，如图 14-51 所示。

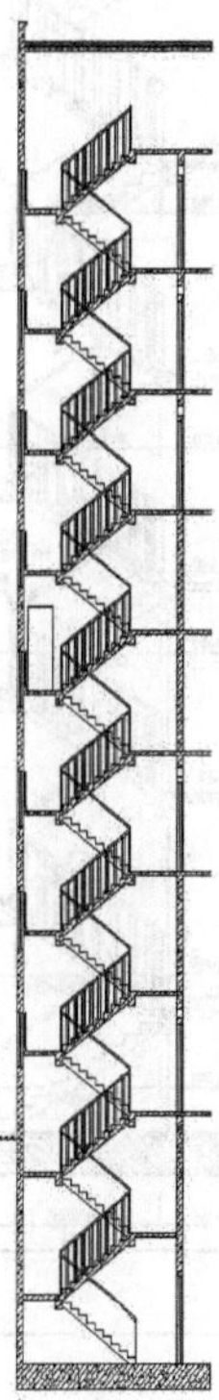

图 14-50　楼梯剖面详图绘制

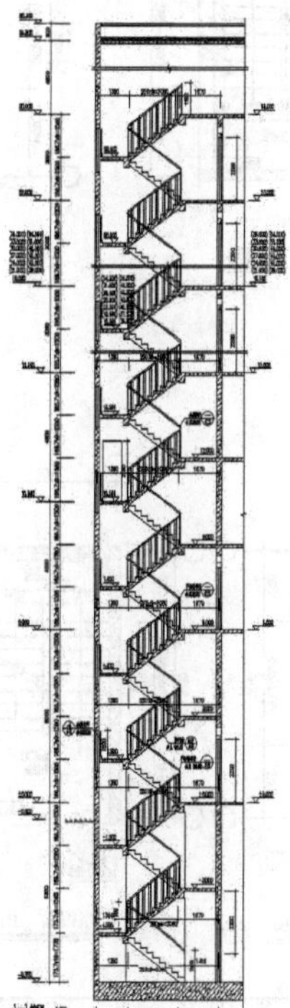

图 14-51　楼梯剖面详图尺寸标注绘制

（11）插入图框后得到整个楼梯详图，如图 14-52 所示。

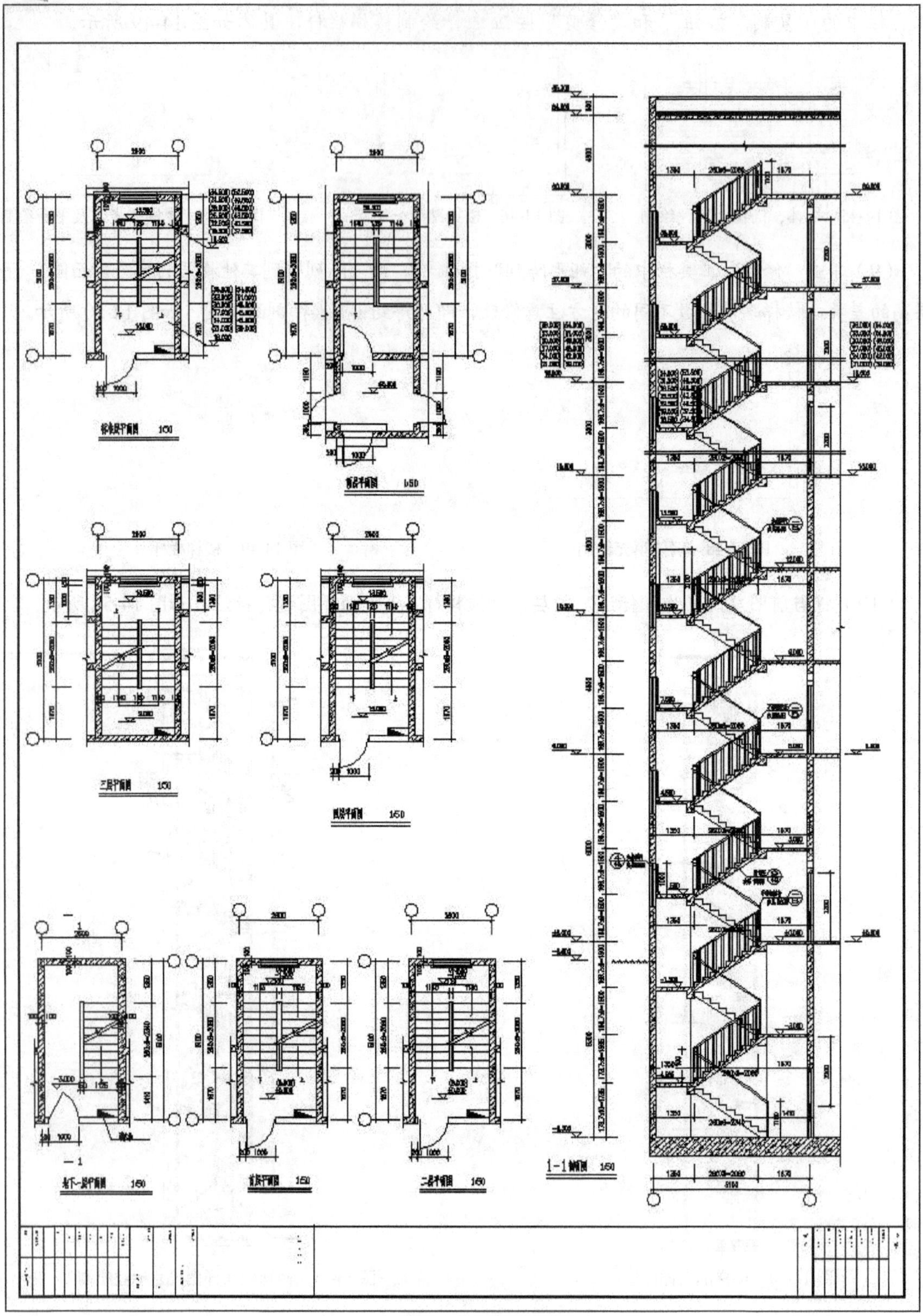

图 14-52　楼梯详图最后效果

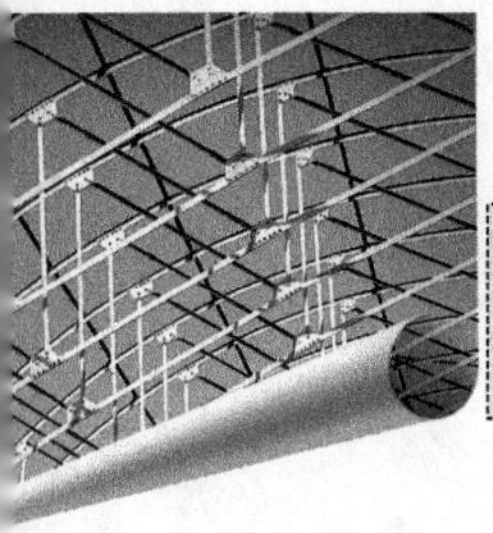

第4部分 天正设计

本部分主要介绍在天正 TArch 8.5 中绘制建筑施工图的各种方法和技巧。

本部分内容通过某办公楼施工图实例引导读者对天正 TArch 8.5 功能的理解和掌握，帮助读者熟练掌握和应用这种优秀的建筑式合计软件。

第15章 轴网

轴线是建筑物各组成部分的定位中心线，是图形定位的基准线，网状分布的轴线称为轴网。轴网要用到开间和进深两个概念，开间是纵向相邻轴线之间的距离，进深是横向相邻轴线之间的距离。在一般绘制建筑图中是最先画出建筑物的轴网。

本章主要讲述轴网的绘制和编辑方法。

重点与难点

- 轴网的创建
- 编辑轴网
- 轴网标注
- 轴号编辑

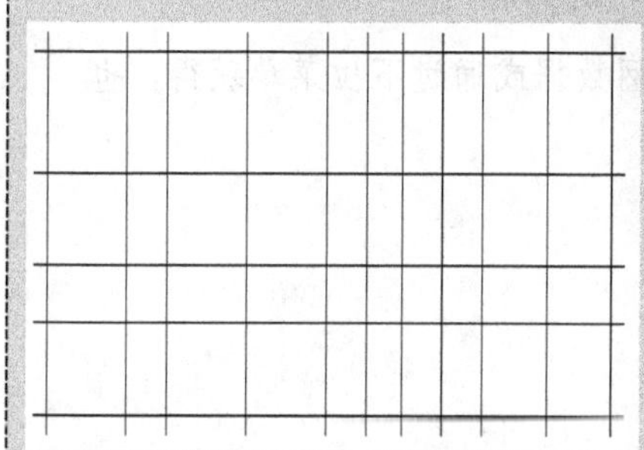

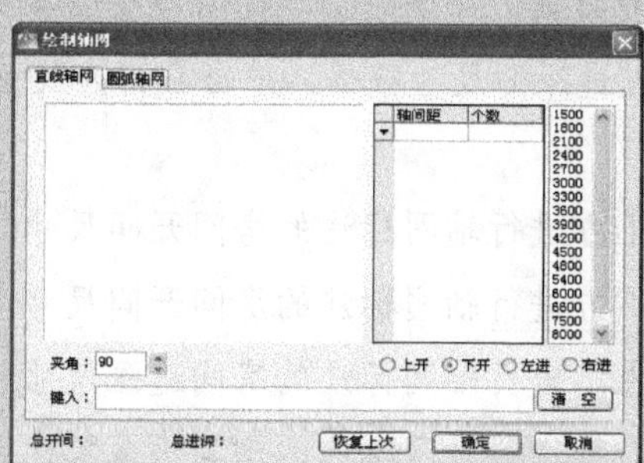

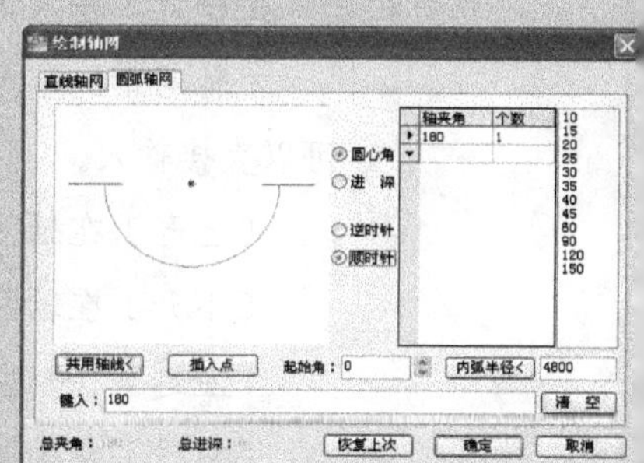

15.1 轴网的创建

本节主要讲解轴网创建的功能。

15.1.1 绘制直线轴网

直线轴网功能用于生成正交轴网、斜交轴网和单向轴网。

执行方式

命令行：HZZW

菜单："轴网柱子" → "绘制轴网"

其中正交轴网中构成轴网的两组轴线夹角是 90°，如图 15-1 所示。

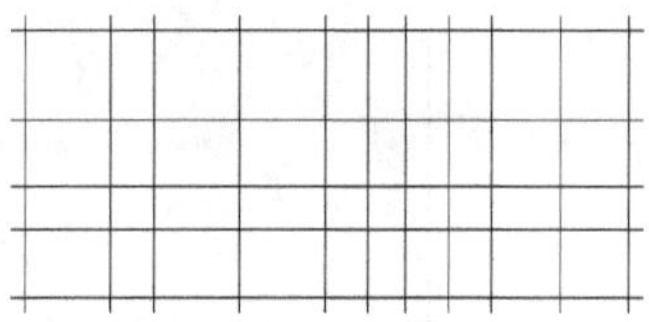

图 15-1　正交轴网图

下面以图 15-1 所示的正交轴网绘制过程为例讲述绘制直线轴网的方法。

操作步骤

（1）执行【绘制轴网】命令，打开【绘制轴网】对话框，在其中单击【直线轴网】，如图 15-2 所示。

其中控件含义如下。

〔键入〕输入轴网数据，每个数据之间用空格或英文逗号隔开。

〔轴间距〕开间或进深的尺寸数据，单击右侧输入轴网数据或通过下拉菜单获得，也可以直接输入。

〔上开〕在轴网上方进行轴网标注的房间开间尺寸。

〔下开〕在轴网下方进行轴网标注的房间开间尺寸。

〔左进〕在轴网左侧进行轴网标注的房间进深尺寸。

〔右进〕在轴网右侧进行轴网标注的房间进深尺寸。

〔个数〕相应轴间距数据的重复次数，单击右侧输入轴网数据或通过下拉菜单获得，也可以直接输入。

〔夹角〕输入开间与进深轴线之间的夹角数据，其中 90° 为正交轴网，其他为斜交轴网。

〔清空〕将一组开间或进深键入数据栏清空，其他组数据保留。

〔恢复上次〕将上次绘制轴网的参数恢复到对话框中。

（2）选择默认的“下开”，在“轴间距”内输入 6000、3000、6000、6000、3000、2600、3000、3000、4800、4800，此时对话框如图 15-3 所示。

（3）选择“左进”，在“轴间距”内输入 4800、3000、5100、6300，此时对话框如图 15-4 所示。

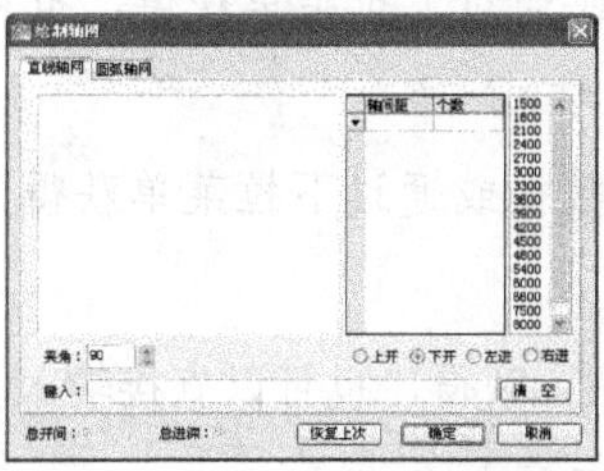

图 15-2 【直线轴网】对话框

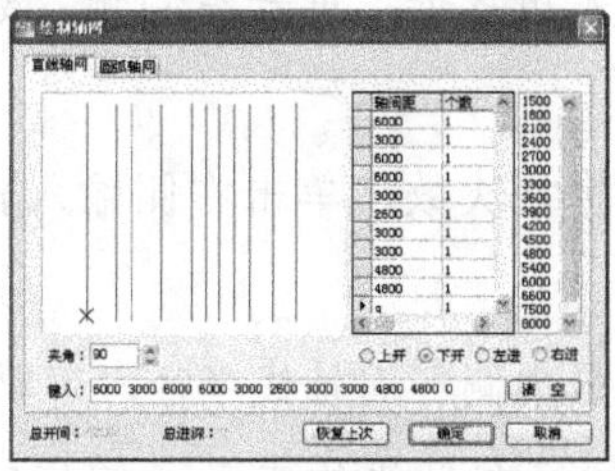

图 15-3 “下开”轴网

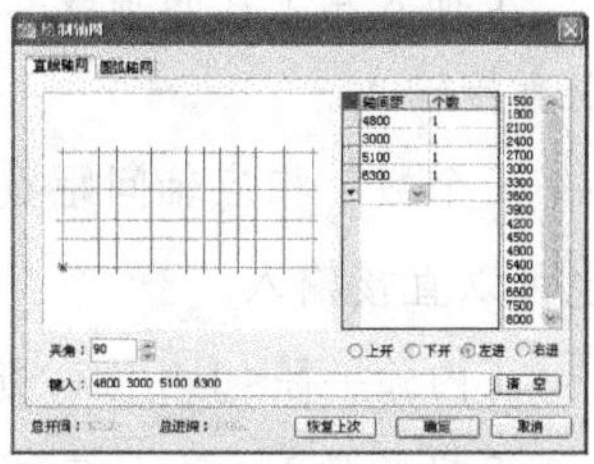

图 15-4 “左进”轴网

（4）在对话框中输入所有尺寸数据后单击【确定】，则系统根据提示输入所需要的参数，命令行显示如下：

单击位置或 [转 90 度(A)/左右翻(S)/上下翻(D)/对齐(F)/改转角(R)/改基点(T)]<退出>:点选轴网基点位置

15.1.2 绘制圆弧轴网

圆弧轴网由弧线和径向直线组成的定位轴线。

执行方式

命令行：HZZW

菜单：“轴网柱子” → “绘制轴网”

下面以图 15-5 所示的圆弧轴网绘制过程为例讲述绘制圆弧轴网的方法。

操作步骤

（1）打开如图 15-1 所示的“直线轴网”，执行【绘制轴网】命令，打开【绘制轴网】对话框，在其中单击【圆弧轴网】，如图 15-6 所示。

考虑到更好的运用对话框，对其中用到的控件说明如下。

〔键入〕输入轴网数据，每个数据之间用空格或英文逗号隔开。

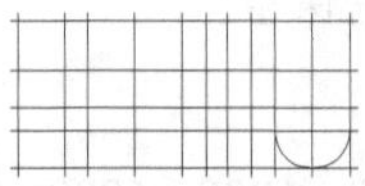

图 15-5　圆弧轴网图

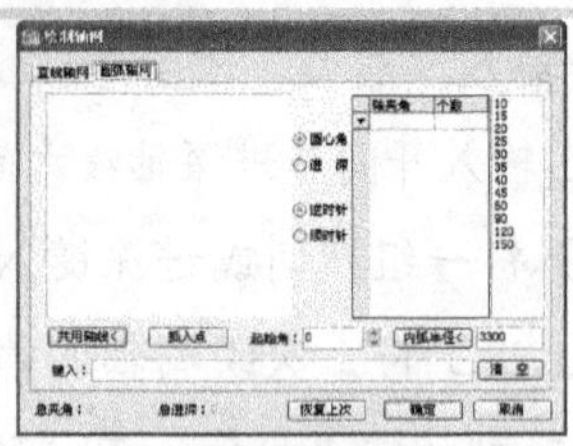

图 15-6　【圆弧轴网】对话框

〔圆心角〕由起始角起算，按旋转方向排列的轴线开间序列，单位角度。

〔进深〕在轴网径向，由圆心起算到外圆的轴线尺寸序列，单位 mm。

〔轴夹角〕开间轴线之间的夹角数据，单击右侧输入数据或通过下拉菜单获得，也可以直接输入。

〔个数〕相应轴间距数据的重复次数，单击右侧输入轴网数据或通过下拉菜单获得，也可以直接输入。

〔内弧半径<〕由圆心起算的最内侧环向轴线半径，可以从图上获得，也可以直接输入。

〔起始角〕x 轴正方向到起始径向轴线的夹角（按旋转方向定）

〔逆时针〕径向轴线的逆向旋转方向

〔顺时针〕径向轴线的正向旋转方向

〔共用轴线<〕在与其他轴网共用一根径向轴线时，从图上指定该径向轴线，单击时通过拖动圆轴网确定与其他轴网连接的方向。

〔插入点〕单击改变轴网的插入基点位置。

（2）选中“圆心角”，默认已选中该项，即左面的圆圈中出现圆点，也可单击选中。

（3）勾选“圆心角”和“顺时针”两种方式，在“轴夹角”内输入 180，个数输入 1，其他对话框中输入数据，如图 15-7 所示。

勾选“进深身”方式，在“轴间距”内输入 4800，“插入点”选择轴线交点，其他对话框中输入数据，如图 15-8 所示。

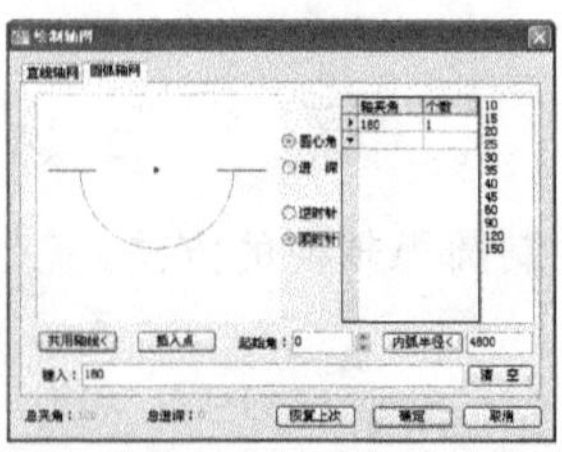

图 15-7　定位【圆弧轴网】步骤一

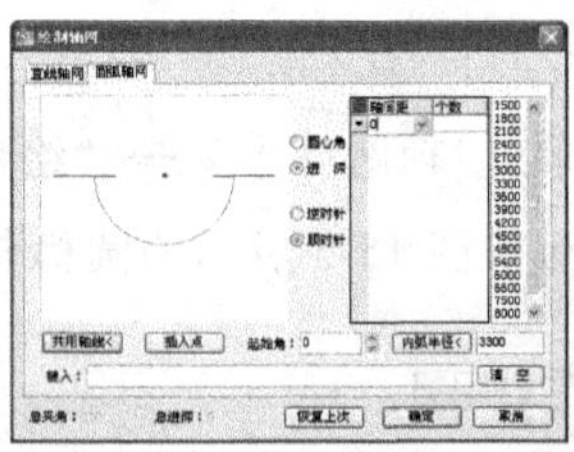

图 15-8　定位【圆弧轴网】步骤二

（4）在对话框中输入所有尺寸数据后单击【确定】，则根据系统提示输入所需要的参数，命令行显示如下：

```
单击位置或 [转 90 度(A)/左右翻(S)/上下翻(D)/对齐(F)/改转角(R)/改基点(T)]<退出>:
```

15.2 编辑轴网

本节主要讲解轴网编辑的功能。

轴网编辑用到命令：【添加轴线】、【轴线裁剪】和【轴改线型】。下面分别介绍轴网编辑的几种命令。

15.2.1 添加轴线

添加轴线功能是参考已有的轴线来添加平行的轴线。

执行方式

命令行：TJZX

菜单："轴网柱子" → "添加轴线"

下面以图 15-9 所示的添加轴线编辑过程为例讲述添加轴线的方法。

操作步骤

（1）打开随书光盘中的"源文件/15/15.2/圆弧轴网"，如图 15-10 所示。

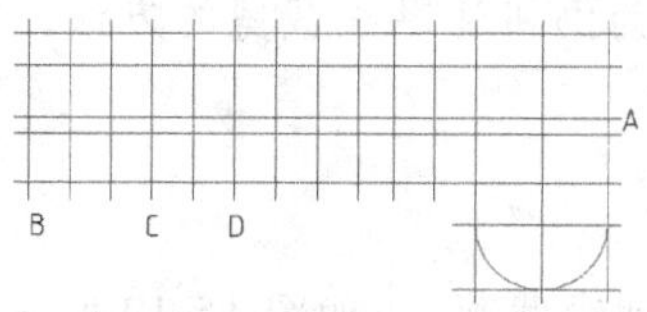

图 15-9 添加轴线图

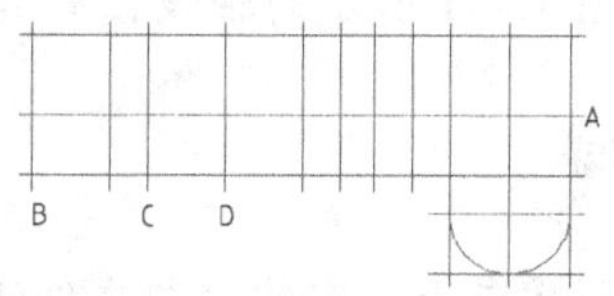

图 15-10 打开源文件

（2）单击【添加轴线】命令，命令行提示为：

```
选择参考轴线 <退出>:选 A
新增轴线是否为附加轴线?[是(Y)/否(N)]<N>:
偏移方向<退出>:向上
距参考轴线的距离<退出>: 3900
```

（3）单击【添加轴线】命令，命令行提示为：

```
选择参考轴线 <退出>:选 A
新增轴线是否为附加轴线?[是(Y)/否(N)]<N>:
偏移方向<退出>:选下方向
距参考轴线的距离<退出>: 1200
```

（4）单击【添加轴线】命令，命令行提示为：

```
选择参考轴线 <退出>:选 B
新增轴线是否为附加轴线?[是(Y)/否(N)]<N>:
偏移方向<退出>:向右
距参考轴线的距离<退出>: 3000
```

（5）单击【添加轴线】命令，命令行提示为：

```
选择参考轴线 <退出>:选 C
新增轴线是否为附加轴线?[是(Y)/否(N)]<N>:
偏移方向<退出>:向右
距参考轴线的距离<退出>: 3000
```

（6）单击【添加轴线】命令，命令行提示为：

```
选择参考轴线 <退出>:选 D
新增轴线是否为附加轴线?[是(Y)/否(N)]<N>:
偏移方向<退出>:向右
距参考轴线的距离<退出>: 3000
```

15.2.2 轴线裁剪

轴线裁剪命令可以控制轴线长度，同样也可以应用 AutoCAD 中的相关命令进行操作，实际画图过程中相互配合使用的较多。

执行方式

命令行：ZXCJ

菜单："轴网柱子"→"轴线裁剪"

下面以图 15-11 所示的轴线裁剪编辑过程为例讲述轴线裁剪的方法。

操作步骤

（1）打开随书光盘中的"源文件/15/15.2/轴线裁剪"，如图 15-12 所示。

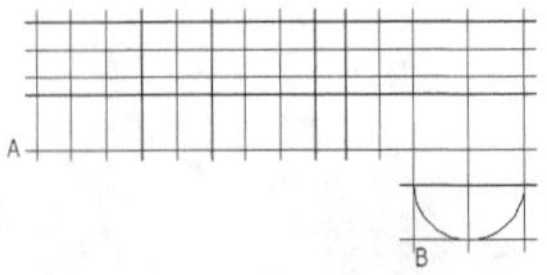

图 15-11　轴线剪裁图

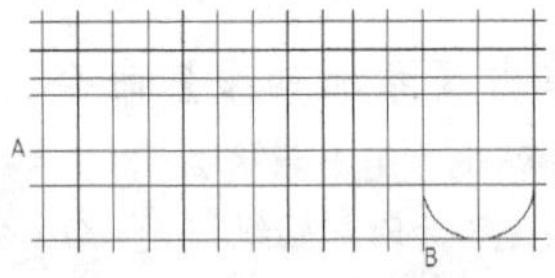

图 15-12　打开源文件

（2）单击【轴线裁剪】命令，系统默认为矩形裁剪，可直接给出矩形的对角线完成操作，命令交互执行方式如下：

```
矩形的第一个角点或 [多边形裁剪(P)/轴线取齐(F)]<退出>:选 A
另一个角点<退出>:选 B
结果如图 15-11 所示。
```

下面对命令行选项进行说明。

① 轴线取齐（F）

键入 F 显示轴线取齐功能的命令：

```
矩形的第一个角点或 [多边形裁剪(P)/轴线取齐(F)]<退出>:
请输入裁剪线的起点或选择一裁剪线:单击取齐的裁剪线起点
请输入裁剪线的终点: 单击取齐的裁剪线终点
请输入一点以确定裁剪的是哪一边:单击轴线被裁剪的一侧结束裁剪
```

② 多边形裁剪（P）

键入 P 显示多边线剪裁功能的命令：

```
矩形的第一个角点或 [多边形裁剪(P)/轴线取齐(F)]<退出>:P
多边形的第一点<退出>:选择多边线的第一点
下一点或 [回退(U)]<封闭>:......
下一点或 [回退(U)]<封闭>:回车自动封闭该多边形结束裁剪
```

15.2.3 轴改线型

轴改线型命令是将轴网命令中生成的默认线性实线改为点划线，实现在点划线和连续线之间的转换。

执行方式

菜单："轴网柱子"→"轴改线型"

在单击菜单命令后，图中轴线按照比例显示为点划线或连续线。实现轴改线型也可以通过在 AutoCAD 命令中将轴线所在图层的线型改为点划线。在实际作图中轴线先用连续线，出图时转换为点划线。

图 15-13 所示为轴改线型图。

轴线原图　　轴改线型

图 15-13　轴改线型图

15.3 轴网标注

本节主要讲解轴网标注中的轴号、进深和开间等的标注功能。

15.3.1 两点轴标

两点轴标功能是通过指定两点，标注轴网的尺寸和轴号。

执行方式

命令行：LDZB

菜单："轴网柱子" → "两点轴标"

下面以图 15-14 所示的两点轴标绘制过程为例讲述绘制两点轴标的方法。

操作步骤

（1）打开随书光盘中的"源文件/15/15.3/两点轴标"，如图 15-15 所示。

（2）单击【两点轴标】命令，出现【轴网标注】对话框，如图 15-16 所示，在【起始轴号】文本框中的默认起始轴号是 1。

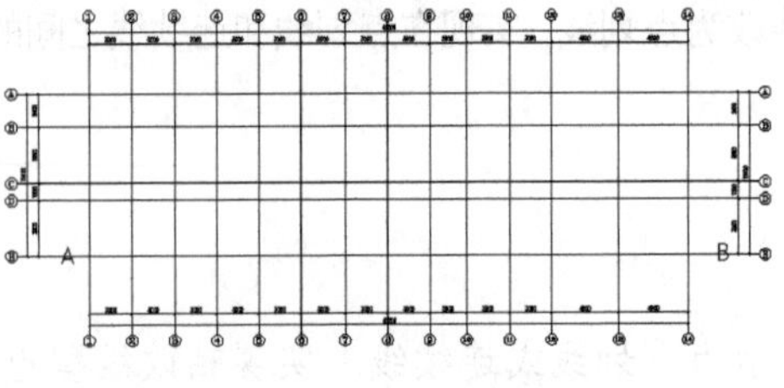

图 15-14　两点轴标图

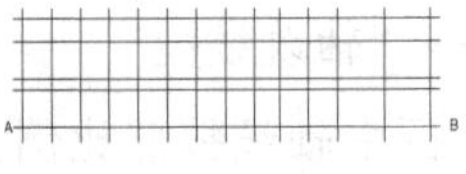

图 15-15　打开源文件

图 15-16　【轴网标注】对话框

（3）选择【单侧标注】，此时命令行提示为：

```
请选择起始轴线<退出>:选择起始轴线 A
请选择终止轴线<退出>:选择终止轴线 B
请选择起始轴线<退出>:回车退出
```

完成从左至右的轴网标注，如图 15-17 所示。

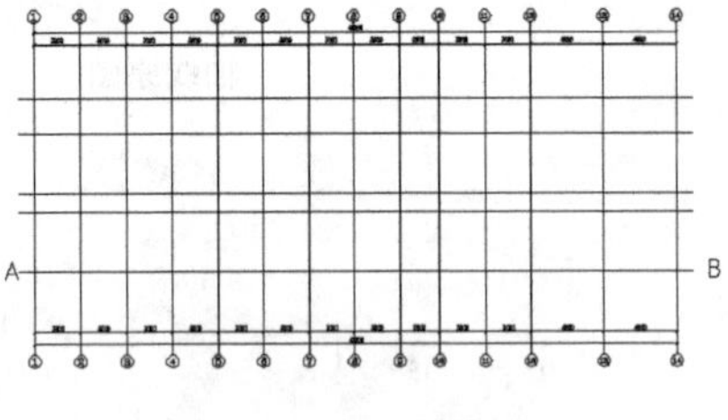

图 15-17　纵向轴标

（4）单击【两点轴标】命令，出现【轴网标注】对话框，如图 15-16 所示，在【起始轴号】文本框中的默认起始轴号是 A。

（5）选择【共用轴号】，此时命令行提示为：

```
请选择起始轴线<退出>:选择共用轴线 A
请选择终止轴线<退出>:选择终止轴线 B
请选择起始轴线<退出>:回车退出
```

完成直线轴网标注。

15.3.2 逐点轴标

逐点轴标命令用于标注指定的轴线的轴号，该命令标注的轴号是一个单独的对象，不参与轴号和尺寸重排，不适用于一般的平面图轴网，适用于立面、剖面和房间详图中标注单独轴号。

执行方式

命令行：ZDZB

菜单："轴网柱子"→"逐点轴标"

下面以图 15-18 所示的逐点轴标绘制过程为例讲述绘制逐点轴标的方法。

操作步骤

（1）打开随书光盘中的"源文件/15/15.3/逐点轴标"，如图 15-19 所示。

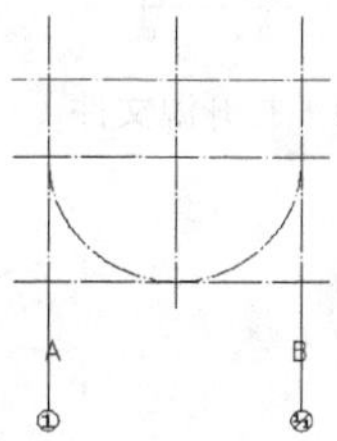

图 15-18 逐点轴标图

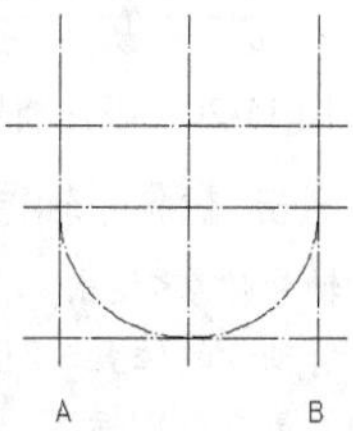

图 15-19 打开源文件

（2）单击【逐点轴标】命令，命令交互执行方式如下：

```
单击待标注的轴线<退出>:选其中一条轴线 A
请输入轴号<空号>:1
单击待标注的轴线<退出>:选另一条轴线 B
请输入轴号<空号>:1/1
```

结果如图 15-18 所示。

15.4 轴号编辑

本节主要讲解轴号编辑中的添补、删除、重排、倒排轴号和轴号夹点编辑等功能。

15.4.1 添补轴号

添补轴号功能是在轴网中对新添加的轴线添加轴号、新添加的轴号与原有轴号进行关联。

执行方式

命令行：TBZH

菜单："轴网柱子"→"添补轴号"

下面以图 15-20 所示的添补轴号绘制过程为例讲述绘制添补轴号的方法。

操作步骤

（1）打开随书光盘中的"源文件/15/15.4/添补轴号"，如图 15-21 所示。

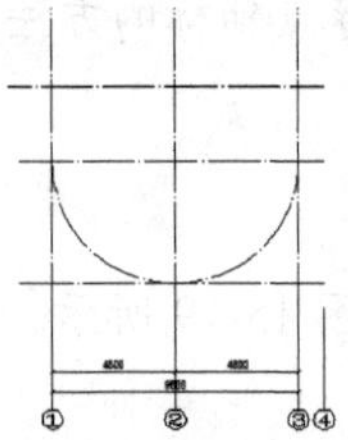

图 15-20 添补轴号图

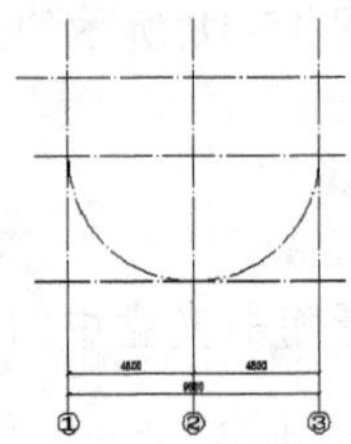

图 15-21 打开源文件

（2）单击【添补轴号】命令，命令行提示为：

```
请选择轴号对象<退出>:选择 3
请单击新轴号的位置或 [参考点(R)]<退出>:@1000<0
新增轴号是否双侧标注?[是(Y)/否(N)]<Y>: N
新增轴号是否为附加轴号?[是(Y)/否(N)]<N>:N
```

则添补④轴号，如图 15-20 所示。

15.4.2 删除轴号

删除轴号命令用于删除不需要的轴号，可支持一次删除多选轴号。

执行方式

命令行：SCZH

菜单："轴网柱子"→"删除轴号"

下面以图 15-22 所示的删除轴号绘制过程为例讲述绘制删除轴号的方法。

操作步骤

（1）打开随书光盘中的"源文件/15/15.4/删除轴号"，如图 15-23 所示。

（2）单击【删除轴号】命令，命令行提示为：

```
请框选轴号对象<退出>:选 2 轴左下侧
请框选轴号对象<退出>:选 3 轴右上侧
是否重排轴号?[是(Y)/否(N)]<Y>:N
```

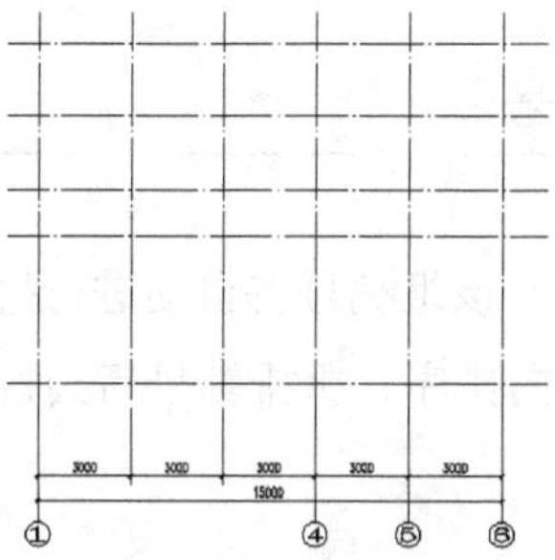

图 15-22　删除轴号图

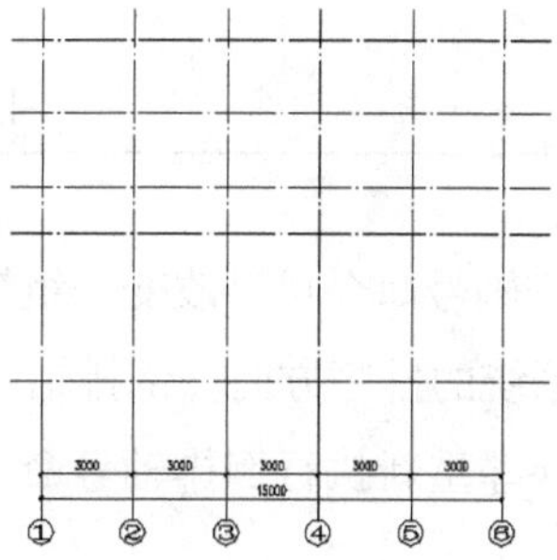

图 15-23　打开源文件

本例选择不重排轴号的执行方式，如图 15-22 所示。

15.4.3　重 排 轴 号

重排轴号在所选择的轴号系统中，从选择的某个轴号位置开始对轴网轴号按输入的新轴号重新排序，在新轴号左（或下）方的其他轴号不受影响。

执行方式

本命令通过右键菜单启动，执行命令前先单击轴号系统，右键单击，在打开的右键快捷菜单中选择【重排轴号】。

下面以图 15-24 所示的重排轴号绘制过程为例讲述绘制重排轴号的方法。

操作步骤

（1）打开随书光盘中的“源文件/15/15.4/重排轴号”，如图 15-25 所示。

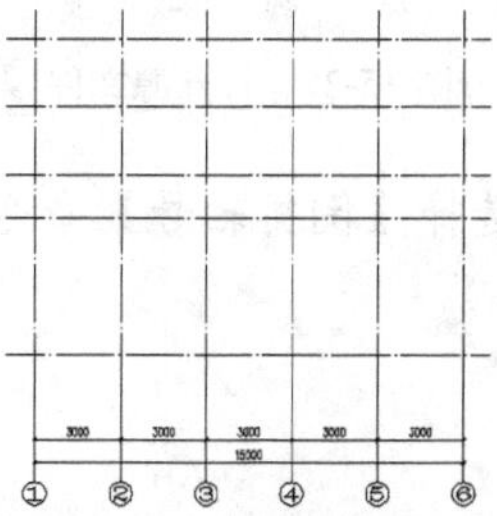

图 15-24　重排轴号图

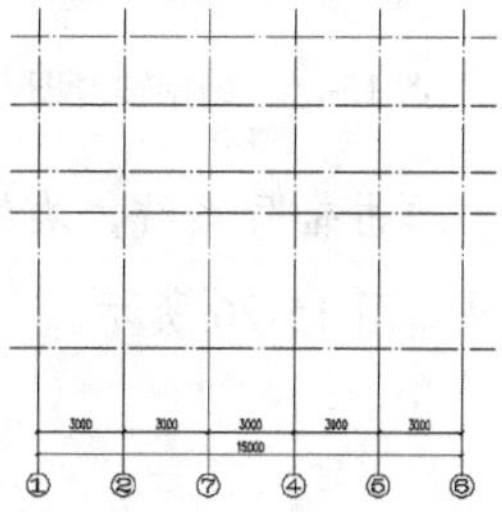

图 15-25　打开源文件

（2）单击轴号系统，右键单击打开右键快捷菜单，选择【重排轴号】命令，命令行提示为：

```
请选择需重排的第一根轴号<退出>:选 7
请输入新的轴号(.空号)<1>: 3
```

结果如图 15-24 所示。

15.4.4 倒排轴号

执行倒排轴号命令可以改变一组轴线标号的排序方向，该组编号将自动进行排序，同时影响以后该轴号系统的排序方向。倒排轴号是按从右到左的方向排序，重排轴号后会按照从右到左的方式进行，除非重新执行倒排轴号命令。

执行方式

本命令通过右键菜单启动，执行命令前先单击轴号系统，右键单击，在打开的右键快捷菜单中选择【倒排轴号】。

下面以图 15-26 所示的倒排轴号绘制过程为例讲述绘制倒排轴号的方法。

操作步骤

（1）打开随书光盘中的“源文件 1.5/15.4/倒排轴号”，如图 15-27 所示。

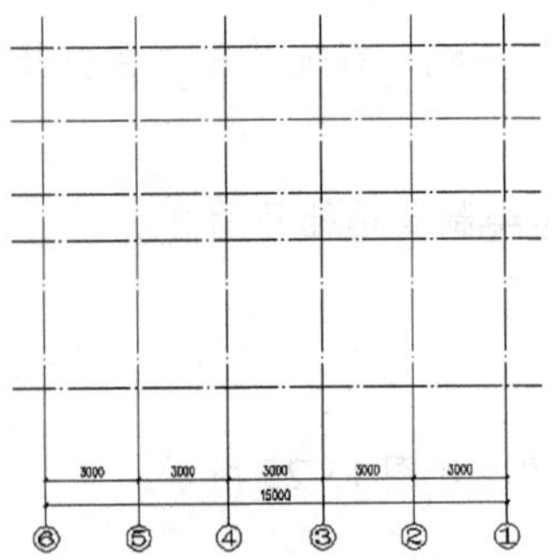

图 15-26　倒排轴号图

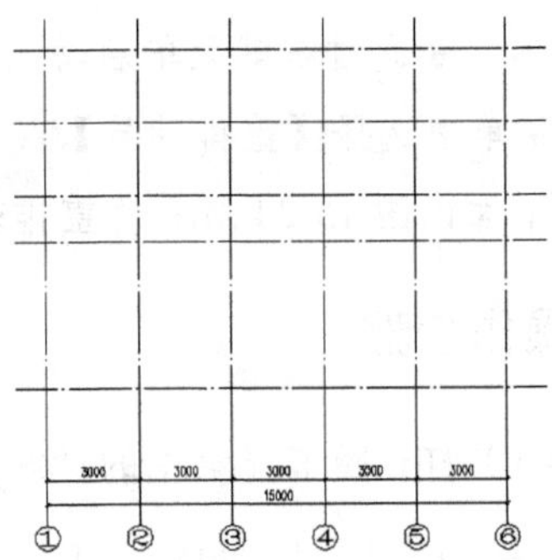

图 15-27　打开源文件

（2）单击轴号系统，右键单击打开右键快捷菜单，选择【倒排轴号】命令，命令执行后结果如图 15-26 所示。

15.4.5 轴号夹点编辑

轴号对象有夹点，可用拖曳夹点方式编辑轴号，可对成组轴号的相对位置进行改变，轴号的偏移和删除并修复等，方便了操作和使用。

执行方式

单击轴号系统，出现夹点，即可对轴号进行编辑。

轴号也可执行在位编辑和轴号对象编辑功能，其功能与前述命令功能一致，执行方式为运用光标选择轴号，轴号对象亮显，右击出现智能感知快捷菜单操作，命令行提示:

选择 [变标注侧(M)/单轴变标注侧(S)/添补轴号(A)/删除轴号(D)/单轴变号(N)/重排轴号(R)/轴圈半径(Z)]<退出>:

选择不同的功能即可执行。

下面以图 15-28 所示的轴号夹点编辑过程为例讲述轴号夹点编辑的方法。

操作步骤

（1）打开随书光盘中的“源文件 1.5/15.4/轴号夹点编辑”，如图 15-29 所示。

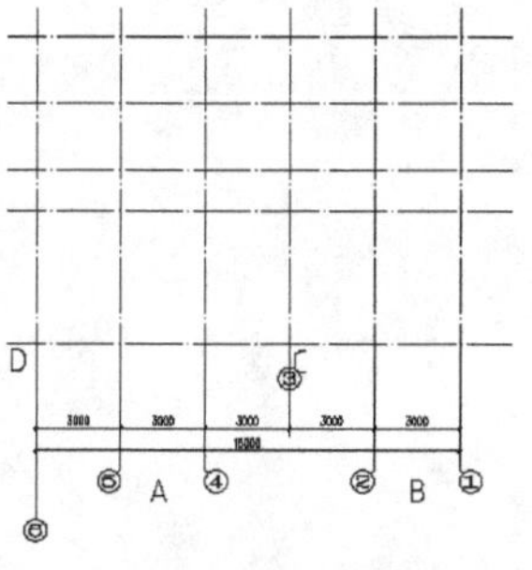

图 15-28 轴号夹点编辑图

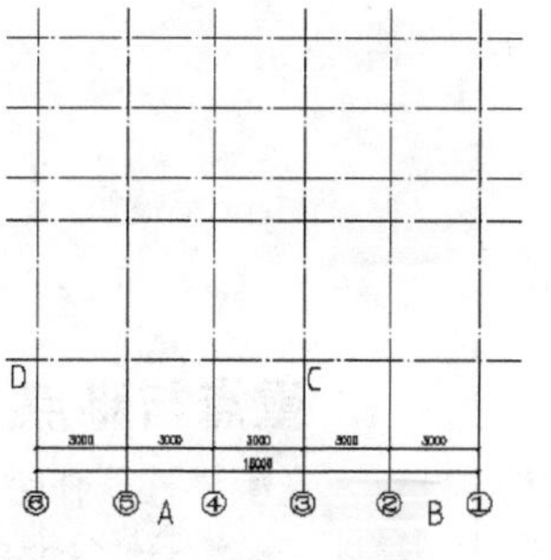

图 15-29 打开源文件

（2）单击轴号系统，在 A 处运用夹点分别向左右外偏，在 B 处运用夹点分别向左右外偏。

（3）在 C 处 3 轴夹点向上移动，改单侧引线长度。

（4）在 D 处 6 轴引出线夹点向下移动，则整体改变轴号位置。

结果如图 15-28 所示。

第16章

柱子

本章将介绍标准柱、角柱、构造柱和异型柱的创建方法以及柱子的编辑方法。

重点与难点

- 柱子的创建
- 柱子编辑

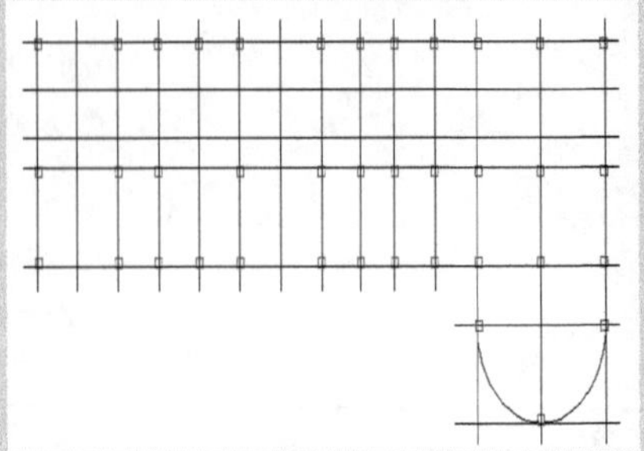

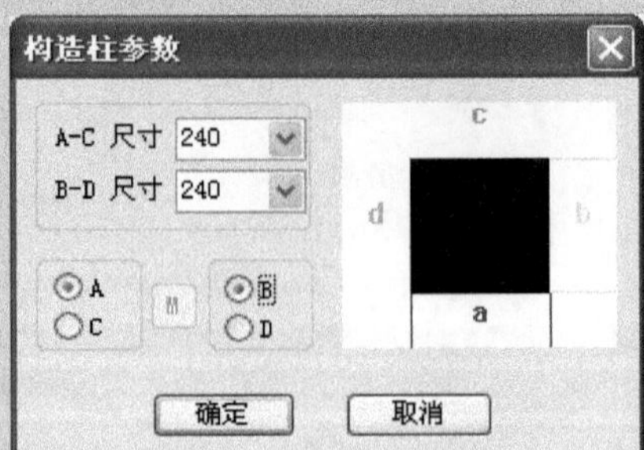

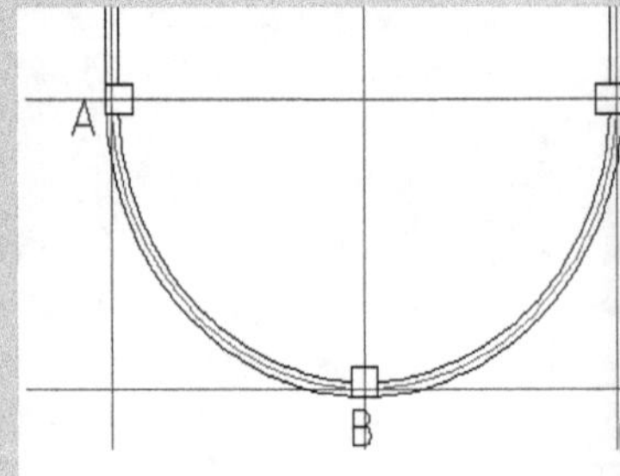

16.1 柱子的创建

本节主要讲解柱子创建的功能。

柱子是建筑物中起到主要支承作用的结构构件，分为标准柱、角柱、构造柱、异形柱和柱齐墙边功能。

16.1.1 标 准 柱

标准柱功能用来在轴线的交点处或任意位置插入矩形、圆形、正三角形、正五边形、正六边形、正八边形和正十二边形断面柱。

执行方式

命令行：BZZ

菜单：“轴网柱子” → “标准柱”

下面以如图 16-1 所示标准柱绘制过程为例讲述标准柱的绘制方法。

操作步骤

（1）打开随书光盘中的“源文件/16/16.1/标准柱”，如图 16-2 所示。

（2）执行【标准柱】命令，打开【标准柱】对话框，如图 16-3 所示。

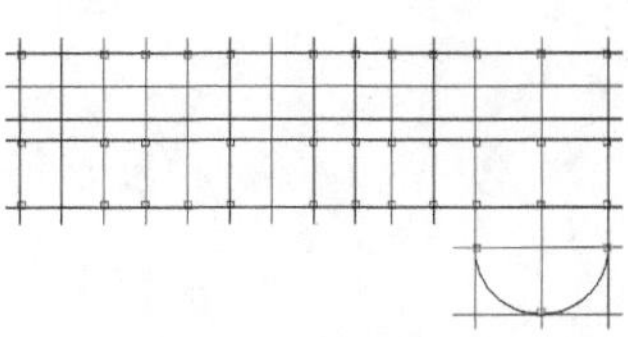

图 16-1　标准柱图

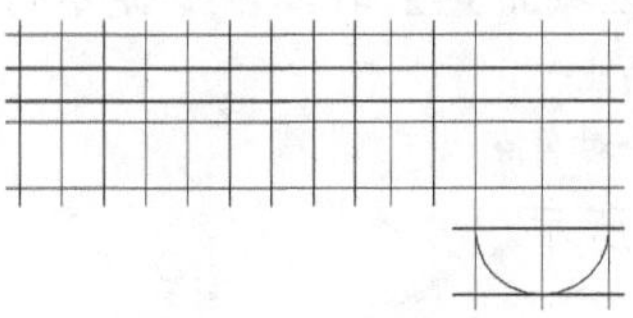

图 16-2　打开源文件

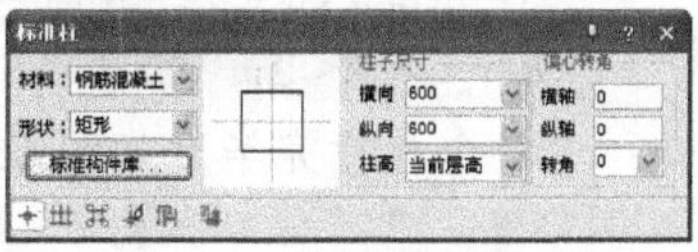

图 16-3　【标准柱】对话框

考虑到更好的运用对话框，对其中用到的控件说明如下。

〔柱子尺寸〕可通过直接输入数据和通过下拉菜单获得，随柱子的形状其参数有所不同。

〔偏心转角〕其中横轴和纵轴为定位中心线距离插入点的偏心值，旋转角度是在矩形轴网中以 x 轴为基准线，旋转角度在弧形轴网中以环向弧线为基准线，自动设置为逆时针为正，顺时针为负。

〔材料〕可在下拉菜单获得柱子的材料，包括砖、石材、钢筋混凝土和金属。

〔形状〕设定柱子的截面，有矩形、圆形、正三角形、正五边形、正六边形、正八边形和正十二边形。

〔点选插入柱子〕捕捉轴线交点插入柱子，没有轴线交点时即为在所选点位置插入柱子。

〔沿着一根轴线布置〕沿着一根轴线布置柱子，位置在所选轴线与其他轴线相交点处。

〔矩形区域布置〕指定矩形区域内的轴线交点插入柱子。

〔替换已插入柱〕替换图中已插入的柱子，以当前参数柱子替换图上已有的柱子，可单个和以窗选成批替换。

〔标准构件库〕标准构件库...天正提供的标准构件，可以对柱子进行编辑工作。

（3）在【材料】中选择默认数值为钢筋混凝土。

（4）在【形状】中选择默认数值为矩形。

（5）在【柱子尺寸】区域，【横向】中选择 500，【纵向】中选择 500，【柱高】中选择默认数值为 3000。

（6）在【偏心转角】区域，【横轴】中选择 0，【纵轴】中选择 130，【转角】中选择默认数值为 0。

（7）单击【点选插入柱子】按钮，布置柱子。

（8）参数设定完毕后，在绘图区域单击轴线选取柱子插入位置，命令提示行显示：

```
单击柱子的插入位置<退出>或 [参考点(R)]<退出>:捕捉轴线交点插入柱子，没有轴线交点时即为在所选点位置插入柱子
图中即可显示插入的柱子
```

（9）将不同形状的柱子按照不同的插入方式进行操作，在插入方式中选择【沿轴线布置】时，命令提示行显示：

```
请选择一轴线<退出>:沿着一根轴线布置柱子，位置在所选轴线与其他轴线相交点处
```

在插入方式中选择【矩形区域布置】时，命令提示行显示：

```
第一个角点<退出>:框选的一个角点
另一个角点<退出>:框选的另一个对角点
```

命令执行完毕后如图 16-1 所示。

16.1.2 角　柱

角柱用来在墙角插入形状与墙角一致的柱子，可改变柱子各肢的长度和宽度，并且能自动适应墙角的形状。

执行方式

命令行：JZ

菜单：“轴网柱子” → “角柱”

下面以图 16-4 所示的角柱图为例讲述绘制角柱的方法。

操作步骤

（1）打开随书光盘中的“源文件/16/16.1/角柱”，如图 16-5 所示。

（2）执行【角柱】命令，命令行提示：

```
请选取墙角或 [参考点(R)]<退出>:选 A
```

打开【转角柱参数】对话框，如图 16-6 所示。

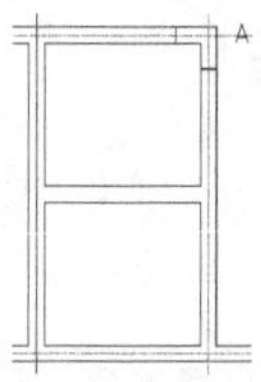

图 16-4　角柱图

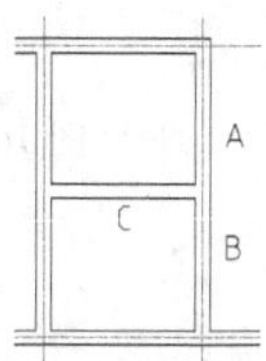

图 16-5　打开源文件

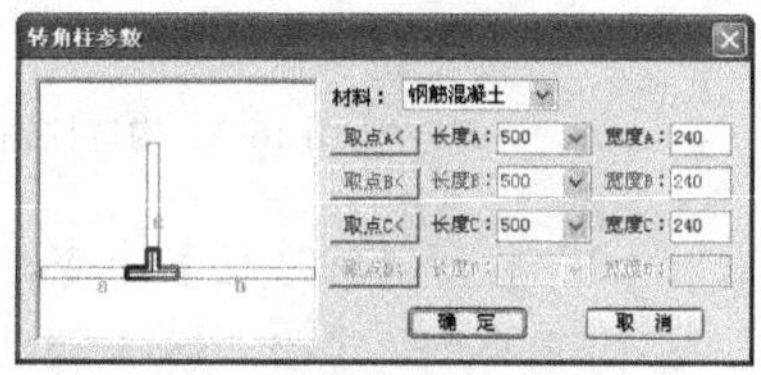

图 16-6　【转角柱参数】对话框

考虑到更好的运用对话框，对其中用到的控件说明如下。

〔材料〕可在下拉菜单获得柱子的材料，包括砖、石材、钢筋混凝土和金属。

〔长度〕输入角柱各分肢长度，可直接输入也可通过下拉菜单确定。

〔宽度〕各分肢宽度默认等于墙宽，改变柱宽后默认为对中变化，对于要求偏心变化时在完成角柱插入后以夹点方式进行修改。

〔取点 X<〕其中 X 为 A、B、C、D 各分肢，按钮的颜色对应墙上的分肢，确定柱分肢在墙上的长度。

（3）选中【取点 A<】，在【长度】中选择 400，在【宽度】中选择默认 240。

（4）选中【取点 B<】，在【长度】中选择 500，在【宽度】中选择默认 240。

（5）选中【取点 C <】，在【长度】中选择 600，在【宽度】中选择默认 240。

（6）单击【确定】，结果如图 16-4 所示。

16.1.3　构　造　柱

构造柱可以在墙角和墙内插入依照所选择的墙角形状为基准，输入构造柱的具体尺寸，指出对齐方向。由于生成的为二维尺寸仅用于二维施工图中，因此不能用对象编辑命令修改。

执行方式

命令行：GZZ

菜单："轴网柱子" → "构造柱"

下面以图 16-7 所示构造柱图为例讲述绘制构造柱的方法。

操作步骤

（1）打开随书光盘中的"源文件/16/16.1/构造柱"，如图 16-8 所示。

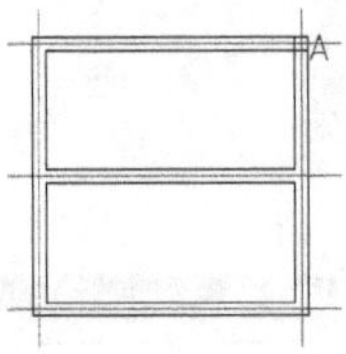

图 16-7　构造柱图

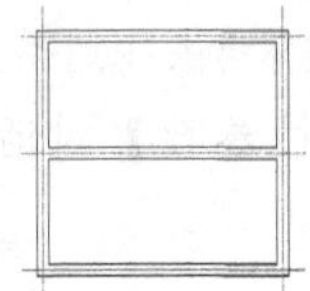

图 16-8　打开源文件

（2）执行【构造柱】命令，命令行提示：

```
请选取墙角或 [参考点(R)]<退出>:选 A
```

出现【构造柱参数】对话框，如图 16-9 所示。

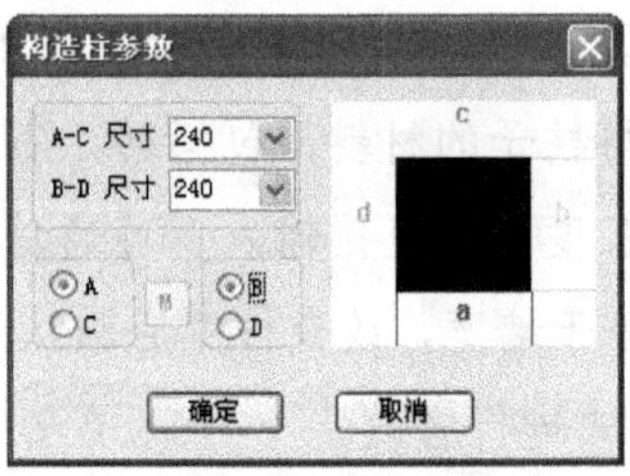

图 16-9　【构造柱参数】对话框

考虑到更好的运用对话框，对其中用到的控件说明如下。

〔A－C 尺寸〕沿着 A－C 方向的构造柱尺寸，在本软件中尺寸数据可超过墙厚。

〔B－D 尺寸〕沿着 B－D 方向的构造柱尺寸，直接输入尺寸也可以通过下拉菜单确定。

〔A/C 与 B/D〕对齐边的互锁按钮，用于对齐柱子到墙的两边。

〔M〕对中按钮，按钮默认为灰色，能够使柱子居中。

默认构造柱材料为钢筋混凝土。

（3）选中【A－C 尺寸】，在右侧选择 240。

（4）选中【B－D 尺寸】，在右侧选择 240。

（5）在【A－C】中选择 A。

（6）在【B－D】中选择 B。

（7）单击【确定】，结果如图 16-7 所示。

16.2 柱子编辑

本节主要讲解柱子编辑的功能，常用的命令为柱子替换、柱子的特性编辑和柱齐墙边等。

16.2.1 柱子替换

执行方式

命令行：BZZ

菜单："轴网柱子" → "标准柱"

下面以图 16-10 所示的柱子替换图为例讲述柱子替换的过程。

操作步骤

（1）打开随书光盘中的"源文件/16/16.2/柱子编辑"，如图 16-11 所示。

（2）执行【标准柱】命令，打开【标准柱】对话框，单击"替换柱子"按钮，如图 16-12 所示。

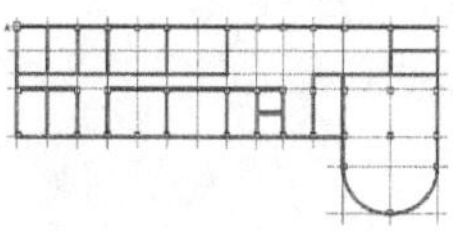

图 16-10　柱子替换图

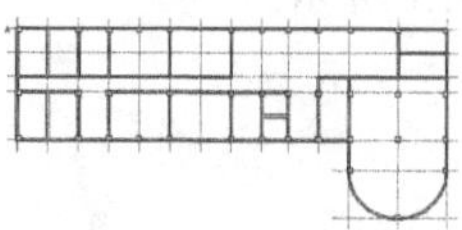

图 16-11　打开源文件

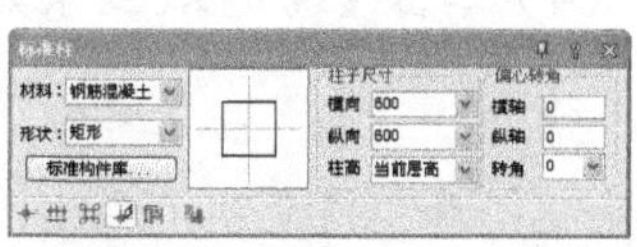

图 16-12　【柱子替换】对话框

（3）在【柱子尺寸】区域，【横向】中选择 700，【纵向】中选择 700，【柱高】中选择默认数值为 3000。

（4）在【偏心转角】区域，【横轴】中选择 0，【纵轴】中选择 0，【转角】中选择默认数值为 0。

（5）在插入方式中中选择【柱子替换】。

（6）参数设定完毕后，在绘图区域单击激活，命令提示行显示：

```
选择被替换的柱子:A点
```

命令执行完毕后如图 16-10 所示。

16.2.2 柱子编辑

柱子编辑可以分为对象编辑和特性编辑。柱子对象编辑采用双击要替换的柱子，显示【标准柱】相似的对话框，修改参数后【确定】即可更改所选中的柱子。

下面以图 16-13 所示的编辑柱图为例讲述柱子的编辑过程。

操作步骤

（1）打开随书光盘中的“源文件/16/16.2/柱子编辑”，如图 16-14 所示。

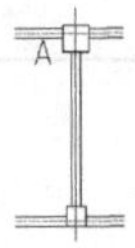

图 16-13　编辑后的柱图

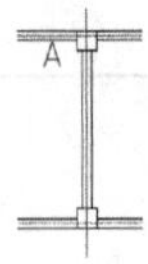

图 16-14　打开源文件

（2）双击图 16-14 中要替换的柱子 A，打开【标准柱】对话框，如图 16-15 所示。

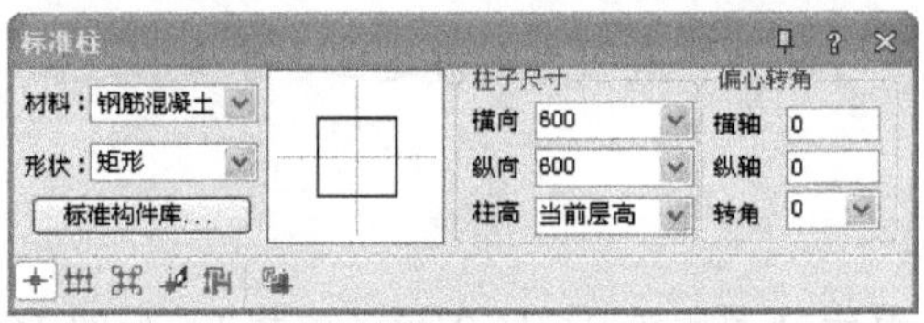

图 16-15　柱子编辑对话框

（3）在【横向】中选择 700，在【纵向】中选择 700。

（4）单击【确定】，结果如图 16-13 所示。

16.2.3 柱齐墙边

柱齐墙边命令用来移动柱子边与墙边线对齐，可以选择多个柱子与墙边对齐。

执行方式

命令行：ZQQB

菜单：“轴网柱子”→“柱齐墙边”

下面以图 16-16 所示的柱齐墙边图为例讲述柱齐墙边的绘制方法。

操作步骤

（1）打开随书光盘中的“源文件/16/16.2/柱齐墙边”，如图 16-17 所示。

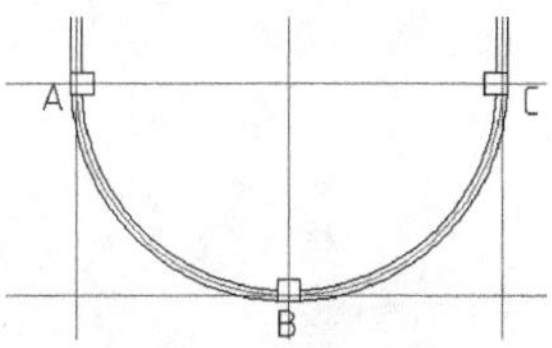

图 16-16　柱齐墙边图

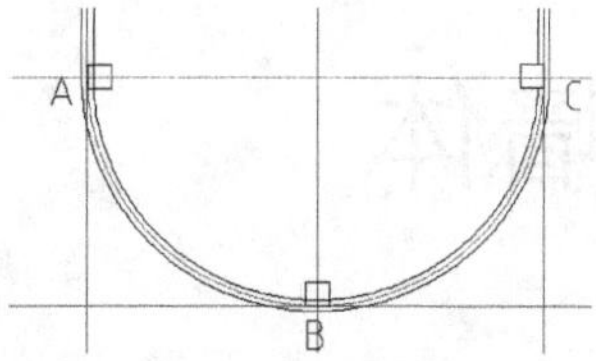

图 16-17　打开源文件

（2）执行【柱齐墙边】命令，打开【柱齐墙边】对话框，命令行提示如下：

```
请点取墙边<退出>:选 A 侧下边的外墙
请点取柱边<退出>:A
请点取柱边<退出>: B
请点取柱边<退出>:C
```

执行上述命令，对齐剩余柱子，如图 16-16 所示。

第17章

墙体

墙体创建：可以直接绘制墙体，也可以由单线转换而来。

墙体编辑：介绍倒墙角、修墙角、边线对齐、净距偏移、墙保温层和墙体造型的操作方法。

墙体编辑工具：介绍改墙体厚度和高度，以及墙体的修整。

墙体立面工具：介绍三维墙体的立面编辑方法。

内外识别工具：介绍识别内外墙的方法。

重点与难点

- 墙体创建
- 墙体编辑
- 墙体编辑工具
- 墙体立面工具
- 墙体内外识别工具

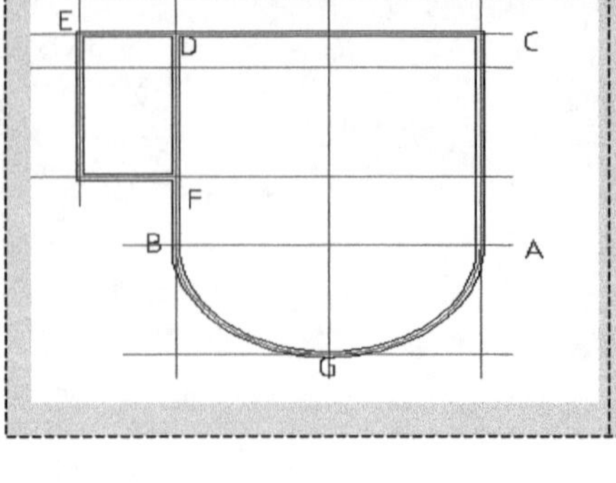

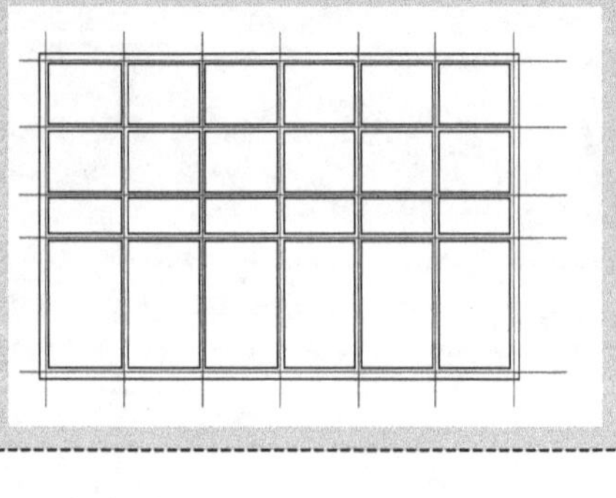

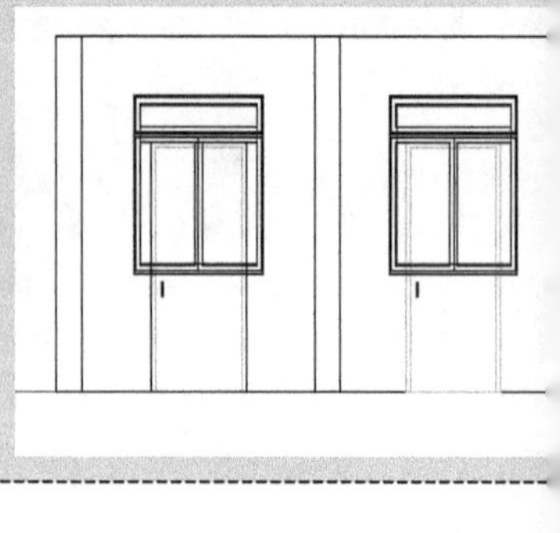

17.1 墙体创建

本节主要讲解墙体创建的功能。

墙体是建筑物中最重要组成部分，可使用【绘制墙体】和【单线变墙】命令创建。

17.1.1 绘制墙体

单击【绘制墙体】菜单，启动如图 17-1 所示对话框，绘制的墙体自动处理墙体交接处的接头形式。

执行方式

命令行：HZQT

菜单："墙体" → "绘制墙体"

下面以图 17-2 所示的墙体图为例讲述绘制墙体的方法。

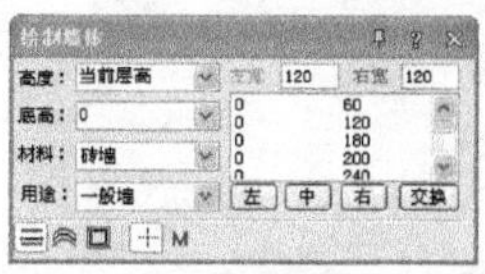

图 17-1 【绘制墙体】对话框

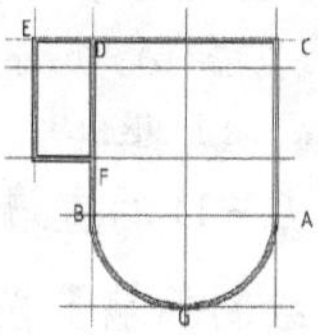

图 17-2 绘制墙体图

操作步骤

（1）打开随书光盘中的"源文件/17/17.1/绘制墙体"，如图 17-3 所示。

（2）执行【绘制墙体】命令，绘制连续双线直墙和弧墙，【绘制墙体】对话框如图 17-1 所示。

考虑到更好的运用对话框，对其中用到的控件说明如下：

〔墙宽参数〕包括〔左宽〕、〔右宽〕两个参数，墙体的左、右宽度，指沿墙体定位点顺序，基线左侧和右侧宽度的数值可以为正数、负数或零。

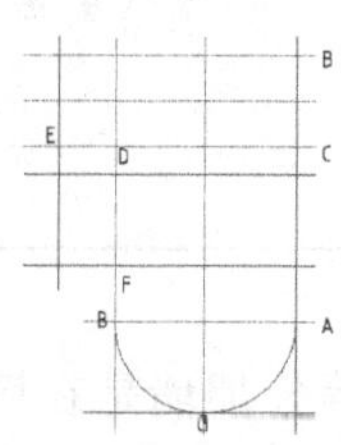

图 17-3 打开源文件

〔墙宽组〕对应有相应材料的常用的墙宽数据，可以对其中数据进行增加和删除。

〔墙基线〕墙体基线位置设〔左〕、〔中〕、〔右〕和〔交换〕共 4 种控制，〔左〕、〔右〕是在确定墙体的总宽后，将基线设置在右边线或左边线上，〔中〕是当前墙体总宽居中设置，〔交换〕是把当前左右墙厚交换方向。

〔高度〕表明墙体的高度，单击输入高度数据或通过右侧下拉菜单获得。

〔底高〕表明墙体底部高度，单击输入高度数据或通过右侧下拉菜单获得。

〔材料〕表明墙体的材质，单击下拉菜单选定。

〔用途〕表明墙体的类型，单击下拉菜单选定。

（绘制直墙）▤：绘制直线墙体。

（绘制弧墙）◚：绘制带弧度墙体。

（矩形绘墙）◻：利用矩形直接绘制墙体。

（3）选中【左宽】为 120，选中【右宽】为 120，在【墙基线】中选中【中】。

（4）选中【高度】为当前层高，选中【材料】为砖墙，在【用途】中为一般墙。

（5）选中【绘制直墙】按钮▤，命令行提示：

```
起点或 [参考点(R)]<退出>:选A
直墙下一点或 [弧墙(A)/矩形画墙(R)/闭合(C)/回退(U)]<另一段>:C
直墙下一点或 [弧墙(A)/矩形画墙(R)/闭合(C)/回退(U)]<另一段>:D
直墙下一点或 [弧墙(A)/矩形画墙(R)/闭合(C)/回退(U)]<另一段>:B
```

绘制结果为直墙。

（6）选中【矩形绘墙】按钮◻，命令行提示：

```
起点或 [参考点(R)]<退出>:选E
另一个角点或 [直墙(L)/弧墙(A)]<取消>:选F
起点或 [参考点(R)]<退出>:
```

绘制结果为 C－D 的直墙。

（7）选中【绘制弧墙】按钮◚，命令行提示：

```
起点或 [参考点(R)]<退出>:选B
弧墙终点<取消>:选A
单击弧上任意点或 [半径(R)]<取消>:选G
直墙下一点或 [弧墙(A)/矩形画墙(R)/闭合(C)/回退(U)]<另一段>:
```

绘制结果为 E－F 的弧墙，如图 17-2 所示

17.1.2 等分加墙

等分加墙是在墙段的每一等分处，做与所选墙体垂直墙体，所加墙体延伸至与指定边界相交。

执行方式

命令行：DFJQ

菜单："墙体"→"等分加墙"

下面以图 17-4 所示的等分加墙图为例讲述等分加墙的绘制方法。

操作步骤

（1）打开随书光盘中的"源文件/17/17.1/等分加墙"，如图 17-5 所示。

（2）执行【等分墙体】命令，命令提示行如下：

```
选择等分所参照的墙段<退出>:选择图 17-5 中的 A
```

打开【等分加墙】对话框，如图 17-6 所示。

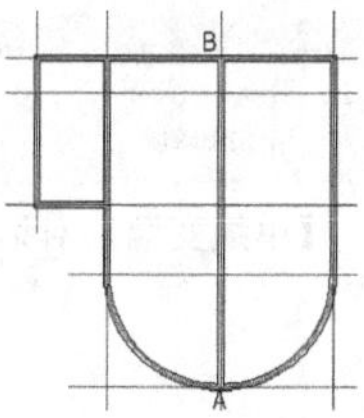

图 17-4　等分加墙图

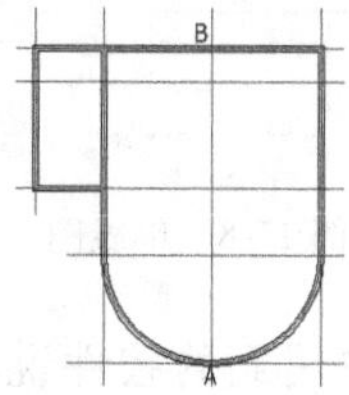

图 17-5　打开源文件

图 17-6　【等分加墙】对话框

考虑到更好的运用对话框，对其中用到的控件说明如下。

〔等分数〕为墙体段数加 1，数值可直接输入或上下箭头选定。

〔墙厚〕确定新加墙体的厚度，数值可直接输入或从右侧下拉菜单中选定。

〔材料〕确定新加墙体的材料构成，从右侧下拉菜单中选定。

〔用途〕确定新加墙体的类型，从右侧下拉菜单中选定。

（3）在【等分数】中选择 3，【墙厚】中选择 240，在【材料】中选择砖墙，在【用途】中选择一般墙。

（4）在绘图区域内单击，进入绘图区，命令行提示：

```
选择作为另一边界的墙段<退出>:选 B
```

命令执行完毕后如图 17-4 所示。

17.1.3 单线变墙

单线变墙可以把 AutoCAD 绘制的直线，以圆、圆弧为基准生成墙体，也可以基于设计好的轴网创建墙体。

执行方式

命令行：DXBQ

菜单："墙体"→"单线变墙"

下面以图 17-7 所示墙体图为例讲述单线变墙方法。

操作步骤

（1）打开随书光盘中的"源文件/17/17.1/单线变墙"，如图 17-8 所示。

（2）执行【单线变墙】命令，打开【单线变墙】对话框，如图 17-9 所示。

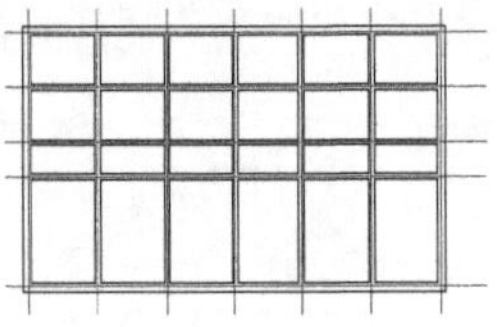

图 17-7　单线变墙图

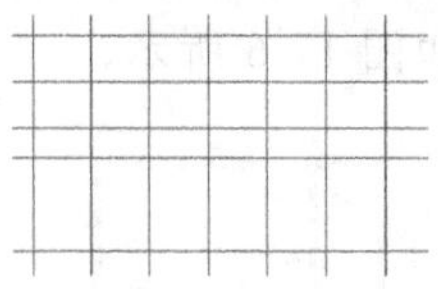

图 17-8　单线图

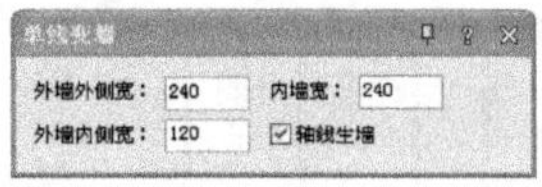

图 17-9　【单线变墙】对话框

考虑到更好的运用对话框，对其中用到的控件说明如下。

〔外墙外侧宽〕为外墙外侧距离定位线的距离，可直接输入。

〔外墙内侧宽〕为外墙内侧距离定位线的距离，可直接输入。

〔内墙宽〕为内墙宽度，定位线居中，可直接输入。

〔轴线生墙〕此复选框选定后，表示基于轴网创建墙体，此时只选取轴线对象。

（3）定义【外墙外侧宽】为 240，定义【外墙内侧宽】为 120，定义【内墙宽】为 240。

（4）不复选【轴线生墙】。

（5）单击绘图区域，命令提示行为：

```
选择要变成墙体的直线、圆弧、圆或多段线:指定对角点 (A, B) : 找到 13 个
选择要变成墙体的直线、圆弧、圆或多段线:
Dangerous PickSet=!
处理重线...
处理交线...
识别外墙...
选择要变成墙体的直线、圆弧、圆或多段线:
```

生成的墙体如图 17-7 所示。

（6）若想在生成的墙体上生成轴网可以采用前面所述的【墙生轴网】命令，具体情况在此不再叙述，可以参考前面章节。

17.2 墙体编辑

本节主要讲解墙体编辑的功能。

墙体编辑可采用 TARCH 命令，也可采用 AutoCAD 命令进行编辑，而且可以用双击墙体进入参数编辑，方便了我们的使用。

17.2.1 倒 墙 角

倒墙角用于处理两段不平行墙体的端头交角，采用圆角方式。

执行方式

命令行：DQJ

菜单："墙体" → "倒墙角"

下面以图 17-10 所示的倒角墙图为例讲述到墙角的方法。

操作步骤

（1）打开随书光盘中的"源文件/17/17.2/倒墙角"，如图 17-11 所示。

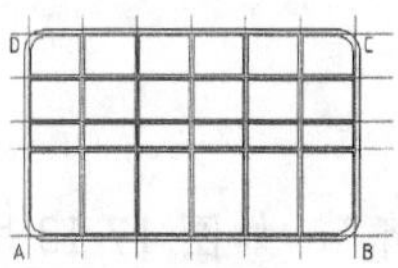

图 17-10 倒墙角图

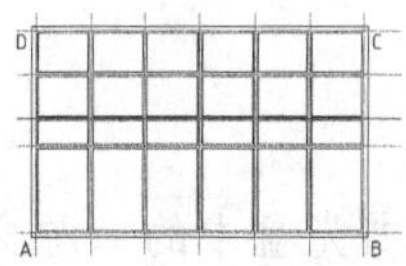

图 17-11 原有墙体图

（2）执行【倒墙角】命令，命令提示行如下：

```
选择第一段墙或 [设圆角半径(R),当前=0]<退出>: R
请输入圆角半径<0>:1000
选择第一段墙或 [设圆角半径(R),当前=3000]<退出>:选中 A 处一墙线
选择另一段墙<退出>:选中 A 处另一墙线
```

完成 A 处倒墙角操作。

（3）同理使用【倒墙角】命令完成 B、C、D 处操作。

绘制结果如图 17-10 所示的弧墙。

17.2.2 修 墙 角

修墙角用于属性相同的墙体相交的清理功能，当运用某些编辑命令造成墙体相交部分未打断时，可以采用修墙角命令进行处理。

执行方式

命令行：XQJ

菜单：“墙体”→“修墙角”

单击命令菜单后，命令行显示为：

```
请单击第一个角点或 [参考点(R)]<退出>:请框选需要处理的墙角、柱子或墙体造型，输入第一点
单击另一个角点<退出>:单击对角另一点。
```

由于命令执行方式比较简单，不用讲解指导实例进行分析。

17.2.3 边 线 对 齐

边线对齐是墙边线通过指定点，偏移到指定位置的形式，可以把同一延长线方向上多个墙段都对齐。

执行方式

命令行：BXDQ

菜单：“墙体”→“边线对齐”

下面以图 17-12 所示的边线对齐图为例讲述边线对齐的方法。

操作步骤

（1）打开随书光盘中的“源文件/17/17.2/边线对齐”，如图 17-13 所示。

（2）执行【边线对齐】命令，命令提示行如下：

```
请单击墙边应通过的点或 [参考点(R)]<退出>:选 A
请单击一段墙<退出>:选 B
```

打开【请您确认】对话框，如图 17-14 所示，单击【是】按钮。

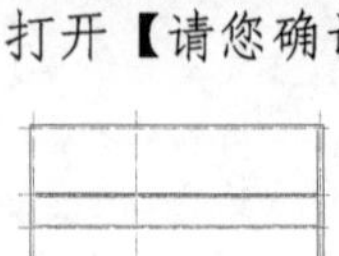

图 17-12　边线对齐图

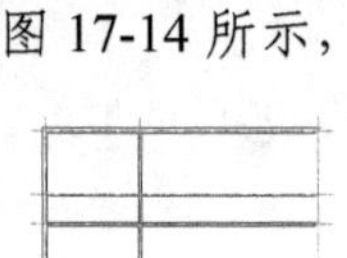

图 17-13　原有图

图 17-14　【确认】对话框

结果如图 17-12 所示。

17.2.4 净距偏移

净距偏移命令类似 AutoCAD 的偏移命令，可以复制双线墙，并自动处理墙端接头，偏移的距离为不包括墙体厚度的净距。

执行方式

命令行：JJPY

菜单："墙体" → "净距偏移"

下面以图 17-15 所示的净距偏移为例讲述到净距偏移的方法。

操作步骤

（1）打开随书光盘中的"源文件/17/17.2/净距偏移"，如图 17-16 所示。

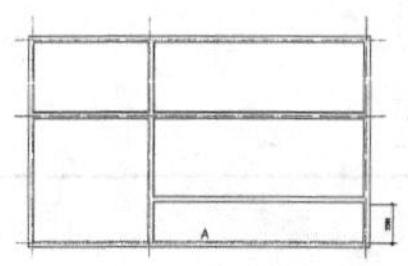

图 17-15 净距偏移图

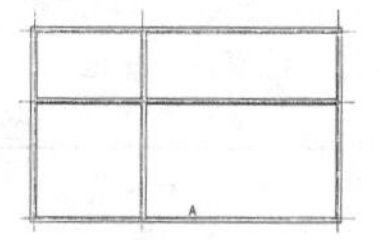

图 17-16 原图

（2）单击【净距偏移】命令，命令提示如下：

```
输入偏移距离<2000>:2500
请单击墙体一侧<退出>:选 A
请单击墙体一侧<退出>:回车退出
```

生成的墙体 B 如图 17-15 所示，墙线之间距离为净距。

17.2.5 墙保温层

墙保温层命令可以在墙体上加入或删除保温墙线，遇到门自动断开，遇到窗自动把窗厚度增加。

执行方式

命令行：QBWC

菜单："墙体" → "墙保温层"

下面以图 17-17 所示的墙保温层为例讲述到墙保温层的创建方法。

操作步骤

（1）打开随书光盘中的"源文件/17/17.2/墙保温层"，如图 17-18 所示。

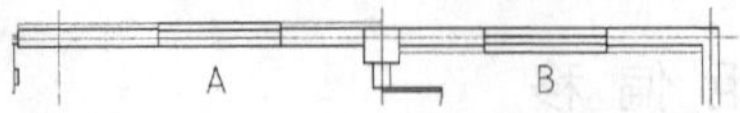

图 17-17　墙保温层图

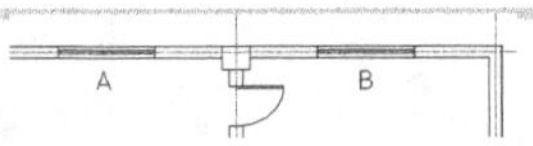

图 17-18　原图

（2）首先确定墙体厚度，执行【墙保温层】命令，命令提示如下：

```
指定墙体保温的一侧或 [外墙内侧(I)/外墙外侧(E)/消保温层(D)/保温层厚(当前=200)(T)]<退出>:T
保温层厚<200>:100
改变墙体厚度从 200 变为 100。
```

（3）加 A 处墙体的内保温，执行【墙保温层】命令，命令提示如下：

```
指定墙体保温的一侧或 [外墙内侧(I)/外墙外侧(E)/消保温层(D)/保温层厚(当前=200)(T)]<退出>:I
选择墙体：选 A
```

墙体保温效果如图 17-18 所示 A 处墙体，门侧保温层断开。

（4）加 B 处墙体的外保温，执行【墙保温层】命令，命令提示如下：

```
指定墙体保温的一侧或 [外墙内侧(I)/外墙外侧(E)/消保温层(D)/保温层厚(当前=200)(T)]<退出>:E
选择墙体：选 B
```

（5）墙体保温效果如图 17-18 所示中 B 处墙体，窗侧保温层加宽。

17.2.6　墙 体 造 型

墙体造型命令可在平面墙体上绘制凸出的墙体，并与原有墙体附加在一起形成一体，也可由多段线外框生成与墙体关联的造型。

执行方式

命令行：QTZX

菜单："墙体"→"墙体造型"

下面以图 17-19 所示的墙体造型为例讲述墙体造型的创建方法。

操作步骤

（1）打开随书光盘中的"源文件/17/17.2/墙体造型"，如图 17-20 所示。

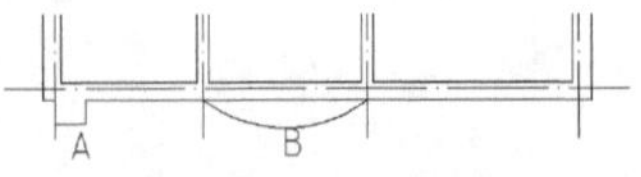

图 17-19　墙体造型图

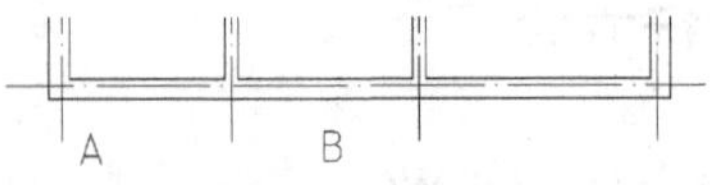

图 17-20　原图

（2）执行【墙体造型】命令，命令提示行为：

```
墙体造型轮廓起点或 [单击图中曲线(P)/单击参考点(R)]<退出>:选择 A 处外墙与轴线交点
直段下一点或 [弧段(A)/回退(U)]<结束>: @0,-500
直段下一点或 [弧段(A)/回退(U)]<结束>: @600,0
直段下一点或 [弧段(A)/回退(U)]<结束>: @0,500
直段下一点或 [弧段(A)/回退(U)]<结束>:回车结束
```

墙体造型效果如图 17-19 中 A 处墙体所示。

（3）加 B 处墙体的墙体造型，执行【墙体造型】命令，命令提示行为：

```
墙体造型轮廓起点或 [单击图中曲线(P)/单击参考点(R)]<退出>:选择B处外墙与轴线交点
直段下一点或 [弧段(A)/回退(U)]<结束>: A
弧段下一点或 [直段(L)/回退(U)]<结束>:选择B处外墙与轴线另一交点
单击弧上一点或 [输入半径(R)]: <正交 关>选择B点
直段下一点或 [弧段(A)/回退(U)]<结束>:回车结束
```

墙体造型效果如图 17-19 中 B 处墙体所示。

17.3 墙体编辑工具

本节主要讲解墙体编辑工具中进行墙体编辑和修改的功能。

墙体编辑可采用双击墙体进入参数编辑，采用墙体编辑工具可方便对墙体进行编辑。

17.3.1 改 墙 厚

改墙厚用于批量修改多段墙体的厚度，墙线一律改为居中。

执行方式

命令行：GQH

菜单：“墙体” → “墙体工具” → “改墙厚”

下面以图 17-21 所示的改墙厚为例讲述改墙厚的创建方法。

操作步骤

（1）打开随书光盘中的“源文件/17/17.3/改墙厚”，如图 17-22 所示。

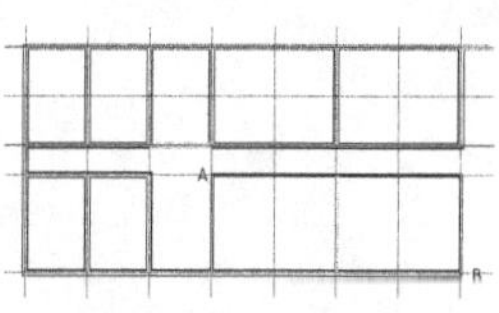

图 17-21 改墙厚图

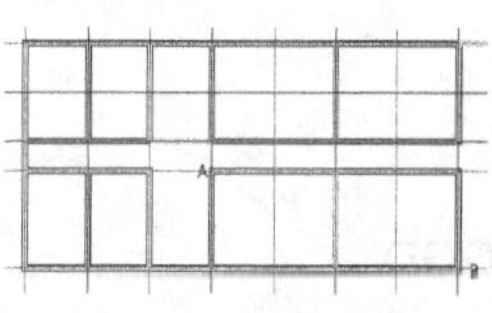

图 17-22 原有墙体图

（2）执行【改墙厚】命令，命令提示行显示：

```
选择墙体：框选 A－B
选择墙体：
新的墙宽<240>:120
```

绘制结果如图 17-21 所示

17.3.2 改外墙厚

改外墙厚用于整体修改外墙厚度。

执行方式

命令行：GWQH

菜单："墙体"→"墙体工具"→"改外墙厚"

下面以图 17-23 所示的改外墙厚为例讲述改外墙厚的创建方法。

操作步骤

（1）打开随书光盘中的"源文件/17/17.3/改外墙厚"，如图 17-24 所示。

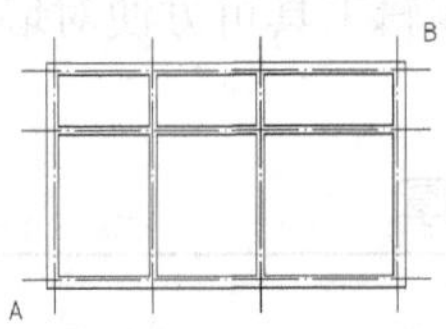

图 17-23　改外墙厚图

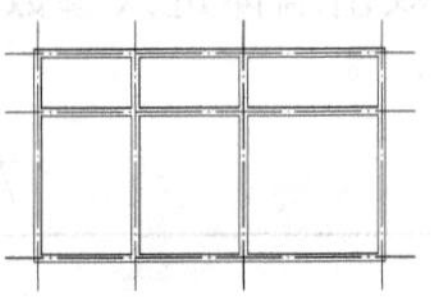

图 17-24　原有墙体图

（2）执行【改外墙厚】命令，命令提示行如下：

```
请选择外墙：框选 A－B
内侧宽<120>:120
外侧宽<120>:240
```

绘制结果如图 17-23 所示。

17.3.3 改高度

改高度可对选中的柱、墙体及其造型的高度和底标高成批进行修改，是调整这些构件竖向位置的主要手段。该命令不仅可以修改底标高、门窗底的标高，还可以和柱、墙联动修改。

执行方式

命令行：GGD

菜单："墙体"→"墙体工具"→"改高度"

下面以图 17-25 所示的改高度为例讲述改高度的方法。

（a）改高度时门窗底标高不变图　（b）改高度时门窗底标高改变图

图 17-25　改高度

操作步骤

（1）打开随书光盘中的“源文件/17/17.3/改高度”，如图 17-26 所示。

（2）执行【改高度】命令，命令提示行如下：

```
请选择墙体、柱子或墙体造型：选墙体
请选择墙体、柱子或墙体造型：
新的高度<3000>:3000
新的标高<0>:-300
是否维持窗墙底部间距不变?[是(Y)/否(N)]<N>: Y
```

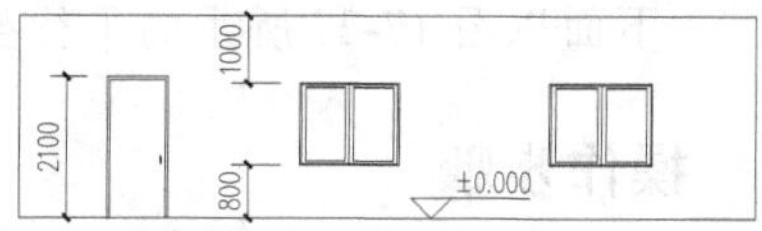

图 17-26　原有图

命令执行完毕后如图 17-25（a）所示

（3）执行【改高度】命令，命令提示行如下：

```
请单击墙边应通过的点或 [参考点(R)]<退出>:选 A
请选择墙体、柱子或墙体造型：选墙体
请选择墙体、柱子或墙体造型：
新的高度<3000>:3000
新的标高<0>:-300
是否维持窗墙底部间距不变?[是(Y)/否(N)]<N>: N
```

命令执行完毕后如图 17-25（b）所示。

17.3.4 改 外 墙 高

改外墙高仅是改变外墙高度，同【改高度】命令类似，执行前先做内外墙识别工作，自动忽略内墙。

执行方式

命令行：GWQG

菜单：“墙体” → “墙体工具” → “改外墙高”

执行【改外墙高】命令，命令行提示如下：

```
请选择墙体、柱子或墙体造型:选择需要修改的高度的墙体，柱子，或墙体造型
请选择墙体、柱子或墙体造型:回车
新的高度<3000>:输入选择对象的新高度
新的标高<0>:输入选择对象的底面标高
是否维持窗墙底部间距不变?[是(Y)/否(N)]<N>: 确定门窗底标高是否同时根据新标高进行改变
```

选项中 Y 表示门窗底标高变化时相对墙底标高不变，选项中 N 表示门窗底标高变化时相对墙底标高变化，操作同改墙高。

17.3.5 平行生线

平行生线命令类似 AutoCAD 的偏移命令，用于生成以墙体和柱子边定位的辅助平行线。

执行方式

命令行：PXSX

菜单："墙体"→"墙体工具"→"平行生线"

下面以图 17-27 所示的平行生线为例讲述平行生线的方法。

操作步骤

（1）打开随书光盘中的"源文件/17/17.3/平行生线"，如图 17-28 所示。

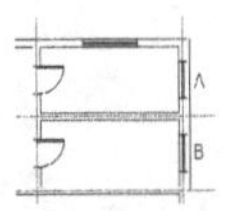

图 17-27 平行生线图

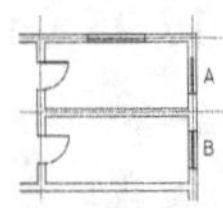

图 17-28 原图

（2）执行【平行生线】命令，命令提示如下：

```
请单击墙边或柱子<退出>:选 A
输入偏移距离<100>: 100
请单击墙边或柱子<退出>:选 B
输入偏移距离<100>: 100
```

生成的如图 17-27 所示。

17.3.6 墙端封口

本命令可以改变墙体对象自由端的二维显示形式，墙端封口命令可以使墙端在封口和开口两种形式之间转换。

执行方式

命令行：QDFK

菜单："墙体"→"墙体工具"→"墙端封口"

下面以图 17-29 所示的墙端封口为例讲述墙端封口的方法。

操作步骤

（1）打开随书光盘中的"源文件/17/17.3/墙端封口"，如图 17-30 所示。

图 17-29 墙端封口图

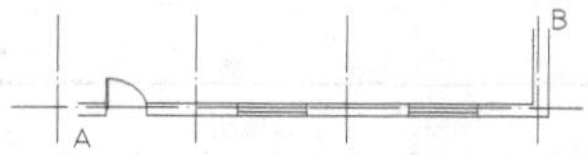

图 17-30 原图

（2）执行【墙端封口】命令，命令行提示如下：

```
选择墙体：选 A
选择墙体：选 B
选择墙体：
```

墙端封口效果如图 17-29 所示。

17.4 墙体立面工具

本节主要讲解墙体立面工具为立面绘制而准备的墙体立面命令。

17.4.1 墙面 UCS

墙面 UCS 用来在基于所选的墙面上定义临时 UCS 用户坐标系。

执行方式

命令行：QMUCS

菜单：“墙体”→“墙体立面”→“墙面 UCS”

下面以图 17-31 所示的墙面 UCS 为例讲述墙面 UCS 的方法。

操作步骤

（1）打开随书光盘中的“源文件/17/17.4/墙面 UCS”，如图 17-32 所示。

（2）执行【墙面 UCS】命令，命令提示行如下：

```
请单击墙体一侧<退出>:选 B
```

绘制结果如图 17-31 所示。

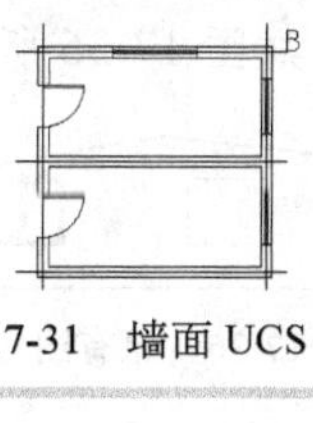

图 17-31 墙面 UCS 图

图 17-32 墙面 UCS 原图

AutoCAD 2012

17.4.2 异形立面

异形立面可以在立面显示状态下，将墙按照指定的轮廓线剪裁生成非矩形的立面。

执行方式

命令行：YXLM

菜单："墙体"→"墙体立面"→"异形立面"

下面以图 17-33 所示的异形立面为例讲述异形立面的方法。

操作步骤

（1）打开随书光盘中的"源文件/17/17.4/异形立面"，如图 17-34 所示。

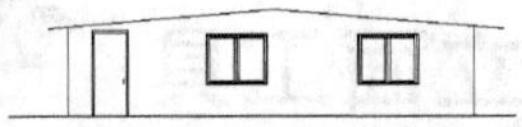

图 17-33 异形立面图

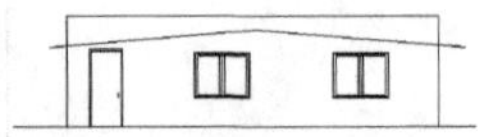

图 17-34 原有墙体立面图

（2）执行【异形立面】命令，命令提示行如下：

```
选择定制墙立面的形状的不闭合多段线<退出>:选分割斜线
选择墙体:选下侧墙体
选择墙体:
```

绘制结果为保留部分的墙体立面，如图 17-33 所示。

17.4.3 矩形立面

矩形立面是异形立面的反命令，可将异形立面墙恢复为标准的矩形立面图。

执行方式

命令行：JXLM

菜单："墙体"→"墙体立面"→"矩形立面"

下面以图 17-35 所示的矩形立面图为例讲述矩形立面的方法。

操作步骤

（1）打开随书光盘中的"源文件/17/17.4/矩形立面"，如图 17-36 所示。

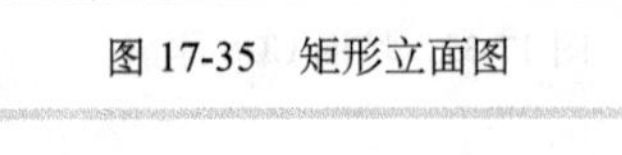

图 17-35 矩形立面图

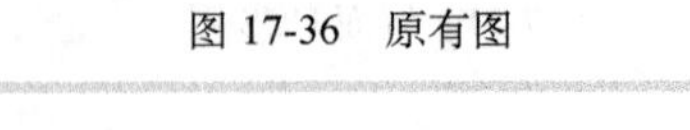

图 17-36 原有图

（2）执行【矩形立面】命令，命令提示行如下：

```
选择墙体：选择要创建的矩形立面墙体
选择墙体：
```

命令执行完毕后如图 17-35 所示。

17.5 墙体内外识别工具

本节主要讲解墙体内外识别工具，该工具可以自动识别内、外墙，同时可设置墙体的内外特征，在施工图中内外墙可以更好的定义墙体类型。

17.5.1 识别内外

识别内外为自动识别内、外墙并同时设置墙体的内外特征。

执行方式

命令行：SBNW

菜单："墙体"→"识别内外"→"识别内外"

执行【识别内外】命令，命令行提示如下：

```
请选择一栋建筑物的所有墙体(或门窗)：框选整个建筑物墙体
请选择一栋建筑物的所有墙体(或门窗)：
```

识别出的外墙用红色的虚线示意。

17.5.2 指定内墙

指定内墙可将选取的墙体定义为内墙。

执行方式

命令行：ZDNQ

菜单："墙体"→"识别内外"→"指定内墙"

执行【指定内墙】命令，命令行提示如下：

```
选择墙体：指定对角点：对角选取
选择墙体：
```

17.5.3 指定外墙

指定外墙可将选取的墙体定义为外墙。

执行方式

命令行：ZDWQ

菜单："墙体"→"识别内外"→"指定外墙"

执行【指定外墙】命令，命令行提示如下：

```
请单击墙体外皮<退出>:逐段选择外墙皮
```

17.5.4 加亮外墙

加亮外墙可将指定的外墙体外边线用红色虚线加亮。

执行方式

命令行：JLWQ

菜单："墙体"→"识别内外"→"加亮外墙"

执行【加亮外墙】命令，外墙边加亮。

第18章

门窗

门窗创建：介绍普通门窗、组合门窗、带型窗、转角窗等窗户的创建。

门窗编号和门窗表：介绍门窗编号的方式及检查，门窗表和门窗总表的生成。

门窗编辑和工具：介绍墙体的内外翻转、左右翻转、编号复位、门窗套、门口、线、装饰套等的操作方式。

重点与难点

- 门窗的创建
- 门窗编号与门窗表
- 门窗编辑和工具

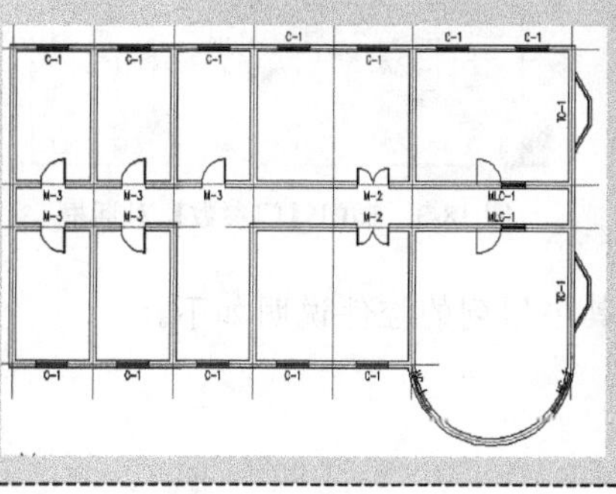
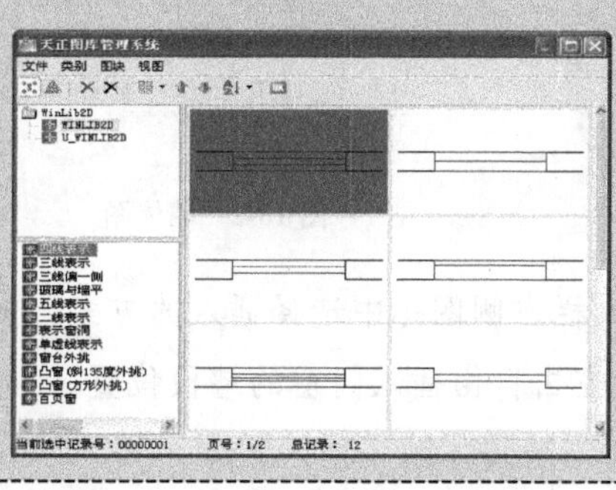
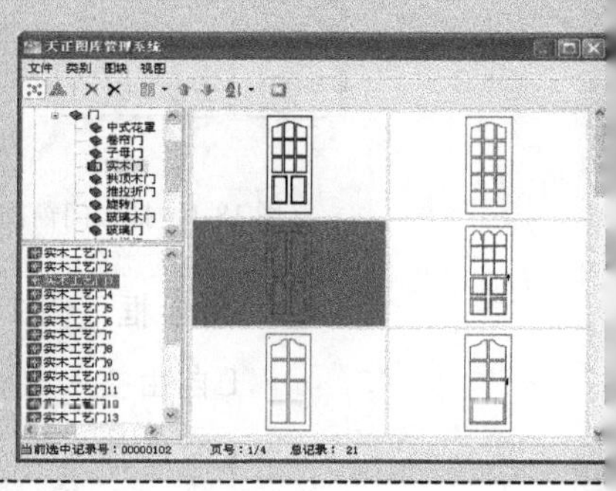

18.1 门窗创建

本节主要讲解门窗创建的功能。

门窗是建筑物中重要组成部分，门窗创建就是在墙上确定门窗的位置。

18.1.1 门 窗

天正门窗分普通门窗与特殊门窗两类自定义门窗对象，实现墙柱对平面门窗的遮挡，凸窗增加了挡板厚度设置，解决凸窗碰墙问题。

执行方式

命令行：MC

菜单："门窗" → "门窗"

下面以图 18-1 所示的墙体图中加入门窗为例讲述门窗的绘制方法。

操作步骤

（1）打开随书光盘中的"源文件/18/18.1/门窗"，如图 18-2 所示。

（2）执行【门窗】命令，打开【门】对话框，如图 18-3 所示。

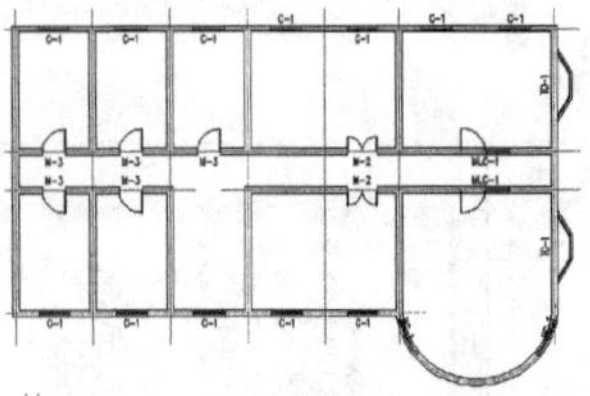

图 18-1 插入门窗图

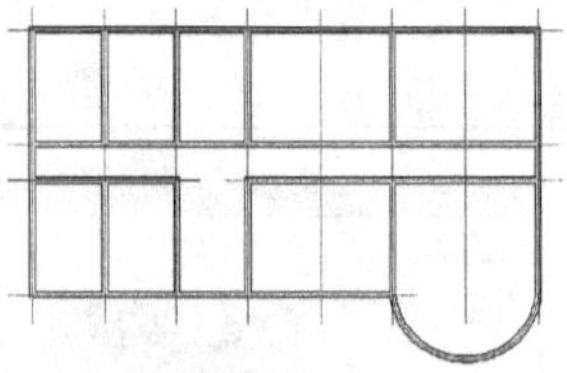

图 18-2 墙体图

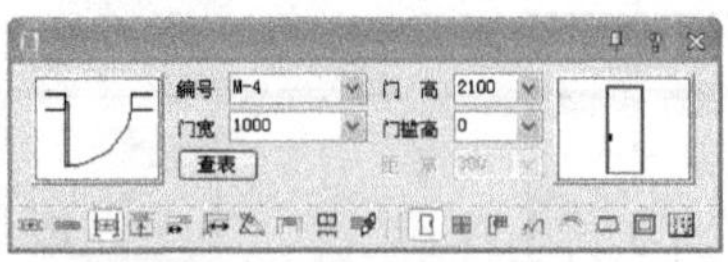

图 18-3 插门【门参数】对话框

对话框下侧工具栏左侧图标中选择插入的方式，对其中用到的控件说明如下。

〔自由插入〕左击自由插入门窗的墙段位置。

〔顺序插入〕沿着墙体顺序插入。

〔轴线等分插入〕依据单击位置两侧轴线进行等分插入。

〔墙段等分插入〕在单击的墙段上等分插入。

〔垛宽定距插入〕以最近的墙边线顶点做为基准点，指定垛宽距离插入门窗。

〔轴线定距插入〕以最近的轴线交点做为基准点，指定距离插入门窗。

〔按角度定位插入〕在弧墙上按指定的角度插入门窗。

〔满墙插入〕充满整个墙段插入门窗。

〔插入上层门窗〕在同一墙段上在已有门窗的上方插入宽度相同，高度不同的窗。

〔门窗替换〕用于批量转换修改门窗。单击门宽替换显示对话框，如图 18-4 所示，在右侧出现参数过滤开关，表明目标门窗替换成的对话框中参数确定的门窗，点选去掉某参数表明目标门窗的该参数不变。

（3）选择插门，显示插门【门窗参数】对话框，如图 18-5 所示，在【编号】栏目中输入编号 M-3，在【门高】中输入 2100，在【门宽】中输入 900，在【门槛高】中输入 0。

图 18-4　执行门窗替换的【门窗参数】对话框

图 18-5　执行插门的【门窗参数】对话框

（4）在下侧工具栏图标左侧中选择插入门的方式【自由插入】。

（5）在绘图区域中单击，命令提示行显示：

```
单击门窗插入位置(Shift-左右开)<退出>:
单击门窗插入位置(Shift-左右开)<退出>:
```

则 M-1 插入指定位置。

（6）选择插窗，显示插窗【门窗参数】对话框，如图 18-6 所示，在【编号】栏目中输入编号 C-1，在【窗高】中输入 1200，在【窗宽】中输入 1500，在【窗台高】中输入 800。

（7）单击图 18-6 中的左侧二维门图形，打开“天正图库管理系统”对话框，在【二维视图】中单击进入天正图库管理系统选择门二维形式，如图 18-7 所示。

（8）单击图 18-6 中的左侧二维门图形，打开“天正图库管理系统”对话框，在【二维视图】中单击进入天正图库管理系统选择门三维形式，如图 18-8 所示。

图 18-6　执行插窗的【门窗参数】对话框

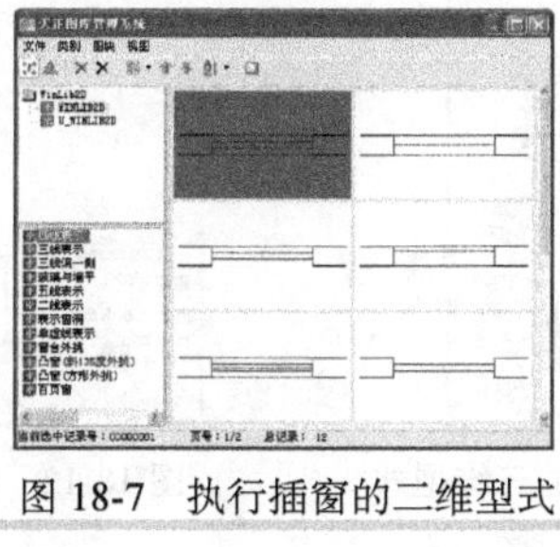

图 18-7　执行插窗的二维型式

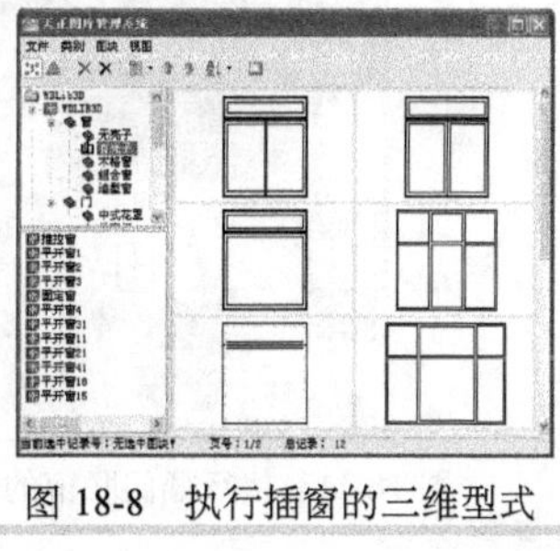

图 18-8　执行插窗的三维型式

（9）在下侧工具栏左侧图标选择插入门的方式【轴线等分插入】。

（10）在绘图区域中单击，命令提示行显示：

```
单击门窗大致的位置和开向(Shift-左右开)<退出>:
指定参考轴线[S]/门窗个数(1~2)<1>:1
单击门窗大致的位置和开向(Shift-左右开)<退出>:
```

则 C-1 插入指定位置。

（11）选择对开门，显示【门联窗】对话框，如图 18-9 所示，在【编号】栏目中输入编号 MLC-1，在【门高】中输入 2300，在【总宽】中输入 2100，在【窗高】中输入 1400，在【门宽】中输入 900，在【门槛高】中输入 0。

（12）在门的三维视图中单击进入天正图库管理系统，选择门的三维形式，如图 18-10 所示。

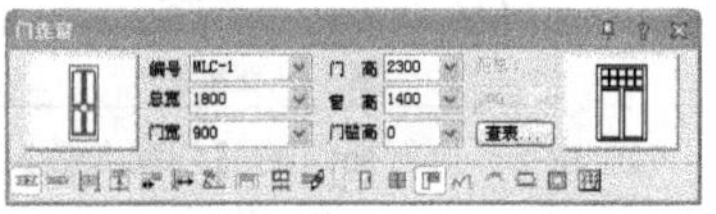

图 18-9　执行插门联窗的【门联窗】对话框

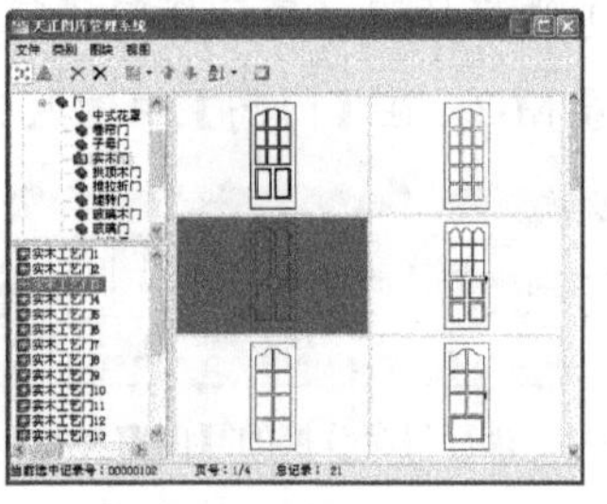

图 18-10　执行插门联窗的门的三维型式

（13）在窗的三维视图中单击进入天正图库管理系统，选择窗三维形式如图 18-11 所示。

（14）在下侧工具栏图标左侧中选择插入门联窗的方式【墙段等分插入】。

（15）在绘图区域中单击，命令提示行显示：

```
单击门窗大致的位置和开向(Shift-左右开)<退出>:
门窗个数(1~2)<1>: 1
单击门窗大致的位置和开向(Shift-左右开)<退出>:
```

则 MLC-1 插入指定位置。

（16）选择插凸窗，显示【凸窗】对话框，如图 18-12 所示，在【编号】栏目中输入编号 TC-1，在【型式】栏目中选择梯形凸窗，在【宽度】中输入 2400，在【高度】中输入 1500，在【窗台高】中输入 900，在【凸出宽】中输入 600，在【梯形宽】中输入 900。

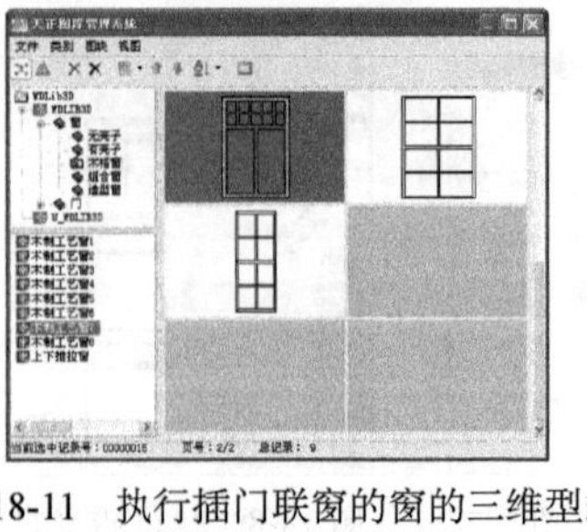

图 18-11　执行插门联窗的窗的三维型式

图 18-12　执行插凸窗的【凸窗】对话框

（17）在下侧工具栏图标左侧中选择插入凸窗的方式【轴线等分插入】。

（18）在绘图区域中单击，命令提示行显示：

```
单击门窗大致的位置和开向(Shift-左右开)<退出>:
指定参考轴线[S]/门窗个数(1~1)<1>:1
单击门窗大致的位置和开向(Shift-左右开)<退出>:
```

则 TC-1 插入指定位置。

（19）选择插弧窗，显示【弧窗】对话框，如图 18-13 所示，在【编号】栏目中输入编号 HC-1，在【宽度】中输入 1500，在【窗高】中输入 1800，在【窗台高】中输入 800。

图 18-13 执行插弧窗的【弧窗】对话框

（20）在下侧工具栏图标左侧中选择插入弧窗的方式【轴线等分插入】。

（21）在绘图区域中单击，命令提示行显示：

```
单击门窗大致的位置和开向(Shift-左右开)<退出>:选E点
指定参考轴线[S]/门窗个数(1~2)<1>:1
单击门窗大致的位置和开向(Shift-左右开)<退出>:
```

则 HC-1 插入指定位置。绘制结果如图 18-1 所示。

18.1.2 组 合 门 窗

组合门窗是将插入的多个门窗生成同一编号的组合门窗。

执行方式

命令行：ZHMC

菜单：“门窗”→“组合门窗”

下面以图 18-14 所示的组合门窗为例讲述绘制组合门窗的方法

操作步骤

（1）打开随书光盘中的“源文件/18/18.1/组合门窗”，如图 18-15 所示。

图 18-14 组合门窗图

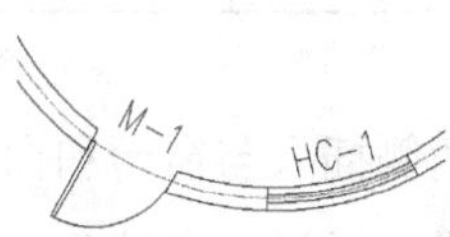

图 18-15 墙体图

（2）执行【组合门窗】命令，命令提示行如下：

```
选择需要组合的门窗和编号文字:选C-1
选择需要组合的门窗和编号文字:选M-1
选择需要组合的门窗和编号文字:
输入编号:ZHMC-1
```

命令执行完毕后如图 18-14 所示。

18.1.3 带 形 窗

带形窗可以在一段或连续多段墙体上插入带窗。

执行方式

命令行：DXC

菜单："门窗"→"带形窗"

下面以图 18-16 所示的带形窗绘制过程为例讲述绘制带形窗的方法。

操作步骤

（1）打开随书光盘中的"源文件/18/18.1/带形窗"，如图 18-17 所示。

（2）执行【带型窗】命令，打开【带型窗】对话框，如图 18-18 所示，在【编号】栏目中输入 DC-1，在【窗户高】中输入 1500，在【窗台高】中输入 900。

图 18-16 带形窗图

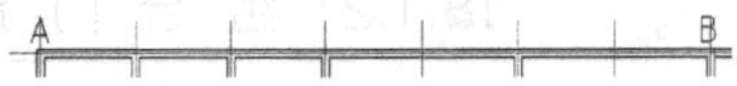

图 18-17 墙体图

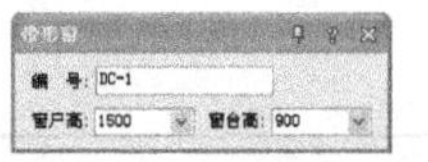

图 18-18 【带形窗】对话框

（3）单击绘图区域，命令提示行如下：

```
起始点或 [参考点(R)]<退出>:选 A 点
终止点或 [参考点(R)]<退出>:选 B 点
选择带形窗经过的墙:选 A-B 所经过的墙体
选择带形窗经过的墙: 选 A-B 所经过的墙体
选择带形窗经过的墙: 选 A-B 所经过的墙体
选择带形窗经过的墙:
```

命令执行完毕后如图 18-16 所示。

18.1.4 转 角 窗

转角窗可以在墙角两侧插入与窗台和窗等高的相连窗子，并为一个门窗编号。转角窗包括普通角窗和角凸窗两种形式，经过一个墙角窗的起点和终点都在相邻的墙段上。

执行方式

命令行：ZJC

菜单："门窗"→"转角窗"

下面以图 18-19 所示的转角窗绘制过程为例讲述绘制转角窗的方法。

操作步骤

（1）打开随书光盘中的“源文件/18/18.1/转角窗”，如图 18-20 所示。

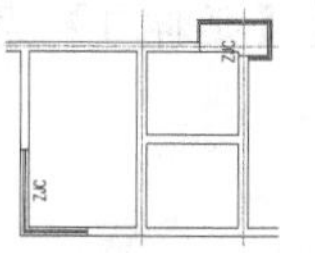

图 18-19　转角窗图

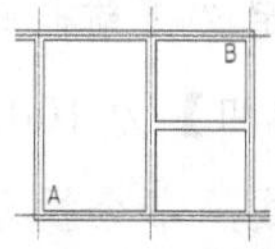

图 18-20　墙体图

（2）执行【转角窗】命令，打开如图 18-21 所示【绘制角窗】对话框 1，在其中单击【凸窗】，打开如图 18-22 所示【绘制角窗】对话框。

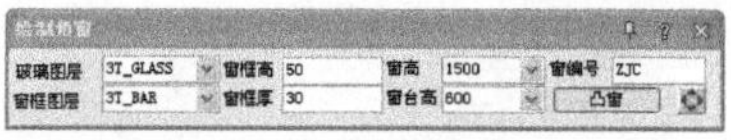

图 18-21　【绘制角窗】对话框 1

图 18-22　【绘制角窗】对话框 2

考虑到更好的运用对话框，对其中用到的控件说明如下。

〔玻璃图层〕为绘制的窗户中玻璃的图层。

〔窗框图层〕为绘制的窗户中窗框的图层。

〔窗台板图层〕为绘制的窗户中窗台板的图层。

〔窗框高〕为绘制的窗户中窗框的高度。

〔窗框厚〕为绘制的窗户中窗框的厚度。

〔窗板厚〕为绘制的窗户中窗台板厚度。

〔窗高〕为绘制的窗户中窗户高度。

〔窗台高〕为绘制的窗户中的窗台高度。

〔落地凸窗〕选中后，凸窗落地，墙内侧没有窗台。

〔窗编号〕为绘制的窗户的编号。

〔前凸距离〕为凸窗窗台凸出外墙面的距离。

〔延伸 1〕为窗台板和檐口板分别在一侧延伸出窗洞口外的距离。

〔延伸 2〕为窗台板和檐口板分别在另一侧延伸出窗洞口外的距离。

〔玻璃内凹〕为窗玻璃到窗台外侧退入的距离。

（3）按照图 18-21，定义【窗框高】为 50，定义【窗框厚】为 30，定义【窗高】为 1500，定义【窗台高】为 800，定义【窗编号】为 ZJC-1。

（4）单击绘图区域，显示的命令提示行为：

```
请选取墙内角<退出>:选 A 内角点
转角距离 1<1500>:2000（变虚）
转角距离 2<1000>:1500（变虚）
请选取墙内角<退出>:
```

AutoCAD 2012

生成的转角窗 ZJC-1，如图 18-19 所示。

（5）单击“凸窗”按钮，定义【窗框高】为 50，定义【窗框厚】为 30，定义【窗板厚】为 100，定义【窗高】为 1500，定义【窗台高】为 800，不勾选【落地凸窗】，定义【窗编号】为 ZJC-2，定义【前凸距离】为 600，定义【延伸 1】为 100，定义【延伸 2】为 100，定义【玻璃内凹】为 100。

（6）单击绘图区域，命令提示行为：

```
请选取墙内角<退出>:选 B 内角点
转角距离 1<2000>:1000（变虚）
转角距离 2<1500>:1000（变虚）
请选取墙内角<退出>:
```

生成的转角窗 ZJC-2，如图 18-19 所示。

18.2 门窗编号与门窗表

本节主要讲解门窗编号、门窗检查、建立门窗表和门窗总表的功能。

18.2.1 门窗编号

门窗编号命令可以生成或者修改门窗编号。

执行方式

命令行：MCBH

菜单：“门窗”→“门窗编号”

下面以图 18-23 所示的墙体门窗号绘制过程为例讲述标注墙体门窗号的方法。

操作步骤

（1）打开随书光盘中的“源文件/18/18.2/门窗编号”，如图 18-24 所示。

（2）执行【门窗编号】命令，命令行提示如下：

```
请选择需要改编号的门窗的范围:选 A
请选择需要改编号的门窗的范围:
请输入新的门窗编号(删除编号请输入 NULL)<M0921>:
```

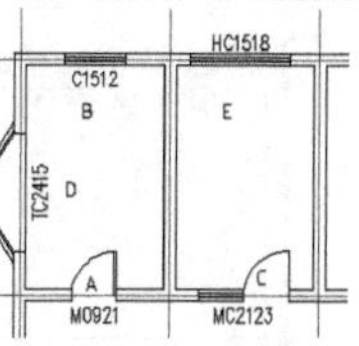

图 18-23　门窗编号图

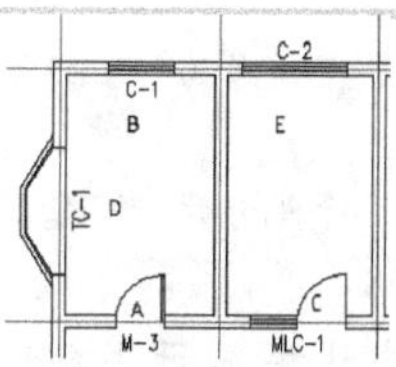

图 18-24　门窗编号原有图

则门窗编号改变，绘制结果如图 18-23 所示

（3）执行【门窗编号】命令，命令行提示如下：

```
请选择需要改编号的门窗的范围:选 B
请选择需要改编号的门窗的范围:
请输入新的门窗编号(删除编号请输入 NULL)<C1512>:
```

则门窗编号改变，绘制结果如图 18-23 所示

（4）执行【门窗编号】命令，命令行提示如下：

```
请选择需要改编号的门窗的范围:选 C
请选择需要改编号的门窗的范围:
请输入新的门窗编号(删除编号请输入 NULL)<MC2123>:
```

则门窗编号改变，绘制结果如图 18-23 所示

（5）执行【门窗编号】命令，命令行提示如下：

```
请选择需要改编号的门窗的范围:选 D
请选择需要改编号的门窗的范围:
请输入新的门窗编号(删除编号请输入 NULL)<TC2415>:
```

则门窗编号改变，绘制结果如图 18-23 所示

（6）执行【门窗编号】命令，命令行提示如下：

```
请选择需要改编号的门窗的范围:选 E
请选择需要改编号的门窗的范围:
请输入新的门窗编号(删除编号请输入 NULL)<HC1518>:
```

则门窗编号改变，绘制结果如图 18-23 所示。

18.2.2 门窗检查

门窗检查显示门窗参数表格，检查当前图中门窗数据是否合理。

执行方式

命令行：MCJC

菜单：“门窗”→“门窗检查”

执行【门窗检查】命令，打开【门窗编号验证表】对话框，如图 18-25 所示。

选择门窗，再单击【观察】对话框，提示的命令行：

观察第 1/1 个编号为'MC2123'的门窗 [列表查询(L)/返回(X)]<下一个>:

观察第 1/1 个编号为'MC2123'的门窗 [列表查询(L)/返回(X)]<下一个>:X

输入 L 虚线框显示当前门窗，回车一次显示其他同一编号门窗，输入 X 返回【门窗编号验证表】对话框，继续其他操作。

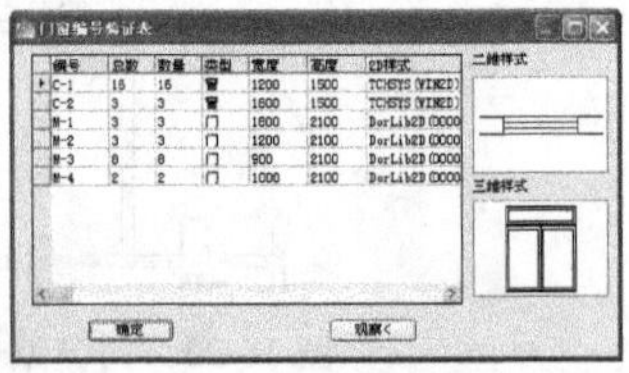

图 18-25 【门窗编号验证表】图

18.2.3 门 窗 表

门窗表命令统计本图中的门窗参数。

执行方式

命令行：MCB

菜单："门窗"→"门窗表"

下面以图 18-26 所示的门窗表绘制过程为例讲述门窗表的生成方法。

门窗表

类型	设计编号	洞口尺寸(mm)	数量	图集名称	页次	选用型号	备注
门	M-1	1800X2100	1				
	M-3	900X2100	2				
窗	C1512	1800X1500	1				
	C-1	1200X1500	2				
	C-2	1800X1500	2				

图 18-26 门窗表图

操作步骤

（1）打开随书光盘中的"源文件/18/18.2/门窗表"，如图 18-27 所示。

（2）执行【门窗表】命令，命令提示行如下：

请选择当前层门窗：框选门窗 A－B

请选择当前层门窗：

打开如图 18-28 所示【选择门窗表样式】对话框。

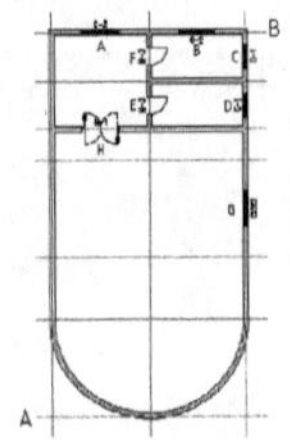

图 18-27 墙体图

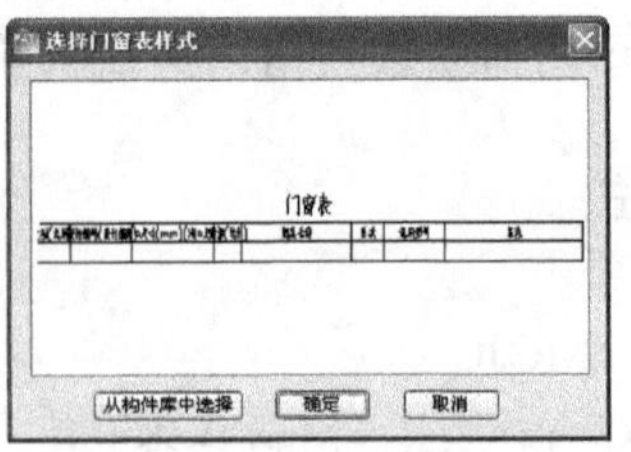

图 18-28 【选择门窗表样式】对话框

门窗表位置(左上角点)或 [参考点(R)]<退出>:点选门窗表插入位置

命令执行完毕后如图 18-26 所示。

18.2.4 门窗总表

门窗总表用于生成整座建筑的门窗表，统计本工程中多个平面图使用的门窗编号，生成门窗总表。

执行方式

命令行：MCZB

菜单："门窗"→"门窗总表"

门窗总表显示的"显示门窗表样式"同门窗表显示的基本相同，同时门窗总表的命令在没有建立工程时或打开时会出现警告框，关于新建工程等操作在以后章节介绍。

18.3 门窗编辑和工具

本节主要讲解门窗编辑的方式和用到的常用工具。

18.3.1 内外翻转

内外翻转命令以墙中为中心线进行翻转，可以处理多个门窗。

执行方式

命令行：NWFZ

菜单："门窗"→"内外翻转"

下面以图 18-29 所示的内外翻转绘制过程为例讲述内外翻转的创建方法。

操作步骤

（1）打开随书光盘中的"源文件/18/18.3/内外翻转"，如图 18-30 所示。

（2）执行【内外翻转】命令，命令行提示如下：

```
选择待翻转的门窗：选 A
选择待翻转的门窗：选 B
选择待翻转的门窗：回车退出
```

绘制结果如图 18-29 所示。

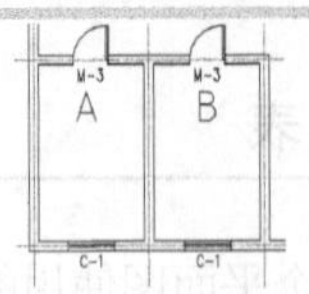

图 18-29　内外翻转图

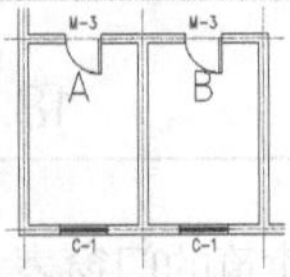

图 18-30　墙体门窗图

18.3.2　左右翻转

左右翻转命令以门窗中垂线为中心线进行翻转，可以处理多个门窗。

执行方式

命令行：ZYFZ

菜单："门窗"→"左右翻转"

下面以图 18-31 所示的左右翻转图为例讲述左右翻转的方法。

操作步骤

（1）打开随书光盘中的"源文件/18/18.3/左右翻转"，如图 18-32 所示。

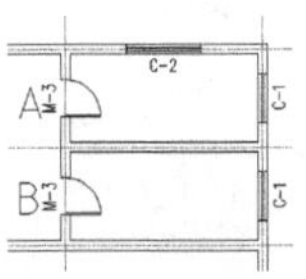

图 18-31　左右翻转图

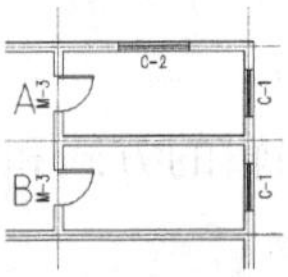

图 18-32　墙体门窗图

（2）执行【左右翻转】命令，命令行提示如下：

```
选择待翻转的门窗：选 A
选择待翻转的门窗：选 B
选择待翻转的门窗：回车退出
```

绘制结果如图 18-31 所示。

18.3.3　编号复位

编号复位命令的功能是把用夹点编辑改变过位置的门窗编号恢复到默认位置。

执行方式

命令行：BHFW

菜单："门窗"→"门窗工具"→"编号复位"

执行【编号复位】命令，命令行提示如下：

```
选择名称待复位的窗：选择要选的门窗
选择名称待复位的窗：回车退出
```

18.3.4 门 窗 套

门窗套命令的功能是在门窗四周加全门窗框套。

执行方式

命令行：MCT

菜单："门窗" → "门窗工具" → "门窗套"

下面以图 18-33 所示的门窗套绘制过程为例讲述绘制门窗套的方法。

操作步骤

（1）打开随书光盘中的"源文件/18/18.3/门窗套"，如图 18-34 所示。

（2）执行【门窗套】命令，打开如图 18-35 所示的【门窗套】对话框，定义【伸出墙长度】为 200，定义【门窗套宽度】为 200，选中【加门窗框】复选框。

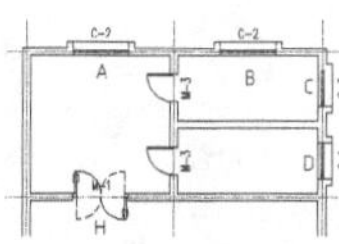
图 18-33 门窗套图

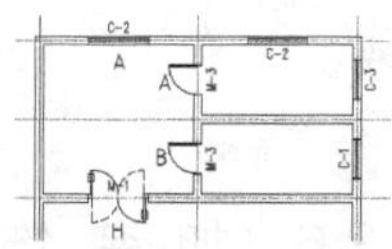
图 18-34 门窗墙体图

图 18-35 【门窗套】对话框

（3）单击绘图区域，命令提示行如下：

```
请选择外墙上的门窗：选 A
请选择外墙上的门窗：选 B
请选择外墙上的门窗：选 C
请选择外墙上的门窗：选 D
请选择外墙上的门窗：
单击窗套所在的一侧：选 A 外侧
单击窗套所在的一侧：选 B 外侧
单击窗套所在的一侧：选 C 外侧
单击窗套所在的一侧：选 D 外侧
```

命令执行完毕后如图 18-33 所示。

18.3.5 门 口 线

门口线命令可以在平面图中添加门的门口线，表示门槛或门两侧地面标高不同。

执行方式

命令行：MKX

菜单："门窗" → "门窗工具" → "门口线"

下面以图 18-36 所示的门口线绘制过程为例讲述绘制门口线的方法。

操作步骤

（1）打开随书光盘中的“源文件/18/18.3/门口线”，如图 18-37 所示。

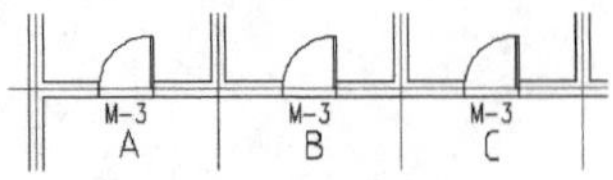

图 18-36　门口线图

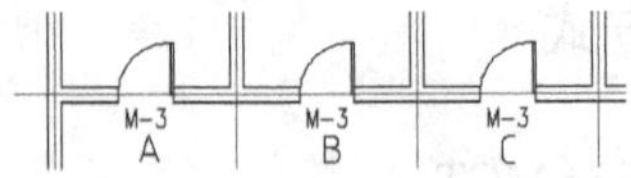

图 18-37　墙体门窗图

（2）执行【门口线】命令，命令行提示如下：

```
选择要加减门口线的门窗：选 A
选择要加减门口线的门窗：选 B
选择要加减门口线的门窗：选 C
选择要加减门口线的门窗：
请单击门口线所在的一侧<退出>:选择外侧
```

绘制结果如图 18-36 所示。

将上述命令重新执行一遍，选择方向时选择另一侧即可为双面加门口线，对已有门口线的重新执行则删除现有的门口线。

18.3.6　加装饰套

加装饰套命令用于添加门窗套线，可以选择各种装饰风格和参数的装饰套。装饰套描述了门窗属性的三维特征，用于室内设计中的立剖面图的门窗部位。

执行方式

命令行：JZST

菜单：“门窗”→“门窗工具”→“加装饰套”

下面以图 18-38 所示的装饰套绘制过程为例讲述绘制装饰套的方法。

操作步骤

（1）打开随书光盘中的“源文件/18/18.3/加装饰套”，如图 18-39 所示。

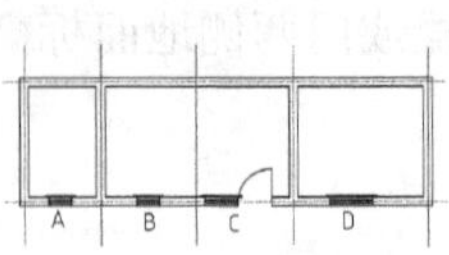

图 18-38　加装饰套立面图

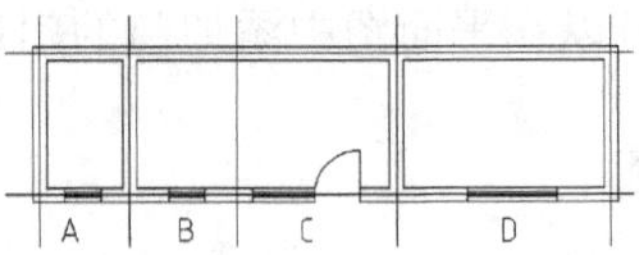

图 18-39　墙体门窗图

（2）执行【加装饰套】命令，打开如图 18-40 所示的【门窗套设计】对话框，在相应栏目中填入截面的形式和尺寸参数。

（3）打开如图 18-41 所示的【门窗套设计】对话框，在相应栏目中设置参数。

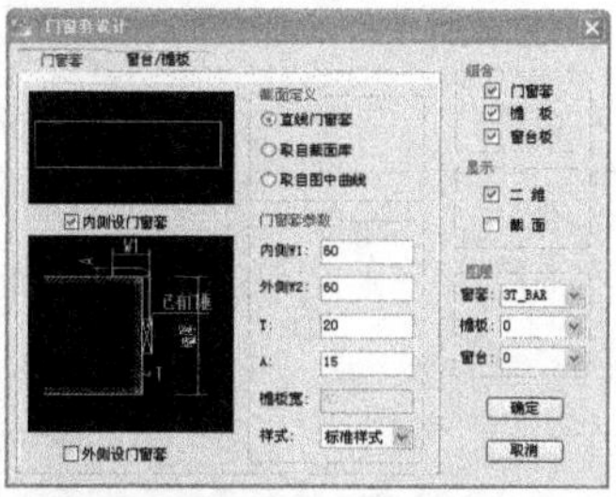

图 18-40 【门窗套设计】对话框

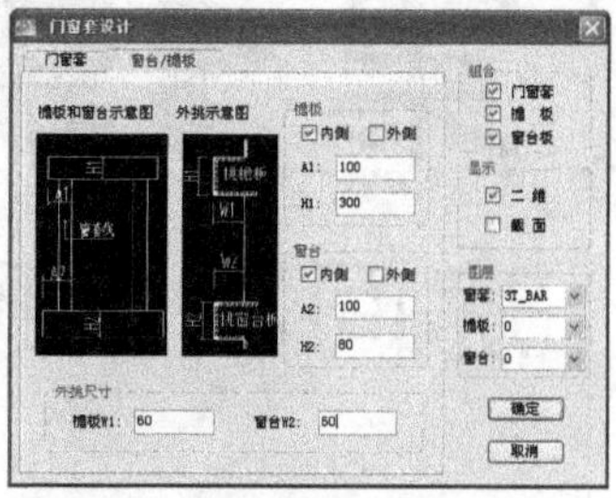

图 18-41 【门窗套设计】对话框

（4）单击【确定】按钮，进入绘图区域，命令行提示如下：

```
选择需要加门窗套的门窗：选 A
选择需要加门窗套的门窗：选 B
选择需要加门窗套的门窗：选 C
选择需要加门窗套的门窗：选 D
选择需要加门窗套的门窗：
单击室内一侧<退出>:选内侧
单击室内一侧<退出>:选内侧
单击室内一侧<退出>:选内侧
单击室内一侧<退出>:选内侧
```

绘制结果如图 18-38 所示。

第19章

房间和屋顶

房间面积的创建：介绍搜索房间、查询面积、套内面积和面积累加的操作方式。

房间布置：介绍房间加踢脚线、奇数分格、偶数分格、布置洁具、布置隔断、布置隔板和有关房间内部地板及天花板的操作，有关卫生间内洁具、隔断，隔板的布置。

屋顶创建：介绍搜屋顶线、标准坡顶、任意坡顶、攒尖屋顶、加老虎窗、加雨水管等有关屋顶面图形的绘制。

重点与难点

- 房间面积的创建
- 房间布置
- 屋顶创建

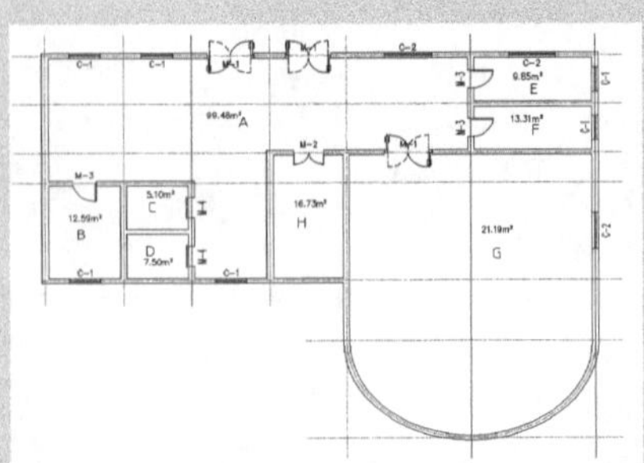

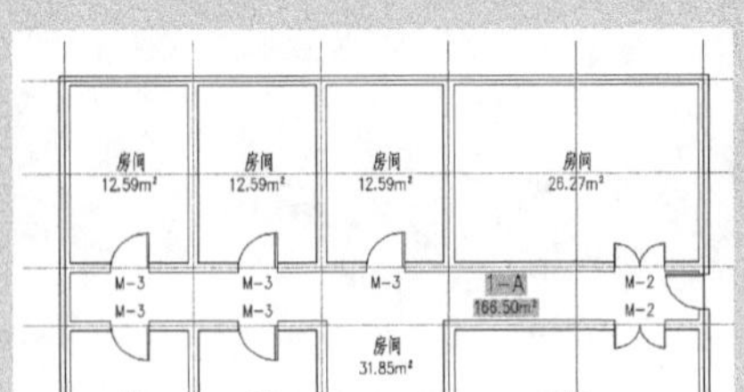

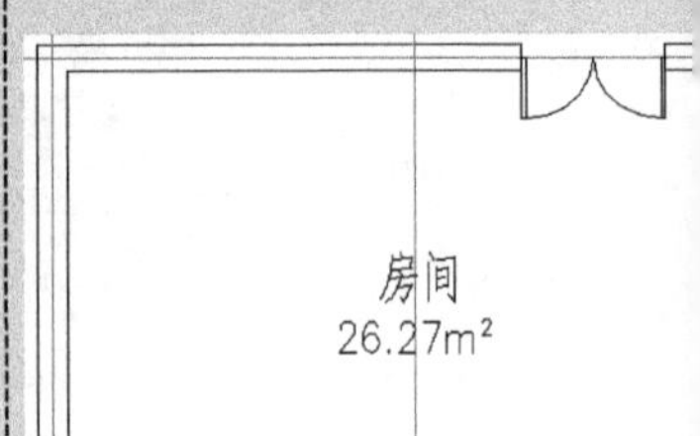

19.1 房间面积的创建

本节主要讲解房间面积可以通过多种命令创建，房间面积按要求分为建筑面积、使用面积和套内面积 3 种形式。

19.1.1 搜索房间

搜索房间是新生成或更新已有的房间信息对象，同时生成房间地面，标注位置位于房间的中心。

执行方式

命令行：SSFJ

菜单："房间屋顶" → "搜索房间"

下面以图 19-1 所示的搜索房间绘制过程为例讲述搜索房间的方法。

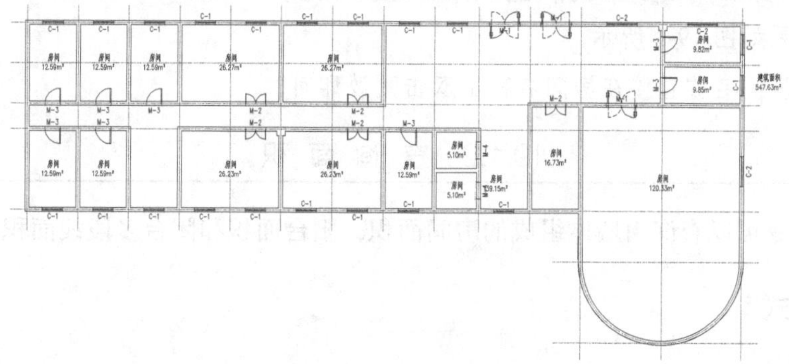

图 19-1　搜索房间

操作步骤

（1）打开随书光盘中的"源文件/19/19.1/搜索房间"，如图 19-2 所示。

（2）执行【搜索房间】命令，打开【搜索房间】对话框，如图 19-3 所示。

考虑到更好的运用对话框，对其中用到的控件说明如下。

〔显示房间名称〕标示房间名称。

〔显示房间编号〕标示房间编号。

〔标注面积〕房间使用面积的标注形式，是否显示面积数值。

〔面积单位〕是否标示面积单位，默认以平方米为单位。

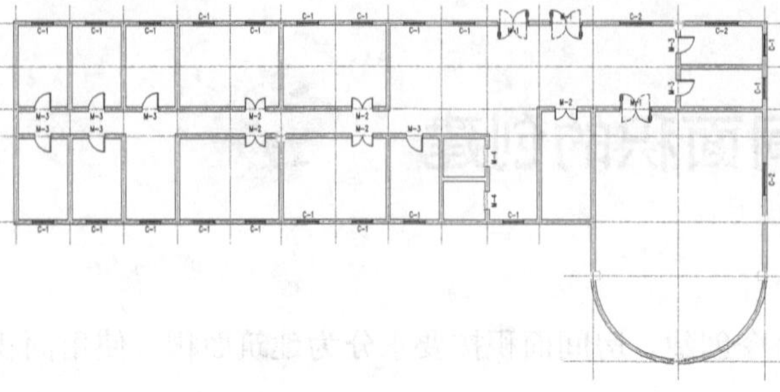

图 19-2　墙体门窗图

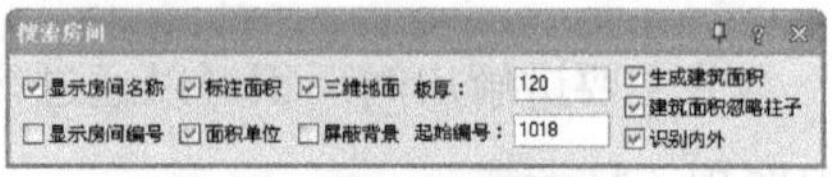

图 19-3　【搜索房间】对话框

〔三维地面〕选择时可以在标示同时沿着房间对象边界生成三维地面。

〔屏蔽背景〕选择时可以屏蔽房间标注下面的图案。

〔板厚〕生成三维地面时，给出地面的厚度。

〔生成建筑面积〕在搜索生成房间同时，计算建筑面积。

〔建筑面积忽略柱子〕建筑面积计算规则中忽略凸出墙面的柱子与墙垛。

（3）单击绘图区域，命令行提示如下：

```
请选择构成一完整建筑物的所有墙体(或门窗)：框选建筑物
请选择构成一完整建筑物的所有墙体(或门窗)：
请单击建筑面积的标注位置<退出>：选择标注建筑面积的地方
```

绘制结果如图 19-1 所示。

想更改房间名称直接在房间名称上双击更改即可。

19.1.2　查询面积

查询面积命令可以查询由墙体组成的房间面积、阳台面积和闭合多段线面积。

执行方式

命令行：CXMJ

菜单：“房间屋顶”→“查询面积”

下面以图 19-4 所示的查询面积过程为例讲述查询面积的方法。

操作步骤

（1）打开随书光盘中的“源文件/19/19.1/查询面积”，如图 19-5 所示。

（2）执行【查询面积】命令，打开【查询面积】对话框，如图 19-6 所示。

对话框功能与搜索房间命令相似，但【查询面积】命令可以动态显示房间面积。不想标注房间名称和编号时，要去除【生成房间对象】的勾选。本例中去除勾选。

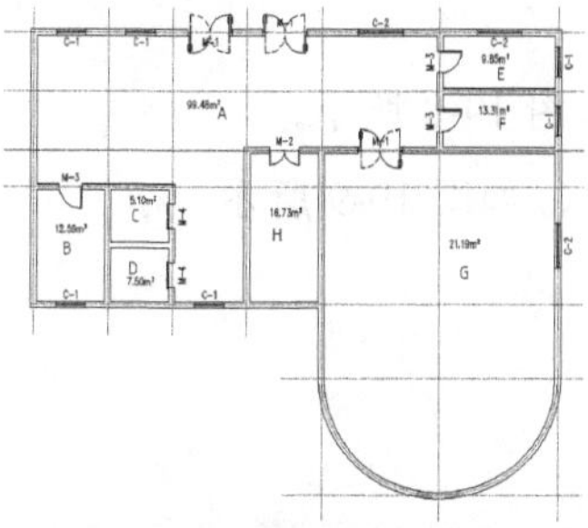

图 19-4 查询面积图

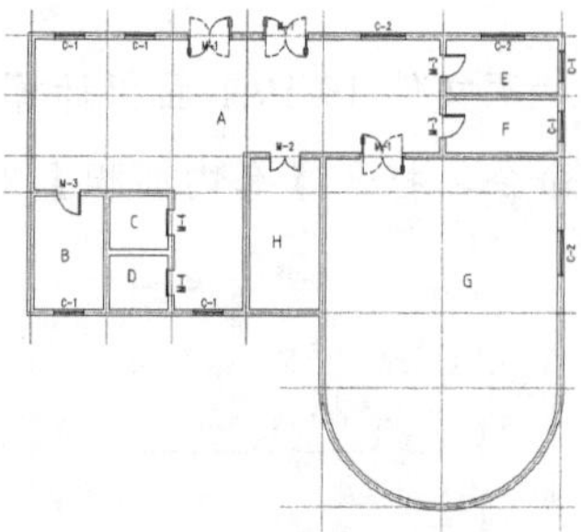

图 19-5 墙体门窗图

图 19-6 【查询面积】对话框

（3）单击绘图区域，命令行提示如下：

```
请在屏幕上单击一点或 [查询闭合 PLINE 面积(P)/查询阳台面积(B)]<退出>:选 A
面积=99.48 平方米
请在屏幕上单击一点或 [查询闭合 PLINE 面积(P)/查询阳台面积(B)]<退出>:选 B
面积=12.59 平方米
请在屏幕上单击一点或 [查询闭合 PLINE 面积(P)/查询阳台面积(B)]<退出>:选 C
面积=5.10 平方米
请在屏幕上单击一点或 [查询闭合 PLINE 面积(P)/查询阳台面积(B)]<退出>:选 D
面积=7.50 平方米
请在屏幕上单击一点或 [查询闭合 PLINE 面积(P)/查询阳台面积(B)]<退出>:选 E
面积=9.85 平方米
请在屏幕上单击一点或 [查询闭合 PLINE 面积(P)/查询阳台面积(B)]<退出>:选 F
面积=13.31 平方米
请在屏幕上单击一点或 [查询闭合 PLINE 面积(P)/查询阳台面积(B)]<退出>:选 G
面积=21.19 平方米
```

绘制结果如图 19-4 所示。

19.1.3 套 内 面 积

套内面积命令的功能是计算住宅单元的套内面积，并创建套内面积的房间对象，把用夹点编辑改变过位置的门窗编号恢复到默认位置。

执行方式

命令行：TNMJ

菜单："房间屋顶"→"套内面积"

下面以图 19-7 所示的套内面积过程为例讲述套内过程的方法。

操作步骤

（1）打开随书光盘中的“源文件/19/19.1/面积计算”，如图 19-8 所示。

（2）执行【搜索房间】命令，打开【套内面积】对话框，如图 19-9 所示。

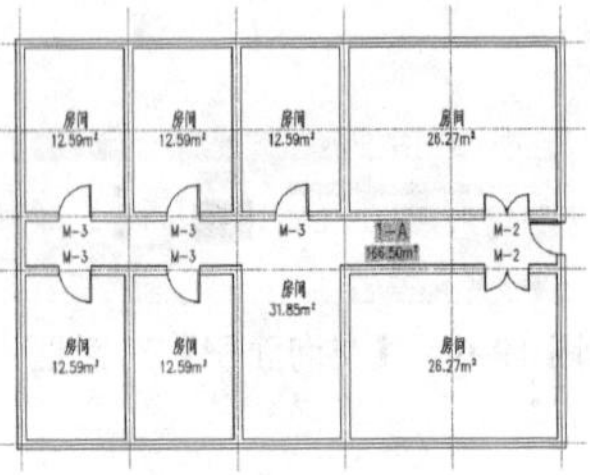
图 19-7　套内面积图

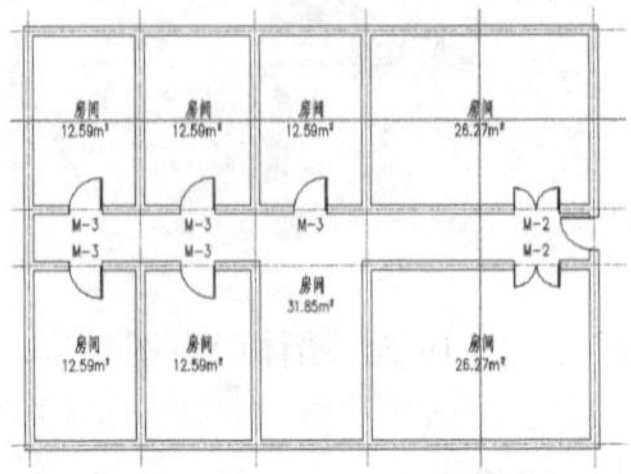
图 19-8　墙体门窗图

图 19-9　【搜索房间】对话框

考虑到更好的运用对话框，对其中用到的控件说明如下。

〔套型编号〕标示房间编号。

〔户号〕标示户型编号。

〔标注面积〕房间使用面积的标注形式，是否显示面积数值。

〔面积单位〕是否标示面积单位，默认以平方米为单位。

〔显示轮廓线〕套内是否生成闭合的多段线。

（3）执行【套内面积】命令，命令行提示如下：

```
请选择构成一套房子的所有墙体(或门窗)：窗选住宅单元
请选择构成一套房子的所有墙体(或门窗)：
请点取面积标注位置<中心>：
```

绘制结果如图 19-7 所示。

19.1.4　面 积 计 算

面积计算命令对选取的房间使用面积、阳台面积、建筑平面的建筑面积等数值合计。

执行方式

命令行：MJJS

菜单：“房间屋顶”→“面积计算”

下面以图 19-10 所示的面积计算图为例讲述面积计算的方法。

操作步骤

（1）打开随书光盘中的“源文件/19/19.1/面积计算”，如图 19-11 所示。

（2）执行【搜索房间】命令，打开【面积计算】对话框，如图 19-12 所示。

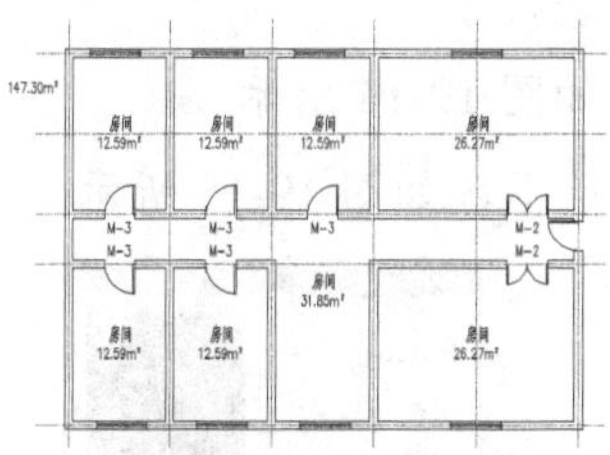
图 19-10 面积计算图

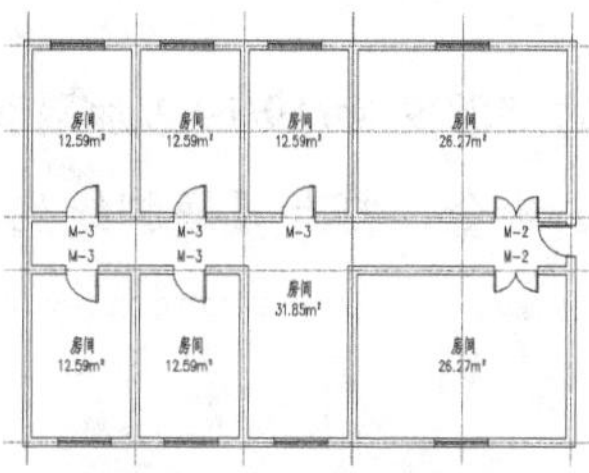
图 19-11 查询面积图

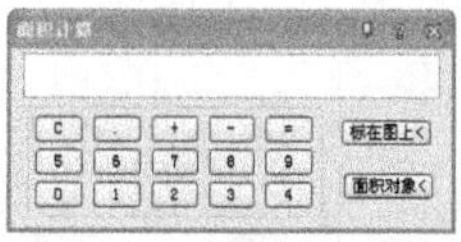
图 19-12 【搜索房间】对话框

（3）执行【面积计算】命令，命令提示行如下：

```
选择房间面积对象或面积数值文字:找到 1 个
请选择房间面积对象或面积数值文字:找到 1 个，总计 2 个
请选择房间面积对象或面积数值文字:找到 1 个，总计 3 个
请选择房间面积对象或面积数值文字:找到 1 个，总计 4 个
请选择房间面积对象或面积数值文字:找到 1 个，总计 5 个
请选择房间面积对象或面积数值文字:单击求和结果标注的位置
```

命令执行完毕后如图 19-10 所示。

19.2 房间布置

本节主要讲解房间布置中添加踢脚线，地面或天花面分格，洁具布置等装饰装修建模。

19.2.1 加踢脚线

加踢脚线命令的功能是生成房间的踢脚线。

执行方式

命令行：JTJX

菜单："房间屋顶"→"房间布置"→"加踢脚线"

单击菜单命令后，显示对话框，在对话框控件中选择相应数据，单击确定完成操作。

下面以图 19-13 所示的加踢脚线过程为例讲述加踢脚线的方法。

操作步骤

（1）打开随书光盘中的“源文件/19/19.2/加踢脚线”，如图 19-14 所示。

（2）执行【加踢脚线】命令，打开【踢脚线生成】对话框，如图 19-15 所示。

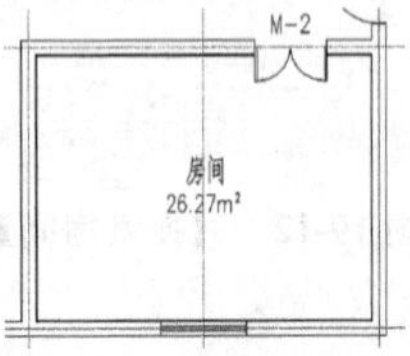

图 19-13　加踢脚线图

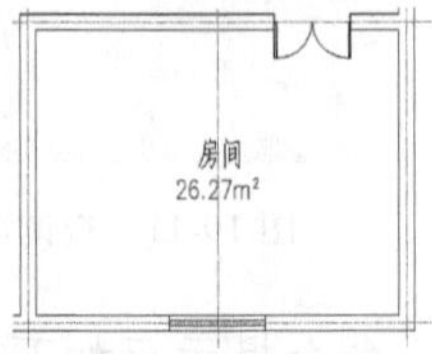

图 19-14　墙体门窗图

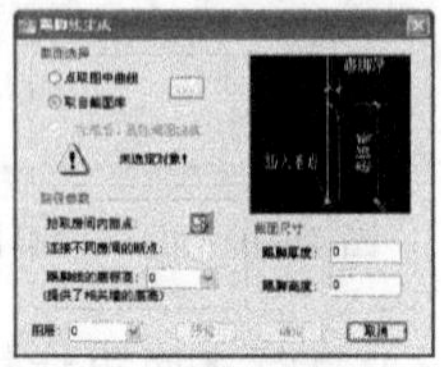
图 19-15　【踢脚线生成】对话框

考虑到更好的运用对话框，对其中用到的控件说明如下。

〔单击图中曲线〕点选本选项后，单击右侧“<”进入图形中选择截面形状。

〔取自截面库〕点选本选项后，单击右侧[…]进入天正图库管理系统，在库中选择需要的截面形式。

〔拾取房间内部点〕单击右侧按钮，在绘图区房间中单击选取。

〔连接不同房间的断点〕单击右侧按钮<执行命令。房间门洞是无门套时，应该连接踢脚线断点。

〔踢脚线的底标高〕输入踢脚线底标高数值。在房间有高差时在指定标高处生成踢脚线。

〔踢脚厚度〕踢脚截面的厚度。

〔踢脚高度〕踢脚截面的高度。

（3）在【取自截面库】右侧单击，选择需要的截面形状。在【拾取房间内部点】右侧单击，选取房间内部点。对其他控件参数进行设定，在【踢脚线的底标高】中设定为 0.0，在【踢脚厚度】中设定为 10，在【踢脚高度】中设定为 100，单击【确定】按钮完成操作。

绘制结果如图 19-13 所示。

19.2.2 奇数分格

奇数分格命令绘制按奇数分格的地面或吊顶平面。

执行方式

命令行：JSFG

菜单：“房间屋顶”→“房间布置”→“奇数分格”

下面以图 19-16 所示的奇数分格过程为例讲述奇数分格的方法。

操作步骤

（1）打开随书光盘中的“源文件/19/19.2/奇数分格”，如图 19-17 所示。

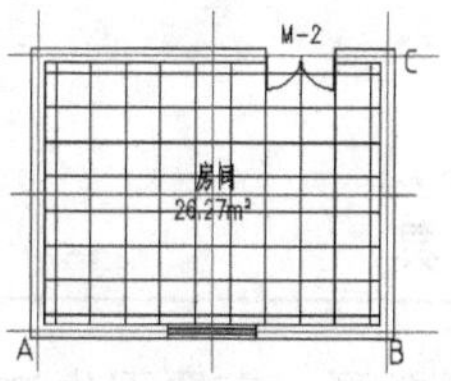

图 19-16 奇数分格图

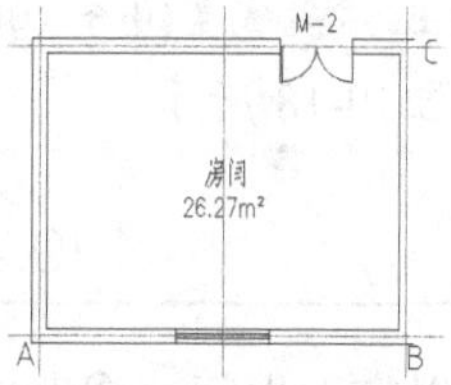

图 19-17 墙体门窗图

（2）执行【奇数分格】命令，命令行提示如下：

```
请用三点定一个要奇数分格的四边形，第一点 <退出>:选 A 内角点
第二点 <退出>:选 B 内角点
第三点 <退出>:选 C 内角点
第一、二点方向上的分格宽度(小于 100 为格数) <500>: 600
第二、三点方向上的分格宽度(小于 100 为格数) <600>:
```

完成房间奇数分格，绘制结果如图 19-16 所示。

19.2.3 偶数分格

偶数分格命令绘制按偶数分格的地面或吊顶平面。

执行方式

命令行：OSFG

菜单：“房间屋顶”→“房间布置”→“偶数分格”

下面以图 19-18 所示的偶数分格过程为例讲述偶数分格的方法。

操作步骤

（1）打开随书光盘中的“源文件/19/19.2/偶数分格”，如图 19-19 所示。

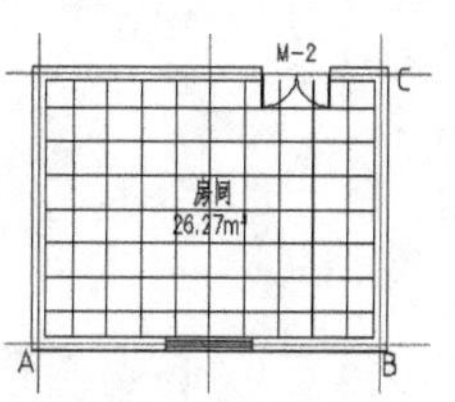

图 19-18 偶数分格图

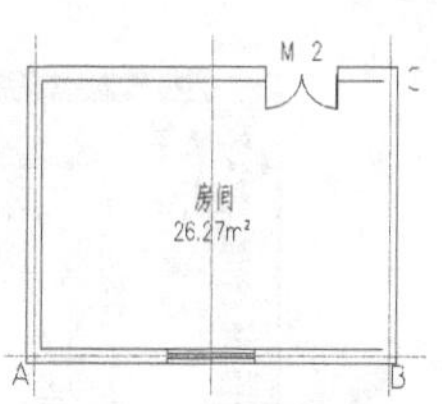

图 19-19 墙体门窗图

（2）执行【偶数分格】命令，命令行提示如下：

请用三点定一个要偶数分格的四边形，第一点 <退出>:选 A 内角点
第二点 <退出>:选 B 内角点
第三点 <退出>:选 C 内角点
第一、二点方向上的分格宽度(小于 100 为格数) <600>:
第二、三点方向上的分格宽度(小于 100 为格数) <600>:

绘制结果如图 19-18 所示。

19.2.4 布置洁具

布置洁具命令可以在卫生间或浴室中选取相应的洁具类型，布置卫生洁具等设施。

执行方式

命令行：BZJJ

菜单："房间屋顶" → "房间布置" → "布置洁具"

在对话框控件中选择不同类型的洁具后，系统自动给出与该类型相适应的布置方法。在右侧预览框中双击所需布置的卫生洁具根据弹出的对话框和命令行在图中布置洁具。

下面以图 19-20 所示的布置洁具过程为例讲述洁具布置的方法。

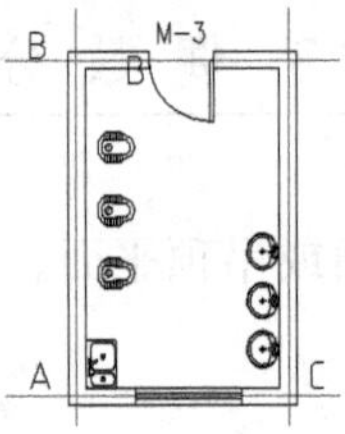

图 19-20　布置洁具图

操作步骤

(1) 打开随书光盘中的"源文件/19/19.2/布置洁具"，如图 19-21 所示。

(2) 执行【布置洁具】命令，打开【天正洁具】对话框，如图 19-22 所示。

(3) 单击【洗涤盆和拖布池】，右侧双击选定的洗涤盆，打开【布置洗涤盆 02】对话框，如图 19-23 所示。

图 19-21　墙体门窗图

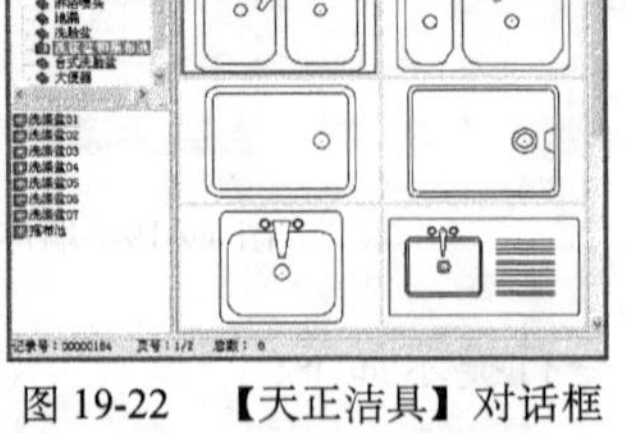
图 19-22　【天正洁具】对话框

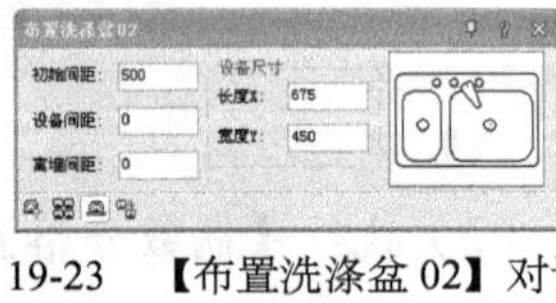
图 19-23　【布置洗涤盆 02】对话框

在对话框中设定洗涤盆的参数。

（4）单击绘图区域，命令行提示如下：

```
请单击墙体边线或选择已有洁具:选取墙边线 A
下一个<退出>:
请单击墙体边线或选择已有洁具:
```

绘制结果如图 19-20 所示

（5）单击【台式洗脸盆】，右侧双击选定的台上式洗脸盆，打开【布置洗涤盆】对话框，如图 19-24 所示。

在对话框中设定台上式洗脸盆的参数。

（6）单击绘图区域，命令行提示如下：

```
请单击墙体边线或选择已有洁具:选墙边线 B
是否为该对象?[是(Y)/否(N)]<Y>:
下一个<退出>:在洗脸盆增加方向上点一下
下一个<退出>:在洗脸盆增加方向上点一下
下一个<退出>:
台面宽度<600>:600
台面长度<2300>:2300
请单击墙体边线或选择已有洁具:
```

绘制结果如图 19-20 所示

（7）单击【大便器】，右侧双击选定的蹲便器（高位水箱），打开【布置洗涤盆 01】对话框，如图 19-25 所示。

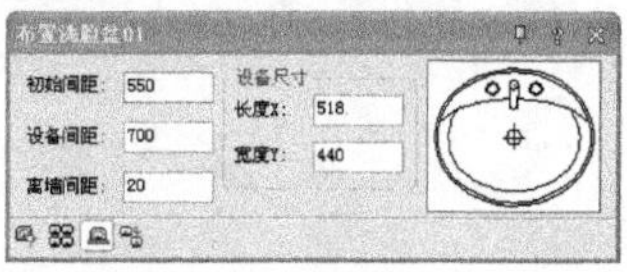

图 19-24 【布置台上式洗脸盆 1】对话框图

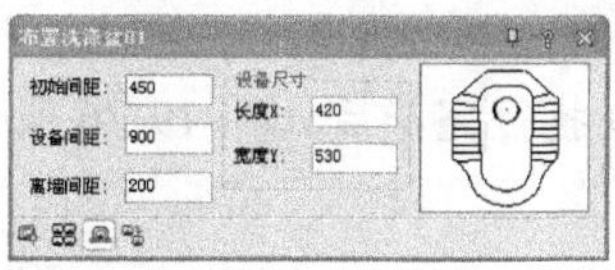

图 19-25 【布置蹲便器（高位水箱)】对话框图

在对话框中设定蹲便器（高位水箱）的参数。

（8）单击绘图区域，命令行提示如下：

```
请单击墙体边线或选择已有洁具:选墙边线 C
下一个<退出>:在蹲便器增加方向上点一下
下一个<退出>:在蹲便器增加方向上点一下
下一个<退出>:
```

绘制结果如图 19-20 所示。

19.2.5 布置隔断

布置隔断命令是通过使用两点直线来选取房间已经插入的洁具，输入隔板长度和隔断门宽来布置卫生间隔断。

执行方式

命令行：BZGD

菜单："房间屋顶" → "房间布置" → "布置隔断"

下面以图 19-26 所示的布置隔断为例讲述隔断的布置方法。

操作步骤

（1）打开随书光盘中的"源文件/19/19.2/布置隔断"，如图 19-27 所示。

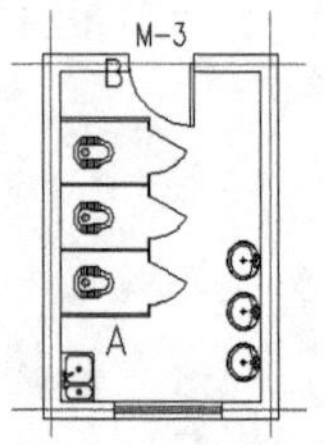

图 19-26　布置隔断图

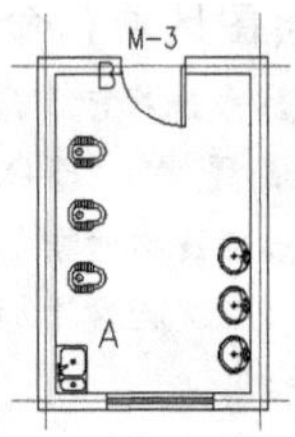

图 19-27　房间图

（2）执行【布置隔断】命令，命令提示行如下：

```
输入一直线来选洁具!
起点:选 A
终点:选 B
隔板长度<1200>:1200
隔断门宽<600>:600
```

命令执行完毕后如图 19-26 所示。

19.2.6 布置隔板

布置隔板命令通过两点直线线选取房间已经插入的洁具，输入隔板长度完成卫生间小便器之间的隔板布置。

执行方式

命令行：BZGB

菜单："房间屋顶" → "房间布置" → "布置隔板"

下面以图 19-28 所示的布置隔板断为例讲述隔板的布置方法。

操作步骤

（1）打开随书光盘中的"源文件/19/19.2/布置隔板"，如图 19-29 所示。

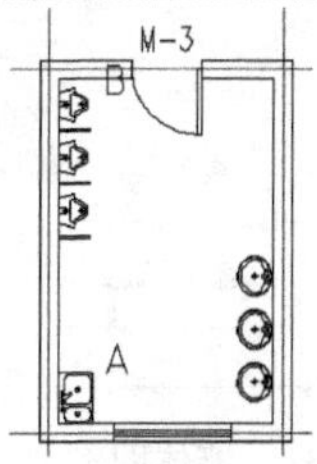

图 19-28 布置隔板图

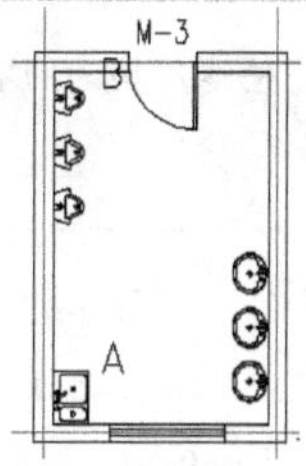

图 19-29 房间图

（2）执行【布置隔板】命令，命令提示行如下：

```
输入一直线来选洁具!
起点：选 A
终点：选 B
隔板长度<400>:
```

命令执行完毕后如图 19-28 所示。

19.3 屋顶创建

本节主要讲解屋顶的多种造型以及在屋顶中加老虎窗和雨水管。

19.3.1 搜屋顶线

搜屋顶线命令是搜索整体墙线，按照外墙的外边生成屋顶平面的轮廓线。

执行方式

命令行：SWDX

菜单："房间屋顶"→"搜屋顶线"

下面以图 19-30 所示的屋顶出檐线绘制过程为例讲述搜屋顶线的方法。

操作步骤

（1）打开随书光盘中的"源文件/19/19.3/搜屋顶线"，如图 19-31 所示。

（2）执行【搜屋顶线】命令，命令行提示如下：

```
请选择构成一完整建筑物的所有墙体(或门窗)：框选建筑物
```

```
请选择构成一完整建筑物的所有墙体(或门窗):
偏移外皮距离<600>:
```

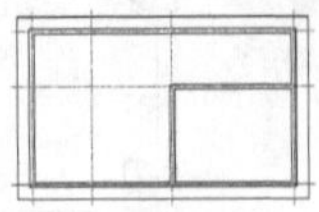
图 19-30　搜屋顶线图

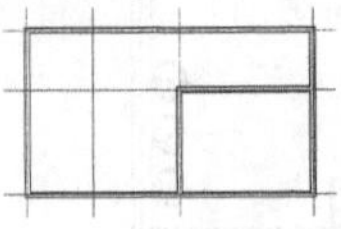
图 19-31　墙体图

绘制结果如图 19-30 所示。

19.3.2　人字坡顶

人字坡顶命令可由封闭的多段线生成指定坡度角的单坡或双坡屋面对象。

执行方式

命令行：RZPD

菜单："房间屋顶" → "人字坡顶"

下面以图 19-32 所示的人字坡顶为例讲述绘制人字坡顶的方法。

操作步骤

（1）打开随书光盘中的"源文件/19/19.3/人字坡顶"，如图 19-33 所示。

（2）执行【人字坡顶】命令，命令行提示如下：

```
请选择一封闭的多段线<退出>:选择图 19-34 中的 A 点
请输入屋脊线的起点<退出>:选择图 19-34 中的 B 点
请输入屋脊线的终点<退出>:选择图 19-34 中的 C 点
```

（3）打开【人字坡顶】对话框，如图 19-34 所示。

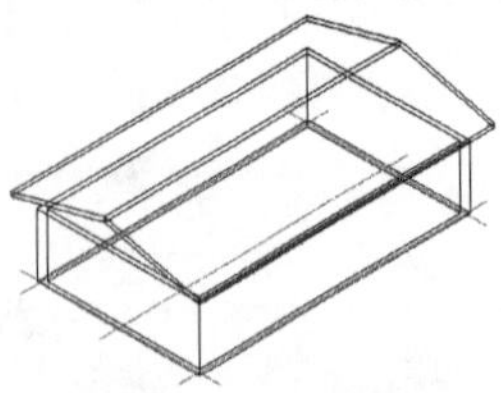
图 19-32　人字坡顶图

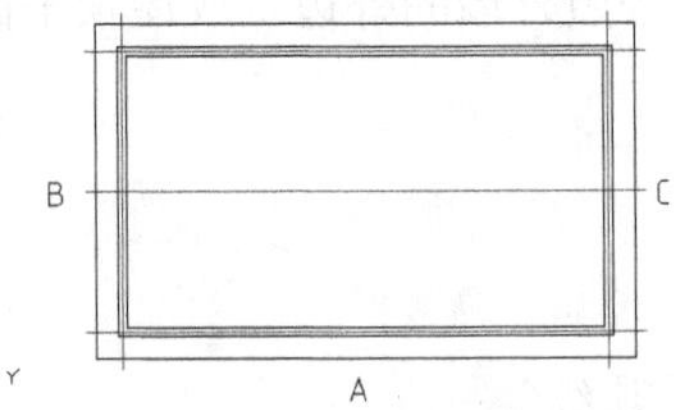

图 19-33　墙体图

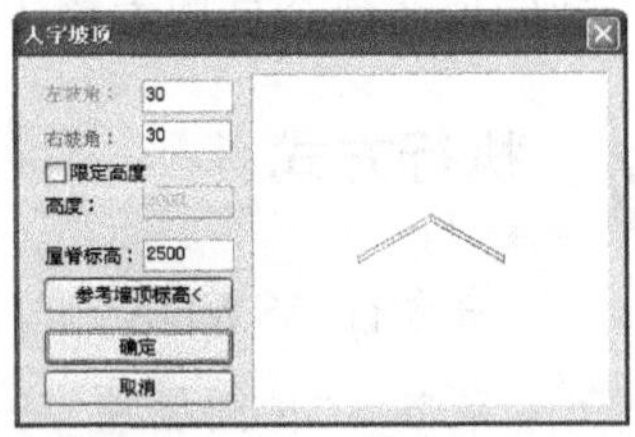

图 19-34　【人字坡顶】对话框

考虑到更好的运用对话框，对其中用到的控件说明如下。

〔左坡角〕〔右坡角〕本选项确定坡屋顶的坡度角。

〔屋脊标高〕本选项为确定屋脊的标高值。

〔参考墙顶标高〕在本项中选取墙面，起算屋脊标高。

在对话框中设置参数，然后单击【确定】，绘制结果如图 19-32 所示。

19.3.3 任意坡顶

任意坡顶命令由封闭的多段线生成指定坡度的坡形屋面，对象编辑可分别修改各坡度。

执行方式

命令行：RYPD

菜单："房间屋顶"→"任意坡顶"

单击菜单命令后，命令行提示为：

```
选择一封闭的多段线<退出>:点选封闭的多段线
请输入坡度角 <30>:输入屋顶坡度角
出檐长<600>:输入出檐长度
```

生成等坡度的四坡屋顶，可通过对象编辑对各个坡面的坡度进行修改，如图 19-35 所示。

下面以图 19-36 所示的任意坡顶为例讲述绘制任意坡顶的方法。

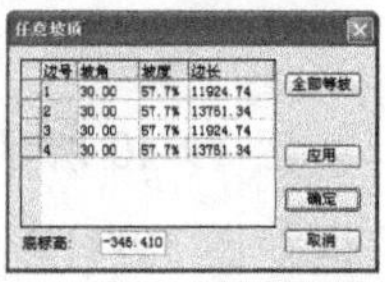

图 19-35 【坡屋顶】对话框

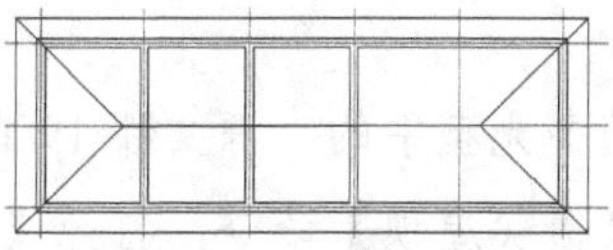

图 19-36 任意坡顶图

操作步骤

（1）打开随书光盘中的"源文件/19/19.3/任意坡顶"，如图 19-37 所示。

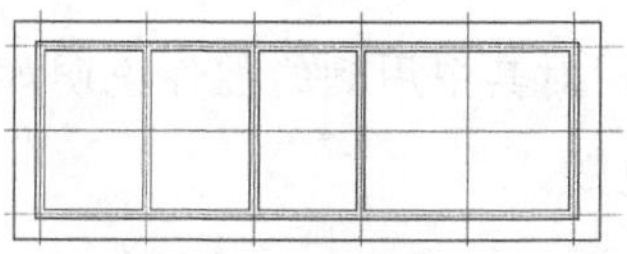

图 19-37 多段线图

（2）执行【任意坡顶】命令，命令行提示如下：

```
选择一封闭的多段线<退出>:点选封闭的多段线
请输入坡度角 <30>:30
出檐长<600>:600
```

绘制结果如图 19-36 所示。

19.3.4 攒尖屋顶

攒尖屋顶命令可以生成对称的正多边锥形攒尖屋顶，考虑出挑与起脊，可加宝顶与尖锥。

AutoCAD 2012

执行方式

命令行：CJWD

菜单："房间屋顶"→"攒尖屋顶"

单击菜单命令后，显示【攒尖顶尺寸参数】对话框，如图 19-38 所示

在对话框中输入相应的数值，点选【中点/基点】，命令行提示为：

```
请单击屋顶的中心点:选取屋顶的中心点
单击屋顶与墙/柱相交的一角点:选取屋顶与墙相交的角点
此时返回对话框，单击【确定】，命令行提示:
请输入与墙体连接处标高. D-以三维面顶边定/ 当前值<3000>:输入墙顶和柱顶标高
```

下面以图 19-39 所示的攒尖屋顶为例讲述绘制攒尖屋顶的方法。

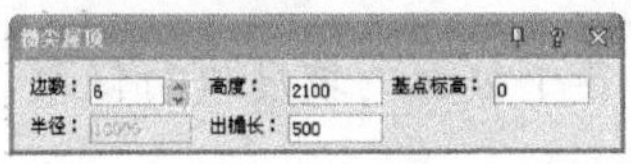

图 19-38 【攒尖顶尺寸参数】对话框

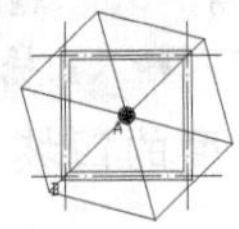
图 19-39 攒尖屋顶图

操作步骤

（1）打开随书光盘中的"源文件/19/19.3/攒尖屋顶"，如图 19-40 所示。

（2）执行【攒尖屋顶】命令，打开【攒尖屋顶】对话框如图 19-41 所示。

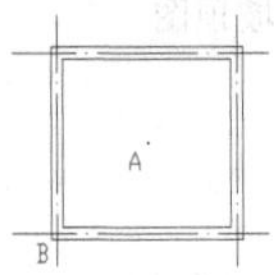

图 19-40 墙体图

图 19-41 【攒尖屋顶】对话框

考虑到更好的运用对话框，对其中用到的控件说明如下。

〔边数〕屋顶正多边形的边数。

〔高度〕攒尖屋顶净高度。

〔基点标高〕与墙柱连接的屋顶上皮处的屋面标高，默认该标高为楼层标高 0。

〔半径〕坡顶多边形外接圆的半径。

〔出檐长〕从屋顶中心开始偏移到边界的长度，默认 600，可以为 0。

（3）在对话框中输入相应的数值，在【边数】文本框内输入数值 6，在【高度】文本框内输入数值 3000，在【出檐长】文本框内输入数值 600，命令行提示为：

```
请单击屋顶的中心点:选 A
单击屋顶与墙/柱相交的一角点: 选 B
此时返回对话框，单击【确定】，命令行提示:
请输入与墙体连接处标高. D-以三维面顶边定/ 当前值<3000>:3000
```

绘制结果如图 19-39 所示。

19.3.5 加老虎窗

加老虎窗命令在三维屋顶生成多种老虎窗形式。

执行方式

命令行：JLHC

菜单：“房间屋顶”→“加老虎窗”

下面以图 19-42 所示的老虎窗绘制过程为例讲述绘制加老虎窗的方法。

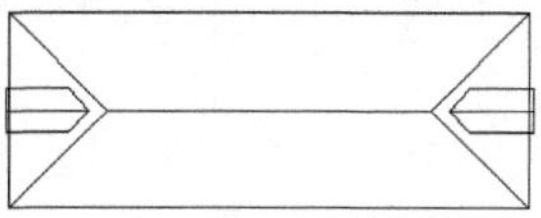

(a) 老虎窗

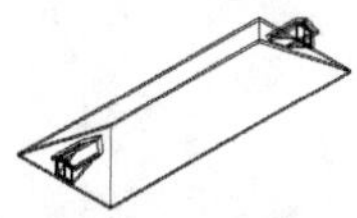

(b) 加老虎窗立体视图

图 19-42 加老虎窗图

操作步骤

（1）打开随书光盘中的“源文件/19/19.3/加老虎窗”，如图 19-43 所示。

（2）执行【加老虎窗】命令，命令提示行如下：

```
请选择三维坡屋顶坡面<退出>:选 A 所在坡面
```

打开【老虎窗设计】对话框，如图 19-44 所示，在相应框中输入数值。

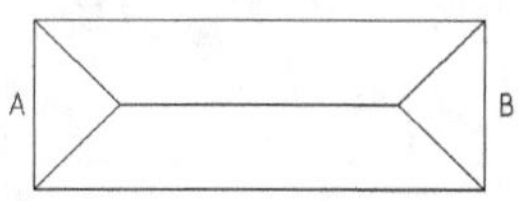

图 19-43 坡屋顶图

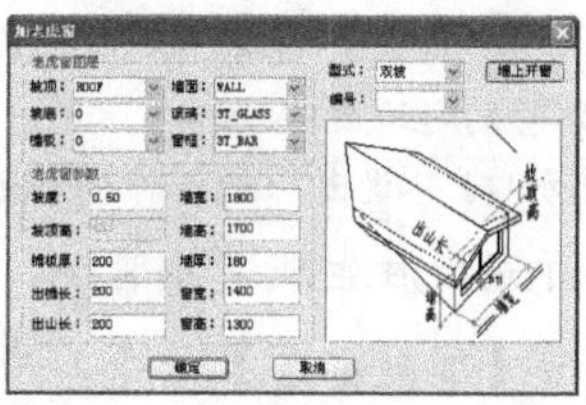

图 19-44 【老虎窗设计】对话框

点选【确定】，命令行提示为：

```
老虎窗的插入位置或 [参考点(R)]<退出>:选 A
老虎窗的插入位置或 [参考点(R)]<退出>:选 B
```

完成 AB 处老虎窗插入。

命令执行完毕后如图 19-42 所示。

19.3.6 加雨水管

加雨水管命令在屋顶平面图中绘制雨水管。

执行方式

命令行：JYSG

菜单："房间屋顶"→"加雨水管"

下面以图 19-45 所示的加雨水管为例讲述绘制雨水管的方法。

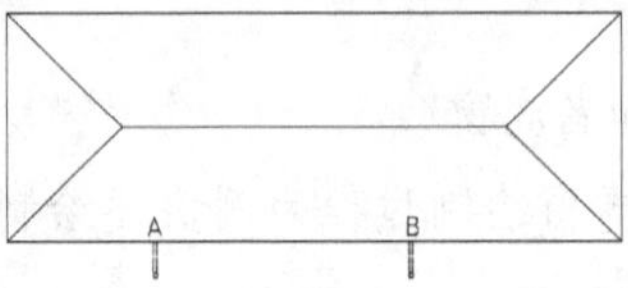

图 19-45 加雨水管图

操作步骤

（1）打开随书光盘中的"源文件/19/19.3/加雨水管"，如图 19-46 所示。

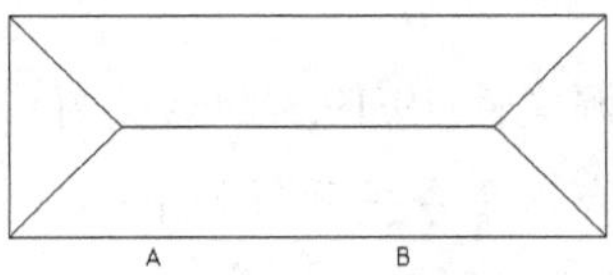

图 19-46 屋顶平面图

（2）执行【加雨水管】命令，命令提示行如下：

```
请给出雨水管的起始点(入水口) <退出>:选 A
结束点(出水口) <退出>:选 A 外侧一点
```

命令执行完毕后生成落水管 A，如图 19-46 所示。

（3）单击【加雨水管】命令，命令提示行如下：

```
请给出雨水管的起始点(入水口) <退出>:选 B
结束点(出水口) <退出>:选 B 外侧一点
命令执行完毕后生成落水管 B。
```

命令执行完毕后生成落水管 B，如图 19-45 所示。

第 20 章 楼梯及其他设施

各种楼梯的创建：介绍直线梯段、圆弧梯段、任意梯段、添加扶手、连接扶手、双跑楼梯、多跑楼梯和电梯等的生成。

其他设施：介绍、阳台、台阶、坡道和散水的生成。

重点与难点

- 各种楼梯的创建
- 其他设施

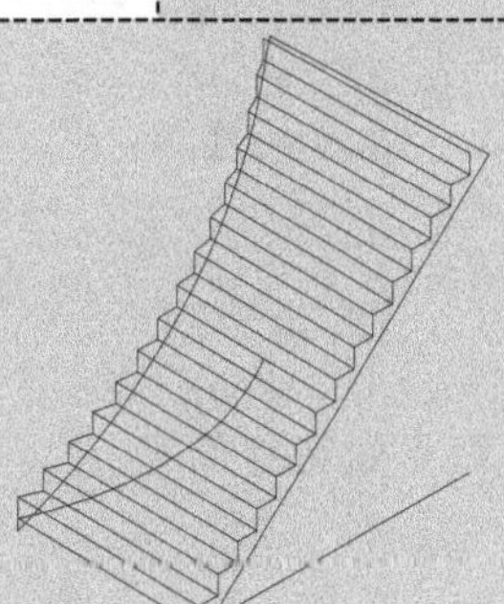

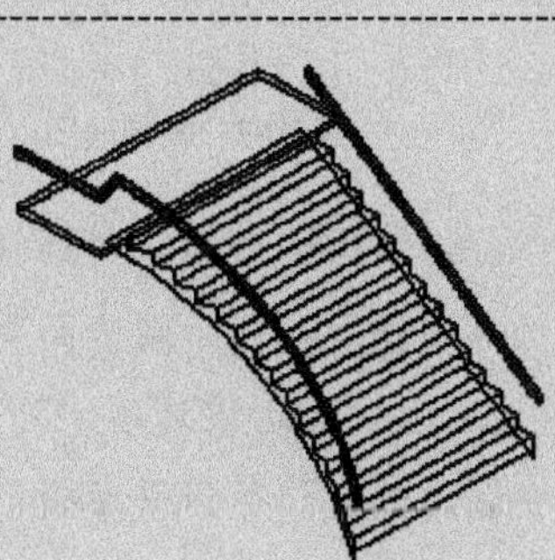

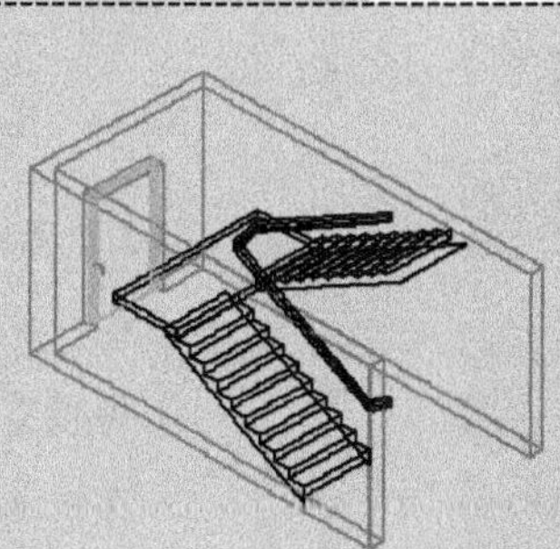

20.1 各种楼梯的创建

本节主要讲解普通楼梯的创建，插入多种形式的楼梯。

20.1.1 直线梯段

直线梯段命令在对话框中输入梯段参数绘制直线梯段，用来组合复杂楼梯。

执行方式

命令行：ZXTD

菜单："楼梯其他"→"直线梯段"

下面以图 20-1 所示的直线梯段绘制过程为例讲述直线梯段的绘制方法。

操作步骤

（1）打开随书光盘中的"源文件/20/20.1/直线楼梯"，如图 20-2 所示。

（2）执行【直线梯段】命令，打开【直线梯段】对话框，如图 20-3 所示。

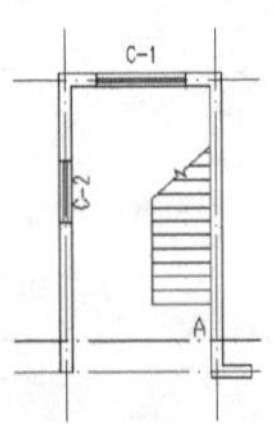

图 20-1　直线梯段图

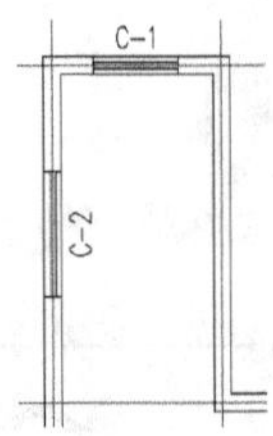

图 20-2　楼梯间图

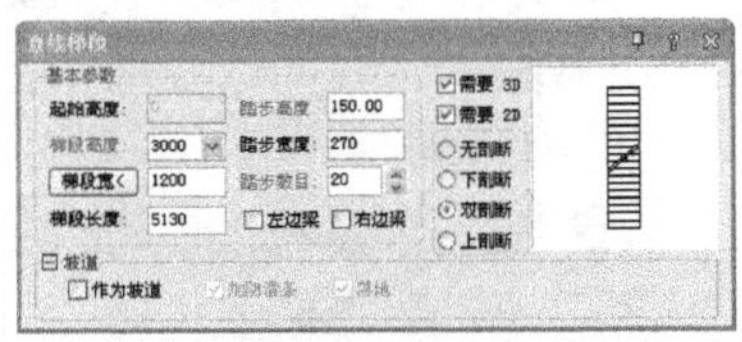

图 20-3　【直线梯段】对话框

（3）考虑到更好的运用对话框，对其中用到的控件说明如下。

〔梯段高度〕直段楼梯的高度，等于踏步高度的总和。

〔梯段宽<〕梯段宽度数值，点选该选项，可以在图中点选两点确定梯段宽。

〔梯段长度〕直段梯段的长度，等于平面投影的梯段长度。

〔踏步高度〕输入踏步高度数值。

〔踏步宽度〕输入踏步宽度数值。

〔踏步数目〕输入需要的踏步数值，也可通过右侧上下箭头进行数值的调整。

〔作为坡道〕选此项则踏步作为防滑条间距，楼梯段按坡道生成。

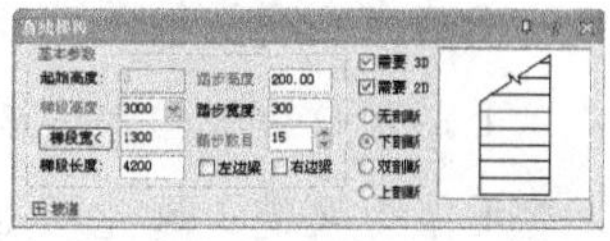

图 20-4 【直线梯段】对话框图

在本例中输入的数值如图 20-4 所示。

命令行提示如下：

```
单击位置或 [转 90 度(A)/左右翻(S)/上下翻(D)/对齐(F)/改转角(R)/改基点(T)]<退出>:T
输入插入点或 [参考点(R)]<退出>:选梯段的右小角点
单击位置或 [转 90 度(A)/左右翻(S)/上下翻(D)/对齐(F)/改转角(R)/改基点(T)]<退出>: 选 A
```

绘制结果如图 20-1 所示。

20.1.2 圆弧梯段

圆弧梯段命令可在对话框中输入梯段参数，绘制弧形楼梯，用来组合复杂楼梯。

执行方式

命令行：YHTD

菜单："楼梯其他"→"圆弧梯段"

下面以图 20-5 所示的圆弧梯段绘制过程为例讲述圆弧梯段的绘制方法。

操作步骤

（1）打开随书光盘中的"源文件/20/20.1/圆弧楼梯"，如图 20-6 所示。

（2）执行【圆弧梯段】命令，打开【圆弧梯段】对话框，如图 20-7 所示。

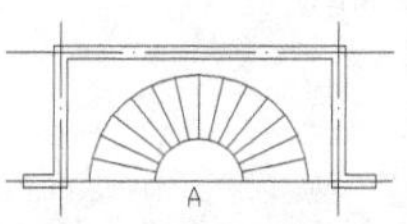

图 20-5 圆弧梯段图

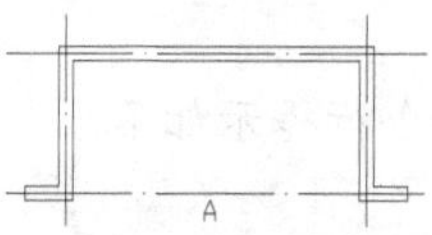

图 20-6 墙体图

图 20-7 【圆弧梯段】对话框

考虑到更好的运用对话框，对其中用到的控件说明如下。

〔内圆半径〕圆弧梯段的内圆半径。

〔外园半径〕圆弧梯段的外圆半径。

〔起始角〕定位圆弧梯段的起始角度位置。

〔圆心角〕圆弧梯段的角度。

〔梯段高度〕圆弧梯段的高度，等于踏步高度的总和。

〔梯段宽度〕圆弧梯段的宽度。

〔踏步高度〕输入踏步高度数值。

〔踏步数目〕输入需要的踏步数值，也可通过右侧上下箭头进行数值的调整。

〔作为坡道〕选此项则踏步作为防滑条间距，楼梯段按坡道生成。

（3）在本例中输入的数值如图 20-7 所示。在对话框中输入相应的数值，点选【确定】，命令行提示如下:

```
单击位置或 [转 90 度(A)/左右翻(S)/上下翻(D)/对齐(F)/改转角(R)/改基点(T)]<退出>:选 A
```

绘制结果如图 20-5 所示。

20.1.3 任 意 梯 段

任意梯段命令可以选择图中直线或圆弧作为梯段边线输入踏步参数绘制楼梯。

执行方式

命令行：RYTD

菜单：“楼梯其他” → “任意梯段”

下面以图 20-8 所示的任意梯段绘制过程为例讲述任意梯段的绘制方法。

操作步骤

（1）打开随书光盘中的“源文件/20/20.1/任意梯段”，如图 20-9 所示。

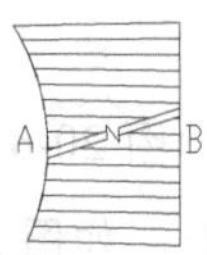

图 20-8　任意梯段图

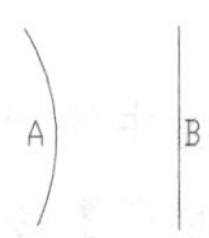

图 20-9　边线图

（2）执行【任意梯段】命令，命令行提示如下:

```
请单击梯段左侧边线(LINE/ARC):选 A
请单击梯段右侧边线(LINE/ARC): 选 B
```

（3）打开【任意梯段】对话框，如图 20-10 所示，在对话框中输入相应的数值，单击【确定】按钮，绘制结果如图 20-8 所示。

任意梯段的三维显示如图 20-11 所示。

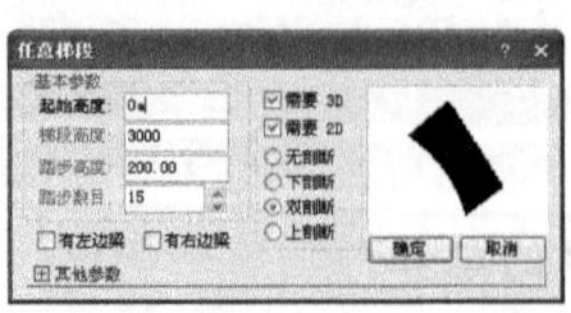

图 20-10　【任意梯段】对话框

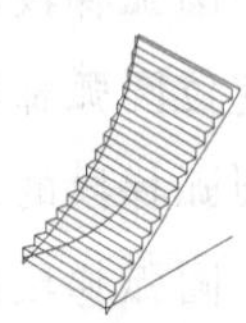

图 20-11　任意梯段的三维显示

20.1.4 添加扶手

添加扶手命令的功能是沿楼梯或 PLINE 路径生成扶手。

执行方式

命令行：TJFS

菜单："楼梯其他" → "添加扶手"

下面以图 20-12 所示的扶手绘制过程为例讲述添加扶手的绘制方法。

操作步骤

（1）打开随书光盘中的"源文件/20/20.1/添加扶手"，如图 20-13 所示。

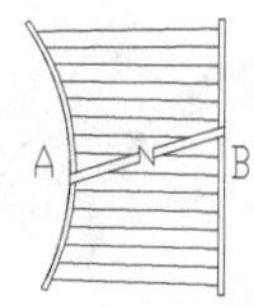

图 20-12 添加扶手图

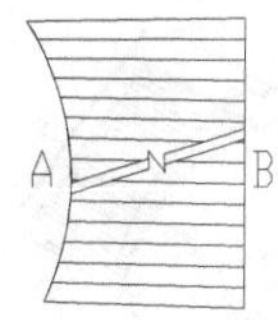

图 20-13 梯段图

（2）执行【添加扶手】命令，命令行提示如下：

```
请选择梯段或作为路径的曲线(线/弧/圆/多段线)：选 A
是否为该对象?[是(Y)/否(N)]<Y>: Y
扶手宽度<60>:60
扶手顶面高度<900>:900
扶手距边<0>:0
```

（3）单击【添加扶手】命令，命令行提示如下：

```
请选择梯段或作为路径的曲线(线/弧/圆/多段线)：选 B
是否为该对象?[是(Y)/否(N)]<Y>: Y
扶手宽度<60>:60
扶手顶面高度<900>:900
扶手距边<0>:0
```

绘制结果如图 20-12 所示。添加扶手的三维显示如图 20-14 所示。

（4）双击创建的扶手，可以进入对象编辑状态，如图 20-15 所示。

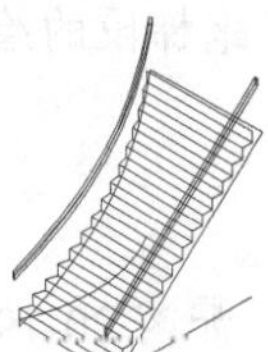

图 20-14 扶手的三维显示

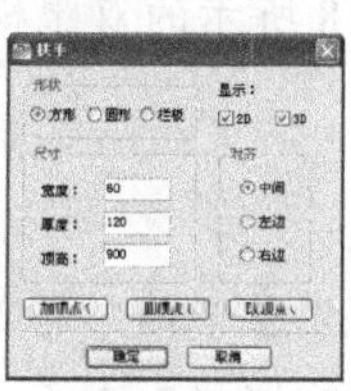

图 20-15 【扶手】对话框

20.1.5 连接扶手

连接扶手命令的功能是把两段扶手连成一段。

执行方式

命令行：LJFS

菜单："楼梯其他"→"连接扶手"

下面以图 20-16 所示的连接绘制过程为例讲述连接扶手的绘制方法。

操作步骤

（1）打开随书光盘中的"源文件/20/20.1/连接扶手"，如图 20-17 所示。

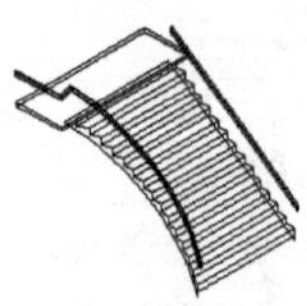

图 20-16　连接扶手图

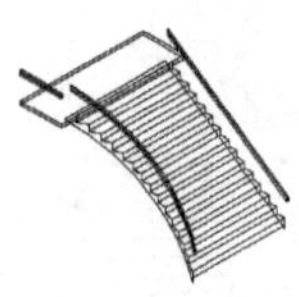

图 20-17　梯段图

（2）执行【连接扶手】命令，命令行提示如下：

```
选择待连接的扶手(注意与顶点顺序一致)：选择第一段扶手
选择待连接的扶手(注意与顶点顺序一致)：选择另一段扶手
选择待连接的扶手(注意与顶点顺序一致)：
```

绘制结果如图 20-16 所示。

20.1.6 双跑楼梯

双跑楼梯命令的功能是在对话框中输入梯间参数，直接绘制双跑楼梯。

执行方式

命令行：SPLT

菜单："楼梯其他"→"双跑楼梯"

下面以图 20-18 所示的双跑楼梯绘制过程为例讲述双跑梯段的绘制方法。

操作步骤

（1）打开随书光盘中的"源文件/20/20.1/双跑楼梯"，如图 20-19 所示。

（2）执行【双跑楼梯】命令，打开【双跑楼梯】对话框，如图 20-20 所示。

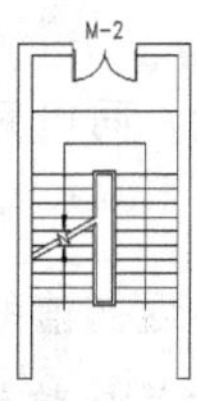

图 20-18 双跑楼梯图

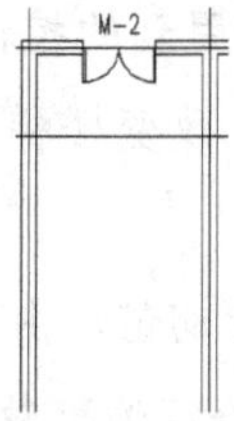

图 20-19 楼梯间图

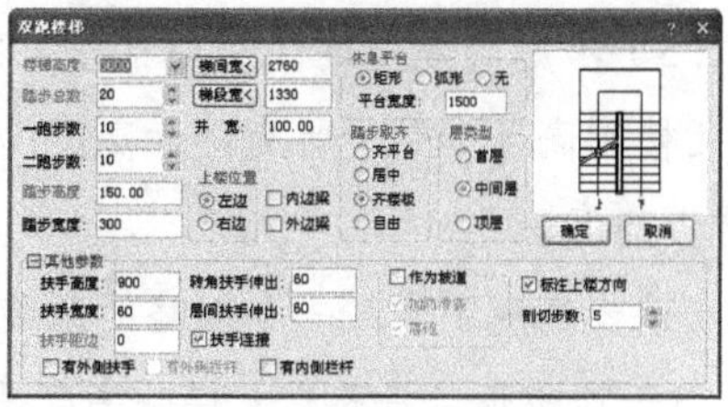

图 20-20 【双跑楼梯】对话框

（3）在对话框中输入相应的数值，点选【确定】，命令行提示：

单击位置或 [转 90 度(A)/左右翻(S)/上下翻(D)/对齐(F)/改转角(R)/改基点(T)]<退出>:点选房间左上内角点

绘制结果如图 20-18 所示。双跑楼梯的三维显示如图 20-21 所示。

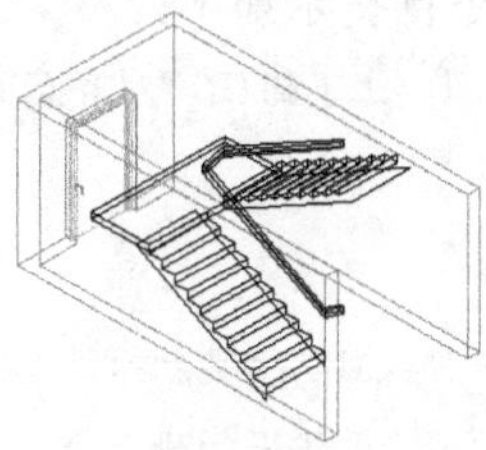

图 20-21 双跑楼梯的三维显示

20.1.7 多 跑 楼 梯

多跑楼梯命令的功能是在输入关键点建立多跑（转角，直跑等）楼梯。

执行方式

命令行：DPLT

菜单："楼梯其他" → "多跑楼梯"

下面以图 20-22 所示的多跑楼梯绘制过程为例讲述多跑梯段的绘制方法。

操作步骤

（1）打开随书光盘中的"源文件/20/20.1/多跑楼梯"，如图 20-23 所示。

（2）执行【多跑楼梯】命令，打开【多跑楼梯】对话框，如图 20-24 所示。

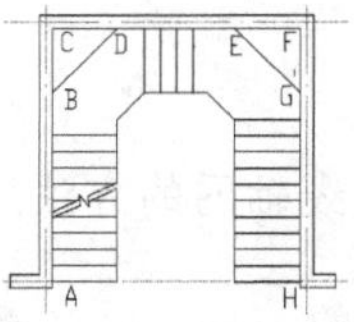

图 20-22 多跑楼梯图

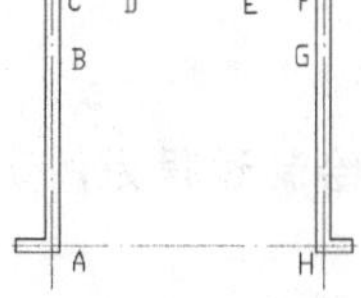

图 20-23 楼梯间图

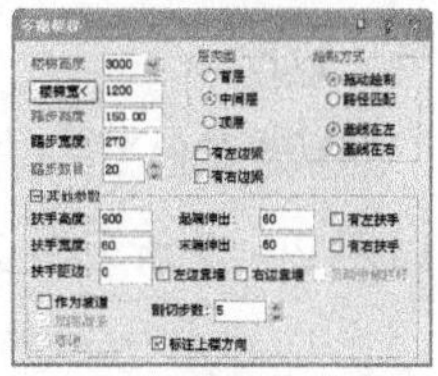

图 20-24 【多跑楼梯】对话框

（3）考虑到更好的运用对话框，对其中用到的控件说明如下。

〔楼梯高度〕等于所有踏步高度的总和，改变楼梯高度会改变踏步数量，同时可能微调踏步高度。

〔踏步高度〕输入一个概略的踏步高设计初值，由楼梯高度推算出最接近初值的设计值。由于踏步数目是整数，梯段高度是一个给定的整数，因此踏步高度并非总是整数。用户给定一个概略的目标值后，系统经过计算确定踏步高的精确值。

〔踏步数目〕该项可直接输入或者步进调整，由梯段高和踏步高概略值推算取整获得，同时修正踏步高，也可改变踏步数，与梯段高一起推算踏步高。

在对话框中输入相应的数值，如图 20-25 所示。

（4）单击【确定】按钮，命令行提示如下：

```
单击位置或 [转 90 度(A)/左右翻(S)/上下翻(D)/对齐(F)/改转角(R)/改基点(T)]<退出>:点选房间左上内角点
起点<退出>:选 A
输入新梯段的终点<退出>:选 B
输入新休息平台的终点或 [撤消上一梯段(U)]<退出>:选 D
输入新梯段的终点或 [撤消上一平台(U)]<退出>:选 E
输入新休息平台的终点或 [撤消上一梯段(U)]<退出>:选 G
输入新梯段的终点或 [撤消上一平台(U)]<退出>:选 H
```

绘制结果如图 20-22 所示。多跑楼梯的三维显示如图 20-26 所示。

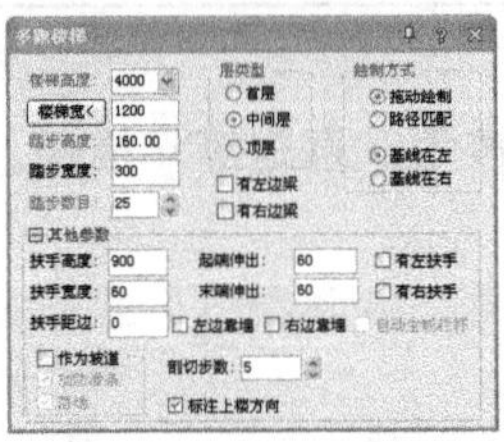

图 20-25 【多跑楼梯】对话框

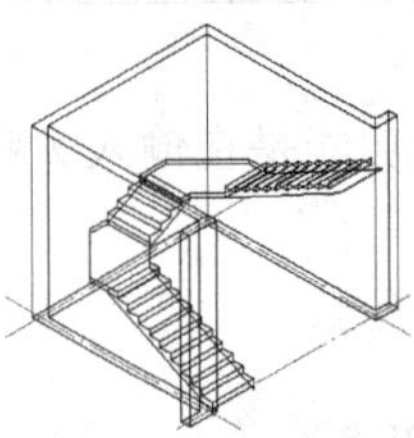

图 20-26 多跑楼梯的三维显示

20.1.8 电 梯

电梯命令的功能是在电梯间井道内插入电梯门，绘制电梯简图。

执行方式

命令行：DT

菜单：“楼梯其他”→“电梯”

下面以图 20-27 所示的正交轴网绘制过程为例讲述绘制直线轴网的方法。

操作步骤

（1）打开随书光盘中的“源文件/20/20.1/电梯”，如图 20-28 所示。

（2）执行【电梯】命令，打开【电梯参数】对话框，如图 20-29 所示。

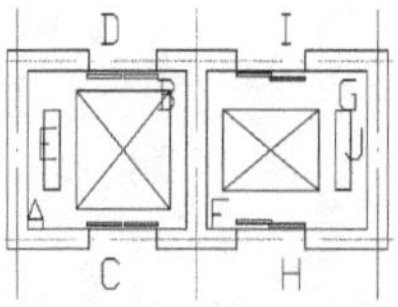

图 20-27　电梯图

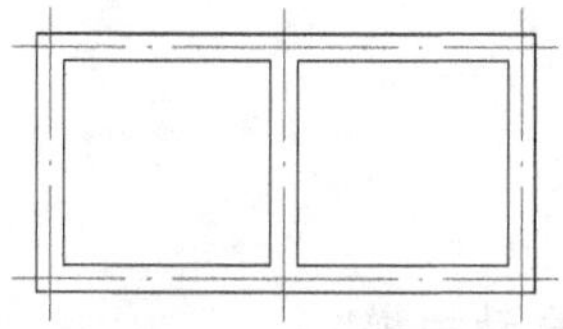
图 20-28　电梯间图

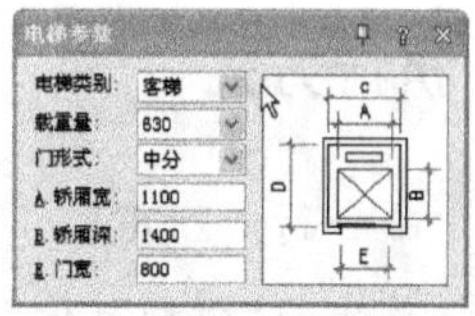

图 20-29　【电梯参数】对话框

（3）考虑到更好的运用对话框，对其中用到的控件说明如下。

〔电梯类别〕分为客梯、住宅梯、医院梯、货梯 4 种类型，每种电梯有不同的设计参数。

〔载重量〕单击右侧下拉菜单，选择载重量。

〔门形式〕分为中分和旁分。

〔A.轿厢宽〕输入轿厢的宽度。

〔B.轿厢深〕输入轿厢的进深。

〔E.门宽〕输入电梯的门宽。

（4）在对话框中输入相应的数值，如图 20-29 所示。在绘图区域单击，命令行提示如下：

```
请给出电梯间的一个角点或 [参考点(R)]<退出>:选 A
再给出上一角点的对角点: 选 B
请单击开电梯门的墙线<退出>:选 C
请单击平衡块的所在的一侧<退出>:选 E
请单击其他开电梯门的墙线<无>:选 D
请给出电梯间的一个角点或 [参考点(R)]<退出>:
```

（5）单击【电梯】命令，在对话框中选择需要的数值，对话框如图 20-30 所示。

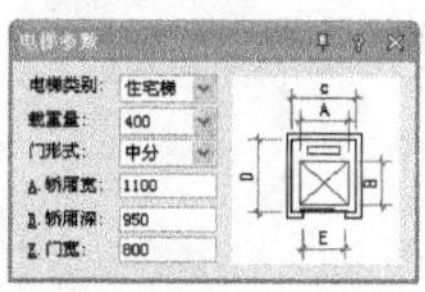

图 20-30　【电梯参数】对话框

（6）在绘图区域单击，命令行提示如下：

```
请给出电梯间的一个角点或 [参考点(R)]<退出>:选 F
再给出上一角点的对角点: 选 G
请单击开电梯门的墙线<退出>:选 H
请单击平衡块的所在的一侧<退出>:选 J
请单击其他开电梯门的墙线<无>:选 I
请给出电梯间的一个角点或 [参考点(R)]<退出>:
```

绘制电梯图结果如图 20-27 所示。

20.1.9 自动扶梯

自动扶梯命令可以在对话框中输入梯段参数，绘制单台或双台自动扶梯。

执行方式

命令行：ZDFT

菜单："楼梯其他" → "自动扶梯"

下面以图 20-31 所示的单台和双台自动扶梯绘制过程为例讲述绘制自动扶梯的方法。

操作步骤

（1）执行【自动扶梯】命令，打开【自动扶梯】对话框，如图 20-33 所示。

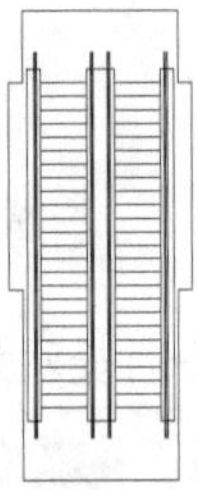

图 20-31 自动扶梯

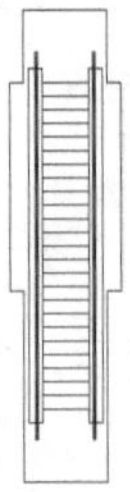

图 20-32 自动扶梯单梯

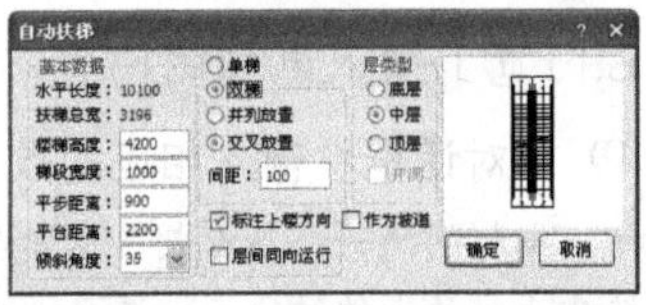

图 20-33 【自动扶梯】对话框

考虑到更好的运用对话框，对其中用到的控件说明如下。

〔倾斜角〕右侧下拉菜单选择。

〔楼层高度〕右侧输入需要的楼层高度。

〔梯级宽度〕右侧输入需要的楼梯宽度。

〔转角〕右侧输入确定转角数据。

〔偏移〕右侧输入基点偏移数值。

（2）在对话框中输入相应的数值，勾选【单梯】选项，命令行提示为：

```
请给出自动扶梯的插入点 <退出>:点选插入点
```

绘制结果如图 20-32 所示。

（3）执行【自动扶梯】命令，打开【自动扶梯】对话框，勾选【双梯】选项，单击【确定】，命令行提示：

```
请给出自动扶梯的插入点 <退出>:点选插入点
```

绘制结果如图 20-31 所示。

20.2 其他设施

本节主要讲解基于墙体创建阳台、台阶、坡道和散水等设施。

20.2.1 阳　　台

阳台命令可以直接绘制阳台或把预先绘制好的 PLINE 线转成阳台。

执行方式

命令行：YT

菜单："楼梯其他" → "阳台"

下面以图 20-34 所示的阳台绘制过程为例讲述阳台的方法。

操作步骤

（1）打开随书光盘中的"源文件/20/20.2/阳台"，如图 20-35 所示。

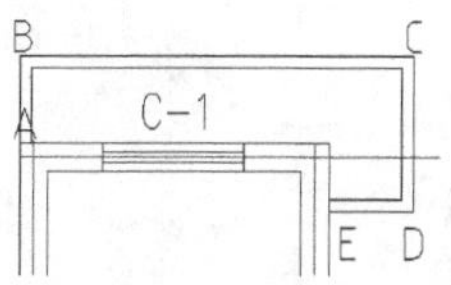

图 20-34　阳台图

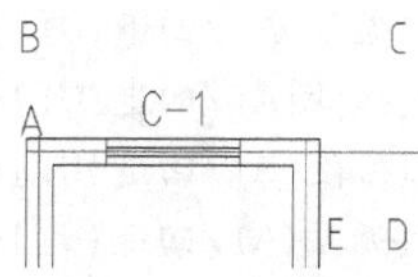

图 20-35　阳台原图

（2）执行【阳台】命令，命令行提示如下：

```
阳台轮廓线的起点或 [单击图中曲线(P)/单击参考点(R)]<退出>:选 A
直段下一点或 [弧段(A)/回退(U)]<结束>:选 B
直段下一点或 [弧段(A)/回退(U)]<结束>:选 C
直段下一点或 [弧段(A)/回退(U)]<结束>:选 D
直段下一点或 [弧段(A)/回退(U)]<结束>:选 E
直段下一点或 [弧段(A)/回退(U)]<结束>:
请选择邻接的墙(或门窗)和柱:选墙体
请选择邻接的墙(或门窗)和柱:选墙体
请选择邻接的墙(或门窗)和柱:
```

AutoCAD 2012

（3）打开【阳台】对话框，如图 20-36 所示。

在对话框中输入相应的数值，点选【确定】生成阳台，绘制结果如图 20-34 所示。

图 20-36 【阳台】对话框

20.2.2 台　　阶

台阶命令可以直接绘制台阶或把预先绘制好的 PLINE 线转成台阶。

执行方式

命令行：TJ

菜单："楼梯其他" → "台阶"

下面以图 20-37 所示的台阶绘制过程为例讲述台阶的方法。

操作步骤

（1）打开随书光盘中的"源文件/20/20.2/台阶"，如图 20-38 所示。

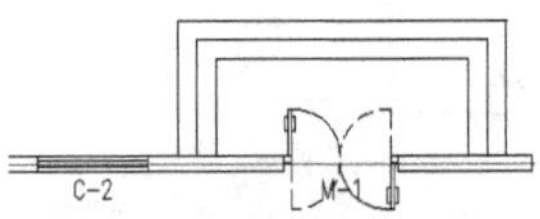

图 20-37 台阶图

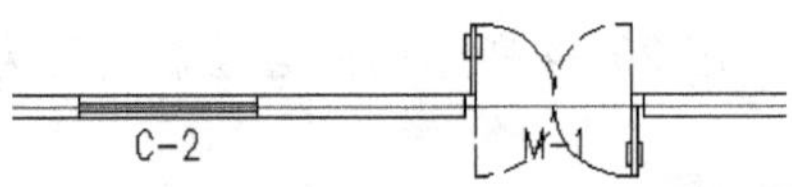

图 20-38 台阶原图

（2）执行【台阶】命令，命令行提示如下：

```
台阶平台轮廓线的起点或 [单击图中曲线(P)/单击参考点(R)]<退出>:选 A
直段下一点或 [弧段(A)/回退(U)]<结束>:选 B
直段下一点或 [弧段(A)/回退(U)]<结束>:选 C
直段下一点或 [弧段(A)/回退(U)]<结束>:选 D
直段下一点或 [弧段(A)/回退(U)]<结束>:
请选择邻接的墙(或门窗)和柱: 选墙体
请选择邻接的墙(或门窗)和柱:
请单击没有踏步的边:
直段下一点或 [弧段(A)/回退(U)]<结束>:选 A
直段下一点或 [弧段(A)/回退(U)]<结束>:选 D
直段下一点或 [弧段(A)/回退(U)]<结束>:
请选择邻接的墙(或门窗)和柱:选墙体
请选择邻接的墙(或门窗)和柱:选墙体
请选择邻接的墙(或门窗)和柱: 自定义虚线显示该边, 可选其他没有踏步的边, 本例直接回车
```

（3）打开【台阶】对话框，如图 20-39 所示。

在对话框中输入相应的数值，点选【确定】，生成台阶。

绘制结果如图 20-37 所示。

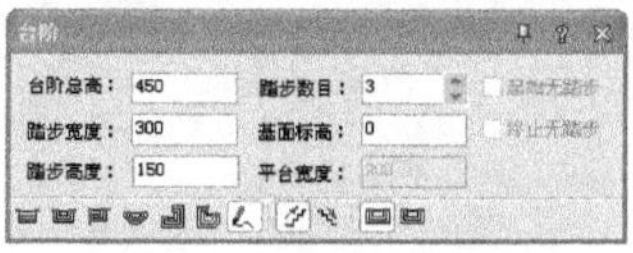

图 20-39 【台阶】对话框

20.2.3 坡 道

坡道命令可以通过对话框参数构造室外坡道。

执行方式

命令行：PD

菜单："楼梯其他" → "坡道"

下面以图 20-40 所示的坡道绘制过程为例讲述绘制坡道的方法。

操作步骤

（1）打开随书光盘中的"源文件/20/20.2/坡道"，如图 20-41 所示。

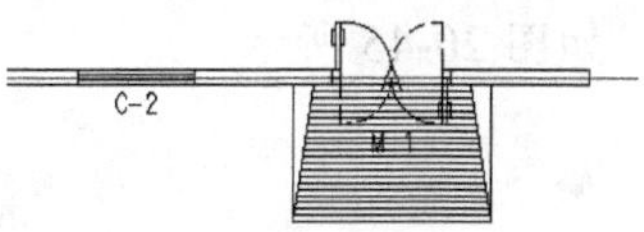

图 20-40 坡道图

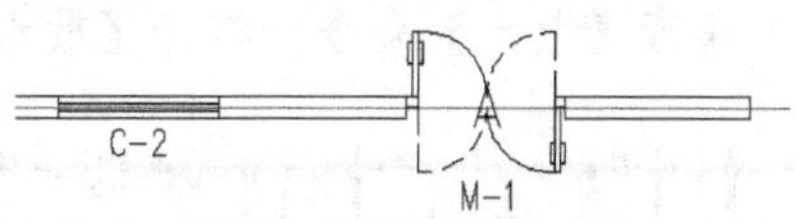

图 20-41 坡道原图

（2）执行【坡道】命令，打开【坡道】对话框，如图 20-42 所示。

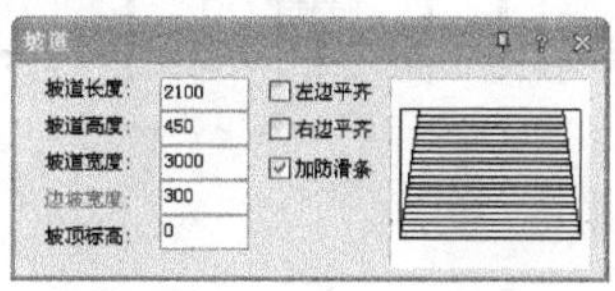

图 20-42 【坡道】对话框

考虑到更好的运用对话框，对其中用到的控件说明如下。

〔边坡宽度〕可以为负值，表示矩形主坡，两侧边坡。

〔坡道长度〕、〔坡道高度〕、〔坡道宽度〕必须为正值，分别表示坡道的长、高、宽。

在本例中输入的数值如图 20-42 所示。在对话框中输入相应的数值，点选【确定】，命令行提示为：

```
单击位置或 [转 90 度(A)/左右翻(S)/上下翻(D)/对齐(F)/改转角(R)/改基点(T)]<退出>:选 A
```

绘制结果如图 20-40 所示。

20.2.4 散 水

散水命令可以通过自动搜索外墙线，绘制散水。

执行方式

命令行：SS

菜单："楼梯其他"→"散水"

下面以图 20-43 所示的散水绘制过程为例讲述绘制散水的方法。

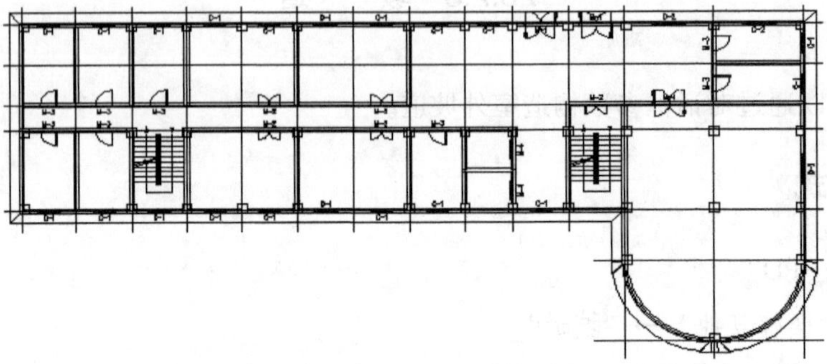

图 20-43　散水图

操作步骤

（1）打开随书光盘中的"源文件/20/20.2/散水"，如图 20-44 所示。

（2）执行【散水】命令，打开【散水】对话框，如图 20-45 所示。

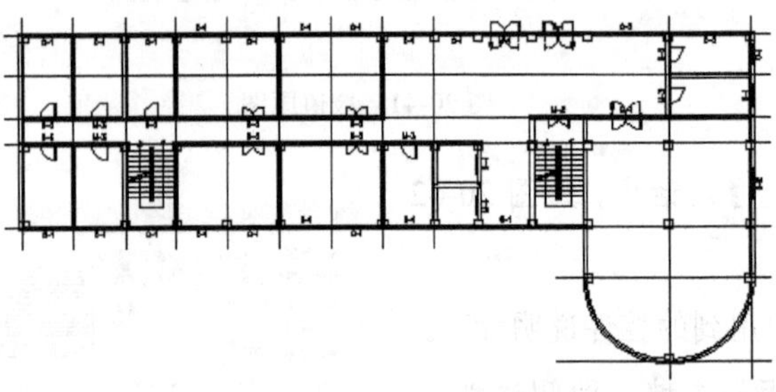

图 20-44　打开源文件

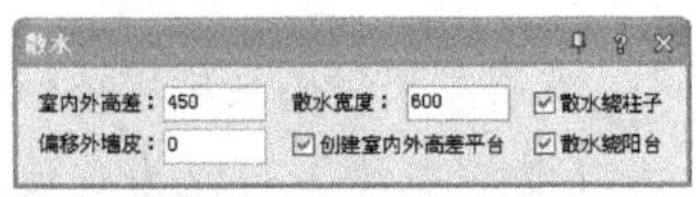

图 20-45　【散水】对话框

考虑到更好的运用对话框，对其中用到的控件说明如下。

〔室内外高差〕输入室内外高差。

〔偏移外墙皮〕输入外墙勒角对外墙皮的偏移数值。

〔散水宽度〕输入需要的散水宽度。

〔创建高差平台〕选择此项后，在各房间创建零标高地面。

在本例中输入的数值如图 20-45 所示。在对话框中输入相应的数值，点选【确定】，命令行提示为：

请选择构成一完整建筑物的所有墙体（或门窗）：框选 A→B

绘制结果如图 20-43 所示。

第21章

文字表格

文字工具：介绍有关文字的样式，单行文字和多行文字等添加方式，以及文字的格式编辑工具。

表格工具：介绍表格的创建及编辑方式。

重点与难点

- 文字工具
- 表格工具

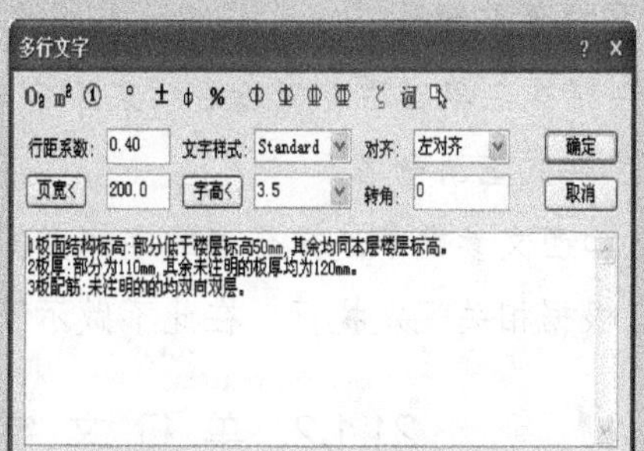

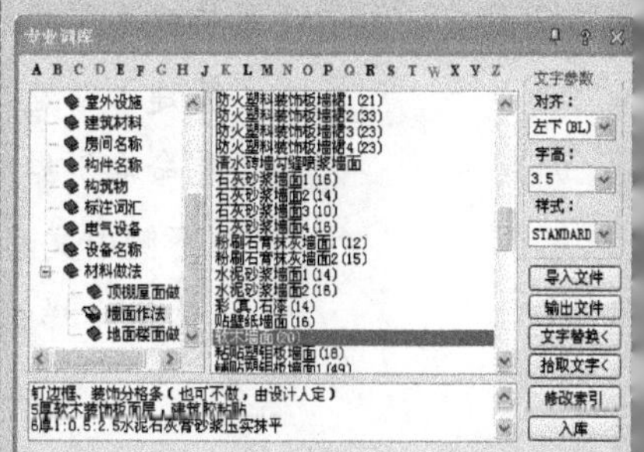

21.1 文字工具

文字是建筑绘图中的重要组成部分，所有的设计说明、符号标注和尺寸标注等都需要文字去表达。本节主要讲解文字输入和编辑的方式。

21.1.1 文字样式

文字样式命令可以创建或修改命名天正扩展文字样式并设置图形中的当前文字样式。

执行方式

命令行：WZYS

菜单："文字表格" → "文字样式"

执行【文字样式】命令，打开【文字样式】对话框，如图 21-1 所示。

图 21-1 【文字样式】对话框

选项说明

〔样式名〕单击下拉菜单选择。

〔新建〕新建文字样式，单击后首先命名新文字样式，然后选定相应的字体和参数。

〔重命名〕给文字样式重新命名。

在下侧中文参数和西文参数中选择合适的字体类型，同时可以通过预览功能显示。

具体文字样式应根据相关规定执行，在此不做示例。

21.1.2 单行文字

单行文字命令可以创建符合中国建筑制图标注的单行文字。

执行方式

命令行：DHWZ

菜单："文字表格" → "单行文字"

下面以图 21-2 所示的文字为例讲述绘制单行文字的方法。

A ①~②轴间建筑面积100m²，用的钢筋为Φ。

图 21-2 单行文字图

操作步骤

（1）执行【单行文字】命令，打开【单行文字】对话框，如图 21-3 所示。

（2）先将对话框中的【文字输入区】清空，然后输入"1～2 轴间建筑面积 100m²，用的钢筋为"。然后选中 1，点选圆圈文字①；选中 2，点选圆圈文字①；选中 m 后面的 2，点选上标m²；在最后选取适合的钢筋标号。此时对话框如图 21-3 所示。

考虑到更好的运用对话框，对其中用到的控件说明如下。

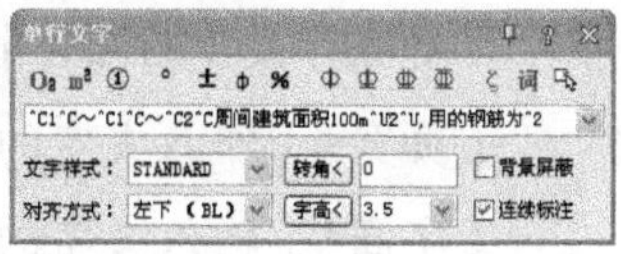

图 21-3 【单行文字】对话框

〔文字输入区〕输入需要的文字内容。

〔文字样式〕右击下拉菜单选择文字样式。

〔对齐方式〕右击下拉菜单选择文字对齐方式。

〔转角<〕输入文字的转角。

〔字高>〕输入文字的高度。

〔背景屏蔽〕选择后文字屏蔽背景。

〔连续标注〕选择后单行文字可以连续标注。

〔下标〕O_2选定需要变为下标的文字，然后单击下标。

〔上标〕m²选定需要变为上标的文字，然后单击上标。

其他特殊符号见相应的操作提示即可。

在绘图区中单击，命令行显示：

```
请点取插入位置<退出>:选 A。
请点取插入位置<退出>:
```

绘制结果如图 21-2 所示。

21.1.3 多行文字

多行文字命令可以创建符合中国建筑制图标注的整段文字。

执行方式

菜单："文字表格" → "多行文字"

下面以图 21-4 所示的文字为例讲述绘制多行文字的方法。

操作步骤

（1）执行【多行文字】命令，打开【多行文字】对话框。

（2）先将【文字输入区】中清空，输入文字，对话框如图 21-5 所示。

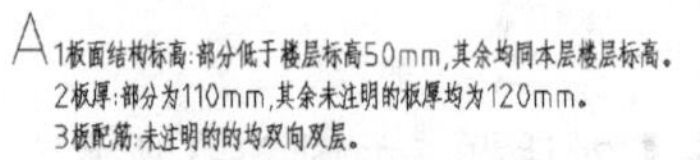

图 21-4 多行文字图

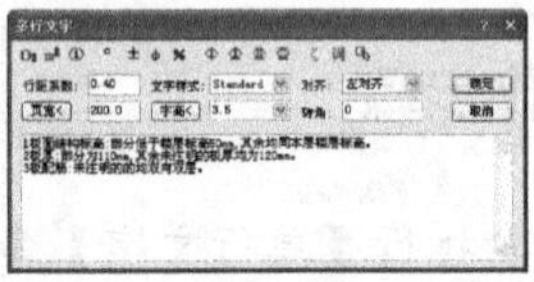

图 21-5 【多行文字】对话框

考虑到更好的运用对话框，对其中用到的控件说明如下。

〔行距系数〕表示行间的净距，单位是文字高度。

〔文字样式〕右击下拉菜单选择文字样式。

〔对齐方式〕右击下拉菜单选择文字对齐方式。

〔页宽<〕输入文字的限制宽度。

〔字高<〕输入文字的高度。

〔转角〕输入文字的旋转角度。

〔文字输入区〕在其中输入多行文字。

〔下标〕选定需要变为下标的文字，然后单击下标。

〔上标〕选定需要变为上标的文字，然后单击上标。

其他特殊符号见相应的操作提示即可。

在绘图区中单击，命令行显示：

```
左上角或 [参考点(R)]<退出>:选 A
```

绘制结果如图 21-4 所示。

21.1.4 曲线文字

曲线文字命令可以直接按弧线方向书写中英文字符串，或者在已有的多段线上布置中英文字符串，可将图中的文字改排成曲线。

执行方式

命令行：QXWZ

菜单："文字表格" → "曲线文字"

下面以图 21-6 所示的文字为例讲述绘制曲线文字的方法。

操作步骤

（1）打开随书光盘中的“源文件/21/21.1/曲线文字”，如图 21-7 所示。

图 21-6　曲线文字图

图 21-7　曲线文字图

执行【曲线文字】命令，命令行提示如下：

```
A-直接写弧线文字/P-按已有曲线布置文字<A>: P
请选取文字的基线 <退出>:选择曲线
输入文字: 天正建筑文字
请键入模型空间字高 <500>:500
```

绘制结果如图 21-6 所示。

21.1.5　专业词库

专业词库命令可以输入或维护专业词库中的内容，由用户扩充的专业词库，提供了一些常用的建筑专业词汇可以随时插入图中，词库还可在各种符号标注命令中调用，其中作法标注命令可调用北方地区常用的 88J1-X12000 版工程作法作为主要内容。

执行方式

命令行：ZYCK

菜单：“文字表格” → “专业词库”

下面以图 21-8（a）所示的文字为例讲述专业词库的方法。

操作步骤

执行【专业词库】命令，打开【专业词库】对话框。单击材料做法中的墙面做法，右侧选择纸软木墙面（20），在编辑框内显示要输入的文字，如图 21-8（b）所示。

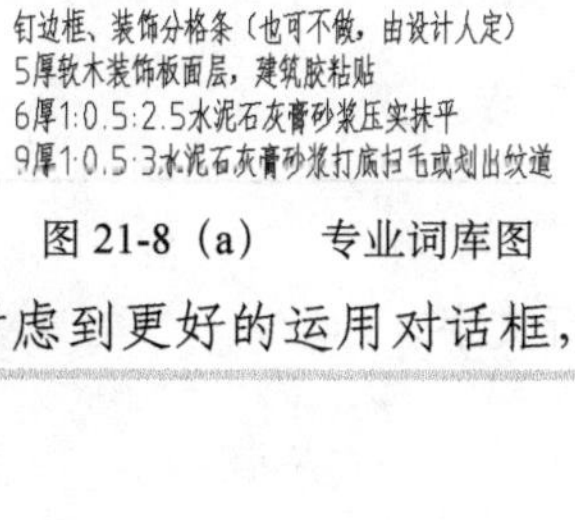

图 21-8（a）　专业词库图

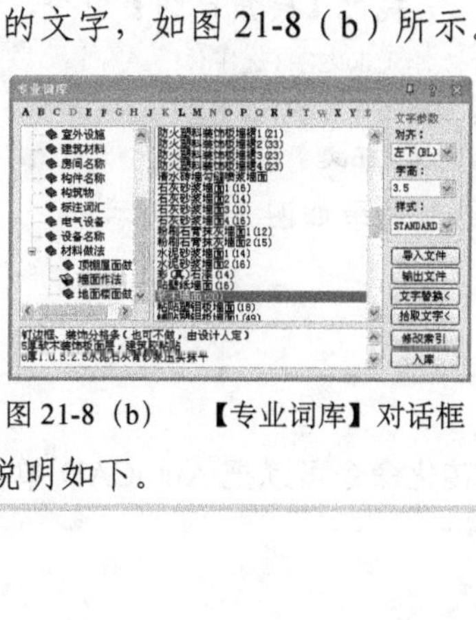

图 21-8（b）　【专业词库】对话框

考虑到更好的运用对话框，对其中用到的控件说明如下。

〔天正词库〕在词库中按不同专业分类。

〔词汇列表〕按专业词汇列表。

〔导入文件〕把文本文件中按行作为词汇，导入当前目录中。

〔输出文件〕把当前类别中所有的词汇输出到一个文本文件中去。

〔文字替换〕选择好目标文字，然后单击文字替换按钮，输入要替换成的目标文字。

〔拾取文字〕把图上的文字拾取到编辑框中进行修改或替换。

〔入库〕把编辑框内的文字添加到当前词汇列表中。

单击绘图区域，命令行显示如下：

```
请指定文字的插入点<退出>:将文字内容插入需要位置。
```

绘制结果如图 21-8（a）所示。

21.1.6 转角自纠

转角自纠命令可以把不符合建筑制图标准的文字予以纠正。

执行方式

命令行：ZJZJ

菜单："文字表格" → "转角自纠"

下面以图 21-9 所示的文字为例讲述转角自纠的方法。

操作步骤

（1）打开随书光盘中的"源文件/21/21.1/转角自纠"，如图 21-10 所示。

图 21-9　转角自纠图

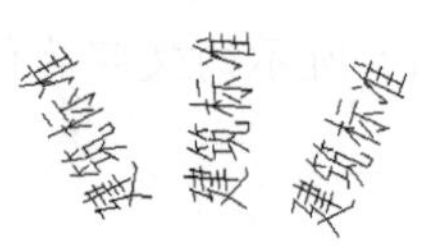

图 21-10　文字图

（2）执行【转角自纠】命令，命令行提示如下：

```
请选择天正文字:选字体
请选择天正文字:选字体
请选择天正文字:选字体
```

绘制结果如图 21-9 所示。

21.1.7 文字转化

文字转化命令可以把 AutoCAD 单行文字转化为天正单行文字。

执行方式

命令行：WZZH

菜单："文字表格" → "文字转化"

执行【文字转化】命令，命令行提示如下：

```
请选择 ACAD 单行文字：选择文字
请选择 ACAD 单行文字：选择文字
请选择 ACAD 单行文字：......
请选择 ACAD 单行文字：
```

生成符合要求的天正文字。

21.1.8 文 字 合 并

文字合并命令可以把天正单行文字的段落合成一个天正多行文字。

执行方式

命令行：WZHB

菜单："文字表格" → "文字合并"

下面以图 21-11 所示的文字为例讲述文字合并的方法。

操作步骤

（1）打开随书光盘中的"源文件/21/21.1/文字合并"，如图 21-12 所示。

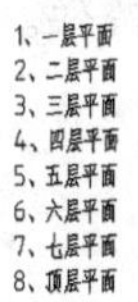

图 21-11　文字合并图

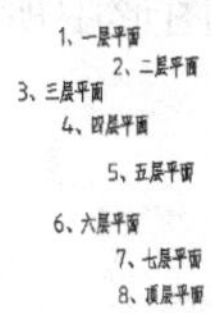

图 21-12　文字图

（2）执行【文字合并】命令，命令行提示如下：

```
请选择要合并的文字段落<退出>：框选天正单行文字的段落
请选择要合并的文字段落<退出>：
[合并为单行文字(D)]<合并为多行文字>：
移动到目标位置<替换原文字>：选取文字移动到的位置
```

绘制结果如图 21-11 所示。

21.1.9 统 一 字 高

统一字高命令可以把所选择的文字字高统一为给定的字高。

执行方式

命令行：TYZG

菜单："文字表格" → "统一字高"

下面以图 21-13 所示的文字为例讲述统一字高的方法。

操作步骤

（1）打开随书光盘中的"源文件/21/21.1/统一字高"，如图 21-14 所示。

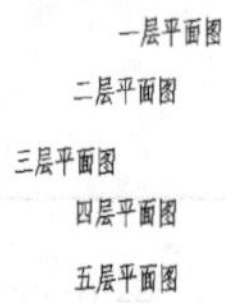

图 21-13　统一字高图

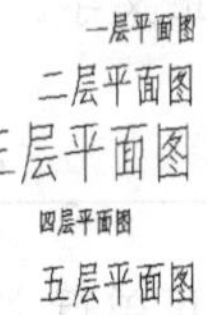

图 21-14　文字图

（2）执行【统一字高】命令，命令行提示如下：

```
请选择要修改的文字（ACAD 文字，天正文字）<退出>指定对角点：框选需要统一字高的文字
请选择要修改的文字（ACAD 文字，天正文字）<退出>
字高() <3.5mm>
```

绘制结果如图 21-13 所示。

21.1.10　查 找 替 换

查找替换命令可以把当前图形中所有的文字进行查找和替换。

执行方式

命令行：CZTH

菜单："文字表格" → "查找替换"

下面以图 21-15 所示的文字为例讲述查找替换的方法。

操作步骤

（1）打开随书光盘中的"源文件/21/21.1/查找替换"，如图 21-16 所示。

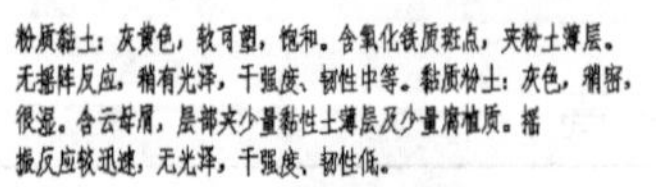

图 21-15　查找替换图

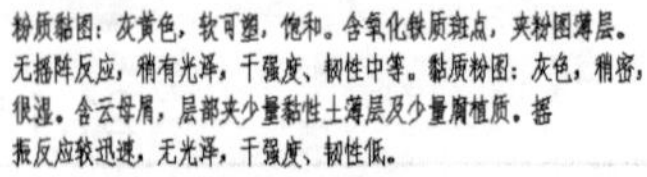

图 21-16　文字图

（2）执行【查找替换】命令，打开【查找和替换】对话框，如图 21-17 所示。

考虑到更好的运用对话框，对其中用到的控件说明如下。

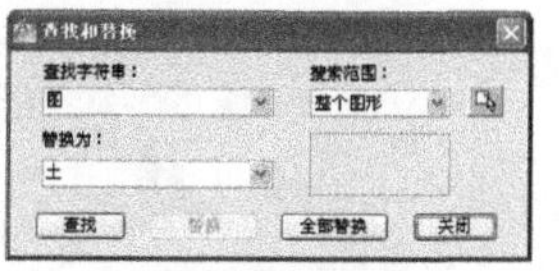

图 21-17 【查找和替换】对话框

〔搜索范围〕右击下拉菜单中选择搜索的范围。

〔查找字符串〕查找需要更改的文字。

〔替换为〕填入替换生成的文字。

（3）在【搜索范围】中选择文字区域，在【查找字符串】中输入“图”，在【替换为】中输入“土”，然后单击【全部替换】完成操作。

绘制结果如图 21-15 所示。

21.1.11 繁简转换

繁简转换命令可以把当前文字在 Big5（繁体）与 GB（简体）之间转换。

执行方式

命令行：FJZH

菜单：“文字表格” → “繁简转换”

下面以图 21-18 所示的文字为例讲述繁简转换的方法。

操作步骤

（1）打开随书光盘中的“源文件/21/21.1/繁简转换”，如图 21-19 所示。

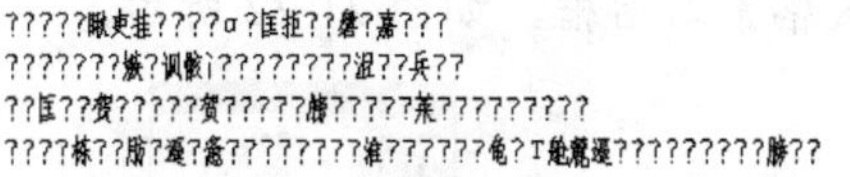
图 21-18 繁简转换图

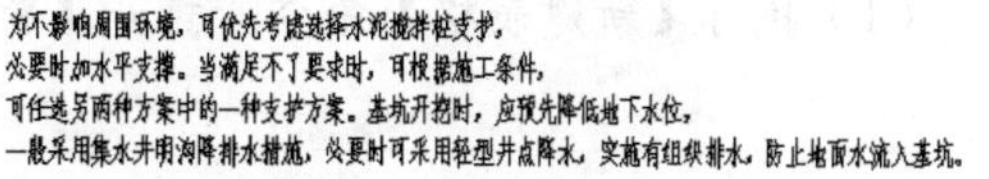

图 21-19 简体文字图

（2）执行【繁简转换】命令，打开【繁简转换】对话框，如图 21-20 所示。

考虑到更好的运用对话框，对其中用到的控件说明如下。

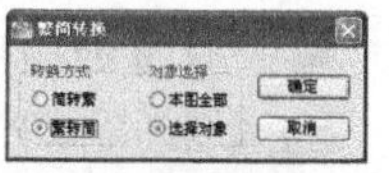

图 21-20 【繁简转换】对话框

〔转换方式〕根据需要点选简转繁或繁转简。

〔对象选择〕选择需要转换的字体范围。

（3）在【转换方式】中选择【简转繁】，在【对象选择】中选择【选择对象】，单击【确定】进入绘图区域，命令行提示：

```
选择包含文字的图元:选择简体文字
选择包含文字的图元:
```

绘制结果如图 21-18 所示。

21.2 表格工具

表格是建筑绘图中的重要组成部分，通过表格可以层次清楚的表达大量的数据内容，表格可以独立绘制，也可以在门窗表和图纸目录中应用。

21.2.1 新建表格

新建表格命令可以绘制表格并输入文字。

执行方式

命令行：XJBG

菜单："文字表格"→"新建表格"

下面以图 21-21 所示的表格绘制过程为例讲述新建表格的方法。

操作步骤

（1）执行【新建表格】命令，打开【新建表格】对话框，如图 21-22 所示。

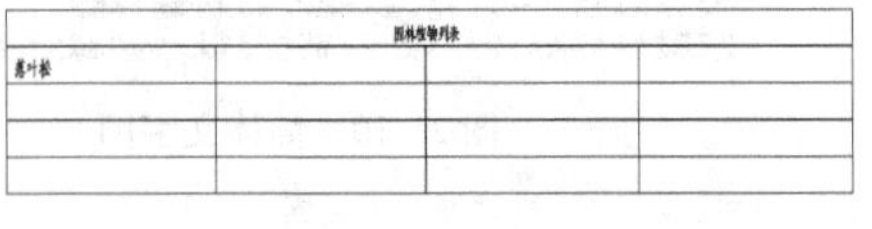

图 21-21　新建表格图

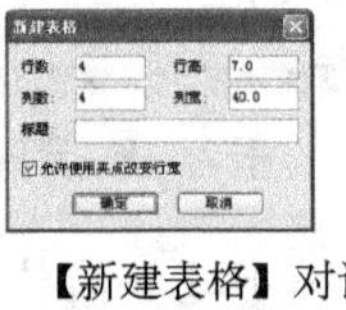

图 21-22　【新建表格】对话框

输入数据如图所示，然后单击确定，命令行显示为：

```
左上角点或 [参考点(R)]<退出>:选取表格左上角在图纸中的位置
```

以上完成表格的创建。

（2）在表格中添加文字。单击选中表格，双击进行编辑，打开【表格设定】对话框，对文字参数内容填写如图 21-23 所示，

（3）单击标题菜单，对文字参数内容填写如图 21-24 所示。

（4）单击右侧【全屏编辑】，对话框如图 21-25 所示，单击【确定】完成内容输入。

绘制结果如图 21-21 所示。

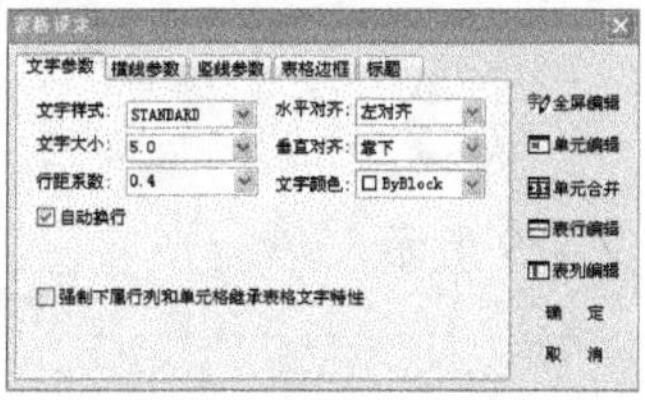

图 21-23 【表格设定】对话框

图 21-24 【表格设定】对话框

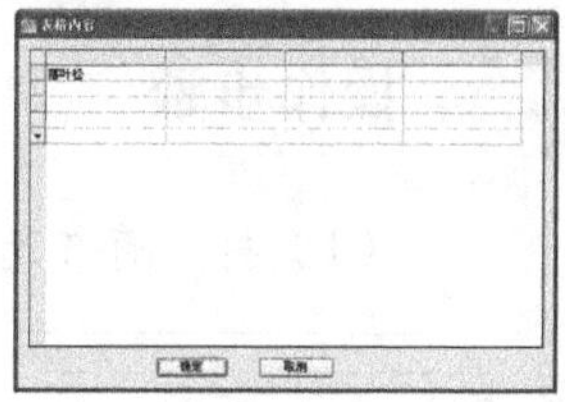

图 21-25 【表格设定】对话框

21.2.2 转出 Excel

转出 Excel 命令可以把天正表格输出到 Excel 新表单中或者更新到当前表单的选中区域。

执行方式

菜单："文字表格" → "单行文字"

下面以图 21-26 所示的转出表格过程为例讲述转出 Excel 的方法。

操作步骤

（1）打开随书光盘中的"源文件/21/21.2/转出 Excel"，如图 21-27 所示。

图 21-26 转出 Excel 图

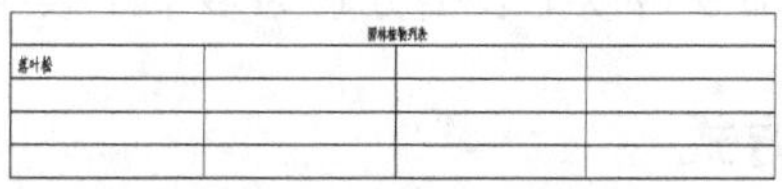

图 21-27 原有表格图

（2）执行【转出 Excel】命令，命令行提示如下：

```
宏名称(M): Sheet2excel
Select an object: 选中需要转出的表格对象
```

此时系统自动打开一个 Excel，并将表格内容输入到 Excel 表格中，如图 21-26 所示。

21.2.3 全屏编辑

全屏编辑命令可以对表格内容进行全屏编辑。

执行方式

命令行：QPBJ

菜单："文字表格" → "表格编辑" → "全屏编辑"

下面以图 21-28 所示的全屏编辑表格为例讲述全屏编辑的方法。

操作步骤

（1）打开随书光盘中的“源文件/21/21.2/全屏编辑”，如图 21-29 所示。

园林植物列表			
苗木名称	规格	数量	
银杏	10cm	3	
元宝枫	15cm	10	
樱花	6m(冠径)	4	
玉兰	15cm	25	

图 21-28　全屏编辑图

新建表格			

图 21-29　原有表格图

（2）执行【全屏编辑】命令，命令行提示如下：

```
选择表格:点选表格
```

（3）打开【表格内容】对话框，在其中输入内容如图 21-30 所示，然后单击确定，生成表格如图 21-28 所示。

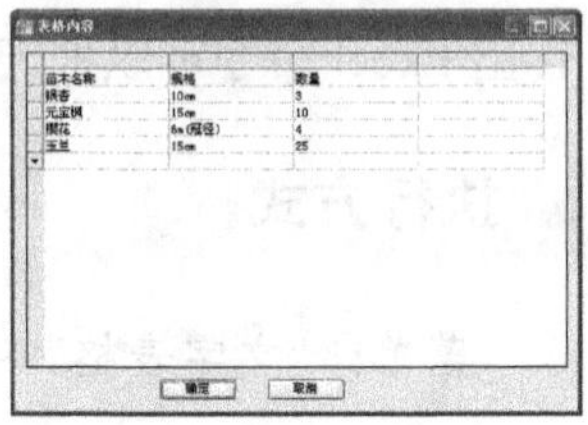

图 21-30　【表格内容】对话框

21.2.4　拆 分 表 格

拆分表格命令可以把表格分解为多个子表格，有行拆分和列拆分两种。

执行方式

命令行：CFBG

菜单：“文字表格” → “表格编辑” → “拆分表格”

下面以图 21-31 所示的表格为例讲述拆分表格的方法。

操作步骤

（1）打开随书光盘中的“源文件/21/21.2/拆分表格”，如图 21-32 所示。

园林植物列表			
苗木名称	规格	数量	
银杏	10cm	3	

苗木名称	规格	数量	
元宝枫	15cm	10	
樱花	6m(冠径)	4	
玉兰	15cm	25	

图 21-31　拆分表格图

园林植物列表			
苗木名称	规格	数量	
银杏	10cm	3	
元宝枫	15cm	10	
樱花	6m(冠径)	4	
玉兰	15cm	25	

图 21-32　原有表格图

（2）执行【拆分表格】命令，打开【拆分表格】对话框，如图 21-33 所示。

考虑到更好的运用对话框，对其中用到的控件说明如下。

〔行拆分〕对表格的行进行拆分。

〔列拆分〕对表格的列进行拆分。

〔自动拆分〕对表格按照指定行数进行拆分。

〔指定行数〕对新表格不算表头的行数，可通过上下箭头选择。

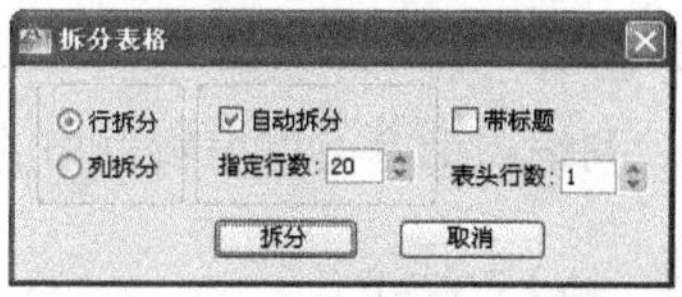

图 21-33 【拆分表格】对话框

〔带标题〕拆分后的表格是否带有原有标题。

〔表头行数〕定义表头的行数，可通过上下箭头选择。

（3）在对话框中勾选【行拆分】，在中间框内取消【自动拆分】勾选，在右侧勾选【带标题】，表头行数选 1，然后单击【拆分】，命令行提示如下：

```
请点取要拆分的起始行<退出>:选表格中序号下的第 3 行
请点取插入位置<返回>:在图中选择新表格位置
请点取要拆分的起始行<退出>:
```

绘制结果如图 21-31 所示。

21.2.5 合并表格

合并表格命令可以把多个表格合并为一个表格，有行合并和列合并两种。

执行方式

命令行：HBBG

菜单："文字表格" → "表格编辑" → "合并表格"

下面以图 21-34 所示的表格为例讲述合并表格的方法。

操作步骤

（1）打开随书光盘中的"源文件/21/21.2/合并表格"，如图 21-35 所示。

园林植物列表			
苗木名称	规格	数量	
银杏	10cm	3	
苗木名称	规格	数量	
元宝枫	15cm	10	
樱花	6m(冠径)	4	
玉兰	15cm	25	

图 21-34 合并表格图

园林植物列表			
苗木名称	规格	数量	
银杏	10cm	3	

苗木名称	规格	数量	
元宝枫	15cm	10	
樱花	6m(冠径)	4	
玉兰	15cm	25	

图 21-35 原有分表格图

（2）执行【合并表格】命令，命令行提示如下：

```
选择第一个表格或 [列合并(C)]<退出>:选择上面的表格
选择下一个表格<退出>:选择下面的表格
选择下一个表格<退出>:
```

完成表格行数合并，标题保留第一个表格的标题，多余的表格可以删除，绘制结果如图 21-34 所示。

21.2.6 表列编辑

表列编辑命令可以编辑表格的一列或多列。

执行方式

命令行：BLBJ

菜单："文字表格" → "表格编辑" → "表列编辑"

下面以图 21-36 所示的表格为例讲述表列编辑的方法。

操作步骤

（1）打开随书光盘中的"源文件/21/21.2/表列编辑"，如图 21-37 所示。

园林植物列表			
苗木名称	规格	数量	
银杏	10cm	3	
苗木名称	规格	数量	
元宝枫	15cm	10	
樱花	6m(冠径)	4	
玉兰	15cm	25	

图 21-36　列编辑后的表格图

园林植物列表			
苗木名称	规格	数量	
银杏	10cm	3	
苗木名称	规格	数量	
元宝枫	15cm	10	
樱花	6m(冠径)	4	
玉兰	15cm	25	

图 21-37　原有表格图

（2）执行【表列编辑】命令，命令行提示如下：

```
请点取一表列以编辑属性或 [多列属性(M)/插入列(A)/加末列(T)/删除列(E)/交换列(X)]<退出>:
在第一列中单击
```

（3）打开【列设定】对话框，如图 21-38 所示。在【水平对齐】中选择居中，然后单击【确定】完成操作，绘制结果如图 21-36 所示。

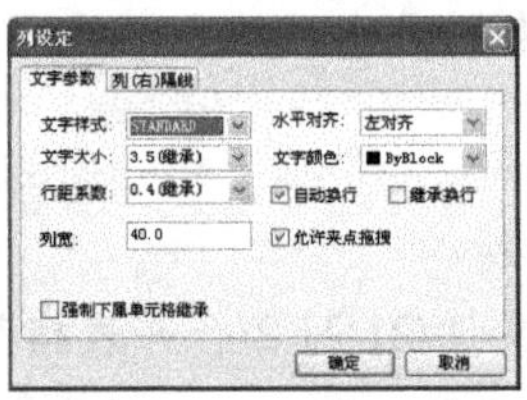

图 21-38　【列设定】对话框

21.2.7 表行编辑

表行编辑命令可以编辑表格的一行或多行。

执行方式

命令行：BHBJ

菜单："文字表格" → "表格编辑" → "表行编辑"

下面以图 21-39 所示的表格为例讲述表行编辑的方法。

操作步骤

（1）打开随书光盘中的“源文件/21/21.2/表行编辑”，如图 21-40 所示。

园林植物列表			
苗木名称	规格	数量	
银杏	10cm	3	
苗木名称	规格	数量	
元宝枫	15cm	10	
樱花	6m(冠径)	4	
玉兰	15cm	25	

图 21-39　行编辑后的表格图

园林植物列表			
苗木名称	规格	数量	
银杏	10cm	3	
苗木名称	规格	数量	
元宝枫	15cm	10	
樱花	6m(冠径)	4	
玉兰	15cm	25	

图 21-40　原有表格图

（2）执行【表行编辑】命令，命令行提示如下：

```
请点取一表行以编辑属性或 [多行属性(M)/增加行(A)/末尾加行(T)/删除行(E)/复制行(C)/交换行(X)]<退出>:鼠标放在序号表行的表格处单击
```

（3）打开【行设定】对话框，如图 21-41 所示。在【行高特性】中选择固定，在【行高】单击，选择 14，在【文字对齐】中选择居中，然后单击【确定】完成操作，绘制结果如图 21-39 所示。

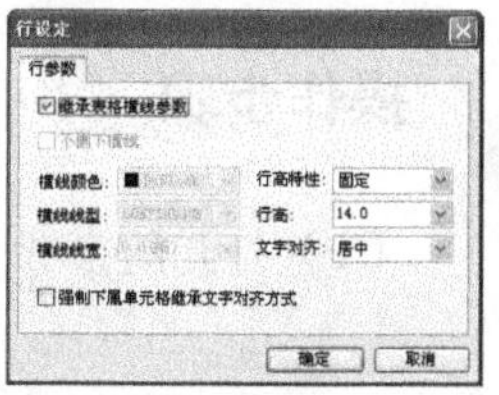

图 21-41　【行设定】对话框

21.2.8　增 加 表 行

增加表行命令可以在指定表格行之前或之后增加一行。

执行方式

命令行：ZJBH

菜单：“文字表格”→“表格编辑”→“增加表行”

下面以图 21-42 所示的表格为例讲述增加表行的方法。

操作步骤

（1）打开随书光盘中的“源文件/21/21.2/增加表行”，如图 21-43 所示。

园林植物列表			
苗木名称	规格	数量	
银杏	10cm	3	
苗木名称	规格	数量	
元宝枫	15cm	10	
樱花	6m(冠径)	4	
玉兰	15cm	25	

图 21-42　增加表行后的表格图

园林植物列表			
苗木名称	规格	数量	
银杏	10cm	3	
苗木名称	规格	数量	
元宝枫	15cm	10	
樱花	6m(冠径)	4	
玉兰	15cm	25	

图 21-43　原有表格图

（2）执行【增加表行】命令，命令行提示如下：

```
请点取一表行以(在本行之前)插入新行或 [在本行之后插入(A)/复制当前行(S)]<退出>:
请点取一表行以(在本行之后)插入新行或 [在本行之前插入(A)/复制当前行(S)]<退出>:
请点取一表行以(在本行之后)插入新行或 [在本行之前插入(A)/复制当前行(S)]<退出>:
```

绘制结果如图 21-42 所示。

21.2.9 删除表行

删除表行命令可以删除指定行。

执行方式

命令行：SCBH

菜单："文字表格" → "表格编辑" → "删除表行"

下面以图 21-44 所示的表格为例讲述删除表行的方法。

操作步骤

（1）打开随书光盘中的"源文件/21/21.2/删除表行"，如图 21-45 所示。

园林植物列表			
苗木名称	规格	数量	
银杏	10cm	3	
苗木名称	规格	数量	
元宝枫	15cm	10	
樱花	6m(冠径)	4	

图 21-44　删除表行后的表格图

园林植物列表			
苗木名称	规格	数量	
银杏	10cm	3	
苗木名称	规格	数量	
元宝枫	15cm	10	
樱花	6m(冠径)	4	
玉兰	15cm	25	

图 21-45　原有表格图

（2）执行【删除表行】命令，命令行提示如下：

```
本命令也可以通过[表行编辑]实现!
请点取要删除的表行<退出>点选最后一行
请点取要删除的表行<退出>
```

绘制结果如图 21-44 所示。

21.2.10 单元编辑

单元编辑命令可以编辑表格单元格，修改属性或文字。

执行方式

命令行：DYBJ

菜单："文字表格" → "表格编辑" → "单元编辑"

下面以图 21-46 所示的表格为例讲述单元编辑的方法。

操作步骤

（1）打开随书光盘中的"源文件/21/21.2/单元编辑"，如图 21-47 所示。

园林植物列表			
苗木种类	规格	数量	
银杏	10cm	3	
苗木名称	规格	5	
元宝枫	15cm	10	
樱花	6m(冠径)	4	

图 21-46　单元编辑后的表格图

园林植物列表			
苗木名称	规格	数量	
银杏	10cm	3	
苗木名称	规格	5	
元宝枫	15cm	10	
樱花	6m(冠径)	4	

图 21-47　原有表格图

（2）执行【单元编辑】命令，命令行提示如下：

请点取一单元格进行编辑或［多格属性(M)/单元分解(X)］<退出>：选择序号单元格

（3）打开【单元格编辑】对话框，如图 21-48 所示，内容由"苗木名称"变更为"苗木种类"，然后单击【确定】，再敲击回车键退出操作。

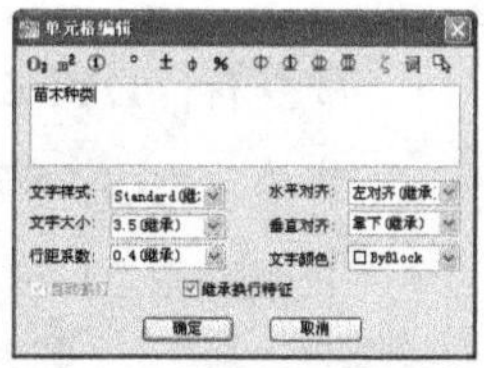

图 21-48　【单元框编辑】对话框

绘制结果如图 21-46 所示。

21.2.11　单 元 递 增

单元递增命令可以复制单元文字内容，并同时将单元内容的某一项递增或递减，同时按 shift 键为直接拷贝，按 ctrl 键为递减。

执行方式

命令行：DYDZ

菜单："文字表格"→"表格编辑"→"单元递增"

下面以图 21-49 所示的表格为例讲述单元递增的方法。

操作步骤

（1）打开随书光盘中的"源文件/21/21.2/单元递增"，如图 21-50 所示。

园林植物列表			
苗木名称	规格	数量	
银杏		1	
苗木名称		2	
元宝枫		3	
樱花		4	

图 21-49　单元递增后的表格图

园林植物列表			
苗木名称	规格	数量	
银杏		1	
苗木名称			
元宝枫			
樱花			

图 21-50　原有表格图

（2）执行【单元递增】命令，命令行提示如下：

点取第一个单元格<退出>：选第 1 单元格
点取最后一个单元格<退出>：选取下面第 4 单元格

绘制结果如图 21-49 所示。

21.2.12 单元复制

单元复制命令可以复制表格中某一单元内容或者图块、文字对象至目标的表格单元。

执行方式

命令行：DYFZ

菜单：“文字表格”→“表格编辑”→“单元复制”

下面以图 21-51 所示的表格为例讲述单元复制的方法。

操作步骤

（1）打开随书光盘中的“源文件/21/21.2/单元复制”，如图 21-52 所示。

园林植物列表			
苗木名称	规格	数量	
苗木名称			
苗木名称			
苗木名称			
苗木名称			

图 21-51　单元复制后的表格图

园林植物列表			
苗木名称	规格	数量	

图 21-52　原有表格图

（2）执行【单元复制】命令，命令行提示如下：

```
点取拷贝源单元格或 [选取文字(A)/选取图块(B)]<退出>:选取“苗木”单元格
点取粘贴至单元格(按CTRL键重新选择复制源)[选取文字(A)/选取图块(B)]<退出>:选下面第一个表格
点取粘贴至单元格(按CTRL键重新选择复制源)或 [选取文字(A)/选取图块(B)]<退出>:选下面第二个表格
点取粘贴至单元格(按CTRL键重新选择复制源)或 [选取文字(A)/选取图块(B)]<退出>:选下面第三个表格
点取粘贴至单元格(按CTRL键重新选择复制源)或 [选取文字(A)/选取图块(B)]<退出>:选下面第四个表格
点取粘贴至单元格(按CTRL键重新选择复制源)或 [选取文字(A)/选取图块(B)]<退出>:
```

绘制结果如图 21-51 所示。

21.2.13 单元合并

单元合并命令可以合并表格的单元格。

执行方式

命令行：DYHB

菜单：“文字表格”→“表格编辑”→“单元合并”

下面以图 21-53 所示的表格为例讲述单元复制的方法。

操作步骤

（1）打开随书光盘中的“源文件/21/21.2/单元合并”，如图 21-54 所示。

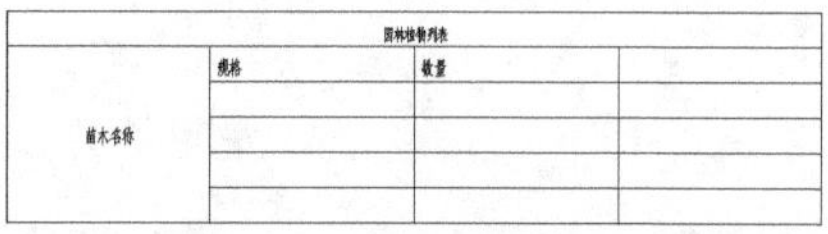

图 21-53 单元合并后的表格图

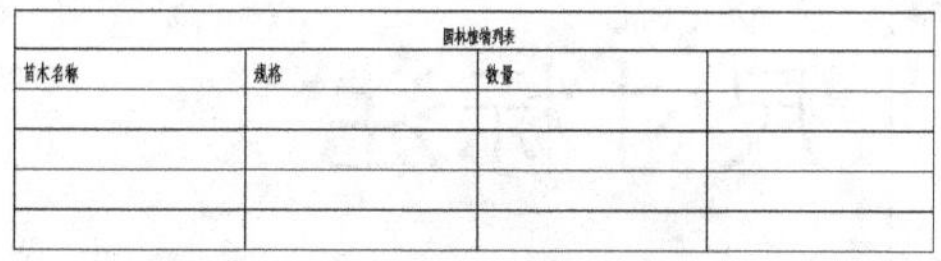

图 21-54 原有表格图

（2）执行【单元合并】命令，命令行提示如下：

```
点取第一个角点：点选“苗木名称”单元格
点取另一个角点：点下面的第四个单元格
```

合并后的文字居中，绘制结果如图 21-53 所示。

21.2.14 撤消合并

撤消合并命令可以撤消已经合并的单元格。

执行方式

命令行：CXHB

菜单：“文字表格”→“表格编辑”→“撤消合并”

下面以图 21-55 所示的表格为例讲述撤消合并的方法。

操作步骤

（1）打开随书光盘中的“源文件/21/21.2/撤消合并”，如图 21-56 所示。

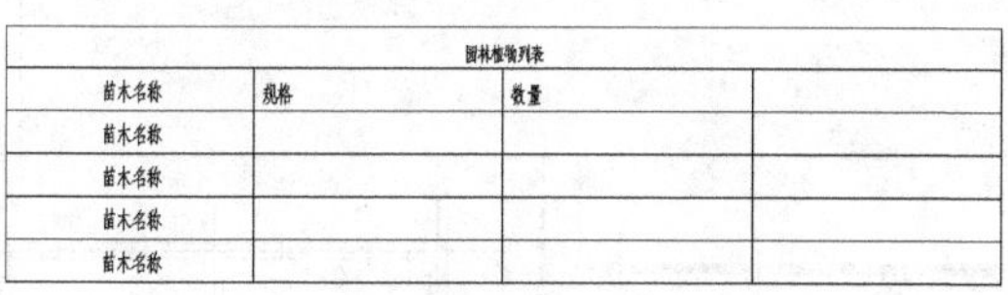

图 21-55 撤消合并后的表格图

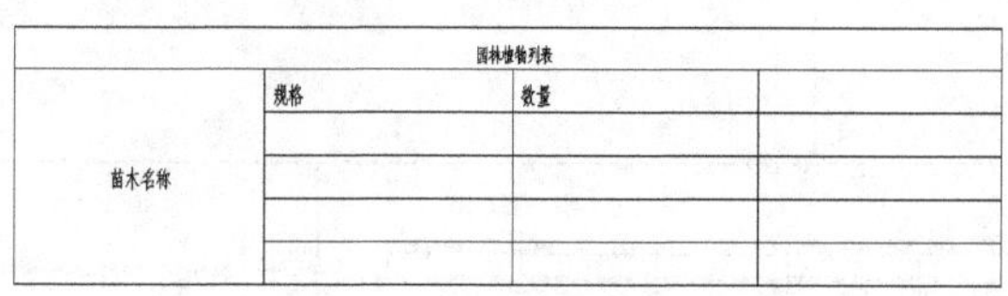

图 21-56 原有表格图

（2）执行【撤消合并】命令，命令行提示如下：

```
点取已经合并的单元格<退出>：点取需要撤消合并的单元格
```

绘制结果如图 21-55 所示，本命令也可以通过【单元编辑】实现。

第22章

尺寸标注

尺寸标注的创建：介绍有关实体的门窗、墙厚、内门的标注，标注方法的快速、逐点的标注，以及有关弧度的半径、直径、角度，弧长的标注。

尺寸标注的编辑：介绍有关尺寸标注的各种尺寸编辑命令。

重点与难点

- 尺寸标注的创建
- 尺寸标注的编辑

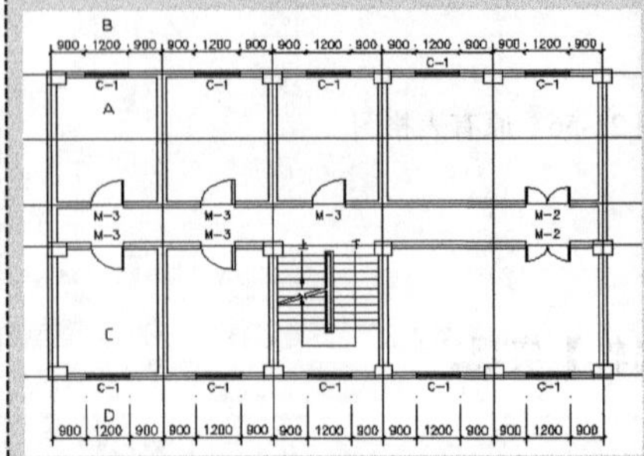

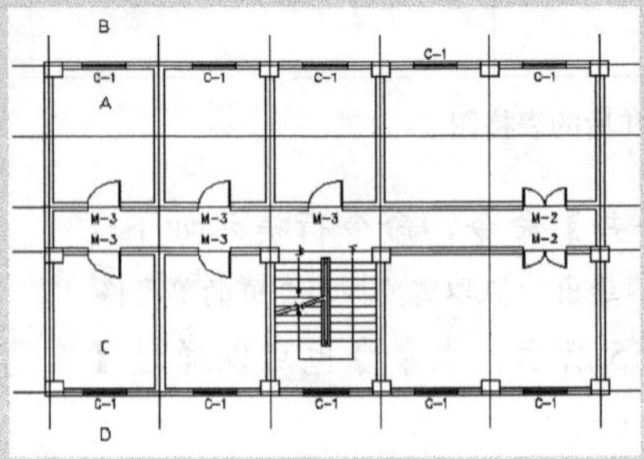

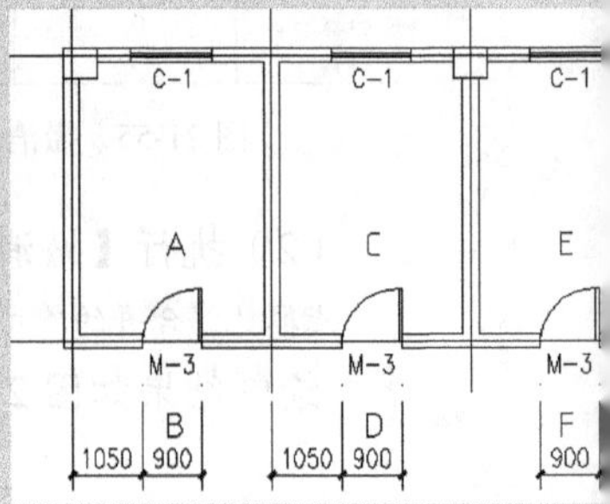

22.1 尺寸标注的创建

尺寸标注是建筑绘图中的重要组成部分，通过尺寸标注可以对图上的门窗、墙体等进行直线、角度、弧长等标注。

22.1.1 门 窗 标 注

门窗标注命令可以标注门窗的定位尺寸。

执行方式

命令行：MCBZ

菜单："尺寸标注" → "门窗标注"

下面以图 22-1 所示的门窗标注为例讲述绘制门窗标注的方法。

操作步骤

（1）打开随书光盘中的"源文件/22/22.1/门窗标注"，如图 22-2 所示。

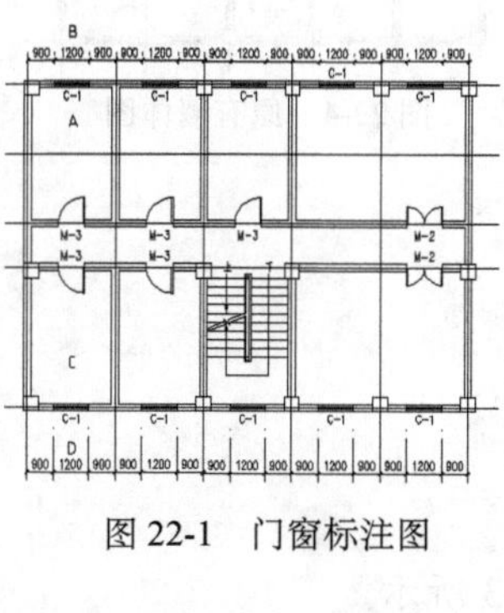

图 22-1　门窗标注图

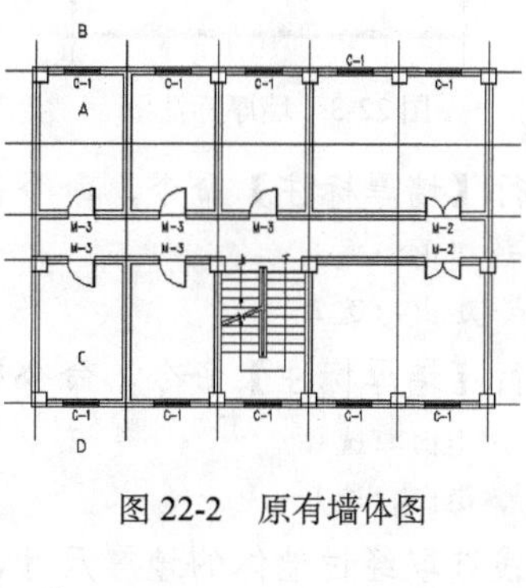

图 22-2　原有墙体图

（2）执行【门窗标注】命令，命令行提示如下：

```
请用线选第一、二道尺寸线及墙体!
起点<退出>:选 A
终点<退出>:选 B
选择其他墙体:
```

以上完成 C-1 的尺寸标注。

（3）单击【门窗标注】，命令行提示如下：

```
请用线选第一、二道尺寸线及墙体!
起点<退出>:选 C
终点<退出>:选 D
选择其他墙体:点选右侧墙体，找到 1 个
选择其他墙体:点选右侧墙体，找到 1 个，总计 2 个
选择其他墙体:
```

以上完成有轴标侧墙体门窗的尺寸标注，绘制结果如图 22-1 所示。

22.1.2 墙 厚 标 注

墙厚标注命令可以对两点连线穿越的墙体进行墙厚标注。

执行方式

菜单：“尺寸标注”→“墙厚标注”

下面以图 22-3 所示的尺寸标注为例讲述绘制墙厚标注的方法。

操作步骤

（1）打开随书光盘中的“源文件/22/22.1/墙厚”，如图 22-4 所示。

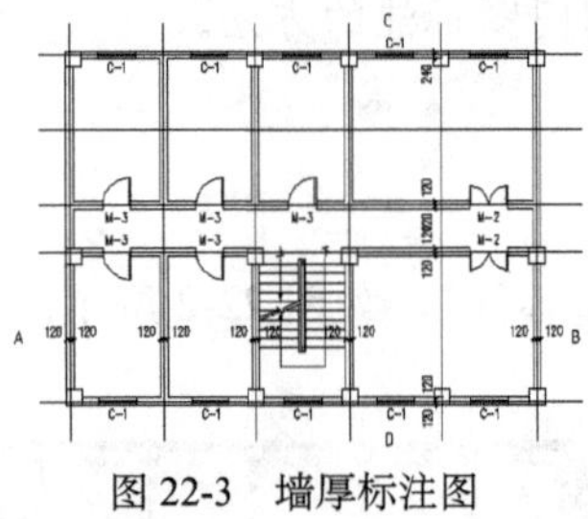

图 22-3 墙厚标注图

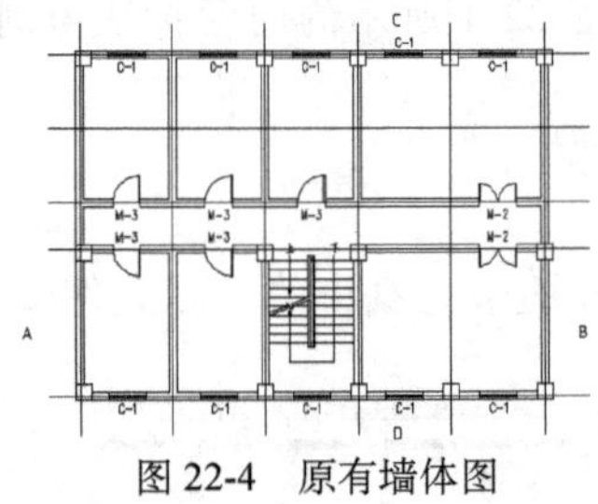

图 22-4 原有墙体图

（2）执行【墙厚标注】命令，命令行提示如下：

```
直线第一点<退出>:选 A
直线第二点<退出>:选 B
```

（3）执行【墙厚标注】命令，命令行提示如下：

```
直线第一点<退出>:选 C
直线第二点<退出>:选 D
```

通过直线选取经过墙体的墙厚尺寸，如图 22-3 所示。

22.1.3 两 点 标 注

两点标注命令为两点连线附近有关系的轴线、墙线、门窗、柱子等构件标注尺寸，并可标注各墙中点或者添加其他标注点。

执行方式

命令行：LDBZ

菜单："尺寸标注" → "两点标注"

下面以图 22-5 所示的尺寸标注为例讲述绘制两点标注的方法。

操作步骤

（1）打开随书光盘中的"源文件/22/22.1/两点标注"，如图 22-6 所示。

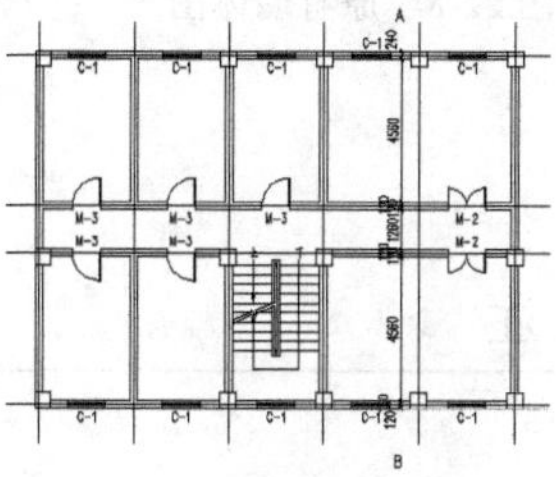

图 22-5 两点标注图

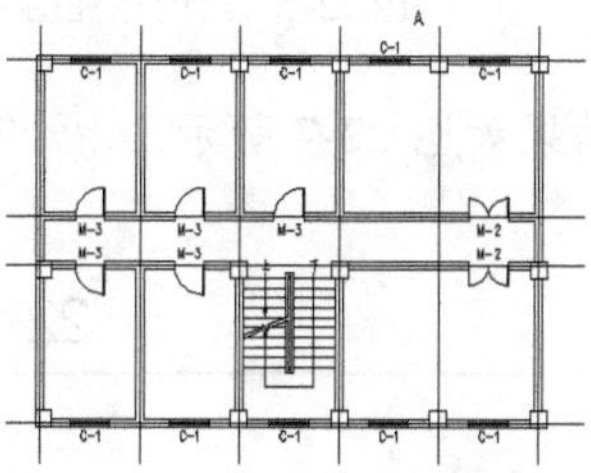

图 22-6 原有墙体图

（2）执行【两点标注】命令，命令行提示如下：

```
起点(当前墙面标注)或 [墙中标注(C)]<退出>:选 A
终点<退出>:选 B
请选择不要标注的轴线和墙体:
选择其他要标注的门窗和柱子:
请输入其他标注点或 [参考点(R)]<退出>:
```

生成两点标注如图 22-5 所示。

22.1.4 内 门 标 注

内门标注命令可以标注内墙门窗尺寸以及门窗与最近的轴线或墙边的关系。

执行方式

命令行：NMBZ

菜单："尺寸标注" → "内门标注"

下面以图 22-7 所示的尺寸标注为例讲述内门标注的方法。

操作步骤

（1）打开随书光盘中的"源文件/22/22.1/内门标注"，如图 22-8 所示。

（2）执行【内门标注】命令，命令行提示如下：

```
标注方式：轴线定位．请用线选门窗，并且第二点作为尺寸线位置！
起点或 [垛宽定位(A)]<退出>:选 A
终点<退出>:选 B
```

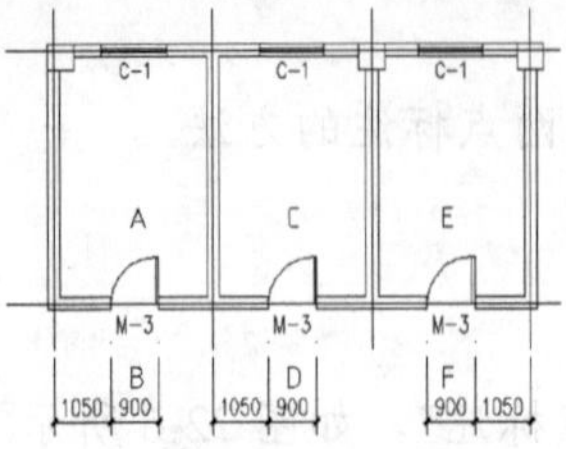

图 22-7　内门标注图

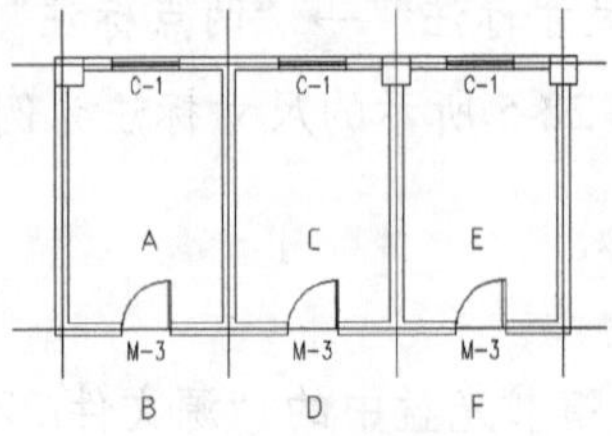

图 22-8　原有墙体图

绘制结果如图 22-7 所示。

22.1.5 快速标注

快速标注命令可以快速识别图形外轮廓或者基线点，沿着对象的长宽方向标注对象的几何特征尺寸。

执行方式

命令行：KSBZ

菜单："尺寸标注" → "快速标注"

下面以图 22-9 所示的尺寸标注为例讲述快速标注的方法。

操作步骤

（1）打开随书光盘中的"源文件/22/22.1/快速标注"，如图 22-10 所示。

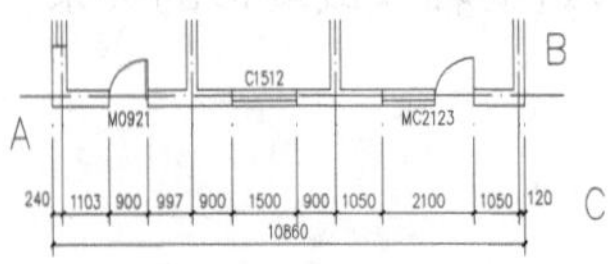

图 22-9　快速标注图

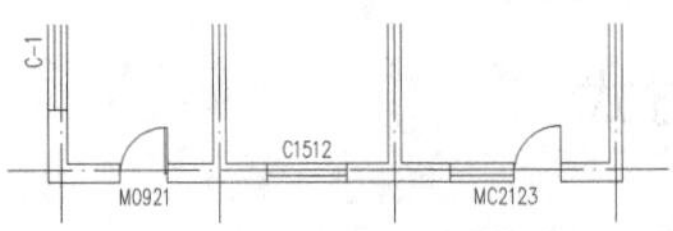

图 22-10　原有墙体图

（2）执行【快速标注】命令，命令行提示如下：

```
选择要标注的几何图形：框选 A-B
选择要标注的几何图形：
请指定尺寸线位置(当前标注方式:连续加整体)或 [整体(T)/连续(C)/连续加整体(A)]<退出>:A
请指定尺寸线位置(当前标注方式:连续加整体)或 [整体(T)/连续(C)/连续加整体(A)]<退出>:
选 C 点
```

绘制结果如图 22-9 所示。

22.1.6 逐点标注

逐点标注命令可以单击各标注点，沿给定的一个直线方向标注连续尺寸。

执行方式

命令行：ZDBZ

菜单："尺寸标注" → "逐点标注"

下面以图 22-11 所示的尺寸标注为例讲述逐点标注的方法。

操作步骤

（1）打开随书光盘中的"源文件/22/22.1/逐点标注"，如图 22-12 所示。

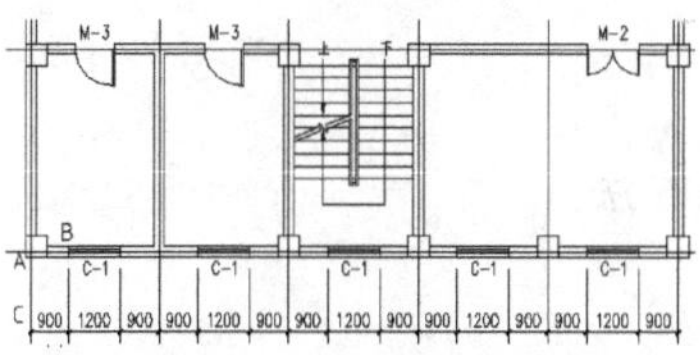

图 22-11　逐点标注图

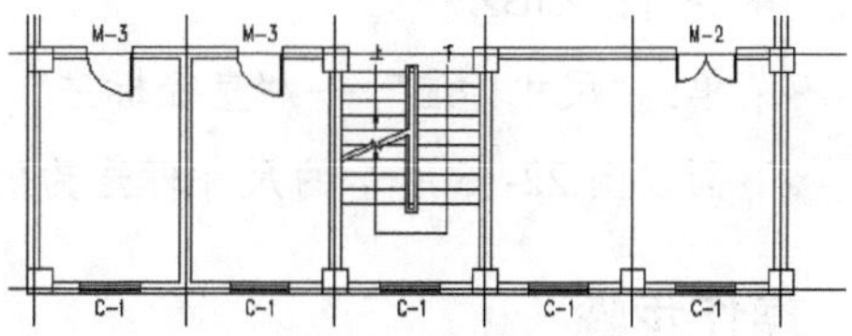

图 22-12　原有墙体图

（2）执行【逐点标注】命令，命令行提示如下：

```
起点或 [参考点(R)]<退出>:选 A
第二点<退出>:选 B
请单击尺寸线位置或 [更正尺寸线方向(D)]<退出>:选 C
请输入其他标注点或 [撤消上一标注点(U)]<结束>:
```

继续剩余标注，完成标注后绘制结果如图 22-11 所示。

22.1.7 半径标注

半径标注命令可以对弧墙或弧线进行半径标注。

执行方式

命令行：BJBZ

菜单："尺寸标注" → "半径标注"

下面以图 22-13 所示的尺寸标注为例讲述半径标注的方法。

操作步骤

（1）打开随书光盘中的"源文件/22/22.1/半径标注"，如图 22-14 所示。

（2）执行【半径标注】命令，命令行提示如下：

请选择待标注的圆弧<退出>:选 A

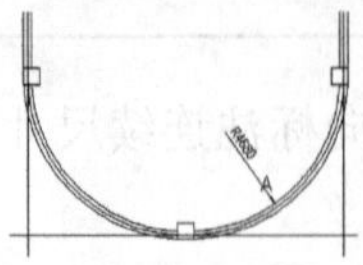

图 22-13　半径标注图

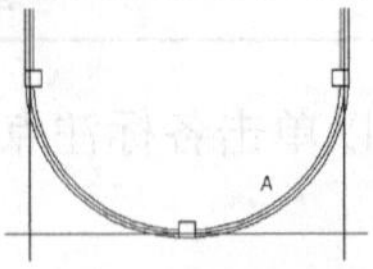

图 22-14　原有墙体图

完成标注后，绘制结果如图 22-13 所示。

22.1.8　直径标注

直径标注命令可以对圆进行直径标注。

执行方式

命令行：ZJBZ

菜单："尺寸标注"→"直径标注"

下面以图 22-15 所示的尺寸标注为例讲述直径标注的方法。

操作步骤

（1）打开随书光盘中的"源文件/22/22.1/直径标注"，如图 22-16 所示。

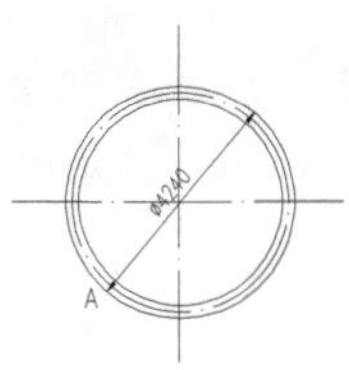

图 22-15　直径标注图

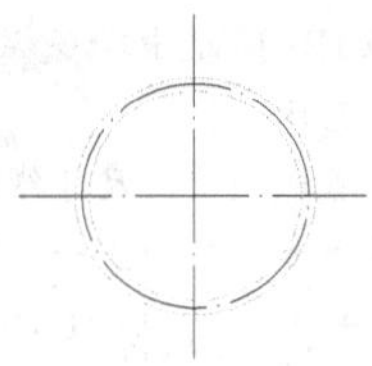

图 22-16　原有墙体图

（2）执行【直径标注】命令，命令行提示如下：

请选择待标注的圆弧<退出>:选 A

完成标注后，绘制结果如图 22-15 所示。

22.1.9　角度标注

角度标注命令可以按逆时针方向标注两根直线之间的夹角，请注意按逆时针方向选择要标注的直线的先后顺序。

执行方式

命令行：JDBZ

菜单："尺寸标注"→"角度标注"

下面以图 22-17 所示的尺寸标注为例讲述角度标注的方法。

操作步骤

（1）打开随书光盘中的“源文件/22/22.1/角度标注”，如图 22-18 所示。

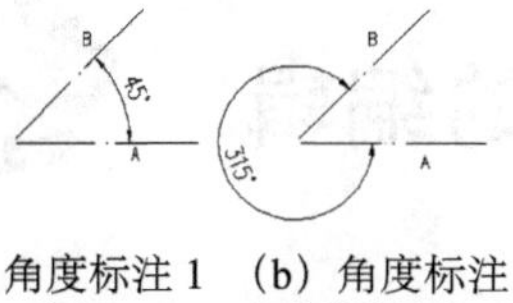

（a）角度标注 1 （b）角度标注 2

图 22-17 角度标注图

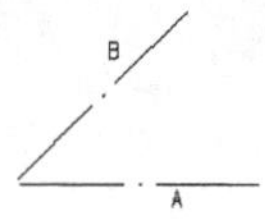

图 22-18 原有相交直线图

（2）执行【角度标注】命令，命令行提示如下：

```
请选择第一条直线<退出>:选 A
请选择第二条直线<退出>:选 B
```

完成标注后，绘制结果如图 22-17（a）所示。

```
请选择第一条直线<退出>:选 B
请选择第二条直线<退出>:选 A
```

完成标注后，绘制结果如图 22-17（b）所示。

22.1.10 弧 长 标 注

弧长标注命令可以按国家规定方式标注弧长。

执行方式

命令行：HCBZ

菜单：“尺寸标注”→“弧长标注”

下面以图 22-19 所示的尺寸标注为例讲述弧长标注的方法。

操作步骤

（1）打开随书光盘中的“源文件/22/22.1/弧长标注”，如图 22-20 所示。

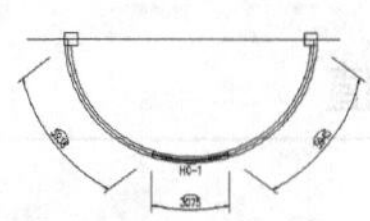

图 22-19 弧长标注图

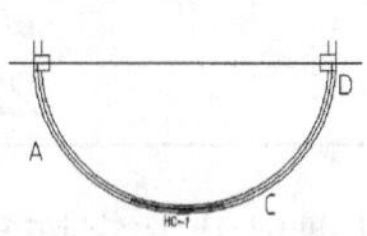

图 22-20 原有弧形墙体图

（2）执行【弧长标注】命令，命令行提示如下：

```
请选择要标注的弧段：选 A
请单击尺寸线位置<退出>:选 C
请输入其他标注点<结束>:选 D
请输入其他标注点<结束>:
```

完成标注后，绘制结果如图 22-19 所示。

22.2 尺寸标注的编辑

尺寸标注的编辑是对尺寸标注进行各种编辑的命令。

22.2.1 文字复位

文字复位命令可以把尺寸文字的位置恢复到默认的尺寸线中点上方。

执行方式

命令行：WZFW

菜单："尺寸标注" → "尺寸编辑" → "文字复位"

下面以图 22-21 所示的尺寸标注为例讲述文字复位的方法。

操作步骤

（1）打开随书光盘中的"源文件/22/22.2/文字复位"，如图 22-22 所示。

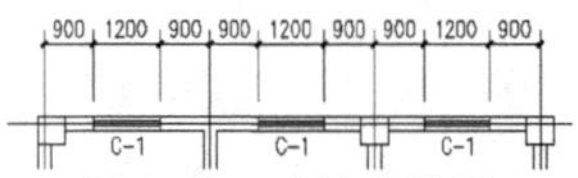

图 22-21　文字复位图

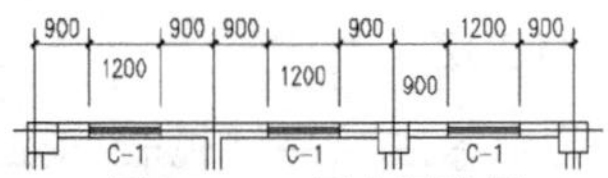

图 22-22　原有标注图

（2）执行【文字复位】命令，命令行提示如下：

```
请选择天正尺寸标注：选择文字标注
请选择天正尺寸标注：
```

以上完成文字复位的标注，绘制结果如图 22-21 所示。

22.2.2 文字复值

文字复值命令可以把尺寸文字恢复为默认的测量值。

执行方式

命令行：WZFZ

菜单："尺寸标注" → "尺寸编辑" → "文字复值"

下面以图 22-23 所示的尺寸标注为例讲述文字复值的方法。

操作步骤

（1）打开随书光盘中的“源文件/22/22.2/文字复值”，如图 22-24 所示。

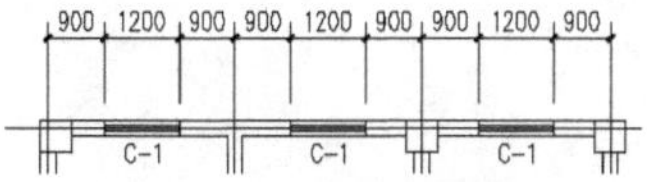

图 22-23　文字复值图

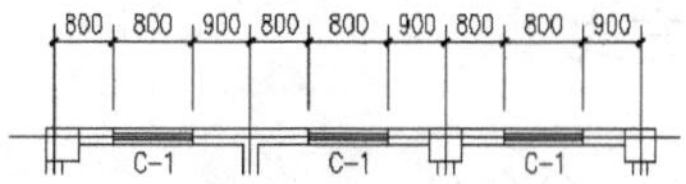

图 22-24　原有标注图

（2）执行【文字复值】命令，命令行提示如下：

```
请选择天正尺寸标注：选择文字标注
请选择天正尺寸标注：
```

以上完成文字复值的标注，绘制结果如图 22-23 所示。

22.2.3　剪 裁 延 伸

剪裁延伸命令可以根据指定的新位置，对尺寸标注进行裁切或延伸。

执行方式

命令行：CJYS

菜单：“尺寸标注”→“尺寸编辑”→“剪裁延伸”

下面以图 22-25 所示的尺寸标注为例讲述文字复值的方法。

操作步骤

（1）打开随书光盘中的“源文件/22/22.2/剪裁延伸”，如图 22-26 所示。

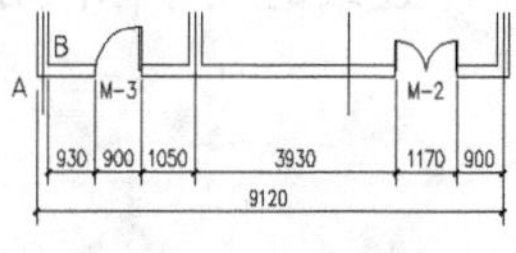

图 22-25　剪裁延伸图

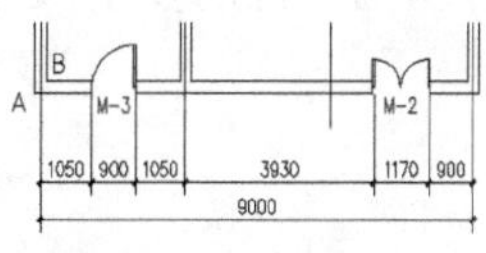

图 22-26　原有标注图

（2）执行【剪裁延伸】命令，命令行提示如下：

```
请给出裁剪延伸的基准点或 [参考点(R)]<退出>:选 A
要裁剪或延伸的尺寸线<退出>:选轴线标注
```

完成轴线尺寸的延伸，下面做尺寸线的剪切。

```
请给出裁剪延伸的基准点或 [参考点(R)]<退出>:选 B
要裁剪或延伸的尺寸线<退出>:选上侧墙体标注
```

以上完成裁剪延伸的标注，绘制结果如图 22-25 所示。

22.2.4 取消尺寸

取消尺寸命令可以取消连续标注中的一个尺寸标注区间。

执行方式

命令行：QXCC

菜单："尺寸标注"→"尺寸编辑"→"取消尺寸"

下面以图 22-27 所示的尺寸标注为例讲述缺消尺寸的方法。

操作步骤

（1）打开随书光盘中的"源文件/22/22.2/取消尺寸"，如图 22-28 所示。

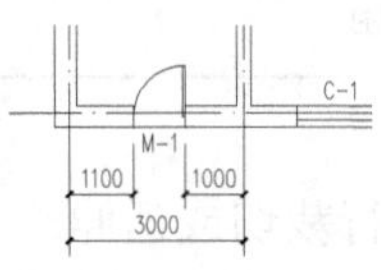

图 22-27　取消尺寸图

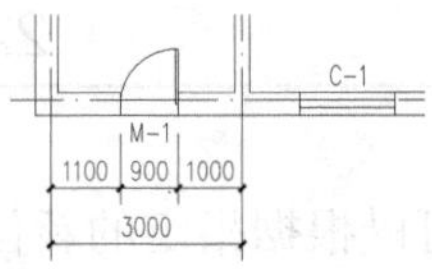

图 22-28　原有标注图

（2）执行【取消尺寸】命令，命令行提示如下：

```
请选择待取消的尺寸区间的文字<退出>:选门尺寸
请选择待取消的尺寸区间的文字<退出>:
```

以上完成取消尺寸的标注，绘制结果如图 22-27 所示。

22.2.5 连接尺寸

连接尺寸命令可以把平行的多个尺寸标注连接成一个连续的尺寸标注对象。

执行方式

命令行：LJCC

菜单："尺寸标注"→"尺寸编辑"→"连接尺寸"

下面以图 22-29 所示的尺寸标注为例讲述连接尺寸的方法。

操作步骤

（1）打开随书光盘中的"源文件/22/22.2/连接尺寸"，如图 22-30 所示。

（2）执行【连接尺寸】命令，命令行提示如下：

```
请选择主尺寸标注<退出>:选左侧标注
```

选择需要连接的其他尺寸标注<结束>:选右侧标注
选择需要连接的其他尺寸标注<结束>:

以上完成连接尺寸的标注，绘制结果如图 22-29 所示。

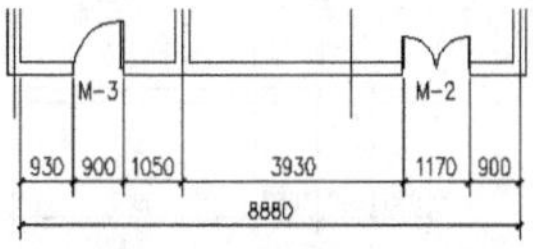

图 22-29　连接尺寸图

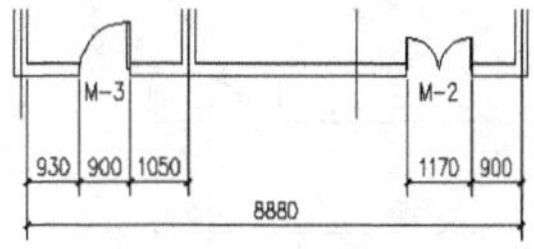

图 22-30　原有标注图

22.2.6　尺 寸 打 断

尺寸打断命令可以把一组尺寸标注打断为两组独立的尺寸标注。

执行方式

命令行：CCDD

菜单：“尺寸标注”→“尺寸编辑”→“尺寸打断”

下面以图 22-31 所示的尺寸标注为例讲述尺寸打断的方法。

操作步骤

（1）打开随书光盘中的“源文件/22/22.2/尺寸打断”，如图 22-32 所示。

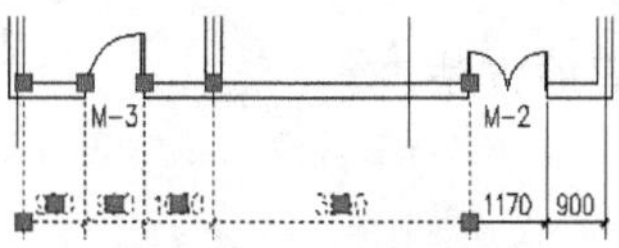

图 22-31　尺寸打断图

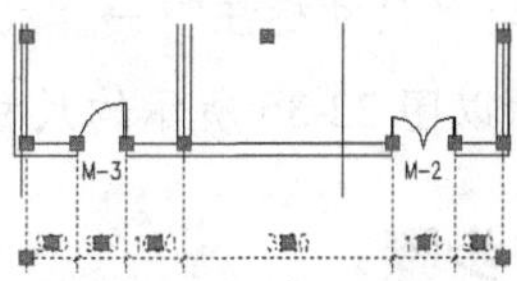

图 22-32　原有标注图

（2）执行【尺寸打断】命令，命令行提示如下：

请在要打断的一侧单击尺寸线<退出>:

以上完成一组尺寸标注打断为两组独立的尺寸标注，绘制结果如图 22-31 所示，其中 1100 和 900 为一组，1000 为一组。

22.2.7　合 并 区 间

合并区间命令可以把天正标注对象中的相邻区间合并为一个区间。

执行方式

命令行：HBQJ

菜单：“尺寸标注”→“尺寸编辑”→“合并区间”

下面以图 22-33 所示的尺寸标注为例讲述合并区间的方法。

操作步骤

（1）打开随书光盘中的“源文件/22/22.2/合并区间”，如图 22-34 所示。

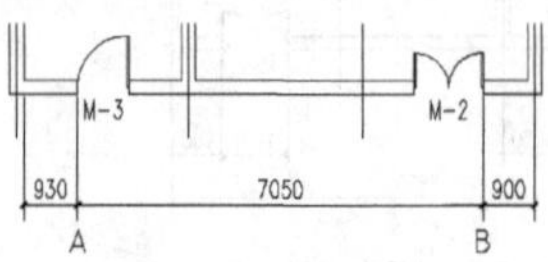

图 22-33　合并区间图

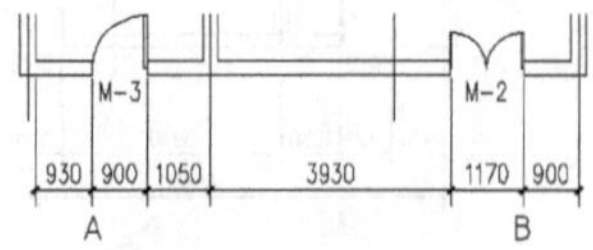

图 22-34　原有标注图

（2）执行【合并区间】命令，命令行提示如下：

```
请单击合并区间中的尺寸界线<退出>:选 A
请单击合并区间中的尺寸界线或 [撤消(U)]<退出>:选 B
请单击合并区间中的尺寸界线或 [撤消(U)]<退出>:
```

以上完成合并为一个区间，绘制结果如图 22-33 所示。

22.2.8　等 分 区 间

等分区间命令可以把天正标注对象的某一个区间按指定等分数等分多个区间。

执行方式

命令行：DFQJ

菜单：“尺寸标注”→“尺寸编辑”→“等分区间”

下面以图 22-35 所示的尺寸标注为例讲述等分区间的方法。

操作步骤

（1）打开随书光盘中的“源文件/22/22.2/等分区间”，如图 22-36 所示。

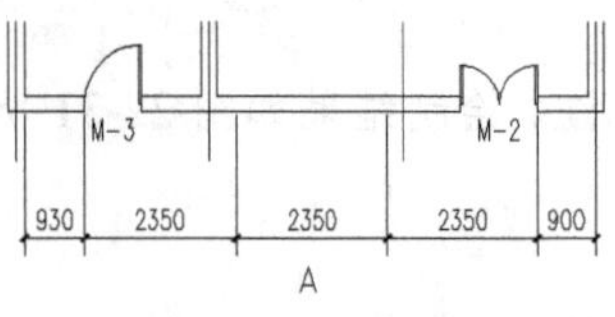

图 22-35　等分区间图

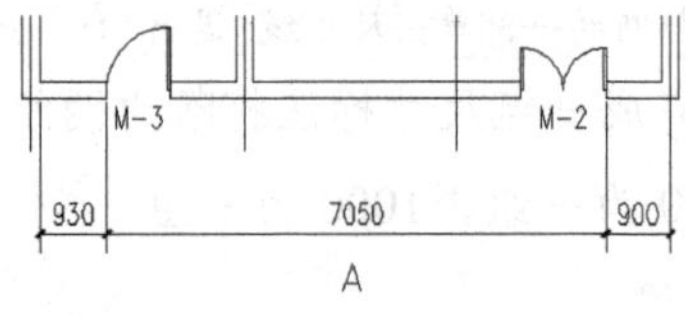

图 22-36　原有标注图

（2）执行【等分区间】命令，命令行提示如下：

```
请选择需要等分的尺寸区间<退出>:选 A
输入等分数<退出>:3
```

以上完成将一个区间分成三等分，绘制结果如图 22-35 所示。

22.2.9　对 齐 标 注

对齐标注命令可以把多个天正标注对象按参考标注对象对齐排列。

执行方式

命令行：DQBZ

菜单："尺寸标注" → "尺寸编辑" → "对齐标注"

下面以图 22-37 所示的尺寸标注为例讲述对齐标注的方法。

操作步骤

（1）打开随书光盘中的"源文件/22/22.2/对齐标注"，如图 22-38 所示。

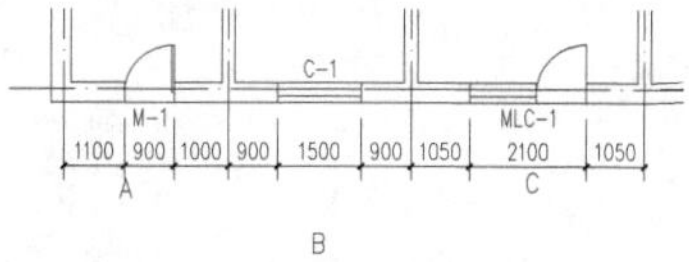

图 22-37　对齐标注图

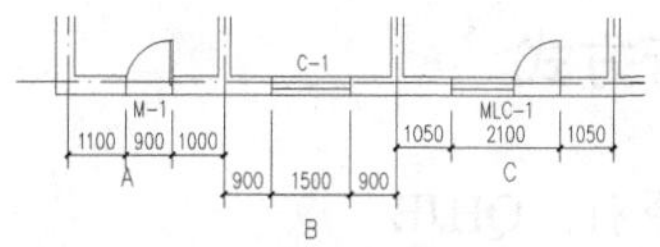

图 22-38　原有标注图

（2）执行【对齐标注】命令，命令行提示如下：

```
选择参考标注<退出>:选 A
选择其它标注<退出>:选 B
选择其它标注<退出>:选 C
选择其它标注<退出>:
```

以上完成对齐标注，绘制结果如图 22-37 所示。

22.2.10　增 补 尺 寸

增补尺寸命令可以对已有的尺寸标注增加标注点。

执行方式

命令行：ZBCC

菜单："尺寸标注" → "尺寸编辑" → "增补尺寸"

下面以图 22-39 所示的尺寸标注为例讲述增补尺寸的方法。

操作步骤

（1）打开随书光盘中的"源文件/22/22.2/增补尺寸"，如图 22-40 所示。

（2）执行【增补尺寸】命令，命令行提示如下：

```
单击待增补的标注点的位置或 [参考点(R)]<退出>:选 A
单击待增补的标注点的位置或 [参考点(R)/撤消上一标注点(U)]<退出>:选 B
单击待增补的标注点的位置或 [参考点(R)/撤消上一标注点(U)]<退出>:
```

以上完成增补尺寸标注，绘制结果如图 22-39 所示。

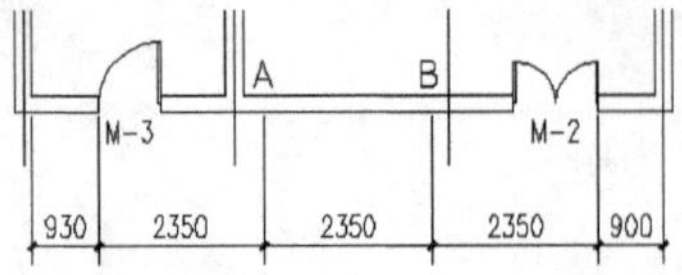

图 22-39　增补尺寸图

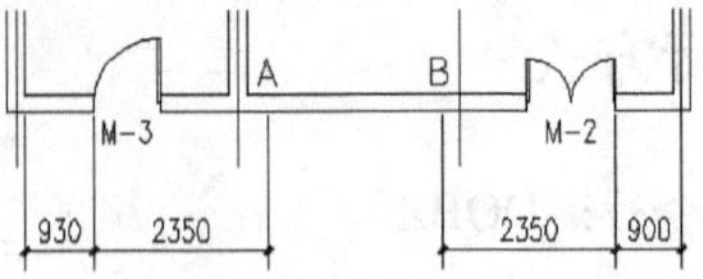

图 22-40　原有标注图

22.2.11　切换角标

切换角标命令可以对角度标注、弦长标注和弧长标注进行相互转化。

执行方式

命令行：QHJB

菜单："尺寸标注"→"尺寸编辑"→"切换角标"

下面以图 22-41 所示的尺寸标注为例讲述切换角标的方法。

操作步骤

（1）打开随书光盘中的"源文件/22/22.2/切换角标"，如图 22-42 所示。

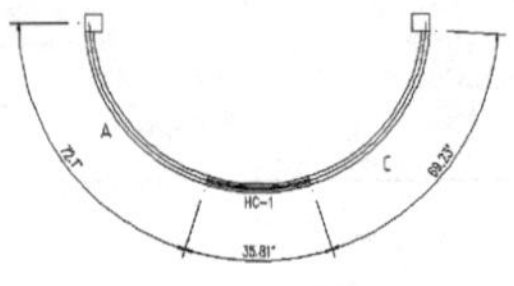

图 22-41　切换角标图

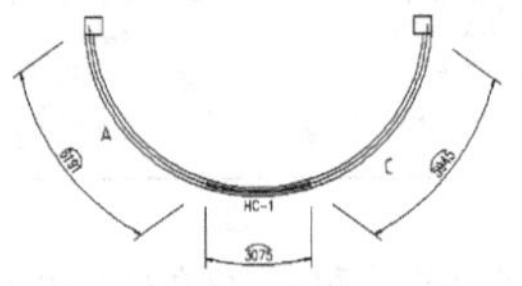

图 22-42　原有标注图

（2）执行【切换角标】命令，命令行提示如下：

```
请选择天正角度标注：选标注
请选择天正角度标注：
```

绘制结果如图 22-41 所示。

22.2.12　尺寸转化

尺寸转化命令可以把 AutoCAD 的尺寸标注转化为天正的尺寸标注。

执行方式

命令行：CCZH

菜单："尺寸标注"→"尺寸编辑"→"尺寸转化"

下面以图 22-43 所示的尺寸标注为例讲述尺寸转换的方法。

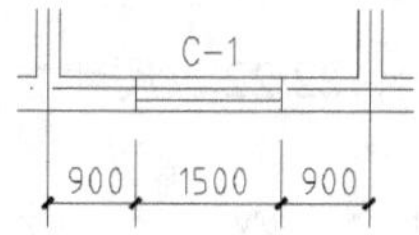

图 22-43 尺寸转化图

操作步骤

（1）打开随书光盘中的“源文件/22/22.2/尺寸转化”，如图 22-44 所示。

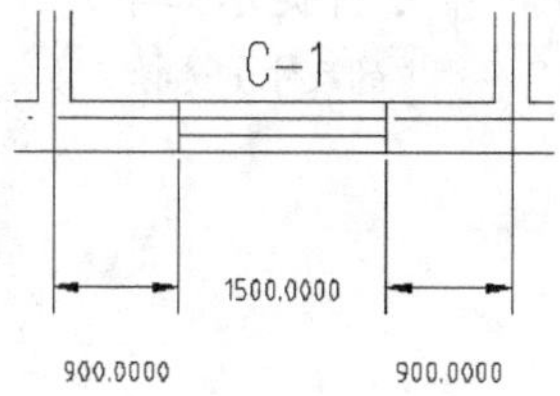

图 22-44 原有标注图

（2）执行【尺寸转化】命令，命令行提示如下：

```
请选择 ACAD 尺寸标注：（选择图 22-44a 中的尺寸）找到 1 个
请选择 ACAD 尺寸标注：找到 1 个，总计 2 个
请选择 ACAD 尺寸标注：找到 1 个，总计 3 个
请选择 ACAD 尺寸标注：
全部选中的 3 个对象成功的转化为天正尺寸标注！
```

绘制结果如图 22-43 所示。

22.2.13 尺 寸 自 调

尺寸自调命令可以对天正尺寸标注的文字位置进行自动调整，使得文字不重叠。

执行方式

命令行：CCZT

菜单：“尺寸标注” → “尺寸编辑” → “尺寸自调”

下面以图 22-45 所示的尺寸标注为例讲述尺寸自调的方法。

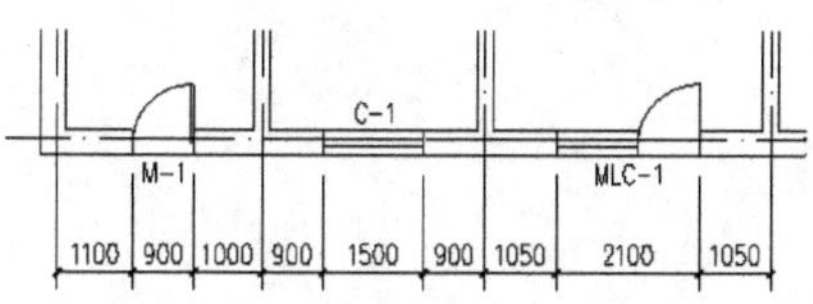

图 22-45 尺寸自调图

操作步骤

（1）打开随书光盘中的“源文件/22/22.2/尺寸自调”，如图 22-46 所示。

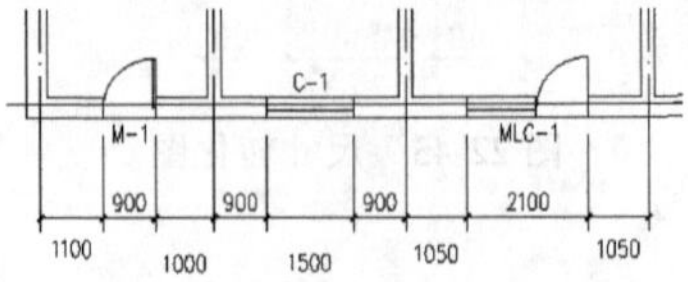

图 22-46　原有标注图

（2）执行【尺寸自调】命令，命令行提示如下：

```
请选择天正尺寸标注：（选择图 22-46 中的尺寸）选择尺寸
请选择天正尺寸标注：选择尺寸
请选择天正尺寸标注：选择尺寸
请选择天正尺寸标注：
```

绘制结果如图 22-45 所示。

第23章

符号标注

标高符号：介绍标高的标注、检查的操作。

工程符号的标注：介绍有关表示工程符号标注的箭头、引出、做法、索引等操作，以及索引图号的生成等。

重点与难点

- 标高符号
- 工程符号的标注

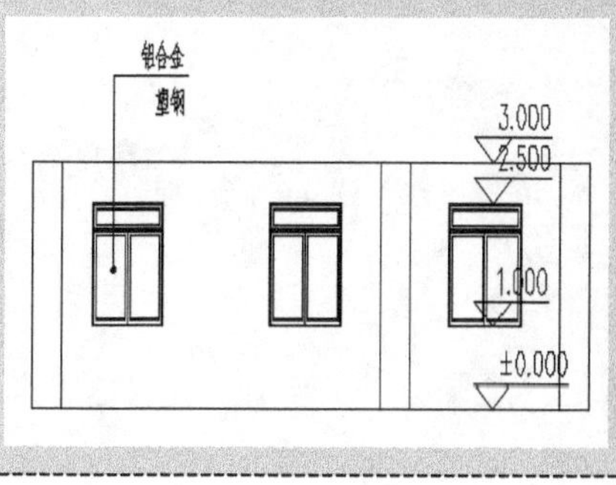

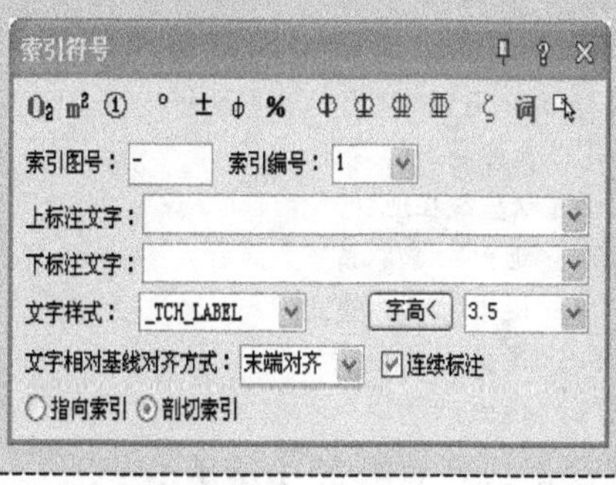

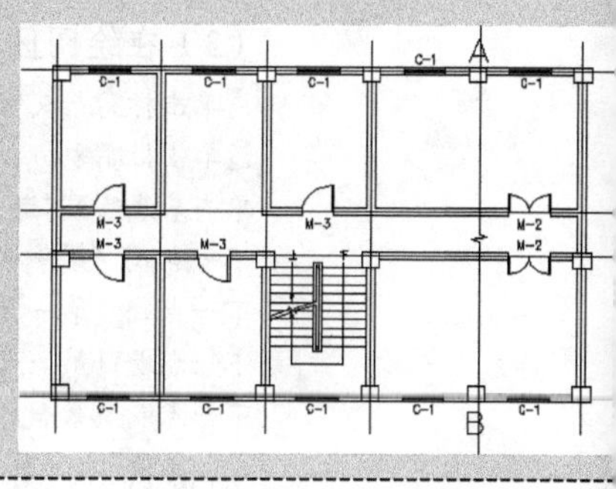

23.1 标高符号

标高符号是表示某个点的高程或者垂直高度。

23.1.1 标高标注

标高标注命令可以标注各种标高符号，可连续标注标高。

执行方式

命令行：BGBZ

菜单："符号标注" → "标高标注"

下面以图 23-1 所示的标注过程为例讲述标高标注的方法。

操作步骤

（1）打开随书光盘中的"源文件/23/23.1/标高标注"，如图 23-2 所示。

（2）执行【标高标注】命令，打开【标高标注】对话框，如图 23-3 所示。

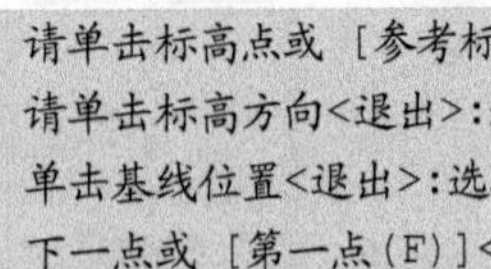

图 23-1　标高标注图

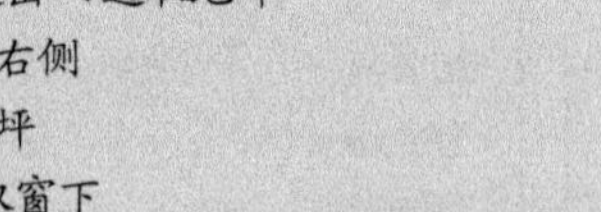

图 23-2　立面图

图 23-3　【标高标注】对话框

（3）在绘图区域左键单击，命令行提示如下：

```
请单击标高点或 [参考标高(R)]<退出>:选取地坪
请单击标高方向<退出>:选标高点的右侧
单击基线位置<退出>:选取基线在地坪
下一点或 [第一点(F)]<退出>:选取窗下
下一点或 [第一点(F)]<退出>:选取窗上
下一点或 [第一点(F)]<退出>:选屋顶
下一点或 [第一点(F)]<退出>:
```

右键退出，最终绘制结果如图 23-1 所示。

23.1.2 标 高 检 查

标高检查命令可以通过一个给定标高对立剖面图中其它标高符号进行检查。

执行方式

命令行：BGJC

菜单：“符号标注” → “标高检查”

下面以图 23-4 所示的标注过程为例讲述标高检查的方法。

操作步骤

（1）打开随书光盘中的“源文件/23/23.1/标高检查”，如图 23-5 所示。

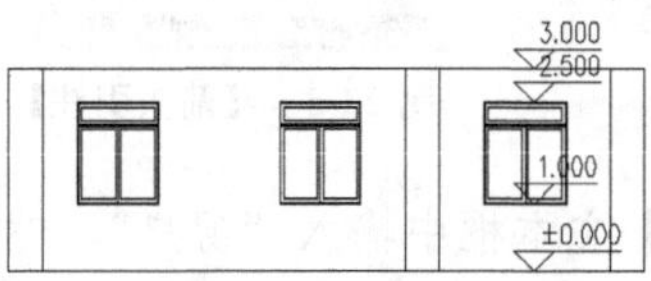

图 23-4 标高检查图

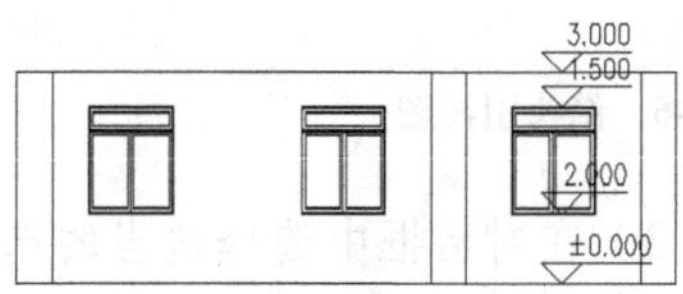

图 23-5 立面图

（2）执行【标高检查】命令，命令行提示如下：

```
选择参考标高或 [参考当前用户坐标系(T)]<退出>:(选择图 23-5a 所示的地坪标高处)
选择待检查的标高标注: (选择图 23-4 所示的选窗下标高)
选择待检查的标高标注: (选择图 23-4 所示的选窗上标高)
选择待检查的标高标注: (选择图 23-4 所示的选屋顶标高)
选择待检查的标高标注:
选中的标高 3 个，其中 2 个有错!
第 2/1 个错误的标注，正确标注(1.000)或 [纠正标高(C)/下一个(F)/退出(X)]<全部纠正>:此时直接回车，最终绘制结果如图 23-4 所示.
```

23.2 工程符号的标注

工程符号的标注是在天正图中添加具有工程含义的图形符号对象。

23.2.1 箭 头 引 注

箭头引注命令可以绘制指示方向的箭头及引线。

执行方式

命令行：JTYZ

菜单："符号标注" → "箭头引注"

下面以图 23-6 所示的标注过程为例讲述箭头引注的方法。

操作步骤

（1）打开随书光盘中的"源文件/23/23.2/箭头引注"，如图 23-7 所示。

（2）执行【箭头引注】命令，打开【箭头引注】对话框，如图 23-8 所示。

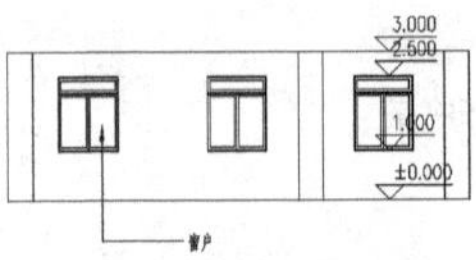

图 23-6　箭头引注图

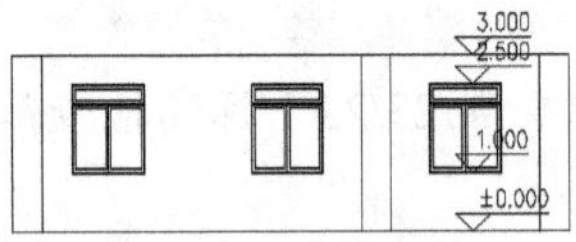

图 23-7　原有标注图

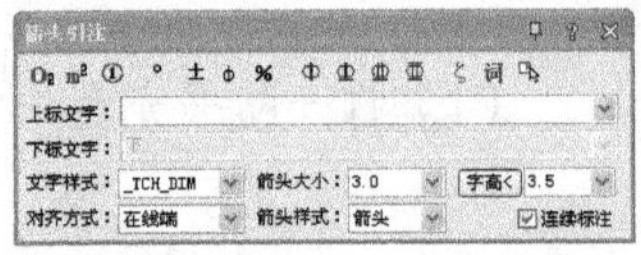

图 23-8　【箭头引注】对话框

（3）在对话框中选择适当的选项，在【上标文字】文本框中输入"窗户"，然后在绘图区域点一下，命令行提示如下：

```
箭头起点或 [单击图中曲线(P)/单击参考点(R)]<退出>:选择图 23-7 中窗内一点
直段下一点或 [弧段(A)/回退(U)]<结束>:选择下面的直线点
直段下一点或 [弧段(A)/回退(U)]<结束>:选择水平的直线点
直段下一点或 [弧段(A)/回退(U)]<结束>:
```

以上完成窗户的箭头引注，绘制结果如图 23-6 所示。

23.2.2　引 出 标 注

引出标注命令可以用引线引出对多个标注点做同一内容的标注。

执行方式

命令行：YCBZ

菜单："符号标注" → "引出标注"

下面以图 23-9 所示的标注过程为例讲述引出标注的方法。

操作步骤

（1）打开随书光盘中的"源文件/23/23.2/引出标注"，如图 23-10 所示。

（2）执行【引出标注】命令，打开【引出标注】对话框，如图 23-11 所示。

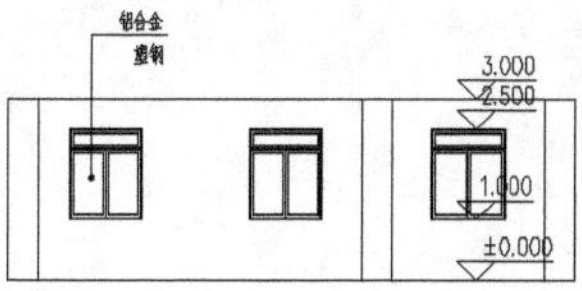

图 23-9 引出标注图

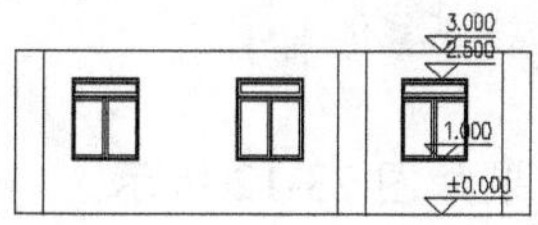

图 23-10 原有标注图

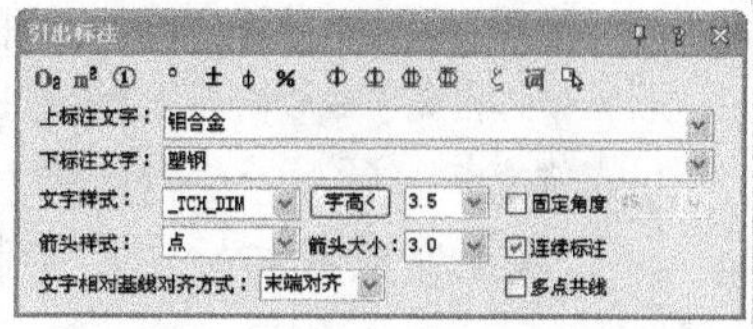

图 23-11 【引出标注】对话框

（3）在对话框中选择适当的选项，在【上标注文字】文本框中输入“铝合金门”，在【下标注文字】文本框中输入“塑钢门”，然后在绘图区域点一下，命令行提示如下：

```
请给出标注第一点<退出>:选择门内一点
输入引线位置或 [更改箭头型式(A)]<退出>:单击引线位置
单击文字基线位置<退出>:选取文字基线位置
输入其他的标注点<结束>:
```

以上完成门的引出标注，绘制结果如图 23-10 所示。

23.2.3 做 法 标 注

做法标注命令可以从专业词库获得标准做法，用以标注工程做法。

执行方式

命令行：ZFBZ

菜单：“符号标注”→“做法标注”

下面以图 23-12 所示的标注过程为例讲述做法标注的方法。

操作步骤

（1）执行【做法标注】命令，打开【做法标注】对话框。在对话框中选择适当的选项，在文字框中分行输入“清水混凝土”、“垫层”、“灰土”，如图 23-13 所示。

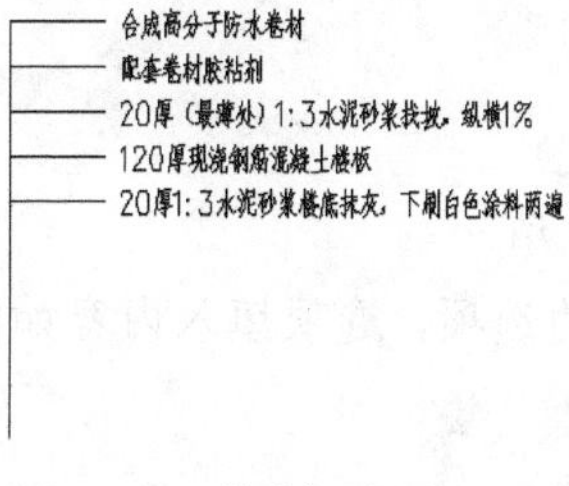

图 23-12 做法标注图

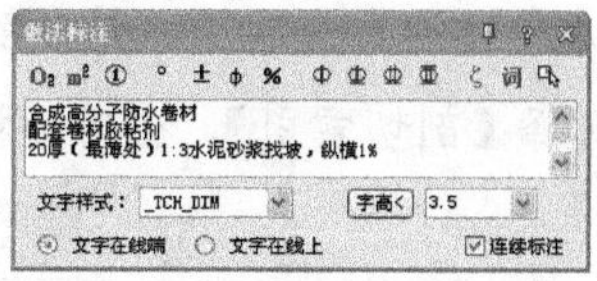

图 23-13 【做法标注】对话框

（2）在绘图区域点一下，命令行提示如下：

```
请给出标注第一点<退出>:选择标注起点
```

请给出标注第二点<退出>:选择引线位置
请给出文字线方向和长度<退出>:选择基线位置
请给出标注第一点<退出>:

以上完成做法标注，绘制结果如图 23-12 所示。

23.2.4 索 引 符 号

索引符号命令包括剖切索引号和指向索引号，索引符号的对象编辑提供了增加索引号与改变剖切长度的功能。

执行方式

命令行：SYFH

菜单：“符号标注”→“索引符号”

下面以图 23-14 所示的标注过程为例讲述索引符号标注的方法。

操作步骤

（1）打开随书光盘中的“源文件/23/23.2/索引符号”，如图 23-15 所示。

（2）执行【索引符号】命令，打开【索引符号】对话框。选择【指向索引】，在对话框中选择适当的选项，选项填入内容如图 23-16 所示。

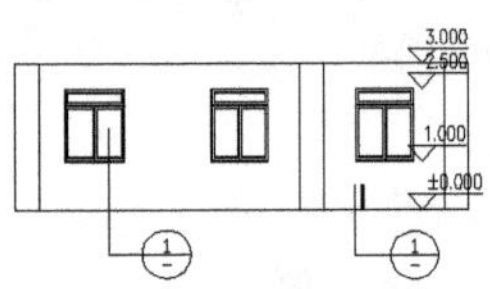

图 23-14　索引符号图

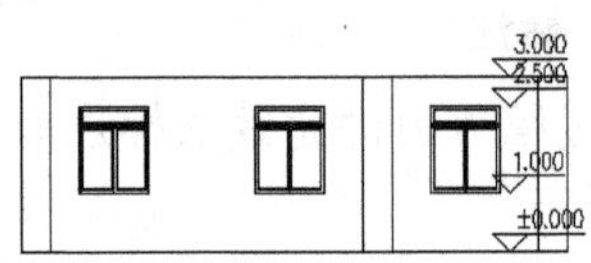

图 23-15　立面图

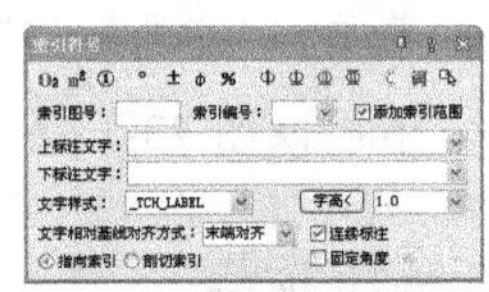
图 23-16　【索引符号】对话框

（3）在绘图区域点一下，命令行提示如下：

请给出索引节点的位置<退出>:选择门内一点
请给出索引节点的范围<0.0>:
请给出转折点位置<退出>:选择转折点位置
请给出文字索引号位置<退出>:选择文字索引号的位置
请给出索引节点的位置<退出>:

以上完成门的指向索引，绘制结果如图 23-14 所示。

（4）选择【剖切索引】，在对话框中选择适当的选项，选项填入内容如图 23-17 所示。

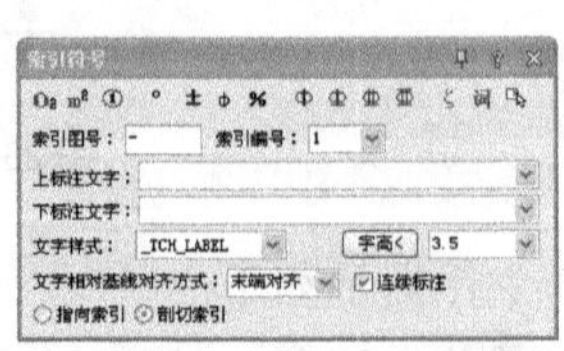
图 23-17　【索引符号】对话框

（5）在绘图区域点一下，命令行提示如下：

```
请给出索引节点的位置<退出>:选择地坪部分
请给出转折点位置<退出>:选择转折点位置
请给出文字索引号位置<退出>:选择文字索引号的位置
请给出剖视方向<当前>:点选剖视方向
请给出索引节点的位置<退出>:
```

以上完成地坪的剖切索引，绘制结果如图 23-14 所示。

23.2.5 索 引 图 名

索引图名命令可以为图中局部详图标注索引图号。

执行方式

命令行：SYTM

菜单："符号标注" → "索引图名"

下面以图 23-18 所示的标注过程为例讲述索引图名的方法。

（a）索引图名 1　　（b）索引图名 2

图 23-18　索引图名图

操作步骤

（1）执行【索引图名】命令，命令行提示如下：

```
请输入被索引的图号(-表示在本图内) <->:
请输入索引编号 <1>:A
请输入比例(-表示不绘制) 1:<0>:-
请点取标注位置<退出>:在图中选择标注位置
```

结果如图 23-18（a）所示。

（2）当需要被索引的详图注在第 18 张图中时，单击【索引图名】，命令行提示如下：

```
请输入被索引的图号(-表示在本图内) 18
请输入索引编号 <1>:1
请输入比例(-表示不绘制) 1:<0>:-
请点取标注位置<退出>:在图中选择标注位置
```

以上完成索引图名，绘制结果如图 23-18（b）所示。

23.2.6 剖 面 剖 切

剖面剖切命令可以在图中标注剖面剖切符号，允许标注多级阶梯剖。

执行方式

命令行：PMPQ

菜单："符号标注" → "剖面剖切"

下面以图 23-19 所示的标注过程为例讲述剖面剖切符号的标注方法。

操作步骤

（1）打开随书光盘中的"源文件/23/23.2/剖面剖切"，如图 23-20 所示。

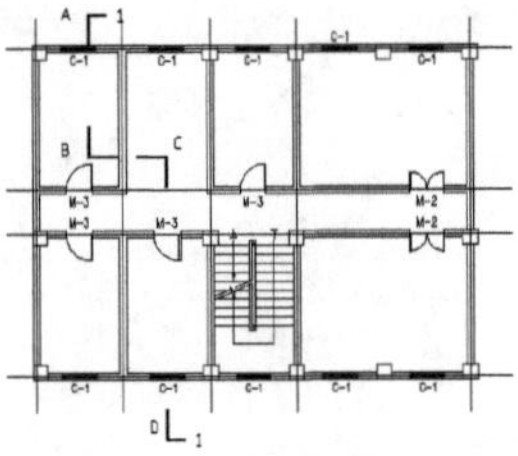

图 23-19　剖面剖切图

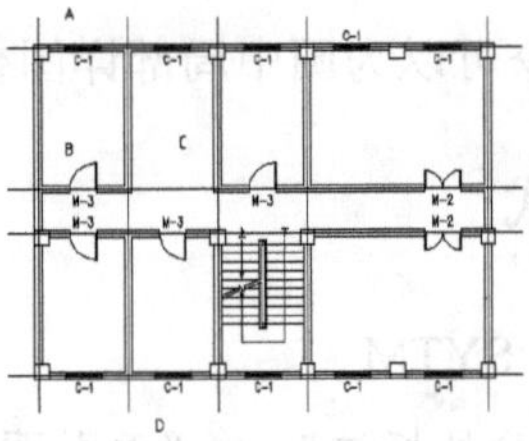

图 23-20　原有平面图

（2）执行【剖面剖切】命令，命令行提示如下：

```
请输入剖切编号<1>:1
单击第一个剖切点<退出>:A
单击第二个剖切点<退出>:B
单击下一个剖切点<结束>:C
单击下一个剖切点<结束>:D
单击下一个剖切点<结束>:回车结束
单击剖视方向<当前>:E
```

以上完成剖面剖切的标注，绘制结果如图 23-19 所示。

23.2.7　断 面 剖 切

断面剖切命令可以在图中标注断面剖切符号。

执行方式

命令行：DMPQ

菜单："符号标注" → "断面剖切"

下面以图 23-21 所示的标注过程为例讲述断面剖切符号的标注方法。

操作步骤

（1）打开随书光盘中的"源文件/23/23.2/断面剖切"，如图 23-22 所示。

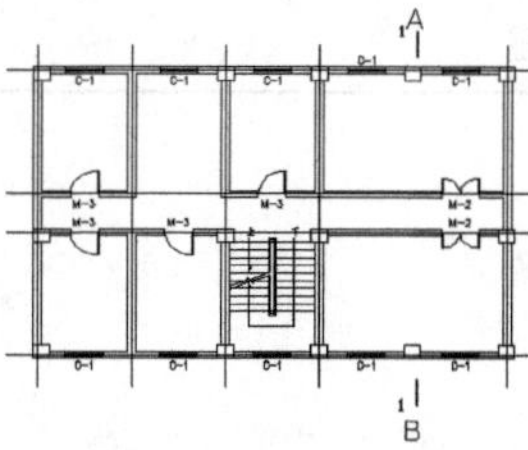

图 23-21　断面剖切图

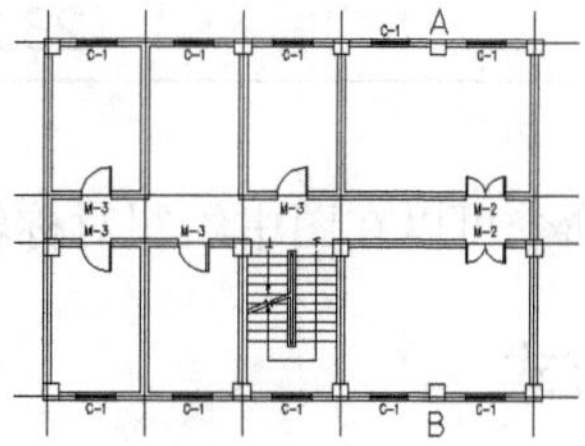

图 23-22　原有平面图

（2）执行【断面剖切】命令，命令行提示如下：

```
请输入剖切编号<1>:1
单击第一个剖切点<退出>:A
单击第二个剖切点<退出>:B
单击剖视方向<当前>:C
```

以上完成断面剖切的标注，绘制结果如图 23-21 所示。

23.2.8　加 折 断 线

加折断线命令可以在图中绘制折断线。

执行方式

命令行：JZDX

菜单：“符号标注”→“加折断线”

下面以图 23-23 所示的折断线的绘制过程为例讲述加折断线的方法。

操作步骤

（1）打开随书光盘中的“源文件/23/23.2/加折断线”，如图 23-24 所示。

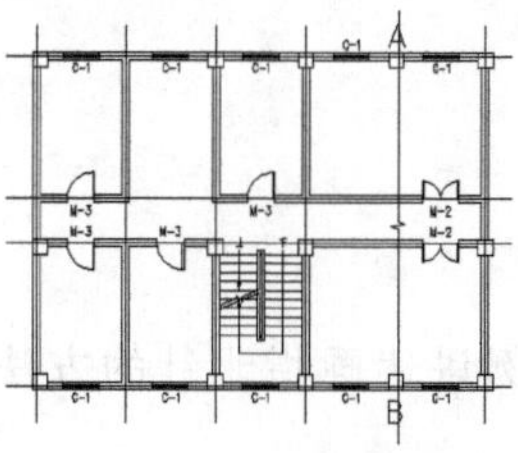

图 23-23　加折断线图

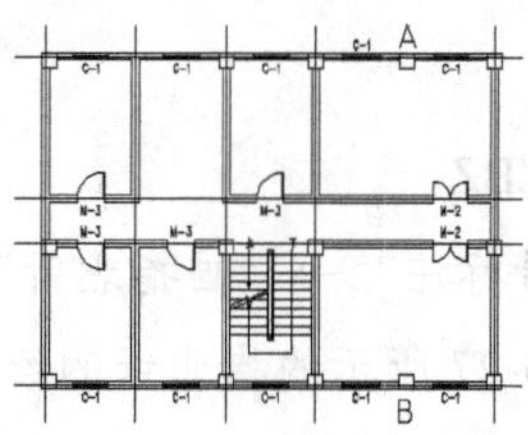

图 23-24　原有平面图

（2）执行【加折断线】命令，命令行提示如下：

```
单击折断线起点<退出>:选择图 23-23 中的 A
单击折断线终点或 [折断数目,当前=1(N)/自动外延,当前=开(O)]<退出>:选 B
当前切除外部，请选择保留范围或 [改为切除内部(Q)]<不切割>:
```

以上完成加折断线的标注，绘制结果如图 23-23 所示。

23.2.9 画对称轴

画对称轴命令可以在图中绘制对称轴及符号。

执行方式

命令行：HDCZ

菜单："符号标注" → "画对称轴"

下面以图 23-25 所示的对称轴的绘制过程为例讲述画对称轴的方法。

操作步骤

（1）打开随书光盘中的"源文件/23/23.2/画对称轴"，如图 23-26 所示。

图 23-25 对称轴图

图 23-26 打开源文件

（2）执行【画对称轴】命令，命令行提示如下：

```
起点或 [参考点(R)]<退出>:选择图 23-26。
终点<退出>:选择图 23-26a 中的 B
```

以上完成画对称轴的标注，绘制结果如图 23-25 所示。

23.2.10 画指北针

画指北针命令可以在图中绘制指北针。

执行方式

命令行：HZBZ

菜单："符号标注" → "画指北针"

下面以图 23-27 所示的指北针的绘制过程为例讲述画指北针的方法。

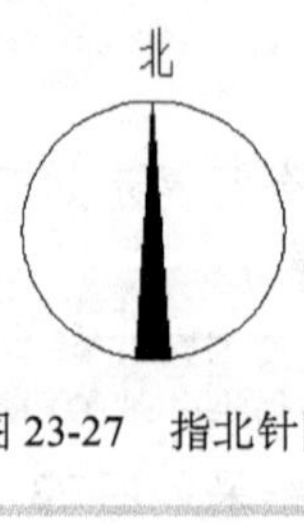

图 23-27 指北针图

操作步骤

执行【画指北针】命令，命令行提示如下：

```
指北针位置<退出>:选择指北针的插入点
指北针方向<90.0>:
```

以上完成加指北针的标注，绘制结果如图 23-27 所示。

23.2.11 图名标注

图名标注命令可以在图中以一个整体符号对象标注图名比例。

执行方式

命令行：TMBZ

菜单："符号标注"→"图名标注"

下面以图 23-28 所示的图名标注过程为例讲述图名标注的方法。

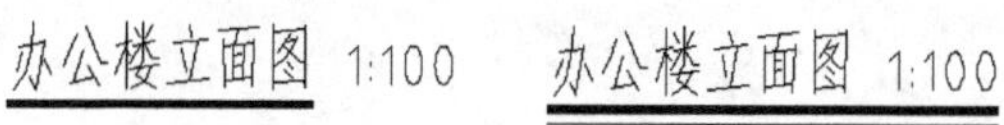

（a）图名标注 1　　（b）图名标注 2

图 23-28　图名标注图

操作步骤

（1）执行【图名标注】命令，打开【图名标注】对话框，如图 23-29 所示。

图 23-29　【图名标注】对话框

（2）在对话框中选择【国标】方式，命令行提示如下：

```
请单击插入位置<退出>:单击图名标注的位置
```

显示的图形如图 23-28（a）所示。

（3）在对话框中选择【传统】方式，命令行显示为：

```
请单击插入位置<退出>:单击图名标注的位置
```

显示的图形如图 23-28（b）所示。

第24章

立面

创建立面图：立面生成包括建筑立面和构件立面。

立面编辑；包括对立面门窗、阳台、屋顶，雨水管线，柱立面线，图形裁剪，立面轮廓的操作。

重点与难点

- 创建立面图
- 立面编辑

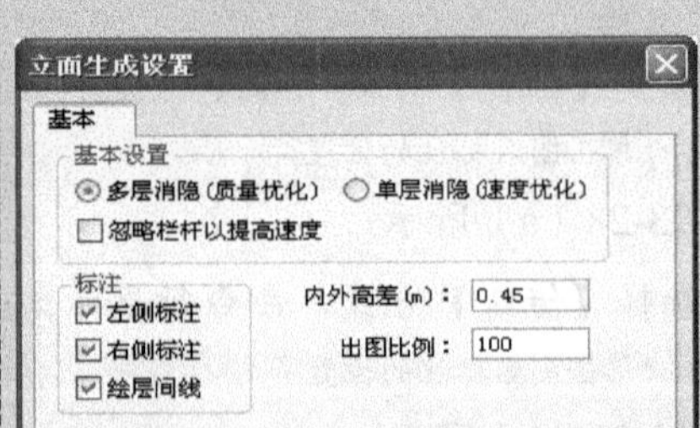

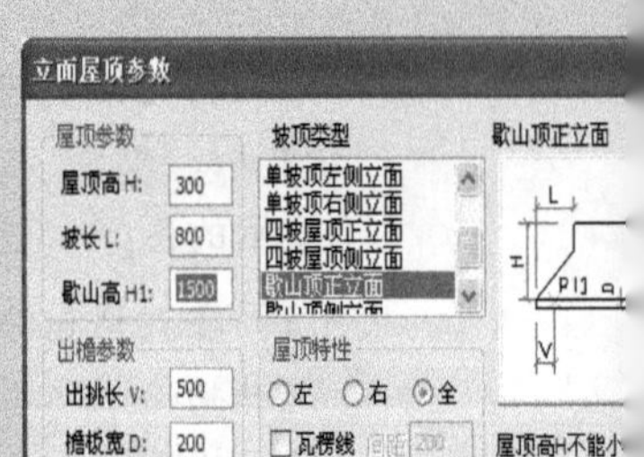

24.1 创建立面图

绘制建筑的立面可以形象的表达出建筑物的三维信息，受建筑物的细节和视线方向的遮挡，建筑立面在天正系统中为二维信息。立面的创建可以通过天正命令自动生成。

24.1.1 建 筑 立 面

建筑立面命令可以生成建筑物立面，事先确定当前层为首层平面，其余各层已确定内外墙。在当前工程为空的时候执行本命令，会出现对话框：请打开或新建一个工程管理项目，并在工程数据库中建立楼层表。

执行方式

命令行：JZLM

菜单："立面"→"建筑立面"

现将已经完成建筑底层平面和标准层平面放置在一个平面图中，建立一个工程管理项目，步骤如下。

组合楼层有两种方式。

(1) 如果每层平面图均有独立的图纸文件，此时可将多个平面图文件放在同一文件夹下面，在对话框中单击【打开】按钮打开所需平面，确定每个标准层都有的共同对齐点，然后完成组合楼层。

(2) 如果多个平面图放在一个图纸文件中，然后在楼层栏的电子表格中分别选取图中的标准平面图，指定共同对齐点，然后完成组合楼层。同时也可以指定部分标准层平面图在其他图纸文件中，采用方式二比较灵活，适用性也强。

为了综合演示，采用方式二。单击相应按钮，命令行提示如下：

```
选择第一个角点<取消>:点选所选标准层的左下角
另一个角点<取消>:点选所选标准层的右上角
对齐点<取消>:选择开间和进深的第一轴线交点
成功定义楼层!
```

此时将所选的楼层定义为第一层，如图 24-1 所示。然后重复上面的操作完成楼层的定义，如图 24-2 所示。当所在标准层不在同一图纸中的时候，可以通过单击文件后面的方框【选择层文件】，选择需要装入的标准层。

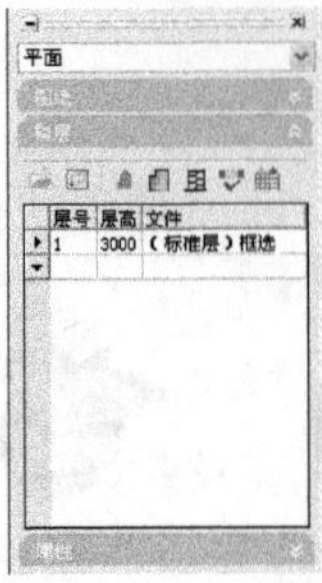

图 24-1 定义第一层

图 24-2 定义楼层

下面以图 24-3 所示的立面图为例讲述建筑立面的创建。

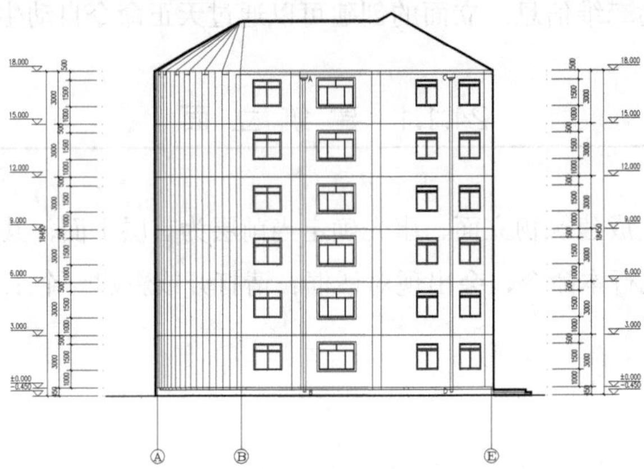

图 24-3 立面图

操作步骤

（1）打开“源文件/24/24.1 /各层平面图”，如图 24-4 所示，

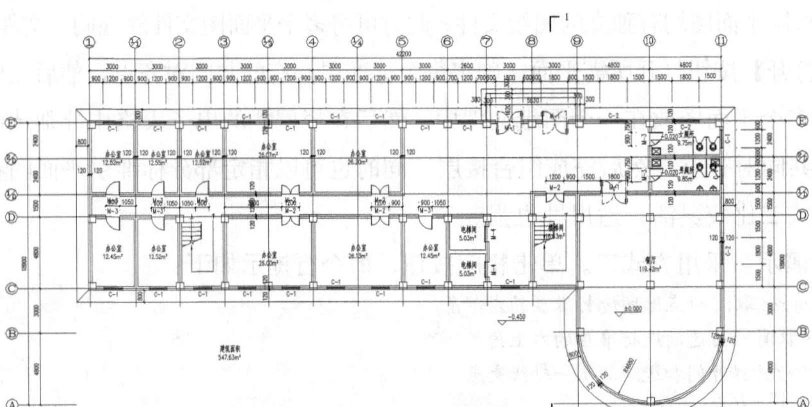

图 24-4 平面图

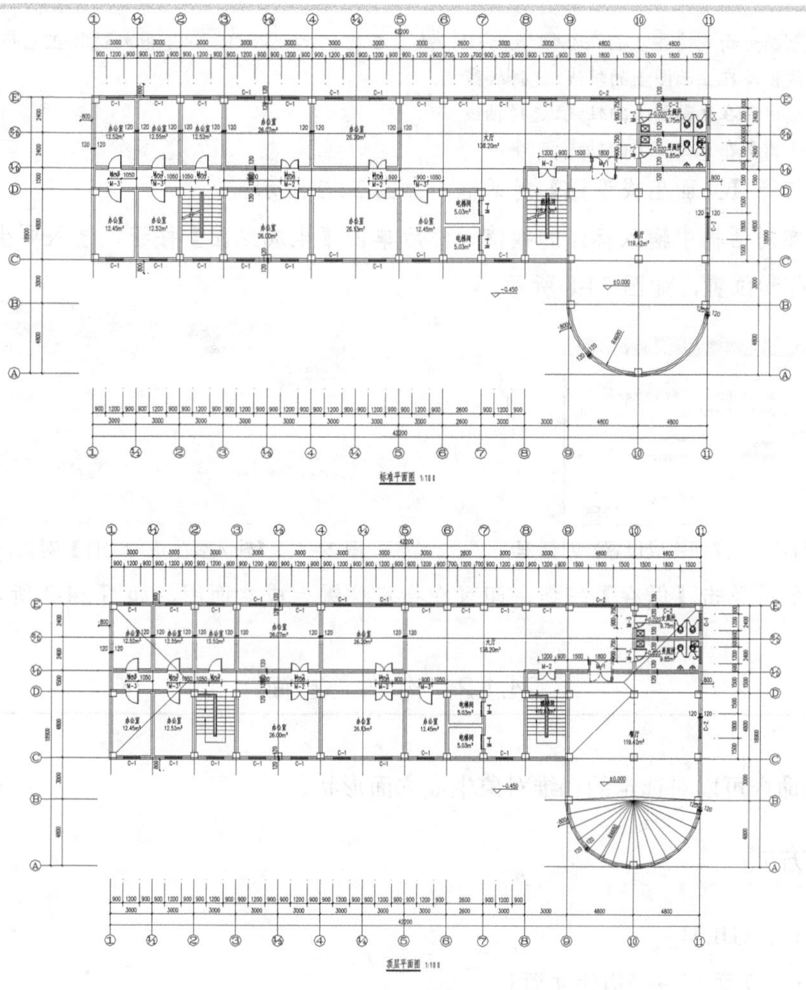

图 24-4　平面图（续）

（2）执行【工程管理】命令，选取新建工程，出现新建工程的对话框，如图 24-5 所示。在【文件名】中输入文件名称为平面，然后单击【保存】按钮。

（3）点开下拉菜单【楼层】，如图 24-6 所示。

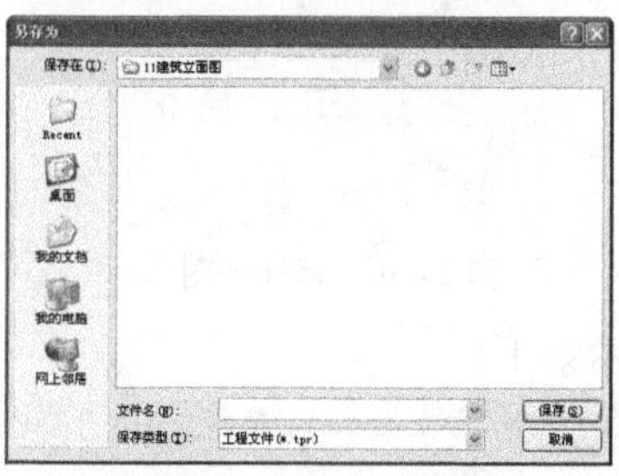

图 24-5　新建工程管理

图 24-6　【楼层】下拉菜单

然后执行【建筑立面】命令，命令行提示如下:

```
请输入立面方向或 [正立面(F)/背立面(B)/左立面(L)/右立面(R)]<退出>:选择正立面 F
请选择要出现在立面图上的轴线:选择轴线
请选择要出现在立面图上的轴线:选择轴线
请选择要出现在立面图上的轴线:回车
```

（4）打开【立面生成设置】对话框，如图 24-7 所示。

（5）在对话框中输入标注的数值，然后单击【生成立面】按钮，输入要生成的立面文件的名称和位置，如图 24-8 所示。

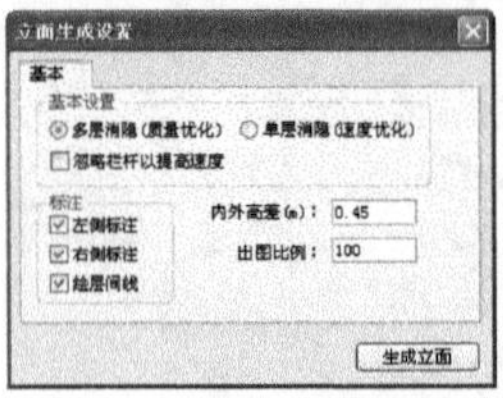

图 24-7　【立面生成设置】对话框

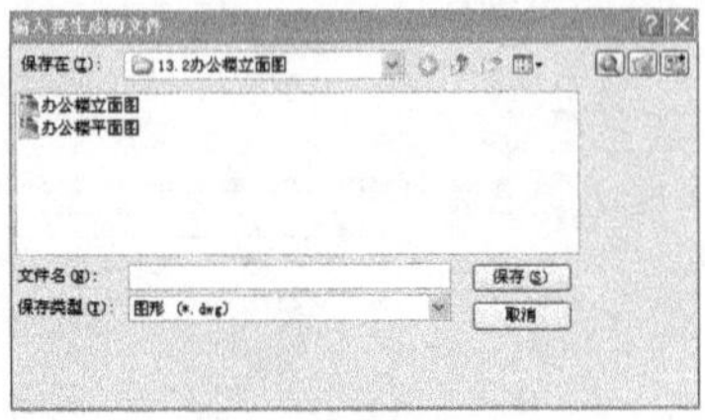

图 24-8　【输入要生成的文件】对话框

（6）然后单击【保存】按钮，即可在指定位置生成立面图，如图 24-3 所示。

24.1.2 构 件 立 面

构件立面命令可以对选定的三维对象生成立面形状。

执行方式

命令行：GJLM

菜单："立面"→"构件立面"

下面以图 24-9 所示立面图的绘制过程为例讲述立面图的创建方法。

操作步骤

（1）打开随书光盘中的"源文件/24/24.2/构件立面"，如图 24-10 所示。

图 24-9　楼梯构件立面图

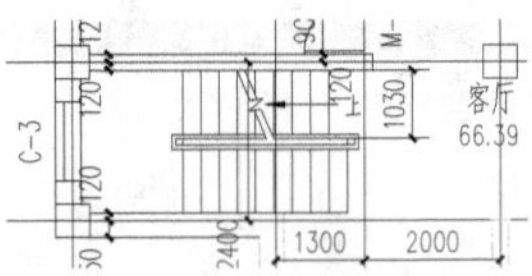

图 24-10　楼梯平图

（2）执行【构件立面】命令，命令行提示如下：

```
请输入立面方向或 [正立面(F)/背立面(B)/左立面(L)/右立面(R)/顶视图(T)]<退出>: F
请选择要生成立面的建筑构件:选择楼梯
请选择要生成立面的建筑构件:回车结束选择
请单击放置位置:选择楼梯立面的位置
```

此时直接回车，最终绘制结果如图 24-9 所示。因为楼梯平面是软件自动生成，所以不够完善，部分图形需要读者后期自己完善，使图形更加美观。

24.2 立面编辑

根据立面构件的要求，对生成的建筑立面进行编辑，可以完成创建门窗、阳台、屋顶、门窗套、雨水管、轮廓线等功能。

24.2.1 立面门窗

立面门窗命令可以插入、替换立面图上的门窗，同时对立面门窗库进行维护。

执行方式

命令行：LMMC

菜单："立面" → "立面门窗"

下面以图 24-11 所示立面图的绘制过程为例讲述立面图门窗的创建方法。

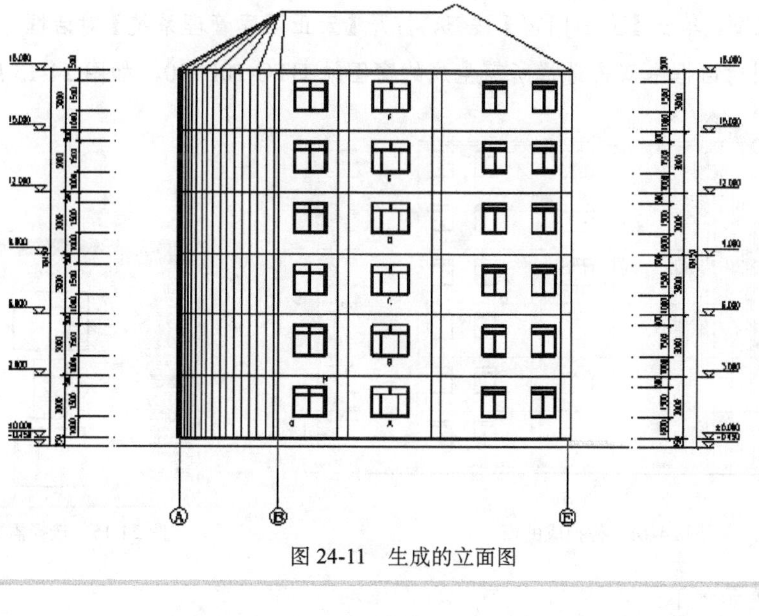

图 24-11 生成的立面图

操作步骤

（1）打开随书光盘中的“源文件/24/24.2/立面门窗”，如图 24-12 所示。

（2）执行【立面门窗】命令，打开【天正图库管理系统】对话框，如图 24-13 所示。

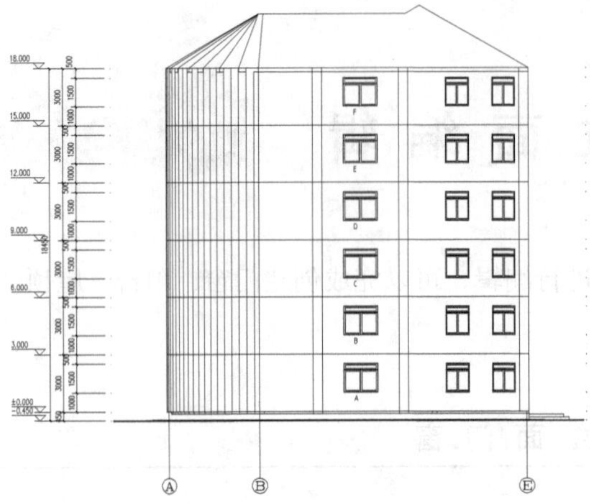

图 24-12　立面图

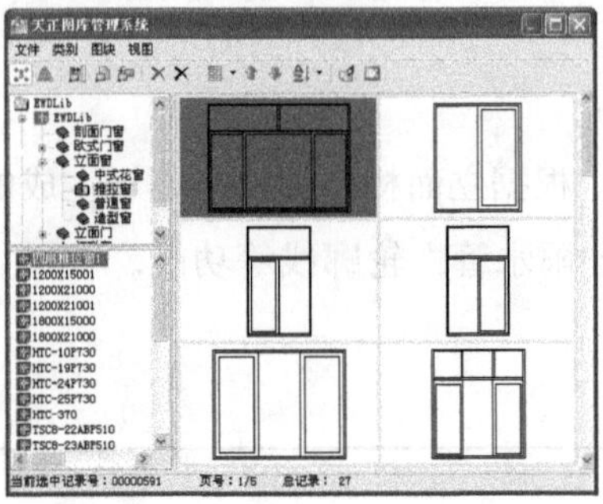

图 24-13　【天正图库管理系统】对话框

（3）然后单击上方的【替换】图标，命令行提示如下：

```
选择图中将要被替换的图块！
选择对象：选择已有的窗图块
选择对象：选择已有的窗图块
选择对象：选择已有的窗图块
选择对象：回车退出
```

天正自动选择新选的窗替换原有的窗，结果如图 24-14 所示。

（4）生成窗，单击【立面门窗】按钮，打开【天正图库管理系统】对话框，如图 24-15 所示，在左侧对话框中双击选择所需生成的窗图块 HTC-10P730，如图 24-15 所示。

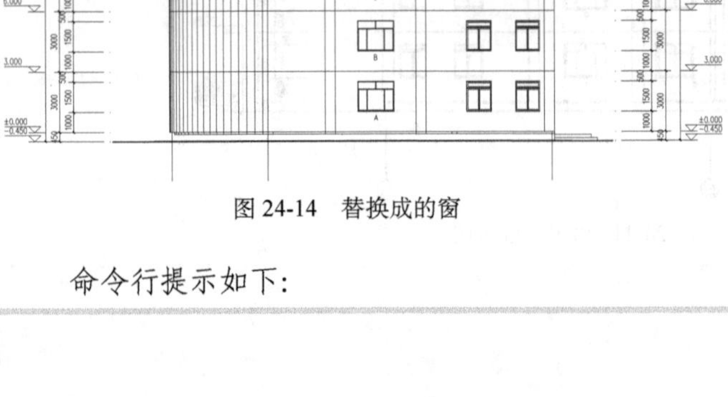

图 24-14　替换成的窗

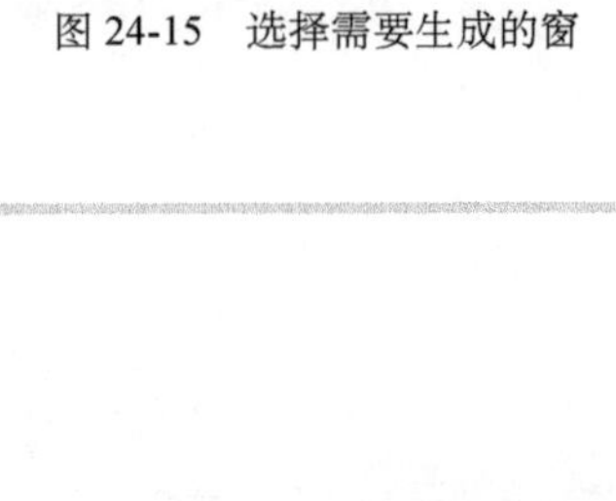

图 24-15　选择需要生成的窗

命令行提示如下：

```
单击插入点或 [转90(A)/左右(S)/上下(D)/对齐(F)/外框(E)/转角(R)/基点(T)/更换(C)]<退出>:E
第一个角点或 [参考点(R)]<退出>:选取门窗洞口的左下角
另一个角点: 选取门窗洞口的右上角
```

天正自动按照选取图框的左下角和右上角所对应的范围，以左下角为插入点来生成窗图块，如图 24-16 所示。

天正自动选择新选的门窗替换原有的门窗，结果如图 24-11 所示。

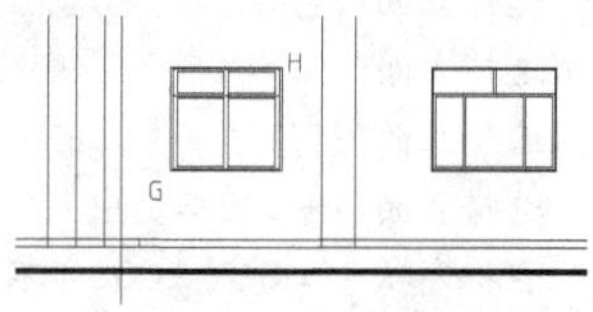

图 24-16　生成的窗

24.2.2 门 窗 参 数

门窗参数命令可以修改立面门窗的尺寸和位置。

执行方式

命令行：MCCS

菜单："立面" → "门窗参数"

下面以图 24-17 所示立面图的绘制过程为例讲述立面图门窗参数的创建方法。

操作步骤

（1）打开随书光盘中的"源文件/24/24.2/门窗参数"，如图 24-18 所示。

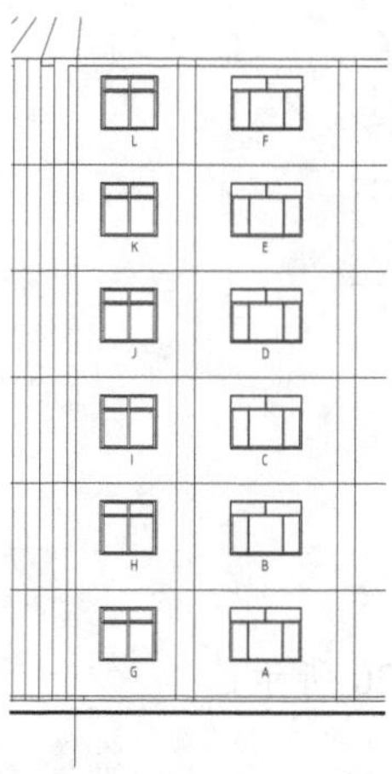
图 24-17　生成的立面图

图 24-18　立面门窗图

（2）执行【门窗参数】命令，查询并更改左上侧的窗参数，命令行提示如下：

```
选择立面门窗:选A
选择立面门窗:选B
选择立面门窗:选C
选择立面门窗:选D
选择立面门窗:选E
选择立面门窗:选F
选择立面门窗:回车退出
底标高从1000到16000不等;
底标高<不变>:回车确定
高度<1500>:1500
宽度<1800>:2000
```

天正自动按照尺寸更新所选立面窗，结果如图 24-17 所示。

立面窗套命令可以生成全包的窗套或者窗上沿线和下沿线。

执行方式

命令行：MCCS

菜单："立面" → "立面窗套"

下面以图 24-19 所示立面图的绘制过程为例讲述立面窗套的创建方法。

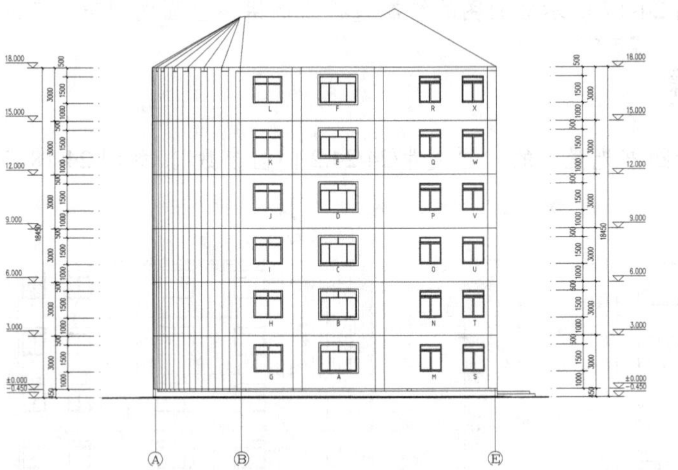

图 24-19　生成的立面窗套图

操作步骤

（1）打开随书光盘中的"源文件/24/24.2/立面窗套"，如图 24-20 所示。

（2）执行【立面窗套】命令，命令行提示如下：

```
请指定窗套的左下角点 <退出>:选择窗A的左下角
请指定窗套的右上角点 <推出>:选择窗A的右上角
```

（3）此时打开【窗套参数】对话框，选择全包模式，如图 24-21 所示，在对话框中输入窗套宽数值 150。然后单击“确定”，A 窗加上窗套，B、C、D、E、F 窗同理，结果如图 24-22 所示。

图 24-20　原有的立面窗图

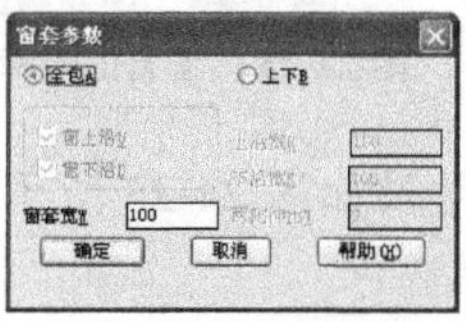

图 24-21　【窗套参数】对话框

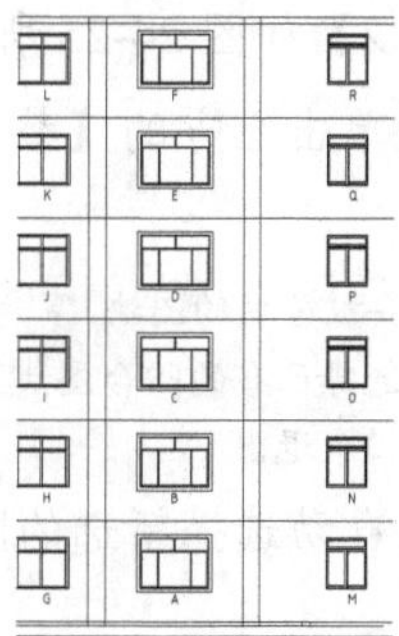

图 24-22　中间窗加窗套

（4）同理也可以对其他窗户进行加窗套程序，本例图为其他窗户不加，最终如图 24-19 所示。

24.2.3　立 面 阳 台

立面阳台命令可以插入、替换立面阳台和对立面阳台库的维护。

执行方式

命令行：LMYT

菜单：“立面”→“立面阳台”

下面以图 24-23 所示立面图的绘制过程为例讲述立面阳台的创建方法。

操作步骤

（1）打开随书光盘中的“源文件/24/24.2/立面阳台”，如图 24-24 所示。

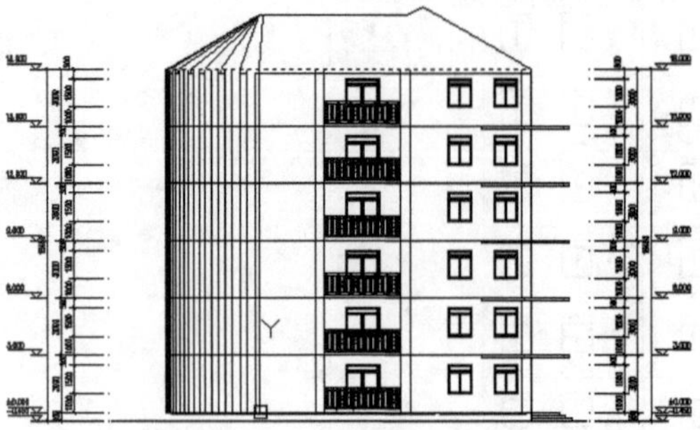

图 24-23　生成的阳台立面图

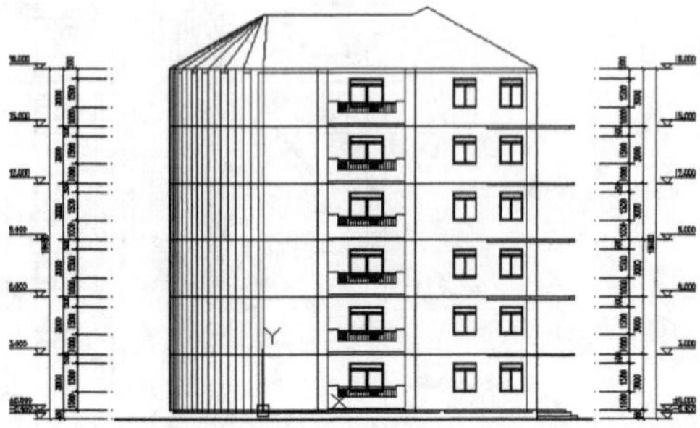

图 24-24　原有的阳台立面图

（2）执行【立面阳台】命令，打开【天正图库管理系统】对话框，在对话框中单击选择所需替换成的阳台图块【阳台 2】如图 24-25 所示。

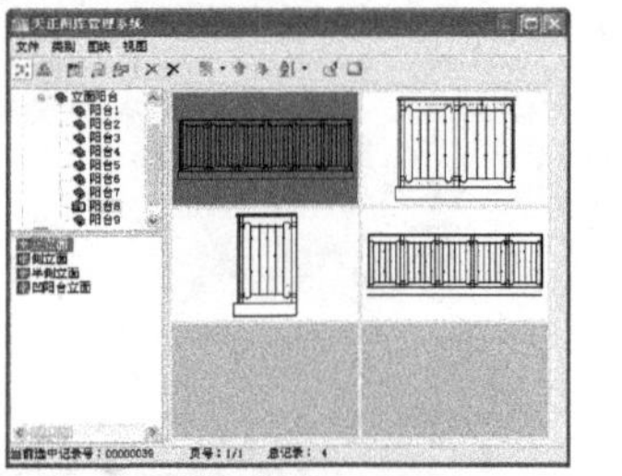

图 24-25　【天正图库管理系统】对话框

（3）然后单击上方的【替换】图标，命令行提示如下：

```
选择图中将要被替换的图块！
选择对象：选择已有的阳台图块
选择对象：回车退出
```

（4）天正自动选择新选的阳台替换原有的阳台，结果如图 24-23 所示。

24.2.4　立 面 屋 顶

立面屋顶命令可以完成多种形式的屋顶立面图形式设计。

执行方式

命令行：LMWD

菜单：“立面” → “立面屋顶”

下面以图 24-26 所示立面图的绘制过程为例讲述立面屋顶的创建方法。

操作步骤

（1）打开随书光盘中的“源文件/24/24.2/立面屋顶”，如图 24-27 所示。

（2）执行【立面屋顶】命令，打开【立面屋顶参数】对话框，如图 24-28 所示，在其中填入歇山顶正立面的相关数据。

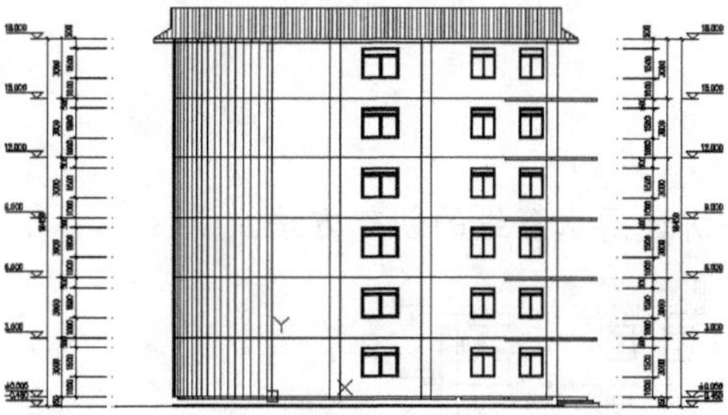

图 24-26　生成的立面屋顶图

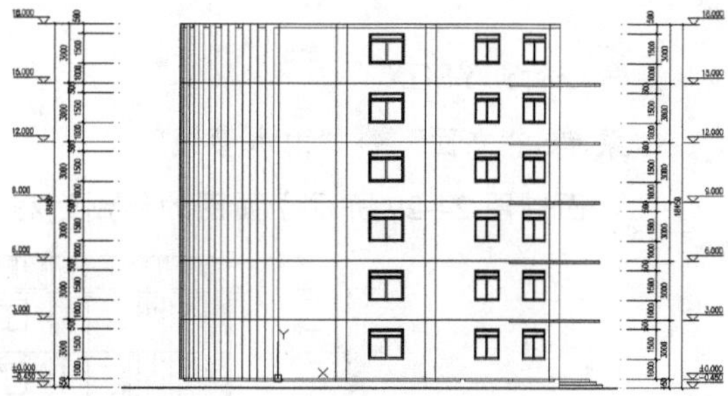

图 24-27　原有的立面图

考虑到更好的运用对话框，对其中用到的控件说明如下。

〔屋顶高〕各种屋顶的高度，即从基点到屋顶的最高处。

〔坡长〕坡屋顶倾斜部分的水平投影长度。

〔歇山高〕歇山屋顶立面的歇山高度。

〔出挑长〕斜线出外墙部分的投影长度。

〔檐板宽〕檐板的厚度。

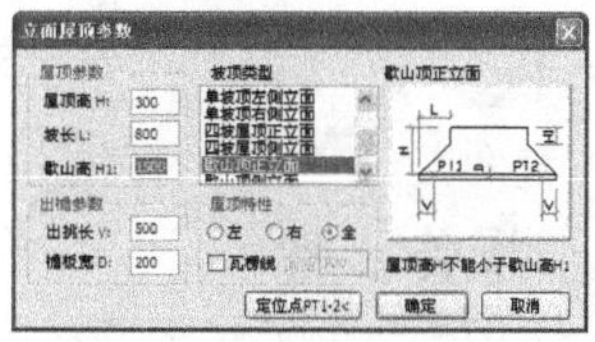

图 24-28　【立面屋顶参数】对话框

〔定位点 PT1-2<〕单击屋顶的定位点。

〔屋顶特性〕“左”、“右”和“全”表明屋顶的范围，可以与其他屋面组合。

〔坡顶类型 E〕可供选择的坡顶类型有：平屋顶立面、单双坡顶正立面、双坡顶侧立面、单坡顶左侧立面、单坡顶右侧立面、四坡屋顶正立面、四坡顶侧立面、歇山顶正立面、歇山顶侧立面。

〔瓦楞线〕可以将屋面定义为瓦楞屋面，并且通过对话框设置确定瓦楞线的间距。

（3）在【坡顶类型 E】中选择歇山顶正立面，在【屋顶高】中选择 1500，在【坡长】中选择 800，在【歇山高】中选择 800，在【出挑长】中选择 500，在【檐板宽】中选择 200，在【屋顶特性】中选择全，选择【瓦楞线】中选择间距 200，单击【定位点 PT1-2<】，在图中选择屋顶的外侧，然后单击【确定】完成操作，命令行提示如下：

```
请单击墙顶角点 PT1 <返回>:指定歇山的左侧的角点
请单击墙顶另一角点 PT2 <返回>:指定歇山的右侧的角点
```

结果如图 24-26 所示。

24.2.5　雨 水 管 线

雨水管线命令可以按给定的位置生成竖直向下的雨水管。

执行方式

命令行：YSGX

菜单："立面"→"雨水管线"

下面以图 24-29 所示立面图的绘制过程为例讲述雨水管线的创建方法。

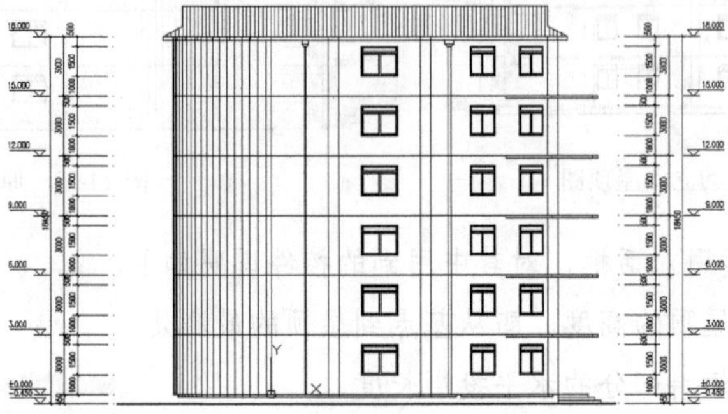

图 24-29　生成的雨水管线立面图

操作步骤

（1）打开随书光盘中的"源文件/24/24.2/雨水管线"，如图 24-30 所示。

图 24-30　原有的立面图

（2）生成左侧的雨水管，执行【雨水管线】命令，命令行提示如下：

```
请指定雨水管的起点[参考点(P)]<起点>:立面左上侧
请指定雨水管的终点[参考点(P)]<终点>:立面左下侧
请指定雨水管的管径 <100>:100
```

此时生成左侧的立面雨水管，如图 24-31 所示。

（3）生成中间的雨水管，执行【雨水管线】命令，命令行提示如下：

```
请指定雨水管的起点[参考点(P)]<起点>:立面右上侧
请指定雨水管的终点[参考点(P)]<终点>:立面右下侧
请指定雨水管的管径 <100>:150
```

此时生成中间侧的立面雨水管，如图 24-32 所示。最终生成的立面雨水管线如图 24-29 所示。

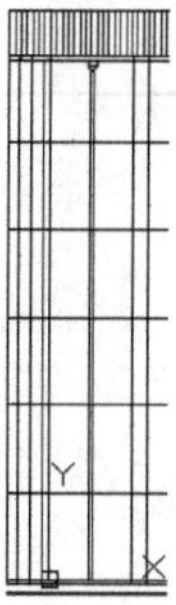

图 24-31　生成左侧的雨水管

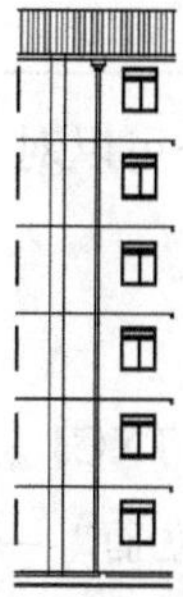

图 24-32　生成右侧的雨水管

24.2.6 柱立面线

柱立面线命令可以绘制圆柱的立面过渡线。

执行方式

命令行：ZLMX

菜单："立面"→"柱立面线"

下面以图 24-33 所示立面图的绘制过程为例讲述柱立面线的创建方法。

操作步骤

（1）打开随书光盘中的"源文件/24/24.2/柱立面线"，如图 24-34 所示。

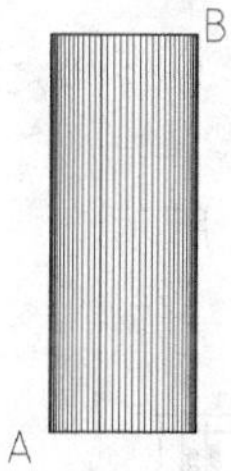

图 24-33　柱立面线图

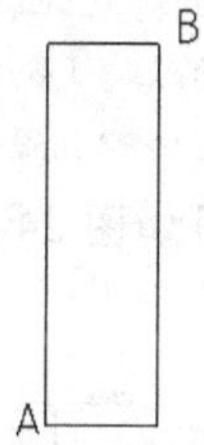

图 24-34　柱立面线边界

（2）执行【柱立面线】命令，命令行提示如下：

```
输入起始角<180>:180
输入包含角<180>:90
输入立面线数目<12>:36
输入矩形边界的第一个角点<选择边界>:A
输入矩形边界的第二个角点<退出>:B
```

此时生成柱立面线，如图 24-33 右侧所示。

24.2.7 图形裁剪

图形裁剪命令可以对立面图形进行裁剪，实现立面遮挡。

执行方式

命令行：TXCJ

菜单："立面"→"图形裁剪"

下面以图 24-35 所示立面图的绘制过程为例讲述图形裁剪的创建方法。

操作步骤

（1）打开需要生成图形裁剪的图形如图 24-36 所示。

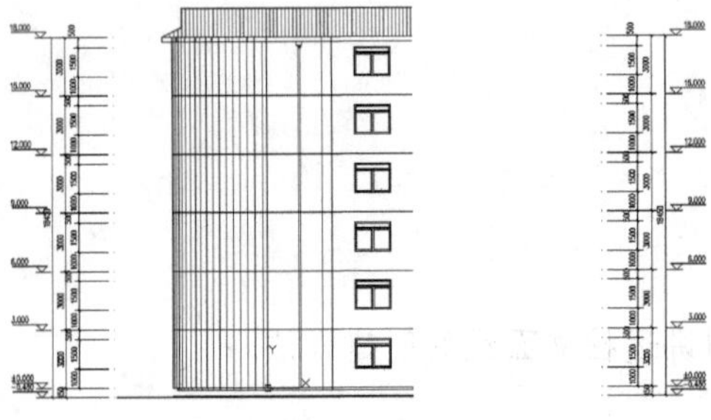

图 24-35　图形裁剪图

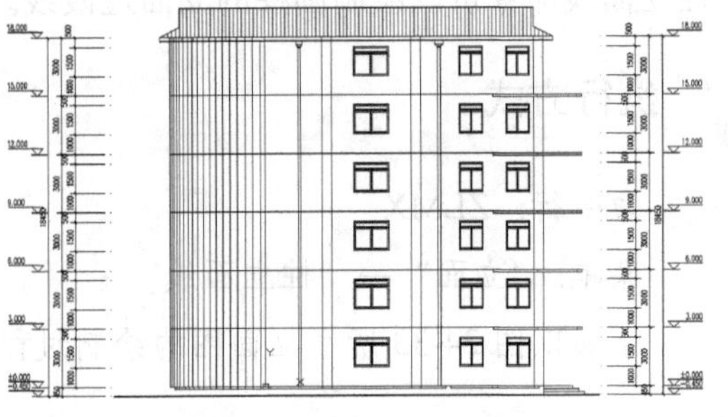

图 24-36　原有的立面图

（2）执行【图形裁剪】命令，命令行提示如下：

```
请选择被裁剪的对象:指定对角点: 框选建筑立面
请选择被裁剪的对象:回车退出
矩形的第一个角点或 [多边形裁剪(P)/多段线定边界(L)/图块定边界(B)]<退出>:指定框选的左下角点
另一个角点<退出>:指定框选的右上角点
```

框选的范围如图 24-37 所示，此时生成图形裁剪如图 24-35 所示。

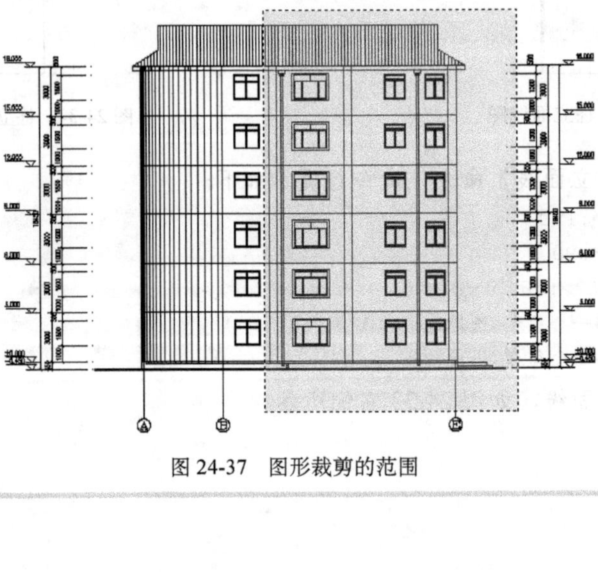

图 24-37　图形裁剪的范围

24.2.8 立面轮廓

立面轮廓命令可以对立面图搜索轮廓，生成轮廓粗线。

执行方式

命令行：LMLK

菜单："立面"→"立面轮廓"

下面以图 24-38 所示立面图的绘制过程为例讲述立面轮廓的创建方法。

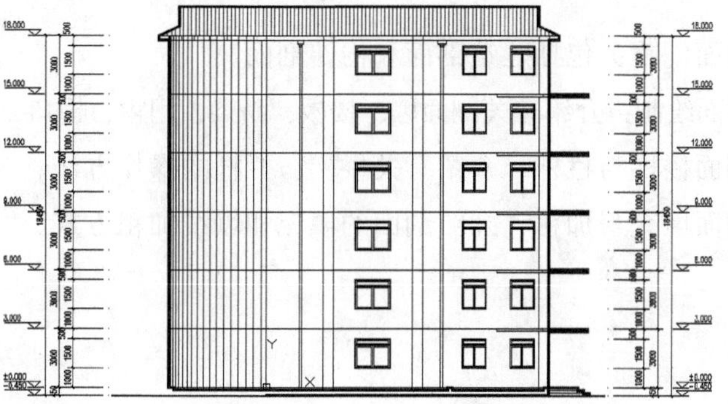

图 24-38 立面轮廓图

操作步骤

（1）打开随书光盘中的"源文件/24/24.2/立面轮廓"，如图 24-39 所示。

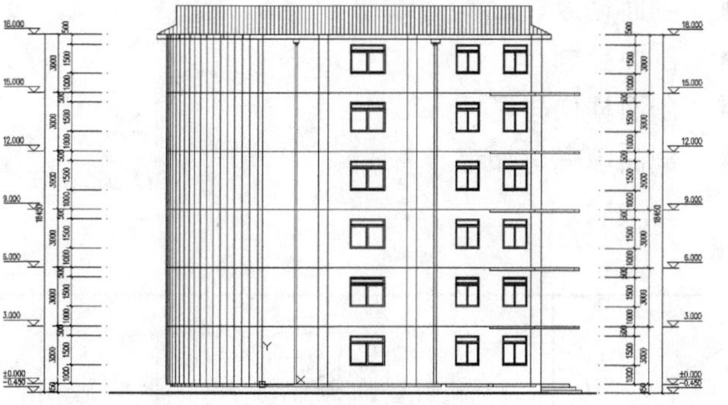

图 24-39 原有的立面图

（2）执行【立面轮廓】命令，命令行提示如下：

```
选择二维对象:指定对角点: 框选立面图形
选择二维对象:回车退出
请输入轮廓线宽度(按模型空间的尺寸)<0>: 100
成功的生成了轮廓线
```

此时生成立面轮廓如图 24-38 所示。

第25章 剖面

剖面创建：包括建筑剖面和构件剖面。

剖面绘制：介绍有关剖面墙、楼板、断梁、门窗、檐口、门窗过梁的绘制。

剖面楼梯与栏杆：介绍有关楼梯、栏杆的操作方法。

剖面填充与加粗：介绍剖面的填充和墙线加粗方式。

重点与难点

- 剖面创建
- 剖面绘制
- 剖面楼梯与栏杆
- 剖面填充与加粗

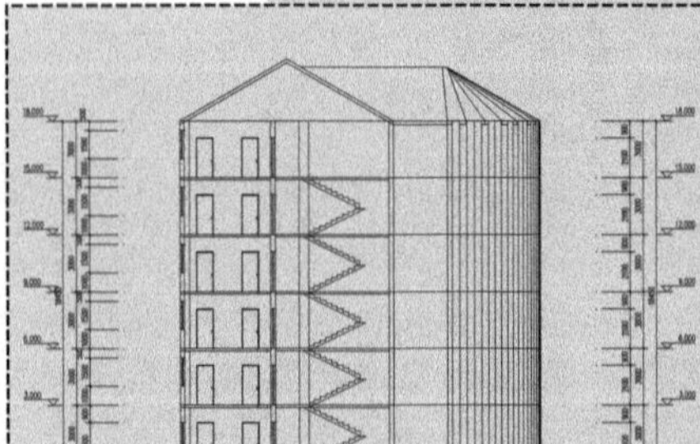

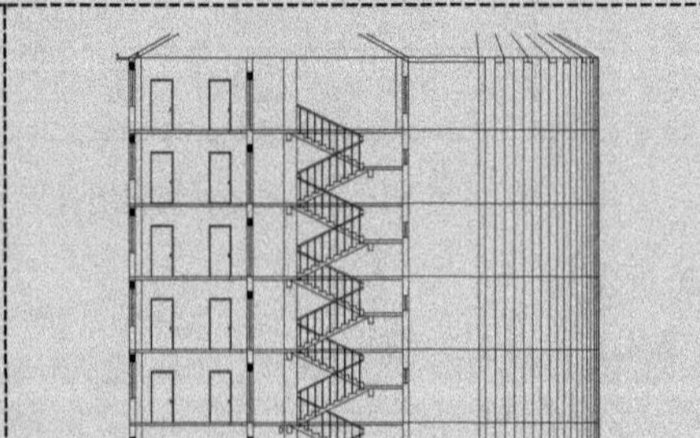

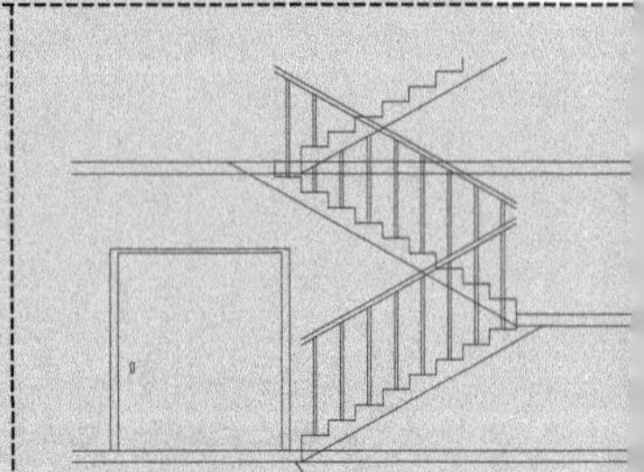

25.1 剖面创建

与建筑立面相似，绘制建筑的剖面也可以形象地表达出建筑物的三维信息，同样受建筑物的细节和视线方向的遮挡，建筑剖面在天正系统中为二维信息。剖面的创建可以通过天正命令自动生成。

25.1.1 建筑剖面

建筑剖面命令可以生成建筑物剖面，事先确定当前层为首层平面，其余各层已确定内外墙。在当前工程为空的时候执行本命令，会出现对话框：请打开或新建一个工程管理项目，并在工程数据库中建立楼层表。

执行方式

命令行：JZPM

菜单："剖面"→"建筑剖面"

下面以图 25-1 所示的剖面图绘制过程为例讲述绘制剖面图的创建方法。

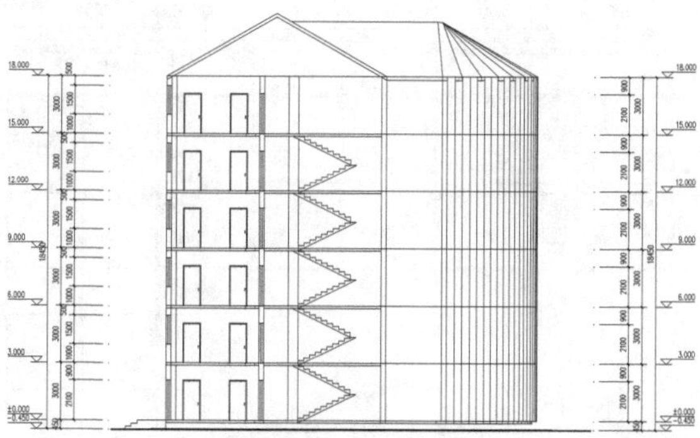

图 25-1 剖图图

操作步骤

（1）打开随书光盘中的"源文件/25.1/平面图"，如图 25-2 所示。

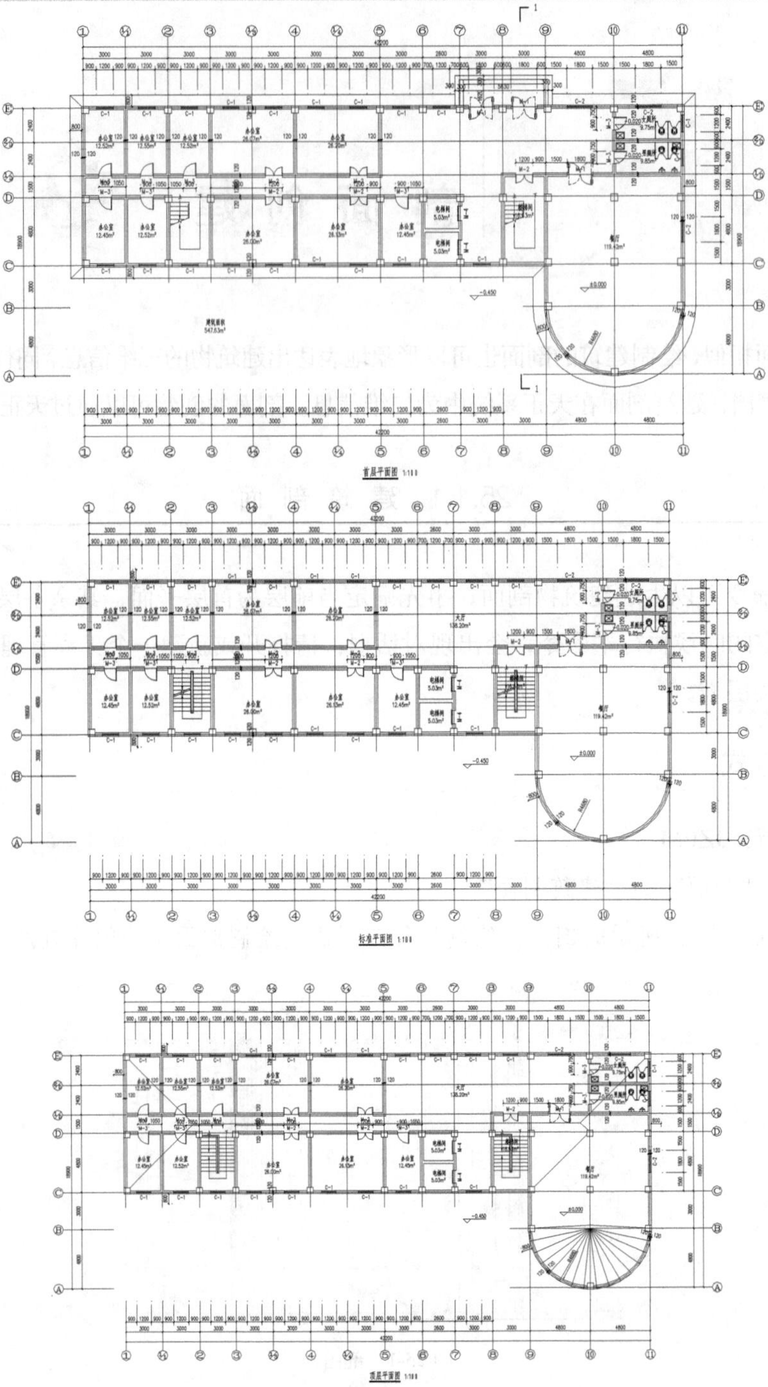

图 25-2　平面图

（2）在首层确定剖面剖切位置，然后建立工程项目，执行【建筑剖面】命令，命令行提示如下：

```
请选择一剖切线:选择剖切线
请选择要出现在剖面图上的轴线:回车退出
```

（3）打开【剖面生成设置】对话框，如图 25-3 所示。在对话框中输入标注的数值，然后单击【生成剖面】按钮。

（4）打开【输入要生成的文件】对话框，在此对话框中输入要生成的剖面文件的名称和位置，如图 25-4 所示。

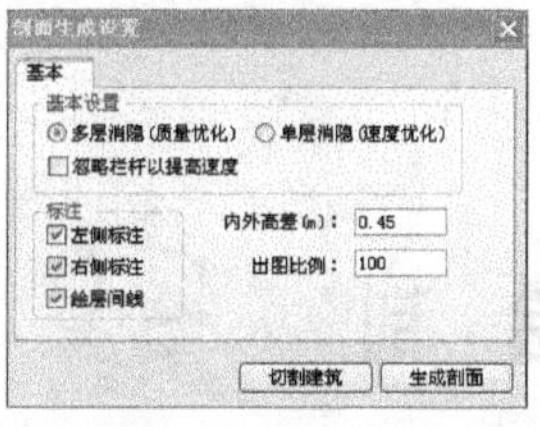

图 25-3 【剖面生成设置】对话框

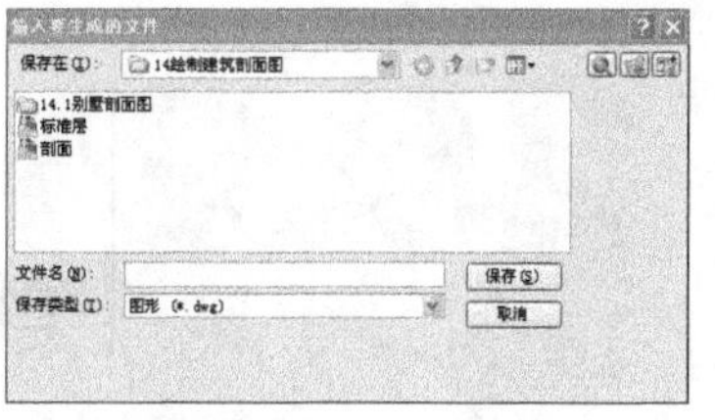

图 25-4 【输入要生成的文件】对话框

（5）单击【保存】按钮，即可在指定位置生成剖面图。

25.1.2 构 件 剖 面

构件剖面命令可以对选定的三维对象生成剖面形状。

执行方式

命令行：GJPM

菜单："剖面" → "构件剖面"

单击菜单命令后，命令行显示为：

```
请选择一剖切线:选择预先定义好的剖切线
请选择需要剖切的建筑构件:选择构件
请选择需要剖切的建筑构件:回车退出
请单击放置位置:将构件剖面放于合适位置
```

下面以图 25-5 所示的楼梯构件剖面图绘制过程为例讲述绘制构件剖面的创建方法。

操作步骤

（1）打开随书光盘中的"源文件/25/25.1/构件剖面"，如图 25-6 所示。

图 25-5 楼梯构件剖面图

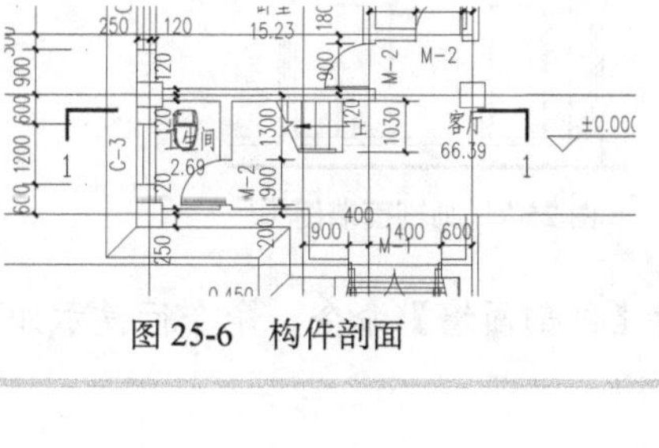

图 25-6 构件剖面

（2）执行【构件剖面】命令，命令行提示如下：

```
请选择一剖切线：选择剖切线 1
请选择需要剖切的建筑构件：选择楼梯
请选择需要剖切的建筑构件：回车退出
请单击放置位置：将构件剖面放于原有图纸的下侧
```

此时楼梯剖面绘制结果如图 25-5 所示。

25.2 剖面绘制

本节主要介绍直接绘制的剖面图形，主要有画剖面墙、双线楼板、预制楼板、加剖断梁、剖面门窗、剖面檐口和门窗过梁。

25.2.1 画剖面墙

画剖面墙命令可以绘制剖面双线墙。

执行方式

命令行：HPMQ

菜单："剖面" → "画剖面墙"

下面以图 25-7 所示的剖面墙绘制过程为例讲述绘制画剖面图的方法。

操作步骤

（1）打开随书光盘中的"源文件/25/25.2/画剖面墙"，如图 25-8 所示。

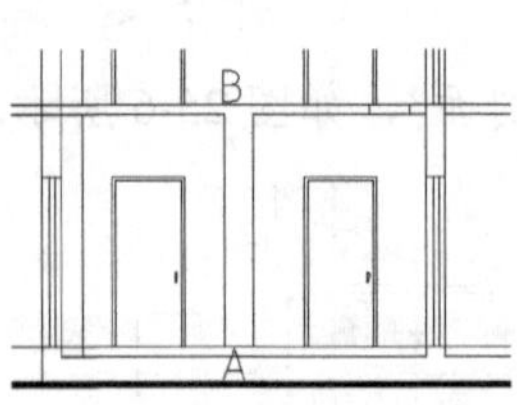

图 25-7　画剖面墙图

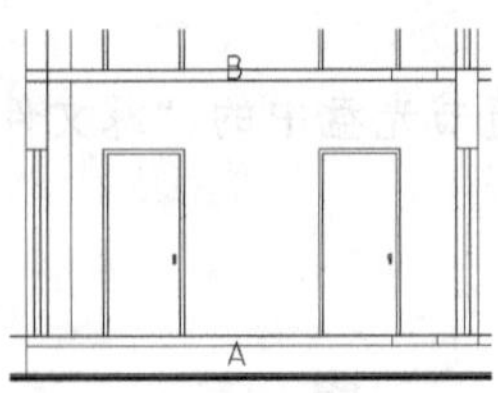

图 25-8　原有剖面图

（2）执行【画剖面墙】命令，命令行提示如下：

```
请单击墙的起点(圆弧墙宜逆时针绘制)[取参照点(F)单段(D)]<退出>:单击墙体的起点A
墙厚当前值: 左墙 120, 右墙 120。
请单击直墙的下一点[弧墙(A)/墙厚(W)/取参照点(F)/回退(U)] <结束>: 确定墙体宽度 W
请输入左墙厚 <120>:回车
请输入右墙厚 <120>: 回车
墙厚当前值: 左墙 120, 右墙 120。
请单击直墙的下一点[弧墙(A)/墙厚(W)/取参照点(F)/回退(U)] <结束>:单击墙体终点 B
墙厚当前值: 左墙 120, 右墙 120。
请单击直墙的下一点[弧墙(A)/墙厚(W)/取参照点(F)/回退(U)] <结束>:回车退出
```

绘制的剖面墙体如图 25-7 所示。

25.2.2 双 线 楼 板

双线楼板命令可以绘制剖面双线楼板。

执行方式

命令行：SXLB

菜单："剖面" → "双线楼板"

下面以图 25-9 所示的双线楼板绘制过程为例讲述绘制双线楼板的创建方法。

操作步骤

（1）打开随书光盘中的"源文件/25/25.2/双线楼板"如图 25-10 所示。

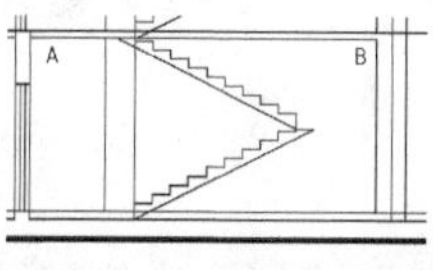

图 25-9　生成的双线楼板图

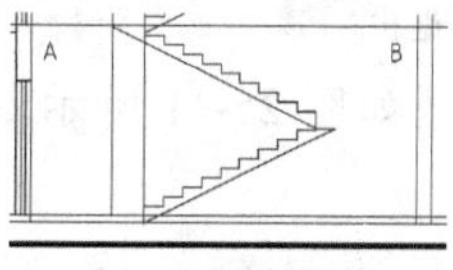

图 25-10　未加楼板前图

（2）执行【双线楼板】命令，命令行提示如下：

```
请输入楼板的起始点 <退出>:A
结束点 <退出>:B
楼板顶面标高 <3000>:回车
楼板的厚度(向上加厚输负值) <200>:120
```

生成的双线楼板如图 25-9 所示。

25.2.3 预 制 楼 板

预制楼板命令可以绘制剖面预制楼板。

执行方式

命令行：YZLB

菜单：“剖面”→“预制楼板”

下面以图 25-11 所示的剖面图绘制过程为例讲述绘制剖面图的创建方法。

操作步骤

（1）打开随书光盘中的“源文件/25/25.2/预制楼板”，如图 25-12 所示。

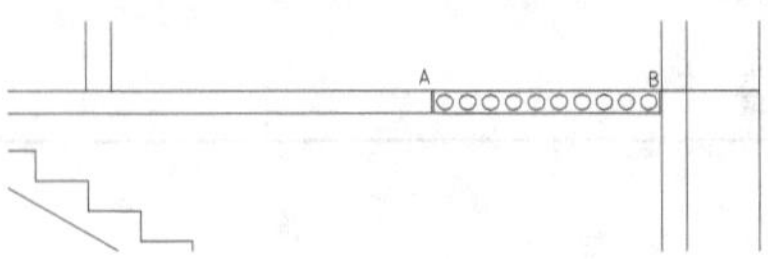

图 25-11　生成的预制楼板图

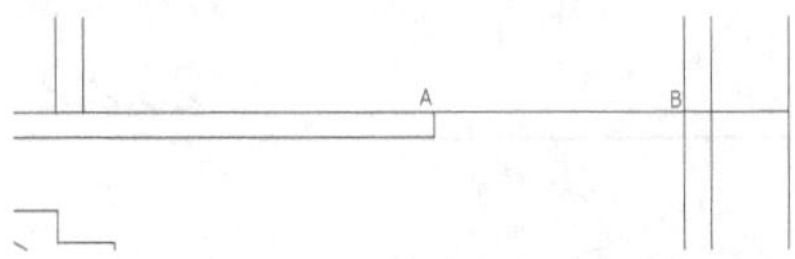

图 25-12　未加预制楼板前图

（2）单击【预制楼板】按钮，显示对话框如图 25-13 所示。

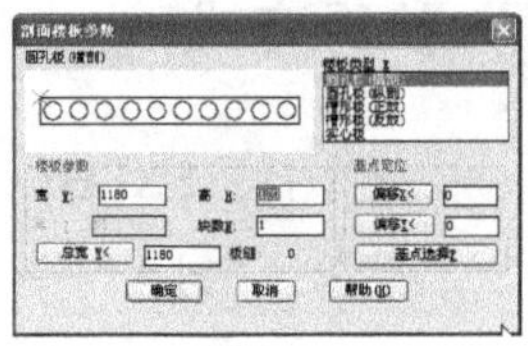

图 25-13　【剖面楼板参数】对话框

考虑到更好的运用对话框，对其中用到的控件说明如下。

〔楼板类型〕选定预制板的形式分成：圆孔板（横剖）、圆孔板（纵剖）、槽形板（正放）、槽形板（反放）、实心板五种形式。

〔楼板参数〕确定楼板的尺寸和布置情况。

〔基点定位〕确定楼板的基点和相对位置。

具体数据参照对话框所示，然后单击【确定】按钮，命令行显示如下：

```
请给出楼板的插入点 <退出>:A
再给出插入方向 <退出>:B
```

生成的预制楼板如图 25-11 所示。

（3）保存图形

```
命令: SAVEAS    （将绘制完成的图形以“预制楼板图.dwg”为文件名保存在指定的路径中）
```

25.2.4　加 剖 断 梁

加剖断梁命令可以绘制楼板、休息平台下的梁截面。

执行方式

命令行：JPDL

菜单：“剖面”→“加剖断梁”

下面以图 25-14 所示的剖面图绘制过程为例讲述绘制加剖断梁的创建方法。

操作步骤

（1）打开随书光盘中的“源文件/25/25.2/加剖断梁”，如图25-15所示。

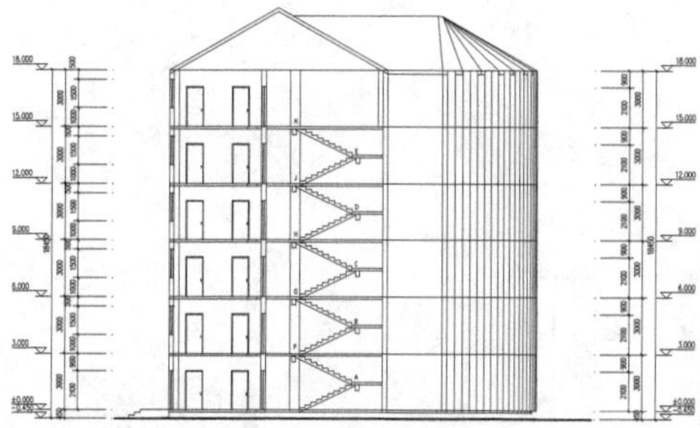

图25-14　生成的剖面梁图

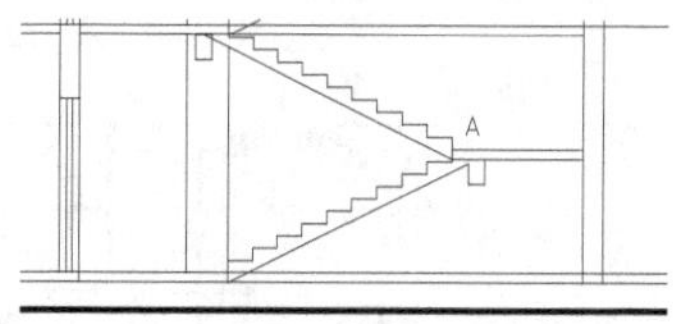

图25-15　打开立面图

（2）执行【加剖断梁】命令，命令行提示如下：

```
请输入剖面梁的参照点 <退出>:参照点
梁左侧到参照点的距离 <150>:100
梁右侧到参照点的距离 <150>:100
梁底边到参照点的距离 <400>:300
```

生成的预制楼板如图25-14所示。

25.2.5 剖面门窗

剖面门窗命令可以直接在图中插入剖面门窗。

执行方式

命令行：PMMC

菜单：“剖面”→“剖面门窗”

下面以图25-16所示的剖面图绘制过程为例讲述绘制剖面门窗的创建方法。

操作步骤

（1）执行【剖面门窗】命令，打开【剖面门窗的默认形式】对话框，如图25-17所示。

```
请点取剖面墙线下端或[选择剖面门窗样式(S)/替换剖面门窗(R)/改窗台高(E)/改窗高(H)]<退出>:选择墙线A
门窗下口到墙下端距离<3000>:1600
门窗的高度<500>:600
门窗下口到墙下端距离<1600>:2400
门窗的高度<600>:600
门窗下口到墙下端距离<2400>:2400
```

```
门窗的高度<600>:600
门窗下口到墙下端距离<2400>:2400
门窗的高度<600>:600
门窗下口到墙下端距离<2400>:2400
门窗的高度<600>:600
门窗下口到墙下端距离<2400>:1500
门窗的高度<600>:1500
门窗下口到墙下端距离<1500>:退出
```

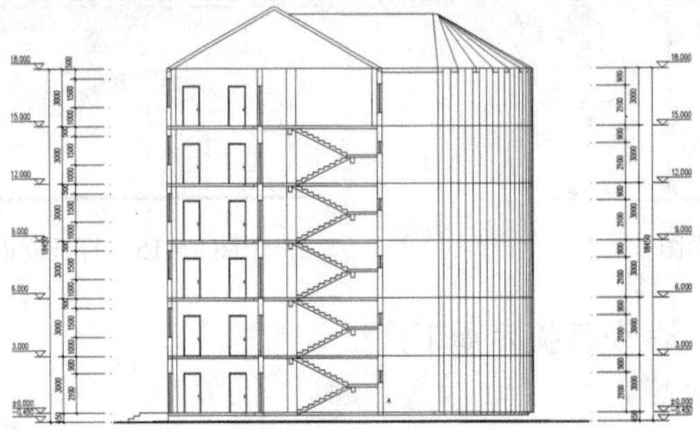

图 25-16 生成的剖面门窗图

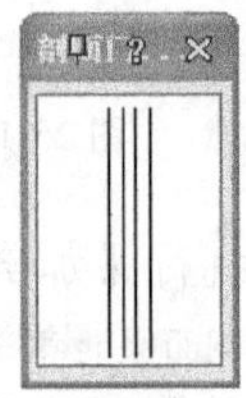

图 25-17 【剖面门窗的默认形式】对话框

生成的剖面门窗如图 25-16 所示。

如果所选的剖面门窗形式不为默认形式，单击图 25-16 中下侧图形，进入【天正图库管理系统】对话框的剖面门窗，如图 25-18 所示，在其中选择合适的剖面门窗样式。

在选中的门窗形式中单击，将所选的剖面门窗形式设为当前需要的形式。

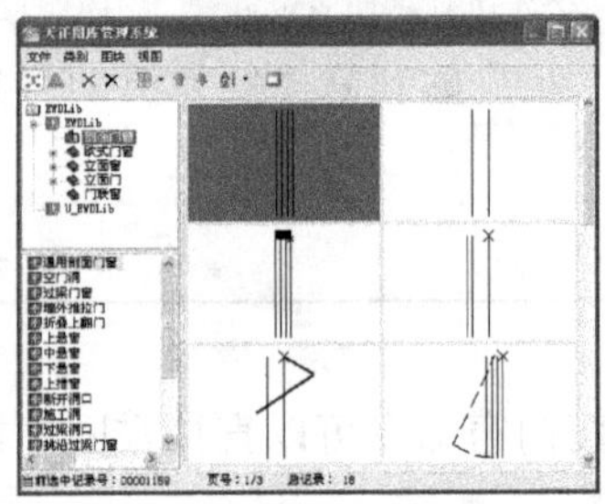

图 25-18 【天正图库管理系统】对话框

25.2.6 剖面檐口

剖面檐口命令可以直接在图中绘制剖面檐口。

执行方式

命令行：PMYK

菜单："剖面" → "剖面檐口"

下面以图 25-19 所示的剖面图绘制过程为例讲述剖面檐口的创建方法。

操作步骤

（1）打开随书光盘中的"源文件/25/25.2/剖面檐口"，如图 25-20 所示。

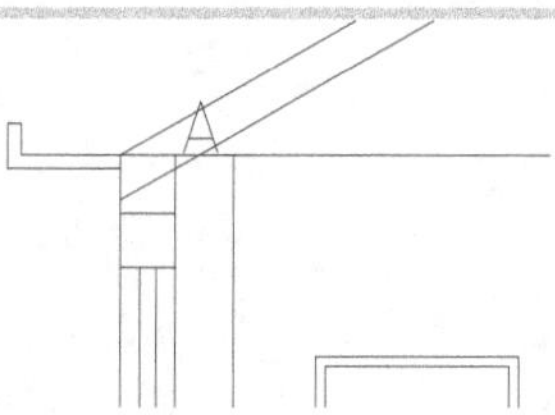

图 25-19　生成的剖面檐口图

图 25-20　未加剖面檐口前图

（2）执行【剖面檐口】命令，打开【剖面檐口参数】对话框，如图 25-21 所示。

考虑到更好的运用对话框，对其中用到的控件说明如下。

〔檐口类型〕选定檐口的形式分成：女儿墙、预制挑檐、现浇挑檐、现浇坡檐 4 种形式。

〔檐口参数〕确定檐口的尺寸和布置情况。

〔基点定位〕确定楼板的基点和相对位置。

在【檐口参数】中输入数据，选择【左右翻转】，基点定位中输入基点向下偏移的数值，如图 25-22 所示。

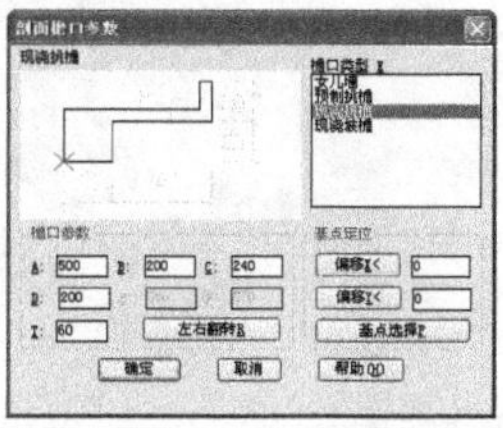

图 25-21　【剖面檐口参数】对话框

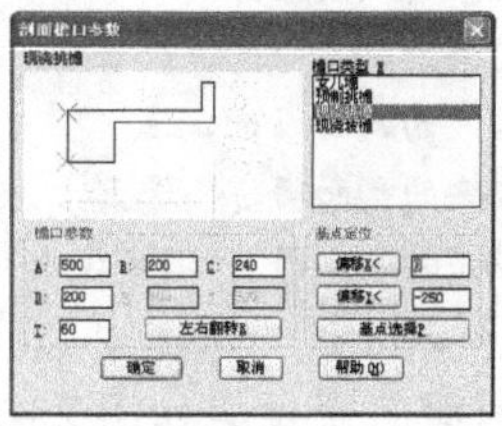

图 25-22　【剖面檐口参数】对话框中输入数据

然后单击【确定】，在图中选择合适的插入点位置，命令行显示为：

```
请给出剖面檐口的插入点 <退出>:选择 A
```

此时完成插入现浇挑檐操作，如图 25-19 所示。

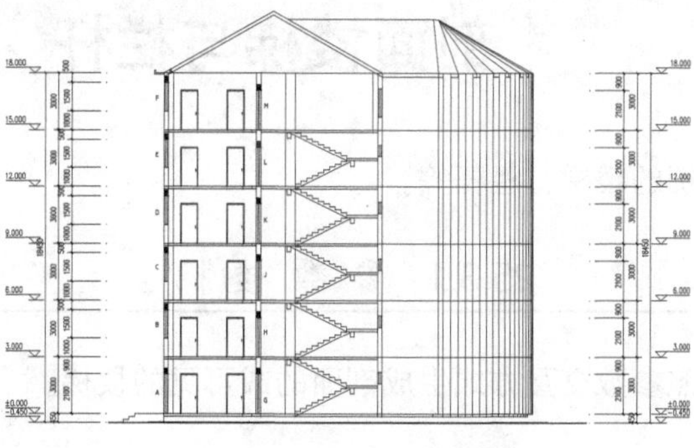

图 25-23　生成的门窗过梁图

25.2.7 门窗过梁

门窗过梁命令可以在剖面门窗上加过梁。

执行方式

命令行：MCGL

菜单："剖面" → "门窗过梁"

单击【门窗过梁】按钮，命令行显示如下：

```
选择需加过梁的剖面门窗:选择剖面门窗
选择需加过梁的剖面门窗:
输入梁高<120>:输入梁高
```

下面以图 25-23 所示的剖面图绘制过程为例讲述门窗过梁的创建方法。

操作步骤

（1）执行【门窗过梁】命令，命令行提示如下：

```
选择需加过梁的剖面门窗：选 B
选择需加过梁的剖面门窗：选 C
选择需加过梁的剖面门窗：选 D
选择需加过梁的剖面门窗：选 E
选择需加过梁的剖面门窗：选 F
选择需加过梁的剖面门窗:回车退出
输入梁高<120>:300
```

生成的剖面门窗过梁如图 25-23 所示。

25.3 剖面楼梯与栏杆

通过命令直接绘制详细的楼梯、栏杆等。

25.3.1 参数楼梯

参数楼梯命令可以按照参数交互方式生成剖面的或可见的楼梯。

执行方式

命令行：CSLT

菜单："剖面" → "参数楼梯"

单击【参数楼梯】按钮，此时出现【剖面直楼梯段参数】对话框，如图 25-24 所示。

在相应的楼梯梯段中输入参数，然后单击【确定】，命令行显示如下：

```
请给出剖面楼梯的插入点 <退出>:选取插入点
```

此时即可在指定位置生成剖面梯段图。

下面以图 25-25 所示的参数楼梯图绘制过程为例讲述绘制参数楼梯图的方法。

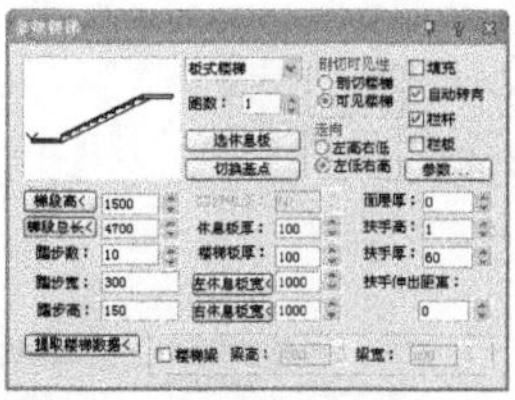

图 25-24 【参数楼梯】对话框

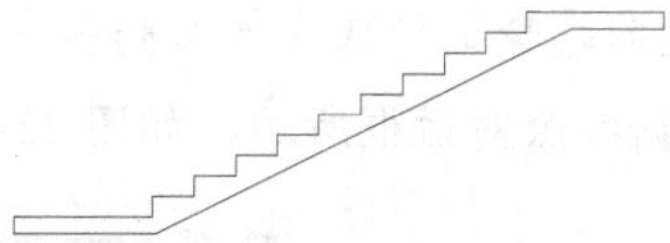

图 25-25 参数楼梯图

操作步骤

（1）执行【参数楼梯】命令，打开【参数楼梯】对话框，如图 25-26 所示。

考虑到更好的运用对话框，对其中用到的控件说明如下。

〔梯段类型选择〕选择梯段类型分成：板式楼梯、梁式现浇、梁式预制三种形式。

〔梯段走向选择〕分成左低右高和左高右低两种形式。

〔剖切可见选择〕分成剖切梯段和可见梯段两种形式。

具体数据参照对话框，如图 25-27 所示。

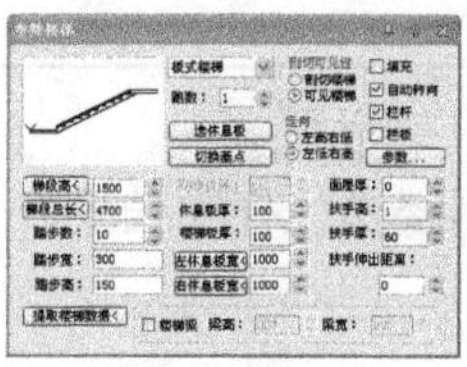

图 25-26 【参数楼梯】对话框

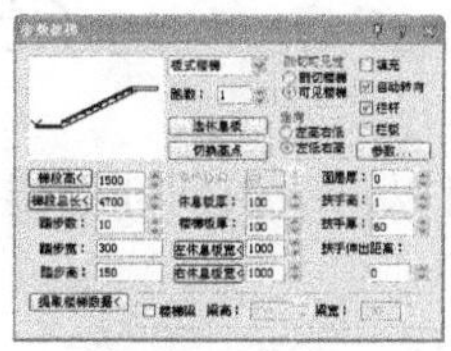

图 25-27 【剖面直楼梯段参数】对话框

（2）单击【确定】按钮，命令行提示如下：

```
请给出剖面楼梯的插入点 <退出>:选取插入点
```

此时即可在指定位置生成剖面梯段，如图 25-25 所示。

25.3.2 参 数 栏 杆

参数栏杆命令可以按参数交互方式生成楼梯栏杆。

执行方式

命令行：CSLG

菜单："剖面" → "参数栏杆"

下面以图 25-28 所示的参数栏杆图绘制过程为例讲述绘制参数栏杆的方法。

操作步骤

（1）执行【参数栏杆】命令，打开【剖面楼梯栏杆参数】对话框，如图 25-29 所示。考虑到更好的运用对话框，对其中用到的控件说明如下。

〔梯段栏杆形式〕点右侧下拉菜单，选择栏杆形式。

〔梯段走向选择〕分成左低右高和左高右低两种形式。

具体数据参照对话框所示，如图 25-30 所示。

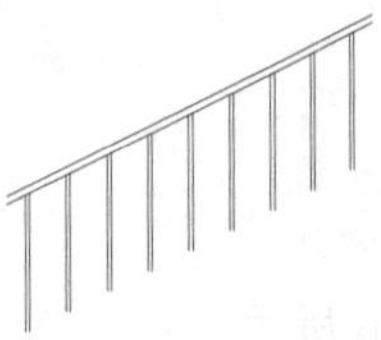

图 25-28　参数栏杆图

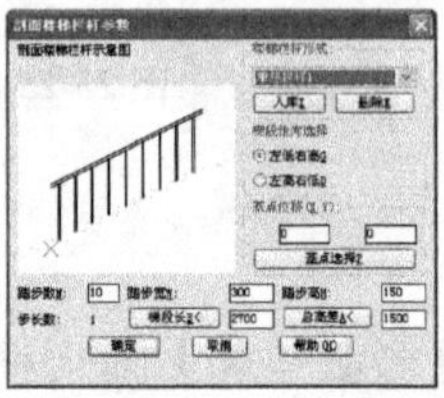

图 25-29　【剖面楼梯栏杆参数】对话框

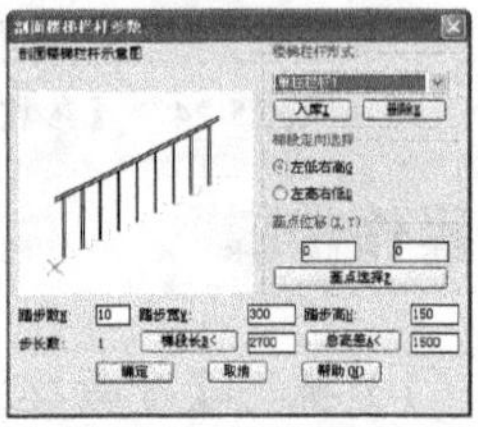

图 25-30　【剖面楼梯栏杆参数】对话框

（2）然后单击【确定】按钮，命令行显示如下：

```
请给出剖面楼梯的插入点 <退出>:选取插入点
```

此时即可在指定位置生成剖面楼梯栏杆，如图 25-28 所示。

25.3.3　楼 梯 栏 杆

楼梯栏杆命令可以自动识别剖面楼梯与可见楼梯，绘制楼梯栏杆和扶手。

执行方式

命令行：LTLG

菜单："剖面" → "楼梯栏杆"

下面以图 25-31 所示的楼梯栏杆绘制过程为例讲述楼梯栏杆的创建方法。

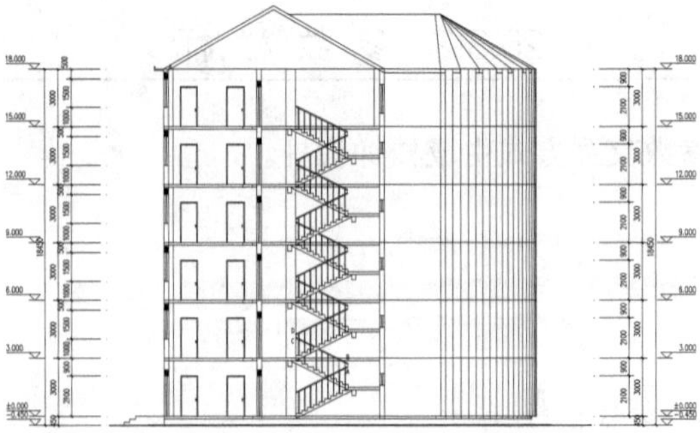

图 25-31　楼梯栏杆图

操作步骤

（1）执行【楼梯栏杆】命令，命令行提示如下：

1. 打开随书光盘中的“源文件/25/25.3/楼梯栏杆”，单击【楼梯栏杆】按钮，创建 1100mm 的扶手栏杆，命令行显示如下：

```
请输入楼梯扶手的高度 <1000>:1100
是否要打断遮挡线(Yes/No)? <Yes>:默认为打断
再输入楼梯扶手的起始点 <退出>:选 A
结束点 <退出>:选 B
再输入楼梯扶手的起始点 <退出>:回车退出
```

此时即完成一层的第一梯段的栏杆布置，如图 25-32 所示。

2. 再单击【楼梯栏杆】按钮，创建 1000mm 的扶手栏杆命令行显示如下：

```
请输入楼梯扶手的高度 <1000>:1000
是否要打断遮挡线(Yes/No)? <Yes>:默认为打断
再输入楼梯扶手的起始点 <退出>:选 C
结束点 <退出>:选 D
再输入楼梯扶手的起始点 <退出>:选 E
结束点 <退出>:选 F
再输入楼梯扶手的起始点 <退出>:选 G
结束点 <退出>:选 H
依次类推，完成其他栏杆生成......
再输入楼梯扶手的起始点 <退出>:回车退出
```

可在指定位置生成剖面楼梯栏杆，如图 25-33 所示。

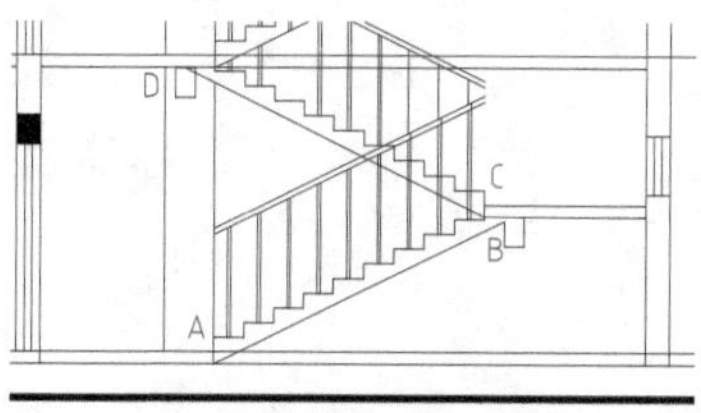

图 25-32　首层楼梯栏杆图

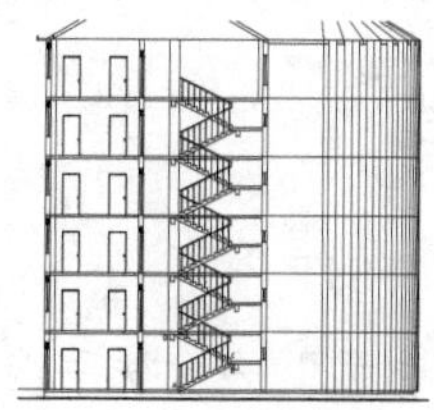

图 25-33　生成楼梯栏杆图

办公楼剖面楼梯栏杆整体如图 25-31 所示。

25.3.4 楼梯栏板

楼梯栏板命令可以自动识别剖面楼梯与可见楼梯，绘制实心楼梯栏板。

执行方式

命令行：LTLB

菜单：“剖面” → “楼梯栏板”

下面以图 25-34 所示的楼梯栏板图绘制过程为例讲述楼梯栏板的创建方法。

操作步骤

（1）打开随书光盘中的“源文件/25/25.3/楼梯栏板”，如图 25-35 所示。

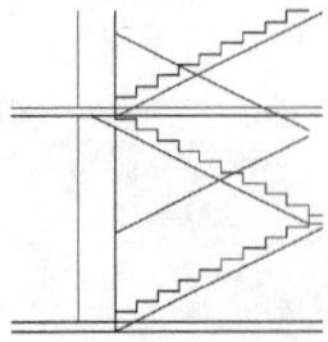

图 25-34　楼梯栏板图

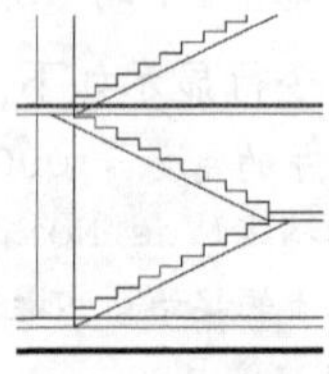

图 25-35　原有的楼梯图

（2）执行【楼梯栏板】命令，命令行提示如下：

```
请输入楼梯扶手的高度 <1000>:1000
是否要打断遮挡线(Yes/No)? <Yes>:默认为打断
再输入楼梯扶手的起始点 <退出>:选择下层楼梯的起点
结束点 <退出>:选择下层楼梯的终点
再输入楼梯扶手的起始点 <退出>:选择上层楼梯的起点
结束点 <退出>:选择上层楼梯的终点
再输入楼梯扶手的起始点 <退出>:回车退出
```

此时即可在指定位置生成剖面楼梯栏板，如图 25-34 所示。

25.3.5　扶 手 接 头

扶手接头命令可以对楼梯扶手的接头位置做细部处理。

执行方式

命令行：FSJT

菜单：“剖面” → “扶手接头”

下面以图 25-36 所示的扶手接头绘制过程为例讲述扶手接头的创建方法。

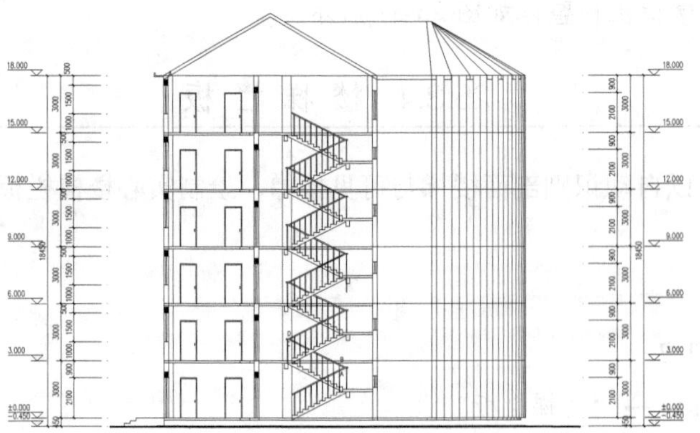

图 25-36　扶手接头图

操作步骤

（1）打开随书光盘中的“源文件/25/25.3/扶手接头”，如图 25-37 所示。

（2）执行【扶手接头】命令，命令行提示如下：

```
请输入扶手伸出距离<250>:
请选择是否增加栏杆[增加栏杆(Y)/不增加栏杆(N)]<增加栏杆(Y)>:
请单击楼梯扶手的第一组接头线(近段) <退出>:选择 A 点扶手
再单击第二组接头线(远段) <退出>:选择 B 点扶手
扶手接头的伸出长度 <150>:150
```

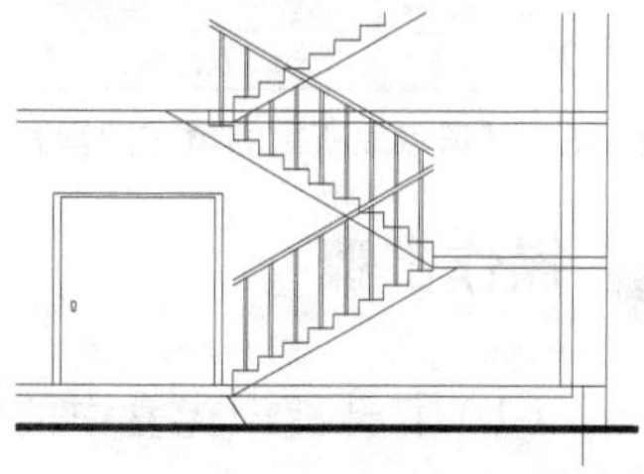

图 25-37 原有的楼梯图

此时即可在指定位置生成楼梯扶手接头，如图 25-36 所示。

25.4 剖面填充与加粗

通过命令直接对墙体进行填充和加粗。

25.4.1 剖 面 填 充

剖面填充命令可以识别天正生成的剖面构件，进行图案填充。

执行方式

命令行：PMTC

菜单：“剖面”→“剖面填充”

单击【剖面填充】按钮，命令行显示如下：

```
请选取要填充的剖面墙线梁板楼梯<全选>：选择要填充材料图例的成对墙线
```

回车后显示【请点取所需的填充图案】对话框，如图 25-38 所示，从中选择填充图案设置填充比例，单击【确定】按钮后执行填充。

选中填充图案，然后单击【确定】按钮，此时即可在指定位置生成剖面填充图。

下面以图 25-39 所示的剖面填充图绘制过程为例讲述剖面填充的创建方法。

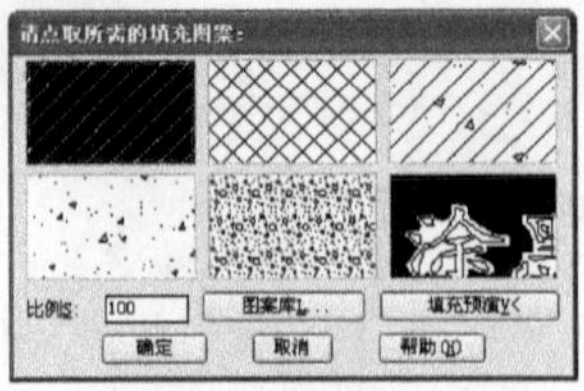

图 25-38 【请点取所需的填充图案】对话框

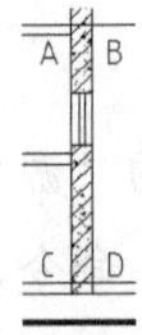

图 25-39 剖面填充图

操作步骤

（1）打开随书光盘中的“源文件/24/24.4/剖面填充”，如图 25-40 所示。

（2）执行【剖面填充】命令，命令行提示如下:

```
请选取要填充的剖面墙线梁板楼梯<全选>:选择要填充的墙线 A
选择对象: 选择要填充的墙线 B
选择对象: 选择要填充的墙线 C
选择对象: 选择要填充的墙线 D
选择对象: 回车退出
```

此时打开【请单击所需的填充图案】对话框，如图 25-41 所示。

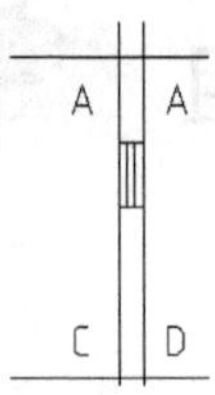

图 25-40 剖面填充图

图 25-41 【请单击所需的填充图案】对话框

选中填充图案变亮处为钢筋混凝土，然后单击【确定】，此时即可在指定位置生成剖面填充，如图 25-39 所示。

25.4.2 居 中 加 粗

居中加粗命令可以将剖面图中的剖切线向墙两侧加粗。

执行方式

命令行: JZJC

菜单:“剖面”→“居中加粗”

下面以图 25-42 所示的居中加粗图绘制过程为例讲述居中加粗图的创建方法。

操作步骤

（1）打开随书光盘中的“源文件/25/25.4/居中加粗”，如图 25-43 所示。

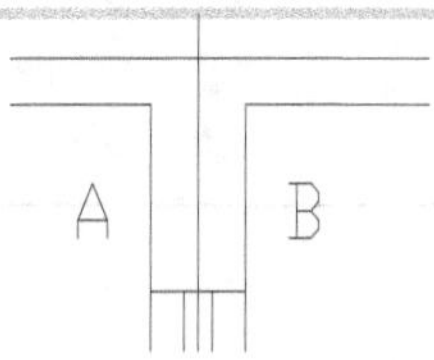

图 25-42 居中加粗图

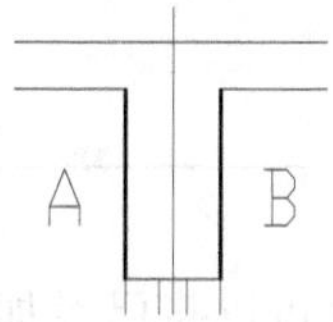

图 25-43 原有未加粗图

（2）执行【居中加粗】命令，命令行提示如下：

```
请选取要变粗的剖面墙线梁板楼梯线(向两侧加粗) <全选>:选择墙线 A
选择对象：选择墙线 B
选择对象：回车退出
```

此时即可在指定位置生成居中加粗，如图 25-43 所示。

25.4.3 向内加粗

向内加粗命令可以将剖面图中的剖切线向墙内侧加粗。

执行方式

命令行：XNJC

菜单："剖面"→"向内加粗"

下面以图 25-44 所示的向内加粗图绘制过程为例讲述向内加粗图的创建方法。

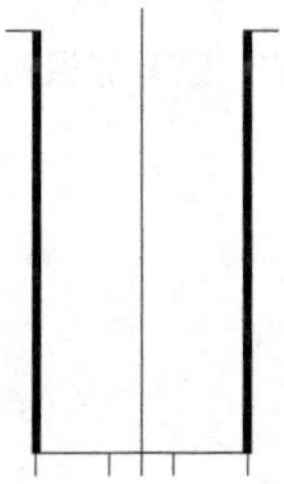

图 25-44 向内加粗图

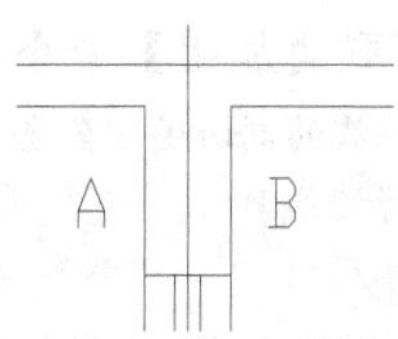

图 25-45 原有未加粗图

操作步骤

（1）打开随书光盘中的"源文件/25/25.4/向内加粗"，如图 25-45 所示。

（2）执行【向内加粗】命令，命令行提示如下：

```
请选取要变粗的剖面墙线梁板楼梯线(向内侧加粗) <全选>:选择墙线 A
选择对象：选择墙线 B
选择对象：回车退出
```

此时即可在指定位置生成向内加粗如图 25-44 所示。

25.4.4 取消加粗

取消加粗命令可以将已经加粗的剖切线恢复原状。

执行方式

命令行：QXJC

菜单："剖面"→"取消加粗"

单击菜单命令后，命令行显示如下：

```
请选取要恢复细线的剖切线 <全选>:选择加粗的墙线
```

完成命令后，此时即可将指定墙线恢复原状。

下面以图 25-46 所示的取消加粗图绘制过程为例讲述取消加粗的创建方法。

操作步骤

（1）打开随书光盘中的"源文件/25/25.4/取消加粗"，如图 25-47 所示。

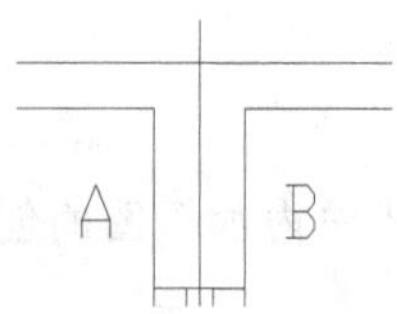

图 25-46　取消加粗图

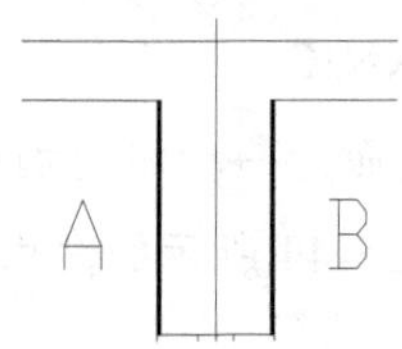

图 25-47　原有加粗图

（2）执行【取消加粗】命令，命令行提示如下：

```
请选取要恢复细线的剖切线 <全选>:选择墙线 A
选择对象：选择墙线 B
选择对象：回车退出
```

此时即可在指定位置取消加粗，如图 25-46 所示。